中国科学院院士、中国工程院院士是我国科学技术界、工程技术界的杰出代表，是国家的财富、人民的骄傲、民族的光荣。

摘自：习近平总书记在 2014 年 6 月 9 日两院院士大会上的讲话

U0307302

邱中建

院士文集

《邱中建院士文集》编写组 编

石油工业出版社

图书在版编目（CIP）数据

邱中建院士文集 /《邱中建院士文集》编写组编 .
—北京：石油工业出版社，2023.5
ISBN 978-7-5183-5872-4

Ⅰ.①邱… Ⅱ.①邱… Ⅲ.①油气勘探－中国－文集
Ⅳ.①TE1-53

中国国家版本馆 CIP 数据核字（2023）第 032784 号

出版发行：石油工业出版社
　　　　（北京安定门外安华里 2 区 1 号楼　　100011）
　　　网　　址：www.petropub.com
　　　编辑部：（010）64523760　　图书营销中心：（010）64523633
经　　销：全国新华书店
印　　刷：北京中石油彩色印刷有限责任公司

2023 年 5 月第 1 版　2023 年 5 月第 1 次印刷
787×1092 毫米　开本：1/16　印张：37
字数：820 千字

定价：360.00 元
（如出现印装质量问题，我社图书营销中心负责调换）

编 委 会

主 任：朱庆忠

副主任：窦立荣　邹才能　雷　平　郭三林

主　编：邹才能

副主编：王凤江　王建强　严增民　张延玲

《邱中建院士文集》
编写组

黄金亮　方　辉　邓松涛

严增民　陈蟒蛟　刘　军

邱中建，石油地质勘探专家，中国共产党党员，1933 年 5 月 5 日出生于江苏省南京市，籍贯四川省广安市。1953 年 7 月毕业于重庆大学地质系石油地质专业。相继在大庆油田、胜利油田、四川、中国海洋石油总公司、塔里木油田等从事勘探、生产、研究及组织管理工作，曾任中国海洋石油总公司总地质师、石油工业部勘探司司长、塔里木石油勘探开发指挥部指挥兼党工委书记、中国石油天然气总公司副总经理兼石油勘探开发研究院院长、中国石油天然气集团公司咨询中心主任、中国石油学会理事长、九届全国政协委员会委员、国家能源专家咨询委员会副主任等职，荣获国家自然科学一等奖 1 项，国家科技进步特等奖 1 项，国家科技进步一等奖、二等奖各 1 项，1999 年当选中国工程院院士。

邱中建院士是我国石油科技工作者的杰出代表，半个多世纪以来，长期工作在油气勘探第一线，为中国石油工业的发展做出了突出贡献。20 世纪 50—60 年代，邱中建院士是中国陆相生油理论的杰出践行者，是大庆油田的发现者之一；70 年代，是渤海湾复式油气聚集区（带）理论提出的主要贡献者，全面推动了渤海湾盆地的油气勘探工作；80 年代，是中国海洋石油工业起步的主要参与者之一，也是中国石油工业成功对外合作的早期推动者，迅速在珠江口盆地和渤海海域找到大油田；90 年代，组织并参与了塔里木盆地石油大会战，是克拉 2 大型气田的主要发现者，直接推动了"西气东输"工程的顺利实施。进入 21 世纪以来，邱中建院士是国家油气领域战略科学家，参加并完成了国家油气资源战略研究等重大咨询项目，提出一系列具前瞻性、战略性、综合性建议，为保障国家能源安全做出了重要贡献。

1989 年，邱中建获国家人事部"中青年有突出贡献专家"荣誉称号，1991 年获中国石油天然气总公司"有突出贡献科技专家"奖章，2017 年获美国石油地质家协会（AAPG）哈里森·施密特（Harrison Schmitt）奖。

总序

石油是现代工业的血液、社会发展的基石、国家兴旺的命脉。随着我国经济社会的快速发展和能源消费需求的持续增长，油气资源的重要性日益凸显。

中国石油勘探开发研究院成立于 1958 年，是中国油气勘探开发领域最重要的综合性研究机构之一。建院以来，研究院一代代石油科技工作者始终牢记为国找油、科技兴油的使命，矢志创新、接续奋斗，为中国石油工业发展和科技进步作出了不可磨灭的历史贡献。

在一个多甲子发展历程中，从研究院走出一大批优秀的石油科学家，其中的两院院士是杰出代表。他们数十年如一日，孜孜不倦投身油气科学研究，在各个领域勇攀最高峰，成为支撑中国石油工业发展的脊梁、推动油气理论技术进步的中坚。他们的学术理论和精神品质，是我们全社会的宝贵财富。两院院士是国家的财富、人民的骄傲、民族的光荣。

进入新时代，为弘扬石油科学家精神，研究院提出并组织实施院士"四个一工程"，陆续为资深院士编辑出版文集、画册、传记、纪录片各一部。这项工程得到了中国石油天然气集团有限公司党组充分肯定和大力支持，引起良好社会反响。

《院士文集》是"四个一工程"的重要组成部分，甄选收录各位院士公开发表的重要学术论文和其他文献资料，集中展示各位院士在油气勘探开发各个领域取得的卓越专业建树和学术成就，为从事石油科技工作的青年学者们提供拓展学术视野和丰富专业知识的源泉。同时，文集展现了各位院士严谨的治学态度、高尚的道德情操，以及对经济社会发展和石油事业的关切和热爱，将进一步激励石油科技工作者们踔厉奋发、勇毅前行。

中国石油天然气集团有限公司和勘探开发研究院正在实现跨越发展、创建世界一流的宏伟蓝图中奋勇前进。让我们广大石油科技工作者携起手来，大力弘扬和践行石油精神和石油科学家精神，在支撑石油事业发展、保障国家能源安全、促进经济社会发展新征程上勇创佳绩、再立新功。

《院士文集》丛书编委会

前言

　　邱中建是我国著名石油地质勘探专家，自 1953 年重庆大学毕业后一直从事油气勘探与地质研究工作，至今已有 70 年。他作为石油科技界的杰出代表，既是业内享有盛名的科学家、实干家，也是我国油气领域的战略科学家，为我国石油工业发展作出了卓越的贡献，1999 年当选为中国工程院院士。

　　70 年来，邱中建院士始终胸怀祖国石油事业，以强烈的政治责任感和历史使命感，长期奋战在艰苦的油气勘探一线，先后参与发现了新中国一系列大中型油气田，为我国石油工业起步、崛起与发展做出了重要贡献。他作为中国陆相生油理论的杰出践行者，始终战斗在石油科研生产一线，及时把握科技前沿动态，敢于突破、勇于创新，不断形成新认识，提出新概念、新方法，与他人合作提出渤海湾复式油气聚集理论等重大科研成果，丰富完善了我国油气勘探地质理论，同时积极推动科研成果转化，有力支撑了我国石油科技事业的发展。

　　解放初期，我国石油勘探工作全盘照搬苏联的程序，他敏锐地发现这套程序对我国石油勘探的不利影响，连续发表《关于石油及天然气勘探程序的商榷》及《再谈勘探程序》两篇文章，指出苏联专家提倡的勘探程序缺点并提出自己的见解，引起业界历时半年关于勘探程序与对策的大讨论，为推动和改进我国油气勘探程序、加速我国油气勘探进程做出重要贡献。20 世纪 50 年代末，他作为石油系统最早进入松辽平原的地质工作者之一，全面参与了松辽盆地的综合地质研究和远景评价工作，编制了松辽平原及周围地区含油远景评价图，明确指出松辽盆地是含油远景极有希望的地区，并提出了可供选择的基准井位。此后，参与确定了松基1井、松基2井以及大庆油田发现井——松基3井井位，全程参加了松基3井的固井和试油工作，为陆相生油理论形成作出了重要贡献，参与了大庆油田发现的全过程，是大庆油田的重要发现人之一。

20世纪60年代胜利油田会战初期，全面参与地质综合研究工作，面对渤海湾盆地地质条件复杂的局面，积极探索新规律，建立齐全准的"铁柱子"地质资料，为发现并评价胜坨油田作出了重要贡献。参加四川石油会战，对评价威远气田、发现合江气田等做出了贡献，同时也系统研究了泸州古隆起油气分布规律，明确指出古隆起的主体包括向斜范围在内是大面积的无水含气区。70年代中期，在渤海湾勘探过程中，对渤海湾二级断裂构造带的油气富集规律及勘探过程进行系统研究，重点解剖了五个典型的断裂构造带，与他人合作首次提出"渤海湾复式油气聚集区"理论，补充和丰富了只重视断层和断块的勘探理念，对加速推进渤海湾的勘探进程产生了重大影响。80年代，参与组织了海洋石油对外合作，首次运用国外油气资源评价方法及流程，组织并参与了南海珠江口盆地资源评价，所形成的资源评价方法迅速向我国陆上传播并得到推广应用，查明了中国海域油气分布规律和重点勘探领域，在渤海、珠江口、琼东南、辽东湾海域等盆地油气勘探中获得一系列重要突破性发现，是我国海洋石油工业的奠基者之一，也是中国石油工业成功对外合作的早期推动者。

20世纪90年代塔里木石油会战时期，年近60岁的他面对塔里木盆地世界级地质难题，以一个地质家的战略眼光，组织领导了一系列地质研究和勘探工程技术攻关，深化了对盆地地质构造、油气生成机理的认识，有效指导了勘探开发工作，先后发现了塔中、牙哈等一批大型油气田和克拉 2 特大型气田，奠定了"西气东输"的资源基础，开启了我国天然气工业的新纪元。在深入分析克拉 2 地质构造与塔里木盆地地质构造特点的基础上，提出了晚期成藏新理论，相继在柴达木、准噶尔盆地发现了一大批晚期成藏的大油气田。同期还组织领导了纵贯塔克拉玛干大沙漠全长 522km 沙漠公路的建设，被评为国家"八五"科技攻关的十大成果之一。

进入 21 世纪以来，作为国家油气领域的战略科学家，先后参与组织主持了《中国可持续发展油气资源战略研究》《我国油气中长期（2030、2050）发展战略研究》《我国页岩气和致密气资源潜力和开发战略研究》等重大咨询项目，明确指出 2030 年前大力发展天然气是我国石油工业"二次创业"重要机遇，天然气产量将会超过石油，与核能和可再生能源一起成为清洁能源发展的"三驾马车"，同时指出我国非常规天然气发展潜力巨大，提出用 20 年时间把非常规气发展成天然气的重要组成部分，并制定了我国致密气和页岩气发展路线图，为国家能源规划和政策制定提出了一系列重大决策建议。

邱中建院士学风严谨、勇于创新，淡泊名利、甘为奉献，具有强烈的献身精神，作风朴实、崇尚实干，以良好的学术操守和高尚的人格魅力，把论文写在为祖国"找油"的广阔大地上，赢得同行、同事的尊重和爱戴，是广大石油科技工作者和干部员工的楷模。他以自己渊博的知识和远见卓识，积极提携青年才俊，举贤荐能，甘为人梯，先后培养了一大批中青年学科带头人，为石油工业科技人才队伍建设作出了突出贡献。

本文集由 5 部分组成，收录了邱中建院士在不同时期具有代表性的学术论文、研究报告、重要讲话、回忆录和访谈录以及为他人著作题写的序言等共计 116 篇重要文献。它是一部珍贵的历史资料，记载了邱中建院士从事油气勘探事业 70 周年的业绩贡献和崇高的精神境界，搏动着"我为祖国献石油"的爱国主义强烈心弦，生动形象地展现了爱国、敬业、创新、奉献的石油科学家精神。本文集的出版，对弘扬邱中建院士热爱祖国、献身科学的精神将起到不可替代的作用，启迪和激励广大科技工作者尤其是青年一代勇做时代先锋，把科技成果应用在实现现代化的伟大事业中，为中华民族的伟大复兴奋勇前行。

在本文集编纂过程中，得到了中国工程院、中国石油勘探开发研究院、大庆油田、塔里木油田、长庆油田、西南油气田、胜利油田、石油工业出版社等单位及有关部门的大力协助。在此，对所有提供帮助的单位及相关部门、付出辛苦工作的同志们表示最诚挚的感谢！

由于本文集收录的文章时间跨度较大，有些文章是在特定历史背景下所完成，为了便于读者理解稍做了修改和删减，但总体上均保持了文稿的原貌。由于编者水平所限，疏漏之处在所难免，敬请广大读者提出宝贵意见。

《邱中建院士文集》编写组

2023 年 3 月

目录

第一部分　璀璨人生

第二部分　学术论文

第三部分　研究报告

第五部分　历史回顾及展望

第一部分

璀璨人生

我的自述

　　1933 年的端午节，我出生在江苏省南京市的一个知识分子家庭，但祖籍是四川省广安县。父母都是留日学生，回国后，他们都从事教育工作，父亲还办了一段时间的刊物。小时候，我印象最深的就是抗战，南京未被日本人占领之前，我母亲已经怀上了我的弟弟，行动不很方便，我父亲就把我母亲和我托付给一个朋友，想办法上了一条民生公司的轮船，前往重庆。当轮船航行到湖南省洞庭湖附近时，轮船搁浅了，来了好些船拖拉，突然传来消息，说国人在上海与日本人打起来了，这就是著名的"8·13"淞沪抗战。我母亲则十分担心，怕我父亲回不来了。不久，我父亲又选了另外一条逃难路线辗转来到了重庆。但在重庆住了不长一段时间，日本飞机连续轰炸，全家又被迫搬到重庆附近的农村。三岁左右的小弟弟生了一场病，可能是疟疾再加上一点别的病，由于找不到医生，竟然断送了生命。我母亲很爱我的小弟弟，因此也大病一场。所以我小的时候，思想早熟，在心里留下了很深的印痕，那就是国耻、逃难、挨打和屈辱。

　　抗战胜利了，我们全家又搬回了南京，我在南京读了初中的后半部分和高中的前半部分，1948 年父母又带上我回到了重庆，1949 年年底重庆解放了。1950 年我高中毕业，并通过西南区的统一高考，考入西南工业专科学校（原中央工业专科学校）化工科，这是我的第二志愿，我并不喜欢这个专业。有两件事让我的一生发生了改变，一是开学不久，我参加了一次化学实验，毛手毛脚不小心打破了一个冷凝管，我必须赔偿；二是在重庆大学的校园里贴了一张海报，说重庆大学（西南工专和重庆大学同处一个校园）地质系受石油总局的委托要办一个石油地质专业，这个专业不仅国家急需，而且可以遍游祖国的名山大川。这"名山大川"对我太有吸引力了，因为我几次坐船经过长江三峡，每次都呆呆地站在甲板上，望着两岸不断移动的山川，留下了无限的遐想和难忘的印象。于是我报考了地质系并被录取。第一学年开了一门专业课——普通地质学，第一节课由刘祖彝教授讲授。他说："同学们，你们看石头怎么看的？是一堆一堆的？还是一块一块的？这都不对，石头应该是一层一层的。你们经常在地面上看到了煤矿，其实我们重庆大学也有煤，就在我们的脚下，1000 多米的深处。"我恍然大悟，下课以后，我急急忙忙跑到校园附近的嘉陵江边一看，果然是一层砂岩、一层泥岩平行叠置在一起，与我原来的印象完全不一样了，这就是我进入地球科学这个大殿堂的启蒙教育。现在回想起来还兴奋不已。

　　大学毕业以后，我们班全体同学都怀着一种虔诚和渴望的心情，要到最艰苦的地方去报效祖国，寻找石油。我如愿以偿地被分配到甘肃祁连山一带做野外调查，我们一年换一个地方，几年以后，我跑遍了祁连山北麓和贺兰山东边的山山水水。正在这个时候，西安石油地质调查处担负了全国新区的开展工作。1957 年年初组建了一支松辽平原专题研究队，任命我为队长，并接受石油部勘探司的直接安排，让我们去打前站，实际了解一下松辽平原油气远景到底如何。从西北到东北，从山地到平原，从帐篷骆驼到老乡家借住派饭，情况发生了很大变化，特别是东北的雨季，野外道路泥泞，不堪行走。我们观察剖面，背负标本，徒步赶路，入夜在老乡家整理资料，蚊子、臭虫一齐袭来，确实不太好受，但是我们真正观察到了全国一流的生油层和储层在松辽平原广泛存在，而且通过地质部大量的物探和浅钻资料分析，有可能形成很多大型的构造。因此，我们的结论认为：松辽平原石油地质条件优越，是一个含油远景极有希望的地区，应尽快加大勘探工作，尽早进行基准井钻探，并初步提出了基准井井位。1958 年石油部在松辽平原成立了松辽石油勘探局，迅速增大了勘探力量，并配备了深井钻机，钻探了松基 1 及松基 2 两口基准井。由松基 1 井了解了地层层序，但它是一口空井；松基 2 井获得油气显示。在钻探松基 3 井的时候，意见比较分歧。有的同志主张钻在平原的南部，有的同志主张钻在平原的北部凹陷里的隆起上。经过在松辽平原共同工作的石油、地质两大系统的技术人员反复讨论、反复协商，最后大家一致同意将井位定在大同镇长垣高台子构造上。这口井也就是大庆油田的发现井。当这口井发现油砂以后，我和赵声振等工程师被派往松基 3 井蹲点，在井场工作了四个多月，与钻井工人同吃、同住、同劳动，参与了固井试油的全过程，当我们用提捞的方法，把井筒里的清水捞干并全部替换成油柱的时候，在松基 3 井喷油了！当时正值 1959 年国庆节前夕，由此拉开大庆石油会战序幕，大庆油田诞生了。

石油工业经常在重点地区和重点环节上集中全国范围内的一些优势力量进行勘探开发活动，称之为石油会战。我的勘探年华几乎都与会战有关。大庆会战以后我参加了胜利油田的会战，然后又参加了四川气田的会战。改革开放的春风掀起了与外国各大石油公司共同勘探开发海洋石油的浪潮，各大石油公司在南海和黄海进行了第一轮物探会战，并对各区块进行了系统评价。我当时是中国海洋石油总公司的总地质师，先后在海洋石油系统工作了八年。我如饥似渴地学习了国外石油公司的技术和经验，并与国外石油公司交流了中国地质学家们对近海海域的新认识，共同发现了一批大中型油田和气田。为了加快海洋石油勘探的进程，我们还独立进行了自营勘探开发，也发现了一批大中型油气田。

我参加的最后一次会战，是塔里木石油会战，这是我一生中最具有挑战性的经历。盆地的内部黄沙一片，沙丘高差达二三百米，盆地边缘高山陡峻，地下地质结构复杂，油层埋藏深度极大，到处都是勘探的禁区。我在塔里木工作了十年，从 1989 年开始一直到1999 年。这块神奇的土地总是带给我不断的兴奋和不断的困惑，也不断地逼近了地下的真实情况。有两件事我特别不能忘怀。第一件是我们经历了千辛万苦，在沙漠的腹地发现了塔中油田群，我们又集中了全国工程技术人员的智慧，修建了一条沙漠公路，使塔中油田群的油气得到了利用，这条公路进一步贯穿了沙漠，变成了南疆各族人民的幸福路；第二件是在塔里木盆地的北部库车坳陷，我们经历了多次挫折，通过连续的山地地震的攻关、深井钻探复杂地层的攻关、超高压深井试气的攻关和构造成因模式的攻关等，终于发现了大面积的天然气富集区和克拉 2 号大型气田，奠定了"西气东输"的资源基础。在夜色降临的时候，看见克拉 2 井呼啸喷涌的天然气，像天上的彩虹一样，令人心旷神怡，而且热血沸腾，我忍不住作了一首诗：

彩虹呼啸映长空，克拉飞舞耀苍穹。

弹指十年无觅处，西气东送迎春风！

我的一生有一个体会，那就是每个人都有自己的机遇，但成功的机遇往往降临在那些锲而不舍、勤奋探索的人们身上。

我已经 75 岁了，希望身体健康，能继续为祖国的石油勘探事业做一点工作。我写了一首打油诗描述我的一生：

一十二十读书郎，三十四十会战忙。

五十六十探沙海，七十八十恋夕阳。

本文原载于《中国工程院院士自述（第二卷）》，2008 年。

学术论文

关于石油及天然气勘探程序的商榷

邱中建

（石油工业部西安地质调查处 A-106 队）

目前，石油远远不能满足国家需要，因此必须迅速发现新的油气藏，而新油田发现的迟早常常和它的勘探程序有很大的关系。勘探程序的问题本应该是专家们所讨论的课题，作为一个刚出学校两三年的青年学生来说，是不适宜的；但是在有些地方总常常使人想不通，我很想知道是否是因为，我对石油勘探事业的全面性认识不足而产生了幼稚的想法，还是我们的勘探程序上，存在着值得改进的地方。因此，我写这篇文章的目的，是想引起大家的注意，或者是更充实它，或者是否定它。

不过，值得声明的是，这是学术自由讨论，万勿加上某某帽子。

1 勘探的原则

在勘探事业上，石油地质工作者的主要任务是：（1）如何尽快地拿出原油来；（2）如何以最经济的办法拿出原油来。

这也就是勘探的主要原则。但是必须说明两点：

（1）目前勘探石油的方法是比较落后的。除钻井以外，我们不能用其他办法来探明油藏的工业价值或储量，甚至它的存在都得不到肯定的答案。我们只是在探明一些与这些油藏相关的地质构造（地球化学勘探暂时不讨论），并且用一些比较和推断的办法，来说明构造下部的储油条件。当然，经过很多年的证明，这些因素与石油富集有很大关系；但是却不能绝对地说明它的存在和某些深埋在地下的局部变化。因此对于我们在钻探前的全部投资和时间消耗，它的收获率可能是 100%，也可能是 0。我说明这问题的意图，倒不是否认上述间接勘探工作的必要性，而是认为把深井钻探（或者说是对目的层的钻探）放在勘探程序中最后一项是错误的。因为这样钻探就不像是我们的勘探手段，而好像是考验这些间接勘探工作的法宝。钻探也应像地面地质、地球物理一样，每一阶段都应有相当的钻探数量。

（2）目前全国的石油勘探工作，不是做得很多，而是做得很少。我认为应该立刻在全国范围内展开小比例尺的石油地质普查工作，并对各个大的不同构造单元地区进行评比（评比是全面的，不仅是构造条件、地层条件，而且还应考虑到经济条件、地面露头及工作量大小等），在那些某些条件明显不成熟的地区（哪怕是做了一系列的勘探工作），应该立刻放弃，暂缓开发。在放弃的时候，不要缩手缩脚，因为暂缓开发并不等于不开发，这些工作量和资料仍然存在，待那些有利地区开发得有显著成绩时，待后几个五年计划时期，我们再来继续这些地区的工作。

2 勘探程序

2.1 现在的勘探程序

现在的勘探程序如图 1 所示，图 1 中每一勘探阶段的任务，我想同志们都很清楚，用不着多说，但总的可以看出：

（1）钻探放在最后，而且是多集中在一两个构造上进行钻探（目前某些覆盖地区已经提前使用基准井钻探）；

（2）是采用由大面积逐渐缩向小面积的原则。

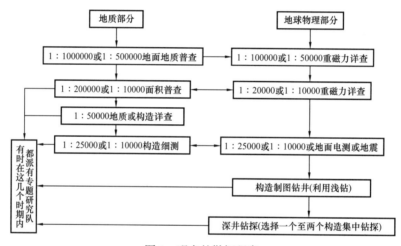

图 1 现在的勘探程序

2.2 建议采用的勘探程序

建议采用的勘探程序如图 2 所示。

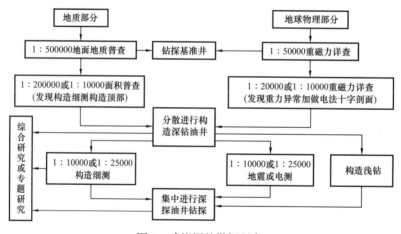

图 2 建议用的勘探程序

3 对建议采用的勘探程序的说明

3.1 1∶500000 的地面地质普查的主要任务

（1）指出含油气远景有希望的区域，包括：构造条件——是否有发生储油构造的可能；地层条件——对生油层、储油层、盖油层的初步了解，例如沉积岩厚度等。

（2）说明工作区的工作条件：包括露头分布的范围及好坏、交通、气候和水源等的实际情况。

（3）选择基准深井的位置。

（4）划出有疑问区域的界限（如全部覆盖区等）。

我们不能对 1∶500000 的地面地质普查要求过多，比如构造的明确、地层的仔细划分等。

相应的 1∶500000 重磁力普查的主要任务是：（1）了解沉积岩深厚的区域（如重力低磁力平稳地带）；（2）了解发生局部重力异常的可能地区。

3.2 做 1∶500000 调查后应立即开展的工作

（1）钻探基准井；（2）1∶200000 或 1∶100000 面积地质普查。

可以暂时放弃根据 1∶500000 的地面地质普查比例尺认为完全无希望的区域。

3.3 基准井的钻探

不管在露头好及露头坏的地方，进行这样的工作都是非常有必要的。因为表面风化带里的岩石的物理性质及含油性能与地下深处岩石的物理性质及含油性能常是不一样的，而且我们所见到的储油地层常常在大山丽麓、盆地边缘和盆地的中心区域。

3.4 进行 1∶200000 或 1∶100000 面积地质普查

该项地质普查最主要的任务是：

（1）寻找储油构造。

（2）找到这些构造以后，在轴心附近选择一个标准层，做出标准层以内的构造等高线图，并实测一通过轴心（即顶点）的横剖面，明确地面高点的位置，构造面积由地质图确定。

（3）有责任解释潜伏的重力异常，并对下一步勘探提出意见。

（4）对分散深探油井的地位提出意见。

同时开展 1∶200000 及 1∶100000 的重磁力群查（包括有地面电测组），它的主要任务是：

（1）寻找重磁力局部异常。

（2）在地面构造及重磁力异常上做十字电法剖面，明确地下顶部的存在及位移情况。

3.5　进行分散的深探油井

（1）区域的选择：如某盆地经过 1：200000 及 1：100000 的地面地质普查以后，明确构造 20 个，而这些构造分居于四个褶皱带之上，则在每一褶皱带上选择一个至两个构造，进行普遍的分散钻探。

（2）这种井每个构造上只钻一个，绝不像现在集中钻探的排法，每个构造上 3 个，5 个或者更多。我们可以想象，集中在一个构造上钻五口井，与把分放在不同构造带上的五个构造上进行钻探对比，或然率谁大？这个理论就是基于我们上面所讨论到的：地面上评比的构造是不全面的，考虑不到地下深处的局部变化，虽然钻得狠，却不一定钻得准。

（3）深探油井主要的任务是钻到构造的顶部，探明是否有工业价值的油气藏。

（4）只有当较全面地、分散地进行钻探以后，才能较有把握地说：这个地区是希望不大的，或者是希望很大的。

3.6　分散进行钻探后的措施

（1）分散钻探是具有决定意义的勘探工作，如果钻探失利，则全部勘探力量撤离该地区，写上"暂缓开发"字样，待后几个五年计划再进行勘探。

（2）如果在某一构造上钻探发现了令人兴奋的情况时，则在此构造上集中力量，进行 1：10000 或 1：25000 的地面电测、地震及地质构造细测，并结合构造上的一口深井，进行综合、解释，做出地面及地下的构造图来（必要时还可利用浅钻）。构造图要准备得极快，应由一支力量极大的，包括有地质、地震及电测技术力量的综合大队（也可叫作勘探公司）来进行，为下一步集中钻探迅速准备资料，这样再庞大的投资也是有代价的。

（3）同时应派出综合研究队，研究内容应非常广泛，比如沉积史、构造史、岩相变化、油层物理性质和油井完成方式等。

（4）若钻探失利，在勘探力量撤出的同时，也应派出一支综合研究队，对所有的资料加以整理、研究，对下一步的勘探方法及步骤提出意见。但放在后几个五年计划进行评比后进行。

综合研究工作必须放在分散钻探和对目的层钻探以后，这样提出的意见是较切合实际的。如在没有钻探以前就派出综合研究队，得出的结论总脱离不了"臆想"，因为这样的研究队不过是对普查队的结论进行了加工，起了"磨圆作用"；另外新的见解与结论是不多的（我说的普查质量是符合 1：500000 及 1：200000 或 1：100000 的质量要求时而言），否定性的结论、创造性的结论、真正合乎事实的结论都是在钻探以后才会发生。但在普查后就派出专题研究队是完全可以的，比如地层研究队，或为解决某一范围很小的地质问题而派出的研究队。

3.7 集中在某一构造上进行深探井

现在在很短时期内勘探公司（或大队）已把地面及地下构造图做出来了。而此构造经过分散钻探已获得显著成就或 A 级储量，就大量钻探为获得 A+B 级储量而努力。

4 对几种意见的说明

4.1 是不是野猫井思想的另一形式

我认为目前提出的勘探方法与野猫井决然不同，因为野猫井本身最大的缺点（或错误）是盲目冒进、无计划，而现在提出的勘探方法是有计划的，上一步勘探与下一步勘探是紧密联结的，只是在进程上缩短了一些，或跳跃了某些阶段，但这并不影响探井的质量，因此不能称为冒进。

4.2 准备构造是否草率

如对某一构造而言，是较草率的，比如从前有地震、电测、地面地质细测及构造制图钻井，而现在只有 1∶200000 或 1∶100000 普查后细测的某标准层以内构造图及十字电测剖面。

但对探井来说，最重要的是构造的顶部，构造外围部分是影响不大的，构造顶部有两条相互垂直的电测剖面来控制，地下顶部的移动也大致可以控制，因此质量影响不大。

同时就整个勘探过程而言，质量是提高了，因为经过分散钻探而提出的储油构造，再进行集中钻探，肯定地会比对地下毫无所知，而仅仅地面工作做得仔细的构造要有效得多。

而且就整个盆地而言，质量也是提高了，因为某一构造地面工作质量再高，也可能是装满着油的油库，也可能是一点油也没有的废物。因此在毫无深井资料（或目的层钻探资料），只凭地面资料（包括构造制图钻井）就确定集中钻探某一构造，这个决定的本身就带有很大的草率性。只有经过分散钻探以后，才有集中钻探的条件。

4.3 分散钻井以后是否能做出结论

由于在分散钻井以前，进行了构造评比工作，对那些优秀地区优先进行分散钻探已做出决定。同时这种钻探又具有很大的普遍性，它分居于不同褶皱带之上（除了地面资料认为最恶劣的区域没有钻探而外），可以做出"暂缓开发"的结论，立刻撤离该探区，不然按照目前的勘探方法，先必须是大量的地质工作，然后是钻探工作，在钻探工作以前，地质工作进行得较为盲目，它的各个勘探阶段的各项工作，都必须进行得广泛和完全。而且在这一勘探时期，任何否定性的结论都是不能提出的，大家都怀着一种半明半暗的信心，在进行着勘探工作。最后集中钻探了一个构造，如果情况不佳，那就"进退两难"，经过很长一段争论以后，可能再集中进行钻探一个构造，但是时间就浪费得太多了。

4.4 建议的勘探程序与现行的勘探程序在时间消耗上与投资上的比较

现行的勘探办法，在最顺利的情况下，一般需要 5～6 道工作程序（相应的地球物理勘探工作量未计算），时间需要 6～7 年方可做出结论（指集中钻探获得成就时而言，如集中钻探失利，则结论还要推迟至少 1～2 年），建议的勘探办法，一般只需要独立的三道工序即可做出结论，需时 3～4 年。

在投资上，我没有精确计算过，但是很明显地看出，建议的勘探方法，由于精减了若干工序，投资可以大大地降低，自分散钻井以后，所有的投资都是有效的，不像现在的勘探办法，一直到集中钻探出油以后，才能确切地说，这些投资是有效的（当然也有可能是完全无效的）。

4.5 假如在某一构造上只钻一口井打废了怎么办？一口井能不能确定构造的存在？

在构造上打一口井就需要特别小心，要求不要打废它，我们绝对不能因为怕打废井就定上 3 口井，而且我们的钻井技术，正在突飞猛进，这个问题也就不成问题了。

一口井是不能确定构造的存在，但是地面地质已经确定了地面构造的存在，重力发现了重力异常，较肯定的电法也确定了地下构造顶部，因此疑问是不大的。同时在钻进过程中，发现其他条件都很有利（如地层物理性质等），就只是不出油时，还可以例外地增加两口井（但这种情况是很少的）。

5 结束语

建议用的勘探程序，它的最主要的特征是：地质工作一开始，钻探工作也立刻出了场，不是单纯的地质指导钻探，钻探检查地质工作，而是相互的，彼此依赖着的，地质指导着钻探，同时钻探又反过来指导地质，使地质工作进行得一点也不盲目。

我提的意见，当然还有很多欠妥的地方，这是由于我参加工作时间少，经验少和理论差所决定的。但是我希望所有的石油地质工作者们，都来讨论一下我们的勘探方法（根据我们的条件、地域、时间），也许有一项到两项的改进，那就会对我们的祖国节约大量的时间和财富。

本文原载于《石油工业通讯》1956 年第 10 期。

再谈勘探程序

邱中建

（石油工业部西安地质调查处）

自从发表了我所写的《关于石油及天然气勘探程序的商榷》一文以后，连续看到很多同志对这篇文章的意见。最近西安地质调查处部分同志在安排 1957 年的工作和讨论开发鄂尔多斯地台的问题上，也涉及这篇文章的某些看法。我想，为了使问题的解决更加明确，再补充说明几点意见，仍然是有必要的。

1 建议用的勘探程序最适用于什么地区？

在大地构造不同单元的地区，应该使用不同的勘探方法，这一点是毋庸置疑的。根据目前的情况，必须确定至少两种勘探方法：一是地槽区的勘探方法，二是地台区的勘探方法。

目前采用的勘探程序一般可以认为是属于地槽区的勘探方法。当然，我并不认为这个勘探程序在地槽区使用就是尽善尽美的。因为地槽区包括过渡区在内，而过迟的在这些地区进行分散而有目的地对目的层的钻探，也会使勘探进行得盲目。但是，这个问题在地台区就显得更加严重。我所建议的勘探程序就是根据地台区的特点提出的。其根据如下：

（1）地台上覆盖广泛，平缓的新地层把较老的地层包括得像一个密闭器一样，对地台边缘地层的推论往往要伸延到地台内部几十千米甚至几百千米以外。这样的推论，不论结果是好是坏，如果没有一些目的层探井的实际资料作基础，实在是十分可怕的。

（2）只要有一定的地质及地球物理数据，在一些平缓隆起的地区，完全有条件进行分散钻探。在这里，一般同志所害怕的"顶部移动"的可能性是不大的；而且，构造上含油气的边线也较宽广。苏联 A.H. 克列姆斯著的《油藏与天然气藏的形成问题》中曾指出："在这样的构造中，只要我们根据地质—地球物理普查工作的结果，获得一些最初步的有关这种大地台构造结构情况和特点的概念，我们就可以确定出哪里有油、气藏，哪怕是我们第一口深探井并不是打在地台构造产油层的顶部，而是打在远距顶部的两翼上或倾没地带。"一个没有钻到顶部上的探井，对于一个具有工业价值的油气藏来说，至少可以起一个探边井的作用。

（3）根据目前的勘探程序，除了最后集中进行深钻以外，对于那些边缘地带，仅在普查时，根据地面露头提到了一点目的层的含油情况及储油物理性质等；以后的工作，包括地面地质细测、地震、电测和构造制图钻井等一系列费时而投资巨大的工作在内，都是为了明确构造形态，而对这些构造底下含油情况是毫无所知的。我们完全不否认构造是储集石油的重要因素，但这并不是唯一的因素。其他因素如地层是否含油、地层储油物理性质的好坏、目的层上部的盖油层性质等，也是非常重要的，甚至是决定性的因素。可惜的是有些同志竟忽略了一个基本事实——明确这些因素是需要一部分钻井数据的。这些因素存在或不存在、变好或变坏，不是由人们的意识来指挥的。有些同志甚至要想先获得这些因素的规律，然后再去钻井。把一些未知条件作为目的层探井的依据。

我想举一个大家所熟知的例子来谈一谈。陕北盆地东部发现的构造并不算少，可就是因为渗透率太差，没有找到一个较大的油田。在鄂尔多斯地台西部，三叠系延长统的渗透率仍然是一个关键问题。假如我们能真正地明确（是老老实实的，有一定钻井数据为根据地明确），我们敢说在那些储油物理性质变好的地区，一定能获得大量的石油。在那些区域里，如果有背斜隆起，当然最好；如果没有，我们仍然有把握可以获得岩性封闭油储，因为它的四周均被渗透率差的地层所封闭。可是，如果一个地区的渗透率很差，则即使有成群的构造，又做过了很多工作，仍不得不将它放弃。

2　建议采用的勘探方法是否冒险?

有些同志一提到分散钻探，就认为是不加可否地、无目的地乱钻，而且认为是只要看见一个构造就在顶部钻一口井。这种说法实在是对分散钻探的一种误解。实际上，分散钻探是有目的、有选择的。分散钻探的主要目的不是在明确局部构造的形态，而是在明确这些有一定资料的构造下部含油情况及区域地质情况。分散钻探的选择不是在某一构造上去"孤注一掷"，而是较普遍的选择一些构造来进行钻探。因此，我们可以这样来认识：如果只是孤立的来看这些单独的井，实在是太冒险了，而且是毫无意义的；可是，当这些孤立的井构成了一个网以后，它就不仅控制了一个面，而且控制了一个空间。我们就会发现，它一点也不冒险，而且意义重大。我在潮水盆地做过勘探工作，想拿它来作个例子说明这一问题。潮水盆地共有四排褶皱带，构造很多，所谓的大地构造位置也不坏。曾经在发现油苗的青土井构造上集中钻过六口浅井，一口1400m的中深井，其中有两口浅井获得了少量的原油。在第四褶皱带的窖水构造上，集中钻过三口中深井，现在都撤退了。得到的结论是青土井构造上没有有工业价值的油藏，窖水构造上没有含油岩系的存在。可是直到现在，有些同志包括我自己在内对潮水盆地的结论感到怀疑。有那样多的构造，只集中钻了一个窖水构造（青土井构造已露出了目的层不算）就能做出结论吗？如果我们换一种办法，把窖水构造上的三口井分别放在窖水、苦水及夹滩三个构造上，我们就会获得另外一种效果，就能做出一个比较全面的结论。因此，实际上，最后集中钻探的办法才真是一种冒险的办法。

3　建议采用的勘探方法是否经济?

这种方法经济与否，可以从两方面来考虑，一是投资，二是时间。我们假定一个例子来进行粗略的计算，就会更明白些（表1）。

表 1　建议采用的勘探程序与现行勘探程序对比

序号	建议采用的勘探程序	对比	现行勘探程序
1	小比例尺普查（包括重磁力）		小比例尺普查（包括重磁力）
2	基准井钻探 （1）钻 3200m 基准井 1 口； （2）1500m 普查深井 3 口； （3）投资 3270000 元	投资相等	无投资
3	大比例尺普查（包括重磁力） （1）加作十字电法剖面； （2）派出 6 个电测队； （3）投资 600000 元	投资相等 发现构造 30 个	大比例尺普查（包括重磁力）
4	分散钻探 （1）选择 10 个构造钻探； （2）每构造以 1500m 计； （3）投资 4500000 元		（1）地面地质细测 30 个构造，投资 3000000 元； （2）电测 15 个构造，投资 1500000 元； （3）地震 15 个构造，投资 3000000 元； （4）轻便制图钻井，选择 10 个构造，每个构造以 3000m 计算，投资 300000 元
5	在某构造上集中作地震、电测和细测，投资 400000 元		无投资
6	集中钻探 5 口井（出油）	投资相等	集中钻探 5 口井（可能出油）

说明：（1）除去投资相等的不算，建议采用的勘探程序投资 877 万元可以出油。而按照现行勘探程序，在最顺利的情况下，需投资 1050 万元才能出油。如某一构造集中钻探的情况不利，再选择一个构造钻架，需增加投资 300 万元（以每米 400 元计算，5 口探井，每口 1500m），据此类推。

（2）根据建议采用的勘探程序，在分散钻探以后，获得大量的地下及地面数据，可以做出可靠的结论。但是现行勘探程序必须在第 6 项以后，才能做出初步估计，而且仍不可靠。

（3）谢剑鸣 ❶ 同志所补充的意见很重要，因而在我的建议中还需增加少量地震投资。

（4）以上的数字都是粗略的，只能示意。

（5）不反对研究构造形态，但必须钻透目的层。

4　对名词的解释

现在探井方面有很多新名词，而且含义和应用范围都不一样，如基准井、轻便钻井、参数井、剖面普查深井和探油井等。我对上述探井的真正应用范围也了解得很不够。现将建议用的勘探程序中的探井名称与上述探井名称试图做一比较，并加以说明和补充。

（1）建议采用的基准井，有一部分用的是基准井，有一部分是剖面普查深井。这一部分井是要求井眼小，深度大，可以不全部取心，只要钻到目的层就行。

（2）建议采用的"分散构造深探油井"，并不需要使用正规的深探油井的钻机，只用进行轻便钻井及参数钻井的钻机即可，也不需要正式的试油。

（3）建议采用的集中进行的深探油井，是正规的深探油井。

本文原载于《石油工业通讯》1957 年第 7 期。

---

❶　1956 年 14 期《石油工业通讯》。

石油的生成

邱中建　亓永荣

（石油工业部勘探司）

石油一般是黄褐色或黑绿色的液体，它深深地埋藏在地下的岩石中。这些岩石年代都很古老，最老的可达五亿年，最年轻的也达三千万年。石油是怎样生成的呢？经过石油地质学家和地球化学家们的长期研究，现在已经了解到其中的一些奥秘。

1　石油"故乡"

在一些河流两岸的陡壁上，往往可以发现整整齐齐排列着的一层层的岩石，这种岩石层绝大部分是由砂岩、泥岩和石灰岩等组成的，它们彼此重叠起来，广泛地分布在地壳表层，被称为地层。地层的颜色多种多样，有红的、紫的、绿的、灰的和黑的等。

根据研究可知，暗色的（灰绿色、灰色和灰黑色）泥岩和石灰岩是可能生油的地层。如果我们到野外去观察一下这些岩石的露头，常常可以发现其中有大量的贝壳、螺类和微体的动植物化石，有的竟集中了成层的介壳，还有的则有大量的植物碎屑。这些都是古代水生生物的化石。

原来在古代也有无数的海洋和湖泊，繁殖了大量的动物和植物，它们不断地生长和死亡。当时陆地上气候条件改变了，水中的盐度改变了，引起了大批生物的死亡。每年从陆地上冲到海洋和湖泊里的生物遗体数量也是非常庞大的。所有这些生物遗体都和泥沙一起沉到海底或湖底，而在那里的水是经常停滞着的，从来不见阳光，漆黑一片，加之缺乏空气，因此氧化作用根本不能进行，使生物遗体的有机质不被破坏而被保存了下来。沉积继续进行着，泥沙一层又一层地盖了上去，把这些生物遗体埋得越来越深。几经沧桑变迁，黑色的淤泥逐渐变成了石头，里面的生物遗体也就逐渐变成了"乌金"——石油。这是有事实为证的。一些地质学家和海洋学家曾经研究过北美洲的加利福尼亚和墨西哥湾的浅海和海湾的近代沉积。他们在距岸 11km 的海底黑色淤泥中发现大量植物、浮游生物、鱼类等有机物遗体，并且在这些淤泥层下部的黏土中发现类似石油碳氢化合物的混合物。最有意义的是，越往深处去所含的石油碳氢化合物越多。这种现象告诉我们有机物质能够转变成石油，并且这种转变需要一定的深度。当上面覆盖了较厚的地层时，才能产生一定的压力和温度。在适宜的压力（约 300kPa）和温度（100～200℃）条件下，在细菌的分解作用下，促使生物的有机质发生一系列复杂的物理和化学变化，逐渐形成了石油。要使上面覆盖一定厚度的地层，最基本的条件是湖泊和海洋长期地不断下沉。覆盖上 800m 厚的地层，按最快的沉积速度，也大约需要 120 万年。什么深度才适于石油的生成呢？一般认为应当大于 600m。

2 湖泊也能生油

在很长的时间里，世界上大多石油地质学家都认为石油只能在海里沉积的岩层中生成，不能在湖泊沉积的岩层中生成。因为海水有相当高的盐分，有利于有机质的保存，并且适合于有机质进行转化，变成石油。而湖水一般是淡水或盐度不大的水，不利于形成石油，仅仅能变成煤或炭质物。我国在湖泊中沉积的岩层占很大比重，所以，一些国外学者们认为："中国是贫油的国家"，"中国没有油、气远景"。1949 年以后，我国石油勘探与石油科学研究事业蓬勃发展，通过十多年的实践，在与海洋无关的陆相沉积岩（湖泊沉积岩）中找到了大量的石油，扩大了石油勘探的领域，有力地驳斥了"中国贫油"的谬论，指出了我国油、气的光明远景。事实证明，不论在海洋里或湖泊里的沉积，只要含有丰富的有机质，有适合于有机质保存和转化的条件，就可以生成石油。有机物质的堆集、保存和转化是一个连续的过程。从保存的观点上讲，高盐度的咸水并非唯一的决定性条件。在湖泊里，水的盐分虽然比较低，但当沉积速度极快，而且底部不断下降，形成了一个稳定的深水环境的时候，已堆积的有机物质就会很快地被掩埋起来，免遭氧化分解，同样可以形成石油。所以，在分析某个地区有无生油条件的时候，要结合具体的地质情况进行分析研究，不能片面地强调某一因素。

关于石油的生成问题，在世界上还存在着另一种学说，这就是无机生成说。主张这种观点的人认为，石油不是由生物转化生成的，如有的认为只是与岩浆岩有关。但到目前为止，世界上所找到的油田 99% 以上都在沉积岩层中，从事实上否定了这种学说。

3 无孔不入的石油

石油一般是能流动的液体。因此，它不像其他固体矿产那样安分守己，它总是往有孔隙、有裂缝的岩石里流动。地层里有很多岩石是有孔隙和裂缝的，如砂岩和石灰岩。砂岩常常和黑色的泥岩重叠在一起。用显微镜观察砂岩，可以发现它们是由很多小颗粒组成的，颗粒之间有大量孔隙（图 1）；根据统计，孔隙最高可占整个岩石体积的 47.6%。在黑色的淤泥不断地沉积下去以后，其中的有机质逐渐形成了石油。同时，淤泥不断受到上部沉积物的压力而被压缩（在较大的压力下，它的体积可缩小二分之一），硬化以后就形成了泥岩，而其中的石油，由于受到压力而挤入周围有孔隙的砂岩中去（图 2）。我们把这种储有石油的岩层叫"油层"。目前，世界上最深的油层深度约达 7000m。因此我们又可以说，7000m 以上的地层是可以埋藏石油的。

如果有一个玻璃杯，先放进一部分汽油，再倒进一部分水，我们就会看到，汽油很快地浮到水面上来了。这是由于汽油的密度比水小的缘故。地下的情况也是这样的。由于各类岩石里往往都充满了水，砂岩里的石油也力图浮到水的上面。原来，当石油刚从生油的泥岩中进入砂岩的时候，是非常稀少的，这样的石油是不能开采出来的。许多油滴聚集以后，才能形成有开采价值的矿床。石油是怎样聚集起来的呢？我们知道，地下水面不是一个平面，地层各处的压力也不是均等的，因此地下水经常流动着。石油既然浮在水面上，当水流动的时候，就带着石油到处移动。只有流到适宜的位置时，石油才停息下来。由于在湖泊盆地中沉积的地层厚度不一致，所承受的压力也就不相同。一般盆地中心沉积较厚，承压较大，而边缘部分却正相反。因此，石油就从中心向两侧开始了长途旅行（图3），最后聚集在适当的位置。

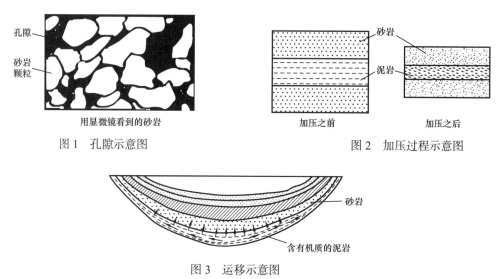

图1　孔隙示意图

图2　加压过程示意图

图3　运移示意图

4　地下"油库"

如果石油一直往高处运动，那么它最终会到地面上来。石油与空气接触后发现氧化反应，其中轻质成分（如汽油）会挥发掉，石油变为沥青，无法形成油田。那么油田是怎样形成的呢？首先我们来做一个简单的试验：在一个玻璃杯里装满了水，将它倒置在盛水的盆中，再用一根橡皮管放在玻璃杯的下侧，吹入气体，玻璃杯里的水会逐渐被气体排挤出来（图4）。

自然界也有这种现象。原来深埋地下的地层不是水平的，也不成为简单的倾斜状态，它们经过长期的地壳变动，都发生了弯曲和褶皱，有的向上弯曲，有的向下弯曲。向上弯曲的叫背斜，向下弯曲的叫向斜；有时弯曲得很剧烈，还会折断，折断的部分叫"断层"（图5）。如果背斜不仅在一个方向弯曲，而是四面八方都发生弯曲，那就像一个底朝天的碗，地质学上叫它"穹窿背斜"。它的作用也像那只杯子一样，最初背斜里的砂层充满了水，向上运动的石油不断取代了水的位置，把水排出到背斜以外，日积月累，该背斜里装满了石油。石油在运动的时候常常伴随有大量的天然气，天然气还要取代一部分石油所占的背斜的顶部，因此背斜的顶部是天然气，中间是石油，底部是水（图6）。背斜就是储藏石油的地下仓库，用石油地质学的术语来说，称为构造。完整的构造般都有一个"盖子"，叫作盖油层，使石油不会向上逸走，岩石中的泥岩、石膏等就是最好的盖油层。同时，它的中央有一个比四周略高的空间，这样，石油储藏在中间，也不致向四周跑掉。自然界能储藏石油的构造很多，背斜是最主要的一种，其他还有断层不整合（图7）等。

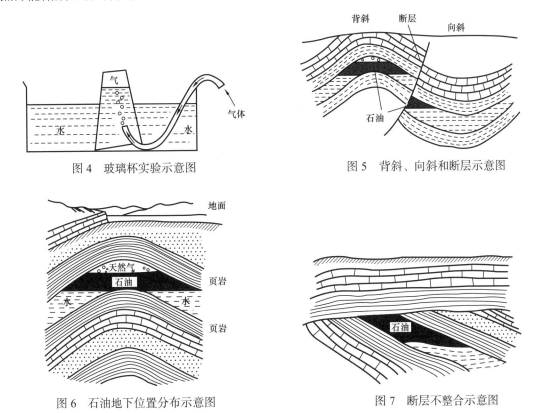

图4　玻璃杯实验示意图

图5　背斜、向斜和断层示意图

图6　石油地下位置分布示意图

图7　断层不整合示意图

有的人想象，石油埋在地下，好像地下河湖。事实上并不是这样的。石油是不断向构造里富集，藏在砂岩的孔隙中，把原本很干净的砂粒染成黄褐色或黑褐色。如果我们到河边去玩，当河边的沙滩与河水水面的高度差不多的时候，我们用手挖一个小坑，坑里立刻就会充满水，用手把水舀干后，不一会水又装满了小坑。这种现象说明，由于靠近岸边的沙滩储集了大量的水，同时，河水的水面高，压力大，才使水能从沙中渗出。地下构造砂岩中的石油情况也与此相似。饱含有石油的油层在地下受到很大的压力，一般来说，深度每增加 10m 就增加 1 个大气压力。当油层被钻穿，油井钻成以后，油层和井眼之间就形成了比较大的压力差，石油就在这种压力差之下流到井内。当油层具有很高的压力时，石油就会像喷泉一样喷出井口！

本文原载于《科学大众》1964 年第 5 期。

含油气盆地早期油气资源评价方法
——局部圈闭评价

龚再升　邱中建　杨甲明

（石油地球物理勘探局资源评价所）

摘要： 本文介绍了利用圈闭法进行资源评价的主要工作内容。文章着重分析了地质风险的构成和圈闭法储量估算中各项参数的分布特征以及它们的具体计算方法。最后介绍了如何利用地质风险系数和储量估算结果对构造进行综合评价及用圈闭评价参数的整体分布状况对盆地进行评价的方法。

油气圈闭综合评价的总流程综合利用了区域评价结果，主要由地质风险分析、储量预测和综合评价三部分组成。地质风险分析要研究的是勘探获得成功的可能性的大小；储量预测要解决的是如果某一圈闭的勘探获得成功，可能得到多少油气储量；综合评价就是要根据圈闭的储量——风险分布状况评选主要勘探对象，估价盆地总的资源状况，如图1所示。

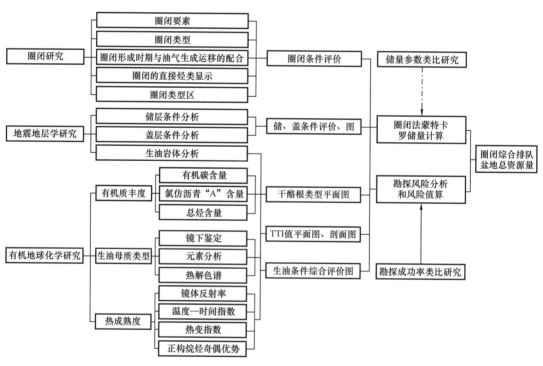

图1　油气圈闭综合评价流程表

1 地质风险分析

地质风险是指一个构造的勘探可能遭到失败的概率。造成勘探风险的地质原因总的来说有主观因素和客观因素两方面的因素。客观上人们不可能直接掌握至少几千万年前地下所发生的油气生成、运移、聚集的过程，以间接手段所能得到的规律性的认识总是有限的（由这个意义上讲地质风险是绝对的）。但是在长期的勘探实践中人们掌握了许多油气聚集的重要规律，所以当地质条件接近于认识中的油气聚集最佳条件时勘探成功率相对较高，相反成功率就会降低，也就是说不同的地质条件下会出现不同的风险——地质条件系数（这就是地质风险的相对性，它随认识的提高而降低）；在主观上，我们对地质条件的掌握（尤其在盆地勘探初期）总不会达到完全准确，大量物探和地质资料都具有多解性，这又给地质条件的判断带来风险——资料条件风险。总之由于认识能力与客观规律间的差距使得石油勘探的成败具有概然性。地质风险分析的任务就是要在同一水准上总结以往勘探经验，提供不同地质条件和资料条件下勘探获得成功的地质把握值，以对勘探的目标进行定量的预测，并作为勘探决策的依据。

根据地质风险的构成，地质把握系数等于地质条件系数与资料条件系数的乘积，表示为式（1）：

$$A_g = C_g \cdot C_d \tag{1}$$

式中　A_g——地质把握系数；

　　　C_g——地质条件系数；

　　　C_d——资料条件系数。

地质风险分析有以下几个主要环节。

1.1 选定地质条件系数

以地质条件系数来衡量控制含油的各项地质条件组合的优劣程度。地质条件系数实际等于一组给定地质条件的圈闭的勘探成功率，按概率运算原则，也就等于决定勘探成功率的各项有关地质条件对勘探成功的把握值的乘积。如：

$$C_g = tsrk \tag{2}$$

式中　C_g——地质条件系数；

　　　t——圈闭类型系数；

　　　s——油源条件系数；

　　　r——储盖条件系数；

　　　k——保存条件系数。

在选择地质条件时应该注意：（1）这些条件应是相互独立的；（2）要保证各项条件在公式中起的作用近于相等，如在上式中四项条件都是决定油藏形成的独立的影响因素，其中任意一项对油藏形成都有近乎同等的重要性。

1.2 拟合地质条件系数表

首先根据盆地类比结果用勘探程度较高（或饱和勘探）的类似盆地资料统计不同地质条件下的勘探成功率，然后按预测盆地选定的地质条件拟合地质条件系数表。表 1 是一个假设的比较简单的地质条件系数表，表示预测的某类陆相沉积盆地勘探成功率的拟合结果。表中第一行把握值全为 1，说明各项地质条件确实都达到最佳时勘探成功的把握为 100%。如某圈闭的地质条件为断鼻，Ⅱ 型干酪根成熟高峰段生油岩总厚 200～500m，具备河湖交替相储盖条件，断层通至地面，则地质条件系数为 $0.7 \times 0.9 \times 0.9 \times 0.5 = 0.29$，即当资料完全可靠时具有此类地质条件的圈闭勘探成功率大致为 29%。

表 1 地质条件系数表

地质条件 级别	圈闭类型	系数	油源条件		储盖条件		保存条件	
	条件	系数	条件	系数	条件	系数	条件	系数
一	背斜	1	热成熟高峰段Ⅰ、Ⅱ型干酪根生油岩总厚＞500m	1	三角洲相	1	埋深大于1000m无断层破坏	1
二	断背斜	0.9	热成熟高峰段Ⅰ、Ⅱ型干酪根生油岩总厚200～500m	0.9	河湖交替相	0.9	断层切割了构造主体部位	0.9
三	断鼻	0.7	Ⅰ、Ⅱ型干酪根生油岩总厚小于200m（高成熟）或大于200m（低成熟）Ⅲ型干酪根成熟生油岩总厚大于100m	0.7	河道砂砾相	0.7	断层切割构造主体并通至地面	0.5
四	断块及地层	0.5	无生油层	0～0.5	深—半深水湖相或洪积相	0～0.8	埋深小于1000m并有断层通至地面	0～0.5

早期勘探由于资料不足的限制很难给出详细的地质条件，随着勘探程度的提高有可能得到更为详细的地质条件，由于需要考虑的因素增多，各项地质条件都可以组成个系数表。如油源一项不但要考虑生油层的有机质丰度、干酪根类型、热演化程度，还要考虑排烃条件、运移途径和圈闭形成时间与生油层热演化的搭配关系。表 2 是一个考虑因素比较全面的油源条件系数表，可供参考。在生产，当考虑因素较多时，也常采用加法运算，并不十分强调概率运算的原则。例如表 3 中先按生油层质量给出基础分，然后考虑热成熟条件、排烃和运移条件以及圈闭形成时间等条件的不足在基础分中扣分。公式为：

$$油源条件系数 = 油源基础分 - 不足条件分的总和$$

同样圈闭、储层、保存条件也可以根据有关资料进一步拟合自己的条件系数表。

表2 油源条件系数表

生油岩热演化及油气运移条件 干酪根类型及生油岩总厚度	共成熟型 （圈闭处于成熟的生油岩中）	侧成熟型 （圈闭部位生油岩未成熟，供油半径范围内有成熟的生油岩）	下成熟型 （圈闭部位无成熟生油岩，圈闭层以下成熟生油岩提供的油源需经断层、裂隙、不整合面运移至圈闭）	未成熟型 （圈闭远离生油区） （>20km）
Ⅰ、Ⅱ型干酪根生油岩总厚大于500m	1	0.7	0.5	0～0.2
Ⅰ、Ⅱ型干酪根生油岩总厚200～500m	0.9	0.6	0.45	0～0.15
Ⅰ、Ⅱ型干酪根生油岩总厚小于200m或为Ⅲ型干酪根	0.8	0.5	0.35	0～0.1

表3 油源质量评分表

类别	条件		分值		
			好	中	差
基础分	生油岩质量		1	0.8	0.5
扣分	生油岩的热演化阶段	未成熟阶段	-0.3		
		初步成熟阶段	-0.1		
		油成熟高峰阶段	0		
		湿气及凝析油阶段	-0.1		
		干气阶段	-0.2		
	圈闭形成时间与大量排烃时间的配合	圈闭形成于大量排烃期或在大量排烃前	0		
		圈闭形成于大量排烃期以后	-0.2		
	油气运移条件	储层在生油层之上或生储互层	0		
		侧向运移	有断层阻挡-0.1，无断层阻挡-0.5		
		储层与下覆生油层间有非生油层阻隔	-0.2～0 视隔层渗透性而定		
		储层与生油层间为断层接触	-0.1		
		生油层在断层下降盘上升盘圈闭无生油层	-0.2		

1.3 确定资料条件系数

资料条件系数的研究要比地质条件系数困难得多，因为很难直接用统计的方法得出不同资料条件对勘探成功率的影响。工作中经常采用经验估计方法，这里简单介绍两种。

（1）概率估计法。这种方法的基本点就是分析资料条件的组成，估计不同资料因素对勘探成功或失败概率的影响。最常见的影响资料可靠性的主要因素：一是地震测线的密度和集采、处理、解释的质量，它将影响圈闭的可靠性和地震地层学解释的质量；二是探井井数的多少和探井资料取全取准的程度，它既影响地震地层学解释的精度也影响生油岩地球化学、岩石物性等多方面的分析结果。这些资料因素都在不同程度上影响确定诸地质条件的把握性。概率估计法原则上将地震资料和钻井资料的可靠程度各分三类，估计各种资料条件下对勘探成功的概率影响，得到一个条件系数表（表4），表中的数值代表不同地震和钻井资料下的资料条件系数。

表4 条件系数表

资料条件系数　　钻井资料 地震资料	一 评价区有钻井资料控制（0.9）	二 盆地有钻井资料控制（0.75）	三 盆地无钻井资料控制（0.5）
有足够地震资料控制圈闭面积、形态及局部地震地层解释（0.9）	0.8	0.7	0.5
地震资料只能控制圈闭的存在和区域地震地层解释（0.75）	0.7	0.6	0.4
地震资料控制不足，圈闭不落实，地震地层学解释不可靠（0.5）	0.5	0.4	0.3

（2）特尔菲法。虽然区域评价中给出了圈闭的各项地质条件，但绝不是唯一的解释，随资料可靠程度的提高多解性的范围就越窄。可以给出一个圈闭可能出现的各种地质条件的组合，算出全部可能出现的地质条件系数，取其算术平均值。这个特尔菲的地质条件系数平均值 $\overline{C_g}$ 与区域评价的地质条件系数（C_g）的比值即为资料条件系数（C_d），表示为：

$$C_d = \frac{\overline{C_g}}{C_g} \tag{3}$$

式中　$\overline{C_g}$——地质条件系数平均值。

例如某一构造按区域评价给出的地质条件为表5中第一行数值，地质条件系数为0.66。评价后又提出油源、储盖、保存条件都可能出现其他解释（如第二行数值）。表中的系数可能有 $2^3=8$ 种组合方式，得8种地质条件系数的平均值为0.52，则资料条件系数为0.79。

表5 某构造地质条件表

圈闭类型	油源条件	储盖条件	保存条件
0.9	0.9	0.9	0.9
	0.7	0.8	0.8

1.4 计算有多层圈闭的构造地质把握系数

如一个构造有两个或两个以上目的层做了单层风险分析，其各层圈用的地质把握系数分别为 A_a、A_b、A_c，则这个构造至少有一层找到油的把握系数（A_{To}）为：

$$A_{To}=1-（1-A_a）（1-A_b）（1-A_c）$$

具有多圈闭的构造中风险计算原则同样适用于圈闭区（play）的风险计算，上式相当一圈闭区有三个构造，其把握系数分别为 A_a、A_b、A_c，圈闭区中至少有一个构造找到油的把握系数为 A_a。

2 圈闭法储量预测

目前世界上普遍采用的圈闭法储量预测的公式是

$$Q=SFHK \tag{4}$$

式中　Q——地质储量，10^4t；

　　　S——圈闭面积，km^2；

　　　F——面积充满系数，%；

　　　H——油层厚度，m；

　　　K——单储系数，10^4t/（km^2·m）。

式（4）中的四个预测储量的参数，除圈闭面积一项外，其构成都是相当复杂的。

面积充满系数几乎是所有地质条件的综合反映，它不仅取决于生油岩的厚度、有机质的丰度和类型及热演化程度，还需考虑生储组合的排烃条件、运移途径和在有效供油面积内油气运移量与储集空间的比例关系，以及圈闭的盖层条件、断层的封闭性能和油气保存等项条件。

油层厚度在面积充满系数确定的前提下，则取决于储层的厚度、层数和圈闭闭合幅度，因此也是全部地质条件的综合结果。

单储系数直接决定于原油性质、原始地下体积系数和储层的孔隙度含油饱和度，而这些因素与物源条件、沉积相带、地层时代、成岩后生作用、埋藏深度和地层水性质等都有关系。

由以上分析可见，在勘探初期无法由非常粗略的地质条件出发去测算这样复杂的参数，只能根据预测构造本身的地质条件与条件相似的油田进行类比。

由于各项参数都是多项相关因素互相制约的结果，在类比中我们只能由较为单一的主要相关因素出发，在最好的情况下也只能得到某一参数的概率分布函数，而不可能得到一个肯定的数值。例如，在统计类似油田的面积充满系数与各项地质条件的关系时发现生油层厚度与面积充满系数关系最密切（图2），另外还发现面积充满系数与地质条件系数间也存在类似的正变趋势。如果某需预测的圈闭生油层总厚为400m，地质条件系数为0.2，则这个圈闭面积充满系数预计应在25%～90%，同时地质条件系数偏低还说明面积充满系教偏向25%方面的可能性要更大一些。若以概率分布图表示这一圈闭的面积充满系数在

25%～90% 间的哪些部位出现的可能性大些、哪些部位的可能性小些，可能绘出图 3 所表示的结果，既出现 38% 的可能性最大向两端降低，概率分布略呈对数正态或三角分布。

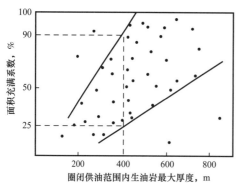

图 2　面积充满系数与生油岩厚度关系图

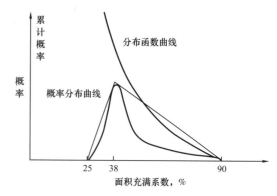

图 3　某圈闭面积充满系数概率分布示意图

这样一种基本的参数特征决定储量预测中必须引入概率统计方法——蒙特卡罗法，并在选取参数时不必过分烦琐，着重要考虑的是早期勘探盆地中所能取得的地质条件和主要相关因素确定的各项储量参数的概率分布函数特征。这些看来似乎是粗线条的考虑反而会有助于更正确地勾绘出预测的轮廓。具体工作步骤大致如下。

（1）由类似盆地的已知油田统计面积充满系数、油层厚度、单储系数与各项地质条件的关系，经判别分析从中找出主要相关因素。

（2）依主要相关因素确定各参数图版，如图 2 所示。

（3）按预测圈闭的地质条件在图版上量取各项参数的范围值。

（4）根据地质条件系数按下列公式将各项参数取三角分布，如图 3 所示。

三角分布的顶点值 = 最小值 +（最大值 − 最小值）× 地质条件系数

如有条件进一步判断参数分布函数特征，也可相应取正态分布，对数正态、偏态乃至离散分布，例如当地质条件系数等于 0.5 时正态分布描述参数的分布特征比用三角分布更为合适。取三角分布只不过是在生产中碰到难于确定理论分布形态时的一种应急办法，实际统计中则很少见到三角分布。

（5）进行蒙特卡罗计算。将四项参数的分布函数在电子计算机中用伪随机数发生器进行随机相乘，得出储量概率分布曲线及累积概率分布曲线（图 4）。习惯上认定累计概率为 5% 及 95% 的储量值代表预测储量的范围值，概率曲线上的众数所对应的储量值为最大可能储量，累计概率 50% 的储量值及累计概率曲线的面积平均储量值对圈闭的储量都有一定代表意义。

3　构造综合评价

构造综合评价有两项主要任务：（1）以选择勘探目标为目的对构造分类排队并进行经济可行性估计，最后确定勘探对象；（2）用圈闭评价参数的整体分布状况对盆地进行评价。下面介绍几种常用的评价方法。

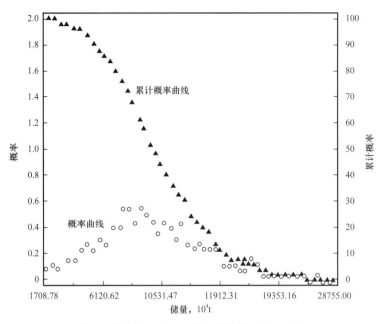

图 4 储量概率分布曲线和累计概率分布曲线

3.1 风险储量

储量预测计算的储量是未经风险的，只在勘探获得成功时才有意义。风险储量（Q_r）等于圈闭的预测储量（Q）与地质把握系数（A_g）的乘积。

$$Q_r=QA_g$$

其含义是如有一预测储量为 1000×10^4t 的圈闭，A_g 等于 0.25，勘探 10 个这样的构造可能拿到 2500×10^4t 的储量。因此风险储量对单个构造来说并没有储量意义，但盆地中全部圈闭的风险储量之和则可代表盆地的总资源量。由此所引出的另一层含义是圈闭的风险储量代表了该圈闭在盆地总资源量中所占的地位。由单纯的地质角度出发，圈闭的风险储量就是我们对圈闭进行评价的综合指标，它既考虑了可能获得的储量大小又考虑了所要承担的风险。

3.2 储量风险综合分类排队

在实际决策时往往不能只由地质角度出发，出于不同目的对圈闭就会有不同评价标准。如资金雄厚时可能敢于承担较大风险，愿意把预测储量较大的构造作为主要勘探对象；当资金短缺时就会把风险较小的构造认为是最适宜的勘探目标。这时就要求有一张便于进行储量—风险联合分析的一目了然的图件。我们采用储量—风险联合分析图（图 5）。图的横坐标为未风险储量，纵坐标为地质把握系数，在坐标图上还可以打出等风险储量网，这样就可以在图上看出各构造的预测储量，地质把握系数和风险储量。最后可根据需要划分出不同储量和风险的区间，将构造进行分类，同类构造中又可根据风险储量排队。

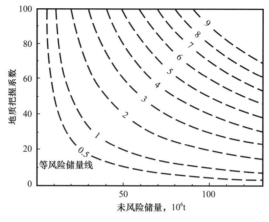

图 5　储量—风险联合分析图

3.3　勘探可行性的经济估计

可行性经济估计内容很多，这里只简单介绍一种决策时常用的指标 NPV（最低贴现率）和 X 值（最低成功率）。

$$NPV=A_g(PV_s)+(1-A_g)(PV_F)$$

式中　A_g——地质把握系数；

　　　$1-A_g$——地质风险系数；

　　　PV_s——成功贴现率（实际事于勘探获得成功后开发中所能获得的纯盈利的现值）；

　　　PV_F——失败贴现率（实际等于勘探失败时所支付的全部勘探费用的现值，其本身为负值）；

　　　$A_g(PV_s)$——考虑成功概率后的开发纯盈利现值；

　　　$(1-A_g)(PV_F)$——考虑失败概率后的全部勘探投资现值；

　　　NPV——则代表盈亏可能性的估计值（NPV>0 为盈，NPV<0 为亏）。

NPV 等于 0 是勘探可行的最低要求。反过来经济测算对地质把握产生了最低要求。

设 NPV=0 时 $A_g=X$，

则：$0=X \cdot PV_s+PV_F-X \cdot PV_F$

$$X = \frac{-PV_F}{PV_s - PV_F}$$

只有当地质把握系数大于或等于 X 值时勘探才是可行的。

3.4　盆地的综合参数分布评价

经过单个圈闭评价后，反过来又可以根据圈闭评价参数的整体分布状况对盆地进行评价。评价中可考虑以下参数：

（1）盆地总资源量；

（2）预测的油田规模概率分布特征；

（3）圈闭把握系数的概率分布和预测的储量成功率（即 Q_i/Q）；

（4）地质条件系数和资料条件系数的概率分布；

（5）油层厚度、充满系数、单储系数的概率分布。

以上我们讨论了圈闭综合评价的有关方法，在研究方法时当然必须要求方法的完善合理，但对评价实际而言最根本的是经验。由于评价的最根本的依据都是由类比得来的，如果没有足够的勘探经验资料的积累，再好的方法也无济于事。

圈闭的综合评价是在盆地各项石油地质条件综合研究基础上进行的，其评价质量直接取决于资料质量、丰富程度以及各项研究工作的深入程度，因此整个评价工作中基础工作是首要的。

参与这项工作的有王善书、李文东、赵柳生、钱光华、余淑敏、杨川恒、曹文贤、王安乔、支瑞良等同志。

本文原载于《石油学报》1983 年第 3 期。

含油气盆地早期油气资源区域评价

邱中建 龚再升 杨甲明

（石油地球物理勘探局油气资源评价所）

摘要：根据现代油气生成理论、油气运移理论、油气聚集理论，采用地质、地球物理、地球化学、数学地质相结合的方法，吸取了当前国内外油气资源评价的先进方法，并通过在海上某些含油气盆地早期油气资源评价的实践，总结了一套较完整的评价方法和流程，包括区域地质评价、油气圈闭条件评价、生油条件评价和储层及盖层条件评价。

油气资源评价是根据现代油气生成理论、油气运移理论、油气聚集理论，采用地质、地球物理、地球化学、数学地质相结合的一种综合研究工作。目前国内外都十分重视这一方法的研究，发展较快。近几年来为适应我国海上石油勘探工作的需要，先后对沿海大陆架的一些含油气盆地进行了早期油气资源评价。在工作过程中，吸取了国内陆上油气预测的丰富经验，并吸取了国外各石油公司在油气资源评价中的有益部分，在实践中取长补短进行了初步总结。期望这一总结能有助于加速我国海上石油勘探开发的进程。

油气资源评价方法在不同的勘探阶段、不同的地质条件、不同的资料条件下应有所不同。每一种方法都必须与资料条件相适应，这里总结的方法是指含油气盆地早期油气资源评价方法（图1）。

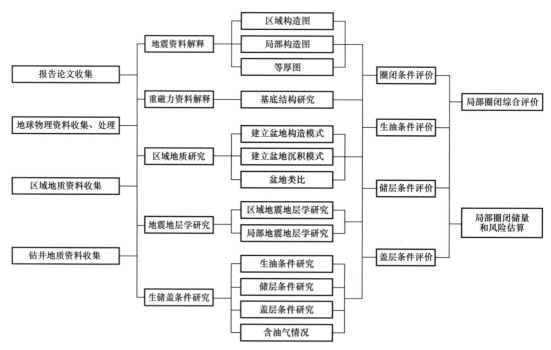

图 1 含油气盆地早期油气资源评价流程图

所谓"早期"是指勘探程度低，一般只有个别的探井或参数井，但经过了全面的地球物理普查，可以控制圈闭的分布，可以进行全面的地震地层学解释。当然不同阶段的评价方法又有许多共同之处，许多研究工作的方法也可相互借鉴。

1 区域地质研究工作

区域地质研究工作的主要任务是正确地勾绘沉积盆地的发育轮廓，通过与相同类型沉积盆地地质参数和油气田地质参数的类比、估算，确定盆地的含油远景，并做出分区地质评价（图2）。由于区域研究是整个评价工作的先行和基础，所以在区域大剖面及基础测网解释阶段就要得到初步成果。

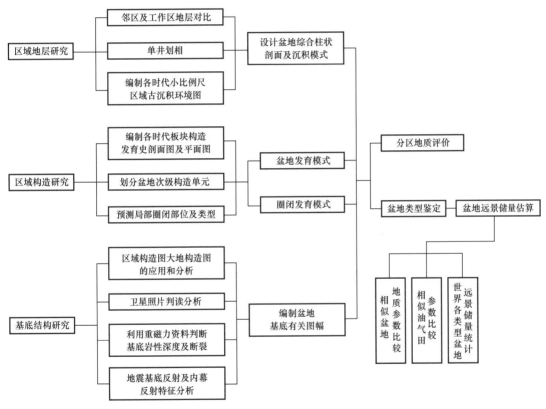

图 2　区域地质研究流程图

区域地质研究主要工作内容如下。

1.1　沉积模式的建立

建立一个沉积盆地的沉积模式，有以下几个工作步骤：

（1）收集测区及邻区的地层资料进行对比，明确沉积间断并对各时代地层进行沉积相分析；

（2）利用盆地内或相似的邻区盆地钻井资料进行单井划相；

（3）编制包括沉积盆地的小比例尺的各时代区域岩性、岩相变化平面略图；

（4）设计本盆地综合柱状剖面图；

（5）设计本盆地主要目的层系的沉积模式图。用重建模型的办法表现沉积来源、沉积体系、沉积环境及岩相变化。

1.2 构造模式的建立

建立构造模式包括两项具体内容：一是盆地发育模式的建立；二是圈闭发育模式的建立。具体步骤为：

（1）收集并研究大区域板块构造资料及区域构造资料，包括变质岩系的分区分带；火成岩的分类、分期、分区；区域沉积体系的分布、地热流值测量成果及区域重磁力测量成果的研究；

（2）运用板块构造活动的观点，建立盆地发育模式图；

（3）确定该沉积盆地的类型；

（4）对盆地次一级构造单元进行划分，编制构造区划图；

（5）根据典型的构造发育剖面设计圈闭发育模式，明确圈闭发育规律（图3）。

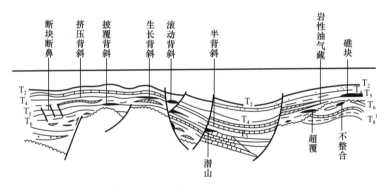

图3 珠江口盆地油气圈闭模式图

1.3 基底结构的研究

利用卫星照片、重磁力资料，结合地震区域剖面对基底结构、基底深度及基底岩性进行解释。

（1）利用卫星照片进行判读，掌握盆地外围构造格局及与盆地内部基岩分布的关系；

（2）利用重磁力资料，结合地震基底及内幕反射，解释基底断层及基底岩性；

（3）利用重磁力剖面做模型，对某些特殊地质体进行判断。

1.4 相同类型含油气盆地地质参数及油气田地质参数的比较

找寻世界上相同类型的盆地，对各种地质参数进行比较，并研究各相似沉积盆地中油气田的形成规律、地质特征及含油规模。

（1）提出相似盆地进行类比，重点比较以下参数：盆地类型、主要沉积岩时代、沉积岩面积、沉积岩体积、沉积岩最大厚度、主要沉积环境、主要岩性、主要不整合时代、基岩时代、已发现和预测的油气储量、原油性质、找到大油气田个数、圈闭主要类型及形成时期、生油岩类型丰度及时代、生油门限及主要运移期、主要储集体类型及储油物性、生储盖配置关系和平均油层深度等；

（2）提出可能出现的油气田类型，并研究相应的地质参数，如类比某盆地三角洲油田礁块油田等的可能性并研究该类油田地质参数，包括可采储量、油田面积、油层厚度及层数、油层物性、单井产能、油层深度及温度、油层压力、驱动类型、油气性质和油气比等；

（3）根据与相同类型沉积盆地各类地质参数类比，以多种方法（如沉积岩体积法、沉积岩体积速度法、生油岩单位体积法等类比方法及氯仿沥青"A"等生油量计算法）进行油气远景储量预测，并预测油气田规模。

2 油气圈闭的研究

油气圈闭条件的研究是在物探资料解释的区域构造图和局部构造图、构造要素统计的基础上，进行构造形态方面的研究；在等厚图、构造发育剖面及构造形迹的力学分析基础上，进行构造成因方面的分析；综合形态与成因研究成果进行圈闭类型划分。结合区域研究成果，明确不同类型圈闭间的成因联系，建立圈闭序列模式，划分圈闭类型区。研究圈闭发育期与圈闭供油半径范围内生油岩热演化的配合关系，对圈闭和圈闭区进行聚油条件分析。最后结合直接烃类异常分析（HCI分析）对圈闭进行评价。工作流程如图4所示。

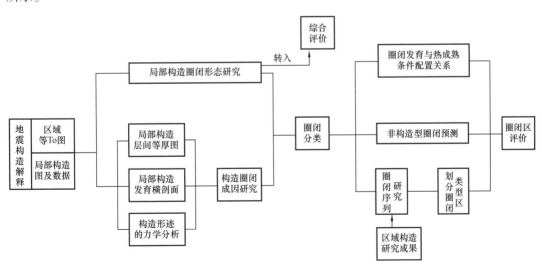

图4　油气圈闭研究流程图

2.1 地震构造解释

地震构造解释工作流程如图 5 所示，目前海上地震勘探水平叠加剖面、偏移叠加剖面、相对振幅保持剖面都作为常规处理，这样不但通过水平和叠偏两套剖面的解释，可使较复杂的断裂区得到比较精确的构造图，同时也提供了利用相对振幅保持剖面进行普遍的烃类检测的可能。另外在标准层的选择和对比精度的要求上，区域和局部都应有所区别。区域解释应侧重层序界面的划分及层组关系的闭合，局部构造解释应强调目的层系标准层的质量和严规的相位闭合。区域构造图可以不做时深转换，区域断裂系统的研究可用时间构造图，其他区域研究用计算机绘制的深度图和等厚图即可满足。

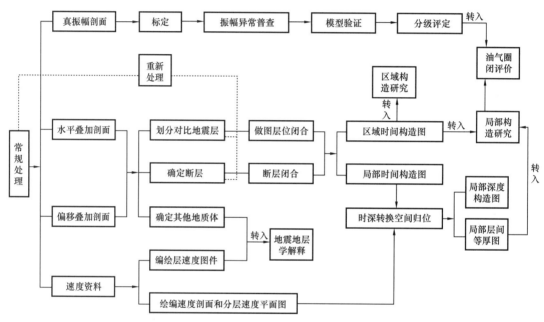

图 5 地震资料解释构造制图流程图

2.2 圈闭的形态研究

构造的形态研究包括形态分类和数量、规模、分布特点的统计。由于综合评价中必须采用单项因素，圈闭类型就必须采用形态类型，因此圈闭形态分类应与圈闭评价紧密结合，一般可分背斜、断裂背斜、断鼻、半背斜、断块及地层、岩性和圈闭八类。

2.3 圈闭的成因研究

圈闭的成因虽然属于纯构造的研究范畴，但对于特定的盆地来说，不同成因类型的构造，往往与不同的成油条件有着相应的联系。可以认为圈闭成因在一定程度上反映了综合评价的内在规律。工作步骤如下：

（1）对物探解释的局部构造进行普遍分析，分类解剖（编制等厚图、发育横剖面）详细掌握不同类型圈闭的发育特点，编制圈闭类型表；

（2）对盆地内的圈闭逐一确定成因类型；

（3）通过区域构造的地质力学分析，结合不同构造单元圈闭类型分布，确定盆地不同构造部位的圈闭序列。圈闭序列是指盆地中一定区域内，成因上互相联系的一系列圈闭，在空间上的特定配置关系。圈闭序列的研究有助于掌握圈闭间的成因联系和分布规律。

（4）划分圈闭区。在同一个一级或二级构造单元上，具有相似的沉积和构造发育历史及相似的圈闭形成条件，且往往有一种或两种圈闭类型为主的一群圈闭的平面组合称圈闭区。一级、二级构造单元的概念不能代替圈闭区的概念，主要原因是一个构造单元上，不见得只包括一个圈闭区；另外一个构造单元，可能只在某一局部发育圈闭；有些圈闭分布零散规律性不强，这些圈闭往往是次要的圈闭。一个圈闭区中，各圈闭油气聚集的主要条件基本相似，划分圈闭区的目的，在于便于分类、分区评价。尤其在海上勘探开发较昂贵，更要求突出对大型、集中分布的圈闭评价。国外把这种评价单元称为"play"，局部远景构造称为"Prospect"。

2.4　构造形成时期和油气生成运移的匹配关系研究

工作步骤如下：

（1）编制层间等厚图，确定构造各期发育幅度和各层累计发育幅度；

（2）如为断层圈闭，则需编制断层落差展开图，分析断层发育的现状和历史，判断断层的封闭性能；

（3）计算局部构造顶部和供油半径范围内最深凹陷部位沉积热变曲线；

（4）编制构造聚油条件分析图；

（5）利用地震信息判断圈闭的含油气远景。目前石油界广泛地利用各种地震信息来判断圈闭中可能的直接烃类显示，又称HCI分析。最常见的是利用振幅异常（亮点、平点、暗点）、速度异常、极性反转等信息来判断是否为烃类的反应。严格地说，就是研究岩石中可能的流体性质的差异所造成的声阻抗变化。

①标定：综合钻井资料和其他物探资料确定一个反射系数，目的在于确定不同深度页岩与含不同流体砂岩的声阻抗关系，掌握亮点、暗点、极性反转等异常可能出现的深度范围。

②定性：鉴定振幅异常，研究其在平面上的分布，通常应与圈闭分析结合进行，HCI的质量可以根据以下几方面来确定：a. 与期望地震效应对比有明显异常；b. 与同区已知的HCI对比有相似性；c. HCI的平面分布是局部的零散的显示，还是与圈闭相关呈面积分布的。

③定量：根据亮点剖面做定性分析，再据定性分析结果确定地质参数编制地震模型，做出合成地震剖面，与已知剖面对比以确定定性判断的可靠性。

④对圈闭上的振幅异常分级评定。可分三级：

一级：在多条测线上有明显的振幅异常（包括亮点、暗点、平点），与构造关系密切，具有其他异常特征（如极性反转、速度异常、滞后、低频等）的构造圈闭。

二级：特征明显但只有一条测线通过的圈闭，或特征一般但有多条测线通过的圈闭。

三级：振幅异常及其他异常特征一般，且只有一条测线通过的圈闭。

应用 HCI 分析资料时应注意其可靠程度的鉴别，一般在盆地早期勘探阶段缺乏测井参数，对一般的振幅异常很难做出准确判断。另外 HCI 一般在浅层比较明显，深层很难出现明显的异常。

3　生油条件的研究和评价

当评价一个含油气盆地含油远景时，最基础的是生油条件的好坏。要解决四个基本问题：一是生油岩中有机质含量是否丰富，即有机质丰度；二是生油岩的质量及其平面分布；三是生油岩的热成熟度及平面分布；四是有效生油岩体积。

这些基本问题作为生油岩研究，世界各国近年来发展很快，涉及的内容非常广泛。在盆地早期油气资源评价中，却只取其中能回答以上几个问题的最简单的方法。

3.1　有机质丰度

用以下几方面指标衡量：（1）总有机碳的含量（Cro）；（2）氯仿沥青"A"含量；（3）总烃含量（ppm）。

3.2　生油岩的质量及平面干酪根类型的确定

生产实践和实验室模拟研究结果表明，生油母质类型在很大程度上影响生成烃类的性质和数量。国内外研究结果一般认为Ⅲ型干酪根生油潜力要比Ⅰ型干酪根生油潜力低 6～7 倍。因此生油岩质量在生油条件评价中是非常重要的。最常用的方法如下：

（1）镜下鉴定：对分离出的干酪根进行显微镜下鉴定，判别其不同类型、不同大小、不同保存程度及不同密度，可划分为非晶质腐泥型、草质型、木质型和煤质型。

（2）干酪根元素分析：对分离出的干酪根进行元素分析，测出氢、氧、碳、硫、氮的含量，然后根据氢碳比、氧碳比的不同比值确定干酪根类型。富含氢的（H/C＞1.5）定为Ⅰ型，贫氢的（H/C＜1）定为Ⅲ型。

（3）用热解色谱分析结果确定干酪根类型：生油岩中存在的残留烃和尚未生成烃类的干酪根在升温过程中，在不同温度下释放出来的产物经色谱分析可得单烃分布图，根据不同温度下 S_1、S_2、S_3 峰的高低，算出氢指数、氧指数，在图板上可确定干酪根类型，或用类型指数（S_2/S_3）来确定。

以上三种是最常见和广泛应用的方法，其具体分类指标和方法还存在一些分歧，随着对干酪根内部结构的深入研究，近来不断提出许多新的确定干酪根类型的地球化学指标，如用红外光谱、热失重、碳同位素、色质联测仪的分析成果，也越来越多地应用于生产研究。

（4）确定干酪根类型的平面分布：以上方法只能从钻井取得的岩心岩屑分析得到一口井不同层位的干酪根类型。对于评价一个盆地或地区的生油条件来说，还必须了解盆地内不同层位、不同位置的干酪根类型，这就要借助于地震地层学的研究成果。做法是：

① 研究已知含油气盆地沉积相和干酪根类型的关系；

② 通过地震地层学的研究确定盆地或凹陷内的沉积相；

③ 根据已知盆地沉积相和干酪根类型的关系，推断盆地内不同层位和不同位置的干酪根类型，并在地震—沉积相平面图上标出干酪根类型的平面分布。

3.3　生油岩的热成熟度及其平面分布

成熟的生油岩是有效的生油岩。目前确定生油岩成熟度的方法很多，总的来说有两类。

（1）通过对生油岩的实验室分析鉴定，确定单井剖面的热成熟度。其指标有镜质体反射率（R_0）；孢子、花粉、角质颗粒干酪根的颜色（XRD）；热解色谱 S_2 最大峰温值（T_{max}）。以上这些指标可以确定一口井在纵向上生油岩的成熟度，在评价生油岩时还须知道不同层位平面上热成熟度的变化。

（2）通过时间—温度指数（TTI）计算确定盆地不同层位、不同位置生油岩的热成熟度。有机制转化为烃类是有机质的热降解过程，这个过程基本符合化学动力学单分子一级反应。

$$-L_n\frac{C}{C_o} = A \cdot e^{\frac{E}{RT}} \cdot t \tag{1}$$

式中　C_0——原始干酪根浓度；

　　　C——降解后的浓度。

$-L_n\dfrac{C}{C_0}$ 就是表示热成熟度的时间温度指数，它与演化的时间（t）呈线性关系，与热演化的温度（T）呈指数关系。地质剖面上某深度（温度）—时间点的热成熟程度应为每个时间间隔热变效应的总和。

因此：

$$TTI = \sum_{n=1}^{n=i} A \cdot e^{-\frac{E}{RT_i}} \cdot \Delta t_n \tag{2}$$

式中　A——频率因子；

　　　E——活化能；

　　　T_i——绝对温度，K；

　　　Δt_n——生油岩在某深度（温度）段停留的时间，s；

　　　R——气体常数。

工作主要内容如下：

（1）式中的 E、A 值，在不同的含油气盆地中不同干酪根类型是不同的，也难以在实验室中测定。可根据盆地中已知标准地球化学剖面干酪根的热降解曲线，用阿雷尼乌斯方程求取。

（2）式中 R 为常数，E、A 值求得后，只要从地震剖面上取得 T_i 和 t_i 就可以求出相应的 TTI 值。

（3）用求得的 *TTI* 值和已知地化剖面中的镜煤反射率（R_0）、热变指数（*TAI*）等取得相关关系，确定 *TTI* 与成油气阶段的关系。

（4）通过对地震剖面上的 *TTI* 值计算，编制热演化剖面。

（5）分层系编制热演化平面图（*TTI* 等值图）。

4 储层、盖层条件的研究和评价

储层、盖层的研究和评价，在勘探程度较高的含油气盆地内，可以充分利用钻井资料，并配合局部地震地层学研究成果进行。但在早期勘探的含油气盆地中，储盖条件研究比较困难，最重要的是开展区域地震地层学和局部地震地层学研究，充分利用地震信息来推断岩性、岩相的变化。

4.1 区域地震地层学和局部地震地层学研究

区域地震地层学研究流程如图 6 所示，本文只是列举通过地震地层学研究所要取得的反映储层、盖层变化的成果图件（如有钻井资料，必须紧密结合）。

（1）贯穿盆地的纵横向地震相——沉积岩性解释剖面；

（2）各时间地层单元的地震相——沉积相平面图，了解各层系的沉积来源、沉积环境和相带分布；

（3）在地震层速度研究的基础上编制各时间地层单元的砂泥岩百分比图，了解各层系的岩性变化；

（4）含油气盆地主要时间地层单元的沉积模式图，了解含油气盆地的沉积旋回、生储盖组合以及主要勘探目的层的沉积环境和主要沉积体系；

（5）各种特殊地质体的分布图。在各时间地层单元地震—沉积相图的基础上，从沉积体系出发搞清三角洲体系、碳酸盐岩滩、礁沉积体和扇体等地质体的分布；

（6）局部地震地层学研究成果。针对某些特殊地质体或局部圈闭，利用地震多种特殊处理手段取得的各种信息，进行地质解释。可用来评价某些重点圈闭的生储盖条件。

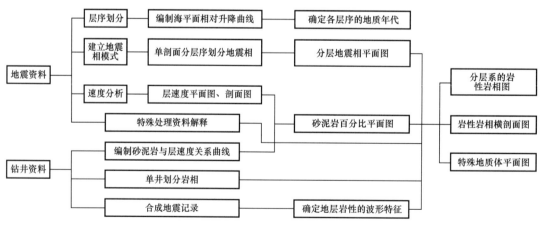

图 6 区域地震地层学研究流程图

4.2　区域地质条件及盆地发育历史研究

（1）编制海平面升降曲线，推断沉积层的时代及沉积旋回；

（2）计算盆地各地质时期的沉降速度，以推断各期物源供应情况、岩性组合和岩石物性；

（3）研究盆地发育史及周边地质条件，推断各地质时期的物源方向及母岩性质。

4.3　相似盆地储盖条件的类比

寻找盆地类型、沉积时期、发育历史等地质条件相近似的盆地进行类比，包括生储盖组合、主要成油时期、主要储层岩性、储集体类型、储层厚度、储层物性和盖层条件等进行比较，利用数理统计方法确定相似值区间，为盆地评价提供参数。

4.4　编制储层、盖层条件评价图

根据以上各方面的研究成果，在区域地震沉积相平面图的基础上，考虑特殊地质体的分布、局部地震地层学研究成果，分层系编制储层、盖层评价图。

本文原载于《石油学报》1983 年第 3 期。

GEOLOGICAL CHARACTERISTICS AND OIL PROSPECTS IN THE SOUTH CHINA SEA

Zhai Guangming, Qiu Zhongjian

(Ministry of Petroleum Industry of the People's Republic of China)

Abstract: The northern part of the South China Sea is one of the most promising petroliferous regions of the world today. It covers a total area of 350000 km² and embraces four major sedimentary basins, respectively in the Pearl River Mouth Basin, the western part of the Yinggehai Basin, the eastern part of Yinggehai Basin and the Beibuwan Basin. Geological surveying started in the Yinggehai Basin at the beginning of the 1960s. The first discovery well was in the Beibuwan Basin where a flowing well was drilled into Palaeogene deposits in September 1977. Two years later, oil and gas were also discovered in other basins. The flowing of oil from these basins one after another opened up a new chapter in large-scale exploration activities in recent years. The China Petroleum Corporation concluded a number of agreerpents with some foreign oil companies to conduct geophysical surveys in the northern part of the South China Sea. This zone proved to contain Meso-Cenozoic sedimentary basins favourable to the occurrence of oil, with good reservoir thickness and structural traps of varying types. The results of geophysical work and some wildcats indicate that this part of the South China Sea possesses giant prospective structures, considerable thicknesses of good—quality source rocks and various attractive reservoirs, including deltaic deposits, reefs and carbonate banks, thus displaying the tremendous oil potential of this region.

Keyword: South China Sea; geological characteristics, pattern of evolution; oil and gas accumulation; oil prospects

1 FOREWORD

The continental shelf in the northern part of South China Sea, including a part of continental slope, is located in the southernmost terminus of the Chinese mainland, extending from Beibuwan in the west to Guangdong Province in the east. It covers a total area of $35 \times 10^4 km^2$ and embraces four major sedimentary basins respectively in the Pearl River Mouth Basin, the western part of Yinggehai Basin, the eastern part of Yinggehai Basin and the Beibuwan Basin (Fig.1).

Oil and gas seepages were discovered long ago at more than 30 places along the sea coast from Yinggehai village to Sanya southwest of Hainan Island. Geological survey started in the

Yinggehai at the beginning of the 1960s, followed by the drilling of a few shallow boreholes and a small amount of seismic work. A little oil was obtained from these holes. At the same time, an aeromagnetic survey was carried out in the Beibuwan area.

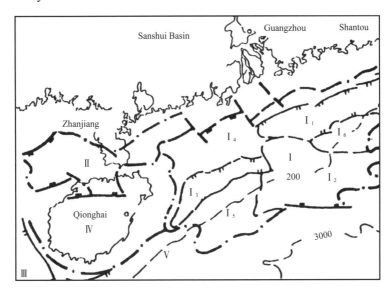

Fig.1   Location map of the sedimentary basins in the northern part of South China Sea

Ⅰ. Pearl River Mouth Basin ;   Ⅰ$_1$. Zhu 1 Depression ;   Ⅰ$_2$. Zhu 2 Depression ;   Ⅰ$_3$. Zhu 3 Depression ;   Ⅰ$_4$. The Beibu Fault Terrace ;   Ⅰ$_5$. Shenhuansha Uplift ;   Ⅰ$_6$. Dongsha Uplift ;   Ⅱ. Beihaiwan Basin ;   Ⅲ. Western Yinggehai Basin ;   Ⅳ. Hainan Uplift Area ;   Ⅴ. Eastern Yinggehai Basin.

From the beginning to the middle of the 1970s, seismic reconnaissance along with gravimetric and magnetic survey was conducted in the basins in Beibuwan, PRM Basin and Yinggehai Basin, etc. From the exploratory wells subsequently drilled, commercial oil was discovered, in well No. Wan-1 of Beibuwan Basin in September, 1977, and in well No.Y-9 of the East Yinggehai Basin, in July, 1979. This marked the turn of a new chapter in the exploration of basins in the continental shelf along the coast of the South China Sea.

In view of the good oil and gas prospects in the South China Sea, the Chinese Government decided to cooperate with foreign oil companies and, starting from 1979, carried out joint geophysical prospecting and development activities with them in the Yinggehai Basin, Beibuwan Basin and PRM Basin. By now, seismic reconnaissance of the four basins has been completed and a three-dimensional seismic survey has been done in a few of local prospective regions. A large number of prospective structures have been discovered, and through preliminary exploratory drilling, many wells are found to be high-yielding and the results so far achieved gratifying.

2   PATTERN OF EVOLUTION OF THE SEDIMENTARY BASINS

Filled primarily with tertiary sediments, all the sedimentary basins in the northern part of South China Sea underwent complicated geological evolution in pre-Tertiary or pre-Late Cretaceous time. Their basement is composed of diverse rocks, including pre-Cambrian granites, lower Palaeozoic metamorphic rocks, upper Palaeozoic carbonate rocks, Mesozoic granites, and igneous rocks and volcanic detritus, deeply buried under the basins in diverse forms after having gone through long weathering and erosion. The spreading of the central basin in the South China Sea occurring after late Cretaceous or Tertiary created a series of extension basins in the northern part of the South China Sea, which may be classified into three types.

2.1　The Pearl River Mouth Basin（Fig. 2）

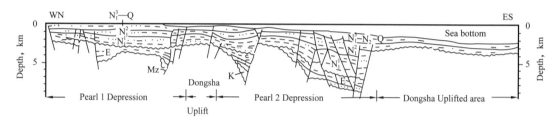

Fig.2　Section of sedimeritary structures in PRM Basin

The deposition and evolution of the PRM Basin may be divided into three stages:

2.1.1　Stage of evolution of Rift Basin

From late Cretaceous to early Tertiary, deposition of continental sediments of the graben type predominated, and the basin was filled with fluviatile sediments in the early stage. With the gradual expansion and deepening of fault depressions, larger systems of fluviolacustrine deposits were formed with upward increase of extend and overlapping of the different rock sequences. Sediments totalling a maximum thickness of 5km came from diverse sources, and the main source and reservoir rocks are distributed in the middle and upper parts of such sequences.

2.1.2　Stage of incipient pull-apart of Rift Basin

During the period from late Palaeogene to early Miocene, depositional systems of semi-closed sea were created. The gradual extension of fault depressions resulted in the northward invasion of sea water. However, in the south, there were still islands separating the basin from the open sea. As the main source area was in the northern part, deltaic deposits of considerable scale were formed there, while in the south, which was a source area of minor importance, carbonate rocks and reef limestones were extensively distributed in the neighbourhood of the platform. The Miocene series, 1~2km thick, is the most important reservoir rock and an important source bed in the PRW Basin.

2.1.3　Stage of complete pull-apart of Rift Basin

In the course of deposition of the middle and upper parts of Neogene, with the further downsinking of the PRM Basin, the uplifted area in the south was totally submerged in the sea, thus uniting the whole PRM Basin with the South China Sea to form an open sea depositional system. At this time, large amounts of source material was transported over from the Pearl River to form a body of deltaic deposits of immense scale down to the continental slope, totaling 1~3km thick. The thickness of the Earth's crust in the southern part of the PRM Basin was further reduced to 15~20 km.

The following sections of depositional pattern shows the evolution of the basin in the abovementioned stages (Fig.3, Fig.4, Fig.5).

The eastern Yinggehai Basin is similar to the PRM Basin.

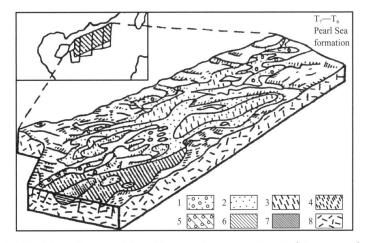

Fig.3　Block diagram of depositional pattern of PRM Basin (Palaeogene)

1. Plain Huviatile facies ; 2. Fluviolacustrine alternating facies ; 3. Shallow lake facies ; 4. Semi−deep lake facies ; 5. Littoral facies ; 6. Shallow sea facies ; 7.Semi−deep sea facies ; 8. Bedrock

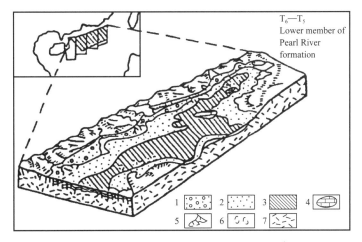

Fig.4　Block diagram of depositional pattern of PRM Basin (Lower Miocene)

1.Plain fluviatile facies ; 2. Marin econtinental alternating facies ; 3. Semi−barriered shallow sea facies ; 4. Carbonate rock bank ; 5. Delta ; 6. Reef ; 7. Bedrock

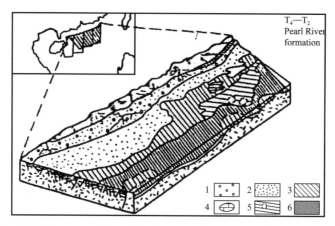

Fig.5　Block diagram of depositional pattern of PRM Basin（Upper Miocene）

1.Plain fluviatile facies；2.Marine−continental alternating−shallow sea facies；3. Shallow sea facies；4. Shallow sea carbonate rock facies；5. Shallow sea platform and reef；6. Semi−deep sea facies

2.2　Beibuwan Basin（Fig.6）

The deposition and evolution of the Beibuwan Basin may be divided into two stages：

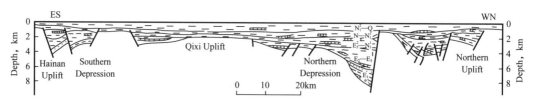

Fig.6　Section of sedimentary structures in Beibuwan Basin

2.2.1　Stage of evolution of Rift Basin

In early Tertiary，the basin was marked with deposition of continental sediments in the fault depressions，characterized by its high relief，with highlands as source area and lowland for déposition of fluviatile and Iacustrine arenaceous mudstones. With a total thickness of $3\sim5$ km of deposits，the latter became the most important source and reservoir rocks of the r egion.

2.2.2　Stage of development of depression

As depression faulting ceased in Neogene，the basin as a whole sank down and was transgressed by the sea，wherein a suite of draping sediments from shallow sea to littoral facies was deposited，totaling $1\sim2$ km thick.

2.3　Western Yinggehai Basin（Fig.7）

Located on the margin of the Red River Fault Zone，the basin is a depression created by the rapid down-sinking of Tertiary rocks as a whole, containing sedimentary rocks up to 10 km thick, primarily argillaceous rocks, intercalated with some bioclastic limestones, well developed with mud cone diapirs. Open sea sediments predominate the sedimentary section, and it is believed that some cofined-sea sediments may occur in Palaeogene.

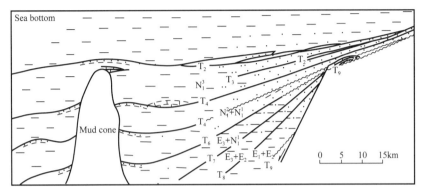

Fig.7   Section of sedimentary structures in Yinggehai Basin.

Tab.1 is a rough sketch of geologic columns of the different sedimentary basins in the northern part of the South China Sea, showing lithology and sections with oil and gas shows for the different ages.

3   TYPICAL SEDIMENTARY BASIN IN THE NORTHERN PART OF SOUTH CHINA SEA

The basic petroleum geological conditions in PRM Basin-lying between the Hainan Island and Taiwan Island. The PRM Basin covers an area of about 150000 km^2. Based on data from geophysic reconnaissance and drilling of a limited number of wells, three main depressions, P-1, P-2 and P-3, and three main uplifts, Dongsha uplift, Shenhuansha uplift and Beibu Fault Terrace, have been delineated.

3.1   Conditions for oil generation

Limited drilling of rocks at the northern flank of the basin reveals that the mudstones in both Palaeogene and Neogene are of grey to dark grey color, with rich organic content. The organic carbon content in mudstones of Neogene ranges from 0.2% to 6.2%, averaging 0.91 %; and that of Palaeogene 0.2%~4.8%, averaging 1.44%; both are good for source rocks of fair or high quality. It is predicted that the argillaceous content, likewise the abundance of organic matter, of source rocks tends to increase southward to the centre of the depression. The higher geothermal gradient of the PRM Basin favours the maturation and transformation of organic matter. Based on the reflectance of vitrinite（0.6）and color index of spores and pollen, the threshold depth for maturation of organic matter is around 2200m. Calculated with Time Temperature index（TTI）

Tab.1　Rough sketch of geologic columns for the northern part of South China Sea

Pearl River Mouth Basin

Epoch		Stratigraphy unit	Thickness m	Lithology	Oil and gas shows
	Quarternary		13~200	Grey arenaceous clay and sandy conglomerates	
Neogene	Pliocene	Wanshan Formation	130~440	Greenish grey arenaceous mudstone and sandstone	
	Upper Miocene	Yuehai Formation	130~300	Mainly greenish grey mudstone, intercalated with sandstone	
	Middle Miocene	Hanjiang Formation	410~1200	Grey mudstone and grey-white sandstone	With pay zone
	Lower Miocene	Zhujiang Formation	670~1500	Dark grey mudstone and grey-white sandstone, with limestone and reef at places	With pay zone
Palaeogene	Middle and Late Oligocene	Zhuhai Formation	700~1500	Grey-white sandstone and dark grey mudstone, with small amount of asphaltic shale and carbonaceous shale	With pay zone
	Early Oligocene	Baoan Formation	>2000	Dark grey shale and grey-white sandstone, intercalated with asphalts	Not disclosed
	Eocene		>1000	Coarse clastics by seismic inference	Not disclosed
Pre-Tertiary				Granite, carbonate rock, metamorphic rock and Mesozoic clastics	

	Epoch	Beibuwan Basin			East and West Yinggehai Basin		
		Stratigraphy unit	Thickness m	Lithology and Oil and gas shows	Stratigraphy unit	Thickness m	Lithology and oil and gas shows
Neogene	Quaternary		7~36	Sand and grey clay		300~350	Sand and clay
	Pliocene	Wanglou−Gang Formation	190~510	Sandstone in upper part, mudstone in lower part	Yinggehai Formation	560~1500	Grey mudstone and sandstone
	Upper Miocene	Denglou−Jiao Formation	280~500	Sandstone predominant in upper and lower parts, mudstone in middle part	Huangliu Formation	280~700	Grey mudstone predominant
Neogene (cot.)	Middle Miocene	Jiaowei Formation	210~450	Mudstone in upper part, sandstone in lower part. With pay zone	Meishan Formation	240~400	Grey mudstone predominant, sandstone in upper part, also reef limestone
	Lower Miocene	Xiayang Formation	60~440	Sandy conglomerate predominant, with pay zone	Sanya Formation	90~500	Grey mudstone predominant, intercalated with sandstone
Palaeogene	Middle and Late Oligocene	Weizhou Formation	150~896	Variegated interbed of sandstone and mudstone. With pay zone	Linshui Formation	>600	Dark grey shale intercalated with sandstone also biolithite with pay zone
	Early Oligocene	Liusha−Gang Formation	500~1500	Dark grey mudstone and shale intercalated with sandstone. With pay zone	Liusha−Gang Formation	Possibly	Inferred to be similar to Beibuwan Basin
	Eocene	Changliu Formation	>500	Interbed of red sandstone and mudstone	Changliu Formation	Possibly> 500	Inferred to be similar to Beibuwan Basin
	Pre-Tertiary			Limestone, metamorphic rock etc., with pay zone			Granite, metamorphic rock

on the basis of drilling data and seismic profile, it is estimated that the effective volume of source rock is tremendous.

Since the little drilling that has been done in the basin is in the coarse-grained zone, kerogen of type Ⅲ predominates, intermixed with a small amount of kerogen of type Ⅱ. But a study of seismic stratigraphy shows that southwards the source rocks tend to be as better as it is with their lithofacies. This is evident from the experience of drilling six wells in different locations.

3.2　Trapping conditions of the basin

Through effective seismic reconnaissance, many prospective structural traps have been discovered, located either in the interior or on the margin of the depressions, or in the plunging part of uplifts. They are mostly anticlines, faulted anticlines and semianticlines. Some of the local structures may be as large as hundreds of square kilometers in scale. By origin, they may be classified into the following types (Fig.8).

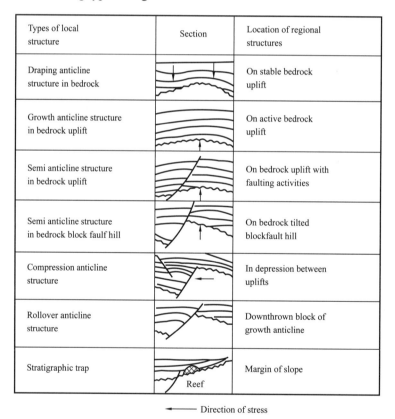

Types of local structure	Section	Location of regional structures
Draping anticline structure in bedrock		On stable bedrock uplift
Growth anticline structure in bedrock uplift		On active bedrock uplift
Semi anticline structure in bedrock uplift		On bedrock uplift with faulting activities
Semi anticline structure in bedrock block faulf hill		On bedrock tilted blockfault hill
Compression anticline structure		In depression between uplifts
Rollover anticline structure		Downthrown block of growth anticline
Stratigraphic trap	Reef	Margin of slope

◄─── Direction of stress

Fig.8　Table of structure types in PRM Basin

The following sketch showing the patterns of traps in the PRM Basin may shed more light on the location of the traps and their interrelationship (Fig.9).

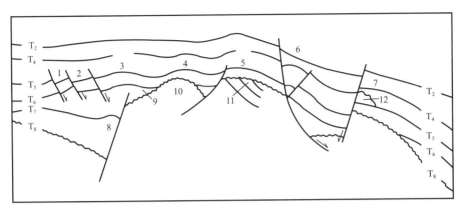

Fig.9   Pattern of traps in PRM Basin.

1. Fault-nose. 2. Fault-block. 3. Compression anticline. 4. Draping anticline. 5. Bedrock growth anticline. 6. Rollover anticline. 7. Semi-anticline. 8. Rollover semi-anticline. 9.Overlap trap. 10. Buried hill. 11. Unconformity trap. 12. Reef.

There is some singular association between the time of formation of structural traps and the time of maturation of source beds. Most structures had their growth period fall earlier than or at the same time as the expulsion of hydrocarbons from the source beds（Fig.10）. The following figures show the conditions of oil and gas accumulation in two typical structures（Fig.11）.

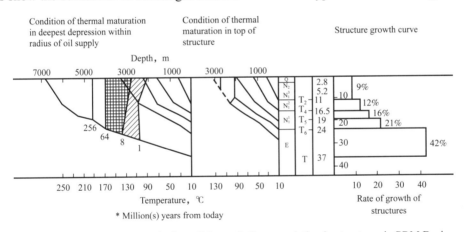

Fig.10   Diagram showing typical conditions of oil accumulation in structures in PRM Basin.

3.3   Conditions of oil and gas accumulation in the basin

As the basin has undergone different stages of development with transition of deposition, from the bottom upwards, from continental to marine environment and from multi-source to a single source, many types of oil and gas accumulation have developed in the basin. By inference from seismic stratigraphic, the Palaeogene is of the fault-depression type of depression. Each depression forms a system of its own. There are plenty of source material supplies for the major uplifts and the highlands surrounding the depressions and the distance of deposit transportation is generally very short. The sedimentary facies zones of the different fault depressions are

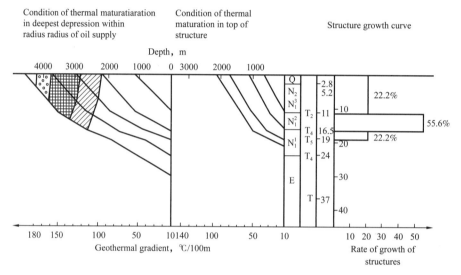

distributed laterally in rings of irregular manner from the margin toward the centre in the order of fluviatile facies, fluviolacustrine facies, shallow lake facies and semi−deep lake facies. Vertically, with the extension of waters from the bottom upward, a transition of fluviolacustrine facies upwards to shallow lake facies and semi−deep lake facies takes place in the centre of the depressions. But along the margin of the depressions, fluviatile facies is the rule throughout the column. In the steep flank of the fault depressions, there are usually fan−like alluvial cones, while on their gentle flank or along their long axis, deltas of lacustrine facies develop. The depositional patterns are shown in Fig. 3.

Fig.11　Diagram showing typical conditions of oil accumulation in structures in PRM Basin.

1.Age of strata ; 2. Reflection strata ; 3. Absolute age ; 4. Million（s）years from today

The pay zone in the Zhuhai formation of Palaeogene in well No. P−5 in the northern part of the basin is 23 m thick, with a porosity of $17\%\sim28\%$ and an initial daily output of 250 m³. Pay zones are widespread in the sedimentary basins in the northern part of the South China Sea like the Beibuwan Basin and the Yinggehai Basin. In the Beibuwan Basin, they can be found not only in the same horizon as those found in well No. P−5 but also in the lower part of Liushagang formation of Oligocene, with some as thick as $50\sim60$ m in total, and over 20 m for a single pay. Initial daily output ranges around $300\sim400$ m³ in general.

Extensive transgression of the sea took place in the early part of Miocene which resulted in the formation of a semi−closed ocean basin. The primary source of material supply was from the mainland in Guangdong in the north and the Hainan Uplift in the west. Being in the process of burial, the Dongsha and the Shenhuansha uplift in the south were source area of secondary importance. For this reason, deltas of a very large scale developed in the north which are composed of either channel arenaceous conglomerates, tributary sandstone bodies, sheet−like sandstone bodies or delta−front sand bodies, etc. In the southern part of the basin and along the margin of the Dongsha and Shenhuansha uplifts where sea water was shallow but clean, there was a small supply of source material and a flourishing biota. Large carbonate build-ups, together with carbonate banks and reefs, were formed on these platforms, with thickness ranging from 100~200 m in general, up to the maximum of 400~500 m. Therefore, the lower part of Miocene constitutes the most important reservoir sequence of the basin. Compared with Palaeogene, it has greater thickness for a single pay of sandstone and is more persistent in distribution.

Analysis of a few pieces of core gives an average porosity up to 29% and an air-permore of over 1000mD.Oil has been found in this section in the Beibuwan Basin which is good both in porosity and permeability.

More extensive was the transgression taking place during the deposition of upper and middle parts of Neogene. The source of sediments was monotonously limited, with a plentiful supply from the mainland in the north. The delta systems so formed, including the fossil Pearl River Delta, were even greater in magnitude, and diagonal bedding of extensive scale may be noticed in the seismic profiles. This section has a very good reservoir property, with porosity averaging 33 % according to limited core analysis data. It was found to be oil bearing in the course of drilling.

Besides, the fact that the basement weathering crust is also a good reservoir is not to be overlooked, particularly in places where there are relics of carbonate rocks. Some clues have already been found in this respect through synthetic study of data from seismic profiles and gravimetric and magnetic surveys.

Commercial oil has been obtained in the weathering crust of the buried-hill limestone in the Beibuwan Basin.

3.4 Conditions of oil and gas preservation in the basin

Preservation of oil and gas in the individual traps in the PRM Basin depends on whether or not there are cap rocks to act as a seal and faulting to bring them destruction. The general characteristic of Neogene of the basin is its transgressive deposition of sediments, with a northward expanding sea. In the sedimentary section, shallow-sea meta-clay beds that may serve as good cap rocks exhibit an imbricate arrangement in the northward direction. On the whole, it is quite evident that the basin is well-capped, particularly in the extensive area southward of the P-wells already drilled. There are lots of faults in the basin, mostly of an inherited nature. As faulting lasted mostly up until the middle of Miocene, it would have to effect the oil and gas pools trapped by the faults. But, on the other hand, from the point of view of oil and gas generation, a large amount of oil and gas has been generated since the middle of Miocene up to the present. As the displacement of a great majority of the faults is getting smaller and smaller from the bottom upward, and as most faults have ceased their activities since the middle of Miocene, there is a strong indication showing that during the several million years since the middle of Miocene, some of the oil pools might have obtained additional 'supplies of oil. In addition, in the middle and southern parts of the PRM Basin, shallow−sea and semi−deep sea meta−clay beds predominate from lower Miocene upwards. There are enough argillaceous rocks that may be turned into fault clay to make the faults act as a seal.

3.5　Mode of oil and gas accumulation

A brief summary of the above−mentioned basic conditions seems necessary before touching the subject.

First, conditions for oil generation: There are two suites of source rocks in the basin, the palaeogene and the lower part of Miocene, and the former has a higher maturity and better source material supply than the latter.

Second, conditions for oil accumulation: The main reservoir is in the fluviolacustrine sandstones in Palaeogene, while the lower part of Miocene is composed of sandstones of confined−sea facies and carbonate rocks of the platform. Possibly, there are limestones and even metamorphic rocks and granites in pre−Tertiary basement.

Third, conditions of cap rocks: The meta−clay facies zone in Palaeogene is a good cap, so is the clay bed always superposed on the sandstones of Neogene in the state of transgression. Faults play a dual role in this connection; they act as a seal as well as a cause of destruction to oil pools.

Fourth, trapping conditions: There are many traps in the basin, all of considerable scale, mostly anticlinal and semi−anticlinal. The time of their formation matched well with the maturation of hydrocarbons.

The occurrence and development of the above conditions have determined the basic form and scale of oil and gas pools in the basin, consisting of three types of association given in order of importance as follows:

First, oil and gas generated and pooled in the same rocks: The association of Palaeogene and lower Miocene as source rocks, lower Miocene as reservoir and middle Miocene as cap rock; Oil and gas generated and reservoired in Palaeogene and capped by Palaeogene rocks. These two form the most important targets of exploration in the basin, particularly .

Second, oil and gas generated in Tertiary but pooled in basement: The association of Palaeogene as source rock, pre−Tertiary rock as reservoir and Palaeogene as cap rock, with unconformity surface and faults as avenue of oil and gas migration.

Third, Secondary, oil and gas pools: The association of palaeogene and middle Miocene as source rock, middle Miocene as reservoir and middle Miocene as cap rock, with faults as avenue of migration. Fig.11 is a rough sketch of the four types of association in three groups.

Based on the above grouping of association, and considering the different types of traps occurring in the basin, it may well be supposed that there are diverse types of oil and gas pools in the PRM Basin, with anticlines and semi−anticlines predominant.

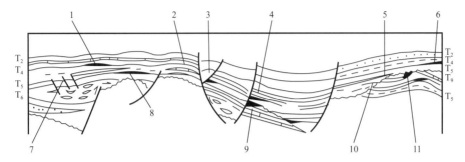

Fig.12　Sketch showing the different types of oil and gas pool in PRM Basin

1. Compressed anticline oil and gas pool ; 2. Growth anticline oil and gas pool ; 3. Rollover anticline oil and gas pool ; 4. Semi−anticline oil and gas pool ; 5. Lithologic oil and gas pool ; 6. Reef oil and gas pool ; 7.Fault−block and fault−nose oil and gas pool ; 8. Draping anticline oil and gas pool ; 9. Buried−hill oil and gas pool ; 10. Overlap oil and gas pool ; 11. Unconformity oil and gas pool.

4　CONCLUSION

In the light of the geological conditions as stated above, there is little doubt that the oil prospects in the northern part of the South China Sea are indeed very encouraging. They may be summarized into the following:

（1）Favourable conditions for oil generation: The region is marked with a rapid rate of sedimentation during the Cenozoic era and has a total volume of more than 78000 km^3 for its source rocks, with a relatively high geothermal gradient favourable for the accumulation, preservation and transformation of organic matter into petroleum, thus ensuring an ample source of supply of hydrocarbons.

（2）Geophysical prospecting so far conducted in this region has discovered several hundred traps of varying types, 13 types in all, structural or stratigraphic.

（3）Good physical properties of reservoir rocks: in the Pearl River Mouth depression, the reservoir rocks of Palaeogene are only fairly good in physical properties. But they tend to be better southward. With better physical properties, the' sandstones in Mioceneor Neogene appear to be an ideal reservoir rock.

（4）According to seismic and drilling data, as well as seismic−stratigraphic analysis, both continental and marine deposition, as well as alternation of both, dominated the region, and delta−front sandstone bodies were widespread, which contribute to the very good association of source−reservoir−cap rocks.

本文出自第十一届世界石油大会报告，1983 年 8 月。

中国三叠纪以来的构造演化和含油气区划分

阎敦实[1] 邱中建[2] 李干生[1] 林如锦[1] 吕鸣岗[3]

（1. 石油工业部；2. 海洋总公司；3. 石油勘探开发研究院）

近十多年来，中国石油地质家们不断努力用勘探实践中积累的物探和钻探资料，应用全球构造、板块构造等新理论，重新研究中国含油区的地质构造演化特点，重新评价大陆和海上的油气资源潜力，探求新的油气富集规律和找油方向。

中国大陆及其沿海大陆架的地质构造演化发展历史是极其复杂和多样化的。从石油地质的角度来看，自三叠纪以来，中国大地构造演化的特征和风格与古生代时期相比，发生了四个重大的地质构造演化事件。这些新事件，一方面广泛而剧烈地改造了前中生代的构造格局和油气分布，同时，在新的构造演化进程中又发生了许多新的含油气区，形成了许多新的油、气富集型式。

1　三叠纪以来四个重大的地质构造演化事件

（1）被古生代深海槽隔开的，不同规模的元古宇—太古宇古陆块，到古生代末期，由于古海槽中巨厚沉积物相断褶皱、变质、固化，使古陆块逐步合并。三叠纪以后中国大陆地壳成为巨大的欧亚大陆板块的组成部分，此后，并以大陆地壳特有的构造演化方式进入了新的发展阶段。大规模的陆壳裂解占有突出位置，有的是正在发展的大陆裂谷系，有的发展为大陆边缘海底扩张盆地，有的裂谷受压缩关闭，沉积充填褶皱，很快结束了裂谷发展期。

（2）中国大陆地壳大面积抬升和差异升降，一方面引起大规模海退，同时古地貌高差加大，中、新生代期间曾出现过 300 多个几百平方千米到五十多万平方千米的内陆湖盆沉积区。淡水或咸水湖盆中的深水和半深水湖相生油岩，成为中国重要的油源岩。它的有机质丰度、生油能力并不亚于海相生油岩。在巨厚中、新生界含油岩系之下，古生界所含的石油往往向天然气、凝析油方向热演化，深埋的古生界煤岩，向煤热解气方向演化。

（3）整个中国东半部上地幔物质大规模活动并多期上涌，从深部冲击和熔蚀大陆地壳，在中国东半部形成了巨大的复式裂谷构造系，在油气生成、运移及富集型式等方面有它复杂而独特的风格。裂谷区地温梯度可达 4.7～6℃/100m。火山岩类以喷发和顺层侵入形式广泛发现于古近系—新近系含油岩系中，它不仅给有机质向烃类转化提供了热能，也常作为裂缝性油气储层。

（4）一块巨厚的大陆地壳，呈舌状地质体从西南方向强力向中国大陆腹部推挤。其结果是自身面积约 300km² 的地壳，挤压变形，并急剧升起成为世界上唯一的海拔 3000～8000m 的高山雪原。它本身及其广大的前缘地带，构成了宽阔的青藏挤压型构造域。构造上表现为大规模的逆掩断裂—逆断层带，长达上千千米以上的沿走向滑动断裂带，数千米厚的山前磨拉石或砾岩堆积，紧密的线形背斜褶皱带，元古宙、太古宙结晶基底也发生宽阔的凹、凸变形，古生代已回返的褶皱山又重新活跃，发生新的断、褶、升、降等。特别是从新近纪以来，这一巨大舌状体向东北方向的推挤作用显得更为明显和强烈。直到近代，强烈地震频繁，据历史记载本区发生过 6～8 级以上的地震达 276 次。前缘带陆壳下沉深，地层沉积厚。地温梯度偏低，一般为 2.2～3.5℃/100m。这一地质构造事件，对中国西半部油气的生成和分布产生了重大影响，它的构造影响甚至波及东亚广大地区。

2 中国大型含油气带的区划

主要考虑到中国三叠纪以来上述的一系列重大地质构造演化事件，从中国大陆到陆海大陆架区可明显的辨识出六个大型的含油气带，每个区带都已获得重要的油气发现。其中陆上的四个带中已不同规模的生产油气。东海、南海两区开展勘探较晚，已有重要的油气发现，前景乐观。

2.1 青藏逆掩推覆体含油区

目前石油地质勘探工作很少，经初步调查在西藏中部及北部未经变质的海相白垩系及侏罗系已发现有碳酸盐岩及碎屑岩生、储油岩系，分布面积约 $15 \times 10^4 km^2$，其中已发现地面油苗十余处。

北部有一系列陆相的侏罗系和古近系—新近系断陷盆地。柴达木盆地面积 $11 \times 10^4 km^2$，北部有 300～1000m 的侏罗系含油含煤地层。主要沉积为古近系—新近系及第四系，盆地中心厚达 $1.5 \times 10^4 m$。从盆地基底到巨厚的中、新生界，受强烈挤压变形的特征十分明显。现已在侏罗系、渐新统、中新统、上新统及第四系砂岩中发现油气。本区油气富集主要与逆断层、逆掩断层、线形背斜有关。在昆仑山麓已发现有较高产的古近系—新近系油田和第四系气田。

2.2 青藏逆掩推覆体前缘含油气带

它包括昆仑山、祁连山、龙门山、横断山前的广大弧形地区，宽 500～900km，长 4500km，其中沉积面积 $190 \times 10^4 km^2$。其中包括五个（10～50）$\times 10^4 km^2$ 的大型沉积盆地。这一区带西段的沉积盆地，多属于古生界、中生界及新生界多层叠置含油气盆地，本区东段以元古宇、古生界、中生界的叠合盆地为主，沉积厚度一般 7000～10000m，已知含油气区多在靠近推覆体前缘大逆掩断裂带附近及重新复活的古生代褶皱带两侧，多属成排分布的线形背斜带。在一些大盆地中部，构造变动轻微，在平缓的中生代地层中已发现大面积岩性油田及古河道侵蚀地貌控制的油田。在塔里木盆地南缘及陕甘宁盆地西缘已发现深源天然气田。

2.3 蒙古大裂谷系含油带

本区是在古生界褶皱变质基底上发育的裂谷体系。三叠纪为拱升期，基本上没有沉积。侏罗纪开始裂陷，主要裂谷发育期和沉陷期为白垩纪。断槽中充填了 2000～5000m 的白垩系湖相沉积。在裂谷发育期火山活动强烈，广泛发现中酸性、中基性岩浆喷发。古近纪—新近纪断裂活动相对减弱，古近纪—新近纪沉积很薄，局部有玄武岩喷发。

松辽盆地是本区最大的一个裂谷沉积单元。从三叠纪到白垩纪末，经历了拱升、初始裂陷、强烈断陷及凹陷的四个发展阶段。在强烈断陷及凹陷地形成了富含有机质的湖相生油岩系。在伸入湖盆生油区的大型三角洲砂岩发育区，发现了背斜带及岩性控制的储量很大的油气富集。

本带向西延伸的二连裂谷系，发现有 30 多个断槽，每一断槽面积从几百平方千米到近万平方千米，已在五个断槽中发现白垩纪生、储油岩系，并获油流、气流。主要储层为砂岩、火山岩及火山碎屑岩，油质好、油层埋藏浅。

2.4 黄—淮裂谷系含油气区

本区在三叠纪时，表现为一个近似椭圆形的陆壳拱升区。它北起铁岭南到南岭，回到吕梁山、武当山，向东地质上可能要延展到朝鲜半岛的长山西麓。南北长 1800km，东西宽 1200km。中生代侏罗纪到白垩纪，上地幔物质大规模上涌，局部花岗岩侵入，大规模火山喷发，形成由侏罗纪—白垩纪中、小型断陷盆地群构成的大裂谷系。断槽中充填了巨厚的含煤、含油岩系，及大量火山岩及火山碎屑岩。早白垩世—古近纪又发生一期上地幔物质活动期，在早期裂谷系背景上又叠加了更年轻的裂谷系。断槽部位充填了 2000～8000m，最厚可达 12000m 的湖相、河流相沉积，局部有海相夹层。层状火山岩分布普遍。新近纪差异性块断活动相对减弱，火山活动减少，表现为较大面积的凹陷，因此，新近纪、第四纪也可称为新裂谷系演化过程中的掩埋期。

本区是在起伏很大的古地貌背景上，叠加了两期的复式裂谷体系。裂谷系主要是由成群的倾斜断块体构成。同一断块体的下倾陷落部分为断槽湖，上挠部分为断棱山。断槽湖中充填着生油岩体。同时，以断棱山为物源，在断槽湖中形成了大量不同规模的三角洲砂岩体系、浊积砂体，在陡断崖一侧往往发现有冲积—滑塌砾锥。无论是古生界、元古宇石灰岩、白云岩、花岗岩等组成的断棱山，经长期风化、淋滤、溶蚀后往往有较发育的缝—洞孔隙空间。当这样的古构造古地理格局整体下沉埋藏之后，油气运移、聚集的过程比较复杂，油藏、气藏类型极为多样化，有利于形成多种类型油气藏。特别有利于形成前古近系—新近系的古潜山油、气藏及其他类型的非背斜油气藏。越来越多地发现，古近系生成的油气，经断面、不整合面聚集在古生界，古生界、元古宇各类岩性的孔隙—裂缝—溶洞型的储油岩中，油藏类型多种多样。元古宇油藏的油柱高度有的发现在 800m 以上。特别有趣的是，有些规模仅几百平方千米的小断槽，由于生油岩厚，储层发育，又有古潜山存在，探明储量往往超过早期的预测。广泛分布的侏罗纪—白垩纪时期裂谷系中的断槽，已在多处发现油气显示，值得注意。

2.5 东海弧后裂谷系含油区、气区

这一地区是中国大陆地壳向东的延伸部分，白垩纪到古近纪—新近纪的裂谷发育，特

点和大陆沿海有某些类似，但新近系沉积厚度很大，有比陆上更为有利的生油、生气条件。在构造上受西太平洋板块大规模俯冲影响，在新近系地层中有不同规模的挤压性背斜构造带，在台湾西部山前带已发现了油气。东海中部也发现了油气。

2.6　南海裂谷—海底扩张含油气带

该油气带包括珠江口盆地，岭南沿海陆上及北部湾、莺歌海等海域。白垩纪—新近纪裂谷系发育比较明显，也发现有前古近系基岩潜山带。古近系陆相生油岩在断槽中已多处被证实。新近系海相沉积在部分地区急剧加厚，并发现有生物礁带、大型浊积砂体，背斜构造带及泥岩底辟构造带。现已在多处取得重要的油气发现。

大陆架外缘及海底扩张新生洋壳区，海水深度大，暂难开展勘探。

3　不同大含油气带中的几种主要油气富集带型式

3.1　以逆冲断块体为主体的复式油气聚集带

目前在西部地区较为常见。这是由许多逆冲断块体组成的大规模复式油气聚集带，低角度逆冲裂带延伸从几十千米到上千千米，不同类型、不同层位的油气藏叠合面积可达数百到上千平方千米。在同一逆掩断裂带上，发现有五个不同的部位和类型的含油领域：

（1）逆冲断层前缘含油区。通常是一些构造鼻、背斜、派生断层圈闭的油藏。

（2）逆掩断裂破碎带。由一系列阶梯状逆断层或逆掩断片（Sheets）组成。结构复杂，裂缝发育，多为厚油层高产带。

（3）逆冲断块掩覆带。在变质岩或古生界组成的逆掩推覆体下，隐伏的年青沉积岩中形成的油藏，多为复杂牵引构造、断块控制的油藏。

（4）逆掩块断体含油带。包括从逆掩块断体顶部的风化壳、侵蚀残山，逆掩断块体内部孔隙—裂缝发育带控制的各种不规则油藏，也可统称基岩油藏。

（5）逆掩断块体顶部不整合面以上的新地层中的超覆—不整合油藏。一般埋藏浅，多为重质油，部分地区为低凝原油。在有些断块体顶部出现被断层复杂化的背斜油藏及披覆构造油藏。

3.2　以倾斜断块为主体的复式油气聚集带

广泛发现于东部裂谷系含油区中。倾斜断块体是裂谷系发育期中最基本的构造单元。在组成倾斜断块体地层反倾向一侧，通常是一组总断距达 4000～10000m 的大正断层，断面向深部变缓，倾角一般 40°～50°，它具有水平拉张重力滑动及深部塑性变形的特点。在裂谷发育历史中，倾斜块断体有上升、下沉、扭转（即顶面斜度加大或减小）等运动形式。同一断块体前古近系基岩顶面的下倾部分埋深可达上万米，呈深断槽，接受深湖沉积，而上倾断棱部分遭受剥蚀，作为断槽深湖中三角洲、砾岩锥、浊积砂的物源区，古地貌上表现为岛山。经侵蚀淋滤的断棱下沉掩埋后，成为裂谷系中的潜山带。

这类潜山带及其毗邻地区，往往形成较大规模的油气富集，称为以潜山为主体的复式油气聚集带。通常可辨认出四个不同的含油领域。

（1）倾斜断块体陡断崖带含油区。包括由一组正断层切割的断阶控制的油藏，断层复杂化的滚动背斜油藏，断块油藏等有时有砾岩锥控制的岩性油藏、上超油藏等。

（2）倾斜断块体顶部含油区。在潜山顶部有不均匀压实形成的构造及局部超覆性油藏。有时在深埋潜山上部还有盐变型形成的构造—断块油藏、生物灰岩岩性油藏等。

（3）倾斜断块体缓坡含油区。包括上倾尖灭、超覆不整合油藏、坡上残山油藏、坡上次一级潜山断块油藏等。

（4）倾斜断块体内幕含油区。包括不整合面以下的潜山顶部的残山油藏、前古近系不整合面以下的削蚀地层油藏、潜山顶部块状油藏、潜山内幕的断块油藏等。一个这样的复式含油带，面积从几十平方千米到上千平方千米。中等规模的地质储量范围从（1~3）$\times 10^8$t，有的在 5×10^8t 以上。它是由数百个单独的油藏在三维空间叠加构成。油气藏埋深可从 1200~5000m，每个油藏的油水界面、原油性质、油气比、地层压力、储层物性、封闭类型、产能等各不相同。因此，高质量、高精度的地震勘探，深入仔细的研究断块体本身的结构及其周围断槽充填物的岩性岩相及其沉积演化史，识别和标定各种各样类型的圈闭是勘探开发这类复式油气带的技术要领。倾斜断块活动史不同的含油气带，它的油藏类型及储量丰度是不同的。

3.3 构造变动轻微、地层产状极平缓地区的古河道复式油气聚集带及大面积岩性油藏

它处在受推挤、张裂影响较小或地壳刚性较强的几块地区。例如：在陕甘宁盆地中部，地层产状 1°~3°，三叠系生、储油层系沉积后，地盘缓慢上升，形成切割深达 150~200m 的古河道系统，随后迅速被早侏罗世河流—沼泽相含煤沉积所掩埋。在与古河道有关的正向及斜坡的古地形背景上，在古河道砂砾岩沉积的上倾尖灭、披覆构造部位，形成了各种复杂的油气富集。在不整合面下，还有不规则分布的三叠系三角洲砂岩、浊积砂岩岩性油藏，整个组成非构造的古河道地貌，地层—岩性控制的油田群。由于这一地区地表为巨厚的疏松黄土层覆盖，厚度 100~200m，地震施工困难，目前主要靠精细的地层—岩相研究指导钻探，取得新的发现。川中地层平缓区有大面积湖相生物滩控制的岩性油藏。

4 结论

（1）中国各大含油气带中，存在着特有的较大规模的复式油气聚集带，要研究、预测和标定在这个带中各种各样的油气圈闭，按其分布及高产规律，整体着眼，择优钻探，方能取得良好勘探成效。

（2）中国大部分有远景的含油气区，尚未进行精细的物探和深入的研究和钻探，包括某些已经产油产气的区带，发现各种类型油气聚集带的潜力很大，隐蔽油藏的数量、品种

是极多的。

（3）中国各含油气区多属于几个时代多套层系的含油气岩系的多重叠置盆地。深埋在4000～10000m 以上的沉积岩总体积，占沉积岩总体积的 40%。其中包括古生界及部分中、新生界的含油岩系及煤系地层。因此，深井钻探，寻找烃类热解气、凝析油、煤热解气的领域较广。

总的来看，中国油气勘探的广度和深度是远远不够的，有不少远景区至今尚无石油发现者们的足迹。初步研究和预测，在中国陆上及海域，石油的潜在资源量约 $660 \times 10^8 t$，天然气的潜在资源量为 $(20 \sim 25) \times 10^{12} m^3$。中国油气勘探有广大的活动领域和良好的发展前景。

本文原载于《第二十七届国际地质会议石油地质论文集》，1985 年。

中国海洋石油远景很好

邱中建

（中国海洋石油总公司）

自从 1979 年我国海洋石油勘探开发对外合作以来，已经过去了 8 年。从 1983 年第一轮招标开始较大规模勘探活动以来，也过去了 4 年。我们除了和外国石油公司共同工作外，还独立地进行了一些自营勘探工作。几年来我们干了些什么？得到了什么？又有哪些看法呢？

（1）在我国海域近海的主要沉积盆地，完成了大面积的地球物理普查。在部分有利地区，进行了详查和少量的三维地震，地震总工作量达到 32×10^4 km。发现了近千个构造，钻探了 106 个构造。并对一些有发现的构造进行了评价，钻了 37 口评价井。根据这些有限的工作量，可以毫不夸张地说，得到的地质成果和认识是丰富的。

（2）钻探的 106 个构造上，得到了 33 个重要的油气发现，预探的成功率为 31%。这些发现北起渤海的辽东湾，南达南海的珠江口、莺歌海和北部湾，绵延数千千米。这样大规模的油气聚集，说明我国近海海域各主要沉积盆地，都是十分有利的含油气远景地区。

（3）这些油气发现有一部分进行了评价和正在评价。里面确有一批对中外合作开发来说属于边际性的油田，但也有一批油气聚集规模较大的油气田，如涠 10-3 油田、渤中 34 油田群、锦州 20-2 油气田、崖 13-1 气田等。大部分油气发现尚来不及评价，预计其中有相当数量的油气聚集规模比较大，有十分良好的勘探前景。

（4）几年来的勘探工作，可以认为是中外合作对我国近海海域进行一次认真的普查。普查的结果证实了我国近海各主要沉积盆地生油层规模都很大，生油层质量相当好，包括尚未突破的南黄海盆地，也发现有分布广泛、质量较好的生油层。这是我们进行勘探的主要依据，很幸运，已经比较圆满地获得成功。

（5）几年来的普查钻探，进一步明确了相当数量的油气富集的有利地区。在勘探的初期，由于对油气地质规律掌握不全面，有些石油公司确实钻了一批干井。正是这批干井和一些石油公司的发现井共同勾绘了油气富集有利地区的初步轮廓。随着工作量的增大，地质规律认识的加深，油气发现的数量明显逐步提高。一些少量的有目共睹的油气富集有利地区如惠州凹陷，东沙隆起，辽东湾凹陷等，勘探工作已进一步展开。但是大量潜在的有利地区尚待进一步开拓。

（6）几年来的钻探使我们明确了一些油气聚集的基本形式：① 以砂岩储层为主的背斜、半背斜、断裂背斜或断裂构造带油气藏；② 以珊瑚礁、礁滩或生物灰岩为主的构造地层油气藏；③ 以碳酸盐岩或花岗岩火山岩为主的基岩古潜山油气藏。这些油气聚集的基本模式有时单独存在，有时互相叠置，分布十分广泛。特别值得注意的是，我们在新近系海相地层中找到了相当规模的油气藏，地质条件与油藏类型十分简单，砂层厚度大、连续性好，孔隙度渗透率高。礁灰岩厚度也大，部分地区孔隙度极好。

以上情况说明，海洋的油气勘探工作，进展很顺利，得到了不少的成果，而且对勘探对象的认识也比前几年深化了。但是，总起来讲，海洋油气勘探刚刚起步，由于幅员辽阔，钻探工作量很少，认识相当粗、浅。我们设想只要勘探工作进一步展开，一定会发现很多原来未知的新情况、新问题、新成果。

在勘探过程中，我们深切地体会到，实践是认识真理的基石。中国有句名言："巧妇难为无米之炊"。就油气勘探而言，没有钻探活动就意味着什么都没有，没有相当数量的探井就意味着认识有多解性，而且往往是有眼不识泰山。只有钻预探井，才能获得油气发现；只有钻评价井才能获得具有商业价值的油气田。

油气勘探是一个风险很大的事业，经常事与愿违，与原来的预计有很大出入。要坚定信念，解放思想，勇于实践，勤奋探索。一些石油公司敢于冒大风险，就获得了大的成功。中国海域油气资源是丰富的，它正等待着那些勇于攀登的人们去开拓。

本文原载于《中国海洋石油总公司 1986 年年报》。

珠江口盆地地质构造及演化特征

龚再升[1]　邱中建[1]　金庆焕[2]　王善书[3]　孟济民[3]

1. 中国海洋石油总公司；2. 地质矿产部南海石油指挥部；
3. 中国海洋石油总公司海洋石油勘探开发研究中心

1　前言

　　珠江口盆地位于欧亚板块东南部的大陆型和过渡型地壳之上，属于大陆边缘的裂谷拉张盆地。它经历了三个演化阶段：古近系断陷、晚渐新世至早中新世断坳、中中新世以后坳陷，形成了陆相河湖—半封闭海陆交替—开阔海大陆架三种沉积体系。在拉张力和断块活动作用下，形成了双断地堑、单断继承性箕状断陷和非继承性双断地堑等三种类型坳陷和两种类型隆起。古近系—新近系具有良好的生、储、盖条件，各类圈闭条件发育，是一个很有前景的大型含油气盆地。

　　珠江口盆地位于中国南海北部海域。界于北纬 18°30′ 至 23°30′ 与东经 110°30′ 至 118°00′ 之间，即广东大陆架以南，海南、台湾两岛之间的广阔大陆架和陆坡区。东西长约 800km，南北宽约 100～300km。沉积岩厚度大于 1000m 的面积约 $14.7 \times 10^4 km^2$。古近系—新近系的最大厚度超过 10km。

　　盆地北接万山隆起区，西邻海南隆起区及琼东南盆地，南界西沙—东沙隆起区，东以东沙隆起区与台湾西南盆地相隔。内部可划分为六个构造单元，即珠一、珠二、珠三等坳陷，神狐暗沙隆、东沙隆起和番禺低隆起。

　　20 世纪 70 年代以来，在珠江口盆地逐步开展了地球物理综合勘探和钻井工作，目前已发现一批油气藏。

　　珠江口盆地属于不稳定克拉通盆地，其基本的地质构造特征是：

　　（1）位于大陆型地壳和过渡型地壳之上，前古近系基底主要由加里东褶皱带组成。并被燕山期的花岗岩所复杂化。

　　（2）属于被动大陆边缘的裂谷拉张盆地，经历了古近纪断陷、晚渐新世至早中新世断坳、中中新世以后坳陷三个演化阶段。

　　（3）在拉张应力和断块活动作用下，形成了继承性双断地堑、继承性单断箕状断陷和非继承性双断地堑三种类型的坳陷。

　　（4）随盆地的演化，相应地沉积了各具特色的河湖、半封闭海和开阔海三种沉积体系。

　　（5）古近系—新近系具备良好的生储盖、圈闭保存等石油地质条件，是一个有前景的大型含油气盆地。

2 区域地质构造特征

2.1 地壳性质与基底结构

珠江口盆地位于欧亚板块东南部，北邻华南加里东褶皱系，南接南海小洋盆，基于大陆型地壳和过渡型地壳之上。据深部构造特征，南海北部陆缘的地壳厚度自北往南减薄（图1，图2）。广东沿海地区为28～30km，往南珠一坳陷、珠三坳陷减至24～26km，珠二坳陷为16～20km，东沙隆起为20～24km，再向南到深海平原仅5～9km，已属典型的大洋型地壳。

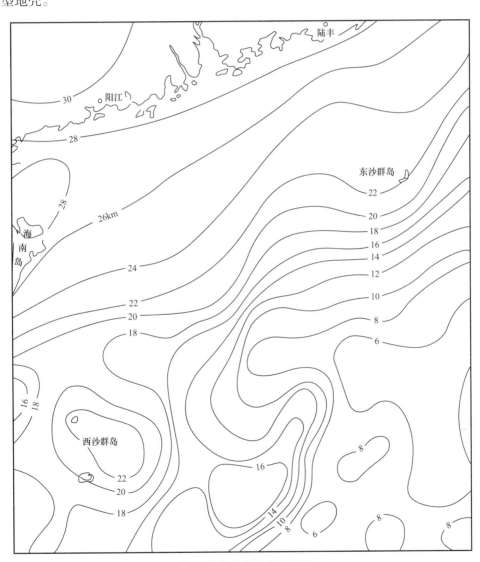

图 1 南海北部地壳等厚图

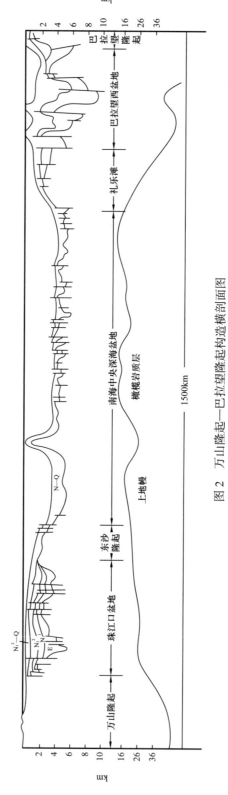

图 2 万山隆起—巴拉望隆起构造横剖面图

声呐资料表明，盆地内的地壳厚度显著减薄，其结晶陆壳厚度一般仅 0.95～2.5km，个别地段新生代沉积直接覆于下地壳（$V_p \geqslant 6.5$km/s）之上，形成"天窗式"洋壳（图 3）。多数声呐浮标仅见较薄的结晶陆壳上部（V_p 为 5.2～5.8km/s），而缺失结晶陆壳的下部（V_p 为 5.9～6.4km/s）。这是由于地幔物质上涌，促进地壳下蚀和引张，导致地壳减薄和陆壳的破碎。珠江口盆地已有 30 多口井钻遇古近系基底。其中近 30 口井见花岗岩、石英二长岩、闪长岩及石英斑岩。其同位素年龄值为 70～130Ma，属燕山晚期的侵入体。珠二坳陷和珠三坳陷北部见变质石英砂岩、片岩，相当于陆上分布的下古生代变质岩。

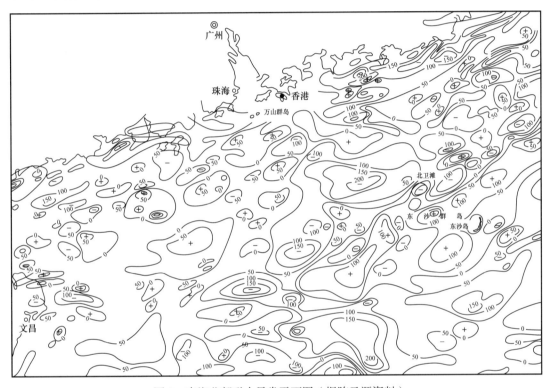

图 3　南海北部磁力异常平面图（据陈圣源资料）

据磁异常特征（图 3），盆地西部磁场背景平静，异常幅度变化于 ±20～±50 伽马，其上局部叠加伴生异常。结合围区地质，盆地的基底大部分为加里东褶皱带的延伸部分，并被燕山期广泛分布的花岗岩及火山岩复杂化，盆地西南至西沙群岛，见平缓宽阔的负异常区，以 -50 伽马为主，走向近东西。可能反映了西永 1 井所钻遇的花岗片麻岩，其同位素年龄为 627Ma 与 1465Ma。此前寒武系的地台向珠二坳陷的南部延伸。联系到金沙江—藤条河印支期缝合线可能延至西沙海槽一带，在琼东南发生北东向的转折，显然受燕山期左移断裂活动的影响[1]，致使南海地台向北东伸展。盆地东部发育三条东西向的较强负异常带，异常值分别为 -227 伽马、-150 伽马和 -220 伽马，可能与埋藏较深基性岩的正向磁化有关。其南的高磁异常区，横贯盆地东部，异常值达 200～400 伽马，可能是不同期基性岩的反映。此带从珠二坳陷东经东沙群岛转向东北，可能属于中国东南沿海燕山早、中期安底斯型大陆边缘的海岸山脉[2]，是一条陆壳—洋壳的过渡带。

值得指出的是盆地东北部于新生界之下尚保存连片的中生界。其依据是粤东广泛分布的上三叠统—下侏罗统以及台湾西南盆地 CFC-1 井钻遇白垩纪的浅海沉积。其下可能为火山岩复杂化了的印支褶皱基底（图 4）。

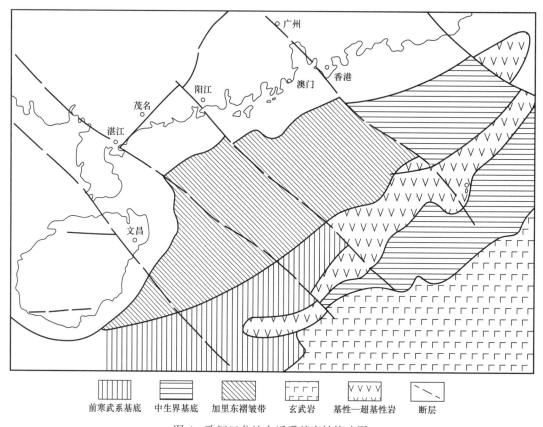

前寒武系基底　中生界基底　加里东褶皱带　玄武岩　基性—超基性岩　断层

图 4　珠江口盆地古近系基底结构略图

2.2　盆地属性与构造演化

中国陆缘的裂谷作用始于晚白垩世至早古新世[1]。珠江口盆地是一个新生代的裂谷盆地，它经历了三个演化阶段，并与南海海盆的发展密切相关（图 5）。

（1）断陷阶段（K_2—E_3^1）从晚白垩世开始，由于来自东南方向的洋壳俯冲终止，南海北部转为被动边缘。裂谷初期由于地幔的热底辟作用而上拱，地壳遭受强烈的剥蚀，随后因均衡抬升引起新的剥蚀。华南大陆分布众多的晚白垩世—古近纪彼此分割的断陷与珠江口盆地所揭示的古新统，多为充填式沉积。随后由于地壳减薄压力降低，导致水平拉张，形成一系列地堑，珠江口盆地的隆凹格局基本形成。盆地中钻遇古近纪的喷发岩即是引张的证据。地震资料表明：盆地基底之上的第一构造层（T_6—T_7）与上下层位呈不整合，为一套微倾斜连续性较差的反射波层系，包括钻遇的神弧组、文昌组、恩平组，厚度为 2000～3500m。

这一时期所形成的断陷可能与南海第一次扩张（M_5—M_{11} 磁条带）有关。晚白垩世—

早渐新世时，礼乐滩曾位于东沙群岛的南侧。珠江口盆地现今所揭示的 T_7 之下的区域不整合与 T_8 之下的局部不整合，可以与礼乐滩 Sampaguita-1 井的中—晚始新世间和中—晚渐新世间的两次不整合对比。

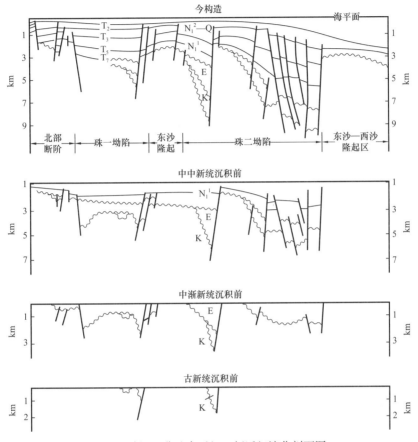

图 5　珠江口盆地古近纪—新近纪演化剖面图

按照裂谷引张的计算公式[3]，初步测算得知：珠一坳陷、珠二坳陷的地壳引张量分别为 46.3km 和 20.1km，考虑到各自深部岩墙与基岩的拓宽量，其总引张量珠一坳陷为64.3km、珠二坳陷为 43.1km。

（2）断坳阶段（E_3^2—N_1^1）晚渐新世至早中新世是珠江口盆地的断坳阶段。此时由于地幔热能的消耗，加之地壳减薄从而加速了冷却的过程，裂谷盆地开始转入断坳。地震反射剖面相应为第二构造层（T_7—T_4）是一组平行、连续性好的反射波层系，厚500～2000m。与下覆地层为区域不整合，海斯（Hayes D.E.）称之为"破裂不整合"在区域上可以对比，标志着南海第二次扩张的开始。与上覆层为整合或假整合接触。该构造层向南被隆起所限制，盆地内的沉积厚度有差异，表明断裂仍起作用。钻井所揭示的珠海组、珠江组具有超覆的特点，盆地的发育属断坳型。

从南海所鉴定的 5D-11 号磁条带得知，此次扩张发生于距今 32～17Ma，扩张速度为2.5～2.9cm/a。礼乐滩从南海北部陆缘分离，向南漂移，使位于其南侧的古南海洋盆向南

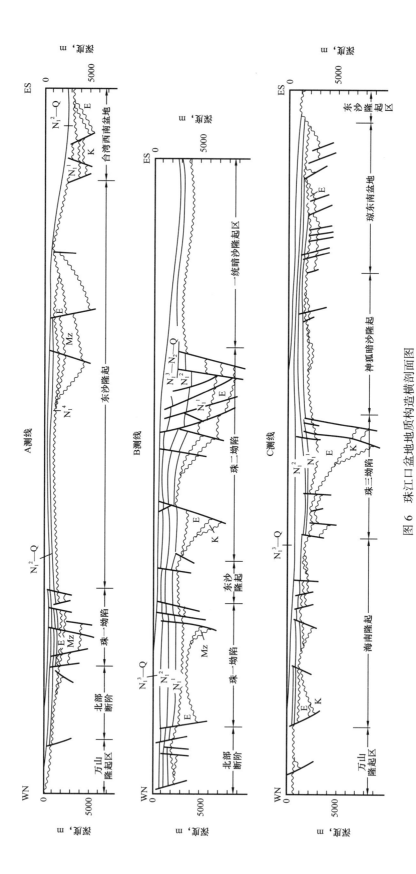

图 6 珠江口盆地地质构造横剖面图

逐渐消减于巴拉望海槽之下。此期间珠江口盆地进一步拉张，使原分隔的断陷连成一体。其基底成为过渡型地壳。

（3）坳陷阶段（N_1^2—Q）从中中新世至第四纪，由于南海扩张停止，盆地深处热能缓慢消失，加之上覆沉积负载所形成的均衡作用，促使盆地进一步沉降，珠江口盆地进入坳陷发展期。

此阶段为整体沉降，但中中新世末仍有短暂的沉积间断，韩江组顶部普遍缺失有孔虫N15带。由中中新统至第四系所组成的地震反射剖面第三构造层（T_4以上至海底），呈现为近水平的连续反射波层系，厚度由北向南增大，可达1000~3000m。这种厚度变化与古海洋的因素有关。海洋中存在三个崩积带[4]。因海平面下降，滨海河口附近的崩积带向海方向迁移，导致珠江口盆地此期间单一物源和广海环境的沉积自北往南加厚。

上述裂谷演化的过程，反映了大陆边缘冷却沉降的幅度与地壳减薄的程度。经初步计算，珠一坳陷与珠二坳陷主体部位的沉降量分别为1.63km和2.61km，可能接受的沉积厚度分别为4.71km和6.79km。与地震反射资料和钻探成果基本相符。

2.3 盆地结构与单元划分

珠江口盆地处于大陆架拉张应力为主的区域背景中。大规模的基岩断块活动诱发生长断裂的长期发育，形成大小不同的地堑、半地堑、地垒和掀斜状断块体。

盆地的区域背景是北东东向的构造走向，以北东和北西西—东西向的构造线为主。自北而南形成两个北东东向隆起带和两个北东东向坳陷带。二级构造单元及断裂体系都呈北西西—东西—北东东向展布。其走向显然与南海的扩张有关，同时也受东南太平洋板块与西南印度—澳大利亚板块右旋压扭力的影响。这些构造单元决定了凹陷、隆起和圈闭的形成（图5）。

盆地内东西分块、南北分带相当明显。以北西向的隐蔽大断裂将盆地分为三大块：西部珠三坳陷古近系发育厚，断裂发育早；中部珠二坳陷沉积厚，圈闭多，面积大；东部珠一坳陷构造活动强，断裂生成晚。南北分带表现在盆地的隆起、凹陷和圈闭南北相间排列。

在基岩断裂差异活动及盆地三个演化阶段的控制下，珠江口盆地形成了三种类型的坳陷和两种类型的隆起（图6）。珠一坳陷：双断地堑继承性坳陷；珠二坳陷：单断箕状断陷继承性坳陷；珠三坳陷：双断地堑非继承性坳陷；神狐暗沙隆起：稳定隆起，东沙隆起：活跃隆起；番禺低隆起：活跃隆起。

不同类型的坳陷具各自的特征（表1），它决定于基底的性质、盆地的演化史及其与南海扩张海盆的关系。

3 盆地沉积发育特征

珠江口盆地的古近系—新近系一般厚度为5000~7000m。按照统一划分对比方案[5]，其组段层序见下表（表2）。

表 1 珠江口盆地坳陷、隆起类型特征表

坳陷隆起	构造类型	面积 10^4km^2	厚度 m	继承性 E	继承性 N	边界	断裂	次级构造单元	局部圈闭类型	走向	基底	其他
珠一坳陷	双断地堑继承坳陷	3.1	7000	分割	统一	南北界为东西向断裂	发育,走向:NWW—EW	4个凹陷5个凸起	凸起上:背斜、潜山,半背斜回陷中:半背斜断块、滚动背斜	NE—EW	主要为P_{Z1}变质岩及燕山期花岗岩	东部有火山岩体
珠二坳陷	单断箕状断陷继承坳陷	3.9	10000	分割南断北超	统一	南界断裂	长期发育层位高	南北4个凹陷中央凸起	凸起上:抓斜状块断山、半背斜回陷中:滚动背斜	NWW—EW	主要为P_{Z1}变质岩、燕山期花岗岩	厚度最大的坳陷
珠三坳陷	双断地堑非继承坳陷	1.1	8500	分割,南缘断裂落差大、活动强	统一	南北界为大断裂		3个凹陷中央凸起	凸起上:披覆背斜回陷中:挤压背斜、半背斜、断块、滚动背斜	NE—NEE	P_{Z1}变质岩	晚第三纪时西部抬升坳陷东移
神弧暗沙隆起	稳定隆起	2.1	3000	隆起有小型断陷	下降	北界断裂			披覆背斜、不整合圈闭	NE—NEE	前寒武系	
东沙隆起	活跃隆起	1.1	3000	隆起有小型断陷	两起两落		十分发育层位高		生长背斜、半背斜	NE—NEE	P_{Z1}变质岩前寒武系及燕山期侵入岩	位于区域隆起倾没部位
番禺低隆起	活跃隆起	0.9	6000	隆起有断陷	统一	北界断裂	发育	4个凹陷	披覆背斜、半背斜	NE	前寒武系	位于两起隆起之间

表2　珠江口盆地古近纪—新近纪地层简表

地质时代		地层名称		厚度, m	岩性简述	古生物组合	地震反射		接触关系	地质年代 Ma	分布
单位	符号	组	段				层序	标志层			
第四纪	Q			140～340	黏土，粉细砂	N22 NN19—20			整合	1.85	
上新世	N_2	万山组		109～635	灰绿色泥岩夹粉细砂岩、砂岩	N18—21 NN12, 13, 18	VII	T_0	整合	5.00	
晚中新世	N_1^3	粤海组		63～538	灰绿色泥岩夹砂岩	N16, N17 NN10—11	VI	T_1	假整合	11.00	
中中新世	N_1^2	韩江组		159～1153	浅灰绿色泥岩与灰白色砂岩互层，夹石灰岩、白云岩	N9, N12, N14 NN5—9	V_2	T_2	整合	14.00	珠一坳陷厚
							V_1	T_3	整合—假整合		
早中新世	N_1^1	珠江组	上	377～1345	灰褐灰色泥岩夹灰、浅灰色粉细砂岩，上部为浅灰色砂岩，下部加灰色块状砂岩，中部之顶为一大砂岩层	N4, N6, N7, N8 NN1—4	IV^3	Δ（泥岩）T_4	整合—假整合	21.00	恩平、惠州凹陷厚度大
			下				IV^2	Δ（大砂岩）T_5　T_6	整合	22.50	
晚渐新世	E_3^2	珠海组		135～841	自下而上呈粗—细正旋回，有相变，上部为灰褐灰色泥岩夹浅灰色砂岩，下部灰白色块状砂岩夹灰色泥岩	N7, N9 NN1 NP24—25	IV^1	T_7	区域不整合	32.00	文昌、恩平、惠州凹陷厚度大
渐新—始新世	E_1—E_2	恩平组	上 中 下	79～1140	灰、灰褐色泥岩与灰白色砂岩互层，灰黑色泥岩夹煤层，灰白色块状砂岩夹灰色泥岩	NP24—25 孢粉：小榆粉、佰仟高腾粉等	III	Δ（含煤层段）T_8	假整合—不整合	33～36	文昌、恩平、惠州凹陷厚度大

续表

地质时代		地层名称			厚度，m	岩性简述	古生物组合	地震反射		接触关系	地质年代 Ma	分布
单位	符号	组	段					层序	标志层			
始新世	E₂	文昌组	上		64~912	深灰、棕褐色泥页岩夹灰白色砂岩，粉砂岩灰色、深灰色泥页岩底部砂砾岩	孢粉：茂名五边粉	II		整合	56.00	文昌惠州凹陷
			下						T₉			
古新世	E₁	神孤组	上		435	灰色砂岩夹杂色泥岩灰色砂砾岩、砂岩夹灰色泥岩	孢粉：五边五边粉	I		区域不整合		文昌凹陷下部未钻遇
			下						Tg			
前古近纪	AnR					变质岩、花岗岩						

注：（1）N：有孔虫带化石，NN、NP 钙质超微带化石，△标志层。

（2）据王善书、钱光华资料编。

3.1 沉积体系特征

珠江口盆地古近纪—新近纪断陷、断坳、坳陷三个演化阶段中，形成了陆相河湖—半封闭海陆交替—开阔海大陆架三种不同的沉积体系[4]，其沉积模式图如图7所示。

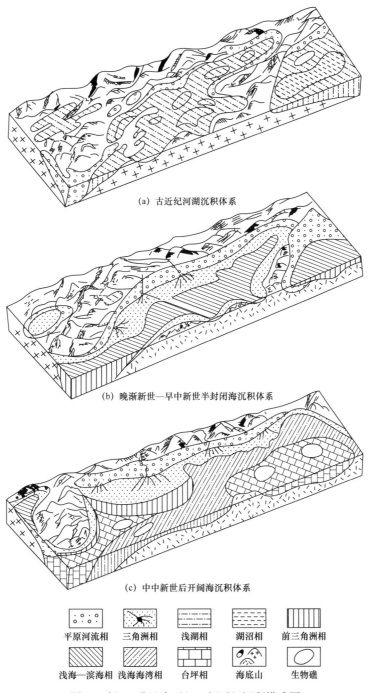

(a) 古近纪河湖沉积体系

(b) 晚渐新世—早中新世半封闭海沉积体系

(c) 中中新世后开阔海沉积体系

| 平原河流相 | 三角洲相 | 浅湖相 | 湖沼相 | 前三角洲相 |
| 浅海—滨海相 | 浅海海湾相 | 台坪相 | 海底山 | 生物礁 |

图 7　珠江口盆地古近纪—新近纪沉积模式图

（1）河湖沉积体系。神狐组属裂谷形成初期的充填式堆积，始新世—渐新世早期裂谷断陷扩大、变深，形成较大的河湖相沉积体系。其特点是：沉积速度快（0.1～0.2mm/a），厚度大（2500～5000m），分隔性强，相带窄，沉积物源多，由边缘到中心形成坡积、洪积、冲积、河湖交替、湖相沉积序次。每个层序自下向上逐渐扩大、上超。如文昌组沉积期随裂谷扩大，使早期分隔的湖盆连通、变深。恩平组沉积期由于补偿性沉积和地壳回返上升，使前期一些大型湖盆沼泽化。

（2）半封闭海沉积体系。晚渐新世至早中新世，伴随南海第二次扩张，海平面上升，海水北侵，形成半封闭海陆交替、海相沉积体系，经历了由陆到海的演变。其特点是：主要物源来自北部，次要物源来自南部。海水由南部隆起间侵入，范围向上扩大，末期有短暂的海退。自北而南形成平原河流、海陆交替和浅海相序次。厚度1000～2000m。沉积中心位于盆地中部。此时期有古珠江的冲积，发育海相三角洲体系，南部台地见生物礁体。

（3）开阔海沉积体系。从中中新世开始到上新世，盆地进一步坳陷，隆起沉没于海水之下，珠江口盆地与南海连为一体，成为开阔海大陆架海盆。这时古珠江水系形成的扇三角洲沉积体直达陆坡地带，自北而南以平原河流、三角洲前缘、浅海前三角洲和浅海半深海相序次排列。厚度1000～3000m。中中新世末有沉积间断，上新世末有海退象征，见海退型砂体。三角洲前积向南深海方向推进，并在东沙隆起、西沙隆起的潜山生长了生物礁。

上述三种沉积体系在时空关系上是一个连续的发展过程，既有阶段，又是连续。三种沉积体系构成了新近系、古近系的两大沉积旋回。

3.2 沉积环境分析

现将珠江口盆地古近系—新近系主要组段的沉积环境和古地理景观（表3）分述如下。

（1）神狐组—文昌组（T_g—T_8）沉积相的展布特征（图8）：湖相、较深湖相仅分布于长期发育的凹陷中，如惠州、白云、文昌、恩平和西江等凹陷。深湖相湖盆的长轴方向为水系的延伸，湖区短轴不对称。靠一侧深湖相发育，为好的生油凹陷；物源多，古河流短促，隆起分割了内陆湖盆，形成多凸多凹的景观；从边缘到湖盆中心，由平原河流，河湖交替、浅湖、较深湖相的配置关系组成，向上逐渐扩大。

（2）恩平组（T_8—T_7）（图9）：继承了古新世—始新世以来湖盆彼此分割的古地理格局。盆地边缘，莽莽荒原，仍以泛滥的平原河流相为主；盆地中部，湖泊沼泽，星罗棋布，多见湖沼相间夹小型湖泊相的景观。相带呈不规则的带状，常见相带缺失。沉积相与厚度受断裂的控制，高部位厚度小，凹陷中可达2000～3000m。辫状河流亚相见于陆丰、恩平及西江凹陷，滨湖、浅湖亚相见于文昌凹陷、白云凹陷。

（3）珠海组（T_7—T_8）（图10）：珠海组沉积时，中下部仍以平原河流相为主。盆地北部河流纵横，南部沧海侵漫。盆地中北部古珠江水系形成的大型三角洲体系是油气的天然储集层。盆地南部展布滨海、浅海及半封闭的海湾相沉积，水域向南扩大、加深。

（4）珠江组（T_6—T_4）（图11）：珠江组为水进型沉积，以半封闭浅海、海湾及台坪相为主。珠江组沉积后期沧海横流，岸线北移，与莺歌海、台湾西南盆地连成一体，神狐

表3 珠江口盆地古近系—新近系主要组段沉积环境特征表

地层组段	主要岩性	古生物特征	主要相带	亚相分布	地震相特征	自然伽马测井曲线特征	相带展布
珠江组	泥岩、砂岩夹石灰岩	少置浮游有孔虫，并见底栖及广盐性有孔虫，浅海、滨海见红树热带植物孢粉	浅海海湾；台坪三角洲	滨海平原；前三角洲；台坪—台地	海湾：弱中振幅，中高频连续—较连续反射。丰度稀疏—密集。台坪：中振幅、中低频、较连续—断续稀疏—密集，波状结构	块状高值为主，大套块状低值低峰	台坪：隆起 三角洲：古珠江部位 海湾：盆地中部
珠海组	暗色砂、泥岩、石灰岩	喜冷的松杉，热带低地红树、海桑（热带滨海沼泽，间有高山寒冷）	平原河流；浅海；滨海；三角洲	沼泽；生物礁	平原河流：弱振幅，中高频断续反射，丰度稀疏呈缓楔形 三角洲：中振幅，连续夹强弱振幅，连续中频密集反射	块状低值夹指状高值，块状低值夹指状高值。	三角洲：古珠江部位 生物礁：古隆起
恩平组	煤系砂、泥岩	见蕨类孢子、水蕨、水龙骨（沼泽河流）	湖沼；浅湖；平原河流	辫状河；同湾河流；三角洲前缘	浅湖：中振幅连续中低频，丰度低 三角洲：中振幅较密集有发散结构	块状高值夹指状低值	沼泽湖泊浅海：均见可凹陷
文昌组	褐色砂、泥岩夹煤线及泥灰岩	早期榛木粉（寒冷）中晚期棕榈（湿热）盘星藻等（湖泊）	湖泊；滨湖		湖相：连续好，内部反射相平行，中弱振幅，中低频，丰度低	块状高值为主，夹锯齿状低值	湖泊：回陷中
神狐组	杂色砂、泥岩	榆科、蕨类（半干旱气候）	冲积		冲积：低频、弱振幅，不连续相	块状低值为主（砂、泥岩）	冲积：凹陷中

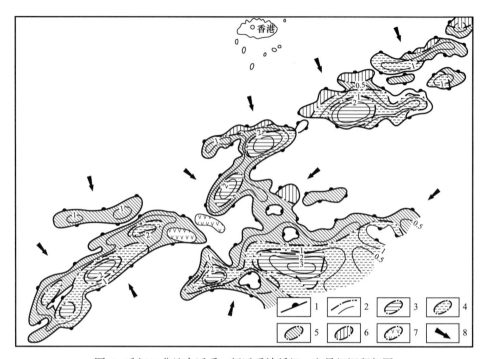

图8 珠江口盆地古近系—新近系神狐组—文昌组沉积相图

1—地层尖灭线；2—相界线及地层等厚线（单位：km）；3—湖相、半深湖相；4—河湖交替相；5—平原河流相；

6—山麓冲积相；7—火成岩；8—物源方向

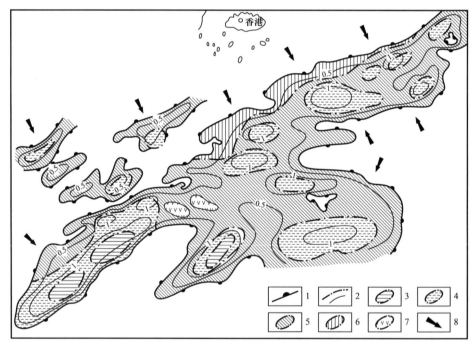

图9 珠江口盆地古近系—新近系恩平组沉积相图

1—地层尖灭线；2—相界线及地层等厚线（单位：km）；3—湖相；4—湖沼相；5—泛滥平原河流相；6—山麓冲积相；

7—火成岩；8—物源方向

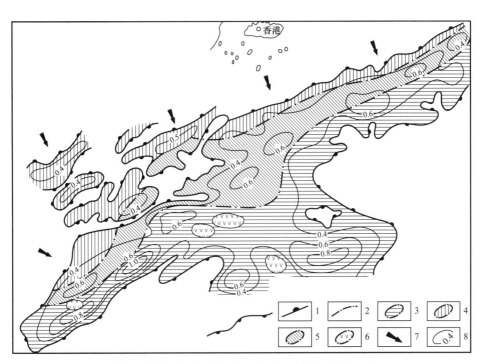

图 10　珠江口盆地古近系—新近系珠海组沉积相图

1—地层尖灭线；2—相界线及地层等厚线；3—浅海—滨海相；4—河湖交替相；5—平原河流相；6—山麓冲积相；

7—火成岩；8—物源方向

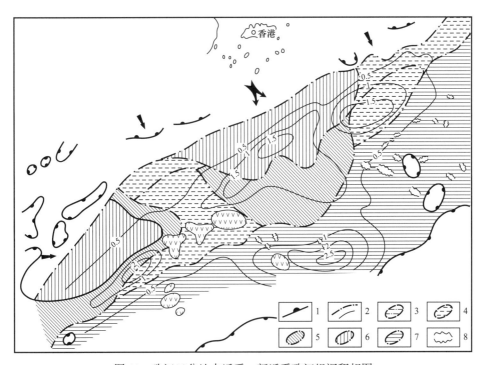

图 11　珠江口盆地古近系—新近系珠江组沉积相图

1—地层尖灭线；2—相界线及地层等厚线；3—滨海平原相；4—浅海海湾相；5—三角洲前缘相；6—三角洲相；

7—台坪相；8—生物礁

暗沙隆起全部没入水下，晚期具开阔海的性质。于古珠江水系部位边缘相带有加宽向南凸出之势，为三角洲相区，远离物源的中部为海湾相，盆地边缘及水下隆起见台坪相。热带气候的演变适于台地碳酸盐岩沉积。

3.3 三角洲体系及生物礁

（1）三角洲体系。珠海组上部到珠江组沉职期，波浪汹涌的古珠江的强烈冲积，使西江、恩平与惠州凹陷一带形成十分壮阔的古珠江三角洲体系，发育大套厚层块状河道砂岩，其南缘沉积了半弧形的三角洲前缘带。其中珠海组的三角洲体系没有明显的底积层，于前缘带之外见到沙坝，是被海水破坏的尖嘴状三角洲。珠江组沉积时，此三角洲很少受到海浪的改造。

珠江组上部（T_5—T_4）见多种海相三角洲砂体，下段以辫状水系的沙坝为主，砂体广布；上段内陆架型沙坝发育，井下普遍见到河口坝、潮汐坝。这类砂体是惠州凹陷最好的油气储集层。

西部珠三坳陷有来自西部海南隆起的万泉河三角洲体系。

（2）生物礁。珠江口盆地第三纪生物礁分布广、规模大、沿东沙隆起至神狐暗沙成群成带展布。目前已发现、鉴别近百处，总面积超过 1000km^2。成礁期长。从晚渐新世、中新世至上新世、全新世都有礁的生长，尤以中新世发育最盛。所见的类型有堤礁、塔礁、岸礁及补丁礁。礁体呈平缓凸起，内部略显成层性。少数礁体可鉴定出礁核、礁前。在地震剖面上，礁体的反射绚丽多姿；一般有明显的边界形态、上超、披覆、反射中断、凌乱或连续性变差以及具绕射波等，大部分表现为低速异常。据对已钻遇的几个礁体的研究，其主要由红藻、珊瑚、海绵、苔藓虫等生物遗体组成，为泥晶珊瑚藻灰岩、海绵珊瑚藻灰岩。化学成分纯，碳酸盐占 99.88%～97.27%，次生溶孔、溶缝发育。

晚渐新世以来海水向北进泛，隆起高部位的缓坡带或断层上盘等起伏不平的古地形，加之亚热带气候的演变，为礁的繁殖创造了有利的条件。东沙隆起及神狐暗沙两个礁群位于晚渐新世以来的水下隆起，两者遥相呼应。沿古隆起边缘有堤礁分布，它是由早期的岸礁演化而成，堤礁之后向陆侧有塔礁、补丁礁散布。东沙隆起中部由岸礁、堤礁形成大的礁体，呈弧形、环状礁，被誉为南海的"明珠"。早中新世以来由西向东多期生物礁形成期的变化，展示了成礁期古海岸线的变迁。

4 油气矿产资源

珠江口盆地已在 14 个构造上发现工业油气藏，属背斜构造或地层岩性圈闭类型。其中有储量可观的大油田及单井日产量大于 2000m^3 的油气藏，进一步证实了盆地具有优越的石油地质条件（图 12）。

惠州、白云、文昌、西江、恩平等凹陷分布文昌组、恩平组、珠江组的生油岩系，分别为湖泊、湖沼和浅海海湾相的沉积，属非补偿性的快速沉积。其中文昌组、恩平组暗色泥岩的平均厚度可达500～900m，惠州凹陷成熟生油岩的面积约6000km²，体积约3000km³，其他凹陷亦具一定成熟生油岩的面积和体积。据6个凹陷的不完全统计，以文昌组的生油性能最好，恩平组、珠江组次之（图13）。各组的有机质丰度、生油潜能和母质类型（平均含量）见表4：惠州凹陷文昌组的生油性能具代表性，TOC：1.61%～2.05%，"A"：0.1305%～0.239%，S_1+S_2：3.68～14.67mg/g，HC：687～2037ppm，母质类型：Ⅰ～Ⅱ型，属好的生油岩。恩平组含沥青煤，是盆地中较好的重要生油岩。珠江组在惠州、白云凹陷埋藏较深，局部已初成熟，是不可忽视的潜在油气源岩。由4—甲基—C_{30}甾烷与奥利烷、三环双萜烷、孕甾烷的油源对比中，上述三套生油岩已得到证实。

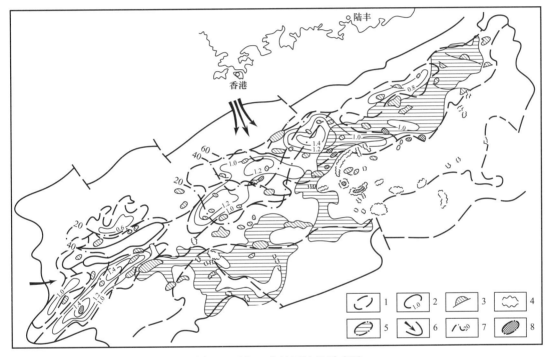

图12　珠江口盆地石油地质略图

1—凹陷；2—有效生油岩厚度（单位：km）；3—主要局部仿造；4—珠江组生物礁；5—珠江组生物礁分布区；6—珠海组、珠江组三角洲砂体分布区；7—珠江组砂石百分含量；8—油气田及含油构造

盆地的地热值（1.88HFU）高于世界海洋的平均值，地温梯度较高（3.6℃/100m）具备良好的热演化史。文昌组、恩平组的R_0一般大于0.5，TAI大于2.5，各凹陷的生油门限深度为2400～2800m，门限温度102℃，生油高峰深度2800～3300m。珠江组、韩江组沉积后促成大量生烃、排烃（图14）。

目前已发现油气藏的储集层是珠江组、珠海组的三角洲砂体与生物礁块。砂岩储集层为中、细砂岩及泥质粉砂岩，储集物性好：孔隙度8%～30%，渗透率50～2800mD。已发现的礁油藏为泥晶珊瑚藻礁及海绵珊瑚湖藻礁，次生溶孔、溶缝发育，亦见原生晶间孔、粒间孔。礁体的孔渗性能变化大，孔隙度5%～11%，最大28%，渗透率40～60mD，最大 1130mD。韩江组、文昌组与前古近系亦钻遇油层，三角洲砂体与礁块之上有珠江组上部和韩江组厚约 500m 的泥岩覆盖，即 $T_g \sim T_4$ 反射层海相泥岩大面积的展布，构成了良好的区域性储盖组合。从北到南泥砂比由 30% 增至 80%，惠州凹陷的东南部直至东沙隆起区域盖层好，有利于油气的保存。

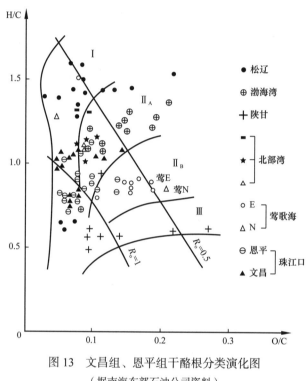

图 13　文昌组、恩平组干酪根分类演化图
（据南海东部石油公司资料）

表 4　不同生油岩系有机质丰度生油潜能和母质类型（平均含量）

地层组段	TOC，%	"A"，%	HC，ppm	S_1+S_2，mg/g	母质类型
珠江组	0.61	0.064	339	1.42	Ⅱ—Ⅲ偏型
恩平组	1.01	0.149	713	2.26	Ⅱ—Ⅲ型
文昌组	1.84	0.183	902	5.40	Ⅰ—Ⅱ型

　　已落实的局部构造圈闭近 300 个，圈闭面积约 8600km²。以背斜、半背斜为主，与基岩断裂、隆起和断块山有关，多呈构造带展布。已发现的东沙隆起和神狐暗沙隆起礁群，有近百个大小不等的礁体，此岩隆和礁体的分布面积可达 1800km²，还有大面积生物滩的展布。不同成因圈闭序列的特定配置关系组成横向的圈闭组合，各坳陷和隆起的圈闭组合类型各异。一般凹陷为断裂形成的构造（逆牵引、半背斜等）—挤压背斜—地层圈闭组合，隆起区以基岩生长构造—披覆背斜—岩性（礁块）圈闭组合为特色。不同成因圈闭叠合的继承配套关系组成纵向的复合圈闭，各坳陷及隆起有不同的基岩圈闭—各种背斜构

造—地层岩性等多种复合圈闭。多种类型的圈闭组合和复合圈闭使油气层成带分布，构成珠江口盆地多种成因类型的油气田（藏）（图15）。大部分局部构造的形成期与油气成熟期同期或早于油气成熟期，提供了有利的油气聚集条件。

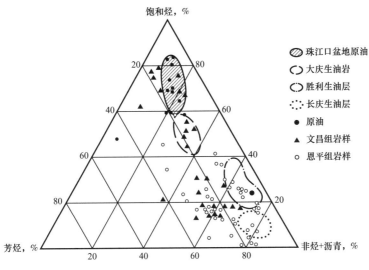

图14　文昌组、恩平组族组分三角图

（据南海东部石油公司资料）

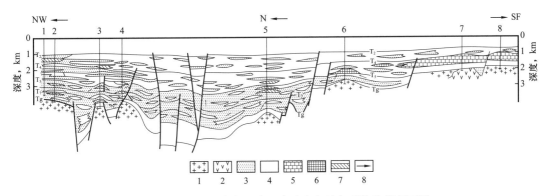

图15　珠江口盆地惠州凹陷—东沙隆起油气藏构造横剖面图

1—花岗岩；2—安山玢岩；3—砂岩；4—泥岩；5—石灰岩；6—生物礁；7—油气层；8—油气运移方向

综上所述，珠江口盆地具备良好的油气勘探前景。根据早期油气评价预测，远景地质储量可达 $1×10^9 t$ 以上。随着油气勘探开发的进展，珠江口盆地将成为中国南海的重要石油工业基地。

参 考 文 献

［1］Taylor B，Hayes D E. The Tectonic Evalution of South China Basin through terliary Seafloor Spreading. Lamont-Doherty Geological Obervatory of Columbia University Palisades，NewYork，1979.

［2］郭令智，施决申，马瑞士，西太平洋中新生代活动大陆边缘和岛弧构造的形成及演化地质学报，

1983，57（1）：12—20.

［3］Логачев Н.А.，Зорин Ю. А. Строение и Стадии развимия байкалъского рифта 27й международный геологический конгресс 1984 Москва.

［4］Lisitzin A P，Shirshov P P.Avalanche sedimentation sea Level Variation，Hiatuses and Pelagic sedimentation —Global Law 27th IGC Moscow 1984.

［5］王善书.珠江口盆地地质构造的基本特征.石油学报，1982。

本文原载于《中国中新生代沉积盆地》，石油工业出版社，1990 年。

田吉兹、尤罗勃钦碳酸盐岩油气田石油地质考察及对塔里木盆地寻找大油气田的启示和建议

邱中建[1]　张一伟[2]　李国玉[3]　梁狄刚[1]　吴奇之[4]　王招明[1]　刘　军[1]

（1. 塔里木石油勘探开发指挥部；2. 石油大学（北京）；3. 中国石油天然气总公司咨询中心；4. 中国石油天然气总公司石油地球物理勘探局）

摘要： 概略介绍了哈萨克斯坦、俄罗斯石油天然气生产近况、详细考察了哈萨克斯坦田吉兹油田和俄罗斯尤罗勃钦油气田的石油地质条件，包括油气田基本面貌、地质构造背景、烃源岩、储层、盖层、成藏等特点。两油气田均处于海相克拉通盆地长期发育的古隆起上，年代古老（8 亿年前），具有大面积分布和一定厚度的有机碳含量为 1%～2% 的泥质岩、泥质碳酸盐岩作为生油层，碳酸盐岩储层特性因受潜山风化作用而变好；均有巨厚盐层作优质盖层；两油气田均多期成藏，早期油藏因遭破坏而形成大量固体沥青，但后期油气仍得以大量保存。最新观点认为，不含泥质的纯碳酸盐岩有机质含量很低，不能作为有效生油层。针对塔里木盆地寻找大油气田的目标和勘探实际，论及石油地质考察后九方面的启发，提出三方面的建议和塔里木碳酸盐岩地质研究要攻关的五个难题。

关键词： 石油地质学；考察报告；古潜山油气藏；碳酸盐岩油气藏；盆地类比；田吉兹油田；尤罗勃钦油气田；塔里木盆地；哈萨克斯坦；俄罗斯

　　1997 年 6 月 2—27 日，笔者一行 7 人组成的石油地质考察组对哈萨克斯坦、土库曼斯坦和俄罗斯的石油天然气生产状况作一般性的了解，重点针对塔里木已经发现的三套盐岩盖层和震旦系、寒武系、奥陶系巨厚的碳酸盐岩大型构造以及广泛分布的油气显示，对哈萨克斯坦的田吉兹油田和俄罗斯东西伯利亚的尤罗勃钦油气田这两个盐下碳酸盐岩大油气田进行了深入的解剖，以期了解这类大油气田形成的地质条件，碳酸盐岩储层的非均质程度，以及钻井、开发中的技术问题和方法，为在塔里木盆地寻找下古生界海相碳酸盐岩大油气田提供类比和借鉴。

1　哈萨克斯坦、俄罗斯石油天然气简况

　　哈萨克斯坦面积 $270 \times 10^4 km^2$，50% 以上的地区具含油气远景，油气总资源量 $250 \times 10^8 t$。截至 1996 年年底，共发现 138 个油气田，探明石油可采储量 $20 \times 10^8 t$，油气田主要集中在西部滨里海盆地及曼格什拉克盆地，产层主要是石炭系、二叠系海相碳酸盐岩，其次是侏罗系、白垩系，油气层埋深 3000～5000m。1990—1991 年，苏联哈萨克斯坦共和国油气生产处于高峰期，年产原油 $2600 \times 10^4 t$，天然气 $70 \times 10^8 m^3$。1996 年，原油产量下降至 $2100 \times 10^4 t$，天然气降至 $55 \times 10^8 m^3$。1997 年，预计产油 $2650 \times 10^4 t$，计划到

2010 年产油 $1.7 \times 10^8 t$。

全俄罗斯迄今为止共发现 755 个气田，探明天然气可采储量 $47 \times 10^{12} m^3$，其中可采储量大于 $1 \times 10^{12} m^3$ 的大气田共 25 个，大气田的 78% 集中在西西伯利亚，产层为白垩系。苏联时期，俄罗斯年产原油曾达到过 $6 \times 10^8 t$，1996 年产量只有 $3 \times 10^8 t$，原油生产很不景气。同时，由于勘探工作的收缩，每年新增的探明可采油气储量远远小于当年采出量，例如，1996 年采油 $3 \times 10^8 t$，而新增可采石油储量只有 $1.79 \times 10^8 t$；采气 $5900 \times 10^8 m^3$，而新增可采天然气储量只有 $2000 \times 10^8 m^3$。

2　田吉兹油田石油地质

田吉兹油田位于哈萨克斯坦西部的里海东北岸（图 1），距岸 15km，西北距阿特拉乌州（原古利耶夫州）约 160km，油田处于河流注入里海的河口冲积平原之上，地表为滨海沙滩及沼泽区，水陆交通和勘探开发作业条件很好。

该油田是苏联在 1979 年发现的。属盐下、深层异常高压、高硫化氢油气田。在已完钻的 98 口井中，有 57 口钻穿上二叠统盐层进入盐下目的层，并有产油能力，油层埋深 $3900 \sim 5600m$，平均井深 4500m，原始地层压力为 44MPa，压力系数 $1.8 \sim 2.0$，原油中硫含量为 0.79%，伴生气中 H_2S 含量高达 18%。油井气油比为 $500 \sim 600 m^3/t$。该油田地质储量油 $30 \times 10^8 t$，伴生气（$1.3 \sim 1.8$）$\times 10^{12} m^3$。

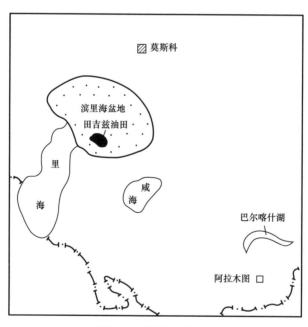

图 1　田吉兹油田位置

田吉兹油田所处的滨里海盆地在大地构造位置上属俄罗斯地台南部的边缘深坳陷。滨里海盆地东西长 1000km，南北宽 500km，呈椭圆形，面积 $50 \times 10^4 km^2$（图 2），比塔里木盆地略小，盆地基底为前寒武系结晶岩系，盆地中心埋深预计达 25000m，东、南缘埋深 7000~8000m，盆地的沉积被上二叠统孔谷组的盐层分割为二大构造层，即盐上组（中—新生界）和盐下组（古生界）。厚达 7000~10000m 的盐层（组成 1000 多个盐丘），盐上的侏罗系—白垩系早在 1938 年就发现了第一个油田（库尔沙里油田），20 世纪 50—60 年代又接连发现了一批浅层小油田，但储量都不大。盐下古生界最有意义的是下二叠统、中—下石炭统和上泥盆统碳酸盐岩，它们构成了田吉兹等大油气田的储、盖层，厚1500m 以上，中泥盆统以下以碎屑岩为主，可能有震旦系、寒武系碳酸盐岩，盆地中心厚12000m，但尚未有钻井揭露。

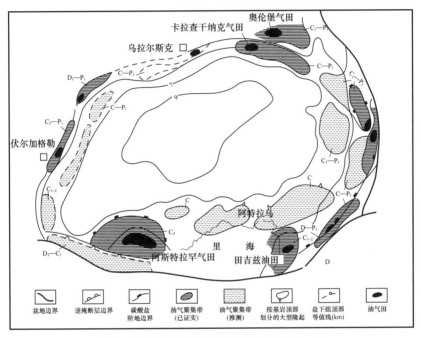

图 2　滨里海盆地盐下组古生界油气聚集带

在环绕滨里海盆地东部和南部边缘，有一个古生界潜伏隆起带，西起阿斯特拉罕，东北至阿克纠宾斯克，长 1100km，宽 200km。该隆起带上的基岩埋深仅 7000~8000m，中泥盆统至下古生界的厚度从盆地中心 12000m 减薄至隆起上只有 1500m 左右，上二叠统盐层底界埋深只有 3900m，可见这是一个从基岩到下古生界的潜伏隆起带。在这个带上，已经发现了阿斯特拉罕［天然气储量（2~3）×10^{12}m^3，年产气 60×10^8m^3］，田吉兹、肯基亚克、卡拉查干纳克（天然气可采储量 1.5×10^{12}m^3）、奥伦堡（天然气储量 2×10^{12}m^3）等一系列特大型油气田，因此，此带为富含油气的"黄金环带"，产层都是盐下组的泥盆系、石炭系和下二叠统碳酸盐岩。

田吉兹构造属穹隆状潜山构造（图 3），顶面埋深 3880m，溢出点圈闭线为 5700m，圈闭面积 350km^2，幅度 1820m，潜山顶部平缓，四周翼部变陡处为北西、北东向两组正断层所切割。组成潜山的上泥盆统和中、下石炭统碳酸盐岩在内幕构造上也是一个背斜，中石炭世后抬出水面遭受强烈侵蚀成山，接着被上石炭统—下二叠统亚丁斯克组泥岩、泥灰岩所覆盖，是一个大的侵蚀不整合，因此，田吉兹构造是一个地层侵蚀不整合型潜山背斜。

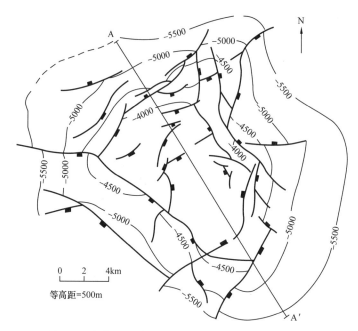

图 3　田吉兹油田碳酸盐岩顶面构造（据雪佛龙公司）

田吉兹油田的储层是上泥盆统—中、下石炭统浅海碳酸盐岩台地的生物滩和礁块灰岩，物性很好，孔隙度多在 4%~8%，最高可达 15%，渗透率多在 10~100mD，渗透率较好的可大于 1000mD，属于孔、洞、缝都很发育的孔隙型碳酸盐岩储层。据在田吉兹区块中标作业的雪佛龙公司认为，这种滩、礁相石灰岩，完全可与南美加勒比海的巴哈马现代碳酸盐岩滩相对比。这套生物滩、礁相石灰岩只发育在隆起顶部的浅水碳酸盐岩台地上（向隆起南北两侧相变为暗色泥页岩生油层），且不断加积、加厚，在田吉兹油田上厚达 1500~3000m，中石炭世后，这套生物灰岩出露海面，经受过侵蚀淋滤，更加改善了储集性能。

田吉兹油田的油源岩，据雪佛龙公司认为：上泥盆统和石炭系台地相碳酸盐岩储层向隆起北侧相变为暗色泥页岩，以及亚丁斯克组（C_3—P_1）泥灰岩，它们构成了油田的油源岩。因此，田吉兹油田属于自生自储式的原生油气田，油源层与储层横向相变，直接接触。上泥盆统生油层厚约 500m，露头区有机碳含量为 0.5%~3.0%，平均 2% 左右；石炭系—下二叠统泥质岩有机碳含量为 0.25%~1.00%。另据介绍，油田中的生物灰岩储层本身也能生油。

田吉兹油田的盖层是亚丁斯克组（C_3—P_1）泥灰岩和页岩，它们不整合覆盖在潜山碳酸盐岩侵蚀面上，厚 50~100m。另外石炭系中部和底部厚 16~20m 的火山质页岩分布稳定，也可作局部盖层；在油田上方厚 500~1500m 的孔谷组（P_2）盐层，更是区域性优质盖层。

田吉兹油田具有多期成藏的特点，储层中普遍见固体沥青，含量为 2%～4%，据钻井实测沥青反射率分布图，R_b 变化在 0.85%～1.40% 之间。储层固体沥青与轻质油气共存，这种现象表征着田吉兹油田有两次成藏期，第一期在亚丁斯克组（C_3—P_1）沉积前，这期原油的成熟度中等（R_b=0.85%～1.40%），中石炭世末，油藏抬升，出露水面而遭侵蚀，原油部分氧化成沥青。第二期是在盐上组沉积时，泥盆系—石炭系生油层深埋，生成了田吉兹油田目前的轻质油气（相对密度 0.79，气油比 500～600m³/t）。

田吉兹大油田形成的基本地质条件是：

（1）基岩及下古生界潜伏隆起带上大型潜山圈闭。

（2）隆起带上浅水碳酸盐台地生物滩—礁块的加积（厚达 1500m 以上），后又抬出水面遭受侵蚀淋滤，储层物性很好，以孔隙型为主。

（3）生物碳酸盐岩向盆地方向相变为泥质生油层，造成生油层与储层在横向上直接接触，生油层在隆起上和坳陷中埋深相差 5000m，具多期成烃条件。

（4）厚达 500～1500m 的盐层和泥灰岩作为优质盖层。盐层导热性好，具备降温降压、保护液态石油、推迟气化的作用。

田吉兹油田地温梯度低（2.8℃/100m），烃源层 R_o 为 0.9%～1.2%，以油为主；而同属滨里海盆地的北部卡拉查干纳克气田烃源层 R_o 为 1.1%～1.5%，有油有气，凝析油含量多；西部的阿斯特拉罕气田，烃源层 R_o 为 1.2%～1.7%，则以气为主。这说明同在"黄金环带"上，油气的相态受烃源层热演化程度控制。

3 尤罗勃钦油气田石油地质

尤罗勃钦油气田位于俄罗斯东西伯利亚地台西南部的巴依基特隆起上（图 4），油气田位于茫茫林海之中，地面条件、地震和钻井作业都十分艰苦。

东西伯利亚地台面积 $400×10^4km^2$，它是一个中、晚元古代—早古生代的古老地台，地台的主要沉积是里费系（绝对年龄 1650—800Ma，相当于中元古界、上元古界）—文德系（绝对年龄 670—590Ma，相当于震旦系中上部）、寒武系。

在区域构造格架上，东西伯利亚地台南部及北部都是中—新生界山前坳陷，台地内部可划分出"三坳、四隆、一阶地"。

东西伯利亚地台十分稳定，表现为：

（1）沉积盖层薄，在隆起（台背斜）上仅 1500m（上乔油气田）～2300m（尤罗勃钦油气田），坳陷（台向斜）中最厚只有 8000m（通古斯卡台向斜）。

（2）沉积物以浅海、滨滩相碳酸盐岩为主，其中文德系和下寒武统下部有海相砂泥岩，寒武系有二套盐岩层。

（3）奥陶纪末大面积抬升，以后一直未再沉降埋藏，除西部靠近叶尼塞河有面积不大、总厚度仅 100m 的志留系—二叠系出露外，地台南部地表广泛出露寒武系、奥陶系、地台北部则残留有很薄的三叠系、侏罗系含煤岩系及火山岩。

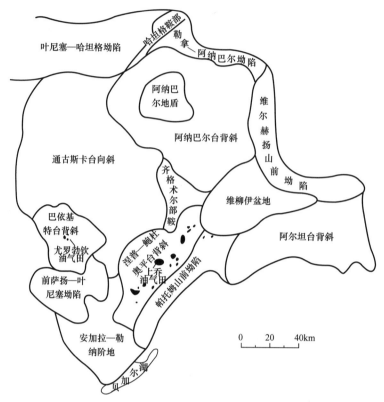

图4　东西伯利亚地台大地构造和尤罗勃钦油气田位置

（4）寒武系在巴依基特台背斜上有两套粗玄岩发育，但经同位素年龄测定，证明其属于海西期顺层侵入。

东西伯利亚地台目前发现的油气田集中在西南部的巴依基特隆起（面积$15.5 \times 10^4 km^2$）和东南部涅普—鲍图奥宾隆起（面积$9.25 \times 10^4 km^2$）两个古隆起上，巴依基特隆起上发现的油气田产层以里费系碳酸盐岩为主，涅普—鲍图奥宾隆起上发现的油气田产层为艾德系和下寒武统海相砂岩。东西伯利亚地台的石油资源量为（$86 \sim 321$）$\times 10^8 t$，天然气资源量为（$27 \sim 31$）$\times 10^{12} m^3$。

尤罗勃钦油气田位于大型潜山构造上，潜山呈北西走向，长200km，宽40km；潜山顶部海拔 -1900m，最大闭合线海拔为 -2270m；潜山圈闭面积8352km²，幅度370m；潜山上有6个山头，以东南部的托霍姆山头最高（海拔 -1900m），北部的北库尤姆宾山头最低（海拔 -1970m），大致呈北西向展布。可划分为库尤姆宾（北区）、尤罗勃钦（西南区）和托霍姆（东南区）三个区（图5）。

尤罗勃钦油气田是1982年发现的。该油气田地层古老，由里费系（中元古界、上元古界）、文德系（震旦系中、上部）和寒武系组成，残留很薄的奥陶系。里费系为主力产层，除底部为砂岩外，主要是一套碳酸盐岩。里费系可分为12个组（图6），其中有5个组是泥页岩和泥灰岩，与碳酸盐岩相间互，组成5个旋回，总厚大于3200m。

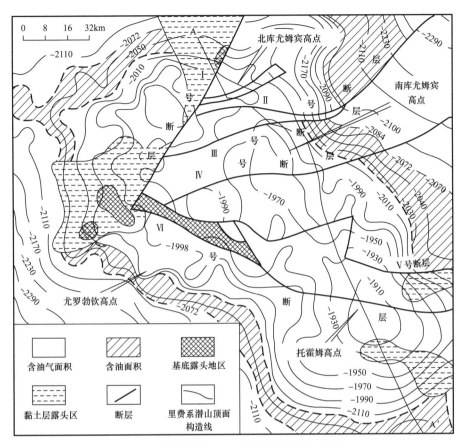

图 5 尤罗勃钦油气田里费系潜山顶面构造

尤罗勃钦油气田位于里费系碳酸盐岩顶部剥蚀面组成的一个大型平滑潜山构造上，以里费系顶面剥蚀面为界，可划分为上、下两个构造层。

（1）上构造层由文德系、寒武系和奥陶系组成，地层平缓，构造完整，断层不发育（图 7）。

（2）下构造层由里费系碳酸盐岩组成，内幕构造复杂，断裂褶皱发育，地层倾角在10°以上。内幕构造由两个背斜和一个向斜组成，即北部库尤姆宾背斜与南部尤罗勃钦—托霍姆背斜和中部的玛德林向斜。背斜和向斜都被一系列断层切割成若干块体而复杂化，库尤姆宾背斜由 4 个断块组成，玛德林向斜由 3 个断块组成，尤罗勃钦—托霍姆背斜也被切成 2 个断块。

尤罗勃钦油气田的主要断裂有 6 条，在平面上，这些断层呈扫帚状撒开，向东延至潜山构造的东翼外围。这些断层均为逆断层，断层倾角大，断距为 100～1000m，这些断裂都只断开里费系及基底而不断开潜山面（见图 5 未断开潜山顶面的等高线，图 7 中断层向上终止于文德系底面以下的不整合面）。

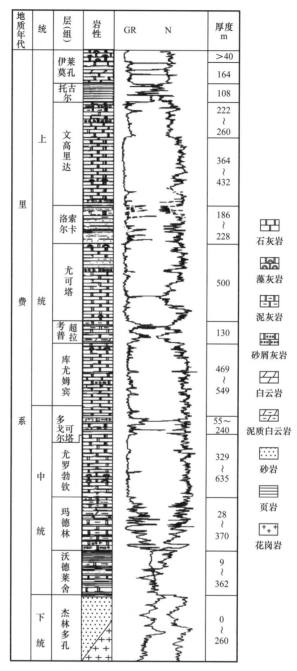

地质年代	统	层(组)	岩性	GR	N	厚度 m

图 6 尤罗勃钦油气田里费系地层柱状图

文德系沉积前的构造运动，使里费系褶皱、断裂、整体抬升遭受剥蚀形成大型潜山，里费系的不同岩组，其至基底岩系，出露在潜山的不同部位。潜山形成后，文德系超覆于里费系不同层位之上，中间是一个大角度不整合，代表着至少 130Ma 的间断和风化剥蚀，为潜山风化壳储层的形成创造了很好的条件。

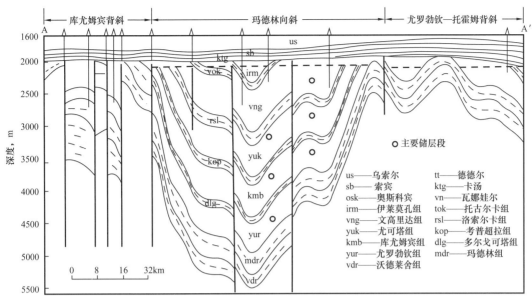

图 7　尤罗勃钦油气田 A—A′ 地质剖面

尤罗勃钦油气田里费系下部的玛德林组暗色泥岩、泥灰岩、泥质白云岩是一套较好的生油层，厚达 370m，有机碳平均含量为 0.7%，最高达 2.1%，油气田外围相应层位的不同层段有机碳平均含量为 2.4%～7.4%，最高可达 8.7%，厚 1000m。尤罗勃钦的生油层干酪根属 II 型，这套生油层，成熟度很高（R_o 在 2% 以上）。按照俄罗斯地球化学家们的意见，不含泥质的纯碳酸盐岩有机质含量很低，不能作为有效生油层。这纠正了以前考察报告中报道过的所谓"东西伯利亚里费系碳酸盐岩有机质含量只有 0.1% 也能生油"的观点。

尤罗勃钦油气田，主力产层是尤罗勃钦组、库尤姆宾组和尤可塔组碳酸盐岩，特别是具藻类、叠层石和生物碎屑的碳酸盐岩，储集性能更好，它们在潜山面上经风化淋滤，缝洞发育，成为良好的储层。

里费系碳酸盐岩的基质孔隙度一般小于 1%，渗透率小于 1mD，但缝洞型碳酸盐岩孔隙度一般为 2%～6%，平均有效孔隙度为 2.05%，渗透率为 6～120mD，变化很大，有效的储集空间是裂缝、溶孔和溶洞。

尤罗勃钦油气出在里费系碳酸盐岩含油岩心中，普遍见到裂缝面和方解石晶间孔中有固体沥青，这说明尤罗勃钦潜山风化壳油气田有过两次成藏期，第一期生成的石油曾经受到氧化破坏，变成了沥青，第二期生成的相对密度为 0.81～0.84 的轻质原油保存了下来。

尤罗勃钦油气田直接盖层是文德系奥斯科宾组泥岩，其上为中下寒武统厚达 1000～1500m 的盐岩段，盐层单层厚度为 10～20m，与碳酸盐岩互层，纯盐层累计厚度为 300～400m，组成一套优质盖层，这套区域分布的寒武系盐盖层，是年代古老的里费系大油气田能够保存下来的十分重要的条件。

尤罗勃钦油气田基本上是受潜山风化壳控制，存在巨大气顶，具底水的块状碳酸盐岩油气田。

4 对塔里木盆地寻找大油气田的启示和建议

4.1 启示

（1）海相克拉通盆地长期发育的古隆起是油气富集的主要场所。无论是滨里海盆地"黄金环带"上的田吉兹大油田，还是东西伯利亚南部巴依基特隆起上的尤罗勃钦大油气田，都证明了这一点。塔里木盆地塔中、塔北两个古隆起长期发育，其上不乏大型潜山和内幕构造，我们应当坚持不懈地在这两个大型古隆起上寻找碳酸盐岩原生大油气田。巴楚隆起的形成较晚，但是对于晚期生成的油气仍然是聚集成藏的有利场所。

（2）在年代古老（8亿年以前）的震旦系碳酸盐岩之中，同样可以形成几亿吨至几十亿吨的大油气田，并且能够保存下来，例如东西伯利亚地台尤罗勃钦里费系大油气田。这就坚定了我们在塔里木塔中、塔北、巴楚隆起古老的奥陶系—寒武系—震旦系碳酸盐岩中寻找原生大油气田的信心。

（3）大面积分布、有一定厚度、有机碳含量为1%～2%的泥质岩、泥质碳酸盐岩是海相大油气田形成的必要条件；而有机碳含量很低的纯碳酸盐岩则形成不了大油气田。海相生油岩的分布受相带控制。滨里海盆地古隆起上的上泥盆统—中石炭统、下石炭统生物滩、礁相碳酸盐岩，向坳陷方向相变为泥质岩和泥质碳酸盐岩，造成生、储油相带的横向接触，形成了田吉兹大油田；东西伯利亚地台南部巴依基特隆起南、北两个坳陷中的里费系下部，都有一套厚度大、分布广的玛德林组泥灰质生油层，从而形成了尤罗勃钦大油气田。塔里木的塔中北坡和塔北南坡，在寒武系和中奥陶统都找到了有机碳含量为1%～2%的泥灰质好生油层，这就为我们在下古生界碳酸盐岩中寻找原生大油气田奠定了基础。

（4）两个大油气田碳酸盐岩储层的发育，与生物碎屑、生物滩和礁块有密切关系，碳酸盐岩储层在纵向、横向上的非均质性普遍很强，表现为相邻的井产层段不易对比；真正的高产段只占碳酸盐岩剖面上不厚的一部分；油田上相邻井的产量相差悬殊，干井占有相当比例，与高产井交替出现。区域不整合面之下的潜山风化壳溶蚀作用，大大改善了碳酸盐岩的储集性能；断层附近裂缝发育，油井高产。在塔里木几个古隆起上的奥陶系、寒武系碳酸盐岩中，已经发现了生物碎屑滩、藻礁、叠层石和生物灰泥丘等；潜山风化壳溶蚀带厚100～150m，缝洞发育。应当努力寻找良好的发育相带，而不要被碳酸盐岩储层的非均质性所干扰。

（5）两个大油气田都有巨厚盐层作为优质盖层这一点，对于年代古老的大油气田的保存至关重要。塔里木盆地已经发现中寒武统、石炭系和古近系三套区域分布的盐膏层，应当把盐下构造作为寻找大油气田的重要目标。

（6）两个大油气田都位于大型不整合面之下，轻质油藏中都见到大量固体沥青，说明油气藏是多期形成的；同时也说明大型不整合面之下见到沥青，早期形成的油藏遭到过破坏并不可怕；后期成藏的油气同样可以保存下来，形成大油气田。塔里木盆地奥陶系碳酸盐岩潜山风化壳中取心，同样普遍见固体沥青，志留系沥青砂岩的分布也很广，但是都不能作为"大油田已经破坏殆尽"的悲观依据。这一点对塔里木下古生界大油气田的勘探十分重要。

（7）两个大油气田的勘探历程，对我们有两点启发。① 早在 1938 年，滨里海盆地就在盐上组发现了侏罗系、白垩系的若干小油田，但是没有重大突破。只是到了 20 世纪 70 年代后期，一旦穿过 500～1500m 的盐层向盐下深层探索，就接连找到了几个碳酸盐岩油气田，其间经历了近四十年的过程，这对我们寻找盐下大油气田具有借鉴之处。② 田吉兹油田自发现至今已经十八年，尤罗勃钦油气田已经二十五年，但是探明储量仍未落实和批准，可见碳酸盐岩大油气田勘探的复杂性。他们的处理办法：一是不急于交储量，以打评价井控制面积为主，尽快搞清油气田的规模；二是考虑到碳酸盐岩储层的非均质性，打开发实验井组进行试生产。我们对此也应有足够的思想准备。

（8）对于两个碳酸盐岩大油气田，田吉兹油田是超高压和高硫化氢，尤罗勃钦油气田是负压引起严重漏失；两个油气田的钻井都要穿过厚盐层。他们的钻井工艺技术有可借鉴的地方，其共同点是：在碳酸盐岩油气层中，裸眼完井比下套管的产量要高；一般都要酸化，酸化后效果明显。

（9）塔里木盆地与滨里海盆地和东西伯利亚地台相比，有以下几点不同：

① 塔里木古生代克拉通更加活动，沉积更厚，火山作用更强烈；多期构造运动（特别是翘倾运动）使断裂也更发育，对早期形成油气藏的改造作用也更明显；

② 碳酸盐岩油气藏埋藏深度更大，勘探更困难；

③ 两套优质生油层的分布范围还不很清楚；

④ 古生界两套盐层的厚度比滨里海盆地和东西伯利亚地台要小，分布范围也还不清楚；

⑤ 塔中、塔北两个古隆起顶部的奥陶系碳酸盐岩，或被石炭系，或被三叠系、侏罗系不整合覆盖，间断、剥蚀的时间更长（滨里海盆地是上石炭统不整合于中、下石炭统和泥盆系之上；东西伯利亚地台是文德系不整合于里费系之上，间断时间都不很长），对早期形成的油气藏改造作用更大；

⑥ 塔里木下古生界碳酸盐岩中尚未发现大面积分布、具有明显层位的孔隙性储层。

所有这些，都增加了在塔里木寻找古生界碳酸盐岩大油气田的复杂性。

4.2 建议

（1）由于俄罗斯、哈萨克斯坦等周边国家油气资源十分丰富，国内消费有限，私有化之后产量下降，资金不足，石油天然气工业处在困难时期，建议加强对独联体国家石油工业现状的分析；加强对中亚和东西伯利亚的石油勘探开发合作；塔里木石油勘探开发指挥部要加强与田吉兹油田和尤罗勃钦油气田的技术交流与合作。

（2）通过考察，塔里木盆地要充分借鉴两个大油气田的经验，做到"三个坚持"：即坚持在三大古隆起找大油气田；坚持在台盆区逼近主力油源层，在下古生界碳酸盐岩中寻找大型原生油气田；坚持在大套盐层之下寻找大油气田。

（3）针对碳酸盐岩找油的复杂性，塔里木的碳酸盐岩地质研究工作要攻克五个难题：

① 巨厚寒武系、奥陶系碳酸盐岩的细分层对比；

② 在细分层对比的基础上，结合测井、地震资料，搞清碳酸盐岩潜山内幕构造，编制出下古生界大比例尺古地质图；

③ 重新认识已经发现的轮南、英买力、塔中奥陶系碳酸盐岩的油气藏类型；

④ 寻找成层性明显、分布范围广的孔隙性碳酸盐岩优质储层；

⑤ 加强碳酸盐岩地震储层横向预测工作。

本文原载于《海相油气地质》1998 年第 1 期。

我国油气勘探的经验和体会

邱中建

（中国石油天然气集团公司）

摘要：中国是一个石油地质条件极为复杂的地区，而中新生代地层又以陆相沉积为主，从建国初期年产 12×10^4t 石油发展到现在 1.6×10^8t。这取得的成绩是巨大的，经验是极其宝贵的。重要的是创出一条我国自己发展石油工业的道路。作者从 40 多年的油气勘探历程中，亲身体会到的勘探经验，如实践是认识的基础；勘探工作是发展石油工业的首要问题；勘探必须遵循必要的程序；在部署上要十分重视主要断裂及二级带的解剖；要注意克服思想认识上的局限性和片面性；不断学习和掌握勘探新技术；发扬技术民主，集中群体智慧，提高勘探成效和全面总结石油会战经验，正确应用于当前的勘探工作等八个部分，并举出一些实例加以说明。

关键词：中国；油气勘探；实践；理论；经验

新中国成立以来，我国石油工业的发展取得了巨大的成绩。原油年产由原来的 12×10^4t [1] 达到现在的 1.6×10^8t，进入世界石油大国的行列，重要的是走出一条我们自己发展中国石油工业的道路。通过实践，我们取得了宝贵的勘探经验，也体验到了一些应该注意的问题。油气勘探从建国算起已经历了半个世纪，我们哪些工作做对了，哪些事情没有即时做好，应该进行总结，以便提高自觉性，把今后的油气勘探工作做得更好。

1 实践是认识的基础，实践是推动理论发展的源泉

在任何一个沉积盆地里开展油气勘探工作，总是有一些已知的经过实践考验的理论作指导，这些理论一般地说是公认的和成熟的，大多数都可以在教科书和地质文献中找到。但是就一个特定的盆地而言，就一些具体的勘探对象而言，那是远远不够的。在盆地勘探的初期，由于勘探工作量的稀少，对具体油气分布的规律了解甚少，由于油气地质条件的多样性和不均衡性，每个沉积盆地都有各自特殊的规律，在资料及认识程度极低的情况下，我们很难对勘探方向做出准确的判断，也很难提出具体的油气田位置，特别是主要油气田的位置。勘探工作者总是沿着实践—认识—再实践—再认识的道路，不断探索、不断改正、不断总结、不断前进，经历了失败与成功的交替，最终认识和丰富了油气分布的规律。

新中国成立以后，我们石油地质理论有过两次重大突破。

第一次是在 20 世纪 60 年代，由于国家对石油的迫切需要，从 50 年代开始在全国范围内逐步进行了大规模的油气勘探活动，特别是在西北地区积累了相当丰富的勘探经验，也发现了一系列与陆相生油有关的油田。我们在大型沉积盆地进行油气勘探的一般

规律指导下，包括陆相地层可以生油的实践结论指导下，并受到"油气勘探应在工农业发达地区进行"方针的指导。广泛开展了我国东部（第四系覆盖的大型沉积盆地）的勘探工作，并进行了一系列的实践活动，结果在东北的松辽盆地发现了特大型的大庆油田[2]。由于大庆油田的发现，建立了系统的陆相生油的理论[3]，发展了陆相湖盆可以形成特大型油田的理论，包括陆相生油母质与演化的机理、源控论、砂岩体和油砂体储集概念、二级构造带理论和生储盖组合理论等，这些对陆相地层石油地质学是个重要的发展。

第二次突破是 20 世纪 70 年代在渤海湾盆地建立的复式油气聚集区的理论，从 50 年代开始，近 20 年在渤海湾盆地经历过多次会战，投入了大量的勘探工作量，遭遇了大量的成功与挫折。起初我们运用了大庆油田成功的理论，发现有一部分是适用的，相当一部分不适用或显得过分的简单。这个地区地质条件十分复杂，有多套生油层，有多个相对独立的生油凹陷，有多方向多类型的储集体，有非常复杂的断裂系统，有多种类型的圈闭，有非常复杂的油气分布贫富不均的二级断裂构造带，使我们的勘探工作经常处在迷雾之中。对一个二级断裂构造带的评价，经常花费过多的工作量，经常花费更长的时间，某些局部地区甚至探井比生产井还多。通过反复实践和反复认识，通过大量总结成功的经验和失败的教训，我们终于逐步从必然王国走向自由，建立了复式油气聚集区的理论，创造了渤海湾年产 6000×10^4t 的高峰产量。这个认识经过多次转化和补充，目前认为：在一个有利的断陷盆地区内，基本上是一种复合式的含油气富集区，它具有几套生油层系，多种储集类型，多种断块构造圈闭和不同含油气层系的叠加连片，形成多种复合类型油气藏聚集区。在这个区内无论断裂构造带、凹陷带、斜坡带、岩性变化带或是潜山带都是找油的有利地带，通过勘探还可以找到相当数量的非构造油气藏。

近十年以来，在"稳定东部、发展西部"方针指引下，我们又对广大的西部地区投入了大量的勘探工作。通过不同层次的实践活动，勘探领域不断拓宽。我们在不断突破塔里木盆地、准噶尔盆地、鄂尔多斯盆地、吐哈盆地及柴达木盆地油气发现的同时，正在系统总结海相地层生成油气和多次油气运聚、散失和保存的机理，同时在煤成油、低熟油、低渗透油气田和天然气的富集规律等理论研究也取得了可喜的新进展。

我们十分重视石油地质理论的指导作用，但我们更强调实践是认识的基础，实践是推动理论发展的源泉。每个沉积盆地个性很强，每个油气田个性也很强，我们在每个沉积盆地进行工作发现油气的时候，不仅要掌握它们的一般性规律，更重要的是要掌握它们的特殊性规律和它们的特征，这是发现油气田的钥匙。

实践证明，在油气勘探工作中，对地下情况的认识不可能一次完成，经常反复螺旋式上升，要敢于实践。面对复杂的地质情况，只要石油地质基本条件具备，我们就要解放思想，勇于探索，根据新的资料深入分析，不断总结。当我们的认识比较符合或接近客观实际时，在勘探上就会取得新的进展，获得新的油气成果，在地质条件复杂的盆地或构造带上进行勘探，"二进宫"或"三进宫"是常有的事，要善于从成功中总结经验，从失败中吸取教训。如四川的威远气田、川东的石炭系气田、胜利的东辛油田、辽河的大民屯油田、吐哈的鄯善油田等，都是经过两次或三次勘探才发现或弄明白的。

实践证明，油气勘探贵在坚持，要有一种锲而不舍的精神，面对复杂的含油气盆地，只要有一定规模的含油气现象，那就值得探索，值得坚持。对它的不利条件，要认真分析和研究，但要采取积极态度。尽可能多的获得新情况、新线索。当一个地区久攻不克的时候，当一批探井大都失败的时候，要克服盲目的悲观情绪，要认真分析主客观的原因，例如是否急于求成超越了程序，是否由于技术原因或质量因素不能满足勘探要求，是否有新的积极因素的出现，还有那些不明白的亟待解决的关键问题等。但切忌轻易做出否定的结论。

总之，从陆地到海洋，中国的含油气盆地丰富多彩，油气田琳琅满目，像一幅引人入胜的画卷，像一部包罗万象的百科全书，复杂而又精彩，通过石油勘探工作者的勤奋努力，将会对人类的油气勘探事业做出贡献。

2 油气勘探工作是发展石油工业的首要问题

石油工业是资源性工业，可采油气储量是发展的基础，因此石油工业发展的首要问题是加强勘探，发现新的油气田，以最快的速度增加可采油气储量，提高生产能力。油气勘探风险很大，周期很长，投资很大，并关系全局，始终是中央领导关心的一件事。新中国成立以来有四次重大决策，极大地推动了我国油气勘探工作的开展。

第一次是 1955 年，由于当时石油工业基础薄弱，勘探力量不够，中央决定集中全国的力量开展油气普查及勘探工作[4]，并分工由地质部承担油气普查工作，石油部承担勘探及开发工作，科学院承担科学研究工作，迅速掀起了一个既分工又协作的勘探局面，很快对我国的一些大型沉积盆地摸了底。在 20 世纪 50—60 年代期间，一些重大的油气发现，包括松辽盆地、渤海湾盆地的油气发现，大都是双方大协作共同完成的。

第二次是 1958 年，中央决定要到我国东部工农业发达的地区去找油，并发展石油工业，我们迅速加大了松辽盆地和渤海湾盆地的勘探工作，特别是松辽盆地，加强了物探及深井钻探工作，并于 1959 年 9 月发现了大庆油田，掀起了一场石油会战，其中重要的组成部分是石油勘探会战，并在这个过程中完成了石油工业战略东移的任务。20 世纪 60 年代初期，我们又相继在渤海湾盆地发现了胜利、大港等重要油田。随着大庆油区和渤海湾油区的评价和发展，油气勘探工作大发展，油气探明储量大幅度增加，石油工业也获得大发展，石油年产量高速增长，这种增长的势头从 1960 年开始一直持续到 1978 年，当时 1959 年原油年产量为 $393 \times 10^4 t$，到 1978 年年产量达到 $10400 \times 10^4 t$，19 年间原油年产量竟增加 28 倍，这段时期真是石油工业的黄金时代，勘探力量也获得巨大的发展。据统计，当时我国油气勘探的主要工种钻井队和地震队的数量除美国和苏联以外居世界第三位。

第三次是 20 世纪 70 年代末期实行了改革开放政策，中央决定与国外石油公司合作勘探开发沿海大陆架，自南向北，从南海、沿黄海直到渤海，沿着广阔的大陆架和内海开展了大规模物探和钻探工作，很快获得了一批大中型油气田。在合作的过程中我们利用国外投资迅速发展了自己的海洋石油工业，并从中学到了油气勘探的新工艺技术，油气资源评价的新方法及管理的新模式，这对全国油气勘探赶上国际水平，具有十分重要的意义。

第四次[5]是 20 世纪 80 年代末期中央制定了"稳定东部、发展西部"的战略方针，我们在积极勘探东部的同时，大力加强了西部的勘探工作，并取得明显的成效。我们不断突破西部各大型沉积盆地的重要油气发现，找到了一批大中型油气田。并使西部石油年产量大幅度增加，从 1990 年产油 964×10^4t，到 1997 年年产原油达到 2143×10^4t，除了弥补东部油田年产量下降外，并使全国原油产量稳步增长，再加上近几年海洋原油产量急剧增长，从 1990 年年产量 127×10^4t，到 1997 年年产量达到 1629×10^4t，使我国的原油产量呈现新一轮蓬勃发展的趋势。特别应该指出的是，加强西部勘探的时候，使天然气储量获得大幅度的增长，全国陆上天然气储量 1990 年为 5963×10^8m^3，到 1997 年已达到 14212×10^8m^3，增长了 115 倍，这些储量主要是西部地区增加的，从而使四川、鄂尔多斯、新疆、青海形成西部四大气区。最近塔里木盆地又发现了三个大型气田，更促进天然气储量的大发展。

实践证明，石油工业的发展依靠油气储量的增长，油气储量的增长必须建立在充分而可靠的勘探工作量基础之上，因此每年必须有足够的勘探资金使油气勘探有步骤有计划地进行。纵观新中国成立以来的勘探历史，20 世纪 70—80 年代初由于政策不到位，勘探资金相对紧张，储量增长形成了低谷，产量增长也形成低谷。经过一亿吨政策包干后，勘探资金有了来源，勘探工作量和勘探设备有了保证，油气储量和产量都有大幅度的回升。20 世纪 80—90 年代初期，由于油价不到位，原油长期处于低油价，利润转移到了下游，石油工业挤不出更多的勘探资金，结果储量及产量的增长又进入低谷，后来由于油价逐步到位，全国加大了勘探投入，才逐步地扭转了这种被动局面。事实证明，在任何时候都不宜以削弱勘探工作为代价，换取石油工业的生存和发展。

3 油气勘探工作必须遵循必要的勘探程序

对一个新区或盆地的勘探，要想很快得手是不容易的，必须遵循必要的勘探程序，过去我们曾经用过的做法，经过实践检验是正确可行的[6]：（1）对盆地进行区域的地质、地球物理综合勘探，在大型沉积盆地中并配合少量的基准井和参数井，必须以区域构造为背景，首先解决宏观上的找油认识问题，了解盆地的基底，区域构造和断裂分布，二级构造带，盆地的地层系统及沉积环境，生油层、储油层与盖层的组合和划分等；（2）抓有利地区，定凹选带，确定主要生油凹陷和主要的构造圈闭进行预探；（3）在有利地区内抓重大发现，并对该发现所组成的二级构造进行整体解剖，或对该发现所处的圈闭进行评价；（4）在勘探过程中注意区域勘探、圈闭准备、预探、评价、滚动勘探的层次、比重和相互关系，并随时进行调整。

这套程序是长期实践总结出来的，有一定的规范作用。但每个盆地地面及地下条件不同，需要有针对性的措施。例如黄土高原地震工作长期过不了关，缺乏全盆地的区域勘探。在非常复杂的构造地区，地震速度又变化很大，配合少量的探井才能尽快地弄清构造面貌。海洋大量地使用地震工作，但由于钻探费用太高，很少打基准井或参数井。20世纪50年代，我们学苏联的勘探程序和规程，比较死板。例如：确定钻探一个构造，要上就是3～5口井，打剖面，不能一口一口的进行；基准井主要是了解地层，钻探要全取岩心，大部分都不打在构造上，发现油气层不能完井要继续打到设计井深等。松辽盆地的油气勘探就打破了一些框框，基准井要求必须打在有利构造上，把探地层和探油的任务结合起来，松基3井发现了油层，领导当机立断决定完钻试油，从而提前发现了大庆油田。回顾过去的勘探历程，根据"程序不可逾越，节奏可以加快"的勘探思想，有很多成功的范例。例如20世纪50年代发现克拉玛依油田后，对油藏类型和含油范围也有多种设想，当时部领导从全局出发，由红山嘴到乌尔禾超100km的范围内，自北而南部署了10条钻井大剖面，不到一年时间就控制了油区范围，发现了白碱滩、百口泉等油田，大大地提高了建设速度。这就是根据实际条件开拓性执行勘探程序的结果。二连和吐哈盆地都是先进行地震普查，局部有利地区进行详查，加上参数井的钻探，对其盆地构造格局、二级带和油气地质条件有了较深入了解，先后发现了阿南油田和鄯善油田。二连只用了四年时间，在气候条件不利、地质条件复杂环境下，探明了超过1×10^8t储量、建成年生产100×10^4t的油区。吐哈盆地则在1989年发现鄯善油田之后，用了一年多时间，发现了6个油田，探明了超过2×10^8t地质储量。从区域入手、地震先行，同时进行参数井钻探，加强综合研究，优选有利二级构造带，一经发现工业油流即组织力量重点解剖、追踪勘探、扩大战果，这是取得高效益的成功方法。

不可讳言，我们也有过不遵照勘探程序进行勘探的实例，往往是一个地区出现新的形势之后，有一口或几口井喷油，不考虑实际地质条件，急于扩大战果造成的。如第一次四川会战、甘青藏会战、塔西南会战、武腾会战和20世纪70年代陕甘宁等会战取得的成效均比较少，其主要受挫原因是对区域石油地质条件缺乏深入了解，对生油层储油层的性质缺乏认真的评估，局部圈闭深浅层构造的吻合程度尚不清楚等。当时在总结第一次四川会战经验时指出："一口井一时的高产，不等于长期高产，一口井出油，不等于拿到了油田"，这是很深刻的。

我国陆上东部油气区油气藏类型复杂；西部油气区除地面条件极差外，油气埋藏深，勘探难度大，仍必须坚持科学的勘探程序，重要的是加强勘探成果的综合研究，对一些丰度较小的复杂油气藏采用"滚动勘探"，实行勘探同开发工作结合起来，以提高勘探实效，这是成功的经验。延长油田采用针对性强，适应、符合陕北三叠系特低渗透油藏特点的勘探方法，从1972年年产3×10^4t发展到1997年100×10^4t的水平，这是一个巨大的成绩。

4 要十分重视含油区内主要断裂及二级构造带的解剖[5]

通过多年的油气勘探认识到，油气的富集带常常同大断裂带和二级带相结合，如新疆的克—乌断裂，油气田分布就是依附断裂带两侧。在断裂长期活动、落差大的地段，多形成高产油田。在塔里木盆地的塔北隆起的轮南断裂、塔中隆起的北缘断裂带、巴楚隆起的南缘断裂带都发现油气的富集带，这是中国油气聚集的一个重要特点。在我国的渤海湾等地区，认识到大部分断裂都具有同生性质，沿断裂带多发育断裂背斜、屋脊状圈闭、逆牵引圈闭、古潜山等，形成了类型不同的油气聚集带。

在一个地区或一个盆地的勘探中，一定要抓二级构造带，二级构造带常常同主要断裂带相伴随。位于生油区及其附近的二级构造带，对油气聚集所起的作用非常重要，应及时进行评价，不能仅局限于局部圈闭。对一个地区来说，在对局部构造圈闭布井的同时，要注意它在二级带的部位和背景。松辽盆地对二级构造带控制得较准，大庆长垣很快评价成功。渤海湾地区油气藏也是按二级断裂构造带形成的断块构造油藏，规模是大的，有时从局部圈闭入手，忽视了整体二级断裂构造带的油气富集规律，也延误了时间。青海冷湖一号至七号到南八仙、鱼卡也是一个弧形带，过去一般认为是七个局部圈闭高点，南八仙喷气之后，作为一个二级带进行解剖，认识上产生了新的飞跃。

对二级构造带的解剖要同是否有丰富的生油条件、良好的储层结合起来，不在于盆地的大小，事实已经证明，在一些小型的陆相盆地中，同样可以找到高产富集的含油气区。

5 要注意克服思想认识上的局限性和片面性

油气深埋地下，隐蔽性强，人们不能直观察觉，只能借助各种技术手段，间接地认识地下油气藏的规律。因此，石油勘探具有风险性大、探索性强的特点。这就决定我们对地下地质情况特别是复杂地质条件下油气藏的认识，不可能只经过一两次实践就认识深刻。对一个油田，一个构造带，一个区块是这样，特别是对一个大的盆地更是如此，都要经过多次实践、研究，才能使人们的认识接近客观实际，才能取得油气勘探上的突破。实践认识的基础主要靠资料的齐全准确，没有利用多种技术手段取得的地下资料，就谈不上正确认识地下情况，而且必须有十分勤奋、顽强的精神和正确的思想方法，尽量防止和克服思想认识上的主观性、局限性和片面性。

对于新区勘探，经过综合分析都设计有主要钻探目的层，但是在新区或新的带上要十分警觉、重视新的含油层系的发现，即常说的"有目的层，不唯目的层"。这在不同地区的勘探过程中，曾多次出现，打破了原来的认识。1964 年，由于渤海湾盆地东营凹陷沙河街组出了高产油井，大港油田在钻探港 3 井、港 4 井时，原设计目的层也是古近系沙河街组和奥陶系，当港 3 井、港 4 井钻入新近系馆陶组时，连续发现油气显示及漂浮油花，现场蹲点人员也曾向指挥部报告，请求中途电测，答复是继续钻进沙河街组完井，结果是该井区缺失沙河街组直接进入中生代红层。因钻井卡钻，却意外的在新近系喷出了原油，日产 100t 以上，发现了港西新近系油田。其他地区如辽河大民屯凹陷主要目的层也是探沙河街组，结果在太古宇花岗岩中发现了潜山油气藏，探明储量超过 $3 \times 10^8 t$。在任丘构造钻探时，以古近系—新近系东营组和沙河街组为主要目的层，结果是新发现了震旦系白云岩潜山高产油田。这种现象带有普遍性。这是中国自燕山运动以来受到强烈的构造运动，断裂发育，特别是新近纪末至早更新世这次活动，影响更为明显，所以在中国的东西部形成了不同类型的复式油气聚集带，从基底潜山向上分布有各类型油气藏，常常是断层断到哪里油气运移到哪里。渤海湾地区的新近系油藏，都是深部油源沿断裂或不整合面运聚而形成。

对一个含油盆地的评价，一般认为大盆地远景大。但对中小盆地一般评价过低，这需要具体分析。有些中小盆地面积不大，但石油地质条件好，生油层发育，有机质丰度、类型可以达到一类和二类生油层标准，储层也较好，又有较好的圈闭条件，也可以获得较多的地质储量。如大民屯凹陷和泌阳凹陷面积均为 $800km^2$，前者探明了 $315×10^8t$ 储量，后者探明了 $215×10^8t$ 储量，达到了一类含油丰度标准。所以盆地不论大小，应主要看其是否具有良好的石油地质条件。

"侏罗系不够朋友"，这是地质家根据河西走廊从 20 世纪 50—70 年代对侏罗系勘探时的认识。应该说这是代表河西走廊侏罗系含油情况的，搞了几十年只找到虎头崖、海石湾、青土井几个小油藏，而且侏罗系分布明显被断块分隔，缺乏大的含油潜力。当开展吐哈盆地会战之后，情况突然开朗。吐鲁番盆地一鼓作气拿下 6 个油田，储量达 $2×10^8t$ 以上，1997 年年产 $300×10^4t$，建成一个规模可观的油区。其后连续在准噶尔盆地发现了彩南、石西、石南侏罗系油气田，在塔里木盆地发现轮南侏罗系油藏和以侏罗系为源岩的一大批凝析油气田。塔里木盆地库车坳陷也曾几上几下，1958 年发现依奇克里克油田，工作多年后因产量低而放弃，近几年克服困难进行了相当规模的山地地震，并在依奇克里克油田的深层钻了依南 2 井，发现了侏罗系的巨厚气层，并获得了高产工业气流。依南地区构造面积很大，展示了一个大型气田的前景。侏罗系更加熟悉了，侏罗系也做出了回报。

6 不断学习和掌握油气勘探新技术

中国石油地质条件复杂，相当数量的油气田存在状态隐蔽，中国油气勘探的发展确与科技进步、新工艺技术同步发展，油气勘探，油气田发现的任何一次新成就都与科技进步有关。就目前状况而言，我国油气勘探水平在很多方面均已接近世界先进水平。

解放初期，我们是白手起家，所有的技术装备、操作规程、工艺技术、工作标准都来自苏联。通过消化吸收，在不长的时间里，我们逐步形成了自己的技术系统，特别是大庆油田发现以后，我们走了一条自力更生的道路，从石油地质理论到取全取准资料的要求，从技术标准、工艺流程到设备制造，包括地震设备、钻井设备、测井射孔设备、试油设备、气测录井设备都独立自主的蓬蓬勃勃发展起来，这些的确为我们勘探工作的进一步发展奠定了基础。同时我们已经开始意识到油气勘探工作是全球性的，有很多方面我们还处在落后状态，因此我们不仅研究苏联，同时也研究西方各国，注意吸收各方面的先进技术。特别是改革开放以后，油气勘探首当其冲形成了一股学习引进西方工艺技术的热潮[7]，这里有很多实例值得注意，例如通过海洋与国外大石油公司合作勘探，我们很快掌握了海洋勘探新技术，其中有很多优秀的部分已经大力向陆地传播并进行推广。又例如我们雇用了一批国外地震队进行合作勘探，使我们很快闯进了沙漠禁区，原来我们在沙漠边缘地震采集每年只能完成100km，合作以后每年可完成1000km，质量并有显著提高。又例如当我们在钻井上引进了高压喷射技术，各种高质量的钻头制造技术，使我们的钻井速度和钻井工艺有了大幅度的提高。我们还成套的引进了地震仪器生产作业线和测井仪器生产作业线，使我国的地震采集和测井采集工作有了长足的进步。

应该承认改革开放以后，是我国石油勘探技术高速发展的时期。面对我们油气资源勘探越来越困难的条件，油气藏埋藏越来越深的现状[8]，包括复杂断块油气田、低渗透油气田、裂缝性油气田、碳酸盐岩油气田、火山岩及基岩油气田等。我们逐步对这些复杂油气田取得阶段性成果，并在解决一系列复杂问题的过程中，中国的油气勘探技术已经逐步接近世界水平，例如油气藏的精细描述，凭着我们执着的精神和资料录取的密度，应该说它的精度和细度都处于世界先进水平。四川川东高陡构造区，地形复杂，地下更加复杂，经过多年的研究，利用山地地震、测井和钻井资料，运用正演、反演方法反复修改研制了地下地质模型，钻探成功率高达60%，探明了天然气超过 $3000 \times 10^8 m^3$，也是处于世界前沿的新的勘探技术。

从地震勘探来看，我们可以在海洋[9]、浅滩、沼泽、无垠的大沙漠和陡峭的山地等复杂地形区顺利开展采集。我国大陆已实施的三维地震面积已达 $715 \times 10^4 km^2$，这个数量在世界范围内是名列前茅的，我国为地震勘探服务的计算机处理系统的处理能力在全国首屈一指。我们可以称为地震勘探大国。从钻探工作来看，我们可以打7000m以上的深井；可以用水平井开发整个油田；可以打垂直井深达5200m的超深水平井、大斜度井；可以用边喷边钻的工艺进行欠平衡钻井；我们可以在沙漠腹地、深海海域、浅海海滩和高山峻岭顺利进行钻井作业；可以在巨厚的盐层中钻井；可以在高陡构造强地应力井壁不稳定区钻井；可以在几个高压系统地层中钻井。因此，钻探工作经过数十年的发展已经赶上国际水平。另外，测井工作、试油工作及气测综合录井工作均已迅速赶上世界水准，为我国的油气勘探工作做出了卓越的贡献。

当然，应当承认，今后的油气勘探和寻找新油气田的工作都需要不断解决一系列复杂的技术难题，这些题目放在世界范围内来看，也是很难的，相当数量也是没有解决的。这就要求我们不能满足当前的状况，要继续发扬科技兴油的方针，不停顿地发展高科技水平，为高难地区的油气勘探服务。

7　发扬技术民主，集中群体智慧，提高勘探成效

由于油气勘探的特殊性，如何利用各种技术手段获取的资料进行分析研究，对地下地质情况和油气藏分布的规律提出判断，这需要正确的形象思维能力和勘探工作者自己丰富的知识和经验。由于观察认识客观地质情况的能力差别，对地下情况的认识常常出现不同意见，这是正常现象。为此，对勘探上的重大部署和决策常常召开一些大型的讨论会，集思广益，从不同角度加以论证，最后领导加以总结和决断提出工作安排，这样做能够提高成效，减少失误。1960年地质部和石油部联合在天津召开了华北石油普查座谈会，会议重点是选择突破口。当时确定以济阳、黄骅坳陷为重点；选择了东营、义和庄、羊三木、

马头营、北塘和盐山 6 个构造为突破口，实施结果证明这次会议对于突破济阳、黄骅坳陷出油关起了重要作用。

大庆会战取得重要进展，从 1961 年起，每年要召开 1~2 次大型技术座谈会，讨论已取得的成果和进一步部署意见。当时的讨论气氛很浓，年轻的技术干部可以向一些总地质师当面提出不同意见，并加以辩论。通过交锋，会下又充分准备，会上再次交锋，这样越辩论方向越清楚，一些可能出现的问题也摆出来了，部领导心中有了底，最后做总结时，是集中大家的智慧，领导再加以分析概括，更有说服力。松辽盆地总结的石油地质九大规律就是通过 1962 年大型技术座谈会总结出来的。

在油气勘探的历程中，凡是技术民主发扬得好，多听取有关领导和技术干部的正确意见，勘探就少走弯路，挫折较少，而受益较大。以 1997 年中国石油天然气总公司召开了一个月的勘探技术座谈会而论，总公司领导做了总结，并要求各油田领导把勘探工作放在首位，做到"四个到位"，即思想认识、领导精力、资金投入、技术进步到位。实施结果，这一年勘探的形势是近几年最好的，全国石油储量增长 $8 \times 10^8 t$ 以上。在油气勘探中，对地下认识的不同技术观点应该是允许的，通过实践检验才能证明哪种意见是正确的、较为正确的或是基本上不符合实际的。在过去，常常把技术观点联系政治观点加以批判，如1958 年第一次四川石油会战，批判"裂缝"观点；20 世纪 70 年代陕甘宁会战批判延安统的"河流相"观点等等，确实挫伤了一部分技术干部的积极性，压抑了技术干部讲真话的勇气。

8　要全面地总结石油勘探会战的经验，正确地应用于当前的勘探工作

石油工业是多学科、多专业、多工种联合作战的行业，而且是技术密集、资金密集、劳动密集、风险性很大。我国在 20 世纪 50 年代年生产石油只有 $100 \times 10^4 t$ 以上，当时石油工业基础薄弱，技术力量小，如何尽快地发展，能够较快地增加储量和产量，满足国民经济建设急需，需要有解决的办法。办法之一是亦步亦趋四平八稳的稳步前进，当时国内国际形势不允许；另一个途径则是充分发挥社会主义国家的优势，组织各油田各方面精兵强将进行石油"大会战"，这种集中优势兵力打歼灭战的办法，取得了快速而丰富的勘探成果，促使石油工业迅速发展。

20 世纪 50—60 年代，每个油田的勘探力量较小，技术人员、技术设备不多，但集中起来，在对全局有决定意义的地区进行勘探会战，组织各方面各专业力量，在局部地区形成优势，实行"重点突破，各个歼灭"的方针，以期在较短时间内获得较大的地质成果。组织石油会战概括起来有以下一些优势：（1）首先便于集中技术力量，在主要有利含油地区尽快探明含油圈闭，求得在最短时间内，以较快的速度取得最大的地质成果。如大庆1960 年会战，开始重点放在长垣南部的葡萄花地区，同时地震又在长垣北部发现几个大型构造并紧靠铁路，会战领导立即决定向长垣北部的萨尔图、杏树岗、喇嘛甸三个大型圈闭上甩开三口井，结果均喷出了高产油流，用较短时间控制了大庆长垣整体含油，拿下了

大油田。（2）把有限的人力、物力、财力、技术设备、勘探队伍集中在决定性方面，变全局劣势为局部有利地区的优势，进而取得勘探上的成功。（3）有利于领导、干部、工人三结合，会战期间主要领导必须下现场，包括北京的领导也要在前线长期组织会战，这样干群关系非常密切，很容易发挥"三结合"效应，领导、干部、工人都来自四面八方，为大家带来了新鲜空气，可以迅速相互学习和掌握先进经验、先进技术和优良作风，及时解决会战中的关键问题。（4）石油勘探是艰苦行业，石油会战有强大的凝聚力，有强烈的创业氛围，有强烈的艰苦奋斗和献身精神，也有强烈的建功立业的渴望，通过会战可以培养和锻炼出一批又一批的技术专业队伍和各方面都很优秀的勘探队伍。

石油会战是推动石油工业发展一个很重要的做法，纵观几十年来石油勘探发展的历史就是一部石油会战的历史，一个成功的会战都使全国的油气储量和产量迈上一个新的台阶。"会战"是借用的一个军事术语，但它的内涵确实可以为现代企业服务。当然，石油勘探会战在取得巨大成绩的同时，也存在一些问题，某些会战并未取得预期的效果，原因是多方面的，其中最主要的一条是勘探者的主观愿望和客观实际的不一致。因此，会战时机的选择，勘探兵种和数量集中的程度，采取勘探的程序和步骤是至关重要的。

近年来，在社会主义市场经济条件下在塔里木盆地开展了新型的石油会战，出现了很多新鲜经验值得注意和总结。这次会战实行"两新两高"工作方针，即实行新体制[10]，采用新工艺技术，达到高水平和高效益。新体制就是借用国外通行做法，实行"油公司"体制，这个体制的基本框架可以概括为："不搞大而全、小而全、实行专业化服务、社会化依托、市场化运行、合同化管理，坚持三位一体的用工制度和党工委统一领导"。油公司不组建自己的施工作业队伍，专业施工队伍主要依靠各大油田，辅助生产和生活后勤主要依托社会，实行公开招标，甲乙方合同管理和项目管理，进行全方位监督和监理，甲方实行固定、借聘、临时合同工三位一体的用工制度，乙方专业承包队伍实行定期轮换制度，党的建设、思想政治工作实行党工委统一领导。这种新型体制的会战取得很好的成就，面对地面条件十分艰苦，地下条件十分复杂，靠借贷发展起来的塔里木石油会战，不断发现大中型高产油气田，并很快进入规模生产阶段，由于用人少、单井产量高，塔里木油田自1990年以后一直盈利，有些经营效益指标一直位于全国各油田的前列。这种会战模式已经得到大家的承认，应进一步完善、发展和提高。

参 考 文 献

［1］《当代中国的石油工业》编委会.当代中国的石油工业［M］.北京：中国社会科学出版社，1981.

［2］翟光明.中国石油地质志（卷一）总论［M］.北京：石油工业出版社，1996.

［3］胡见义，黄第藩.中国陆相石油地质理论基础［M］.北京：石油工业出版社，1991.

［4］《中国石油天然气的勘查与发现》编辑部.中国石油天然气的勘查与发现［M］.北京：地质出版社，1992.

［5］张文昭.中国陆相盆地油气勘探实践［M］.北京：石油工业出版社，1993.

［6］康世恩.康世恩论石油工业［M］.北京：石油工业出版社，1995.

［7］胡文海，陈冬晴.美国油气田分布规律和勘探经验［M］.北京：石油工业出版社，1995.

［8］张文昭.中国大油气田［M］.北京：石油工业出版社，1997.

［9］龚再升.中国近海大油气田［M］.北京：石油工业出版社，1997.

［10］丁贵明，张一伟，吕鸣岗，等.油气勘探工程［M］.北京：石油工业出版社，1997.

本文原载于《石油学报》1999 年第 1 期。

第二部分

学术论文

我国西部天然气东输的可行性

邱中建

（中国石油天然气集团公司）

摘要： 我国西部天然气资源十分丰富，占全国天然气总资源量的75%、探明储量的80%，已累计探明储量达 $13110 \times 10^8 m^3$，西部地区已有能力长期稳定年外输气 $150 \times 10^8 m^3$。西气东输塔里木天然气有决定意义，目前正在评价的新发现的两个大型气田预计可迅速新增天然气探明储量约 $5000 \times 10^8 m^3$。这些气田储量丰度大，单井产量高，采气成本低。东部长江三角洲地区经济发达，能源短缺，自给率仅为13%，目前能源消费构成中煤炭占76%，城市环境污染严重，是天然气消费的巨大市场。预计2010年天然气需要量 $253 \times 10^8 m^3$。西气东输有两个方案，一是塔里木气单独东输，开始年输量 $100 \times 10^8 m^3$，第八年开始增加至 $150 \times 10^8 m^3$；二是西部诸盆地联合东输，开始年输量 $150 \times 10^8 m^3$，第八年开始增加至 $230 \times 10^8 m^3$。两个方案均有经济效益，以联合东输方案优点较多。天然气在上海门站的销售价为 $1.2 \sim 1.3$ 元 $/m^3$，是很有竞争力的。项目一旦启动，对东部及西部地区均会带来巨大的好处。

关键词： 西部；天然气；东输；可行性

我国的天然气资源主要集中在西部地区，而我国东南沿海长江三角洲一带经济发达却能源短缺，是天然气消费的巨大市场。从新疆塔里木盆地轮南地区至上海市全长约4200km，这样长距离输送天然气的经济可行性，主要取决于西部地区优质天然气储量的规模及可靠程度、管道输送天然气的成本、消费市场接受天然气价格的能力和消费天然气的能力。同时西气东输项目一旦启动，必将对我国东部和西部两大地区都带来巨大的好处，东部地区可以改善能源结构，减轻环境污染压力，降低能源制约经济发展因素；西部地区可以加快支柱产业和相关产业的发展。一条管线挑两头，可以把东西两方经济利益紧密联结在一起。

1 我国西部有巨大的天然气资源

我国西部有六个主要沉积盆地，天然气资源非常丰富。根据石油地质专家评估，预测天然气资源量为 $22.4 \times 10^{12} m^3$，占全国陆上天然气总资源量（ $30 \times 10^{12} m^3$ ）的75%。西部六盆地预测资源量按顺序排列如表1所示。

表 1　西部六盆地预测资源量

序号	盆地	天然气资源量，10^{12}m^3
1	塔里木盆地	8.39
2	四川盆地	7.18
3	陕甘宁盆地	4.18
4	准噶尔盆地	1.23
5	柴达木盆地	1.05
6	吐哈盆地	0.37
合计		22.4

最近十年来，我国天然气储量在西部地区得到大幅度增长。截至 1998 年年底，西部地区天然气探明储量达 $13110\times10^8\text{m}^3$。1990 年至 1998 年新增 $9351\times10^8\text{m}^3$，目前西部地区天然气探明储量已占全国陆上天然气的 80%（表 2）。

表 2　西部地区天然气探明储量变化表　　　　　　　单位：10^8m^3

盆地	1990 年累计探明储量	1998 年累计探明储量	新增
塔里木盆地	315	2430	2115
四川盆地	2950	5546	2596
陕甘宁盆地	30	3128	2054
准噶尔盆地	66	257	197
柴达木盆地	398	1472	1074
吐哈盆地		277	277
合计	3759	13110	9351

从表 2 可以看出：（1）西部地区天然气增长迅猛的原因主要是新发现了一些大型气田，如塔里木盆地北部、陕甘宁盆地中部、四川盆地东部、柴达木盆地东部等。这些气田除少数在进行试生产以外（如陕甘宁天然气供应北京），大部分都深埋地下，等待开发利用。（2）已探明的天然气储量已经有相当大的规模，除四川盆地天然气动用程度较高外，其余地区均未动用或刚开始启动，具备外输条件。根据现有已探明剩余可采储量评估，扣除四川等地区现有的产量，可长期稳定提供外输年产天然气 $150\times10^8\text{m}^3$ 是十分有把握的。

在西气东输的进程中，塔里木的天然气具有决定性的意义。塔里木天然气发展潜力大，气田规模大，储量品质高，单井产量高。1998 年连续发现三个大型气田，由于时间较短，只探明了和田河气田（储量 $620\times10^8\text{m}^3$，已计入塔里木累计探明储量中），另外克拉 2 号气田及依南 2 号气田均正在评价之中，尚未完全探明，但进展顺利。1998 年，克拉 2 号气田被批准天然气控制储量为 $1856\times10^8\text{m}^3$[1]，但根据新钻的评价井评价结果，含气面积和含气丰度增大，最终探明储量可增至约 $2000 \times 10^8 m^3$，这个气田储量丰度可达到 $50 \times 10^8 m^3/km^2$，气藏平均有效厚度达 128m，单井单层日产量（$40 \sim 100$）$\times 10^4 m^3$，是国内首屈一指的高产大气田。依南 2 号气田被批准天然气预测储量为 $1635 \times 10^8 m^3$[1]，根据最近地震工作及评价井的初步结果，该气田东部延伸地区又发现大型构造，含气面积将向东大面积扩展，该气田气层厚度在 250m 以上，为一个整装厚砂层组成，但孔隙度渗透率较低，单井日产量约 $10 \times 10^4 m^3$，但经过压裂改造，预计单井日产量可增至 $30 \times 10^4 m^3$，该气田预计最终探明储量可达约 $2500 \times 10^8 m^3$。因此，塔里木盆地在近期内天然气探明储量可迅速达到 $5000 \times 10^8 m^3$，控制储量可达到 $3000 \times 10^8 m^3$，包括已探明的和田河、牙哈、英买力、羊塔克、柯克亚等气田[1]，天然气大部分都属于优质储量，单井产量高，采气成本低，已具备单独东输年产天然气 $100 \times 10^8 m^3$ 的能力。而且，塔里木盆地勘探程度很低，在这些大型气田的附近都是新区，地震已发现一批大型构造，有很大的发展潜力。

2 长江三角洲一带是我国天然气消费的巨大市场

上海、江苏、浙江长江三角洲一带是我国经济十分发达地区，也是经济增长速度最快的地区之一，长期以来，受到能源缺乏的制约。据统计，两省一市一次能源自给率仅为 13%，主要是江苏省有少量生产，其余全为外地输入（表 3）。

表 3　长江三角洲一次能源平衡情况

地区	当地生产（标准煤），10^4t	当地消费（标准煤），10^4t	自给率，%
长江三角洲	2284	17140	13
上海	0	4622	0
江苏	2038	8111	25
浙江	246	4407	6

同时，能源结构很不理想。据统计，两省一市年消耗 1.7×10^8t 标准煤，其中煤炭占的比重为 76.3%（见表 4），能源结构很不理想。因此造成环境污染，大气质量恶化。天然气用途很广泛，可以大量代替煤发电，可以作工业燃料，可以用作化工原料及城市用气。如果城市及重要工业单位大量使用天然气，将会极大地改善这些状况。

表 4　长江三角洲一次能源消费总量及构成

地区	消费总量（标准煤）10^4t	煤炭 %	石油 %	天然气 %	水电 %
长江三角洲	17140	76.3	20.8	0.009	2.8
上海	4622	71.8	23.2		
江苏	8111	79.3	20.6	0.02	0.03
浙江	4407	76	13.5		10.5

根据调查，两省一市对天然气的需求量很大（表 5）。

表 5　长江三角洲一带天然气需求表　　　　　　　　　单位：$10^8 m^3$

地区	2000 年	2005 年	2010 年
上海	7.1	37.3	81.8
江苏	5.2	33.4	95.5
浙江	1.7	16.4	75.8
合计	14	87.1	253.1

以上需求量是根据对项目的调查，结合需要和可能对可靠、较可靠及潜在需求量做出的估计。使用天然气代替煤的经济效益是显而易见的（表 6）。

表 6　利用天然气的经济效益比较（与煤炭比较，每 $1000 m^3$）

用途	代煤量 t	节煤量 t	占原煤用量 %	增加纯收入 元
化工原料	2.8～3.2	1.0～1.4	36～44	100～200
民用	3.5～5.3	1.7～3.5	50～70	85～170
冶金代焦（炼铁）	2.8	1.0	36	35～60
2t/h 以下小锅炉	2.5	0.7	28	30～38

应该说天然气确实是一种清洁高效的能源，应广泛加以利用。

3　西气东输的经济可行性

考虑用大口径管道将西部天然气向长江三角洲输送，塔里木石油勘探开发指挥部委托中国石油天然气集团公司规划总院进行了可行性研究，提出了塔里木天然气单独输气方案和西部诸盆地天然气联合输气方案。

3.1　塔里木天然气单独输气方案

塔里木天然气开始以每年 $100 \times 10^8 m^3$ 直接东输到上海，从塔里木轮南油田首站开始，经库尔勒—鄯善—兰州—西安—信阳—南京—到上海门站，8 年后年输量增大至 $150 \times 10^8 m^3$。全长 4212km，选用 1118mm 管径，平均壁厚 17.5mm，管道设计压力 8.4MPa，全线除首末输气站外设压缩机站 21 座，总投资 507 亿元（包括搅动资金及建设期利息）[2]，投资回收期 10.9 年，财务内部收益率及平均投资利润率均较好。到上海门站气价为 1.2 元 /m^3，其中包括管输费 0.78 元 /m^3 及轮南首站塔里木气价 0.42 元 /m^3。

考虑管线刚建成时，下游用气量不能满足要求，假定建成投产年年输量仅为 $50 \times 10^8 m^3$，以后每年增加 $10 \times 10^8 m^3$，则上海门站天然气价格将上涨为 1.3 元 /m^3。

3.2　西部诸盆地天然气联合输气方案

塔里木、柴达木、陕甘宁及四川盆地天然气联合东输至上海，首先塔里木气每年 $100 \times 10^8 m^3$ 从轮南首站进入管道，柴达木气每年 $30 \times 10^8 m^3$ 从兰州进入管道，陕甘宁气每年 $15 \times 10^8 m^3$ 从西安进入管道，四川气每年 $5 \times 10^8 m^3$ 从信阳进入管道，管道年总输量为 $150 \times 10^8 m^3$，8 年后管道年总输量增大为 $230 \times 10^8 m^3$。管道采用变径管，轮南至兰州段全长 2258km，采用 1118mm 管径，兰州至上海段全长 1954km，采用 1321mm 管径，输气压力 8.4MPa，首末站各设输气站一座，中间设压缩机站 18 座，总投资为 556 亿元[2]，投资回收期 10.8 年，财务内部收益率及平均投资利润率均较好。联合输气中，轮南首站塔里木气价仍为 0.42 元 /m³，兰州入口柴达木气价 0.73 元 /m³（包括涩北至兰州支线管输费 0.33 元 /m³），西安入口陕甘宁气价 0.77 元 /m³（包括靖边至西安管输费 0.14 元 /m³），信阳入口四川气价 0.954 元 /m³（包括忠县至信阳管输费 0.31 元 /m³），到达上海门站后，混输气价为 1.15 元 /m³，其中塔里木天然气管输费 0.73 元 /m³。同样由于管道建成初期下游对天然气利用量偏低，天然气输量不饱满，上海门站天然气价格将上涨为 1.3 元 /m³。

从上述两个方案来看，我们倾向于联合输气方案，因为天然气的销售价稍低，气源同时来自 4 个大气田，气源更有保证，同时天然气年输量也较单输方案大。

我们对天然气价格进行了分析，认为很具竞争力。目前长江三角洲一带与天然气竞争的能源主要为进口的液化天然气（LNG）。据调查，长江三角洲地区 LNG 到岸价格为 1.3 元 /m³，气化后价格为 1.5 元 /m³，城市门站价为 1.6 元 /m³，这种供货协议价格已得到很多厂家的认同。另外东海平湖气田向上海输气协议价位 1.53 元 /m³。因此，进行大规模西气东输，天然气在长江三角洲一带平均售价 1.2～1.3 元 /m³ 是有吸引力的。

从上游分析，塔里木由于运距最远，管输费最高，必须承担最低的入口气价，塔里木轮南首站气价为 0.42 元 /m³，包括了勘探费用、开发建设费用、气田操作维护费用，及气田内部管线集输及净化费用，上游气价制定是十分低廉的。但因为塔里木发现了大型气田，储量丰度大，单井产量高，因此采气成本可大幅度降低。可考虑首先开发克拉 2 号及依南 2 号两个气田，将天然气年产量迅速提高至 $100 \times 10^8 m^3$（克拉 2 号气田年产量 $60 \times 10^8 m^3$，依南 2 号气田年产量 $40 \times 10^8 m^3$，克拉 2 号气田单井日产量可定为 $100 \times 10^4 m^3$，依南 2 号气田单井日产量可定为 $30 \times 10^4 m^3$，生产井约为 70 口，这样就可以少井高产，开发建设地面地下工程都可以相对简单，集输管线可相对集中，就近进入轮南首站，天然气 0.42 元 /m³，可产生一定的经济效益，一旦项目启动，塔里木的天然气就活了。

4　清洁能源造福中国

我国长期以来利用天然气的比重一直很低，主要是因为天然气储量规模很小，天然气产量很低，在能源结构的比重中占据很小地位，与国外相比差距很大（表 7）。

表7 我国一次能源消费结构与外国比较　　　　　　　　　　　　单位：%

国别	总计	石油	天然气	煤炭	核电	水电
中国	100	17.3	1.8	75	0.4	5.5
美国	100	39	27	23.9	8.8	1.2
独联体	100	22.8	49.8	20.3	4.8	2.3
欧洲	100	42.1	19.7	22.2	13.3	2.8
世界平均	100	39.7	23.2	27.2	7.3	2.7

　　从表7可以看出，我国煤炭消费占绝对主要地位，煤炭消费占比高达75%，而天然气消费仅有1.8%，与世界天然气平均消费水平23.2%相距甚远。实际上世界各国都经历了以煤炭消费为主逐步加大石油消费比重，再逐步加大天然气消费比重的历程。1920年煤炭在世界能源消费量中占62.4%，直到20世纪50年代末，煤炭在世界一次能源消费量中仍居主导地位，但1961年以后煤炭消费量所占比重直线下降，到1970年降为34.9%，1980年降为30.6%，而石油在一次能源中所占比重则由1961年的34.3%上升为1970年的42.9%，1980年为44.1%。自20世纪80年代以后，煤炭消费量继续缓慢下降，至1995年消费比重降为27.2%；石油自1980年以后稍有下降，消费比重至1995年降至39.7%，而天然气消费比重则不断增长，1970年为19.8%，1995年为23.2%。由于我国煤炭资源十分丰富，又长期受到能源短缺的制约，因此，煤炭作为主要消费能源是不可避免的。但是近期以来，我国西部天然气储量呈现大面积增长的趋势，应以此为契机，加大开拓天然气市场，加大利用天然气的力度，逐步改善能源结构，落实可持续发展战略。

　　从西气东输这个项目来看，投资是十分巨大的，如果包括上游勘探开发建设的投资，加上长输管道的投资，再加上下游利用天然气改造设施的投资，初步估算将超过1000亿元，这对我国扩大内需、拉动其他相关产业的发展十分重要。从下游来看，天然气将大量进入发电行业，进入工业基地，进入城市千家万户，必将带来显著的经济效益和环境效益；从上游来看，大部分是欠发达地区，可以很快增大天然气开发建设的投入和长输管道的投入，由于投资的倾斜，可以有效地促进当地支柱产业及相关产业的发展。特别是当这条管线建成以后，通过天然气的输送，紧密地把东部西部的经济利益联系在一起，必然会改变人们的思维，更加促进西部工业和农业的迅速发展。

参 考 文 献

[1]梁狄刚，贾承造.塔里木盆地天然气勘探成果与前景预测［J］.天然气工业，1999，19（2）：3-12.

[2]唐其烈，张鎏，姜力孚，等.塔里木盆地天然气市场分析与东输方案探讨［J］.天然气工业，1999，19（2）：117-118.

本文原载于《中国工程科学》1999年第1期。

21世纪初我国天然气将获得大发展

邱中建

（中国石油天然气集团公司咨询中心）

1 西部天然气资源保障度不断提高

我国西部有6个主要沉积盆地（塔里木盆地、四川盆地、陕甘宁盆地、准噶尔盆地、柴达木盆地及吐哈盆地），预测天然气资源达到 $22.4 \times 10^{12} m^3$，占我国陆上天然气总资源量 $30 \times 10^{12} m^3$ 的75%。近年来，我国西部地区的天然气储量有大幅度增长，截至1998年年底，西部地区天然气探明储量达 $1.31 \times 10^{12} m^3$，具备长期稳定外输年产天然气 $150 \times 10^8 m^3$ 的能力。

我国在21世纪初期天然气必将有一个大的发展，西部天然气开发利用的程度起决定作用。

2 塔里木优质天然气资源是西气东输的决定性因素

塔里木近几年来天然气勘探形势发展很快，截至1998年年底，累计天然气探明储量 $2570 \times 10^8 m^3$，控制储量 $2617 \times 10^8 m^3$，探明加控制储量已达到 $5187 \times 10^8 m^3$。预计到2000年一季度塔里木天然气探明储量可达到 $4000 \times 10^8 m^3$，控制储量达到 $3000 \times 10^8 m^3$。因为塔里木近年来发现了一批天然气储量规模很大的气田。例如克拉2号气田，面积 $40 \sim 100 km^2$，气层平均有效厚度达128m，单井单层日产量达到 $(40 \sim 100) \times 10^4 m^3$，储量丰度可达 $50 \times 10^8 m^3/km^2$，是我国著名的海上崖13–1气田的2.5倍，预计明年一季度可探明天然气储量 $2000 \times 10^8 m^3$，因此塔里木已具备天然气单独东输年产 $100 \times 10^8 m^3$ 的条件，是西气东输的主力军。

3 西气东输经济可行

长江三角洲一带有巨大的消费市场，据统计，上海、江苏、浙江两省一市一次能源自给率仅为13%，且能源结构中煤炭比重占到76%。两省一市对天然气需求量很大，据调查预计2005年为 $90 \times 10^8 m^3$ 左右，2010年可达 $250 \times 10^8 m^3$ 左右。

中国石油天然气集团公司塔里木石油勘探开发指挥部曾委托规划总院对塔里木每年东输 $100 \times 10^8 m^3$ 进行可行性研究，从轮南油田到上海，管线全长4212km，测算结果天然气到上海门站价为1.2元/m^3，其中管输费为0.78元/m^3，轮南首站塔里木气价为

0.42 元 /m³，与国外进口液化天然气价（1.6 元 /m³）和东海平湖气价（1.53 元 /m³）比较，是有竞争力的。

从西气东输这个项目来看，投资十分巨大，如果包括上游勘探开发建设投资，长输管道投资和下游利用天然气改造设施的投资，初步估算至少要超过 1000 亿元，这对我国扩大内需，拉动其他相关产业的发展十分重要。下游天然气将大量进入发电行业、工业基地，进入城市千家万户，必将带来显著的经济效益和环境效益。上游由于投资倾斜，可大力促进当地支柱产业及相关产业的发展，通过天然气的输送，紧密地把东西部的经济利益连接在一起，必然会改变人们的思维，更加促进西部工农业的迅速发展。

本文原载于《中国石油月刊》1999 年 11 月第 12 期。

第二部分 学术论文

塔里木

——21 世纪天然气的新热点

邱中建

（塔里木石油勘探开发指挥部）

浩瀚无垠的塔里木盆地面积 $56 \times 10^4 km^2$，大部分被一望无际的沙漠所覆盖，它的油气远景一直为中外油气勘探工作者所瞩目，认为是中国石油工业的希望。经过两轮油气资源评价，石油的资源量超过 $100 \times 10^8 t$，天然气的资源量超过 $8 \times 10^{12} m^3$，是全国油气资源量估计最多的三大沉积盆地之一。因此，大家都认为这个盆地既富油、又富气。大家都希望在这个全国最大的沉积盆地里，找到大型油田和大型气田。

新中国成立以来，几代石油人一直怀着强烈的愿望在塔里木寻找油气，但是塔里木自然条件十分恶劣，盆地的主体覆盖大面积的流动性沙漠，盆地的四周环抱着陡峻的高山，使勘探工作进展异常困难。20 世纪 50 年代石油人用骆驼作为运载具闯进了沙漠禁区进行了少量的重磁力普查，当然那要克服很多想不到的风险和困难，而且只能作短暂的停留。直到 20 世纪 80 年代初期，勘探的领域主要在盆地的四周，而进入不了沙漠腹地。改革开放的春风，给塔里木的勘探工作带来了春天，首先进入沙漠中心的是中外合作的地震队，他们凭借着特殊的仪器装备和大无畏的精神，先后在盆地南北东西穿越作了 19 条地震大剖面，逐步地揭开了塔里木盆地神秘的面纱，1986—1989 年进行了少量的预探，很快在塔北轮南地区获得油气的重大发现。

1989 年经国务院批准进行塔里木石油会战，这是一场新型的以社会主义市场机制为特征的会战，首次提出"两新两高"的工作方针，即实行新体制，采用新工艺技术，达到高水平和高效益。新体制就是借用国外通行做法，实行"油公司"体制，这个体制的基本框架可以概括为：不搞"大而全小而全"，实行专业化服务，社会化依托，市场化运行合同化管理，坚持三位一体的用工制度和党工委统一领导。油公司不组建自己的施工作业队伍，专业施工队伍主要依靠各大油田，辅助生产和生活后勤主要依托社会。实行公开招标，甲乙方合同管理和项目管理，进行全方位监督和监理，甲方实行固定、借聘、临时合同工三位一体的用工制度，乙方专业承包队伍实行定期轮换制度，党的建设、思想政治工作实行党工委统一领导。这场新型体制的会战，取得很好的成就，十年来已发现大中型油气田 16 个，探明加控制油气储量当量 $8.5 \times 10^8 t$，其中探明油气储量当量 $5.1 \times 10^8 t$，原油年产量 $420 \times 10^4 t$。应该特别指出的是，经过十年会战，天然气获得极大的发展，探明加控制储量已达到 $4800 \times 10^8 m^3$，其中探明天然气储量为 $2200 \times 10^8 m^3$，成为全国四大气区之一。共发现五个大型气田，依次排列为克拉 2 气田、依南 2 气田、和田河气田、牙哈气田及英买 7 气田。例如克拉 2 气田，尚未全部探明，已批准天然气控制储量 $1856 \times 10^8 m^3$，

含气面积 $40km^2$，主力气层为古近系—白垩系砂岩，气层有效厚度为 269m，主力气层单层产量很高，一般日产天然气（40~70）$\times10^4m^3$，储层孔隙度及渗透率均好，具有规模大产能高、丰度高的特点，是我国已发现的大型气田中名列前茅的气田。又如和田河气田，已经全部探明，批准的探明储量 $620\times10^8m^3$，含气面积 $145km^2$，主要气层是奥陶系灰岩及石炭系砂岩，埋藏深度较浅，一般在 1600~2400m；单井日产量（8~16）$\times10^4m^3$，是一个比较整装的气田。

塔里木天然气分两大类型，一种是凝析气，如牙哈气田、英买 7 气田、羊塔克气田等，甲烷含量 67%~88%，乙烷以上重组分占 4%~12%，天然气中凝析油含量高，一般含 300~700g/m^3，牙哈油气田更高达 780g/m^3。因此，塔里木还可以进一步找到大量的凝析油。另一种是干气，如克拉 2 气田、依南 2 气田、和田河气田等，甲烷含量都在 90%以上。

十年较大规模勘探实践表明，塔里木盆地是很有特色的，有若干特殊的油气地质特征。第一个特征是：塔里木盆地既有很好的陆相生油层，也有很好的海相生油层，海相生油层除寒武系生油层过成熟外，中上奥陶系生油层目前仍处在生油高峰期，这在全国是独一无二的，其分布面积很广，是盆地内部油气田的主要源岩。陆相生油层主要是侏罗系、三叠系，在盆地四周广泛分布，生烃潜力巨大，克拉 2 气田、依南 2 大型气田都来源于这套地层。第二个特征是：塔里木是一个地温梯度很低的凉盆地，一般仅 1.8~2.0℃/100m，改善了保存条件，砂岩包括石炭纪沉积以来的砂岩储集性能均很好，一般埋深 5000m 以内的砂岩可以保存原生孔隙，一般埋深大于 6000m 的砂岩储层仍然可以获得高产的原油。估计生产天然气的深度将更大。第三个特征是：塔里木新构造运动十分强烈，从基本上决定了油气分布的面貌，新近系沉降很深，沉降速度很快，厚度巨大，使油气目的层快速深埋地下，一般可达 5000~6000m；新近纪沉积晚期有一次剧烈的构造运动，可以认为是全盆规模最大、影响最深的一次地层形变，盆地四周产生大量的推覆体，在盆地内部和沙漠腹地也产生大量的构造和断裂。正是这次构造变动，形成和重新分配了全盆地的主要油气田。第四个特征是：塔里木有三套分布很广、有一定厚度、质量很高的膏盐层盖层，第一套膏盐层位于古近系下部，覆盖了一批油气田，第二套膏盐层位于下石炭统下部，又覆盖了一批油气田，第三套膏盐层位于中寒武统，因埋藏较深，目前勘探程度很低，预计还会有一批气田发现。第五个特征是：在中下古生代时期确实有一次大规模的油气聚集，主要生油层是寒武系，但遭遇了大面积的破坏，志留系在很大范围内保存了厚度很大的沥青砂岩。正是这些地质特征构成了塔里木油气分布丰富多彩和复杂纷乱的面貌。如果我们认真分析一下这些地质特点，就会感到塔里木盆地的油气远景是十分令人鼓舞的。最近十年来获得的勘探成果为我们取得两点重要的认识：（1）油气资源十分丰富，在盆地的中西部和南北两侧都发现了大量的工业性油气流，分布范围达 $30\times10^4km^2$ 以上，这样大规模的油气聚集不是偶然的，每一个独立的构造圈闭油气充满度都很高，相当一批圈闭充满度竟达 100%，这种现象也不是偶然的，是油气资源丰富的重要证据。（2）勘探难度较大，主要表现在：① 地表条件困难；② 油气层埋藏太深；③ 裂缝性储层变化太大；④ 油气分布规律还没有充分掌握。这是制约勘探进程的主要难点。通过最近十年来的努力，我们对上述的困难正在逐步克服，某些方面的进展还是相当大的。因此，近年来大气田已逐步展现，天然气大场面已经明朗。大油田也出现一些曙光，方向逐步明确。我们对在塔里木寻找大型油气田的信心更足了。

从天然气的远景而言，我们认为 1999 年将累积探明天然气地质储量 $5000 \times 10^8 m^3$ 是十分有把握的。由于盆地北部的库车坳陷和盆地西部的巴楚隆起已获得天然气的大突破，而这些地区勘探程度很低，还有一大批大面积的有利构造等待钻探，可以预计在 2003 年以前再控制 $5000 \times 10^8 m^3$ 的天然气应该问题不大。由于储层条件好，储量规模大，单井产量高，天然气的成本将是比较低的。经过可行性研究，天然气远距离东输至长江三角洲一带也是完全可行的。因此，塔里木盆地在 21 世纪初期必将成为天然气的热点，不仅是储量增长的新热点也是天然气运输、销售和开拓市场的新热点，我们希望政府研究实施一些加速利用天然气的政策，使这个巨大的清洁能源能尽快地造福中国。

本文原载于《天然气工业》2000 年第 2 期。

中国油气勘探前景与展望

邱中建[1]　徐　旺[2]

（1. 中国石油天然气集团公司；2. 石油勘探开发研究院）

摘要： 中国油气勘探在 20 世纪 50 年代以后已取得了巨大成就，截至 1997 年，年产原油达到 1.6×10^8t 以上，进入世界石油大国行列。在进入 21 世纪，随着我国国民经济的飞速发展，油气勘探前景如何？这是人们关心的问题。本文在充分分析我国现有油气资源和勘探现状的基础上，对陆上、海洋大陆架的油气前景做了具体分析，同时提出我国能源应坚持立足国内，油气并举，积极开展国外合作、开发国外资源作为国内能源的补充，这应是我国能源 21 世纪初期的工作方针。

关键词： 中国；油气勘探；前景与展望

我国石油工业发展在油气勘探与开发工作上已经取得了巨大成绩。但由于我国人口众多，在人均占有水平上远低于世界平均水平。目前油气能源需求日增，为了实现我国社会主义现代化建设，党中央制定了"三步走"的发展战略。经测算，我国 2000 年、2010 年和 2050 年石油最低消费量分别为 2×10^8t、2.5×10^8t 和 4×10^8t；天然气的最低需求量分别为 $300 \times 10^8 \mathrm{m}^3$、$600 \times 10^8 \mathrm{m}^3$ 和 $2000 \times 10^8 \mathrm{m}^3$。按现在国民经济以 7% 左右的速度发展和预计的生产水平，2000 年前后在石油需求量上将存在（3000～4000）$\times 10^4$t 的差额，2010—2020 年差额在（0.8～1.2）$\times 10^8$t。面对我国经济建设快速发展的现实，形势严峻，不容乐观。

回顾我国石油工业的发展历程，20 世纪 50 年代主要在西北进行开发。由于 50 年代末的战略东移，发现了大庆油田和渤海湾油区。我国石油工业在 70 年代出现了高速发展阶段，平均年增产 750×10^4t，有 5 年最高年增产 1000×10^4t 以上，1978 年达到年产 1×10^8t 以上，1997 年达到 1.6×10^8t 以上，进入石油生产大国行列。进入 20 世纪 80 年代，我国的石油工业总体上进入发展缓慢时期，产生这些现象的主要原因是：新增地质储量和可采储量增长缓慢；老油田进入高含水期，生产难度增大；我国石油地质条件比较复杂，从长远分析，我国可采油气资源量并不十分富有。今后一个时期，国家经济建设需求和预测年产量之间存在明显差距，除非新区有重大油气发现，否则从现在到 2020 年，每年将有一定数量的原油进口，这是毋庸置疑的事实。

根据我国人口众多的实际情况，现代化建设的需求和我国油气资源现状，油气勘探的前景如何？这是一个极为重要的战略问题。根据第 15 届世界石油大会统计的世界油气资源和已探明的油气储量，按现在全世界每年消费油 29.3×10^8t 和气 $2 \times 10^{12} \mathrm{m}^3$ 分析，至少到 2040 年以前，油气仍然是一种不可替代的优质能源。因此在我国陆上 $960 \times 10^4 \mathrm{km}^2$ 和海上近 $300 \times 10^4 \mathrm{km}^2$ 的广大领域内，应进一步挖掘油气勘探的潜力，增加后备储量，其发展方针应是："稳定东部、发展西部、开发海洋、参与国外合作"，立足国内，积极参与国外油气资源勘探开发竞争，使我国油气生产达到一个新的水平。

1　我国油气资源仍具有巨大潜力预计原油高峰年产量可达 $1.8 \times 10^8 t$

我国第二次油气资源评价成果说明，全国的石油资源量为 $940 \times 10^8 t$ [1]，按已知含油盆地和油田的资源量转化到储量的平均系数标定，可采资源量为 $130 \times 10^8 t$。截至 1997 年，松辽、渤海湾、西部和海上四区探明可采储量 $52 \times 10^8 t$，其中已采出 $29.2 \times 10^8 t$，待探明可采资源量 $78 \times 10^8 t$，表明我国仍具有巨大的油气潜力。考虑到新储量的增加，可能会打破现在的增长趋势，预测在新区仍有可能取得重大突破，使储量、产量继续增长。根据全国原油年产量多信息预测曲线，储量、产量双向控制预测系统和"翁旋回"预测方法综合分析，预计全国年产油量的水平是：2000 年 $1.6 \times 10^8 t$；2010 年 $1.8 \times 10^8 t$（最高年产量）有可能实现稳产 10 年。保证此预测方案的实施，风险在于资源量的落实程度和勘探上资金、工作量到位的力度。

石油资源今后勘探发展的有远景地区，全国陆上和大陆架主要在三个裂谷盆地带和克拉通盆地中，重点在松辽、渤海湾、塔里木、准噶尔、四川、鄂尔多斯、吐哈、柴达木等八大盆地。中国东部经向的松辽、渤海湾、苏北等白垩系、古近系—新近系产油裂谷盆地带，勘探程度甚高，但仍有很大潜力，如 3500m 以下的深层和沿渤海湾的滩海地带，水深 5m 以内的面积有 $1000km^2$ 以上。已发现辽河口、白东、赵东、埕北、埕东黄河口一批油气田，近两年又新发现千米桥、乌马营、海南等深层油气田，是很有远景的地区。对老油区内部，如能合理加密井网，加强油藏注采系统调整，加快三次采油实施以提高采收率，同时开展表外储量分析研究，预计可增加相当数量的可采储量。中国北方纬向侏罗系—白垩系产油的裂谷盆地带，准噶尔、库车、柴达木、吐哈等盆地和地区还有极大的油气潜力。准噶尔盆地经过近几年的勘探，在盆地腹部区发现彩南、石西等三个大油田，近期又有石南 1 井、沙丘 4 井、夏盐 3 井、呼图壁、安集海等井区见到工业油气流，独山子老油田 1997 年也取得了新的突破，形势很好。

在塔里木、鄂尔多斯和四川三个克拉通盆地的古生代和中、新生代地层中，已发现东河塘、轮南、塔中 4、马岭、新城等油气田，特别是近期在塔里木盆地满加尔凹陷地区发现有可能分布很广的东河砂岩油藏及陕北发现大面积低渗透地层—岩性油气藏，特别是库车坳陷高陡构造带侏罗系大气田的突破，都有重要理论意义。其他如柴达木盆地冷湖—南八仙弧形带也有新的进展。

中国南方和华北下古生界海相碳酸盐岩区，面积在 $300 \times 10^4 km^2$ 以上，仍是一个值得重视的勘探后备领域。中国近海大陆架古近系—新近系产油裂谷盆地带的珠江口、莺歌海等盆地，勘探时间短，勘探程度较低，截至 1998 年年底已发现九个油气田，探明地质储量 $12 \times 10^8 t$，年产原油 $1600 \times 10^4 t$，特别是近期在渤海海域发现了蓬莱 19-3 特大型油气田，说明大陆架是有潜力的勘探远景地区。

2 坚持"稳定东部、发展西部"的方针，东部实施挖潜，西部加强勘探

1997 年，东部大庆油气区和渤海湾油气区的原油产量占全国总产量 $1.6×10^8$ t 的 70% 以上，所以，继续在东部挖潜增加储量，是全国石油稳产和增长的重要基础，而西部几大盆地和海上大陆架则是后备储量的接替区。

东部大庆油田资源量 $129×10^8$ t，标定可采储量为 $31×10^8$ t。预计 2000 年仍可稳产 $5600×10^4$ t，2010 年可稳产 $5147×10^4$ t，2020 年预计年产水平 $3221×10^4$ t。这时大庆油田累计产油已达 $28×10^8$ t，剩余可采资源量只有 $3×10^8$ t 以上；如果 2000—2010 年再探明（$9～10$）$×10^8$ t 储量，产量还可增加一些。

东部第二大油区渤海湾，资源量 $189.9×10^8$ t，标定可采储量是 $29.5×10^8$ t（第二方案是 $34×10^8$ t），已探明可采储量 $19.31×10^8$ t，已采出 $11.74×10^8$ t，剩余 $7.57×10^8$ t，待探明可采资源量 $15.29×10^8$ t，经测算 2000 年产油 $5500×10^4$ t，2010 年产油 $5480×10^4$ t。

从东部两大油区分析，2000 年以前仍可稳产 $1.1×10^8$ t 以上，到 2010 年可稳产 $1×10^8$ t，以后将逐渐递减。在这个时期如果西部几大盆地每年增加几亿吨储量，除可以弥补东部的递减外，还可以略有增长。

西部五大盆地塔里木盆地、准噶尔盆地、鄂尔多斯盆地、吐哈盆地和柴达木盆地勘探程度较低，是重要的油气资源接替地区。五个盆地油气资源量 $295×10^8$ t，折算可采资源量 $37×10^8$ t，目前已探明地质储量 $33.9×10^8$ t（可采储量 $7×10^8$ t），待探明可采资源量 $30×10^8$ t。1997 年五个盆地生产原油 $2000×10^4$ t，预计 2010 年生产原油（$3000～3500$）$×10^4$ t。

3 21 世纪是天然气大发展年代，我国应加速天然气勘探

世界天然气资源极其丰富。据第 14 届世界石油大会预测，可采储量为 $328×10^{12}$ m³（也有单位预测为 $500×10^{12}$ m³）。到 1997 年已探明剩余可采储量为 $140×10^{12}$ m³，年平均增长 $4.25×10^{12}$ m³。目前全世界每年消费量 $2.2×10^{12}$ m³。预测 2000 年产量 $2.37×10^{12}$ m³，2010 年产量 $2.56×10^{12}$ m³，2040 年产量 $3.84×10^{12}$ m³，达到天然气高峰年产量，以后逐年降低，到 2100 年仍可年产 $2.5×10^{12}$ m³。

我国天然气资源量 $38×10^{12}$ m³[2]，标定可采资源量为 $10×10^{12}$ m³。目前已探明天然气储量 $2.3×10^{12}$ m³（其中伴生气 $8400×10^8$ m³，1997 年生产天然气 $230×10^8$ m³，而世界 1996 年的天然气与石油产量比为 1:1.3，我国差距较大（1:7）[4]，因此尚有很大发展潜力。

天然气资源的发展前景陆上主要在三个克拉通盆地的古生代海相地层中。鄂尔多斯盆地和四川盆地勘探程度较高，今后还有可能在这两个盆地的古生代海相地层中发现大气田。塔里木盆地面积最大，勘探时间短，勘探程度低，虽有较大的天然气资源量 $8.5×10^{12}$ m³，但探明的天然气储量仅 $3000×10^8$ m³，探明程度较低，按国际标准衡量已进入世界大型天然气区行列，今后还有可能找到大量的天然气资源。柴达木盆地东部第四系

天然气储量已达 $1650 \times 10^8 m^3$，可能是继鄂尔多斯、四川盆地和塔里木盆地之后的第四大气区。应当指出的是，准噶尔盆地南缘和陆南也是天然气富集区，已发现呼图壁等一批气田，有可能成为第五个天然气区。预计在 21 世纪前 10 年，四川盆地、鄂尔多斯盆地和塔里木盆地三个盆地都有可能具备超 $1 \times 10^{12} m^3$ 的天然气储量规模。

根据北京石油勘探开发研究院规划室的预测：我国对天然气的需求量 2000 年为 $300 \times 10^8 m^3$，2010 年 $600 \times 10^8 m^3$，2020 年 $1000 \times 10^8 m^3$，2050 年 $2000 \times 10^8 m^3$。根据我国天然气资源和已探明储量，2000—2010 年供需基本平衡，2020—2050 年缺口 $(500 \sim 1000) \times 10^8 m^3$，这个差额解决方案：一是国内西部五大盆地和南海西部大陆架快速增加天然气探明储量，建成新的产能；二是利用国外资源解决。

4 中国沿海大陆架具有丰富的油气资源

中国海域面积广阔，有 $300 \times 10^4 km^2$，其中大陆架面积 $130 \times 10^4 km^2$。中国的近海海域有一系列中、新生代的沉积盆地，这些地区具有巨大的含油远景。经过十几年与国外石油公司合作勘探或自营勘探，已发现了流花 1-1、绥中 36-1、石臼坨等一批油田，其中四个为亿吨级大油田和探明储量 $1000 \times 10^8 m^3$ 的大气田。在对大陆架的油气资源做了充分的研究和论证之后，预测石油地质储量为 $84 \times 10^8 t$，天然气储量 $3 \times 10^{12} m^3$。主要油气田分布在渤海、南海东部和西部，气田主要分布在琼东南和莺歌海盆地[3]，地矿部在东海盆地也发现了三个气田。截至 1998 年年底，已探明加控制石油储量 $19.5 \times 10^8 t$，其中探明储量 $12 \times 10^8 t$，探明天然气储量 $3700 \times 10^8 m^3$。1997 年产油 $1600 \times 10^4 t$、天然气 $40 \times 10^8 m^3$，向香港和广东供气。从中国大陆架预测的油气储量和目前已探明的储量进行对比，探明储量仅占预测储量的 14% 左右，仍有很大潜力，有待进一步勘探开发。中国海洋石油总公司提出计划在 2005 年实现"三个一千万"的战略目标，即南海珠江口的原油年产量稳产 $1000 \times 10^4 t$；渤海湾的原油年产量达到 $1000 \times 10^4 t$；以南海西部为主体的天然气产量达到 $100 \times 10^8 m^3$（折算原油 $1000 \times 10^4 t$）。蓬莱 19-3 大油田发现后目前的勘探部署正在重新部署。

中国南海南部海域面积 $140 \times 10^4 km^2$，是一个重要的后备能源地区。该区位于中沙以南，东邻菲律宾、南至曾母暗沙、西邻中南半岛，平均水深 $500 \sim 1000 m$。在中国南部海域以海相沉积为主，含油主要层系是中、上新统砂岩及碳酸盐岩，初步估算南部海域几个盆地石油资源量为 $200 \times 10^8 t$，天然气 $8 \times 10^{12} m^3$，是一个具有丰富油气潜力的地区。周边几个国家已发现了一批油气田，我国应有计划地开展勘探工作。

5 开展非常规的油气勘探增加新的后备能源

我国的稠油资源和低渗透油气层储量占总油气资源的 43%。通过采用新工艺和改造措施已具有工业价值，其油气产量占全国总产量的 1/4 左右。非常规天然气包括水溶气、煤层甲烷气和致密砂岩气。甲烷气水化物储量虽然估算有 $10 \times 10^{12} m^3$，但正在探索其分布规律和开采工艺。从我国地质条件分析，煤层甲烷气和致密砂岩天然气资源已取得大量资料，致密砂岩气藏已在长庆、三肇凹陷、四川等地区开发。以煤层气为例，我国煤资源丰富，经预测全国埋深 $300\sim1500m$ 的煤层气总资源量有 $10\times10^{12}m^3$。近 10 年来已在晋西柳林、晋城的单井日产煤层气 $4000\sim6000m^3$。近期中国石油天然气集团公司在沁水盆地打了三口井，单井日产 $5000\sim6000m^3$，预测储量有 $1000\times10^8m^3$，如果有井组生产，这个产量已具有工业价值。美国黑勇士盆地煤层气田年产 $60\times10^8m^3$，圣胡安盆地年产 $100\times10^8m^3$，其单井平均日产也只有 $3000\sim4000m^3$。应该说我国煤层气勘探已经取得了实质性突破。下一步应进行井组试采，求取可靠的稳定产量，以便做出开发规划。这是一项很有潜力的非常规资源。

6　积极开展国外合作勘探开发国外资源

当前已进入全球经济一体化的时代，中国石油天然气集团公司已基本具备开拓国外市场的能力，从 1993 年开始，以不同方式参与了加拿大、秘鲁、苏丹、哈萨克斯坦等国的油气勘探开发，已取得不少涉外合作的经验，并在苏丹和哈萨克斯坦取得重要进展，建成了年产 1000×10^4t 的产能。据 1998 年 12 月亚洲勘探开发商业杂志（Petromin）报道，中国石油天然气集团公司马富才总经理认为：中国在加强国内油气资源勘探的同时，并计划开展海外石油勘探，重点放在中东、俄罗斯、中亚和其他油气远景区。在 20 世纪末预计在海外生产原油 1000×10^4t，到 2010 年预计生产 2000×10^4t，同时，每年提供天然气 $500\times10^8m^3$。根据集团公司的安排，应周密考虑加大步伐，有选择地开展一些地区的调研工作，如中东地区、滨里海、哈萨克斯坦、东西伯利亚、东南亚以及蒙古人民共和国东部同我国二连盆地条件相似的盆地群；从中评选出几个油气资源丰富、环境较有利的地区进行分析研究，争取一些有利的区块进行合作勘探，实现或超额完成集团公司确定的目标。我国的油气勘探水平已经有了一套对付复杂油气田的理论与方法[5]，能够取得成功。这些境外生产的石油，可作为国内能源的补充。我国能源应坚持立足国内，积极开拓国外资源做补充，同时积极开展新能源的开发，这是我国能源 21 世纪初期的工作方针。

参 考 文 献

[1]翟光明.我国油气资源和油气发展前景[J].勘探家：石油与天然气，1996，（2）：1-5，7.

[2]宋岩，李先奇.我国天然气发展前景与方向[J].勘探家：石油与天然气，1997，2（2）：1-4.

[3]谢泰俊.南海北部大陆边缘陆坡区含油气远景[J].勘探家：石油与天然气，1997，2（2）：6，24-30.

[4]胡见义.我国天然气的发展基础和战略机遇[J].勘探家：石油与天然气，1998，3（2）：1-5.

[5]谯汉生.渤海湾盆地油气勘探现状与前景[J].勘探家：石油与天然气，1993.4（1）：5：18-21.

本文原载于《勘探家》2000 年 2 月第 1 期。

关键技术的突破促进塔里木气区的发现

邱中建

（中国石油天然气集团公司）

摘要： 塔里木气区包括塔北—库车气区和塔西南气区两大部分。塔北—库车气区已成为我国最大的天然气富集区之一，该气区北部存在着特大型气田，但地势陡峻，地质结构复杂，长期以来是勘探工作的禁区。经过近十年的系统攻关，关键技术获得重要进展：一是山地地震勘探取得突破，二是综合地质研究取得新认识，三是复杂地质条件下的钻探取得成功。这些技术促使库车地区天然气勘探获得大进展，并发现了克拉 2 号特大型气田，探明储量 $2506 \times 10^8 \mathrm{m}^3$，是"西气东输"的主力气田。目前，塔里木气区已探明天然气储量 $4688 \times 10^8 \mathrm{m}^3$（16.5TCF），对"西气东输"项目的启动做出了重要贡献。

关键词： 关键技术；突破；发现；塔里木气区

塔里木气区包括塔北—库车气区和塔西南气区两大部分，塔北—库车气区位于塔里木盆地北部，是我国最大的天然气富集区之一。该气区北部，库车气区山势陡峭，地形崎岖，开展油气勘探工作极为困难，同时地质结构十分复杂，逆冲断层和推覆体广泛发育，深埋地下的岩盐石膏地层受地应力影响，呈塑性变形，厚度忽厚忽薄，最厚可达数千米，最薄仅有几十米，使地下状况呈非常规变化，极难标定及制图选定钻探目标。钻探的地层也十分复杂，有煤层、盐层、坚硬层、易塌层及高压气层、高压水层，而且广泛分布，交替出现。地层倾角陡峭再加上复杂地层因素的交互影响，使钻探工作进展非常困难，有时甚至花了很长时间打不成一口井。库车地区地面油气苗众多，在解放初期就开展了油气勘探工作，并于 1958 年发现了依奇克里克小型油田，但基于上述原因，勘探工作进展缓慢，没有大的突破。地质综合研究对该地区天然气生成、运移、聚集和富集的条件和规律认识也十分局限。直到近十年来，在"稳定东部、发展西部"方针指引下，在塔里木盆地开展了较大规模的油气勘探工作，并以塔北—库车地区作为勘探的重点，克服各种困难，坚持勘探，加大科技投入，取得了重要进展，最终发现了我国规模巨大的天然气富集区。

主要有三项关键技术取得重要进展：（1）山地地震勘探取得突破；（2）综合地质研究取得新认识；（3）复杂地质条件下的钻探取得成功。

1　山地地震勘探取得突破

库车山区长期以来是地震禁区，很难取得成果，在野外采集工作上主要因为：

（1）山势陡峭，施工难度极大，车辆无法通行，全靠人抬肩扛。

（2）地下结构复杂，断裂发育，地层倾角大。地震波场复杂，很难设计合适的观察系统。

（3）激发、接收条件极差，山地风化破碎严重，砾石发育，能量很难下传，山地线性干扰、随机性干扰严重，资料信噪比低。

（4）地表变化剧烈，表层横向速度变化大，无稳定的折射界面，很难建立精细的表层模型。高低差悬殊，很难准确选取基准面，因此野外静校正问题十分突出。

在地震资料处理上，也碰到很多困难，主要是：

（1）地震资料信噪比低，能量弱，特别是关键部位，模糊一片，无法辨认地下反射层结构。

（2）由于地质构造复杂，速度横向变化剧烈，并受侧面波强干扰，给速度准确拾取带来困难，并难于建立有效的速度场。

（3）高陡构造对准确叠加成像带来极大困难，同时对偏移归位也增加了困难。

针对上述技术难关，我们花费了十年工夫，先是沿着山沟进行侦察，然后进行直线排列，由山沟逐步扩大至小山区，地震剖面质量上了一个台阶。1996年以后，攻关取得突破性进展，山地作战能力进一步增强，勘探区域由小山向高大山地进军，取得大面积可信的成果，主要采取以下做法：

（1）观测系统设计技术必须根据野外山地实际情况，灵活多变，必要时必须弯线施工。为确保观测系统设计合理，运用有关软件进行模型正演，设计炮检距长度及排列接收方式。坚持下倾激发，上倾接收。构造部位，增加接收道数，提高构造顶部的覆盖次数。遇障碍区及资料不好的激发区通过两边加密进行补偿。一般地说，长排列、小道距、高覆盖次数，是山地地震取得好资料的重要保证。

（2）多种震源联合施工技术。山地地表条件变化大，采取单一激发方式很难保证剖面质量。近期的做法是，采用大吨位可控震源与泡沫砾石钻、普通深井钻（一般井深18m）根据地表不同特点联合施工，保证得到好的激发条件。

（3）多种静校正方法相结合求取静校正量技术。地表起伏、岩性变化大的山区，对低降速带资料采集，基准面选取，充填速度选择都有很大难度，应以小折射、微测井、露头微测井为基础进行仔细的调查，建立精细的表层模型。并用多种静校正方法包括模型法、初至折射法、自适应统计迭代法相结合的方法求取静校正量、可以取得较满意的效果。

（4）大力充实先进而实用的装备。采取直升飞机支持作业，大大降低劳动强度，提高作业效率。引进大吨位可控震源，可以提高剖面质量，砾石地区钻机改造及钻头改进，都提高了工作效率。

（5）根据山地地质特征对地震资料进行精细处理。这些技术包括叠前去噪技术，压制异常振幅，消除线性干扰，地表一致性技术，剩余静校正技术，地表一致性振幅补偿、反褶积、精细速度分析技术，交互速度解释，常速扫描，地层倾角时差校正技术，串联偏移技术及叠后去噪技术等。明显地提高了复杂山地、高陡构造的地震资料成像效果。

山地地震勘探经过技术攻关，取得明显成果，剖面质量很好，地下目的层反射清晰可靠，可以大面积工业制图，确定钻探对象。

2 综合地质研究取得新认识

2.1 天然气源岩研究取得新进展

塔北—库车气区天然气源岩厚度很大，主要岩性为暗色泥质岩及煤系地层，主要分布在侏罗系及三叠系地层中，厚度一般都在 800～1100m，分布范围很广，几乎遍布整个库车坳陷，有机质丰度很高。侏罗系地层各层系中有机碳的质量分数 w（C）平均分别为：1.6%、2.5%、2.8%，三叠系地层各层系中有机碳的质量分数 w（C）平均分别为 1.9%、1.0%。总烃含量也很高：侏罗系各层系总烃的质量分数 $w_{烃}$ 平均分别为 3160×10^{-6}、2530×10^{-6} 和 2170×10^{-6}，三叠系平均为 760×10^{-6}、470×10^{-6}；但氢指数较为贫乏，侏罗系平均指数 193mg/g、103mg/g、76mg/g，三叠系平均指数为 36mg/g、30mg/g，有机质类型主要为生气的 III 型干酪根。烃源岩的成熟度坳陷西部很高，东部较低。西部地区镜煤反射率为 1.7%～1.8%，已处于过成熟阶段，中部地区镜煤反射率 0.8%～1.4%，处于生油气高峰，东部地区镜煤反射率 0.6%～0.8%，为低成熟阶段，但坳陷中心估计指标要高一些。根据地层埋藏史的分析，在最近 1000×10^4a 以来，主要是中新世晚期及上新世，地层快速下沉，烃源岩迅速成熟，并产生大量的天然气，同时富集成为天然气气藏。

根据新的资料和新的认识，我们对库车地区的油气资源进行重新评估，与原有资料结果差别较大。

原来的油气资源评价，石油资源量 10.8×10^8t，天然气资源量 2100×10^8m³，而 1999 年油气资源评价这两项数据分别为 4.1×10^8t 和 22300×10^8m³。

2.2 主要储层白垩系研究的新进展

经野外及井下对白垩系储层的详细研究，发现其特征为多物源区的辫状三角洲砂体复合叠置，形成库车地区稳定的连片储集体。特别在野外对地质露头进行观察，发现砂层厚度巨大，横向连续性好，其中夹的薄层泥岩或泥质条带呈不稳定分布。经过大量储油物性资料分析统计，属中孔中渗储集岩，孔隙度平均为 10%～14%、最大可达 20%，渗透率平均为 15～67mD，最大可达 2000mD。编制的岩相分布图中各岩相分区与孔隙度和渗透率关系很大，其中特别是辫状三角洲前缘相、滨浅湖相物性较好，大面积分布在塔北—库车地区，是很好的天然气储集岩。

2.3 天然气成藏模式的新认识

天然气成藏模式的基础是构造模式的建立。由于库车地区地质结构复杂，地下构造面貌模糊不清，通过大量的野外地质观察研究，同时借鉴国外复杂地质构造的理论和经验，发现库车地区逆冲断层是构造面貌的主线。逆冲断层发育的程度直接影响地下构造复杂的程度，且与地层中的软地层，如盐膏层、煤系地层的滑脱有直接关系。一般地说大型逆冲断层面就是软地层滑脱面。在滑脱面的上下，地质结构、构造面貌差别很大，特别在逆冲断层面以下大量发生有利于油气聚集的圈闭构造。我们总结了一批可以聚集油气的构造模式，包括断层转折构造、断层传播构造、断层传播—滑脱混生构造、双重构造、突发构造等，并用这些构造模式指导地震资料的处理，使之突出地震剖面的有效部分，压制其他干扰部分，取得很重要的成果。

根据大量研究的结果，认为天然气聚集并形成工业性气藏，主要有以下几个因素：

（1）盐膏层及煤系地层是优良的区域性盖层，与下伏的大砂层相结合，是极佳的储盖组合，有形成高产大气田的条件。

（2）主要逆冲断层都是油源断层，沟通了烃源岩与储集岩的通道。

（3）逆冲断层上下发育的有利构造圈闭，形成时间很晚，而烃源岩成熟的时间也很晚，均主要在新近纪以后。天然气聚集、富集的时间更晚，主要在新近纪以后，直至第四纪仍在进行，目前库车大部分地区仍处在生油气高峰期。因此可以说烃源岩成熟与构造形成和天然气聚集和富集同步完成，这是形成大气区极为有利的条件。当然我们也估计还有相当丰富的石油存在。

3 复杂地质条件的钻探取得成功

库车山地曾经是钻探工程的禁区，多年以来很难钻成一口深井，由于地层倾角大，有时顺层面产生严重井斜。地层可钻性差，机械钻速极低。普遍钻遇复杂地层再加上山前地应力复杂，井壁不规则和失稳严重。钻遇高压水层、高压气层，钻井及完井难度很大。

从 1993 年库车山地第一口深井开始，先是进行探索，然后是针对各种难题进行系统技术攻关，钻井速度和钻井质量都有显著提高，在面临并克服各种复杂情况和困难的同时，逐步获得自由。

（1）防斜打快技术取得进展。主要是采用了钟摆防斜打快技术，偏轴防斜打快技术和井眼轨迹预控技术。

（2）提高钻井机械钻速取得进展。主要是优化井身结构，使其符合井下实际情况；对相应的地层进行钻头优选，开发单牙轮钻头；根据岩石可钻性测定结果，广泛使用国内外 PDC 钻头，进行比较并加以改进。同时对井下动力钻具进行试验，包括螺杆钻具，涡轮钻具，液动冲击器等。另外还进行了水力加压器试验，均取得很好的效果。

（3）开发和应用了聚磺多元醇氯化钾强封堵泥浆，解决了库车山前地区大段高陡、破碎的泥页岩及煤层防塌技术难题。

（4）研制并应用高密度盐水水泥浆和普通高密度水泥浆对高压气层进行固井，保证了固井质量，经过分层试气没有串气现象。因此，我们在库车山地可顺利地钻成井深 6000m 以上的深探井，而且钻井速度提高很快。

4 塔里木气区的规模和远景

塔里木气区各气田气层气目前已探明储量 $4688 \times 10^8 \mathrm{m}^3$，探明加控制储量 $5345 \times$

$10^8 m^3$。三级储量状况见表 1。

特别需要指出的是，1998 年年初在库车地区发现了我国的整装气田克拉 2 气田，现探明储量为 $2506 \times 10^8 m^3$，单井产量极高，储量丰度极大，是我国西气东输的主力气田。我国海上著名的崖 13-1 气田储量为 $1000 \times 10^8 m^3$，年产量为 $34 \times 10^8 m^3$，向香港及海南岛输气，目前生产状况良好，与克拉 2 气田主要参数比较见表 2。

表 1　塔里木气区天然气储量情况

储量级别	气层气，$10^8 m^3$	溶解气[①]，$10^8 m^3$	小计，$10^8 m^3$
探明储量	4688	361	5049
控制储量	657	133	790
预测储量[②]	4074	196	4270
合计	9419	690	10109

① 溶解气指油田伴生气。

② 预测储量指某一构造有一口探井获得商业性气流的储量。

表 2　克拉 2 气田与崖 13-1 气田比较

项目	克拉 2	崖 13-1
探明地质储量，$10^8 m^3$	2506	1000
含气面积，km^2	47	45
储量丰度，$10^8 m^3/km^2$	53	19.6
埋藏深度，m	3500～3900	3500～4000
气层平均厚度，m	159	85
单井产量，$10^4 m^3/d$	200	200
预计年产量，$10^8 m^3$	100	34（已生产）
天然气性质	$CH_4 > 95\%$	$CH_4 = 89\%$，$CO_2 = 10\%$

塔里木气区的远景很大，准备集中力量，加大勘探力度。主要在塔北—库车气区把低级别的储量迅速提升为探明储量，同时再钻探一批有利的大型构造，争取有新的大的发现，并进一步迅速探明新的发现，力争在近五年内在塔北—库车气区天然气累积探明储量达 $7000 \times 10^8 m^3$，控制储量达 $3000 \times 10^8 m^3$，形成 $10000 \times 10^8 m^3$ 规模的大型气区。

同时塔里木气区的另一组成部分为塔西南气区，已发现和田河及柯克亚两个大型气田。天然气的远景也非常明朗，准备加强勘探，增加储备，作为西气东输的接替基地。

国务院根据塔里木天然气已探明的储量情况和天然气远景的估计，已经做出了西气东输的决定。西气东输自新疆塔里木盆地轮南油田开始，经甘肃—宁夏—陕西—山西—河南—安徽—江苏—上海，共 9 省、市、自治区，全长 4200km。初期年供气量 $120 \times 10^8 m^3$，预计 2003 年年底全线建成，2004 年全线正式输气。初步测算上下游总投资第一期约为 1200 亿元，这是一项非常伟大的工程，必将造福全国各族人民。

本文原载于《中国工程科学》2000 年第 9 期。

中国天然气工业大发展的时代即将到来

邱中建

（中国工程院院士）

1 中国天然气的发展来源于西部天然气探明储量的大幅度增长

中国天然气最近 10 年来探明储量增长十分迅速，10 年来（1991～2000 年）新增探明储量 $1.85 \times 10^{12} m^3$，是前 40 年（1949～1990 年）探明储量 $7045 \times 10^8 m^3$ 的 2.6 倍，截至 2000 年，全国累计探明天然气储量已达 $2.56 \times 10^{12} m^3$。主要原因是西部地区储量大幅度增长，西部 10 年来新增探明储量达 $1.48 \times 10^{12} m^3$，占 10 年来全国新增天然气储量的 80%，是西部地区前 40 年探明储量 $4006 \times 10^8 m^3$ 的 3.7 倍。在 2001 年，这种发展趋势更加明显，仅根据中国石油天然气集团公司对新增储量初步估计，2001 年新增天然气探明储量 $4072 \times 10^8 m^3$。

从天然气产量来看，10 年来全国天然气年产量稳步增长，1990 年产天然气 $152.2 \times 10^8 m^3$，2000 年增至 $262 \times 10^8 m^3$，增加了 $109.8 \times 10^8 m^3$。而西部地区天然气产量增长较快，西部 1990 年产天然气 $70.5 \times 10^8 m^3$，占当年全国产量的 46.3%，到 2000 年增至 $158.3 \times 10^8 m^3$，占当年产量的 60.4%，10 年来增加了 $87.8 \times 10^8 m^3$。从天然气产量的结构来看，也说明气层气产量增加的幅度显著大于溶解气的增量，1990 年产气 $152.2 \times 10^8 m^3$ 中，气层气约 $75 \times 10^8 m^3$，比重为 49%，溶解气约 $77 \times 10^8 m^3$，比重为 51%；2000 年产气 $262 \times 10^8 m^3$ 中，气层气 $182 \times 10^8 m^3$，比重升至 70%，溶解气 $80 \times 10^8 m^3$，比重降至 30%，说明西部地区气层气的动用程度逐步增大了。

2 中国西部四大气区的形成和发展

中国西部近 10 年来新发现了 3 个大型气区：塔里木气区、鄂尔多斯气区及柴达木气区，同时有一个老气区——四川气区获得了重要进展。

2.1 塔里木气区

由库车—塔北气区和塔西南气区组成，从 1992 年以来，天然气储量获得迅速增长，2000 年塔里木气区已探明天然气储量为 $5150 \times 10^8 m^3$，10 年来天然气储量增长了 $4918 \times 10^8 m^3$。特别是在 1998 年初发现了克拉 2 大型气田，单井产量（150～200）$\times 10^4 m^3/d$，气层平均厚度 229m，储量丰度达到 $53 \times 10^8 m^3/km^2$，探明储量为 $2506 \times 10^8 m^3$，构成了"西气东输"的主力。库车—塔北气区气田分布比较集中，已探明 1 个大型气田和 7 个中型气田，探明储量 $4027 \times 10^8 m^3$，可建成年生产能力 $165 \times 10^8 m^3$，第一期开发克拉 2、羊塔克等 5 个气田，为"西气东输"建成生产能力 $128×10^8m^3/a$。塔里木是一个极有潜力的天然气富集区，2001 年通过钻探，在库车—塔北气区又新发现了迪那 2 号大型气田，单井产量达到 $200×10^4m^3/d$，预测储量 $1500×10^4m^3$。迪那 1 号气田，单井产量达 $120×10^4m^3/d$，预测储量 $360×10^8m^3$。大北 2 号气田也获得重要进展，单井产量 $30×10^4m^3/d$，预测储量超过 $500×10^8m^3$，另外，在塔里木气区的西端喀什凹陷，2001 年首次发现阿克 1 号气田，单井产量 $12×10^4m^3/d$，预测储量 $124×10^8m^3$。塔里木气区天然气远景区规模很大，通过地震勘探发现一大批有含气远景的大型构造，目前正在陆续上钻，预计将不断有好消息传来。塔里木气区是一个优质储量极有可能快速增长的地区，预计 5 年内累计天然气探明储量可达 $1×10^{12}m^3$，可长期稳定供气 $200×10^{12}m^3/a$。

2.2　鄂尔多斯气区

鄂尔多斯气区含气面积辽阔，从 1991 以来，天然气储量快速增长，相继发现长庆等大型气田，长庆气田探明储量为 $2910×10^8m^3$，成为向北京供气的主力气源。截至 2001 年上半年，鄂尔多斯气区探明储量已达 $7669×10^8m^3$（2000 年为 $4089×10^8m^3$），已成为我国排位第一的大气区。特别是 2001 年初年发现了苏里格大型气田，经快速勘探，上半年探明储量为 $2205×10^8m^3$，目前勘探成果进一步扩大，初步估算探明储量达 $6000×10^8m^3$，成为我国最大的气田。鄂尔多斯 2000 年已建成年生产能力 $35×10^8m^3$，年产量 $21×10^8m^3$，主要向北京、西安、银川供气。鄂尔多斯用现有探明储量可建设年生产能力 $128×10^8m^3$，可完全保证北京方向及环渤海湾地区用气，并作为补充气源，参与"西气东输"工程项目。鄂尔多斯气区潜力非常巨大，自从重点勘探上古生界地层以后，勘探成果大面积涌现，目前，鄂尔多斯累计探明储量实际已经达到 $1×10^{12}m^3$，经过 2～3 年的努力，现有储量会不断动用，新的储量还会大幅度增长，因此鄂尔多斯气区可以长期稳定供气 $200×10^8m^3/a$。

2.3　柴达木气区

从 1990 年以来，天然气快速增长，探明储量由 $398×10^8m^3$ 增至 2000 年的 $1472×10^8m^3$，发现了涩北等大型气田。2001 年通过钻探，气区范围继续向西北扩大，新发现伊克雅乌汝气田，单井产气 $8×10^4m^3/d$，预测储量 $227×10^8m^3$。目前涩北—西宁—兰州输气管线已经建成，即将向兰州输气，该管线输气能力为 $30×10^8m^3/a$。柴达木气区有较大的发展潜力，5 年内累计探明储量有望达到 $3000×10^8m^3$，可长期稳定供气 $30×10^8m^3$。

2.4　四川气区

四川气区是一个较老的气区，新中国成立以来一直为四川经济发展做贡献，由于近 10 年来在四川盆地东部及东北部天然气勘探获得了重要进展，探明储量也呈快速增长之势。1990 年探明储量为 $3036×10^8m^3$，至 2000 年累计探明储量达 $7026×10^8m^3$，10 年新增探明储量 $3990×10^8m^3$。四川气区 1990 年产量为 $64.31×10^8m^3$，2000 年产气量增至

$80 \times 10^8 \mathrm{m}^3$，10 年来产量增加为 $15.7 \times 10^8 \mathrm{m}^3/\mathrm{a}$，近期在四川盆地东北部三叠系鲕状灰岩中获得重大突破，相继发现 4 个重要气田，气层厚度较大，单井产量很高，例如罗家寨气田，含气面积 $122\mathrm{km}^2$，单井产量均在（$50 \sim 80$）$\times 10^4 \mathrm{m}^3/\mathrm{d}$，控制地质储量 $818 \times 10^8 \mathrm{m}^3$。又如铁山坡气田单井产气量达 $106 \times 10^4 \mathrm{m}^3/\mathrm{d}$，控制地质储量 $448 \times 10^8 \mathrm{m}^3$。从四川气区已获得的天然气探明储量来看，可建成生产能力 $120 \times 10^8 \mathrm{m}^3/\mathrm{a}$。目前即将兴建川气出川的管线忠武管线（现重庆忠县—湖北武汉），年供气能力 $30 \times 10^8 \mathrm{m}^3$。根据三叠系鲕状灰岩的勘探新成果，勘探远景地区非常广阔，新发现的气田尚需进一步勘探，并申报探明储量，同时还有一批远景构造等待钻探、预计 5 年内累计探明储量可达到 $1 \times 10^{12} \mathrm{m}^3$，可建成生产能力 $150 \times 10^8 \mathrm{m}^3/\mathrm{a}$。

3 "西气东输"为西部天然气利用带来光明的前景

西部地区蕴藏有十分丰富的天然气资源，而且探明的储量规模越来越大，特别是最近几年，塔里木盆地库车地区的气田群，鄂尔多斯盆地的苏里格气田，四川盆地的三叠系鲕状灰岩气田群，这三个重大发现被证实以后，储量的品位被普遍提升了一个台阶，它们不仅单井产气量比较高，而且储量分布比较集中，特别需要指出的是都具有十分广阔的天然气远景区域，因此近期天然气储量还要大幅度增长，已经是一个不需要争论的明显趋势。但是这些储量深埋地下，远离市场，远离用户，如何利用这些优质能源，如何回收深埋地下的勘探投资，并使之成为良性循环，如何开拓天然气市场等均成为急待解决的突出问题。经过深入的可行性研究和广泛的论证，经国务院批准，决定实施"西气东输"工程项目，这是一个非常英明的决策。西气东输管线从新疆塔里木轮南油田开始，经甘肃、宁夏、陕西并与鄂尔多斯气区相连，又经山西、河南、安徽、江苏直达上海及长江三角洲地区，主管线全长 4000km，管径 1016mm，跨越长江 1 次、黄河 3 次、淮河 1 次，输气量为 $120 \times 10^8 \mathrm{m}^3/\mathrm{a}$，预计 2004 年全线贯通并输气。这是我国第一条长距离、大口径的输气管线，投资很大，如果加上上游勘探开发投资和下游配气管网的建设，用气设施的新建与改造、储气库的建立等，投资十分巨大。同时也带来良好的经济效益和显著的社会效益。更为重要的是"西气东输"项目启动以后，必然会加大西部开发的力度，当管线建成并输气的时候，它像一条白色的纽带，把东西双方的经济利益和社会效益紧密地连接在一起，优势互补，利益共享，必然会改变人们的思维，产生重大的影响。从更广泛的角度来看，鄂尔多斯的天然气输往北京及环渤海湾地区，柴达木的天然气输往甘肃兰州，川渝地区的天然气输往湖北、湖南，再加上塔里木的天然气输往沿途各省及上海、长江三角洲一带，这些天然气都是自西向东输送，当这些项目完成以后，可使中国天然气的年产量增长 1 倍。当这些管线相互连结逐步形成管网的时候，必然会促进天然气利用的迅速增加，同时也必然会加大上游勘探工作的力度，加快天然气储量探明的步伐，以满足对天然气需求的日益增长。一旦这个良性循环开始流动以后，天然气工业大发展的时代即将到来。

本文原载于《世界石油工业》，2002 年第 1 期。

从近期发现的油气新领域展望中国油气勘探发展前景

邱中建　康竹林　何文渊

（中国石油天然气集团公司咨询中心）

摘要： 近年来，中国的油气勘探不断发展，概括起来有四大新发现：（1）由于新构造运动控制晚期成藏，在渤海海域浅层发现石油地质储量超过亿吨级的油田群；（2）中西部地区山前冲断带油气勘探取得重大突破；（3）在塔里木盆地北部轮南隆起发现中国目前最大的奥陶系碳酸盐岩油田；（4）天然气勘探有突破性进展，探明储量大幅度增长。在塔里木库车坳陷、鄂尔多斯盆地中部、四川盆地东北部共获得三个重大发现并形成三个天然气富集区。这四大新发现，对我们未来的油气勘探有着重要启示。对近期油气突破领域的研究表明，中国的油气勘探领域是广阔的，同时也使我们树立了对中国未来油气勘探发展的信心。

关键词： 油气勘探；重要发现；勘探目标；中国；发展前景

近年来中国的油气勘探在以下四大领域有新发现：（1）在渤海海域，新构造运动控制油气晚期成藏，发现了大型油田群，最大的油田储量规模达 $6 \times 10^8 t$；（2）西部地区山前冲断带的油气勘探取得重大突破，发现了大型气田和油田；（3）在塔里木盆地北部轮南隆起发现了中国目前最大的奥陶系碳酸盐岩油田；（4）天然气勘探有重大进展，在塔里木盆地北部、鄂尔多斯盆地中部、四川盆地东北部共获得三个重大发现并形成三个天然气富集区，探明储量大幅度增长。

1 新发现的勘探领域概述

1.1 在渤海海域发现大型油田群

近年来，在渤海海域新近系浅层明化镇组、馆陶组发现 9 个大油田[1]，分别是蓬莱 9-1、蓬莱 19-3、蓬莱 25-6、曹妃甸 11-1、曹妃甸 12-1、南堡 35-2、秦皇岛 32-6、旅大 27-2 和渤中 25-1。这些浅层油田的目的层埋深一般在 920～1600m，9 个油田的储量规模已达 $17.2 \times 10^8 t$，占目前渤海海域石油总储量规模的 71%。渤海海域浅层大油田具有晚期成藏的特点[2]，一般均在新近纪末期至第四纪形成油藏。在渤海东部，大断裂带晚期强烈活动，在浅层形成一系列构造圈闭，同时有部分生油岩晚期成熟，晚期油气运移和油气再分配造就了浅层大油田的形成。大断层沟通了烃源层和储层，是晚期成藏的重要运移通道。晚期油气生成及晚期油气运移与新构造形成时期相匹配，这是渤海海域晚期成藏的关键[3]。

1.2 在中国西部地区山前冲断带发现大型油气田

近年来，西部地区山前冲断带的油气勘探取得了突破性进展：（1）在塔里木盆地库车坳陷天山山前冲断带发现克拉 2 大气田，探明储量 $2840 \times 10^8 m^3$，气层平均厚度 229m，单井日产量一般约 $200 \times 10^4 m^3$，并继续发现了迪那 1、迪那 2、大北 1 号等大气田和却勒油田（图 1 和图 2）；（2）在酒西盆地祁连山山前冲断带发现青西大油田（图 3）。储量规模达 $1 \times 10^8 t$，油层厚、单井产量高，一般日产可达 200t，且含油面积还在继续扩大，类似的钻探目标还有 6 个；（3）在准噶尔盆地南缘、塔里木盆地西南地区昆仑山山前、柴达木盆地北缘祁连山山前和四川盆地西北部地区龙门山山前等山前冲断带都陆续新发现了油气田和高产工业气流井。

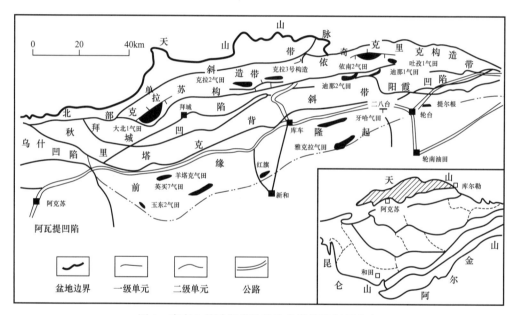

图 1　库车山前冲断带的构造分带及油气田分布

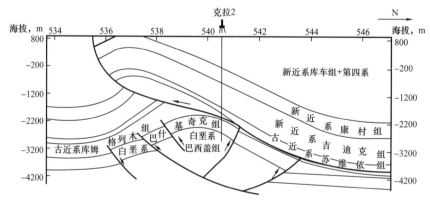

图 2　克拉Ⅱ构造解释模式

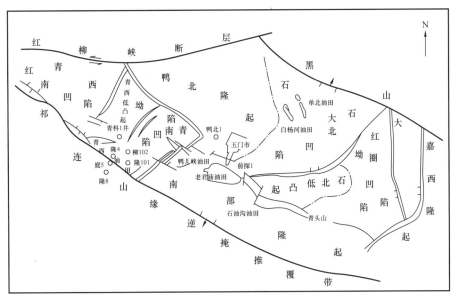

图 3　酒西盆地油田分布

1.3　在塔里木盆地北部轮南隆起发现了目前中国最大的奥陶系碳酸盐岩油田

近年来，在塔北地区轮南隆起西南部发现以奥陶系碳酸盐岩为主要目的层的轮南—塔河大油田（图 4），以及新的含油区块。轮南—塔河油田奥陶系碳酸盐岩目前含油范围为 $400km^2$，储量规模达 $5 \times 10^8 t$。

油气主要分布在潜山风化淋滤岩溶带、渗流岩溶带和潜流岩溶带内，储层厚度 $200 \sim 250m$；横向上分布在孔洞缝发育的古岩溶高地、古岩溶斜坡及不同走向断裂交汇处。油气藏性质差异大，东部为凝析气藏，向西变为常规油气藏和重质黑油藏。油气高产井与低产井相间出现，可能没有统一的油水界面。储集类型为古岩溶与构造裂缝组成的次生裂缝、孔、洞储集体（图 5）[4]，不整合面风化壳裂缝孔洞型储集体具有区域性广泛分布特征，发育在大型潜山隆起的各个部位。规模巨大，但非均质性十分严重，圈闭类型与油气藏类型均极为复杂。成藏时期以海西晚期与喜马拉雅期为主。

1.4　在全国天然气勘探中获得三个重大发现并形成三个天然气富集区

近几年来，天然气勘探工作快速发展。在 1996—2001 年，全国新发现了大中型气田 31 个，新增天然气探明储量共 1.58×10^{12} m³，超过 1949—1995 年全国总探明的天然气储量（1.4×10^{12}m³）。截至 2002 年，全国天然气累计探明储量达 3×10^{12}m³。主要是获得了三个重大发现并形成三个天然气富集区：一是在塔里木盆地发现克拉 2 大气田，形成了库车天然气富集区；二是在鄂尔多斯盆地发现苏里格大气田并形成大面积上古生界天然气富集区（图 6）；三是在四川盆地发现三叠系鲕滩灰岩气田群，形成了川东北天然气富集区[5]（图 7）。上述发现主要特点为：

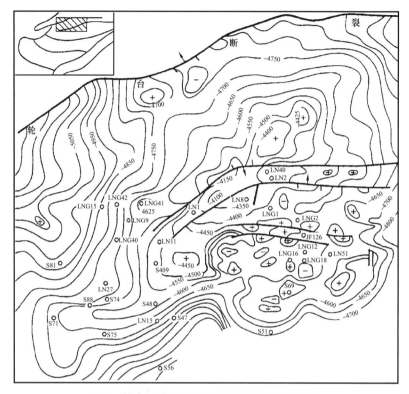

图 4　轮南—塔河油田含油区分布范围示意图

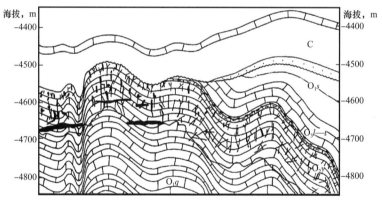

图 5　轮南—塔河油田奥陶系油藏模式（据塔里木油田分公司研究院，2002 年）

（1）气田储量大、单井产量高。除塔里木克拉 2 气田外，鄂尔多斯盆地苏里格气田的探明储量达 $60×10^{10}m^3$，有的高产井区单井测试日产气量约 $20×10^4m^3$；四川盆地东北部地区三叠系鲕滩灰岩气田群储量大，例如罗家寨气田的天然气储量为 $820×10^8m^3$，单井日产量（$50\sim60$）$×10^4m^3$。

（2）既有构造圈闭气藏，又有大面积岩性圈闭气藏。克拉 2 气藏是完整的背斜圈闭；苏里格气田受大型河流相三角洲沉积砂体控制，形成大面积岩性圈闭。对川东北地区三叠系鲕滩灰岩储层气田群的综合研究结果表明，鲕粒溶孔白云岩的分布受控于沉积相、白云

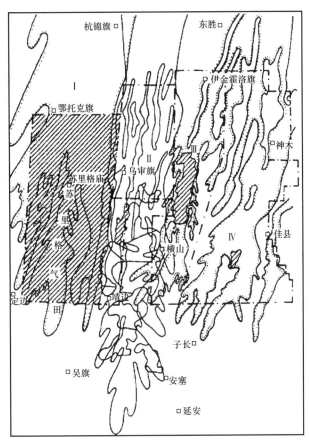

图 6　鄂尔多斯盆地上古生界天然气勘探成果

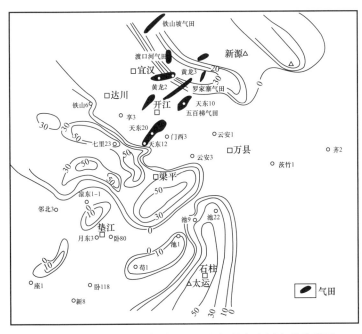

图 7　川东下三叠统飞仙关组飞二段鲕粒灰岩厚度等值线图

岩化和溶蚀作用，主要发育在海槽两侧的碳酸盐岩台地上，形成台缘鲕粒坝、台内鲕粒滩，并与构造结合形成气藏。

（3）有广阔的勘探区。塔里木盆地库车坳陷油气远景勘探面积 $4.3 \times 10^4 km^2$，天然气资源量 $2.2 \times 10^{12} m^3$，石油资源量 $4.1 \times 10^8 t$。其构造成排成带分布，已发现各类大中型圈闭 60 多个，是迅速增长油气储量的有利地区。鄂尔多斯盆地上古生界天然气远景勘探区面积至少为 $15 \times 10^4 km^2$，天然气资源量为 $8.4 \times 10^{12} m^3$，勘探领域广、资源潜力大；四川盆地东北地区三叠系鲕滩灰岩分布面积 $3750 km^2$，其中鲕滩灰岩厚度大于 10m 的分布面积为 $2045 km^2$，天然气资源量为 $1.6 \times 10^{12} m^3$。

2 勘探前景展望

2.1 "晚期成藏"的概念将对中国广大地区的勘探产生重要影响

中国是一个新构造运动十分发育的国家，西部地区由于欧亚板块与印度板块碰撞，最后一次构造运动为喜山晚期运动，使青藏高原上升隆起并使昆仑山、天山、祁连山等山脉重新崛起，同时在山前形成了山前冲断带，并产生了众多的新圈闭。在该地区也发现了典型的晚期成藏的气田和油田，如克拉 2 气田和青西油田等。我国东部地区包括近海海域新构造运动也十分明显，例如渤海海上上新世至第四纪，由于太平洋板块持续向亚洲东部俯冲，形成了一大批新构造，经过"晚期成藏"形成了油田。因此，在中国的广大地区应该重视"晚期成藏"问题，包括：渤海湾陆地，西部大量的山前冲断带，受新构造运动影响严重的盆地如塔里木盆地、准噶尔盆地、柴达木盆地、吐哈盆地、四川盆地、南海莺—琼盆地等。在这些地区，对因新构造运动产生的新圈闭要逐一做出评价。

油气生成是一个复杂的地质过程。油气生成有高峰期，但不能简单用期次概念来说明油气生成。因为生油凹陷内的生油岩体形状极不规则，同时生油岩体在下降过程中也呈多种状态，即快速、缓慢、时快时慢、停滞，甚至反转上升。生油岩体内部各个部位，承受的温度、压力都不相同，且与时间的匹配也有相当的差异，因此生油体各个部位的生烃状态也有很大的差异。我国相当一部分沉积盆地，包括西部山前冲断带，直到今天有相当多的生油岩体仍处在生油气的高峰期，这就是晚期成藏的理论依据。

油气是可以流动的矿产，只要有构造运动就会使它们运移聚集。渤海海域新构造运动调整、控制油气晚期成藏，但新构造活动并未终止，至今仍在进行。已形成的新近系油藏还在聚集、逸散，处于断裂活动带的油气田，仍处于聚、散的动平衡的过程中[6]。

2.2 西部山前冲断带将是中国近期的勘探热点

中国西部山前冲断带数量众多、领域广阔，具有十分良好的油气勘探远景。但地面及地下条件都十分复杂，一直成为勘探工作的禁区。近 10 年来，我们对少数山前冲断带进行了系统的科技攻关，一些新的勘探技术取得重要发展。包括：（1）以精确的地下成像为目标的复杂山地地震采集、处理、解释技术；（2）钻探高陡构造、高构造应力区、高压油气水层；大厚度膏盐层的深井钻井技术；（3）深层高压、高产油气层测试技术；（4）准确识别油气层的成像测井技术等。

由于成功地运用了这些新技术，在非常复杂的地质条件下，发现了一批重要气田和油田。特别对少数山前冲断带进行了系统攻关以后，对深层构造面貌有了新的认识。例如，库车山前冲断带一些大型逆冲断层都以巨厚的膏盐层作为滑脱面，滑脱面上、下的构造面貌极不相同。滑脱面以下不仅以膏盐层作为优良盖层，同时掩覆着大量的褶皱适中的背斜构造。正是这些优良的背斜形成了大型的油气田，也提高了我们对山前冲断带油气勘探远景的评价水平。据初步研究，中国西部有 15 个主要的山前冲断带，有利面积达 $50 \times 10^4 km^2$，石油资源量约 $115 \times 10^8 t$，天然气资源量 $10.6 \times 10^{12} m^3$。目前勘探程度很低，勘探领域很广，勘探潜力很大，有计划地加大对山前冲断带的勘探力度，加大科技攻关的投入，使其成为中国近期的勘探热点，并迅速获得一批重要的新发现。

2.3 应对大型隆起上复杂的碳酸盐岩油气田进行广泛的探索

轮南—塔河油田是我国首次发现的奥陶系碳酸盐岩大型油田，含油气情况十分复杂，但单井产量很高，一般单井日产量在 200～400t，少数井稳定时间较长，多数井稳产时间较短。目前该油田的日产水平已达 $9 \times 10^3 t$。这个油田位于轮南大型隆起上，有利面积达 $3 \times 10^3 km^2$，预测石油资源量为 $13 \times 10^8 t$。特别重要的是，采用了两项新技术后，初步取得了成果。两项新技术分别为：（1）利用三维地震资料进行特殊处理的裂缝识别技术；（2）用欠平衡钻井，钻分枝井、水平井，并实施了大型压裂酸化改造储层技术，使这个复杂的碳酸盐岩油田的开发成为可能。

塔里木盆地这类大型隆起很多，有塔中隆起、英买力隆起、塔东隆起、巴楚隆起等，且均发现了相当数量的高产油气流井，今后应进行艰苦而广泛的探索和科技攻关，以取得实质性进展。

另外，准噶尔盆地腹部马桥凸起也是一个大型碎屑岩隆起，勘探面积 $3630 km^2$，石油资源量估计为 $13.7 \times 10^8 t$，已有油气发现井，应该加大勘探力度，寻找大型油气田。华北地区也有大型奥陶系碳酸盐岩隆起，很值得密切注意。

2.4 今后 10 年将是天然气储量快速增长的时期

我国陆地和近海共有六个大型气区，依次是鄂尔多斯、塔里木、四川、柴达木、南海莺—琼及东海气区。该六个大型气区面积广阔，且都有重要发现，是储量增长的有利地区。尤其是近年来，我国获得的三个重大发现：克拉 2 气田，苏里格气田，川东北鲕滩气田群。这些地区天然气储量规模大，单井产量高，预测的远景勘探区面积大，并有大量可供钻探的有利圈闭，因此，天然气储量的快速增长将是可能的。特别是随着"西气东输"工程的顺利实施，预计在 2004 年把天然气送到上海。随着市场的开拓，必将进一步刺激天然气勘探力度的加强，天然气大发展的时代已经到来。

3 结束语

近期中国油气发现的新领域和勘探实践说明，中国的油气勘探领域是广阔的，同时也使我们树立了对中国未来油气勘探发展的信心。只要不断用新的地质理论指导勘探工作，不断采用新的技术攻克难关，中国的石油勘探就会持续、快速地发展。

参 考 文 献

[1] 朱伟林，王国纯. 渤海浅层油气成藏条件分析 [J]. 中国海上油气，2000，14（6）：367-368.

[2] 池英柳. 渤海新生代含油气系统基本特征与油气分布规律 [J]. 中国海上油气，2001，15（1）：7.

[3] 邓运华. 郯庐断裂带新构造运动对渤海东部油气聚集的控制作用 [J]. 中国海上油气，2001，15（5）：302-304.

[4] 周永昌，杨国龙. 塔里木盆地阿克库勒地区油气地质特征及勘探前景 [J]. 石油学报，2001，22（3）：4-5.

[5] 赵政璋，赵贤正. 中国石油"九五"油气勘探回顾及目前勘探形势与潜力分析 [J]. 中国油气勘探，2001，6（3）：7-8.

[6] 龚再升，王国纯. 渤海新构造运动控制晚期油气成藏 [J]. 石油学报，2001，22（2）：4-6.

本文原载于《石油学报》2002 年第 4 期。

中国天然气在能源需求增长中的地位
和安全供应

邱中建

（中国工程院）

1　中国天然气在能源结构中的比重将越来越大

自 20 世纪 80 年代以来，中国国民经济增长速度很快，推动了能源工业的发展，能源生产总量从 $6×10^8$t 标准煤，快速增长，到 2003 年能源生产总量已达到 $15.6×10^8$t 标准煤，其中原煤年产量为 $16.0×10^8$t（相当于 $11.4×10^8$t 标准煤），占一次能源生产比重的 73%。原油年产量 $1.7×10^8$t（相当于 $2.4×10^8$t 标准煤），占 15%，天然气年产量 $341×10^8m^3$（相当于 $0.45×10^8$t 标准煤），占 3%。全国能源消费也得到快速的发展，到 2003 年能源消费总量达到 $16.2×10^8$t 标准煤，其中原煤年消费量 $15.5×10^8$t，占一次能源消费比重的 68%，原油年消费量 $2.7×10^8$t，占 23.8%，天然气年消费量 $312×10^8m^3$，占 2.6%。

我国人口众多，人均占有自然资源数量较少，必须坚定不移地节约能源，走协调型可持续发展的道路。而且从我国资源分布状况看，煤炭生产在今后很长时期仍将居于主导地位，必须大力发展煤炭清洁高效利用技术，并在全社会建立节能型工业体系。从能源工业总体状况来看，能源消费必须立足于国内，国外资源只能作为补充。

天然气是清洁高效的能源，目前在我国能源结构中占的比重很小，正处于发展的初期，从资源增长的趋势来看，有很大的潜力，必须优先加快发展。根据预测，2010 年国内天然气产量将达到 $800×10^8m^3$，2020 年将达到 $1200×10^8m^3$，而 2010 年天然气需求量将达到 $1000×10^8m^3$，2020 年将达到 $2000×10^8m^3$，分别占一次能源消费比重的 7% 和 10%，而煤在一次能源消费的比重将下降，因此在今后相当长的时间内，国内天然气产量和消费量增长的幅度都很大，比煤和石油的增长速度要大得多。这也是优化我国能源结构的一项重要举措。

2　中国天然气快速发展的可能性

中国近年来天然气探明储量快速增长，"八五"（1991—1995 年）期间新增探明地质储量 $6969×10^8m^3$，"九五"（1996—2000 年）期间新增探明地质储量达 $11543×10^8m^3$，超过了前十年的总增长量，2001 年、2002 年、2003 年仍保持明显增长趋势，天然气探明地质储量分别达到 $4702×10^8m^3$、$3971×10^8m^3$ 和 $4927×10^8m^3$，截至 2003 年年底天然气累

计探明地质储量为 $3.86 \times 10^{12} m^3$（不包括溶解气），累计可采储量为 $2.47 \times 10^{12} m^3$，剩余可采储量为 $2.1 \times 10^{12} m^3$，加上全国溶解气剩余可采储量，全国天然气剩余可采储量约为 $2.3 \times 10^{12} m^3$，储采比为 68：1，具备了以较快速度发展的条件。

为什么天然气储量近期能获得长足的进展？主要原因是我国发现和形成了六大气区，陆上四个，塔里木盆地、鄂尔多斯盆地、四川盆地、柴达木盆地；海上两个，莺—琼盆地和东海盆地。这些气区均有相当规模的天然气探明储量，但勘探程度很低，包括老气区四川盆地近年来开辟了新地区新领域，勘探程度也很低。这些气区远景区面积十分广阔，并有大批可供勘探的大中型目标，因此，勘探潜力十分巨大，以近年来发现的塔里木和鄂尔多斯气区为例：塔里木已探明天然气地质储量 $6224 \times 10^8 m^3$，已发现克拉 2、迪那 2 等大型气田，其中克拉 2 气田探明地质储量 $2840 \times 10^8 m^3$，可采储量 $2130 \times 10^8 m^3$，单井日产量 $200 \times 10^4 m^3$，年生产能力 $100 \times 10^8 m^3$，构成"西气东输"的主力气田，2003 年又发现依拉克气田，预测天然气地质储量 $1002 \times 10^8 m^3$，石油地质储量 $7900 \times 10^4 t$，塔里木有大批可供预探的目标，前途非常光明。鄂尔多斯已探明天然气 $11143 \times 10^8 m^3$，已发现苏里格、靖边等大型气田，靖边气田探明地质储量 $3273 \times 10^8 m^3$，可采储量 $2118 \times 10^8 m^3$，年产量 $42.6 \times 10^8 m^3$，是向北京输气的主力气田。苏里格气田地质储量 $5337 \times 10^8 m^3$ 以上，正进行开发评估工作。鄂尔多斯气区气藏类型属大面积岩性气藏，具有极为广阔的远景区面积，以发现的气田为中心，四面八方均构成有利的远景区，潜力十分巨大。

全国对天然气的远景资源量进行了三次认真的评估，由于勘探程度及地质认识的提高，每次远景资源量都有所增加，见表 1。

表 1 我国三次天然气资源评价结果

年份	天然气远景资源量，$10^{12} m^3$
1987	34
1994	38
2004	53

其中天然气远景资源量大于 $5 \times 10^{12} m^3$ 的盆地有三个，第一是鄂尔多斯盆地，天然气远景资源量 $10.7 \times 10^{12} m^3$，第二是塔里木盆地，为 $8 \times 10^{12} m^3$，第三是四川盆地，为 $7.2 \times 10^{12} m^3$。这些都是在天然气发展的进程中具有重要意义的沉积盆地。综上所述，从天然气资源现状及潜力分析，天然气工业快速发展是可能的。

同时，著名的"西气东输"管线全长 3900km，将于 2004 年全部完工，年输气量 $120 \times 10^8 m^3$，目前该管线东段工程已全部完成，鄂尔多斯盆地的天然气已于 2004 年元旦正式向上海供气。柴达木盆地天然气通过管线已经输往甘肃省兰州市，四川盆地的天然气正在积极施工准备输往湖北省武汉市。同时近期正进一步规划鄂尔多斯天然气输往北京的复线；"西气东输"管线与环渤海湾管线的连接；柴达木盆地的天然气与"西气东输"管线的连接等，当这些基础管线建成并逐步相互连接的时候，必然会刺激中国天然气消费市场的大发展，同时也会进一步促进上游勘探开发的热情。使天然气的发展进一步进入良性循环。

3 中国将广泛地利用国外天然气资源

中国希望进一步优化能源结构，广泛地利用天然气资源是一条重要途径，我国天然气资源比较丰富，但人均占有量较少，随着国民经济日益发展，天然气的消费量将越来越大，产需矛盾将日益突出，必须广泛地利用国外天然气资源作为补充。从我国地理条件来看，对多元化、多渠道利用国外天然气资源是十分有利的，北部与俄罗斯接壤，俄罗斯特别是西西伯利亚和东西伯利亚都拥有世界上最丰富的天然气资源，西部与中亚国家相邻，土库曼斯坦、哈萨克斯坦、乌兹别克斯坦等国也拥有非常丰富的天然气资源，东南沿海与亚太地区遥遥相望，印度尼西亚、马来西亚和澳大利亚等国都拥有丰富的天然气资源，这种市场和资源的互补关系是相互促进的重要因素。

目前，中国、俄罗斯和韩国已从俄罗斯东西伯利亚引进年输量 $300 \times 10^8 \mathrm{m}^3$ 的天然气管道，完成了技术层面的可行性研究，正等待有关方面的审定，我们非常乐意看到这个项目的顺利实施。同时，中国海洋石油总公司已与澳大利亚合作，选定澳大利亚西北大陆架气田，正式签署了 LNG 销售和购买合同，作为广东 LNG 项目一期工程的供应方，这个项目已经启动，第一期工程 LNG 年供应量约为 $300 \times 10^4 \mathrm{t}$，同时福建 LNG 项目也开始建设，至 2010 年，LNG 年总进口量将超过 $1000 \times 10^4 \mathrm{t}$。特别重要的是，LNG 项目利用海运，与我国东南沿海经济发达地区十分靠近，气价与管道气气价相比，非常相近，具有十分强大的竞争力，可以说，我国利用国外天然气已经初步进入实施阶段了。

4 增强合作，相互信任，为天然气供需提供更加安全的空间

东北亚地区油气供需格局很不平衡，相互之间互补性也显而易见。俄罗斯是世界上最大的天然气资源国和生产国，天然气剩余可采储量达 $48 \times 10^{12} \mathrm{m}^3$，年产量达 $6000 \times 10^8 \mathrm{m}^3$，而且亚马尔半岛，东西伯利亚和远东地区还有极为丰富的天然气远景潜力。而中国、韩国、日本有巨大的天然气市场，这是合作的基础。俄罗斯最近公布的《2020 年前的能源发展战略》对开发东西伯利亚和远东地区的天然气做出了宏伟的规划。我们希望俄罗斯作为油气生产大国和出口大国在东北亚地区的能源供应上发挥重大作用。

我们对东北亚地区的天然气合作，持非常积极的态度，希望通过有关国家和企业界的合作推进本地区天然气资源勘探、开发、管道运输和贸易进程。加强合作，相互信任，坚持以"和为贵"的精神，积极与有关国家寻求"双赢"的设想。在此我本人初步有以下几点建议，与大家一起讨论。

（1）在地区合作中，各方探索所有的合作方案都必须充分照顾到消费国、资源国和途经国的切身利益。"公平合理、相互平衡"，这是寻求"双赢"解决方案的基础。

（2）继续加强东北亚地区的天然气合作、交流与对话，"论坛"是一个好的形式。同

时，需建立相应的合作机制和组织，建立合作条法，规范各方行为，促进天然气合作向更高层次发展。

（3）各国应该深入研究跨地区能源合作所涉及的法律法规、政策以及跨国投资与跨国运输的协调机制。这些问题对于本地区各国，特别是中国都是新问题，更需要相互交流，达成共识。

本文原载于《世界石油工业》2004 年第 3 期。

中国油气资源及发展前景

邱中建　方　辉

（中国石油天然气集团公司）

摘要： 本文根据我国三次油气资源评价的结果对我国油气资源潜力的可靠性进行了评估，我国原油的剩余可采储量约为 $24 \times 10^8 t$，比较可靠地还有约 $90 \times 10^8 t$ 原油可采资源量等待进一步探明和利用，天然气剩余可采储量为 $2 \times 10^{12} m^3$ 左右，还有约 $13 \times 10^{12} m^3$ 的天然气可采资源量等待进一步探明和利用。因此，对油气资源潜力的估计比较乐观。简要介绍了中国近期油气勘探新领域的重要进展：（1）大面积岩性地层油气藏的勘探取得了显著的成就；（2）渤海海域浅层发现亿吨级以上的大油田群；（3）西部山前冲断带发现大油气田；（4）在塔里木盆地北部轮南隆起，发现了中国目前最大的奥陶系碳酸盐岩大油田。由于近年来全国天然气储量增长很快，我国大力支持天然气发展，2002 年启动的"西气东输"大型工程东段已经完工并开始输气，预计 2004 年年底全线贯通，"西气东输"还将进一步相互连接构成管网，它将刺激我国天然气的消费和天然气勘探开发的力度，使我国的天然气工业快速发展，预计 2010 年我国的天然气产量可以达到 $800 \times 10^8 m^3$。预计 2015 年前后，新兴的西部产气区加海上产油区的年产量将逐步超过东部主力油区的年产量，使我国原油年产量达到 $2 \times 10^8 t$，而且从稳定增长的趋势来看，很可能就是我国的高峰期年产量。

关键词： 油气资源；突破领域；发展潜力；高峰期年产量

1　对我国油气资源潜力的估计

半个多世纪以来，我国石油工业发展迅速，国内原油年产量由 $12 \times 10^4 t$ 增至 $1.7 \times 10^8 t$，天然气年产量由少量增至 $342 \times 10^8 m^3$。原油探明地质储量由 $0.29 \times 10^8 t$ 增至 $235 \times 10^8 t$，天然气探明地质储量由 $4 \times 10^8 m^3$ 增至 $3.9 \times 10^{12} m^3$（包括溶解气为 $5 \times 10^{12} m^3$）（以上均为 1949—2003 年数量）。

改革开放以来，我国曾三次比较系统地对远景油气资源的潜力进行了评估（表 1），每次都动员了相当数量的有经验的石油地质专家。

表 1　全国远景油气资源评价结果

		第一次 （1987 年完成）	第二次 （1994 年完成）	第三次 （2002 年完成）
原油 $10^8 t$	全国总计	78.7	94	104.1
	陆上	64.3	69.4	81.6
	近海	14.4	24.6	22.5

		第一次 （1987 年完成）	第二次 （1994 年完成）	第三次 （2002 年完成）
天然气 $10^{12}m^3$	全国总计	33.6	38	53
	陆上	30.9	29.9	40
	近海	2.7	8.1	13

注：第一次、第二次资源评价由全国统一组织，第三次由各大油公司自行完成

从表1来看，随着勘探程度的深入，新领域不断地开拓，远景油气资源量的估计是增大的，原油资源量由 $787 \times 10^8 t$ 增至 $1041 \times 10^8 t$，特别是天然气增长幅度很大，由 $33.6 \times 10^{12}m^3$ 增至 $53 \times 10^{12}m^3$。

现在我们来研究一下远景油气资源量评估的可靠性。从我国东部勘探程度较高的盆地和探区来看，例如松辽盆地和渤海湾盆地，目前已探明的原油地质储量已接近远景原油资源量的 50%，经过精细勘探，每年仍获得可观的探明地质储量（包括新地区、新领域、新层系），而且这种趋势相当稳定，估计还会持续很多年，因此，我们认为将原油资源量转化为经济的、商业地质储量的下限定为 60%，是十分有把握的。天然气的勘探程度很低，可参照原油的情况将下限定为 50% 来进行评估。综上所述，用第三次远景油气资源量的评估数字，原油可转化为商业性的资源量的下限为 $625 \times 10^8 t$，天然气为 $26 \times 10^{12}m^3$。

截至 2003 年，我国已探明的累计原油可采储量为 $65.2 \times 10^8 t$，平均采收率为 28%。累计天然气可采储量为 $2.5 \times 10^{12}m^3$（不包括溶解气），平均采收率为 64%。

为了增强商业性油气资源量的可靠性，原油采收率定为 25%。天然气采收率定为 60%，这样全国可采的远景原油资源量 $156 \times 10^8 t$，可采的远景天然气资源量为 $16 \times 10^{12}m^3$。

根据我国 2003 年油气开采状况，原油已累计采出约 $41 \times 10^8 t$，剩余可采储量为 $24 \times 10^8 t$。还有约 $90 \times 10^8 t$ 原油可采资源量等待进一步探明和利用。天然气已累计采出约 $5000 \times 10^8 m^3$，剩余可采储量约 $2 \times 10^{12}m^3$，还有约 $13 \times 10^{12}m^3$ 的天然气可采资源量等待进一步探明和利用（上述天然气资源量未包括煤层气等非常规天然气）。因此，我们对油气资源潜力的估计是十分乐观的。

2 中国近期油气勘探新领域有重要进展

中国近期油气勘探新领域概括起来有以下四大新进展。

2.1 大面积岩性地层油气藏

近年来，大面积岩性地层油气藏勘探，取得了非常重要的进展。在几个勘探程度中等和勘探程度较高的沉积盆地中，岩性油气藏的发现，已经成为储量和产量增长的主要方面，而且发现了大型的油气田，例如鄂尔多斯、松辽、渤海湾等盆地，鄂尔多斯盆地发现

的苏里格大气田，是大型三角洲控制的岩性气藏，探明地质储量为 $5337 \times 10^8 m^3$，面积为 $4805 km^2$，气层厚 $8 \sim 15m$。鄂尔多斯发现的另一个大型油田靖安油田群也是一个由三角洲控制的岩性油藏，由 4 个油田组成，探明地质储量达 $6.8 \times 10^8 t$，油层平均有效厚度一般在 10m 左右。另外，在塔里木盆地、准噶尔盆地和四川盆地也新发现了相当规模的岩性油气藏。因此岩性油气藏很可能是我国今后非常长时期内增储上产的一个重要领域。

2.2 渤海海域浅层构造大油田群

近期在渤海海域新近系浅层明化镇组、馆陶组相继发现南堡 35-2、秦皇岛 32-6、蓬莱 19-3、蓬莱 9-1、蓬莱 25-6、曹妃甸 11-1、曹妃甸 12-1、旅大 27-2 和渤中 25-1 等 9 个大油田。这些浅层油田目的层埋深一般在 $920 \sim 1600m$，9 个油田的储量规模已达 $16.7 \times 10^8 t$，占目前渤海海域石油总储量规模的 69%。其中蓬莱 19-3 油田地质储量达 $6 \times 10^8 t$，为中国海域目前发现的最大油田。这些浅层大油田具有晚期成藏的特点，一般均在新近纪末期至第四纪形成油藏。它们是我国近期原油增产的重点之一。

2.3 西部山前冲断带大油气田

近年来，西部地区山前冲断带油气勘探取得突破性进展，主要有：（1）在塔里木盆地北部库车坳陷天山山前冲断带发现克拉 2 大气田，探明储量 $2840 \times 10^8 m^3$，气层平均厚度 229m，单井日产量一般在 $200 \times 10^4 m^3$ 左右，并继续发现了迪那 1、迪那 2、大北 1 号等气田；（2）酒西盆地祁连山山前冲断带发现青西油田，储量规模近 $1 \times 10^8 t$，油层厚，单井产量高，一般日产可达 200t，含油面积还在继续扩大，沿冲断带还有一批类似的钻探目标。另外，准噶尔盆地南缘天山山前、塔里木盆地西南昆仑山山前、四川盆地西北龙门山山前等山前冲断带，都陆续新发现了油气田和高产油气流井。西部山前冲断带由于地面、地下条件复杂，一直是勘探工作的禁区，近期由于山地地震和复杂地区的深井钻探取得了成功，因此获得油气大发现。西部山前冲断带勘探程度很低，油气远景规模很大，必将是近期勘探工作的热点，并逐步成为油气生产的重要领域。

2.4 大型隆起碳酸盐岩大油田

近年来，在塔里木盆地北部的轮南隆起，发现了以奥陶系碳酸盐岩为主要目的层的轮南—塔河大油田，轮南隆起面积有 $4400km^2$。轮南—塔河油田奥陶系碳酸盐岩目前已知含油面积 $400km^2$，可迅速向四周扩大。储量规模达 $12 \times 10^8 t$，年产量已经达到了 $270 \times 10^4 t$。这个油田高产井很多，但稳产期短，储层条件十分复杂。上述的大型隆起在塔里木盆地发现了很多，如塔中、英买力、塔东隆起等。另外，我国其他沉积盆地，如准噶尔盆地、鄂尔多斯盆地、四川盆地等，也有很多大型隆起和古隆起，应该引起重视。

3 天然气将获得大发展

近年来全国天然气储量增长很快。近 10 年（1994—2003 年）天然气探明地质储量新

增了 $2.84 \times 10^{12} m^3$，是前 40 余年（1949—1993 年）累计探明地质储量 $1.0943 \times 10^{12} m^3$ 的 2.6 倍，累计达到 $3.9 \times 10^{12} m^3$（不包括溶解气）。主要原因是在我国西部新发现了三个大型的天然气区和一个老气区获得了新进展，这三个新的天然气区是塔里木盆地、鄂尔多斯盆地和柴达木盆地，获得新进展的老气区是四川盆地。

这四大气区共同的特征是，都有十分广阔的天然气远景区，勘探程度较低（包括四川气区也有很多新区），发展潜力很大。连续发现了大型气田，如克拉 2 气田、苏里格气田、涩北气田、罗家寨气田等，储量比较集中，部分气区如塔里木储量丰度高，单井产量高，能迅速增加优质高效储量。

我国大力支持天然气的发展，著名的"西气东输"工程项目主管线全长 3900km，管径 1016mm，年输气量 $120 \times 10^8 m^3$，从新疆塔里木盆地直达上海，已于 2002 年正式开工，2003 年该管线东段工程已全部完工，并于 2004 年元旦用鄂尔多斯盆地的天然气正式向上海输气，预计"西气东输"工程于 2004 年年底全部完成，2005 年年初全线正式输气。从更广泛的角度来看，"西气东输"实际上是一个网络，鄂尔多斯的气已经输往北京，年输气量为 $30 \times 10^8 m^3$，现准备建设环形复线，向东进入渤海湾地区，同时北上继续向北京输气。青海柴达木天然气管线建成后已经向东输往甘肃兰州，年输气能力为 $30 \times 10^8 m^3$。四川盆地的天然气正积极施工准备东输湖北及湖南，年输气能力为 $30 \times 10^8 m^3$。江苏境内的"西气东输"管线正筹划北上与渤海湾地区管线相连接等。当这些管线建成并进一步相互连接后，必然会进一步刺激管线沿途各城市及终端城市的工业和民用的天然气消费，同时也更进一步刺激上游天然气勘探开发的力度，形成良性循环，因此，天然气工业的快速发展，将是一个不可避免的事件。预计 2005 年天然气年产量将达 $500 \times 10^8 m^3$，2010 年天然气年产量将达到 $800 \times 10^8 m^3$。

4 对中国原油高峰期年产量的估计

中国 2003 年原油年产量 $1.7 \times 10^8 t$，它的趋势如何？是稳定、上升、还是下降？这是人们非常关心的问题。中国原油产区可分为三大部分，东部产油区、西部产油区、海上产油区，我们可以对这三大油区进行分析和估计。

（1）东部产油区包括松辽、渤海湾、江苏、江汉等盆地，是我国最大的主力油区，也是大庆、胜利、辽河等主要油田的所在地。1992 年原油年产量 $12545 \times 10^4 t$，2002 年原油年产量 $11207 \times 10^4 t$，产量呈下降趋势，10 年来原油年产量降了 $1338 \times 10^4 t$，平均每年下降 $140 \times 10^4 t$ 左右，近年来东部地区普遍加大了岩性油藏的勘探力度，获得了相当数量的储量，但品位较低，只要坚持加强勘探岩性油藏，开辟新领域和中小盆地的勘探，还可以逐步抑制原油的下降，预计到 2010 年，年产量 $9600 \times 10^4 t$；到 2015 年左右，年产量为 $9000 \times 10^4 t$。

（2）西部产油区包括准噶尔、鄂尔多斯、塔里木、吐哈及柴达木等盆地，属新兴油区。原油年产量 1992 年为 $1271 \times 10^4 t$，2002 年为 $3324 \times 10^4 t$，产量呈上升趋势，10 年来原油年产量上升了 $2053 \times 10^4 t$，由于西部近期开拓了很多新领域，如山前冲断带的油气、大型隆起上的油气，及大面积的岩性油气藏等，勘探形势很好，原油储量及产量均将呈显著上升的趋势，预计 2010 年年产量将达到 $5400 \times 10^4 t$，2015 年左右产量将达到 $7000 \times 10^4 t$。

（3）海上产油区包括渤海、南海、北部湾、东海等盆地，属新兴油区。1992 年原油年产量 $387 \times 10^4 t$，2002 年为 $2145 \times 10^4 t$，产量呈上升趋势。10 年来原油年产量上升 $1758 \times 10^4 t$。近期由于在渤海海域发现了一批大型油田，储量大幅度增长，产油量也将快速增长。到 2010 年，年产量将达到 $4000 \times 10^4 t$、到 2015 年左右，年产量将继续保持稳定。

综上所述，我国原油年产量总体来讲呈上升状态，新兴油区产量的比重将日益增大。2015 年前后，西部加海上油区的产量将逐步超过东部主力油区的产量。那时，我国原油年产量将达到 $2 \times 10^8 t$，而且从稳定增长的趋势来看，很可能就是我国的高峰期年产量。

本文原载于《中国—蒙特尔能源圆桌会议主题报告》，2004 年。

对我国油气资源可持续发展的一些看法

邱中建　方　辉

（中国石油天然气集团公司）

摘要： 对我国油气资源可持续发展提出了以下看法：（1）中国原油高峰年产量保持在约 1.8×10^8 t，维持的时间长一些对我国的石油供应安全更有利；（2）大油气田的发现与"难采储量"的发现是长期并存的，因此，在寻找大油气田的同时，也不能放弃对低品位储量的勘探；（3）我国原油开采应长期走有经济效益的"多井低产"道路；（4）对我国今后油气资源远景产生重大影响的是那些知之甚少的新区，如南海南沙海域、青藏高原、南海北部陆坡深水区。

关键词： 中国油气资源；可持续发展；石油供应安全；油气资源远景；南海；青藏高原；深水区

我国国民经济的发展对能源的需求越来越大，其中石油的需求量也逐年增加。从 1993 年开始，我国的原油产量已经满足不了国民经济发展的需要，由石油输出国变成石油进口国，自此以后，我国每年的石油进口量不断攀升，到 2003 年全国原油年产量 1.7×10^8 t，石油净进口量接近 1×10^8 t，对外依存度达到 37%，今后还可能会继续升高，而石油供给的安全性将会变低。如何实现国内油气资源的可持续发展？值得认真研究。

1　中国原油高峰年产量维持的时间是长一点好？还是短一点好？

根据国内大多数专家的研究和分析，在 2020 年前后，国内原油年产量可以保持在 1.8×10^8 t。如果有较大的发现，也有可能达到 2×10^8 t，这很可能就是国内原油的高峰年产量。这个目标的实现与我国东部、西部和近海三大油区 2020 年前产量的变化趋势有关。

据预测，2010 年全国原油年产量 1.8×10^8 t，其中东部 0.9×10^8 t，西部和近海分别 0.54×10^8 t 和 0.36×10^8 t；2015 年全国原油年产量 1.82×10^8 t，其中东部 0.83×10^8 t，西部和近海分别 0.62×10^8 t 和 0.37×10^8 t，2020 年全国原油年产量 1.81×10^8 t，其中东部 0.76×10^8 t，西部和近海分别 0.68×10^8 t 和 0.37×10^8 t。由此可见，新兴的西部油区和近海油区的产量在逐年上升，从而弥补了东部主力老油区产量的逐年递减（图 1），并且使得全国原油年产量略有上升，到 2015—2020 年前后就可以达到 1.8×10^8 t 年产量。另外，由于加大了勘探的力度，石油勘探会有较大的发现，在 2015 年前后，原油年产量上升到 2.0×10^8 t，也是有可能的。

但是有一点可以确定，保持 1.8×10^8 t 高峰期年产量一定比保持 2×10^8 t 高峰期年产量的时间长。保持高峰期的时间是长一点好还是短一点好，这需要研究。从石油的供需缺口来看，据国内大多数专家的研究分析，2020 年国内石油年消费量可控制在约 4.5×10^8 t。

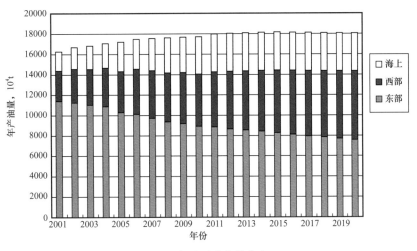

图1 全国石油产量分布

如果节油措施更严格一些，年消费量控制在约 4.0×10^8 t 也是可能的。若 2020 年国内原油年产量按照 1.8×10^8 t 计算，那么我国在 2020 年将进口石油 2.7×10^8 t 或 2.2×10^8 t，对外依存度将达到 60% 或 55%。出于对石油供应的安全性考虑，石油对外依存度不宜过大。很多专家认为，石油对外依存度不宜超过 60%。但我国石油的年消费量在 2020 年以后还会继续攀升，根据发达国家的经验判断，至少在 2040 年前后达到年消费量的高峰，我国石油消费量的增长才会逐步趋于平缓。由于石油消费量高峰期来得比年产量高峰期晚，两者不同步，如果石油高峰期年产量持续的时间过短，那么石油对外依存度将会越来越大，这样将危及我国石油供给的安全，所以石油高峰期年产量持续的时间应尽量靠近高峰期年消费量出现的时间，尽可能地降低石油对外依存度。因此，我国石油高峰期年产量来得晚一点，高峰值平一点，持续的时间长一点更为有利。

2 大油气田的发现与"难采储量"的发现是长期并存的

大庆式超巨型油田在世界范围内也不很多，我国能否找到大庆式的大油田目前难以作准确的估计。但是我国近期确实发现了不少大油田、大气田，如渤海海域的蓬莱 19-3 油田，地质储量 6×10^8 t，探明储量为 4.4×10^8 t；鄂尔多斯盆地的西峰油田，地质储量 4.3×10^8 t，探明储量 1.1×10^8 t；苏里格气田，探明储量 5337×10^8 m³；塔里木盆地的塔河—轮南油田，地质储量 12×10^8 t，探明储量 3.8×10^8 t，克拉 2 气田，探明储量 2840×10^8 m³。只要加大新区、新领域、新层系的勘探力度，从全国范围来看，今后将会继续发现大油田和大气田，或大油气田群。

但是从另外一个角度来看，由于勘探对象的地质情况越来越复杂，我国以后发现的"难采储量"将越来越多。截至 2003 年年底，我国探明石油地质储量 235×10^8 t，其中未动用储量 54.8×10^8 t，而未动用难采储量 47.4×10^8 t，占总地质储量的 20%。经研究核实的难采储量 36.1×10^8 t。这些储量的开采难度大、成本高，其经济性往往受制于油价的高

第一部分 学术论文

低，对油价的波动非常敏感。如果油价从 18 美元 /bbl 增至 28 美元 /bbl，那么大部分难采储量都可以动用。由于难采储量开采成本高，大型国有石油公司动用它们的积极性往往不高。如果改变经营方式，缩小经营单位，采用股份制，由国有石油公司控股，精打细算，那么大部分难采储量也可以动用，这种经营方式在我国某些地方已经存在，而且可以盈利。如果加大科技攻关的力度，降低难采储量开发的成本，那么难采储量也会被动用。

鉴于我国的地质特征，不得不面对大油气田的发现与难采储量的发现长期并存的现实，因此，我国在全心全意寻找大油气田的同时，也不能放弃对低品位储量的勘探。

3 我国长期要走的是"少井高产"的路？还是"多井低产"的路？

"少井高产"的开采方式，其成本低，效益高，是每个石油勘探和开发工作者及每个石油公司追求的目标。但实际上，目前在世界上相当一部分国家的一部分油区，特别是一些开采历史悠久的油区，走的都是"多井低产"的道路。从我国的国情出发，人均占有资源量很少，石油地质条件复杂，储层性质较差，因此，走"多井低产"的路是不可避免的。

那么"多井低产"的开采方式是否具有经济效益呢？先来分析一下美国的情况。美国的石油工业从 1859 年在宾夕法尼亚州钻第一口油井开始，至今已有 145 年的历史。截至 2003 年年底，已累积采出石油 258×10^8 t。美国一直走的是"多井低产"的路，年产量达到 1×10^8 t 时有 29 万口油井，年产量达到 3×10^8 t 时有 47.5 万口油井[1]，平均单井日产量约 1.7t。1970 年产量达到高峰 4.8×10^8 t 时有 53.1 万口油井，平均单井日产量 2.49t；1985 年油井数达到高峰，为 64.7 万口，年产量 4.5×10^8 t，平均单井日产量为 1.9t。截至 2005 年，年产量约 2.9×10^8 t，油井数约 53 万口，平均单井日产量约 1.5t（图 2）。美国在 1945—2001 年平均单井日产量一直保持在 1.5～2.5t；1970—1973 年期间，年产量达到高峰，平均单井日产量保持在 2.5t 左右；1998～2001 年平均单井日产量保持在 1.5t 左右[1-2]。其中，日产量小于 0.5t 的油井数占总油井数的 65%～77%，产量占总产油量的 12%～22%（图 3）。以 1991 年为例，全美有日产量低于 0.5t 的油井 4213 万口，占油井总数的 76.3%。

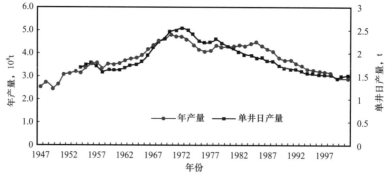

图 2 美国石油年产量与平均单井日产量变化图

这些井年产油量 4293×10^4 t，占美国年总产油量的 14.6%[1]。虽然美国的平均单井日产量保持在较低的水平，但是美国上游的石油工业仍具有经济效益，说明"多井低产"的开采方式是可行的。有经济效益的"多井低产"的开采方式实质上是技术进步、管理实用、利用油气资源能力加强的表现。

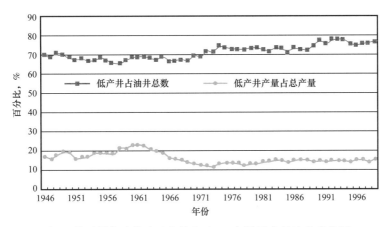

图 3 美国低产油井（日产量小于 0.5t）数及产量比重变化图

我国自从 1959 年发现大庆油田之后，平均单井日产量逐步上升，1957 年为 5.3t，1970 年上升至 15.3t，到 1978 年年产量上亿吨，大庆油田全面开发，任丘油田投入开发，平均单井日产量上升至顶峰 22.2t。此后，单井日产量逐渐下降。1985 年年产量 1.25×10^8 t，平均单井日产量 14.8t，1990 年年产量 1.38×10^8 t，平均单井日产量 9.6t，1995 年年产量 1.49×10^8 t，平均单井日产量 6.7t，2003 年年产量 1.7×10^8 t，平均单井日产量 4.6t（图 4）。目前，全国一共有 10 万多口产油井，从全国范围来看已经步入了"多井低产"的道路。从现在的状况来看，这条路可能要一直走下去。与美国相比，我国的平均单井日产量为 4.6t，而美国则保持在 1.5t 左右，两者相差 2 倍。宏观而论，这就是我国的盈利空间，只要我们加大科技投入，提高经营管理水平，"多井低产"仍然是一条有经济效益的路。

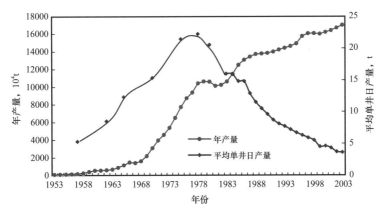

图 4 我国年产量及平均单井日产量变化

1998 年后，单井日产量数据为中石油平均单井日产量

4 新区将对我国今后油气资源远景产生重大影响

近十几年来，通过大量的勘探实践，我国突破了一些原来知之甚少的新地区、新领域，获得了一批相当规模的新发现，对油气资源远景产生了重大影响。这些新发现主要有：（1）大面积岩性地层油气藏；（2）山前冲断带的掩覆背斜油气藏；（3）渤海海域的浅层构造油气藏；（4）大型隆起带上碳酸盐岩古潜山油藏和深层碎屑岩油气藏[3]。每个新领域都有大量的远景区和未知区域，通过大量的勘探工作，将会继续获得新的油气发现。在今后若干年内，这些被突破的新领域会一直成为我国的主要勘探方向，并会获得大量的油气储量。除了这些新突破的领域外，还有一些很少被关注的新区。重点推荐 3 个新区：（1）南海南沙海域；（2）青藏高原；（3）南海北部陆坡深水区，这些地区通过勘探也许又会对我国的油气资源远景产生新的重大影响。

4.1 南海南沙海域

南沙群岛及其附近海域，在我国的传统边界线以内的面积约 80×10^4 km²，水深 60～4400m。分布着各种岛、礁、滩 128 座，其中岛屿 11 个，总面积 1.59km²。周边国家在南沙海域已发现大批油田和气田，并进行了开发。南沙海域共发现 17 个大中型盆地，预测油气远景资源量 320×10^8t，其中万安、曾母、北康等 6 个较大沉积盆地油气远景资源量 235×10^8t，其沉积岩厚度 6000～15000m，以古近系—新近系为主，还有白垩系。烃源岩十分发育，有 2～3 套湖相和海相泥岩，以古近系—新近系为主，生储盖组合良好，发育大批的圈闭构造，油气远景十分良好[4-17]。

4.2 青藏高原

青藏高原是我国一块海拔最高、勘探程度最低的大型沉积区。据统计，大于 10000km² 的沉积盆地有 10 个（图 5），其中最大的沉积盆地有 3 个：羌塘盆地，面积 18×10^4km²；措勤盆地，面积 10×10^4km²；比如盆地，面积 5.3×10^4km²[18]。

羌塘盆地沉积岩厚度很大，主要为中新生代沉积。发育四套主要的烃源岩，均为海相烃源岩。其中三套为侏罗系，一套为三叠系，有碳酸盐岩和泥质岩。碎屑岩储集条件较差，但碳酸盐岩储集条件较好，特别是白云岩和生物碎屑灰岩，生储盖组合条件很好。构造非常发育（图 6），已发现地面构造达数百个，在 64 个面积大于 50km² 的背斜中，大于 300 km² 的有 7 个，长短轴之比为 3.9：1；100～300km² 的有 18 个，长、短轴之比为 4.9：1。大部分地区呈整体隆升，保存较好。羌塘盆地有广泛的油气显示。在二叠系、三叠系、侏罗系、古近系—新近系共见油气显示 190 处。在南羌塘坳陷发现古油藏，储层为白云岩，地面剖面 23 层 183m 全部含油。含油白云岩储层物性很好，其中 6 层 95m，平均孔隙度为 14%，平均渗透率为 63mD[18, 19]。

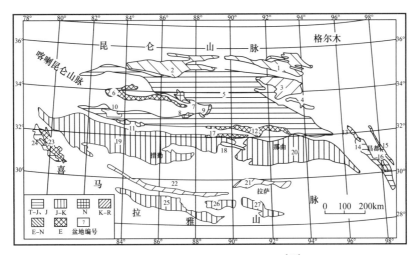

图 5　青藏高原沉积盆地分布图[18]

1—可可西里盆地；2—羊湖盆地；3—沱沱河盆地；4—莫云盆地；5—羌塘盆地；6—戈木错盆地；7—玛尔果茶卡盆地；8—帕度错盆地；9—双湖盆地；10—先遣盆地；11—康托盆地；12—伦北盆地；13—囊谦盆地；14—昌都盆地；15—前进盆地；16—贡觉盆地；17—伦坡拉盆地；18—班戈盆地；19—措勤盆地；20—比如盆地；21—拉萨盆地；22—日喀则盆地；23—波林盆地；24—札达盆地；25—定日—岗巴盆地；26—江孜盆地；27—羊卓雍错盆地

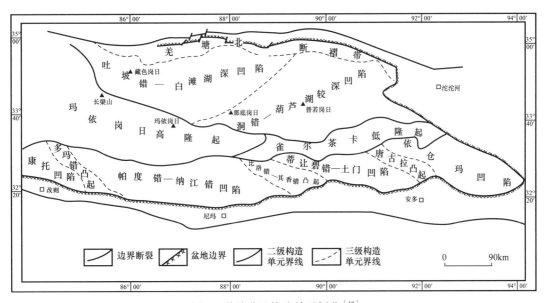

图 6　羌塘盆地构造单元划分[18]

4.3　南海北部陆坡深水区

近 10 年来，全球深水勘探取得了巨大成功，并成为勘探热点。目前在巴西、墨西哥湾、西非、挪威和英国深水区均有很多新的重要发现，其中巴西深水区储量占巴西海域储量的 90%，西非深水区储量占其海域储量的 45%。专家预测，未来新增储量的 40% 将来自深水区[20]。我国南海北部陆坡深水区，即东沙隆起、神狐暗沙隆起及琼东南盆地并向东南方向延伸的深水广大海域，水深一般大于 10000m，具有十分良好的油气勘探前景。

该深水区地层的沉积厚度很大，例如珠江口盆地的白云凹陷，琼东南盆地的乐东，陵水等凹陷，古近系—新近系厚度超过 10000m。烃源岩极为丰富，主要为早期裂陷充填的规模巨大的湖相烃源岩，是浅水陆架区的 3～4 倍。南海北部陆坡发育了大量的低位扇、盆底扇以及相当数量的构造圈闭，是重要的勘探目标[21]。另外，据初步调查该地区发现有厚度很大、广泛分布的海相中生代沉积，很值得注意。

目前，南海北部陆坡深水区勘探程度很低，我们应加大工作力度，争取早日获得突破。

以上三个新区，石油地质条件较好，但自然条件十分恶劣，应创造条件，加大这些地区的勘探力度，争取有重要的发现，为我国油气资源可持续发展作出贡献。

参 考 文 献

［1］查全衡.美国开发国内石油资源的若干做法［J］.世界石油工业，2004，11（3）：42-45.

［2］查全衡，何文渊.试论"低品位"油气资源［J］.石油勘探与开发，2003，30（6）：5-7.

［3］邱中建，康竹林，何文渊.从近期发现的油气新领域展望中国油气勘探发展前景［J］.石油学报，2002，23（4）：1-6.

［4］钱光华，樊开意.万安盆地地质构造及演化特征［J］.中国海上油气（地质），1997，11（2）：73-79.

［5］王嘹亮，刘振湖，吴进民，等.万安盆地沉积发育史及其与油气生储盖层的关系［J］.中国海上油气（地质），1996，10（3）：144-152.

［6］樊开意，钱光华.南沙海域新生代地层划分与对比［J］.中国海上油气（地质），1998，12（6）：370-376.

［7］高红芳，白志琳，郭依群.南海西部中建南盆地新生代沉积相及古地理演化［J］.中国海上油气（地质），2000，14（6）：411-416.

［8］刘振湖.南海万安盆地油气充载系统特征［J］.中国海上油气（地质），2000，14（5）：339-344.

［9］刘振湖，吴进民.南海万安盆地油气地质特征［J］.中国海上油气（地质），1997，11（3）：153-160.

［10］王嘹亮，吴能友，周祖翼，陈强.南海西南部北康盆地新生代沉积演化史［J］.中国地质，2002，29（1）：96-102.

［11］张抗.南沙海域的沉积盆地和油气远景［J］.中国地质，1996，23（4）：18-19.

［12］杨木壮，陈强.南沙海域石油地质概况［J］.海洋地质动态，1995（11）：5-7.

［13］刘伯土，陈长胜.南沙海域万安盆地新生界含油气系统分析［J］.石油实验地质，2002，24（2）：110-114.

［14］姚永坚，姜玉坤，曾祥辉.南沙海域新生代构造运动特征［J］.中国海上油气（地质），2002，16（2）：113-117.

［15］白志琳，王后金，高红芳，等.南沙海域主要沉积盆地局部构造特征及组合样式研究［J］.石油物探，2004，43（1）：41-48.

［16］金庆焕，刘宝明.南沙万安盆地油气分布特征［J］.石油实验地质，1997，19（3）：234-260.

［17］刘宝明，金庆焕.南沙西南海域万安盆地油气地质条件及其油气分布特征［J］.世界地质，1996，

15（4）：35-41.

[18]高瑞祺，赵政璋.中国油气新区勘探（第六卷）：青藏高原石油地质［M］.北京：石油工业出版社，2001.

[19]潘继平，金之钧.中国油气资源潜力及勘探战略［J］.石油学报，2004，25（2）：1-6.

[20]陈长民，庞雄.珠江口盆地深水区低水位扇及其勘探潜力［M］//21世纪中国暨国际油气勘探展望.北京：中国石化出版社，2003：385-387.

[21]董伟良.中国海洋石油勘探形势、重大发现和未来勘探领域［A］//21世纪中国暨国际油气勘探展望.北京：中国石化出版社，2003：385-387.

本文原载于《石油学报》2005年第2期。

第一部分

学术论文

中国天然气产量发展趋势与多元化供应分析

邱中建[1]   方 辉[2]

（1.中国工程院；2.中国石油天然气集团公司）

摘要：20世纪90年代以来，中国逐渐形成了六大产气区，推动了天然气产量和储量的快速增长。通过与美国的对比认为：2030年左右中国天然气产量将达到 $2000 \times 10^8 m^3$，进入产气高峰期，天然气高峰期年产量将超过原油高峰期年产量；2035年左右天然气产量将达到 $2500 \times 10^8 m^3$；预计到2050年，天然气年产量仍将保持在约 $2500 \times 10^8 m^3$。随着"西气东输"等管线的建成投产，天然气下游市场快速发育，天然气需求量迅猛增长，不久将会出现供需缺口。为了满足国内天然气需求，中国应抓住机遇，充分利用国内、国外两个市场，积极从国外引进管输气和液化天然气，迅速走天然气多元化供应的道路。实行多元化供应后，预计天然气年供应量的高峰值有可能达到 $4000 \times 10^8 m^3$，有益于改善中国的能源消费结构。面对当前迅速增加的天然气需求，应同时大力加强国内天然气勘探，迅速增加优质储量。从长远来看，中国低品位天然气资源丰富，应加强勘探并逐步开发利用。2020年以后，中国油气总产量将保持稳定，并略有增长。

关键词：中国；天然气；年产量；高峰期；国际贸易；多元化供应；资源量；储量预测

2004年以来，国际原油价格居高不下，而天然气价格比原油低，因此世界各国都加快了开发利用天然气的步伐，以期替代部分石油。中国作为发展中国家，能源需求量不断攀升，大力发展天然气工业势在必行。

1 近期中国天然气产量快速增长

中国天然气从产量发展历程来看，主要经历了两个阶段（图1）。第一阶段为起步阶段，从1949—1995年天然气年产量由 $11173 \times 10^4 m^3$ 增至 $174 \times 10^8 m^3$，年均增长 $3.8 \times 10^8 m^3$，产量增长缓慢。46年间累计探明天然气地质储量 $1.43 \times 10^{12} m^3$，年均增长 $305 \times 10^8 m^3$，储量增长较慢。第二阶段为快速发展阶段，从1995—2004年天然气年产量由 $1743 \times 10^8 m^3$ 增长到 $408 \times 10^8 m^3$，9年间增长了 $234 \times 10^8 m^3$，超过了1995年前46年的增量，年均增长 $26 \times 10^8 m^3$，产量快速增长。其间累计探明地质储量 $3 \times 10^{12} m^3$，年均增长 $3348 \times 10^8 m^3$，储量增长迅速。

近期我国天然气产量和储量快速增长的重要基础是六大气区的形成和发展。20世纪90年代以来，陆上形成了三个新气区：塔里木盆地、鄂尔多斯盆地及柴达木盆地；一个老气区获得了新发展，即四川盆地。近海形成了两大气区：莺歌海—琼东南盆地、东海盆地。六大气区天然气可采资源量为 $92850 \times 10^8 m^3$，占全国可采资源量的66%。截至2004年年底，六大气区累计探明天然气可采储量 $24266 \times 10^8 m^3$（不含溶解气），占全国探明可采储量的 88%；可采资源探明率为 26.1%，剩余可采储量为 $21144 \times 10^8 m^3$，占全国剩余可采储量的 89%（表 1）。

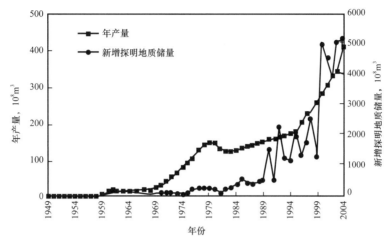

图 1　中国天然气年产量及新增探明地质储量变化趋势示意图

表 1　中国六大气区天然气资源量和储量

气区	探明可采资源量[1] $10^8 m^3$	累计探明可采储量[1] $10^8 m^3$	剩余可采储量[1] $10^8 m^3$	可采资源探明率，%
塔里木	21600	4661	4543	21.6
鄂尔多斯	24000	8822	8583	36.8
柴达木	6500	1579	1530	24.3
四川	22750	6707	4314	29.5
莺歌海—琼东南	10800	1869	1567	17.3
东海	7200	628	607	8.7
合计	92850	24266	21144	26.1

注：数据截至 2004 年年底。

2　对中国天然气高峰年产量的估计

研究表明，2010 年前后中国原油年产量将达到 $1.8 \times 10^8 t$，这很可能就是高峰期年产量，标志着原油生产进入高峰期。如果还有较大的发现，高峰产量也可能达到 $2 \times 10^8 t$ [2]。那么中国天然气产量何时达到高峰，高峰期年产量作何估计？对此，有关学者的看法存在着差别。要比较合理地回答这个问题需要认真研究。

现通过对美国和中国天然气情况进行对比来加以分析。

2.1 美国天然气产量变化趋势

美国天然气的商业应用 1821 年始于纽约弗洛德尼亚地区[3]，但美国天然气产量的系统资料仅能追溯到 20 世纪 20 年代初[4]。笔者分析了 1920—2004 年来美国天然气年产量的变化[5-9]，共有 3 个阶段（图 2），目前仍处于高峰期，还未进入递减期。

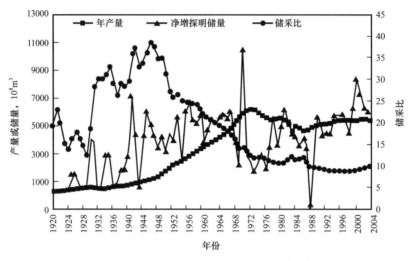

图 2　美国天然气年产量变化趋势图[5-9]

2.1.1　起步阶段

1920—1944 年，天然气年产量从 $227 \times 10^8 m^3$ 增长到 $1040 \times 10^8 m^3$，24 年间增长了 $813 \times 10^8 m^3$，年均增长 $3 \times 10^8 m^3$，产量增长缓慢。其间净增探明可采储量 $4.4 \times 10^{12} m^3$，年均净增 $1744 \times 10^8 m^3$。此阶段由于美国的天然气管网没有建成，市场不发育，天然气年产量长期低于 $1000 \times 10^8 m^3$，储采比总体上呈上升趋势，从 1920 年的 19：1 增至 1944 年的 33：1。

2.1.2　快速发展阶段

1944—1967 年，年产量从 $1040 \times 10^8 m^3$ 增长到 $4923 \times 10^8 m^3$，23 年间增长了 $3883 \times 10^8 m^3$，年均增长 $169 \times 10^8 m^3$，天然气产量快速增长。其间净增探明可采储量 $11.3 \times 10^{12} m^3$，年均净增 $4902 \times 10^8 m^3$，储量增长迅速。但天然气储采比迅速下降，1946 年达到最高值 38：1，而后持续下降，1951 年开始下降至 27：1，1967 年降至 17：1。这是由于 1945 年以后，美国各州之间的管线相互连接形成完善的管网系统，天然气市场快速成长[8]，促使天然气产量大幅增加和储采比降低。

2.1.3　高峰期

1968 年美国的天然气产量达到 $5237 \times 10^8 m^3$，首次突破 $5000 \times 10^8 m^3$，标志着天然气工业发展进入高峰期。1968—2004 年间，天然气年产量总体上保持在（$5000 \sim 6000$）$\times 10^8 m^3$ 之间，1973 年产量达到顶峰，为 $6154 \times 10^8 m^3$。累计净增探明可采储量

$16.2 \times 10^{12} m^3$，年均净增 $4511 \times 10^8 m^3$，储量增长较快。此阶段天然气发展有如下几个特点。

（1）美国的天然气年产量和原油年产量几乎同步进入发展的高峰期（图3）。美国原油年产量在 1966 年突破 $4 \times 10^8 t$，天然气年产量在 1968 年突破 $5000 \times 10^8 m^3$，进入高峰期。

（2）高峰期天然气的年产量比原油高。石油年产量在 1970 年达到最高值 $4.8 \times 10^8 t$，天然气年产量在 1973 年达到最高值 $6154 \times 10^8 m^3$，相当于 $5.8 \times 10^8 t$ 原油。

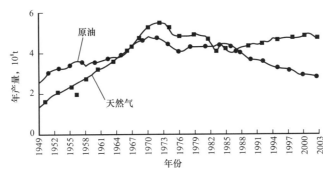

图3　美国天然气和原油产量比较图

（3）美国的天然气产量到现在一直处于高峰期，持续了 37 年，而原油产量高峰期只持续了 23 年，因此天然气产量高峰持续的时间应比原油长（图3）。据预测，美国天然气高峰期产量可能还将持续较长时间。但储采比较低，一般为 $10 : 1$ 左右。

（4）1983—1989 年，由于勘探及生产增长受抑制，随着原油价格下降[10]，天然气年产量略有下降，降至 $5000 \times 10^8 m^3$ 以下，停留在（4557～4946）$\times 10^8 m^3$。1988—1994 年，美国颁布了一系列的能源政策，使天然气市场发生了引人注目的变化，此间，天然气年产量增加了 10%[11]。

2.2　对中国天然气产量变化趋势的估计

与美国天然气发展历程相类比，中国天然气正处于快速发展阶段。预计中国油气发展的特征应与美国类似，天然气高峰年产量有可能超过原油高峰年产量且高峰期持续时间较长。原因如下。

（1）根据全国第二次资源评价结果，中国的石油可采资源量 $150 \times 10^8 t$，天然气可采资源量 $14 \times 10^{12} m^3$，相当于 $125 \times 10^8 t$ 原油，略小于石油可采资源量。美国的石油可采资源量 $496 \times 10^8 t$，天然气可采资源量为 $54 \times 10^{12} m^3$[12-13]，相当于 $436 \times 10^8 t$ 原油[13]，比估计的石油可采资源量低 $60 \times 10^8 t$。但美国一直持续到 2003 年原油年产量 $2.86 \times 10^8 t$，天然气年产量 $5770 \times 10^8 m^3$，是原油产量的 1.8 倍。近期，研究人员对我国天然气可采资源量又做了评估，预计在 $20 \times 10^{12} m^3$ 以上。这样，中国天然气高峰年产量超过石油高峰年产量既具有物质基础，也具有可能性。

（2）中国是世界上煤炭资源最丰富的国家之一，主要分布于华北地区及鄂尔多斯、准噶尔、吐哈、塔里木等盆地[14]。煤系烃源岩主要属于腐殖型有机质类型，以生气为主。目前中国已探明的天然气储量中，煤成气占 54%。俄罗斯目前天然气总储量的约 75% 是煤成气。中国的煤成气储量比重不断增长[15]，这意味着还可探明更多的天然气储量。

（3）近 20 年非常规气已成为美国天然气供应的巨大来源，并且在将来会越来越重要。以 2003 年为例，美国致密砂岩气年产量达到 $1300 \times 10^8 m^3$，煤层气达到 $453 \times 10^8 m^3$，页岩气达到 $170 \times 10^8 m^3$，三者之和为 $1923 \times 10^8 m^3$，是美国天然气年产量（$5770 \times 10^8 m^3$）的 33%，而且这种趋势还将迅速增强。我国的四川、鄂尔多斯和塔里木等盆地均分布着丰富的致密砂岩气，目前动用程度极低，随着科技进步，中国的致密砂岩气资源将会得到有效利用，对天然气产量持续增长做出贡献。

（4）中国的煤层气也相当丰富。据最新预测结果，中国煤田埋深小于 2000m 的范围内，拥有的煤层气地质资源量为 $31 \times 10^{12} m^3$（褐煤未包括在内），略低于中国陆上常规天然气地质资源量；若将褐煤中的煤层气也计算在内，数量则更加可观[16]。截至 2004 年年底，中国累计煤层气探明地质储量为 $1023 \times 10^8 m^3$，可采储量为 $470 \times 10^8 m^3$，现正进行试生产。

（5）通过对世界上 2003 年产量超过 $1000 \times 10^8 m^3$ 盛产天然气的 5 个国家统计，这些国家的天然气产量均大于或略低于该国当年原油的年产量。俄罗斯发现了一批大气田，天然气可采储量居世界首位，天然气年产量大于原油年产量是合理的。荷兰发现了大气田，原油产量很低，天然气年产量大于原油年产量也合乎逻辑。但美国和加拿大与中国的条件比较类似，其天然气年产量都大幅度地大于原油年产量。美国的情况前面已述。加拿大天然气年产量为 $2004 \times 10^8 m^3$，相当于 $1.78 \times 10^8 t$ 原油，而原油年产量为 $1.11 \times 10^8 t$。这种规律值得我们重视。许多专家对中国天然气年产量的发展趋势都做过估计。但预测的范围大多在 2020 年以前（表 2）。

表 2　有关学者对中国未来天然气年产量的预测表

预测学者	预测年份	预测天然气年产量，$10^8 m^3$				
		2005 年	2010 年	2015 年	2020 年	2050 年
张抗[17]	1994				842.29	3642.06
赵复兴[18]	1996		500～600		700～1000	
万吉业等[19]	1997		800		1000	
甄鹏，钱凯等[19]	1997		717.5～832.5		946～1270.4	
周凤起[19]	1999		700～750		1000～1500	
贾文瑞，徐青，王燕灵等[20]	1999	500	710			
甄鹏，李景明，李东旭等[21]	1999		660～770		1000	
戴金星[22]	1999	500		1000		
马新华，钱凯，魏国齐等[23]	1999		700～800		1000～1200	

预测学者	预测年份	预测天然气年产量，$10^8 m^3$				
		2005 年	2010 年	2015 年	2020 年	2050 年
戴金星[24]	2000		700～800		1200～1300	
周凤起[25]	2001			1800～2000	1800～2000	
张抗[26]	2001	500	720	960	1100	
张抗，周总瑛，周庆凡[19]	2002	450～510	700～740	920	1050	
周玉琦，易荣龙，舒文培等[27]	2003		1000	1000		
赵贤正，李景明，李东旭[28]	2004	500～550	800～900	1000～1200	1300～1500	

绝大多数学者认为，2005 年中国天然气产量将达到 $500 \times 10^8 m^3$，中国将进入产气大国行列[29]。大多数学者还认为 2010 年中国天然气产量将不低于 $700 \times 10^8 m^3$，最高在（800～900）$\times 10^8 m^3$ 之间，2020 年将不低于 $1000 \times 10^8 m^3$，最高可达 $1500 \times 10^8 m^3$。据笔者分析，2010 年天然气产量达到 $800 \times 10^8 m^3$ 是很有可能的，2020 年比较有把握的年产量将达到 $1200 \times 10^8 m^3$，乐观估计可能会达到 $1500 \times 10^8 m^3$。中国天然气的发展比石油落后 20～25 年，若石油产量在 2010 年进入高峰期，年产量达到 $1.8 \times 10^8 t$，那么，预计天然气产量在 2030 年左右进入高峰期，2030 年产量将达到 $2000 \times 10^8 m^3$。2035 年将达到天然气高峰年产量，在 $2500 \times 10^8 m^3$ 左右。预计 2050 年仍将处于高峰期，产量持续保持在 $2500 \times 10^8 m^3$ 左右。

3 中国天然气发展应快速走多元化供应的道路

中国经历了从石油进口国变成出口国，1993 年又成为进口国这么一段曲折的过程。中国天然气工业的发展理应走另外一条道路；应充分利用国内和国外两种资源、两个市场，走多元化供应的道路。

3.1 中国天然气多元化供应具有地理优势

中国引进国外天然气具有得天独厚的地理优势，其四周分布着 LNG 主要出口国和天然气生产大国。北面与俄罗斯接壤，截至 2004 年年底，俄罗斯的天然气剩余可采储量为 $47.6 \times 10^{12} m^3$，产量为 $6074 \times 10^8 m^3$，居世界首位。西面与土库曼斯坦、乌兹别克斯坦、哈萨克斯坦等中亚国家相邻，它们也具有丰富的天然气资源，如其中的土库曼斯坦的剩余可采储量为 $2.86 \times 10^{12} m^3$，2003 年产量为 $592 \times 10^8 m^3$，出口天然气 $434 \times 10^8 m^3$[30]。东南沿海与印度尼西亚、马来西亚和澳大利亚等 LNG 出口国遥遥相望。其中印度尼西亚是目前世界上最大的 LNG 出口国，剩余可采储量为 $2.56 \times 10^{12} m^3$，2003 年出口 LNG 达 $2547 \times 10^4 t$，折合天然气 $357 \times 10^8 m^3$；马来西亚是世界上第三大 LNG 出口国，剩余可采

储量为 $2.1 \times 10^{12}m^3$，2003 年出口 LNG1670×10^4t，折合天然气 $234 \times 10^8 m^3$。中东是出口 LNG 的主要地区之一，当前生产国包括卡塔尔、阿曼和阿联酋等。其中卡塔尔是世界第四大 LNG 出口国，剩余可采储量最近有较大幅度增长，为 $25.8 \times 10^{12}m^3$，2003 年出口 LNG1371×10^4t，折合天然气 $192 \times 10^8 m^3$；伊朗天然气剩余可采储量仅次于俄罗斯，达 $26.6 \times 10^{12}m^3$，具有很大的 LNG 出口潜力。

中国应充分利用如此优越的地理位置，迅速走天然气多元化供应的道路。从俄罗斯、土库曼斯坦、乌兹别克斯坦等国引进管道天然气，形成更广泛的"西气东输"和"北气南送"。同时还要从印度尼西亚、马来西亚、澳大利亚等国引进 LNG，特别要大力从中东国家引进 LNG。

3.2　中国天然气供应多元化以后，高峰年供应量有可能超过 $4000 \times 10^8 m^3$

2030 年以后中国天然气高峰年产量将达到约 $2500 \times 10^8 m^3$。如果能从国外进口 LNG 约 7000×10^4t，相当于约 $900 \times 10^8 m^3$ 天然气，再进口管道气 $600 \times 10^8 m^3$ 左右。届时中国的天然气供应量有可能超过 $4000 \times 10^8 m^3$，接近一次能源消费比重的 15%。这将大大改善中国的能源消费结构，减少环境污染。

4　几点设想

4.1　大力加强天然气勘探，迅速增加优质储量

随着"西气东输"等长输管线的建成投产，中国天然气下游市场迅速发育成长，天然气需求量快速增长。2004 年年底至 2005 年年初，北京等城市出现了"气荒"现象，一些地区天然气供应告急。"西气东输"管线的设计年输气量为 $120 \times 10^8 m^3$，但刚刚正式输气不久，增量迅速的下游市场就要求将年输气量尽快增至 $180 \times 10^8 m^3$，增加 50%，而且修建复线的呼声也被提上议程。这些现象说明，天然气市场的需求量越来越大，给上游天然气供应能力造成了较大的压力。为了缓解供需矛盾，生产企业应大力加强天然气勘探，寻找具有一定规模的大场面，力争在短期内迅速增加优质储量。陆地上塔里木盆地、四川盆地、鄂尔多斯盆地、柴达木盆地四大气区都有可能获得优质储量，另外，准噶尔盆地和松辽盆地也有可能获得优质储量。特别是其中的塔里木盆地及四川盆地，要加大力度，尽快形成一些"战役性"场面，尽快获得一批较大规模的优质储量。

4.2　中国低品位天然气资源丰富，要摸清家底，逐步开发利用

中国天然气地质条件十分复杂，储层非均质性较强。低渗、特低渗储层占相当大的比例，因此，天然气低品位资源丰富，约占全国总资源量的 45%。面对这种形势，在大力寻找优质储量的同时，还不能忽视低品位储量，应研究其分布规律，摸清家底，加大科技攻关力度，有效益地动用低品位储量，逐步将其开发利用。

4.3 2020年以后中国油气总产量将保持稳定并略有增长

如前所述，中国的原油和天然气年产量进入高峰期时间不一致，天然气要比原油晚20～25年。因此，在2020年前中国油气总产量将持续增长。预计2020年中国油气总产量将突破$3×10^8$t油当量，达到$3.1×10^8$t油当量。2030年和2040年中国油气总产量预计将分别达到$3.6×10^8$和$3.7×10^8$t油当量。由此可见，在2020年以后的相当长时期内，中国油气总产量将稳定在$3×10^8$t油当量以上，并略有增长。

参 考 文 献

[1]李景明，李剑，谢增业，等.中国天然气资源研究[J].石油勘探与开发，2005，32（2）：15-18.

[2]邱中建，方辉.对我国油气资源可持续发展的一些看法[J].石油学报，2005，26（2）：1-5.

[3]天然气利用的历史.http://www.lng.com.cn/lngcs.htm.

[4]高寿柏.国外天然气市场发展给我们的启示[J].国际石油经济，1999，7（4）：1-6.

[5]王才良.世界石油工业百年风云（之一）[J].国际石油经济，2000，8（1）：51-53.

[6]王才良.从20世纪的发展看世界石油工业的趋势和动向（上）[J].国际石油经济，2001，9（4）：35-38.

[7]于民.美国石油供需情况的演变及其对我国的启示[J].国际石油经济，1997，5（1）：12-17.

[8]Energy Information Administration. U S Crude Oil, Natural Gas, and Natural Gas Liquids Reserves 2003 Annual Report. DOE/ EIA－0216（2003），November 2004.

[9]Energy Information Administration. Annual Energy Review 2003，DOE/EIA-0384（2003），November，2004.

[10]胡国埏.国外天然气概况[J].中国氯碱，2000，（11）：9-15.

[11]美国天然气工业政策.http：//www.lng.com.cn/ckzl6.htm.

[12]周庆凡.美国地质调查所新一轮世界油气资源评价[J].海洋石油，2001，107：1-7.

[13]U S Geological Survey World Energy Assessment Team. U S Geological Survey World Petroleum Assessment 2000－Description and Results. http：// energy. cr. usgs.gov/.

[14]杜尚明，胡光灿，李景明，等.天然气资源勘探[M].北京：石油工业出版社，2004.

[15]戴金星，夏新宇，卫延召.中国天然气资源及前景分析[J].石油与天然气地质，2001，22（1）：1-8.

[16]宋岩，张新民.煤层气成藏机制及经济开采理论基础[M].北京：科学出版社，2005.

[17]张抗.我国未来油气产储量预测[M].国际石油经济，1994，2（1）：18-22.

[18]赵复兴.中国油气资源现状及21世纪初期展望[J].国际石油经济，1996，4（6）：1-5.

[19]张抗，周总瑛，周庆凡.中国石油天然气发展战略[M].北京：地质出版社\石油工业出版社\中国石化出版社，2002.

[20]贾文瑞，徐青，王燕灵，等.1996—2010年中国石油工业发展战略[M].北京：石油工业出版社，1999.

[21]甄鹏，李景明，李东旭，等.中国天然气工业的现状与发展展望[J].天然气工业，1999，19（4）：88-89.

[22]戴金星.我国天然气资源及其前景[J].天然气工业，1999，19（1）：3-6.

［23］马新华，钱凯，魏国齐，等．关于21世纪初叶中国天然气勘探方向的初步认识［J］．石油勘探与开发，2000，27（3）：1-4．

［24］戴金星．中国天然气工业的开发前景——跨世纪的中国石油天然气产业［M］．北京：中国社会科学出版社，2000．

［25］周凤起．中国石油供需展望及对策建议［J］．国际石油经济，2001，8（5）：5-8

［26］张抗．21世纪初期中国天然气工业发展框架［J］．国际石油经济，2001，9（7）：27-30．

［27］周玉琦，易荣龙，舒文培，等．未来中国的油气资源前景探讨［J］．石油实验地质，2003，25（3）：227-234．

［28］赵贤正，李景明，李东旭，等．中国天然气资源潜力及供需趋势［J］．天然气工业，2004，24（3）：1-4．

［29］戴金星．中国从贫气国正迈向产气大国［J］．石油勘探与开发，2005，32（1）：1-5．

［30］陈怀龙．土库曼斯坦油气发展前景［J］．国际石油经济，2005，13（5）：52-55．

本文原载于《天然气工业》2005年第8期。

中国油气资源可持续发展的分析

邱中建　方　辉

（中国石油天然气集团公司）

摘要： 1991 年以来我国石油消费快速增长，必须通过各种措施，尽最大努力把 2020 年石油消费量控制在 4.5×10^8t 以内。国内石油必须长期持续稳定生产，预计在 2010 年前后，我国原油年产量将进入高峰期，达到（$1.8 \sim 2$）$\times 10^8$t，维持到 2020 年以后比较有把握。近年来，天然气工业发展迅猛，预计到 2010 年和 2020 年，天然气年产量将分别达到 800×10^8m³ 和 1200×10^8m³，加上进口的管道气和液化天然气，可以逐步改善能源结构。要实现这三大目标，保障油气资源可持续发展，就应该大力发展科学技术。

关键词： 中国；油气资源；可持续发展；科学技术

新中国成立以来，我国石油工业取得了很大成就，原油年产量从建国初期的 12×10^4t 增长到 2005 年的 1.81×10^8t，为国民经济和社会发展做出了重要贡献。但是随着国民经济的持续快速发展，能源特别是石油供需矛盾日益明显。如何保证油气资源的长期稳定供给和可持续发展，成为全社会十分关注的课题。

1　石油需求快速增长，必须尽最大努力把 2020 年石油消费量控制在 4.5×10^8t 以内

改革开放以来，我国石油消费大体经历了两个阶段：1978—1990 年，石油消费处于平稳增长阶段。消费量从 1978 年的 9092×10^4t 增长到 1990 年的 11486×10^4t，年均增长 199×10^4t，年均递增 2.0%。1991 年以来，随着我国国民经济的持续快速发展，石油消费进入快速增长阶段，2005 年为 3.18×10^8t，年均增长 1354×10^4t，年均递增 7.1%，如图 1 所示。

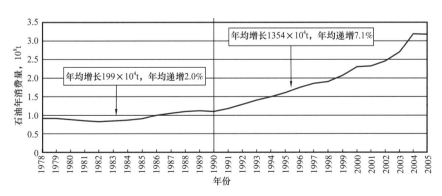

图 1　1978—2005 年中国石油消费发展趋势图

2020 年以前，我国仍处于新一轮经济发展增长周期的上升阶段，预计 GDP 仍将以 7% 以上的速度持续增长；工业化和城市化进程明显加快，但以重化工业为主的经济结构难以发生根本性的改变，作为我国支柱产业的汽车工业和石化工业将加快发展；城镇人口所占比率将大幅度上升，农村能源消费结构中石油的比重也将增加。在诸多因素影响下，预计我国石油消费仍将保持较高的增长速度。

我国既是石油消费大国，又是石油利用效率较低的国家。目前我国的石油消费强度为 0.19t/千美元 GDP，大体是日本的 4 倍，欧洲的 3 倍，美国的 2 倍。可见我国的节油空间较大。我国必须把节约用油放在优先地位，加快建立节油型消费模式，到 2020 年把我国石油消费强度从现有水平上降低 50%。

交通运输业是用油最多的行业，也是石油需求增长最快的行业之一。预计到 2020 年，交通运输用油将占全国石油消费的一半，其中耗油最多的是汽车，约占全国汽柴油消耗总量的 65%。2020 年应把我国汽车保有量控制在 1×10^8 辆以内，汽车单车油耗在现有水平上降低 20%。通过各种有效的节油措施，把 2020 年的石油消费量控制在 4.5×10^8t 以内是有可能的。

2 我国石油资源可持续稳定生产一个相当长的时期

根据最新石油资源评价结果，我国石油可采资源量为 150×10^8t 左右。截至 2005 年年底，已累计探明可采储量 69.6×10^8t，可采资源探明率为 46.4%。从总体上看，石油勘探仍处于中等成熟阶段，还有较大的资源潜力。2005 年我国原油年产量 1.81×10^8t。预计 2015—2020 年，我国继续加大勘探投入，认真进行科技攻关，再探明相当数量的石油可采储量是完全有可能的。预计在 2010 年前后，我国原油产量将进入高峰期，年产量达到 $(1.8 \sim 2) \times 10^8$t，而且维持到 2020 年以后比较有把握[1]。

主要有以下几点情况：

（1）近期在新区新领域发现了一批大型油田[2]：① 地层岩性油田，如鄂尔多斯盆地近期发现的西峰油田，地质储量 4.3×10^8t，可采储量约 1×10^8t，油田规模还不断扩大。这种形式的油田，在全国各大型沉积盆地如松辽盆地、渤海湾盆地、四川盆地、准噶尔盆地、塔里木盆地等普遍大面积存在，有很大的潜力；② 山前冲断带的油田，如祁连山山前冲断带的青西油田，预计地质储量 1×10^8t，可采储量约为 3000×10^4t。山前冲断带在我国西部盆地边缘普遍发育，勘探程度很低，有极大的油气远景；③ 渤海湾浅层构造油田，如渤海海域的蓬莱 19-3 油田，地质储量 6×10^8t，可采储量约 1.1×10^8t。浅层构造油田在渤海湾陆地和海域大量存在；④ 碳酸盐岩油田，如塔里木盆地的塔河—轮南油田，地质储量 12×10^8t，可采储量约 1.6×10^8t。碳酸盐岩油田近期刚取得突破，塔里木盆地类似的地区很多，需要进一步展开。

因此，只要加大新区、新领域、新层系的勘探力度，从全国范围来看，今后将长期继续发现大油田和大油田群。

（2）现已投入开发的老油田通过老区调整挖潜、提高采收率包括水驱采油和三次采油等技术措施，预计 2020 年前，还可获得一批新的可采储量。

（3）由于我国的地质条件复杂，储层物性较差，因此低品位储量所占的比重较大。在我国已探明尚未动用石油地质储量中，根据现有经济和技术条件等综合分析，有比较落实的低品位难采储量约 36×10^8t。通过采用先进技术，包括转变经营方式和降低成本，预计到 2020 年可获得一批相当可观的可采储量。

（4）进一步加强国内石油勘探，向几个大的有吸引力的新区进军[1, 3]。一是广大的深水海域、南沙海域；二是青藏高原；三是南方的碳酸盐岩区域，它们都具有极好的油气远景，可能有大的发现。

根据上述四个方面的评估，我国石油资源可持续发展是很有依据的，我们希望我国原油高峰年产量不断向前延伸至 2030 年以后，如果新区有大的发现这种把握性就更大一些。

另外，从地域上看，东部地区是我国石油生产的主力油区。预计石油可采资源量为 84×10^8t，截至 2005 年年底，已探明 52.3×10^8t，可采资源探明率为 62.3%。2005 年原油产量 10824×10^4t，占全国原油总产量的 60%。经过几十年的开采，东部大部分主力油田已经进入开发中后期，产量出现明显递减。通过继续加强老油田剩余油分布规律研究，改善注水和综合调整工作，积极推广新的三次采油技术，同时以大型地层岩性油藏为主要目标，加强勘探，预计到 2010 年和 2020 年，东部地区原油产量将仍可保持在 9000×10^4t 和 7600×10^4t 左右（图 2）。

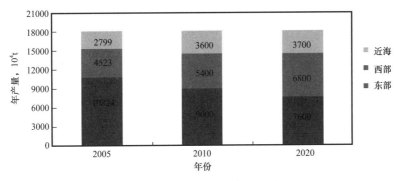

图 2　中国三大油区年产量预测

西部地区是近期我国原油增产的新兴油区。预计石油可采资源量 47×10^8t，截至 2005 年年底，已探明 12.2×10^8t，可采资源探明率为 26%，勘探程度较低。2005 年原油产量 4523×10^4t，占全国原油总产量的 25%。近几年在鄂尔多斯盆地、准噶尔盆地、塔里木盆地勘探上不断有新的突破，发现了几个规模比较大的油田，具备增储上产的资源条件。预计到 2010 年和 2020 年，西部地区原油产量将分别增到 5400×10^4t 和 6800×10^4t。

近海海域是我国原油产量增长的另一个新兴油区。预计石油可采资源量为 19×10^8t，截至 2005 年，已探明 5.1×10^8t，可采资源量探明率为 26.8%。2005 年原油产量 2799×10^4t，占全国原油总产量的 15%。今后继续围绕渤海海域、珠江口盆地、北部湾盆地和东海海域四大地区加强勘探，争取发现几个大中型油田或油田群。预计 2010 年和 2020 年，近海海域原油产量将分别上升到 3600×10^4t 和 3700×10^4t。

综合以上分析，预计到 2010 和 2020 年，东部原油年产量将分别下降约 $2000 \times 10^4 t$ 和 $3300 \times 10^4 t$；西部和海上原油年产量将分别增长约 $2500 \times 10^4 t$ 和 $4000 \times 10^4 t$。在弥补东部产量递减之后，继续保持全国原油产量的持续稳定。

3　天然气的快速增长可以逐步改善中国的能源结构

20 世纪 90 年代以来世界天然气消费量增长速度较快。国际能源研究机构大都认为，21 世纪上半叶，天然气消费仍将快速增长，并将取代石油成为第一能源。

我国天然气可采资源量预测为 $14 \times 10^{12} m^3$ [4]，现已累计探明可采储量 $3.1 \times 10^{12} m^3$（不含溶解气），可采资源探明程度仅为 22%。因此，我国天然气勘探开发目前尚处于早期阶段。2005 年，我国天然气产量 $500 \times 10^8 m^3$，剩余可采储量 $2.7 \times 10^{12} m^3$（不含溶解气），储采比为 54∶1。预计"西气东输"管网形成后，年产量会迅速增加。同时，通过加大投入，加强勘探，我国还会大量增加天然气可采储量。

自 20 世纪 90 年代以来，我国先后形成了六大气区，陆上四个，即塔里木盆地、鄂尔多斯盆地、四川盆地、柴达木盆地 [5]。海上两个，即莺歌海—琼东南盆地和东海盆地。截至 2005 年年底，这六大气区已探明的可采储量 $2.7 \times 10^{12} m^3$，占全国的 87%，剩余可采储量 $2.3 \times 10^{12} m^3$（不含溶解气），占全国的 88%，是我国天然气发展的基础。

近期我国在这六大气区内发现了一批大中型气田，如在塔里木盆地发现了克拉 2、迪那 2 等大型气田，其中克拉 2 气田探明可采储量 $2130 \times 10^8 m^3$，单井日产量 $300 \times 10^4 m^3$，年生产能力 $100 \times 10^8 m^3$，构成"西气东输"的主力气田。另外，近期又发现轮古东、塔中北坡等凝析气田。塔里木有大批可供预探的目标，前途非常光明。塔里木盆地目前剩余可采储量 $4857 \times 10^8 m^3$。又如鄂尔多斯盆地已发现苏里格、靖边等大型气田，靖边气田探明可采储量 $2201 \times 10^8 m^3$，年产量 $42.6 \times 10^8 m^3$，是向北京输气的主力气田。苏里格气田可采储量 $3331 \times 10^8 m^3$，正进行开发评估工作。鄂尔多斯目前剩余可采储量为 $9332 \times 10^8 m^3$。

在储量增长的基础上，随着天然气管网的建设和完善，以及下游市场的逐步开发，估计到 2010 年和 2020 年我国天然气年产量将分别达到 $800 \times 10^8 m^3$ 和 $1200 \times 10^8 m^3$，而需求量则有可能分别达到 $1000 \times 10^8 m^3$ 和 $2000 \times 10^8 m^3$ 左右。届时中国的天然气将会供不应求。为了满足天然气的需求，我们准备在充分利用国产天然气的同时，也适当考虑利用海外的天然气，如通过管道引进俄罗斯、中亚地区的天然气，引进包括东南亚、澳大利亚、中东等地区的液化天然气（LNG），目前，广东、福建引进液化天然气项目已经开始施工建设。

随着天然气工业的快速发展，产量和消费量不断增长，它们在我国一次能源生产和消费结构中所占的比重将会发生变化。2005 年我国天然气的产量在一次能源生产结构中占 3.2%，消费量在一次能源消费结构中占 3%。预计到 2020 年产量在一次能源生产结构中所占比重上升至 6.1%，消费量在一次能源消费结构中所占比重上升至 8.7%。使我国的能源结构逐步得到改善。

4 目标的完成与科技的支撑

本文所述有三大目标：一是尽最大努力节约用油；二是尽最大努力长期持续稳定生产石油；三是尽最大努力快速发展天然气。这三大目标都与科学技术的发展有密切的关系。本文简要说明上游石油和天然气勘探开发的科技支撑问题。

随着勘探开发工作的不断展开和深入，油气藏类型逐渐发生了变化。在勘探程度较高的区域，油气藏埋藏的深度越来越大，大型油气藏发现的机会越来越少，油气藏类型越来越隐蔽和复杂，储集条件越来越致密，原油性质越来越多样化，储量的品位越来越低。面对新区新领域，要向深水区域进军，向高山及世界屋脊进军，向高地应力变形区域进军，向复杂的碳酸盐岩区域进军，还要不断地向沙漠、黄土塬地区继续进军。这些都是地面条件和地下地质条件极为复杂的勘探开发对象，我们面临着巨大的挑战，遇到了许多难题。要解决这些难题，就应该大力发展和深入研究以下几方面的技术：（1）复杂地区及复杂地质体地震采集、处理及解释技术的研究；（2）大面积三维地震覆盖及精细油气藏描述技术的研究；（3）深井及复杂地区的快速安全钻井技术的研究；（4）特殊工艺井整体配套技术的研究（包括水平井、分支井、丛式井、大位移井、小井眼井、欠平衡钻井、可膨胀套管完井技术等）；（5）各类油气层改造技术的研究；（6）各种油气藏提高采收率技术的研究（包括各种化学驱及微生物驱油等）；（7）特低渗油气藏及超稠油藏的开采技术研究；（8）油气生成演化及运移聚集机理的研究；（9）各类储集岩成岩及后期改造机理的研究；（10）深水领域油气勘探开发配套技术的研究；（11）青藏高原油气勘探开发配套技术的研究；（12）碳酸盐岩油气藏勘探开发配套技术研究。

科学技术是第一生产力。石油工业的发展离不开科学技术的支撑。科技的发展能提高我们对地下状况的认识，能增强我们解决复杂问题的能力，也能加快我们向新区新领域进军的步伐。科学技术的进步是实现我国油气资源可持续发展的保障。

参 考 文 献

[1] 邱中建，方辉. 对我国油气资源可持续发展的一些看法 [J]. 石油学报，2005，26（2）：1-5.

[2] 邱中建，康竹林，何文渊. 从近期发现的油气新领域展望中国油气勘探发展前景 [J]. 石油学报，2002，23（4）：1-7.

[3] 潘继平，金之钧. 中国油气资源潜力及勘探战略 [J]. 石油学报，2004，25（2）：1-6.

[4] 李景明，李剑，谢增业，等. 中国天然气资源研究 [J]. 石油勘探与开发，2005，32（2）：15-17.

[5] 邱中建. 中国天然气工业大发展的时代即将来到 [J]. 世界石油工业，2002，9（1/2）：31-34.

本文原载于《中国石油勘探》，2005 年第 5 期。

中国天然气大发展

——中国石油工业的二次创业

邱中建　方　辉

（中国石油天然气集团公司）

摘要： 进入 21 世纪，中国的天然气产量和储量增长迅速。近期在塔里木、鄂尔多斯、四川盆地发现 4 个规模很大的天然气富集区和一批大型天然气田，是天然气快速发展的基础。按油当量计算，中国天然气产量将达到并可能超过原油产量，2020 年天然气年产量将达到 $2000 \times 10^8 m^3$，2030 年前后天然气年产量可超过 $2500 \times 10^8 m^3$。同时，中国正在积极从国外进口天然气，预计 2020 年进口量将达到 $1100 \times 10^8 m^3$，届时中国的天然气消费量将达到 $3100 \times 10^8 m^3$，约占能源消费结构的 10%，将有效改善中国的能源消费结构。

关键词： 中国；天然气；产量；储量；预测；能源结构

我国的能源消费结构以煤炭为主，煤炭所占比重在 70% 左右，而天然气所占比重很小，一般在 3% 左右。近年来，加大了天然气的勘探力度，大型天然气富集区和大型气田不断涌现，促使天然气产量和储量的快速增长。同时，随着环保要求日益严格，作为清洁燃料的天然气越来越受到重视。

1　天然气产量和储量的快速发展

新中国成立以来，中国的天然气年产量从初期的不足 $1 \times 10^8 m^3$ 增长到 $761 \times 10^8 m^3$。产量的增长速度由慢变快（图 1），突破第 1 个 $100 \times 10^8 m^3$ 用了 27 年（1949—1975 年），第 2 个 $100 \times 10^8 m^3$ 的突破经历了 20 年（1976—1995 年），第 3 个 $100 \times 10^8 m^3$ 的突破仅用了 5 年（1996—2000 年）。自 2000 年以来，产量快速增加，增长了 $488 \times 10^8 m^3$，年均增长 $61 \times 10^8 m^3$。

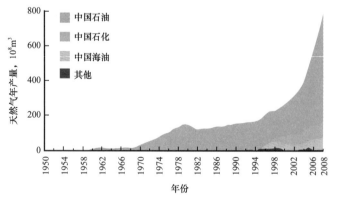

图 1　中国天然气产量变化图

天然气储量进入新的增长高峰期，自 2000 年起，中国平均每年新增天然气可采储量 $3018 \times 10^8 m^3$，其中中国石油年均新增 $2238 \times 10^8 m^3$，占中国的比例平均为 74%（图 2）。截至 2008 年年底，中国石油的剩余可采储量 $3.9 \times 10^{12} m^3$。自 1999 年起，中国的天然气剩余可采储量快速增长，从 1999 年的 $1 \times 10^{12} m^3$ 增至 2008 年的 $3.2 \times 10^{12} m^3$，增长了 2.2 倍。截至 2008 年年底，中国石油的剩余可采储量占全国的 74%（图 3）。天然气储量的快速增长支撑了全国天然气产量的快速发展。

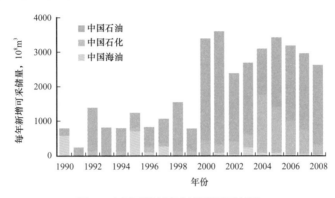

图 2　中国天然气每年新增可采储量

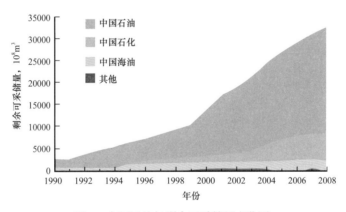

图 3　中国天然气剩余可采储量变化图

中国的储采比在 1990 年仅为 16，后来持续增长，1998 年储采比为 42（首次突破 40），2003 年达到最高值 61（图 4），随后因年产量提升而略有下降，2008 年为 42。中国石油的储采比从 1990 年的 10 增至 2003 年的 67，达到高峰，随后下降至 2008 年为 39。2008 年中国石化的储采比为 75，中国海油为 33。从目前的储采比来看，我国天然气产量快速增长具有较好的储量基础。

2　中国新发现四大天然气富集区

据国土资源部组织的全国最新油气资源评价结果，中国的天然气可采资源量为 $22 \times 10^{12} m^3$ [1]，截至 2008 年年底，中国累计探明天然气可采储量 $3.9 \times 10^{12} m^3$（不含

$4730 \times 10^8 m^3$ 溶解气），探明程度低，勘探潜力巨大。

中国的天然气资源主要分布在塔里木盆地、四川盆地、鄂尔多斯盆地、柴达木盆地、松辽盆地、准噶尔盆地、东海盆地、莺歌海—琼东南盆地这八个盆地，它们的资源量合计 $18.3 \times 10^{12} m^3$，占全国的83%。截至2008年年底，这八个盆地累计探明可采储量 $3.6 \times 10^{12} m^3$，占全国的92%，剩余可采储量 $3.1 \times 10^{12} m^3$，占全国的97%。

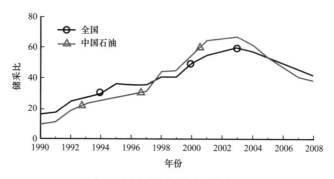

图4　中国天然气储采比变化图

近年来，在塔里木盆地、鄂尔多斯盆地、四川盆地加大了天然气勘探力度，新发现了4个规模很大的天然气富集区及一批大型天然气田，并有极大的扩展潜力，是近期天然气快速发展的基地。

2.1　塔里木盆地库车地区

1998年在塔里木盆地北部的库车坳陷发现了克拉2大型气田，可采储量 $2130 \times 10^8 m^3$，随后发现了迪那2气田，可采储量 $1139 \times 10^8 m^3$，近期又基本探明了大北气田，估计可采储量约 $1500 \times 10^8 m^3$，展示了库车坳陷良好的天然气资源潜力，在该凹陷内有两个天然气十分富集的构造带：克拉苏构造带和秋里塔格构造带，范围广，发育了大量深层和中深层背斜构造，近两年连续在深层获得高产气流及新的重要发现。预计克拉苏和秋里塔格构造带近期探明可采储量规模可达 $1.5 \times 10^{12} m^3$。

2.2　鄂尔多斯盆地的苏里格及周边地区

苏里格气田位于鄂尔多斯盆地中西部，是我国发现的最大气田，已探明可采储量 $3331 \times 10^8 m^3$，目前，西部和东部分别基本探明约 $3400 \times 10^8 m^3$ 和 $3300 \times 10^8 m^3$ 的可采储量，具有"低渗、低压、低丰度"的特点。2005年以来，采用新的开发模式，苏里格气田的储量得到了有效开发，2010年将生产 $100 \times 10^8 m^3$ 天然气。苏里格地区的天然气勘探继续向西、西北、西南扩展，不断获得突破，预计苏里格气田及周边地区近期将探明可采储量规模达到 $2 \times 10^{12} m^3$。

2.3　四川盆地龙岗—普光气田一带

四川盆地北部的二叠系生物礁气藏、三叠系鲕滩气藏大面积分布，主要环绕开江—梁平海槽呈条带状分布，其长约 600km，面积约 $1 \times 10^4 km^2$ [2]，目前该带已发现了 8 个长兴组边缘礁气藏和 13 个飞仙关鲕粒滩气藏，其中较早发现的罗家寨、铁山坡等气田，正积极准备投入开发。目前正在大力勘探龙岗气田。另外，还新发现了规模很大的普光气田，探明可采储量为 $2735 \times 10^8 m^3$，正计划并实施投入开发，储量丰度为 $55 \times 10^8 m^3/km^2$ [3]。该地区鲕滩、生物礁潜力巨大，预计近期可探明可采储量规模达 $1 \times 10^{12} m^3$。

2.4　四川盆地川中地区

四川盆地三叠系须家河组有利勘探面积 $7.7 \times 10^4 km^2$，可采资源量 $1.6 \times 10^{12} m^3$，川中勘探面积为 $5 \times 10^4 km^2$，目前已发现一批气藏，已探明可采储量约 $1400 \times 10^8 m^3$。2005 年广安地区须家河组获得高产气流，截至 2008 年年底，广安气田探明可采储量 $610 \times 10^8 m^3$。近期，合川—潼南地区又发现大面积天然气岩性气藏，目前正向外围推进。上述情况表明川中地区须家河组具有良好的资源潜力，预计近期将探明可采储量规模约 $6000 \times 10^8 m^3$。

3　对我国天然气产量快速发展的设想

通过中国天然气资源发展的潜力、八大盆地天然气资源的良好远景以及四大天然气富集区大规模储量的支撑，促使中国天然气产量可能快速增长。就像中国发现了大庆油田以后，又快速发现了渤海湾油区一样，原油的储量和产量都获得空前的丰收。我们把这次天然气大发展的机遇称为中国石油工业的第二次创业。

我们设想，随着天然气可采储量的迅速探明，天然气产量也将快速增长，在不远的将来就可以和原油产量平起平坐，占据"半壁河山"，甚至可能超过原油产量。预计 2010 年天然气年产量 $900 \times 10^8 m^3$ 以上，2020 年年产量达到 $2000 \times 10^8 m^3$，2030 年前后天然气年产量可达 $2500 \times 10^8 m^3$ 以上。

我们研究了一些主要产气国的天然气储采比情况:(1)低储采比、产量稳定的国家，如美国和加拿大，近 10 年来它们的储采比均保持在 8~10 之间，美国的产量稳定在 $5500 \times 10^8 m^3$ 左右，加拿大稳定在 $2000 \times 10^8 m^3$ 左右。(2)中等储采比、产量稳定的国家，如荷兰的储采比长期保持在 20~25 之间，产量稳定在 $800 \times 10^8 m^3$ 左右。(3)高储采比、产量上升的国家，如阿尔及利亚，储采比在 50 以上，产量持续上升，目前产量 $865 \times 10^8 m^3$。(4)储采比极低，产量下降的国家，如英国，储采比近期仅为 5 左右，产量由 $1000 \times 10^8 m^3$ 降至目前的 $696 \times 10^8 m^3$。参考其他国家的情况，2020 年中国的天然气储采比保持在 20~25 之间比较合理，理由是:(1)美国和加拿大的储采比仅在 8~10 之间，产量长期保持稳定;(2)建设长距离的大口径输气管线，一般要求稳定供气 20~30 年。

如果 2020 年中国天然气的储采比为 25，截至 2020 年年底，剩余可采储量约 $5 \times 10^{12} m^3$，目前剩余的可采储量 $3.2 \times 10^{12} m^3$，2009—2020 年间将累计产出 $1.7 \times 10^{12} m^3$，12 年共需探明约 $3.5 \times 10^{12} m^3$ 可采储量，年均探明 $2900 \times 10^8 m^3$。如果 2020 年的储采比为 20，截至 2020 年年底，剩余可采储量 $4 \times 10^{12} m^3$，2009—2020 年间需探明约 $2.5 \times 10^{12} m^3$ 可采储量，年均探明 $2100 \times 10^8 m^3$，与 2000 年以来中国年均新增探明可采储

量 $3018 \times 10^8 m^3$ 相比，这是完全可行的。因此，我们的设想是，只要持续地保持当前天然气的勘探力度，立足于四大天然气富集区，并以八大沉积盆地为主要勘探对象，这个想法就完全可以实现。

按照油当量计算，中国的天然气产量将达到甚至超过原油产量。有两个现象值得充分注意：

（1）通过对比了世界上天然气产量超过 $1000 \times 10^8 m^3$ 前 3 名国家的油气产量（表 1），按油当量计算，其天然气产量均超过了石油。2008 年，俄罗斯的天然气产量为 $6017 \times 10^8 m^3$（相当于 $5.4 \times 10^8 t$ 油当量），而石油产量为 $4.9 \times 10^8 t$；美国的天然气产量仅次于俄罗斯，为 $5822 \times 10^8 m^3$（相当于 $5.2 \times 10^8 t$ 油当量），而石油产量为 $3.1 \times 10^8 t$；加拿大天然气产量排名第 3，为 $1752 \times 10^8 m^3$（相当于 $1.6 \times 10^8 t$ 油当量），而石油产量为 $1.57 \times 10^8 t$。从 3 个国家地质情况来看，俄罗斯天然气可采储量居世界首位，并发现了一批特大型气田，天然气年产量大于石油产量是合理的。

我国的情况与美国和加拿大比较类似。以美国为例，美国的原油和天然气产量分别于 1966 年和 1968 年进入高峰期，天然气高峰期产量高于原油，而且天然气高峰年产量高于原油，而且天然气高峰年产量（约 $5000 \times 10^8 m^3$）一直持续至今，而原油产量高峰期只持续了 23 年，因此天然气产量高峰期持续的时间比原油长[4]。中国今后天然气发展的状况也可能很相似。

表 1 2008 年世界上天然气产量前 3 名国家与中国的油气产量对比

国家	天然气			石油		
	剩余可采储量 $10^{12}m^3$	产量 10^8m^3	储采比	剩余可采储量 10^8t	产量 10^8t	储采比
俄罗斯	43.30（389.7）	6017（5.4）	72.0	108	4.89	22.1
美国	6.73（60.6）	5822（5.2）	11.6	37	3.05	12.1
加拿大	1.63（14.7）	1752（1.6）	9.3	44	1.57	28.0
中国	3.22（29.0）	761（0.7）	42.3	28	1.90	14.7

注：油气转换系数为 $100 \times 10^4 t$ 油当量相当于 $11.11 \times 10^8 m^3$ 天然气。括号内数据为相当于石油的量，单位为 $10^8 t$。

（2）自然界中天然气的来源比石油广泛

首先，与石油相比，天然气生成具有多源和多阶段的特点[5]。多源是指天然气既有有机成因也有无机成因，在我国东部及世界上其他地区发现了一些有充分地球化学依据的无机成因气及其气藏[6-7]。不同类型干酪根都具有生气能力，气源岩具有生气母质类型多、生烃范围广等特性[8]，而且生气阶段多，有机质处于低熟阶段可以生气，生烃窗内可生成大量的天然气，高成熟度阶段可以生成大量的裂解气[9]。因此，自然界中天然气的生成量可能大于石油。

其次，天然气成藏时对储层的要求比石油低，如致密砂岩、煤层和页岩可以储存大量的天然气，目前美国致密砂岩气、煤层气、页岩气的年产量约占美国天然气年产量的

40%，而且这个趋势还在逐步扩大。中国致密砂岩气及煤层气有很大潜力，尚待开发。我国相当数量的大气田均成藏于新生代的古近纪、新近纪和第四纪[10-11]，晚期成藏有利于我国天然气藏的保存。因此，我国的天然气聚集量可能大于石油。

4 天然气多元化供应逐步改善我国的能源消费结构

中国一次能源消费长期以来过度依赖煤炭，所占比重一直在70%左右，而世界平均一次能源消费结构中煤炭仅占28%左右。煤炭的过度使用造成高污染、二氧化碳等温室气体的大量排放，不符合科学发展的要求。据研究，"三驾马车"（核能、天然气和可再生能源）可以逐步改善中国的能源结构。

目前，天然气在中国的能源消费结构仅占3%。2008年中国人均天然气消费量约62m³/（人·年）[全球平均约457m³/（人·年）]，约为世界平均水平的1/7。随着中国经济持续发展，环保要求日益严格，中国的天然气消费量将会不断增长，若2020年人均年消费量达到目前世界平均水平的1/2时，我国的天然气年消费量将达到3000×10⁸m³。为了满足天然气需求，必须尽快开拓国内、国外多元化天然气供应渠道。

中国引进国外天然气具有优越的地理位置，四周分布着天然气生产大国和LNG主要出口国。中国三大石油公司正在积极从国外引进天然气。目前，中国石油和土库曼斯坦签署了每年进口300×10⁸m³管道天然气的协议，该项目已启动，预计2010年可开始供气。同时中国石油正在我国沿海建设LNG码头，准备从澳大利亚等国获得气源。中国海油与澳大利亚、印度尼西亚、马来西亚等国签订LNG项目，2006年澳大利亚的LNG已到达广东，开始供气。中国海油在中东地区积极寻找大规模LNG气源，已获得实质性进展，预计我国在不久的将来，进口LNG数量将大幅度增长。

预计2020年我国将从土库曼斯坦、俄罗斯等国进口管道天然气600×10⁸m³左右，从中东、澳大利亚、印尼等国进口约4000×10⁸t LNG（相当于540×10⁸m³天然气）。天然气进口量将达到1100×10⁸m³左右。届时加上国内生产的天然气2000×10⁸m³，中国天然气消费量将达到3100×10⁸m³左右。中国天然气年消费量快速增长，在能源消费结构中所占比重由2008年的3.8%增至2020年的10%左右，将有效地改善中国的能源消费结构。

参 考 文 献

[1]车长波，杨虎林，李玉喜，等.中国天然气勘探开发前景[J].天然气工业，2008，28（4）：1-4.

[2]王一刚，洪海涛，夏茂龙，等.四川盆地二叠、三叠系环海槽礁、滩富气带勘探[J].天然气工业，2008，28（1）：22-27.

[3]马永生.四川盆地普光大气田的发现与勘探[J].海相油气地质，2006，11（2）：35-40.

[4]邱中建，方辉.中国天然气产量发展趋势与多元化供应分析[J].天然气工业，2005，25（8）：1-4.

[5]王庭斌.天然气与石油成藏条件差异及中国气田成藏模式[J].天然气地球科学，2003，14（2）：79-85.

[6]戴金星，石昕，卫延召.无机成因油气论和无机成因的气田（藏）概略[J].石油学报，2001，22

（6）：5–10.

［7］戴金星.非生物天然气资源的特征与前景［J］.天然气地球科学，2006，17（1）：1–5.

［8］熊永强，耿安松，王云鹏，等.干酪根二次生烃动力学模拟实验研究［J］.中国科学（D辑），2001，31（4）：315–320.

［9］赵文智，王兆云，张水昌，等.有机质"接力成气"模式的提出及其在勘探中的意义［J］.石油勘探与开发，2005，32（2）：1–7.

［10］戴金星，卫延召，赵靖舟.晚期成藏对大气田形成的重大作用［J］.中国地质，2003，30（1）：10–19.

［11］王庭斌.新近纪以来中国构造演化特征与天然气田的分布格局［J］.地学前缘，2004，11（4）：403–415.

本文原载于《天然气工业》2009年第10期。

我国天然气资源潜力及其在未来低碳经济发展中的重要地位

邱中建[1]　赵文智[2]　胡素云[3]　张国生[3]　方　辉[1]

（1. 中国石油天然气集团公司；2. 中国石油勘探与生产分公司；

3. 中国石油勘探开发研究院）

摘要： 以天然气发展趋势分析为基础，对我国天然气的资源潜力、加快发展的有利条件、2030 年以后可能达到的规模以及在未来低碳经济发展中的地位进行了系统研究。研究结果表明，我国常规与非常规天然气资源都很丰富，而且天然气工业发展比石油大约晚 30 年，目前刚刚进入大发展的初期，未来具有十分良好的发展前景，预计到 2030 年我国天然气年产量有望达到 $3000 \times 10^8 m^3$，并有望保持到 2050 年。同时，研究发现我国毗邻中亚—俄罗斯、中东和亚太三大富气区，具有多元化利用国外资源的区位优势。通过自产与引进并重，2030—2050 年天然气在我国一次能源结构中比例有望达到 10% 以上，对改善能源结构和推动低碳经济发展将发挥重要作用。

关键词： 天然气；资源潜力；发展趋势；地位；低碳经济

1　引言

　　天然气是一种清洁、优质的化石能源，对改善我国能源结构、减少温室气体排放、推动实现低碳经济发展具有十分重要的作用[1-2]。近年来，随着油气勘探开发理论与技术的进步，我国相继发现了克拉 2、苏里格、普光等一批大型气田，天然气探明储量与产量都快速增长，2010 年产气量已达 $968 \times 10^8 m^3$，一举成为全球第七大产气国，标志着我国天然气工业进入一个全新的发展时期。与此同时，我国石油对外依存度持续攀升，天然气在我国一次能源消费构成中仍不足 4%、煤炭资源开发利用占一次能源消费比例居高不下，环境保护和 CO_2 减排压力越来越大。进一步采取有效措施，加快国内天然气资源的勘探开发，加大国外天然气资源的引进力度，大幅度提高我国天然气在一次能源消费中的占比，不仅可以扭转我国石油工业面临的困局，拉开石油工业二次创业的序幕，而且能够改善我国以煤炭为主的能源结构，为实现低碳经济发展做出重要贡献。因此，客观评价我国天然气资源潜力与未来发展趋势，明确其发展地位十分必要。

2 天然气未来发展具有雄厚的资源基础

2.1 天然气勘探领域比石油更广泛，资源更丰富

中国陆地和海域多发育大型叠合盆地，古生界海相地层埋藏深，经历的埋藏历史长，热演化程度高，原油裂解气资源丰富。同时，全球范围煤系沉积最发育的两大沉积层系，即石炭系—二叠系和三叠系—侏罗系在我国沉积盆地中发育最广泛，因而煤成气资源也十分丰富，两者共同构成了我国丰富的常规天然气资源基础。近年来，随着勘探认识深化和勘探技术进步，在前陆区构造气藏、台盆区大面积岩性气藏和叠合盆地深层碳酸盐岩和火山岩气藏勘探中获得了一系列重大突破，对我国天然气资源潜力的认识又有新的发展。为此，笔者在国土资源部主持完成的全国新一轮油气资源评价成果基础上，结合油气勘探最新进展、地质认识和勘探技术进步对资源潜力与分布预测带来的变化，综合确定我国常规天然气可采资源量为 $22 \times 10^{12} m^3$，较 2003 年完成的《中国可持续发展油气资源战略研究》报告中的 $14 \times 10^{12} m^3$，净增 $8 \times 10^{12} m^3$，增幅达 57%。天然气资源量增加主要来自以下几方面：

（1）新区、新领域增加的资源量。根据全国新一轮油气资源评价结果，我国南海南部海域有天然气可采资源量 $5.5 \times 10^{12} m^3$，青藏地区有天然气可采资源量 $1 \times 10^{12} m^3$。此外，华北地区古生界、南方等高一过成熟烃源岩区也存在一些相对稳定的有利勘探区，初步估算天然气可采资源量在 $(2 \sim 3) \times 10^{12} m^3$。上述这些资源未计入 $14 \times 10^{12} m^3$ 的资源总量之中。

（2）在主要含气盆地内，随着勘探理论和技术进步，勘探认识得到深化，新增加了一部分资源量。例如，前陆盆地中被逆掩冲断带所掩盖部分和有机质"接力成气"理论改善了高—过成熟层系勘探的价值与潜力，使叠合盆地深层等领域也增加了天然气资源量。

此外，从天然气成因看，天然气较石油具有类型更多、分布更广的特点。天然气既有生物气、煤层吸附气、油田伴生气，也有煤成气、原油裂解气、分散液态烃热成因气，还有致密砂岩气、页岩气等。生气窗范围比石油生成范围宽，储集条件也较石油宽松。

从统计看，油藏的最低孔隙度一般在 10% 以上，渗透率大于 0.3mD，而气藏要求的最低孔隙度可以降至 6%～8%，渗透率可以降低至 0.001mD。只要成藏地质条件合适，天然气的生成范围和成藏范围较石油更多、更广泛，未来勘探发现的潜力也应比石油更大、更有远景。

2.2 我国非常规天然气资源更丰富，具有良好发展前景

非常规天然气资源是指在现有经济技术条件下，不能完全用常规方法和技术手段进行勘探、开发和利用的天然气资源，主要包括致密砂岩气、煤层气、页岩气和甲烷水合物等。

早在 20 世纪 60 年代，四川盆地就有致密砂岩气发现，但因技术不成熟，长期没有大

的发展。近年来，随着大型压裂改造技术的进步和规模化应用，致密砂岩气勘探开发取得了重大突破，先后发现了鄂尔多斯盆地苏里格、四川盆地须家河组两个致密砂岩大气区，在吐哈、塔里木、松辽、渤海湾等盆地也相继出现了一批产量较高的致密砂岩气井，勘探结果表明，我国致密砂岩气分布广泛，资源相当丰富。最新估算，我国致密砂岩气可采资源量达（9～12）×10^{12} m³ [3-4]。

我国对煤层气的开发利用已经有 20 年的历史，初步形成了适合不同类型煤层气勘探开发的配套技术。目前已经在山西沁水、辽宁铁法等地成功实现了煤层气工业化开采，在鄂尔多斯盆地东缘、吐哈、准噶尔等盆地正在进行开发先导试验。据全国新一轮资源评价，我国 42 个盆地（群）埋深 1500m 以浅的煤层气可采资源量 10.9×10^{12} m³。

与致密砂岩气和煤层气两者相比较，我国对页岩气的研究与勘探开发刚刚起步，资源潜力尚待落实。近年来，随着北美地区页岩气资源的规模开发利用，页岩气已得到国家和企业的高度重视，正在开展全国资源战略调查和勘探开发关键技术攻关。中国石油于 2009 年在四川、云南等地启动了两个页岩气产业示范项目，并于 2010 年在四川盆地钻探了 2 口页岩气井，获得日产万立方米的产量，证实我国具有发展页岩气的资源条件。初步估算，我国页岩气技术可采资源量（15～25）×10^{12} m³ [5]。

天然气水合物在我国尚处于前期研究和资源调查阶段。1999 年开始，国土资源部启动了天然气水合物勘查，相继在南海深水区、祁连山南缘永久冻土带钻获天然气水合物实物样品。初步研究认为，我国天然气水合物远景资源量约 84×10^{12} m³。综上分析，我国致密砂岩气、煤层气、页岩气、天然气水合物等非常规天然气资源十分丰富，仅致密气、煤层气和页岩气资源总量合计（35～48）×10^{12} m³，是常规天然气可采资源总量的 1.5～2.2 倍，具有良好的开发利用前景。随着相关勘探开发利用技术的不断进步与完善，非常规天然气将会助推我国未来天然气快速发展，并在改善能源结构、实现低碳经济发展中发挥积极作用。

3 天然气未来具有加快发展的良好前景

3.1 我国天然气工业发展比石油晚 30 年，未来具有加快发展的潜力和前景

我国天然气勘探开发是伴随着石油工业的发展而产生的，虽然有五十余年的历史，但大多数发现是在找油为主的勘探过程中，兼探发现的天然气田。20 世纪 80 年代以来，随着勘探的深入发展，天然气成藏的认识日渐清晰，寻找和利用天然气逐渐成为一个相对独立的勘探领域，受到业界的关注和重视。

1998 年以来，我国天然气勘探开发取得了重大突破 [6]，先后发现了克拉 2、迪那 2、塔中 I 号、苏里格、大牛地、乌审旗、普光、广安、安岳、徐深、克拉美丽等一批大中型天然气田。我国天然气储量和产量均逐渐大幅度增加，年新增探明可采储量一直保持在（2600～3500）×10^8 m³ 的高水平，天然气年产量也呈年均两位数快速增长，2010 年我国天然气产量已达 968×10^8 m³，成为全球第七大生产国。与此同时，随着陕京一线、陕京二

线、陕京三线、西气东输一线、西气东输二线、川气东送、忠武线、涩宁兰等长距离输气管线的建成投产以及相关配套设施的完善，全国天然气输送管网系统正逐步形成[7]。总体来看，我国集资源、管网与消费市场于一体的天然气工业体系已初步形成，发展已进入快车道。

与石油工业发展相比，我国天然气工业起步较晚，目前仅相当于石油工业发展初期大庆油田发现的阶段，时间滞后近30年，储量、产量增长都处于快速发展阶段（图1）。

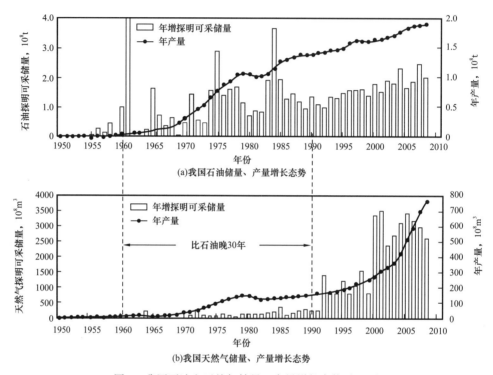

图1 我国石油和天然气储量、产量增长态势对比图

3.2 我国天然气勘探尚处于早期阶段，储量可以长期保持高水平快速增长

截至2009年年底，我国已累计探明天然气（气层气）可采储量 $4.3 \times 10^{12}m^3$，剩余可采储量 $3.6 \times 10^{12}m^3$，按全国常规天然气可采资源量 $22 \times 10^{12}m^3$ 计算，可采资源探明率为19.6%，总体上仍处于早期勘探阶段。

美国天然气工业近百年的发展历史表明，依据资源探明率等因素，天然气的储量增长大体可分为成长期和稳定期两大发展阶段；其中成长期资源探明率低于20%，稳定期资源探明率超过60%，并已持续60多年时间，下降期尚未出现。目前，我国天然气发展刚刚进入储量稳定增长期初期，与美国天然气工业发展相比，天然气探明储量可以长期保持快速增长，持续时间有可能至少在40年以上。

依据翁氏模型、逻辑斯谛模型、龚玻兹模型和特尔菲法等多种方法综合预测，我国天然气年新增探明可采储量高峰预计可达 $3000 \times 10^8m^3$ 左右。如果以年增探明可采储量

$2500 \times 10^8 \mathrm{m}^3$ 作为储量增长高峰期的基线，预计 2010—2045 年，我国年增探明天然气可采储量规模有望保持在 $2500 \times 10^8 \mathrm{m}^3$ 以上，之后储量增长速度将逐步趋缓。

从预测结果看，不论是储量增长规模，还是储量稳定增长持续的时间，天然气都有可能好于石油。因此，21 世纪上半叶，应该是我国天然气大发展的时期，是石油工业实现二次创业发展的重要机遇。天然气将在改善我国能源结构、推动低碳经济发展中发挥重要作用。

3.3 我国天然气年产量 2030 年前后有望达到 $3000 \times 10^8 \mathrm{m}^3$，按当量计要超过石油

近年来，随着天然气储量的快速增长，我国天然气年产量以两位数的增长速度持续快速增长。根据对天然气储量增长趋势的预测结果，随着我国天然气管网建设的进一步完善和天然气消费市场的进一步发展，加上国家积极推动低碳经济发展的政策引导，我国天然气工业必将迎来大发展的春天。

从美国天然气发展的历程来看，由于天然气生成和成藏的条件远比石油优越，天然气资源量可能远大于石油。天然气发展的早期，常规天然气的开发和利用使天然气产量迅速达到高峰，高峰期年产量按照油当量计算和石油大体相当。随着非常规天然气的出现和大发展，产量迅速超过石油，并持续时间很长，我国天然气发展与美国有可比性，具有相似的历程[8]。

利用储采比控制法、HCZ 模型和翁氏模型等方法综合预测，预计未来我国常规天然气产量将保持持续快速增长[9]，大致于 2030 年前后进入产量高峰期，高峰年产量有望达到 $2500 \times 10^8 \mathrm{m}^3$（包括部分致密砂岩气）；同时，煤层气、页岩气等非常规天然气年产量将超过 $500 \times 10^8 \mathrm{m}^3$，届时我国常规和非常规天然气产量将达到 $3000 \times 10^8 \mathrm{m}^3$ 以上，按标准油当量计算，要超过石油的年产量。

4 天然气在未来低碳经济发展中具有重要地位

4.1 天然气是实现从传统化石能源向清洁能源过渡的重要桥梁

随着世界人口增长、经济发展和人民生活水平的提高，21 世纪上半叶全球一次能源消费需求量仍将保持持续稳定增长态势。据石油输出国组织（OPEC）2009 年预测，2030 年全球一次能源需求总量将比 2007 年增长 42%，其中石油、天然气、煤炭等化石能源所占比重仍将大于 80%。2009 年国际能源署（IEA）预测，2030 年全球一次能源需求总量将比 2007 年增长 40%，能源消费总量将达到 $168 \times 10^8 \mathrm{t}$ 油当量，其中化石能源所占比重将占 80%。预计 2030 年以前，新能源和可再生能源有望保持快速增长，但受技术发展水平和基础设施的制约，在世界一次能源消费结构中的比重较难超过 20%，传统的化石能源仍将是一次能源供给的主体。

化石能源使用要释放大量 CO_2，对环境的破坏也很大，这已成为全球关注的热点，能

源低碳化发展是未来社会经济和科学技术发展的必然追求。迄今为止，人类经历了从薪柴、煤炭到石油为主的三大能源供应阶段，天然气作为比石油更清洁、优质的化石能源，将在全球一次能源消费中进一步提高比重，并在 2030 年前后，与石油、煤三者并驾齐驱。由于天然气有很强的发展后劲，再加上非常规天然气的出现和大发展，毫无疑问，在 2030 年以后不久的将来，天然气最终超过石油成为世界第一大消费能源。据统计分析，产生相同单位热量天然气排放的 CO_2 仅为石油产品的 67%，为煤炭的 44%；与煤排放的污染物比，灰分为 $1:148$，SO_2 为 $1:2700$，NO_2 为 $1:29$，符合《京都议定书》减少温室气体排放量的要求[10]。因此，新能源和可再生能源很难大规模发展并成为能源供应主角，大力发展天然气可作为从传统化石能源向清洁能源过渡的重要桥梁。

4.2 我国能源消费快速增长，能源消费结构不尽合理

改革开放以来，中国经济持续快速发展，带动能源需求持续攀升。国内能源消费总量由 1980 年的 5.86×10^8 标准煤当量增长到 2009 年的 29.20×10^8 标准煤当量，增长 5 倍。过去 30 年间，中国能源产量虽然也实现了高速增长，但由于能源结构的影响增长速度低于消费需求增长速度，1996 年，中国开始成为能源净进口国，随后能源供需缺口不断扩大。2009 年，我国能源生产总量达到 25.98×10^8 标准煤当量，能源消费缺口达到 3.22×10^8 标准煤当量。预计未来 20 年中国经济仍将保持较快发展，对能源需求也将持续增长，受资源条件和能源结构影响，能源供需缺口仍将不断扩大，供需形势相对严峻。

与石油和天然气相比，中国煤炭资源更丰富，具有较雄厚的资源优势，煤炭在中国能源供应中的主体地位十分重要。从发展历程看，我国天然气的发展相对滞后，仅与石油发展相比，天然气的发展也大致晚了 30 年。因此天然气在国家能源消费结构中的比重明显偏低。1980 年以来，中国煤炭在能源消费结构中的比重一直在 70% 以上，而天然气的占比基本保持在 3% 左右。近几年随着天然气产量的快速增加，天然气在能源消费结构中的比重有所攀升，2009 年达到 4.1%，但远低于世界 24% 的平均水平。受能源消费总量和以煤为主的消费结构的影响，我国污染物与温室气体排放总量较大，给环境带来巨大压力。今后相当长一个时期，在我国能源需求仍不断增大的情况下，积极调整能源结构，降低煤炭在能源消费中的比重。

同时，加快国内天然气资源的勘探开发、加大国外天然气资源的引进力度，较大幅度增加天然气在一次能源消费结构中的比重，对改善我国以煤炭为主的能源结构具有重要意义。

4.3 中国天然气需求旺盛，有望实现快速发展

2000 年之前，受天然气探明储量较少和配套管网建设不足的影响，我国天然气消费多集中在产气区周围，仅四川盆地形成了相对完善的天然气工业体系，天然气消费需求增长缓慢，增速仅 2.3%。1980—1999 年，天然气消费量从 $141 \times 10^8 m^3$ 增长到 $215 \times 10^8 m^3$，年均增长仅 $3.9 \times 10^8 m^3$。1998 年以来，伴随一系列大气田的发现和全国性天然气主干管网建设，我国天然气消费量迅速攀升，由 2000 年的 $245 \times 10^8 m^3$ 增长到 2009 年的 $887 \times 10^8 m^3$

（图2），年均增长 $71 \times 10^8 m^3$，年均增速上升至15.4%，天然气利用范围也不断扩大。目前，除西藏、澳门尚未使用天然气外，全国已有共31个省区、205个地级及以上城市都已使用了天然气。其中，经济较为发达的长三角、东南沿海以及环渤海湾地区的天然气消费量占全部消费总量的43%。

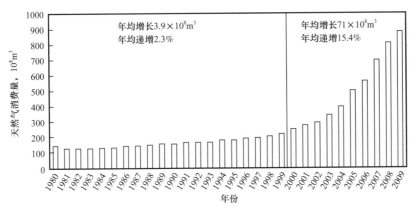

图2　1980—2009年全国天然气消费量增长态势图

　　根据我国社会经济发展形势分析，预计2030年以前，国内生产总值（GDP）平均增长速度可保持在7%以上；城市化率将不断提高，城市人口比例将逐渐增加；国家对污染物与温室气体排放的约束和控制将会越来越严格；清洁、低碳发展方式越来越受到重视和鼓励。这些因素都有助于推动天然气需求的快速增长。针对未来我国天然气需求的发展趋势，国内外多家研究机构进行过预测，中国石油规划总院（2008年）利用项目分析与延伸预测法估算，2020年和2030年，中国天然气需求总量将分别达到 $2800 \times 10^8 m^3$ 和 $4300 \times 10^8 m^3$。此外，中国石油经济技术研究院（2008年），美国能源情报署（2007年）、日本能源经济研究所（2007年）、国际能源署（2008年）、国家能源办公室（2007年）等多家机构对我国未来天然气需求量也进行过预测。在前人预测的基础上，结合对我国天然气资源潜力、低碳经济发展的迫切性以及对未来天然气市场发展前景的研究和思考，本文提出2030年和2050年中国天然气需求量分别为 $4500 \times 10^8 m^3$ 以上和（5000～5500） $\times 10^8 m^3$，届时天然气在我国一次能源消费结构中的比重将达到10%以上，成为改善我国能源结构和推动低碳经济发展的新亮点。

5　结语

　　（1）天然气是一种清洁、优质化石能源，是实现从传统化石能源向清洁能源过渡的重要桥梁。大力发展天然气对改善我国以煤炭为主的能源消费结构、推动实现低碳经济发展具有重要作用。相信随着我国国民经济的持续快速发展、人民生活水平的不断提高以及环境保护要求越来越高，天然气消费需求将大幅增长，2030年天然气消费量有望达到 $4500 \times 10^8 m^3$，2050年达到 $5000 \times 10^8 m^3$ 以上，届时占能源消费需求构成的比例保持在

10%以上。

（2）我国常规天然气资源丰富，勘探领域比石油更多、更广泛，发展前景也会比石油大，且我国天然气工业发展比石油大约晚30年，目前正处于大发展期。此外，我国致密砂岩气、煤层气、页岩气以及天然气水合物等非常规天然气资源也非常丰富，随着勘探开发技术的进步以及国际油价的走高，未来将会有很好的发展前景。依靠常规气与非常规气，2030年我国天然气年产量有望达到$3000 \times 10^8 m^3$以上，并有望保持到2050年。

（3）随着全国性的天然气管网系统不断建设与完善，未来我国天然气供需缺口将不断扩大，大力引进利用国外天然气资源就成为必然的战略选择。我国应充分发挥毗邻中亚—俄罗斯、中东和亚太三大富气区的区位优势，加强与资源国的国际合作与交流，加快国外天然气资源引进利用步伐，力争到2030年达到$1500 \times 10^8 m^3$以上，2050年达到$2500 \times 10^8 m^3$以上。

（4）天然气工业是上中下游高度一体化的行业。在天然气大发展时期，要高度重视统筹规划上游勘探开发、中游管道建设和下游消费市场开拓，及早谋划，协调发展，同时要加强储气库建设，保证天然气市场平稳、安全供应。

（5）建议国家及早谋划，发挥我国非常规天然气发展的后发优势。可以借鉴美国的成功经验和较成熟的技术，把常规天然气与页岩气、致密气、煤层气并重，加快发展，以推动天然气尽快成为我国支柱性清洁能源之一。同时，国家应积极推动，加强勘探和研究工作，进一步落实资源，探明资源潜力和分布。

（6）加快推进天然气价格改革，逐步建立起公正、灵活的天然气价格形成机制。建议由政府定价为主逐步转向市场定价与政府管制相结合，同时改革天然气价格结构，实行天然气生产、净化、输送、配送分开核算，并按照天然气产业链不同环节的特点实行不同的定价方式，以保证国内天然气市场的健康发展。

参 考 文 献

［1］中国能源中长期发展战略研究项目组.中国能源中长期（2030、2050）发展战略研究：电力·油气·核能·环境卷［M］.北京：科学出版社，2011：175-198.

［2］张新安，张迎新.让天然气在国家能源安全中发挥更大作用（一）——中国天然气资源战略研究［J］.国土资源情报，2007（9）：1-6.

［3］胡文瑞，翟光明，李景明.中国非常规油气的潜力和发展［J］.中国工程科学，2010，12（5）：25-29.

［4］胡文瑞.中国非常规天然气资源开发与利用［J］.大庆石油学院学报，2010，34（5）：9-16.

［5］赵文智，王兆云，王红军，等.页岩气改变了油气勘探的理念，是清洁能源生力军［C］//杜祥琬.科技创新促进中国能源可持续发展："首届中国工程院／国家能源局能源论坛"论文集.北京：化学工业出版社，2010：45-51.

［6］赵生才.中国天然气资源与发展战略——香山科学会议第239次学术讨论会侧记［J］.天然气地球科学，2005，16（2）：143-147.

［7］刘小丽.中国天然气市场发展现状与特点［J］.天然气工业，2010，30（7）：1-6.

［8］邱中建，方辉．中国天然气大发展——中国石油工业的二次创业［J］．天然气工业，2009，29（10）：1-4.

［9］李宁，王冰怀，赵桂英．我国天然气消费量预测研究［J］．中国工程咨询，2009（2）：25-27.

［10］胡见义，郭彬程．天然气是能源低碳化发展的重要阶段和趋势［J］．中国工程科学，2011，13（4）：9-14.

本文原载于《中国工程科学》，2011 年第 13 卷 6 期。

我国油气中长期发展趋势与战略选择

邱中建[1]　赵文智[2]　胡素云[3]　张国生[3]

（1.中国石油天然气集团公司；2.中国石油勘探与生产分公司；
3.中国石油勘探开发研究院）

摘要： 以超长期趋势预测为基础，通过对 2030—2050 年我国石油天然气供需形势的系统分析，提出有效应对能源安全挑战的战略措施和建议。研究结果表明，我国石油需求将长期处于增长态势，而石油产量将保持基本稳定，供需缺口不断加大，为此应在努力控制需求的同时积极稳妥地发展石油替代，力争石油对外依存度不超过 60%；天然气作为清洁、优质的化石能源，对改善我国能源结构、推动低碳经济发展具有重要作用，应进一步采取积极有效措施，加快国内天然气资源的勘探开发，加大国外天然气资源的引进利用，力争 2030—2050 年天然气在我国一次能源结构中的比例升至 10% 以上。在此基础上，提出了我国油气中长期发展战略与技术路线以及 6 项战略措施建议。

关键词： 石油天然气；发展形势；石油替代；对外依存度；发展战略；措施

1　前言

石油和天然气是保障国家经济、政治、军事安全的重要战略物资。新中国成立以来，我国石油工业取得了巨大成就，为国民经济和社会发展做出了突出贡献。但改革开放以来，随着我国国民经济的持续快速发展，石油消费高速增长，供需缺口不断扩大，对外依存度持续攀升，2008 年突破 50%，石油供需矛盾已成为制约我国国民经济和社会发展的重大瓶颈。同时，天然气消费也呈快速增长态势。面对这些严峻形势，客观分析我国石油天然气供需状况，研究有效应对各种安全挑战的措施和建议，对保证我国油气长期安全稳定供应，确保我国中长期发展目标的实现具有十分重要的现实意义。

2　2030—2050 年我国石油发展形势

2.1　我国石油需求总体将长期处于增长态势

20 世纪 90 年代以来，我国石油消费进入快速增长时期，石油消费量年均递增 7.0%。2003 年以来，石油消费增长速度进一步加快，年均递增达 8.3%，导致石油对外依存度快速攀升，2008 年已突破 50%[1]。

对美国、日本等 14 个主要石油消费国 30 多年来人均国内生产总值（GDP）与石油消费量的关联分析表明，当一个国家基本完成了工业化，进入经济发展的成熟期，石油消费增长就会趋缓，甚至出现负增长[2]。根据国务院发展研究中心、国家信息中心、中国社会科学院、国家人口和计划生育委员会等机构研究，2030 年前将是我国国民经济和社会发展的重要时期，是工业化进程明显加快、经济结构发生重大调整的时期；到 2040 年前后，我国国民经济和社会发展可能达到中等发达国家水平，基本实现现代化。上述因素决定了 2030 年以前我国石油需求仍将继续保持快速增长的态势，2030 年以后需求增长有可能趋缓。

统筹考虑未来世界石油供应状况和我国经济与技术发展形势，并参考国内外有关机构的研究结果，综合预测 2030 年我国石油需求量为（6～7）× 10^8t，2050 年石油需求量为（7～8）× 10^8t，要实现这一目标，需要以下约束条件：（1）2030 年以前，我国燃油汽车的总保有量控制为（1.9～2.0）× 10^8 辆，2050 年控制为（2.5～2.6）× 10^8 辆；（2）新生产乘用车的燃油经济性到 2030 年时应在现有基础上提高 20% 左右，达到 6.5L/100km，2050 年达到 4 L/100km；（3）2030 年乘用车单车行驶里程控制在（1.7～1.8）× 10^4km/a。商用车则为（4～5）× 10^4km/a，2050 年乘用车单车行驶里程控制在（1.5～1.6）× 10^4km/a，商用车则为（4～5）× 10^4km/a；（4）2030—2050 年我国乙烯自给率保持在 55%～60%。其他部门用油需求适度增长。

2.2 我国石油"长期稳产"比"短期高产"更有利

勘探实践表明，我国石油资源总量比较丰富，目前勘探尚处于中期阶段，随着未来探明储量的增加，足可保持较长时间的稳定增长。本文在全国新一轮油气资源评价成果基础上，结合近期理论认识与勘探进展，提出我国石油最终技术可采资源量为 $200 × 10^8$t，约占全球石油资源总量的 4%；截至 2009 年年底，已累计探明石油可采储量为 $80.7 × 10^8$t，可采资源探明率为 40%[3]。如果考虑到我国含油气盆地类型多、盆地经历多旋回性发展、不同层系和不同类型盆地油气分布具有多样性的特点，同时考虑技术进步对石油储量增长的贡献，我国石油储量稳定增长期有可能超过 30 年。运用多种方法综合预测的结果表明，2035 年以前我国年增探明石油可采储量将持续保持在（1.8～2.0）× 10^8t，此后将长期稳定在这一水平。

20 世纪 90 年代以来，尽管我国陆上东部老油田逐渐进入产量递减阶段，但西部和近海海域石油勘探开发进程加快，保证了我国石油产量总体呈缓慢增长的态势。原油产量年均增长 1.8% 左右。与美国本土 48 州石油产量变化历史相比，我国石油工业的发展大约晚 40 年的时间。目前，我国石油产量总体已进入高峰期，未来产量会有小幅增长的可能性。但从保障国家石油供应安全和可持续发展看，适当控制石油高峰产量、保持较长稳产期对国家石油安全更有利。提出这一观点，主要基于以下因素：（1）我国含油气盆地地质特征、剩余石油资源的总量以及品位特征表明，未来我国石油储量增长虽然较为稳定，但新增储量的品位将明显变差；（2）我国已开发主力油田总体已进入"高含水、高采出程度"的"双高"开发阶段，大多数主力油田已进入产量递减期，每年新增的探明储量绝大部分要用来弥补产量的递减。如果近期把原油产量提得过高，必然提前动用未来储量，其结果将会导致后期产量递减速度更快（图 1）。相反，如果适度控制原油高峰期产量，原油稳产期就会相应拉长，国家石油供应安全将会得到更有力的保障。

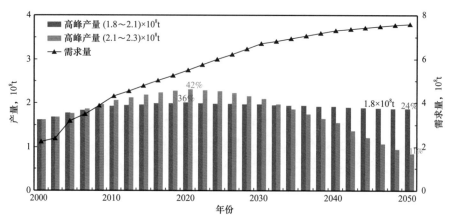

图 1　我国不同高峰原油产量及发展趋势预测图

2.3　我国石油对外依存度应设置安全上限

根据研究预测结果，2015 年前后，我国石油对外依存度将超过 60%；2026 年前后，对外依存度超过 67%，达到美国目前的石油对外依存度水平；2032 年前后，对外依存度将突破 70%。若对石油需求不加控制，我国石油对外依存度将很快突破 70%，给国家石油供应安全将带来严峻挑战。

近年来，经济合作与发展组织（OECD）成员国、中国、印度等国石油需求缺口日益增大。据国际能源署（IEA）预测，2006～2030 年，OECD 成员国石油需求缺口将由 $13.7×10^8t$ 增长到 $17.3×10^8t$，亚洲国家（不包括 OECD 成员国）的石油需求缺口也将由 $4.4×10^8t$ 增长到 $13.1×10^8t$。迅速扩大的石油需求缺口将使各国对石油资源的争夺更加激烈。与此同时，主要石油出口国家 2000 年以来的石油产量增长率仅为 1.6%，而同期这些国家自身的石油消费量年均增长高达 3.2%，是产量增速的 2 倍，致使出口能力下降[4]。虽然出口总量仍保持增长，但增速明显放缓，世界石油供需不平衡的矛盾将会进一步加剧。若以 2030 年我国石油对外依存度达到 75% 计，届时我国石油进口量将达 $6×10^8t$，占世界石油贸易增量的比例将达到 36%，未来我国石油进口可能受限，将给石油安全供应带来极大压力（表 1）。

表 1　2030 年不同对外依存度条件下石油供需平衡表

对外依存度 %	年总需求量 10^8t	年需进口量 10^8t	占世界贸易总量 比例，%	占世界贸易增量 比例，%
60	5.0	3.0	9	10
65	5.7	3.7	12	16
70	6.7	4.7	15	25
75	8.0	6.0	19	36
80	10.0	8.0	25	53

研究表明，美国石油能够保证安全供应，且国内供应比例大于30%，主要得益于两点：（1）鼓励利用新技术开发复杂油田，动用边际储量，不断稳定国内石油供应；（2）尽可能提高石油利用效率。在工业化发展进程中，我国石油资源利用具有和美国相似的情况，理应借鉴美国经验（国内供应比例大于30%），以保障我国石油安全供应。另外，还有一些石油对外依存度极高的国家，因石油消费量较小，市场关系稳定，不能作为比较对象。因此，我国有必要设定石油对外依存度上限，综合评价认为，上限应以60%～65%为宜。

2.4 发展石油替代是弥补我国石油需求缺口的重要途径之一

发展石油替代是弥补我国石油需求缺口、缓解石油供需矛盾、增强国内液体燃料供应能力、控制石油对外依存度过快增长的重要途径之一。从原料可获取性、技术可行性、水资源承受能力和控制 CO_2 排放等多方面综合看，煤基液化替代尽管现阶段技术成熟程度较高，但因我国煤炭资源多数分布在水资源相对匮乏、生态条件较为脆弱的西部地区，加之煤基液化替代的 CO_2 排放量较高等问题，不宜大规模发展，可作为储备技术适度发展，并且应该将重点放在煤基液化替代化工原料用油的发展上。天然气燃料替代、电动力替代和生物质替代是比较现实、可以规模发展的液体燃料替代类型，应积极推动，加快发展。

天然气燃料替代包括压缩天然气（CNG）、液化天然气（LNG）和液化石油气（LPG）直接用于汽车燃料和天然气合成液体燃料（CTL）两大类。通过天然气直接替代车用燃料、发展天然气合成燃料和生产石化原料，技术比较成熟，有望实现对石油形成规模替代。电动力替代是实现能源多元化发展、有效减少石油需求过快增长和保护环境的重要途径，以电代油、发展电动力车是我国今后一个相当长时期内应重点关注和发展的战略选择。电动力车包括混合动力车（HEV）和可外接充电式混合动力电动汽车（PHEV）、纯电动车（BEV）和燃料电池车（FCEV），其中纯电动车受国家补贴政策的推动，发展最为迅速。生物质替代发展应坚持"不与民争粮，不与粮争地"的原则，充分利用较大规模闲置的非农耕、宜能边际土地，积极发展"能源植物"种植，用非粮食作物为原料生产乙醇和柴油。

通过积极推动上述三项替代发展，到2030年以前，实现液体燃料替代规模发展，总量达到（0.8～1.2）×10⁸t，2050年总量达到（0.9～1.5）×10⁸t。这样，加上其间国内石油自主生产 2.0×10^8 t 左右，我国2030年和2050年国内石油供应总量可保持在（3.0～3.5）×10⁸t 水平。如果国内2030年和2050年石油消费量能控制在（6～7）×10⁸t 和（7～8）×10⁸t，就可以控制我国石油需求对外依存度始终不突破60%。

3 2030—2050 年我国天然气发展形势

3.1 我国天然气消费已进入快速增长期

天然气作为一种清洁、高效的化石能源，其开发利用越来越受到世界各国的重视。

2008 年世界一次能源消费结构中，天然气所占比例已达 24%[5]。全球范围来看，天然气资源量要远大于石油，发展天然气具有足够的资源保障。预计 2030 年前，天然气将在一次能源消费中与煤和石油并驾齐驱。天然气的高峰期持续时间较长，非常规天然气的出现和大发展必将支撑天然气继续快速发展，最终超过石油，成为世界第一大消费能源。与世界天然气消费平均水平相比，我国现阶段天然气在一次能源消费结构中的比重还很低，2008 年仅为 3.8%。

2000 年以来，随着天然气勘探开发理论与工程技术的进步，我国天然气勘探开发取得了重大进展，相继发现了靖边、克拉 2、苏里格、大牛地、普光等一批大气田，每年新增探明可采储量一直保持在（2600～3500）$\times 10^8 m^3$，年产气量也以年均两位数的速度增长。与此同时，随着陕京（陕西—北京）一线、陕京二线、陕京三线、西气东输一线、西气东输二线、忠武线（重庆忠县—湖北武汉）、川气东送、中亚等一批长距离输气管线建设，我国天然气消费进入快速增长阶段，年均递增 16.1%，2008 年天然气消费量已达 $807 \times 10^8 m^3$[5]。我国天然气利用范围不断扩大，目前全国已有 31 个省市区、205 个地级及以上城市都已使用了天然气[6]。其中，经济较为发达的长三角、东南沿海以及环渤海湾地区的天然气消费量占全部消费总量的 43%。总体来看，我国集资源、管网与消费市场于一体的天然气工业体系已初步形成，发展已进入快车道。

根据我国社会经济发展形势分析，预计 2030 年以前，GDP 增长速度平均可保持在 7%以上。城市化率将不断提高，城市人口比例将逐渐增加。从科学和可持续发展角度看，国家对温室气体排放的约束和控制将会越来越严格。清洁、低碳发展方式越来越受到重视和鼓励，这些因素都将助推我国天然气需求的快速增长，为推动我国天然气工业的快速发展提供动力。综合考虑国家经济发展趋势、城市化进程、清洁低碳发展方式等因素，参考国内外有关机构、能源领域权威专家预测结果，综合判断认为，2030 年前后我国天然气消费需求能力将达到 $4500 \times 10^8 m^3$ 以上，2050 年天然气消费需求能力将达 $5500 \times 10^8 m^3$ 以上，在一次能源消费结构中的比例将达到 10% 以上。

3.2　我国天然气储量和产量正处于快速增长期

含油气盆地特定的演化历史决定了我国是一个天然气资源比较丰富的国家。截至 2008 年年底，我国常规天然气可采资源量有 $22 \times 10^{12} m^3$，仅探明天然气可采储量 $3.9 \times 10^{12} m^3$，资源探明率只有 17.6%，待发现常规天然气可采资源还有 $18.1 \times 10^{12} m^3$❶。我国还有埋深小于 1500m 的煤层气可采资源量约 $11 \times 10^{12} m^3$。致密砂岩气资源总量尚未系统研究和评价。随着天然气开发技术的进步和发展，致密砂岩气经济开采的规模还会进一步增加。受多种因素影响，我国天然气工业发展比石油工业大致晚了近 30 年，目前正处于大发展的初期阶段。从美国天然气发展的历程来看，由于天然气生成与成藏的条件远比石油优越，天然气资源量可能远大于石油。天然气发展的早期，常规天然气的开发和利用使天然气产量迅速达到高峰，非常规气的出现和大发展足以支撑天然气生产高峰期持续很长一段时间。对比来看，中国和美国具有相似的天然气发展背景，目前我国天然气与石油产量的当量比

---

❶ 国土资源部石油天然气储量评审办公室，历年全国石油天然气探明储量评审表。

只有 0.3：1，但天然气储量和产量逐年大幅增长，天然气开发利用呈现良好前景，预计 2030 年前是我国天然气大发展的时期，届时国内天然气产量将攀上新台阶。

近年来，我国非常规天然气的勘探和开发正在逐步展开，除煤层气和致密砂岩气初见成效外，我国还有较丰富的页岩气和天然气水合物资源。据有关机构评价，仅四川盆地深层就拥有页岩气可采资源量（$7\sim15$）$\times10^{12}m^3$。此外，塔里木盆地古生界烃源岩分布区和我国南方广大碳酸盐岩分布区也是页岩气集中发育的地区。松辽盆地和渤海湾盆地深层也有尚未评价的页岩气资源分布。这些非常规天然气资源应该可以在 2030—2050 年陆续投入勘探开发，形成规模生产能力。根据国土资源部和中国地质调查局有关勘查，我国南海、青藏地区分布有比较丰富的天然气水合物资源，初步评价总量达到 $84\times10^{12}m^3$。随着技术的进步和发展，天然气水合物资源有可能在 2030—2050 年的后期突破工业开采关，并形成一定规模的生产能力。

总体来看，通过常规气和非常规气并重开发利用，国内天然气年产量有望在 2030 年前达到 $3\,000\times10^8m^3$ 以上，并且能保持长期稳产，一直延续 2050 年前后。

3.3 我国具有多元化利用国外天然气的地域优势

全球天然气资源十分丰富，目前采出程度不足 20%，尚有 80% 的资源量有待未来开发利用，足以满足未来全球发展对天然气的长期需求。根据 IEA2007 年的预测，全球天然气需求量将从 2004 年的 $2.83\times10^{12}m^3$，增加到 2030 年的 $4.62\times10^{12}m^3$，年均递增 2%。其中发展中国家对天然气需求的增长速度将高于发达国家。总体看，2050 年以前全球天然气供需可长期保持基本平衡，我国进口国外天然气从资源上是有保证的。

在地理位置上，中国毗邻中亚—俄罗斯、中东和澳大利亚—印尼等三大富气中心。据英国石油（British Petroleum）公司统计数据分析，上述三大富气区 2008 年天然气可供出口的能力接近 $4000\times10^8m^3$（表 2）。无论通过陆路的管线进口，还是通过海上 LNG 进口都相对比较便捷，具有多元化利用国外天然气资源的地域优势，我国应注重发挥这种优势，抓住有利时机，加大国外天然气资源利用力度[7, 8]。通过加强与资源国的合作，力争 2030 年我国天然气进口量达到 $1500\times10^8m^3$ 以上，2050 年进口量达到 $2500\times10^8m^3$ 以上。

表 2　三大富气区 2008 年天然气出口能力情况[9]

国家或地区	剩余可采储量 $10^{12}m^3$	储采比	2008 年情况，$10^{12}m^3/a$		
			产量	消费量	可出口量
中东地区	75.91	195.6	3881	3271	610
俄罗斯	43.3	72	6017	4202	1815
中亚地区 （土库曼斯坦、乌兹别克斯坦、哈萨克斯坦、阿塞拜疆）	12.54	72.4	1732	976	756
亚太地区 （澳大利亚、印度尼西亚、马来西亚）	8.08	47.4	1705	922	783

4 我国油气中长期发展战略与措施建议

4.1 总体发展战略与技术路线

牢固树立在全球范围多元配置油气资源的理念，长期坚持"立足国内、开拓国外"的方针，在可持续开发国内石油资源的同时，加快天然气资源开发利用，把天然气作为独立的工业体系和石油工业的二次创业加以推动并加快发展。同时，进一步加快分享利用国外油气资源的步伐，积极稳妥地推进石油替代发展，努力通过多元化开发利用，构建长期、稳定、安全的油气供应保障体系。

积极采取控制国内石油消费总量过快增长与千方百计保持国内石油生产长期稳定的路线。通过努力，2030 年国内石油消费总量控制在（6～7）×10^{8}t，石油产量在 2.0×10^{8}t 左右水平上保持长期稳定，石油替代总量争取达到（0.8～1.2）×10^{8}t；2050 年国内石油消费总量控制在（7～8）×10^{8}t，产量保持国内已形成的规模，替代总量力争达到（0.9～1.5）×10^{8}t。通过石油自主生产，加上替代发展，确保我国石油对外依存度始终不突破 60%。

积极采取推动天然气工业加快发展的路线，从产量、输配管网建设与市场开发三方面统筹兼顾、协调发展。国内天然气产量 2030 年有条件达到 3000×10^{8}m^3 以上，并可保持长期稳产至 2050 年；天然气进口通过陆地管道气与沿海 LNG 并重发展，争取 2030 年规模达到 1500×10^{8}m^3 以上，2050 年达到 2500×10^{8}m^3 以上。天然气消费总量在我国一次能源消费结构中的比例可上升到 10% 以上，成为改善能源结构和实现低碳经济发展的新亮点。

4.2 战略措施建议

（1）继续采取积极政策，推动国内石油资源的勘探开发，保持国内石油供应的基础地位。建议国家设立风险勘探基金，鼓励对重大油气资源战略远景区的研究和勘查。出台相应的鼓励政策，加大对低品位、边际储量和非常规资源的勘探和开发利用。

（2）加快天然气资源开发利用的步伐，把天然气工业发展作为独立工业体系和石油工业二次创业的机遇，加大力度，推动加快发展，成为改善我国能源结构、实现低碳经济发展的新亮点。

（3）积极稳妥地推进石油替代发展，增强国内自给供应的基础地位。建议国家尽快制订石油替代发展战略和技术路线，明确发展方向和重点。制订中长期发展规划，统领替代发展的布局与节奏。

（4）进一步完善鼓励和支持油气跨国经营的政策，继续鼓励油气公司采取多种方式"走出去"，尽最大可能多分享利用国外油气资源。同时尽早培养队伍，积极参与国际石油期货贸易运作，以增强我国在国际油价定价与控制油价走势中的话语权，降低国家油气供应与经济发展的风险。

（5）持续推进油气勘探开发科技进步。要依靠科技进步改善低品位油气资源的经济性，扩大开发利用规模，夯实可持续与安全发展的资源基础；要依靠科技进步增加对现阶段认识和技术盲区的油气资源的发现率，进一步扩大油气稳产和上产的基础；要依靠科技进步提高油气公司在分享利用国外油气资源上的竞争力，扩大利用国外油气资源的机会，为我国经济长期健康安全地发展提供资源保证。

（6）建立和完善石油储备体系，保障国家石油供应安全。我国石油战略储备体系建设已取得实质性进展，未来可根据需求发展趋势，酌情增加石油战略储备规模和类型，同时要谋划将庞大的外汇储备部分转为石油资产储备。

参 考 文 献

[1] 中国工程院.中国可持续发展油气资源战略研究课题组.中国可持续发展油气资源战略研究［R］.北京：中国工程院，2004.

[2] 中国工程院.中国可持续发展油气资源战略研究（2020—2050）［R］.北京：中国工程院，2007.

[3] 国家能源局发展规划司.科学发展的2030年——国家能源战略研究报告［R］.北京：国家能源局发展规划司，2009.

[4] 国土资源部，国家发展和改革委员会，财政部.新一轮全国资源评价报告［R］.北京：新一轮全国油气资源评价项目办公室，2005.

[5] 国家统计局.中国统计年鉴（1996—2009）［M］.北京：中国统计出版社，2009.

[6] 国家统计局.新中国五十五年统计资料汇编［M］.北京：中国统计出版社，2007.

[7] 邱中建，方辉.中国天然气产量发展趋势与多元化供应分析［J］.天然气工业，2005，25（8）：1-8.

[8] 李文.关于中国可持续发展油气战略的若干思考——访中国石油勘探开发研究院副院长赵文智［J］.国际石油经济，2003，11（7）：7-12.

[9] BP. BP Statiettical Review of world Energy［R］.2009.

本文原载于《中国工程科学》，2011年第13卷第6期。

中国非常规天然气的战略地位

邱中建[1]　邓松涛[2]

（1.中国石油天然气集团公司；2.中国石油勘探开发研究院）

摘要： 中国严重依赖煤炭的畸形能源结构和世界非常规天然气的发展趋势，促使中国坚持常规和非常规天然气同时并重，共同推动天然气产业的快速发展，中国非常规天然气迎来了发展的良好机遇。中国非常规天然气资源雄厚，技术可采资源量达 $34 \times 10^{12} \mathrm{m}^3$，其中致密气最为现实，技术可采资源量达 $11 \times 10^{12} \mathrm{m}^3$，已在鄂尔多斯盆地苏里格气区大规模开发，其他主要盆地也有规模储量发现；煤层气技术可采资源量达 $12 \times 10^{12} \mathrm{m}^3$，经过多年的技术攻关，已在中国部分地区获得工业产能，具备规模开发的基本条件，可以加快发展；页岩气勘探开发刚刚起步，已经开展系统评价工作，稳定区海相页岩具有与美国类似的地质条件，是页岩气勘探的有利区，初步评估中国稳定区海相页岩中页岩气技术可采资源量约为 $7.5 \times 10^{12} \mathrm{m}^3$。建议如下：（1）增强致密气政策扶持力度，推进技术再进步，降低致密气经济下限；（2）完善煤层气开发关键技术，加快开发进程；（3）全面可靠评价页岩气、加快试验区建设、强化技术攻关，共同推动中国非常规天然气发展进程。预计经过20年左右的时间，中国非常规天然气产量将占天然气总产量的"半壁江山"，随后继续发展，逐步成为中国天然气产量的主体和助推中国能源结构改善的生力军。

关键词： 中国；加快发展；非常规天然气；致密气；煤层气；页岩气；产量；改善能源结构

非常规天然气主要包括致密砂岩气（以下简称致密气）、煤层气和页岩气等。近年来，以致密气、煤层气和页岩气为代表的非常规天然气快速发展引起了世界的关注，特别是美国非常规天然气的迅速发展使天然气工业发生了翻天覆地的变化。作为发展中的大国，中国正处于经济和社会发展的关键时期，急需要大量的优质、清洁能源。从能源利用效率和 CO_2 排放特征来看，天然气无疑是当前一个时期较为理想的清洁能源。非常规天然气作为天然气家族中较年轻的成员，在中国天然气发展中占据举足轻重的战略地位，因此，充分剖析美国非常规天然气发展，发挥后发优势，定位好、发展好、利用好中国非常规天然气资源对中国天然气工业发展和经济社会运行具有重大战略意义。

1　美国非常规天然气大发展震惊了世界

1.1　美国天然气产量长期在高峰平台运行

按照 $5000 \times 10^8 \mathrm{m}^3$ 作为天然气年产量高峰平台计算，从1968年开始，美国天然气即进入了稳定发展的时期，40多年来持续在高峰平台上运行。2010年天然气年总产量达

$6110×10^8m^3$，天然气在美国一次能源消费中的占比27%[1]。其中致密气$1754×10^8m^3$，页岩气$1378×10^8m^3$，煤层气$484×10^8m^3$，非常规天然气总量达到$3616×10^8m^3$，占美国天然气年总产量的近60%（图1）。

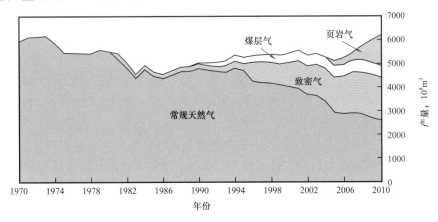

图1　美国近40年来天然气产量发展状况图[2]

美国天然气在高峰平台上运行40多年，并成为世界成功利用天然气的先驱，主要得益于非常规天然气的发展。20世纪80年代中期美国天然气产量曾出现下滑现象，非常规天然气的快速崛起，很快弥补了常规天然气产量下滑的缺口，并且持续发展[2]，最近两年使美国成为全球第一大产气国[1]，使美国天然气进口量大幅度减少，并使国际天然气贸易价格整体偏低。

1.2　美国非常规天然气快速发展的原因

美国非常规天然气快速发展的主要原因是：（1）外部条件良好，美国对天然气的需求量巨大，20世纪末通过颁布《能源意外获利法》等法律，采用税收、补贴等政策来降低油气企业开发非常规天然气的风险，鼓励非常规天然气的开发，促使油气公司开发非常规天然气的积极性高涨；（2）技术进步解决了非常规天然气开发面临的一系列难题，尤其是水平井加分段压裂及其系列配套技术使本来难以开发和动用的非常规天然气储量得以动用，单位成本大幅降低，形成规模效益，油气公司利润显著增加；（3）美国非常规天然气资源雄厚，统计表明，美国天然气总剩余技术可采资源量达到$52×10^{12}m^3$[3]，其中非常规天然气资源技术可采资源量达到$45×10^{12}m^3$，是常规天然气剩余技术可采资源量的6倍左右。此外，美国大部分非常规油气区位于平原地区，具有便利的交通、平缓的地形以及丰富的水源，对实施非常规天然气大规模开发非常有利。

美国非常规天然气快速发展，主要取决于自身天然气需求的驱使，得益于政策大力扶持、技术进步保障、地理条件优越、油气企业受利益驱使经营积极性高涨等因素，可谓占尽了天时、地利、人和。

2 中国非常规天然气具备加快发展的条件

2.1 中国能源结构促使非常规天然气必须与常规天然气加快并重发展

中国一次能源结构中煤炭长期居高不下，石油占比较低，天然气占比更少。2010年中国一次能源消费总量达 35×10^8 t 标准煤当量（图2），中国一次能源消费结构为煤炭占70%、石油占18%、天然气占4%，其他占8%[1]。

总体上中国能源消费的现状是过于重煤、高耗能、高排放。改善中国能源结构，首要任务是降低煤炭在一次能源结构中的比重，增加天然气、核能和其他可再生能源的比重。据中国工程院对中国能源中长期发展的预测，我国石油年产量将长期保持在 2×10^8 t 左右。石油进口量受各种因素特别是安全因素的影响，必须设置石油消费量的上限。据估计，中国石油消费量的上限在 8×10^8 t/a 左右[4-5]。因此，中国能源结构调整的重任就落在了天然气的发展上，这既是中国天然气发展的机遇，也是天然气工业必须面对的挑战。尽管最近10年中国天然气产量增长迅速，从2000年的 272×10^8 m³ 到2010年的 968×10^8 m³，产量增加了2倍多（图3），天然气探明储量也大幅度增长，但相对于中国能源消费量的增长，天然气在一次能源消费结构中的比例增长并不明显。

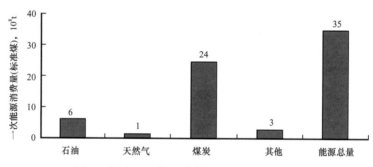

图2 中国2010年一次能源消费状况直方图

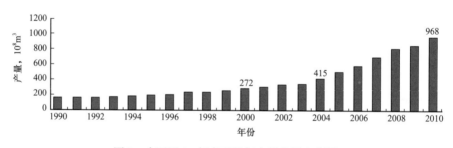

图3 中国近20年来天然气产量发展直方图

目前，中国常规天然气仍处于高速发展时期，离进入高峰期还为时尚早，但由于中国能源结构过于畸形，不能走先发展常规天然气，再发展非常规天然气的老路，而应竭尽全力促使常规和非常规天然气并重加快发展。同时，席卷全球的非常规天然气的大发展为中国非常规天然气发展增添了新的动力。中国能源结构的状况和非常规天然气的全球效应决定了中国天然气发展的理念应为常规和非常规天然气整体发展，共同推进中国天然气的发展速度。

2.2 中国非常规天然气资源雄厚，具备加快发展的条件

中国非常规天然气资源极其丰富，可采资源量远大于常规天然气资源量。据统计，中国致密气技术可采资源量 $11 \times 10^{12} \mathrm{m}^3$，煤层气技术可采资源量 $12 \times 10^{12} \mathrm{m}^3$，页岩气技术可采资源量 $11 \times 10^{12} \mathrm{m}^3$。中国常规天然气技术可采资源量 $22 \times 10^{12} \mathrm{m}^3$（包括致密气 $3 \times 10^{12} \mathrm{m}^3$）。非常规天然气技术可采资源量合计 $34 \times 10^{12} \mathrm{m}^3$，接近常规天然气技术可采资源量 $19 \times 10^{12} \mathrm{m}^3$ 的 2 倍，具备加快发展的条件。

3 中国非常规天然气发展的战略地位

3.1 致密气是非常规天然气发展的领头羊

中国各大型沉积盆地内普遍发育丰富的致密气，有的盆地已经进行商业化规模开采，如鄂尔多斯盆地、四川盆地等。2010 年鄂尔多斯盆地中国石油长庆油田公司年产天然气 $211 \times 10^8 \mathrm{m}^3$，其中苏里格气田年产致密气 $105 \times 10^8 \mathrm{m}^3$。另外，塔里木、准噶尔、吐哈、松辽、渤海湾和柴达木等盆地均发现致密气商业化气流，部分盆地已获得规模储量。因此，致密气是当前最为现实和可靠的非常规天然气资源。中国天然气资源品位不断变差，致密气储量将会增加更多，已有的开发成果表明，中国致密气已经形成了规模建产的配套技术，并且具有一大批从事致密气勘探开发的一线队伍和人才，具备加快发展的条件。

3.2 煤层气已有相当基础，具备加快发展的可能

中国煤层气资源十分丰富且分布广泛。经过多年准备，煤层气已具有相当的技术储备，某些生产试验区已探明 $1000 \times 10^8 \mathrm{m}^3$ 规模的储量并形成规模产能。

与美国煤层气的发展主要是低阶煤煤层气相比，中国目前主要获得高中阶煤煤层气产能。如中国石油沁水盆地樊庄区块为高阶煤煤层气，经过两年排采，可实现单井日均产气 $1780 \mathrm{m}^3$，已建成 $6 \times 10^8 \mathrm{m}^3$ 的年产能。鄂东韩城区块主要为中阶煤煤层气，经过两年排采后，可实现单井日均产气 $1500 \sim 2000 \mathrm{m}^3$，已建成 $5 \times 10^8 \mathrm{m}^3$ 的年产能。中国低阶煤煤层气的成功开发目前较为少见，但低阶煤煤层气具有很大资源潜力，主要分布在西北和东北，资源量占全国的 40% 左右[6]，若能顺利开采这部分资源，中国煤层气产量将会攀上新台阶。

总体上，煤层气已经具备加快发展的条件，应加快煤层气示范区的建设，完善相关技术，加快勘探开发进程，尽快建立适应不同煤阶的开发技术，实现煤层气的大规模上产。

3.3　页岩气前景光明，需要扎实工作

页岩气是一种自生、自储式非常规天然气资源类型。美国最早在 1821 年就发现了页岩气，但由于长期受技术瓶颈的影响，没有很好的经济性，发展缓慢。20 世纪 90 年代末，随着页岩评价技术、水平井加分段压裂技术、人工微地震监测等核心配套技术的突破，开发页岩气的经济性才得到认可，最近几年在美国进入大发展阶段。2010 年美国页岩气产量为 $1378 \times 10^8 m^3$，占全年该国天然气总产量的 20% 以上[1]。

中国页岩气开发刚刚起步，对有利区页岩评价技术、钻水平井及分段压裂改造技术都亟须进行技术攻关，若攻关顺利，将在"十二五"末形成系列配套技术，有望在 2020 年左右形成规模产能，并在 2025 年前后实现大发展。

根据较少的技术资料，本文对页岩气进行了初步的整体评估。据估计，中国有页岩气资源潜力的暗色页岩主要分海相、陆相和海陆过渡相 3 种类型，其中海相页岩又分为稳定区海相页岩和改造破碎区海相页岩。据评价，稳定区海相页岩是最为有利的页岩气资源潜力区。据初步评估，中国稳定区海相页岩资源量达到 $7.5 \times 10^{12} m^3$[7]。可初步与美国海相页岩气进行类比，尽管精度较差，但仍能初步判断中国页岩气潜力很大，但需要扎实工作。当务之急是在有利地区再增加一批先导试验区，加大先导试验区的力度，对页岩气勘探、评价、开采、管理进行全过程的攻关试验，包括高精度三维地震采集、处理和解释，海相页岩全方位的地质评价，钻水平井及精细分段压裂，对各井段压裂效果的微地震监测，对试验区各井组钻完井、压裂、排液及试采的工厂化营运，各井组长期试采产量递减规律的研究等，逐步获得经济有效的运行模式，再逐步推广。

4　中国非常规天然气发展的构想

4.1　中国非常规天然气发展的路径

从资源可靠性、技术水平和经济效益来看，中国发展非常规天然气应首推致密气，可优先加快发展。致密气资源可靠，并有迅速扩大的趋势，运用现有技术，可以采出相当部分的致密气，并在政府政策支持下，通过继续技术攻关，扩大致密气的开采范围和深度，经济性尚可。

其次是煤层气，可扩大发展。煤层气资源也很可靠。经过多年的试验，技术基本过关，但还有很多工作需要进行试验。煤层气单井产量低，排采时间长，盈利水平较低。

最后是页岩气，页岩气必须进行先导试验，加强攻关，弄清经济效益状况，预计用 10 年时间，在攻关基础上形成较少的产量，并逐步加快发展。

4.2　中国非常规天然气产量的设想

中国天然气产量发展将和美国一样，非常规天然气发展迅速，并很快占据天然气总产量的一半，继续发展将逐步超过常规天然气的产量。美国用了 20 年时间，2010 年非常规

天然气占当年产量近 60%。中国非常规天然气资源丰富，若攻关顺利，也可以用 20 年的时间，使非常规天然气产量占到天然气总产量的"半壁江山"。预计到 2020 年，中国天然气产量将达 $2000 \times 10^8 m^3$，其中常规天然气 $1300 \times 10^8 m^3$，非常规天然气 $700 \times 10^8 m^3$（其中致密砂岩气 $500 \times 10^8 m^3$、煤层气 $150 \times 10^8 m^3$、页岩气 $50 \times 10^8 m^3$）；2030 年中国天然气总产量达到 $3500 \times 10^8 m^3$，其中常规天然气 $1500 \times 10^8 m^3$，非常规天然气 $2000 \times 10^8 m^3$（其中致密砂岩气 $1000 \times 10^8 m^3$，煤层气 $500 \times 10^8 m^3$，页岩气 $500 \times 10^8 m^3$），非常规天然气将占中国天然气总产量的 60%。

4.3 中国非常规天然气对一次能源消费的影响

中国一次能源消费长期以来以煤为主，2010 年中国一次能源消费量为 $35 \times 10^8 t$ 标煤当量，其中煤炭消费量为 $26 \times 10^8 t$ 标准煤当量，占总消费量的 70%；天然气总消费量折合 $1 \times 10^8 t$ 标准煤当量，占总消费量的 4%。若按照中国 2020 年一次能源消费量为 $43 \times 10^8 t$ 标准煤当量、中国天然气产量在 2020 年达到 $2000 \times 10^8 m^3$ 计算，再加上进口天然气，中国天然气在一次能源消费中的比重有望超过 10%。按照中国 2030 年一次能源消费量为 $52 \times 10^8 t$ 标准煤当量计算，预计中国天然气产量在 2030 年为 $3500 \times 10^8 m^3$，加上进口天然气，中国天然气在一次能源消费中的比重有望突破 15%。若保持石油消费量比重基本不变，加上其他清洁能源的发展，中国煤炭在一次能源消费中比重有望下降到 50% 左右，能源结构得到改善。此外，中国自身天然气的快速发展，将促使中国在进口天然气、能源安全、应对碳排放谈判等方面掌握主动权，为中国经济社会发展创造良好条件。

5 结束语

随着勘探的不断深入，中国非常规天然气资源量增幅将远大于常规天然气。当前是中国非常规天然气发展的良好机遇期，应发挥后发优势，坚持非常规天然气和常规天然气同时加快并重发展。在"三驾马车"（技术进步、政策扶持和效益可期）的拉动下，中国非常规天然气必将快速发展，预计用 20 年左右的时间，非常规天然气产量将占据天然气产量的"半壁江山"，随后非常规天然气继续发展，最终成为天然气产量的主体，必将在改善中国以煤为主的能源结构进程中做出积极贡献。

参 考 文 献

［1］BP 公司 . BP 世界能源统计 2011［EB/OL］. 2011.

［2］VIDAS HARRY，HUGMAN BOB. Availability，economics，and production potential of North American unconventional natural gas supplies［EB/OL］. The INGAA foundation，Inc，USA. 2008.

［3］CURTIS J B. Details of the potential gas committee's natural gas resource assessment［EB/OL］. Potential Gas Agency，Colorado School of Mines，Golden. 2010.

［4］邱中建，赵文智，胡素云，等 . 中国油气中长期发展趋势与战略选择［J］. 中国工程科学，2011，13（6）：75-80.

［5］邱中建，赵文智，胡素云，等 . 中国天然气资源潜力及其在未来低碳经济发展中的重要地位［J］. 中国工程科学，2011，13（6）：81-87.

［6］赵庆波 . 我国煤层气勘探开发现状分析［R］. 廊坊：中国石油勘探开发研究院廊坊分院，2011.

［7］中国工程院非常规天然气战略研究项目组 . 我国页岩气资源潜力评价及有利区优选［R］. 北京：中国工程院，2011.

本文原载于《天然气工业》，2012 年第 32 卷第 1 期。

我国致密砂岩气和页岩气的发展前景和战略意义

邱中建[1]　赵文智[2]　邓松涛[1]

（1. 中国石油天然气集团公司；2. 中国石油勘探与生产分公司）

摘要： 根据资源、技术和现状全面分析了我国致密气和页岩气发展的关键因素。从资源品质、类型和政策等出发，提出我国致密气和页岩气发展路线和三步走的发展前景。系统论述了我国致密气和页岩气发展对于改善能源结构和保障国家能源安全具有重要战略意义。

关键词： 致密气和页岩气；关键因素；发展路线；能源安全；能源结构

1　前言

世界范围内，致密砂岩气（以下简称致密气）和页岩气作为两种重要非常规天然气资源，已经逐渐成为天然气产量的主要增长点。近年来随着我国天然气产业的快速发展，致密气和页岩气也得到不同程度的发展。正确分析我国致密气和页岩气发展的关键因素，准确把握我国致密气和页岩气的发展路线，对我国天然气的有序开发利用至关重要，更对我国能源结构的持续稳定改善和可持续发展意义重大。

2　我国致密气和页岩气发展的关键因素

2.1　我国致密气发展的关键因素

2.1.1　储量和产量快速增长

我国致密气早在 20 世纪 60 年代在四川盆地就已有发现，但受认识和技术限制，发展较为缓慢。近几年，我国致密气地质储量年增 $3000 \times 10^8 \mathrm{m}^3$，产量年增 $50 \times 10^8 \mathrm{m}^3$，呈快速增长态势（图 1）。截至 2011 年年底致密气累计探明地质储量为 $3.3 \times 10^{12} \mathrm{m}^3$，已占全国天然气总探明地质储量的 40%；可采储量 $1.8 \times 10^{12} \mathrm{m}^3$，约占全国天然气可采储量的 1/3。2011 年致密气产量达 $256 \times 10^8 \mathrm{m}^3$，约占全国天然气总产量的 1/4，成为我国天然气勘探开发中重要的领域[1]。

2.1.2　资源潜力很大

资源调查表明，我国致密气重点分布在鄂尔多斯盆地和四川盆地，其次是塔里木盆地、准噶尔盆地和松辽盆地，约占资源总量的90%。采用类比法，初步评估我国致密气技术可采资源量为 $10 \times 10^{12} m^3$ 左右[2]，目前累计探明率仅18%，加快勘探开发进度，仍具有很大潜力。

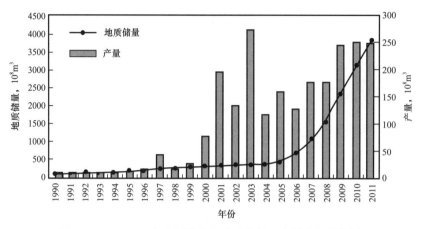

图1　1990—2011年我国致密气地质储量、产量增长形势图

2.1.3　关键技术已基本过关

近年来，借鉴世界致密气开采的关键技术，包括直井、丛式井、水平井分段压裂技术，我国致密气开发技术取得长足进步。随着大型压裂改造技术的进步和规模化应用以及生产组织运行管理模式的创新，单井产量大幅提高，成本大大降低，有力地促进了鄂尔多斯盆地上古生界、四川盆地川中须家河组等一批大型致密气田的商业性开发利用。在鄂尔多斯盆地苏里格地区成功开发的经验表明，早期天然气几乎完全不能动用，单井产量极低，一般无自然产能；引入市场化机制后，在中国石油天然气集团公司长庆油田主导下，其他油气田企业、相关技术服务企业和大量民营企业进入，大大调动了甲方、乙方的积极性，科技攻关不断取得突破。经过压裂改造，单井产量达到日产 $（1 \sim 2） \times 10^4 m^3$，开发产能迅速提升[3]。以苏里格气田为例，共投产2681口气井，平均单井日产量 $1 \times 10^4 m^3$，生产动态表明，单井稳产4年，平均单井累产可达到 $2300 \times 10^4 m^3$。2011年苏里格气田产量达到 $121 \times 10^8 m^3$，储量动用程度逐步提高[4]。总体而言，有序监控下的市场化机制促使我国致密气开采效果有突破性进展。

2.1.4　全面动用致密气地质储量的能力较差

我国致密气具有大面积分布的特点，但由于当前的天然气价格未到位，我国全面动用致密气的能力还较差。以苏里格地区为例，按照直井单井产量划分，大于 $2 \times 10^4 m^3/d$ 的为Ⅰ类气，$（1 \sim 2） \times 10^4 m^3/d$ 的为Ⅱ类气（包括 $1 \times 10^4 m^3/d$），$（0.5 \sim 1） \times 10^4 m^3/d$ 的为Ⅲ类气，小于 $0.5 \times 10^4 m^3/d$ 的为表外气，前三类气的储量占到60%，第四类气的储量达到40%（表1）[5]。目前，苏里格地区主要动用的是Ⅰ类气和Ⅱ类气的一部分，Ⅲ类气和表外气的储量基本没有动用，主要原因是在现行天然气价格体系下，开发成本偏高，产出投入比较小，经济效益很差，甚至亏损。

总体上，我国致密气资源品位差异较大，全面动用我国致密气资源的能力还较差。较好的致密气资源，如长庆油田苏里格地区Ⅰ类气，目前开发具有一定的经济效益。Ⅱ类气、Ⅲ类气和表外气资源开发的关键难点是资源品位差、开发成本高、核心技术需要持续攻关。

表 1　苏里格地区致密气资源类型（按单井产量）

	Ⅰ类	Ⅱ类	Ⅲ类	表外
直井产量 $10^4m^3/d$	>2	1～2	0.5～1	<0.5
储量比例，%	24	22	14	40

2.2　我国页岩气发展的关键因素

中国工程院、国土资源部、国家能源局、中国石油天然气集团公司、中国石油化工集团公司、中国海洋石油总公司等单位均就页岩气开展了相关工作。普遍认为，我国页岩气勘探开发尚处于起步阶段，目前已成立国家级页岩气实验中心和若干国家级试验区，进行攻关试验。总体而言，我国页岩气已引起足够的重视，具备大力发展的舆论和社会环境。

2.2.1　我国暗色页岩沉积规模很大

我国暗色页岩沉积规模很大，主要体现在：（1）面积大。在我国西部塔里木盆地、鄂尔多斯盆地、柴达木盆地、吐哈盆地、准噶尔盆地、羌塘盆地，东部渤海湾盆地、松辽盆地和南方大部分盆地均有暗色页岩分布；（2）类型多。柴达木盆地、吐哈盆地、准噶尔盆地、鄂尔多斯盆地、渤海湾盆地和松辽盆地为陆相和海陆过渡相页岩，塔里木盆地、南方盆地和羌塘盆地主要为海相页岩；（3）厚度大。我国各主要沉积盆地烃源岩累计厚度均达数百米以上，这些烃源岩具备富气页岩基本特征。

采用类比法评价表明，我国页岩气技术可采资源量为 $10×10^{12}m^3$ 左右[2]。其中，我国稳定区海相页岩气资源量达 $7.5×10^{12}m^3$。这一资源量评估较为保守，随着勘探程度的增加，资源量可能还会增大。但从可靠程度来看，美国页岩气技术可采资源量为 $18×10^{12}m^3$，有约 $10×10^4$ 口页岩气井的资料支撑，我国页岩气资源量可靠性显然较差，不确定性因素较多。即使与我国致密气可采资源量相比，因为我国有大量的致密气井，有规模化的采气区，致密气可采资源量也比页岩气可采资源量相对可靠一些。

2.2.2　我国海相页岩气特征

我国海相页岩产气层位主要以古生界较老岩层为主，经历了较长的地质演化历史。与美国海相页岩相比较，在有机质含量、有效厚度、脆性矿物含量等方面基本相当。但我国海相页岩普遍具有埋藏深度大、成熟度高、含气性偏低、资源丰度偏低的特点。此外，我国海相页岩大部分比较破碎，部分页岩已出露地表，保存条件较差。按照其特征可以分为稳定区海相页岩和破碎区海相页岩。稳定区海相页岩与已知的页岩气产区有较大的相似性，但破碎区的海相页岩含气性需要进一步勘探工作验证。

2.2.3 我国陆相页岩与海陆过渡相页岩的潜力

我国海陆过渡相页岩分布范围也较大，主要为华北地区，鄂尔多斯、准噶尔、塔里木等盆地的石炭系—二叠系地层所分布的厚层页岩。这些页岩均经历了较长的地质演化，受后期改造影响较大。以鄂尔多斯盆地为例，海陆过渡相烃源岩对致密气形成贡献很大，如考虑滞留烃源岩内部的天然气，鄂尔多斯盆地海陆过渡相页岩气资源量将相当大。

我国陆相页岩主要是中新生代厚层烃源岩，在各中新生代沉积盆地中均有分布。由于这类页岩形成时间较晚，热演化程度低，大部分在凹陷中心部分达到生气门限。在一些热演化程度较高的盆地，如四川盆地，陆相页岩也可大量生烃。

目前，我国对海陆过渡相和陆相页岩的研究也已经开始起步，并有重要发现。济阳坳陷、泌阳凹陷等地区的陆相页岩油的试验，四川地区侏罗系、三叠系的陆相页岩气和致密油试验均取得很好效果，显示了很好的潜力和前景[6]。

2.2.4 我国页岩气经济规模开发需要大力开展技术攻关

我国页岩气开发目前处于起步阶段，面临的问题很多。当务之急是根据我国页岩特征，在借鉴国外成熟技术基础上，开辟相当数量的先导试验区，大力开展技术攻关，尽快实现页岩气经济规模开发。这些核心技术包括三维地震精细勘探、页岩的全方位地质评价、压裂过程中的人工微地震检测、井场钻完井、测试、分段压裂的规模施工和工厂化运行、气井投入生产后的递减规律研究等，要在不同的试验区进行有针对性的技术攻关，取得成效后尽快推广。

我国南方海相页岩地区，大部分地形崎岖陡峭，大规模压裂施工难度很大；另外，有些地区严重缺水。中新生代陆相页岩和海陆过渡相煤系地层中黏土矿物含量较高，也严重考验水力压裂。

因此，我国页岩气的经济规模开发，要立足于自身特点，根据地面、地下的特征，创新性地进行技术攻关，取得实效。

3 我国致密气和页岩气的发展路线

3.1 致密气现实性最好，是发展非常规天然气的领头羊，具备优先加快发展的条件，应尽快形成规模产量

3.1.1 以鄂尔多斯、四川、塔里木等盆地作为重点，加快致密气探明储量和增加产量的步伐

鄂尔多斯盆地上古生界致密气探明储量和产量逐年大幅增加，是致密气快速发展的基础和保障；川中地区须家河组气藏分布较为复杂，2006—2011 年累计探明储量近 $6000 \times 10^8 m^3$，但 2011 年产量仅 $15 \times 10^8 m^3$，若加快增产步伐，有望成为致密气产量的重

要增长区；塔里木盆地库车地区深层白垩系致密气资源潜力大，是增储上产的重要地区，同时，库车地区侏罗系致密气资源近期也有大的突破，应积极勘探。另外，塔里木盆地东部志留系致密砂岩普遍含有大量的天然气，并有工业气井，是不可忽视的地区。

3.1.2 把火山岩天然气纳入致密气范围，加快发展准噶尔盆地及松辽盆地的火山岩天然气及致密气

准噶尔盆地侏罗系致密气资源潜力丰富，具有 $5000 \times 10^8 m^3$ 规模的可采资源量，最近几年还在准噶尔盆地的东部火山岩中发现大量的天然气，以克拉美丽火山岩气田为例，储层渗透率都很低，应当归属致密气的范畴。松辽盆地白垩系致密气具有 $1 \times 10^{12} m^3$ 规模的可采资源量。同时，在松辽盆地的北部和南部，徐家围子及长岭地区发现大量火山岩天然气，岩性也非常致密，应纳入致密气的范畴共同加快发展。

3.1.3 积极勘探开发吐哈、渤海湾和柴达木盆地的致密气

吐哈、渤海湾和柴达木盆地的致密气勘探开发应积极进行，争取紧跟鄂尔多斯盆地、四川盆地、塔里木盆地等主要致密气区的勘探开发，尽快实现规模上产。

3.1.4 政策扶持

我国致密气完全动用难度很大，主要原因是关键技术尚需进一步攻关，对于难以动用的储量，高投入产生的高成本与气价不匹配，完全没有经济效益。因此，在科技攻关的同时，需要国家政策扶持，尽快推动气价改革到位，使致密气储量尽可能多地动用起来。此外，国家应通过优惠政策扶持来促进科技攻关。如科技攻关相关进口仪器的税收优惠、将前期研究和勘探费用冲抵部分上缴税费、免交探矿权和采矿权使用费、适当减免企业所得税、对新技术和新工艺的研发费用参照煤层气税费优惠政策等。

3.2 页岩气发展前途光明，尽快实现页岩气经济规模开发

3.2.1 以四川及附近地区海相页岩为重点，开拓若干先导试验区，大力进行技术攻关，是第一要务

四川盆地及附近地区海相页岩与美国海相页岩具有较好的可比性，应作为重点地区开展页岩气勘探开发的先导试验，一方面检验美国成熟技术在中国的适用程度，另一方面对关键技术、管理模式、经营方式等进行全方位的试验，使尽快实现经济规模开发成为可能。

3.2.2 加快页岩气勘探开发，需要市场化机制

加快我国页岩气勘探开发，需要调动各方积极因素。美国页岩气大发展的经验表明，中小企业是开发页岩气的主力军。目前，国家设立页岩气为独立矿种，享有单独矿权，允许民营资本进入，对页岩气开发是一大积极因素。市场化以后，人才非常重要，可考虑直接从国外引进和自身培养相结合的方式，尽快完成人才队伍的建设。此外，页岩气开发的市场化机制要进行有效的管理，要有监督、进入和退出机制，总结煤炭、稀土等资源型行

业市场化以后的经验和教训，保证市场化机制的高效、有序、健康运行。

3.2.3 政策扶持

我国页岩气勘探开发能否开局良好和健康发展，政策扶持非常重要。对我国页岩气勘探开发的政策扶持应注重3个方面：（1）价格补贴，国家应尽快推动并落实天然气价格改革方案，同时，对于页岩气在市场定价基础上，再给予一定的政策补贴；（2）税费减免，页岩气实现规模开发以前，将前期研究和勘探费用冲抵部分上缴税费，免交探矿权和采矿权使用费，页岩气规模开发出现盈利后，前若干年免征企业所得税，对增值税实施先征后返或即征即返，页岩气新技术、新工艺研发费参照煤层气税费优惠政策；（3）设立国家重大科技专项，推动页岩气工程技术与设备配套发展。

4 我国致密气和页岩气的发展前景

美国非常规天然气发展的经验证明，致密气和页岩气是非常规天然气的两个最重要的增长极。我国致密气关键技术已基本过关，部分地区致密气已建成规模产能，应加快发展。页岩气处于起步阶段，正在加紧试验和技术攻关，若攻关顺利，在未来20年将形成规模产能。

4.1 我国致密气发展三步走设想

我国致密气已经建成规模产能，应分步实施，加快发展。第一步："十二五"期间加快鄂尔多斯、四川、塔里木三大气区的上产步伐，同时全面加强准噶尔、松辽、吐哈、渤海湾和柴达木等盆地致密气勘探，落实可利用资源，发展完善勘探开发配套技术，2015年全国致密气产量达到 $500 \times 10^8 m^3$。第二步："十三五"期间在主要盆地全面实现致密气大规模开发利用，形成系统配套、高效、低成本的技术体系，进入产量增长高峰，2020年致密气产量达到 $800 \times 10^8 m^3$。第三步：2020年以后致密气产量稳定增长，2030年产量达到 $1000 \times 10^8 m^3$。

4.2 我国页岩气发展三步走设想

我国页岩气勘探开发利用处于起步阶段，由于能源供需缺口的增大，决定了我国页岩气勘探开发必须加快进行，应按照三步走的模式来发展。第一步："十二五"期间以四川盆地海相页岩气为重点，开辟若干先导试验区，初步形成适合我国特点的页岩气勘探开发关键技术和经济有效开发方式，同时加强全国页岩气资源落实和有利区优选，2015年形成 $10 \times 10^8 m^3$ 左右页岩气工业产量。第二步："十三五"期间全面突破南方海相页岩气，落实页岩气核心开发区，形成先进适用的勘探开发配套技术与装备，实现页岩气规模开发利用的起步，并探索陆相和海陆过渡相页岩气开发技术，2020年页岩气产量达到 $100 \times 10^8 m^3$。第三步：2020年以后形成高效、低成本、环境友好的页岩气勘探开发配套技术，产量快速增长，2030年页岩气产量达到 $600 \times 10^8 m^3$ 左右。

5 我国致密气和页岩气发展的战略意义

2011 年我国一次能源消费总量 34.8×10^8 t 标准煤当量，煤炭占总消费量的 70%。天然气的消费量 1185×10^8 m³，折合约 1.58×10^8 t 标准煤当量，仅占总消费量的 4.5%。我国致密气、页岩气和煤层气等非常规气资源非常丰富，通过常规气和非常规气并重加快发展，到 2020 年，天然气年总产量有望达到 2300×10^8 m³，其中，常规气 1100×10^8 m³，非常规气可快速增长至 1200×10^8 m³（包括致密气 800×10^8 m³，煤层气 300×10^8 m³，页岩气 100×10^8 m³），占国产天然气总量的 52%，成为国产天然气的主体（表 2）。从消费情况来看，2020 年进口天然气约 1500×10^8 m³，消费总量约 3800×10^8 m³。若按我国 2020 年一次能源消费总量 43×10^8 t 标准煤当量计算，天然气在一次能源消费结构中比重有望超过 10%（表 3），成为真正的支柱性能源产业。继续发展，2030 年左右，预计我国常规和非常规天然气合计年产量有望达到 3800×10^8 m³，其中非常规气可达 2300×10^8 m³（致密气 1000×10^8 m³，煤层气 700×10^8 m³，页岩气 600×10^8 m³），占国产天然气总量的 61%。加上进口气 2500×10^8 m³，总消费量约为 6300×10^8 m³，按 2030 年我国一次能源消费总量 52×10^8 t 标准煤当量计算，天然气在一次能源消费结构中比例有望突破 15%。若保持石油消费比重基本不变，加上核能、水能及其他可再生能源的发展，煤炭在我国一次能源消费结构中的比重将明显下降，我国能源结构将发生重大改变。从生产角度看，按照上述产能，以 2020 年我国自产能源折合 36×10^8 t 标准煤当量计算，天然气在一次能源产量中的比重将占到 7.8%，2030 年按照自产能源折合 43×10^8 t 标准煤当量计算，天然气在一次能源产量中的比重将突破 10%。

表 2　我国天然气产量发展设想表

年份	天然气 10^8m³	常规气 10^8m³	非常规气 10^8m³	非常规气比重 %	致密气 10^8m³	煤层气 10^8m³	页岩气 10^8m³
2020	2300	1100	1200	52	800	300	100
2030	3800	1500	2300	61	1000	700	600

表 3　我国天然气消费量设想表

年份	国产气 10^8m³	进口气 10^8m³	总气量 10^8m³	一次能源消费总量（标准煤） 10^8t	占一次能源比例 %
2020	2300	1500	3800	43	11
2030	3800	2500	6300	52	15

我国致密气和页岩气的快速发展，必将推动天然气的生产和消费[7]。天然气产能的提升，不仅加快了我国自身天然气产业的发展，还将使我国在天然气进口和碳排放谈判上掌握更多主动权，改善我国能源安全状况，为我国经济社会健康发展创造良好条件。随着

以致密气、页岩气、煤层气为代表的非常规天然气的快速发展，以及进口天然气的大量进入，我国天然气总消费量快速增长，天然气必将成为改善我国长期以煤为主的能源结构的生力军。

参 考 文 献

［1］杨涛，张国生，梁坤，等．全球致密气勘探开发进展及中国发展趋势预测［J］．中国工程科学，2012，14（6）：64-68.

［2］邱中建，邓松涛．中国非常规天然气的战略地位［J］．天然气工业，2012（1）：1-5.

［3］杨华，刘新社，孟培龙．苏里格地区天然气勘探新进展［J］．天然气工业，2011（2）：1-8.

［4］何光怀．关键技术突破集成技术创新实现苏里格气田规模有效开发［J］．天然气工业，2007（12）：1-5.

［5］中国工程院．我国页岩气和致密气资源潜力与开发利用战略研究［R］．2012.

［6］马永生，冯建辉，牟泽辉，等．中国石化非常规油气资源潜力及勘探进展［J］．中国工程科学，2012，14（6）：22-30.

［7］邱中建，赵文智，胡素云，等．我国天然气资源潜力及其在未来低碳经济发展中的重要地位［J］．中国工程科学，2011，13（6）：81-87.

本文原载于《中国工程科学》，2012 年第 14 卷第 7 期。

中国油气勘探的新思维

邱中建[1] 邓松涛[2]

（1. 中国石油天然气集团公司；2. 中国石油勘探开发研究院）

摘要： 近年来，中国天然气储量产量均快速增长，结合全球天然气发展趋势，通过与美国天然气发展历程的对比和对中国天然气发展状况的预测，认为中国天然气产量将在2030年以前超过石油。通过对中国油气发展的历程分析，提出中国油气勘探的新思维：从研究生烃高峰期向生烃全过程扩展，从注重优良储层向多类型储层扩展，从勘探局部圈闭向大面积、全盆地扩展。在此基础上提出，天然气产量能够超过石油的最主要原因是自然界中天然气赋存量要远大于石油，非常规天然气大发展促进了勘探思维的大转变；精细三维地震和水平井分段压裂等核心技术的进步，开阔了勘探的视野。并提出生烃和保存条件是今后勘探中的最重要因素，勘探思维的转变必将带来资源量的大幅度提升和勘探领域的大大拓宽。

关键词： 勘探领域；新思维；非常规天然气；核心技术；资源量

长期以来，中国油气勘探大体上经历了几个主要的历程：初期以寻找构造圈闭为主，逐渐过渡到以寻找多种类型圈闭，再逐步过渡到以寻找岩性、地层圈闭为主的阶段。近期，随着世界非常规天然气的快速发展，寻找大面积、全盆地、多种类型储层油气藏已经逐渐成为勘探的重要组成部分，以寻找圈闭为主的勘探思维势必难以完全指导油气勘探的进一步发展。面对油气勘探领域的深入和扩展，勘探家面临新的问题，提出油气勘探的新思维非常必要。

1 天然气发展前景超过石油的基本判断

近年来，世界范围内天然气的快速发展带来了人类对能源生产和消费的一系列新认识。作为化石能源中比较清洁的能源，在一次能源消费中，天然气处于优先发展的战略地位，各国都将天然气的开发和利用作为实现能源转型的重要途径，天然气的大发展已经成为必然，已经成为中国石油工业的二次创业[1-2]，也将成为21世纪较长时期世界能源发展的新亮点。

1.1 在世界范围内，天然气会成为第一大能源

世界一次能源消费占比除2009年金融危机造成下降外，近年来均呈上升趋势，统计表明，近10年总计上升了12.4%[3]。据BP世界能源统计分析，2010年世界一次能源总消费达172×10^8t标准煤当量，其中石油第一，消费量达58×10^8t标煤当量，占总消费量的33%；煤炭第二，消费量51×10^8t标准煤当量，占总消费量的30%；天然气消费量

达 41×10^8 t 标准煤当量，占总消费量的 24%（图 1）。从前景展望来看，到 2030 年左右，BP 能源预测[4]，世界一次能源消费将达 231×10^8 t 标准煤当量，而天然气快速增长，与石油、煤炭并驾齐驱，消费比重大体相当，分别占 27%（天然气）、28%（石油）、27%（煤炭）。另外，Ronger[5] 对世界天然气资源量进行的评估表明，世界常规天然气资源量 471×10^{12}m^3，非常规天然气总资源量达 922×10^{12}m^3，是常规天然气资源量的 2 倍左右，同时若考虑天然气水合物资源量，世界天然气资源量将非常丰富，远超人们过去的想象。

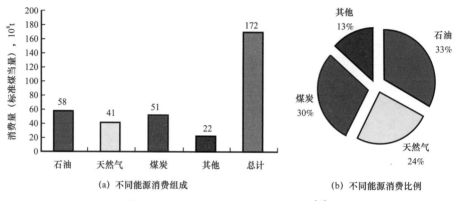

(a) 不同能源消费组成　　　　　(b) 不同能源消费比例

图 1　2010 年世界一次能源消费状况[3]

随着世界各国对利用清洁能源的呼声越来越高，世界能源消费将继续多元化发展，清洁能源的比重将持续增长[1]。天然气资源雄厚，利用现实，成本低廉，比较清洁，将会被更加广泛利用。预计在 2040—2050 年间，天然气将持续发展，逐步超过石油、煤炭，成为全球第一大能源[6-7]。

1.2　美国天然气稳定供应百年的设想

自 20 世纪 50 年代以来，美国天然气一直保持快速发展，并于 1968 年进入产量高峰平台，但进入 80 年代后，产量有下降趋势，由于非常规天然气的快速发展，不仅很快弥补了常规天然气下降的缺口，并使得美国天然气在高峰平台上长期稳定。近年来，页岩气迅猛发展，使美国天然气年产量在 2009 年、2010 年分别达到 5828×10^8m^3、6110×10^8m^3，连续两年成为世界天然气生产量第一的国家（图 2）。

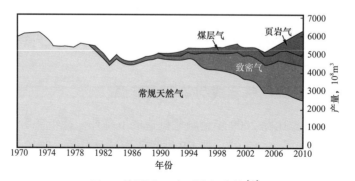

图 2　美国近 40 年天然气产量[8]

从美国天然气产量的组成来看，以 2010 年为例，致密气产量 $1754 \times 10^8 m^3$、页岩气产量 $1378 \times 10^8 m^3$、煤层气产量近 $500 \times 10^8 m^3$，非常规气产量已经占美国天然气总产量的 60% 左右（图 2）。乐观估计，美国非常规天然气在现行政策和技术条件下，如果气价适当，将会发展更快。

美国天然气潜力委员会对美国天然气总技术可采资源量进行了评估[9]，2008 年认为可达到 $52 \times 10^{12} m^3$，2010 年又增加到 $53.7 \times 10^{12} m^3$，且以非常规天然气资源量为主体。按照这一评估，如果以年产 $5000 \times 10^8 m^3$ 来计算，美国流行一种说法，即美国国内天然气资源可供使用 100 年，并且天然气能够充当化石能源向清洁能源过渡的桥梁。

1.3 中国天然气产量将超过石油

中国天然气的发展与美国相比，不仅起步较晚，在产量和消费量上均和美国存在很大差距。但中国天然气近期发展迅速，尤其是近 10 年来，中国天然气储量和产量快速增长，其中产量由 2000 年产 $272 \times 10^8 m^3$ 发展到 2010 年产 $968 \times 10^8 m^3$（图 3），消费量在中国一次能源消费结构中从微不足道上升到 4% 左右。

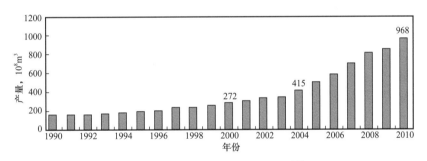

图 3 中国近 20 年来天然气产量[3]

由于天然气自身的属性和人类对其认识程度的不断增强，自然界中天然气的来源要远大于石油。主要表现在：（1）天然气的多源性，不仅存在有机成因，还具有无机成因；（2）天然气形成的多阶段性，在有机质处于低成熟阶段、成熟阶段和过成熟阶段均有天然气的生成；（3）天然气对储层的要求较石油低，有较多的机会储集在致密砂岩、煤层、页岩等储层中，形成大规模的气藏。此外，中国相当部分气田均成藏于古近纪、新近纪和第四纪，成藏期较晚，有利于气藏的保存。

按照中国能源中长期发展的预测结果，中国石油产量将长期稳定在 $2 \times 10^8 t$ 左右。如果中国天然气产量在 2020 年达到 $2000 \times 10^8 m^3$、2030 年达到 $3000 \times 10^8 m^3$，在 2030 年前中国天然气产量将会十分顺利地超过石油。随着中国天然气产量的逐步增长，在中国一次能源消费中的比重也必将快速增长。

2 中国油气勘探的新思维

世界范围内天然气的大发展，使得勘探家不得不重新认识和评估所面对的勘探对象。

长期以来，石油界坚持的生烃高峰期为主成藏期，以优质砂岩和优质碳酸盐岩储层为主要目的层，以寻找构造、岩性等各类圈闭为主的勘探思维受到了空前挑战。致密砂岩气渗透率达到 0.001mD 仍然具有开发价值、页岩气在 R_o 值达到 3.0% 以上仍然具备形成大规模气藏条件等现象，逐渐成为近年来勘探家探讨的热点，新的勘探思维正在逐步形成和不断扩展。毋庸讳言，非常规天然气的出现和大发展促进了勘探思维的大转变，勘探思维的转变必将促使勘探过程发生一系列变化。

2.1　从专注研究生烃高峰期向生烃全过程扩展

传统研究表明，镜质体反射率 R_o 处于 0.7%～1.3% 时，为液态烃生烃高峰期；R_o 处于 1.0%～2.0% 是干酪根生气的主要时期。页岩气的出现和大发展表明 R_o 处于 1.35%～3.5% 时，有机质仍能大量生烃，形成规模气藏[10]。生烃高峰期烃源岩排烃效率差异也较大，有学者认为海相及湖相优质烃源岩，在开放条件下，高峰期排烃效率可高达 85%，但煤系烃源岩和煤排烃范围可以拉得很长，在高成熟期仍然可大量排烃。一般烃源岩排烃效率在 40%～60%[10-11]。相应滞留烃含量也存在较大差异，范围可在 15%～40%。

不难发现，中外学者对烃源岩生烃的研究已经从过去的关注液态烃生烃高峰期和主生气期逐渐向更高的热演化程度扩展。而 R_o>3.5% 以后滞留烃含量多少以及能否形成规模气藏，尚需开展进一步研究工作。从烃源岩的低成熟阶段向高成熟和过成熟阶段演化的生烃全过程研究，也包括各类型生烃源岩排烃效率及滞留状况全过程研究，使得以往忽略不计的资源量成为有效资源量，必将带来资源量的大幅度增长。

2.2　从专注发现优良储层向多类型储层扩展

勘探工作原来最重要的理念是要想找到高产大油气田，发现优质储层是重要的条件之一，这些优质储层包括优质砂岩和优质碳酸盐岩，主要指标是高孔隙度和高渗透率。随着勘探家的大量实践，发现致密砂岩和致密碳酸盐岩也可以大面积饱含油气，勘探继续深入，发现火成岩及变质岩也可以饱含油气。最后，非常致密的页岩也可以饱含油气，因此，储层扩展到地球所有岩类，储层评价的目标不是孔隙度和渗透率的高低，而是储层是否富含油气，只要有一定规模的油气，就可以用人工的方法改造成为商业化的储层。例如页岩气的大发展，就是大规模采用水平井多段压裂方式对储层进行大规模的人工改造，成为商业化的储层，并为开发各类致密储层提供了很好的借鉴。

2.3　从专注勘探局部圈闭向大面积、全盆地扩展

传统勘探寻找有利圈闭，圈闭是油气聚集和富集的最重要场所。由于重力作用，油气都向高处运移，而密度较大的水，一般都位于圈闭底部、边部而成为油气藏的边界。但随着勘探的不断深入，储层致密化程度的不断增高，这些运聚规律有些部分改变甚至全部改变，使得油气呈大面积、连续性分布，而且不具备明显的边界。因此，勘探需要从局部圈闭向大面积、全盆地扩展。如鄂尔多斯盆地大面积、全盆地含油气（图4），美国页岩大面积含油气。按照这一理念将可以解放很多以往勘探的禁区，使勘探进入一个新的认识和发展阶段。

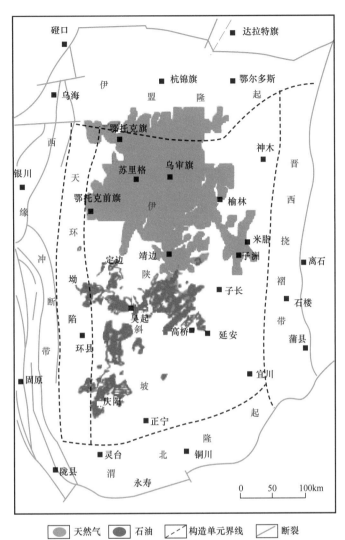

图4　鄂尔多斯盆地大面积、全盆地含油气

3　几点认识

3.1　天然气超过石油的主要因素是天然气资源雄厚特别是非常规气的大发展

天然气相对石油成藏门槛较低，成因多样，类型丰富等因素，决定天然气在自然界中资源量远超过石油，可以充当化石能源向清洁能源过渡的桥梁。美国常规天然气进入高峰平台后产量逐渐下降，非常规天然气的迅速发展促使高峰期延续时间很长，年产量一直超过石油。世界各国石油天然气发展的历程应基本与此相似。中国天然气发展比石油大体滞后30年，目前正是大发展时期。今后20年内，中国天然气产量必将超过石油。

3.2 非常规气的大发展促进了勘探思维的大转变

非常规天然气尤其是页岩气的出现和大发展，使有机质生烃范围大大扩展，资源量大大增加，促使勘探进入一个新阶段。页岩气的发生和发展，使各种岩类均可能成为储层，储层下限大大扩展。非常规天然气以及非常规油使局部圈闭重要性发生改变，而要进行大面积、全盆地勘探。非常规天然气（以及非常规油）地位将会越来越重要，它们的资源量可能会超过常规油气，也必将成为今后勘探工作的重点。

3.3 核心技术的进步，开阔了勘探的视野

水平井分段压裂及其相关配套技术所构成的核心技术是页岩气成功开发的关键，核心技术主要包括水平井分段压裂、人工微地震监测、高精度高分辨率三维地震、高精度岩性分析测试和工厂化运作模式等。核心技术的进步，使得各类致密储层得到开发，开阔了勘探的视野。

3.4 生烃和保存条件是勘探过程中最重要的因素

传统石油地质的评价方法包括对生油层、储层、盖层、圈闭、运移和保存条件的评价。由于有机质生烃高峰期向生烃全过程的扩展，页岩气原地富集成藏、致密砂岩近源成藏，使得储层下限大大扩展，大面积全盆地富集成藏等新思维的出现，认识到储层、圈闭和运移等条件成为不是特别重要的制约因素，生烃条件和保存条件将成为石油地质评价中最为重要的两个关键环节。

3.5 勘探家的任务一直是在找"甜点"，油气大面积分布仍然要找甜点

常规油气聚集在局部圈闭里，找圈闭就是找"甜点"。非常规油气分布在大面积范围内，由于各种致密岩类很不均匀，也产生一批规模不等的"甜点"。以页岩气为例，黑色页岩可细分为炭质页岩、硅质页岩、黏土质页岩、混合页岩等，易碎性差别很大，其有机质孔隙变化也很大，容易形成若干规模的"甜点"。

3.6 勘探思维的转变必将带来资源量的大大增加和勘探领域的大大拓宽

勘探思维的转变使勘探家对资源量的认识更加充满信心，科技进步使以往难以动用的资源量得以成功开发，成功的勘探开发经验逐渐凝练出新的勘探思维。总体上表现为，勘探深入发展要求科技不断进步，科技进步不断解决油气工业的一系列难题，不断促使勘探思维的转变。最终走出一条依靠科技进步，转变勘探思维，获取勘探效益的成功之路。

参 考 文 献

[1] 邱中建，方辉.中国天然气产量发展趋势与多元化供应分析 [J].天然气工业，2005，25（8）：1-5.

[2] 邱中建，方辉.中国天然气大发展—中国石油工业的二次创业 [J].天然气工业，2009，29（10）：1-4.

［3］BP. Statistical review 2011［EB/OL］.

［4］BP. Energy outlook 2030［EB/OL］.

［5］Ronger H. An assessment of world hydrocarbon resources［J］. Annual Review of Energy Environment，1997，22：217-262.

［6］邱中建，赵文智，胡素云，等. 我国油气中长期发展趋势与战略选择［J］. 中国工程科学，2011，13（6）：75-80.

［7］邱中建，赵文智，胡素云，等. 我国天然气资源潜力及其在未来低碳经济发展中的重要地位［J］. 中国工程科学，2011，13（6）：81-87.

［8］Harry V，Bob H.Availability，economics，and production potential of North American unconventional natural gas supplies［EB/OL］. The INGAA foundation，Inc，USA（2008-11-03）.

［9］Curtis J B. Details of the potential gas committee's natural gas resource assessment［EB/OL］. Potential Gas Agency，Colorado School of Mines，Golden（2010-12-31）.

［10］Jarvie D M. Unconventional shall-gas systems：the Mississippian Barnett shale of north-central Texas as one model for thermogenic shale gas assessment［J］. AAPG Bulletin，2007，91（4）：475-499.

［11］赵文智，王兆云，王红军，等. 再论有机质"接力成气"的内涵与意义［J］. 石油勘探与开发，2011，38（2）：129-135.

本文原载于《石油学报》，2012 年第 33 卷增刊 S1。

第二部分 学术论文

我国页岩气的资源潜力与发展前景

邱中建

（中国石油天然气集团公司）

非常规天然气是用常规技术难以开采的天然气资源，主要包括页岩气、致密砂岩气（以下简称致密气）、煤层气和天然气水合物等。页岩气是指以游离和吸附方式，主要赋存在富含有机质的页岩层系内部的天然气，岩性包括页岩及其他岩性构成的薄夹层，目前全球探讨最为热烈。研究表明，全球页岩气资源量约 $456 \times 10^{12} m^3$，比常规天然气资源量 $436 \times 10^{12} m^3$ 还要多[1]，具有良好的发展潜力。

目前，页岩气形成了较为一致的评价标准，该标准包括：（1）核心区面积和页岩集中段厚度大小。核心区面积和页岩集中段厚度大小是页岩评价的重要标准，直接决定了页岩气赋存的规模丰度和范围大小。（2）超压现象。地层压力是否具备超压现象，是页岩气井能否高产的重要因素。（3）高有机质丰度。页岩有机质丰度越高，在温度作用下生成液态石油和天然气的数量越多。除排出烃源岩的部分外，留在页岩中成为页岩气的数量也越高。（4）高演化程度。有机质热成熟程度越高，向液态石油和液态石油向天然气转化的数量越多。（5）孔隙度状况。页岩孔隙度一般较低，美国页岩气核心区孔隙度 4%～8%，一般孔隙度大于 4% 的页岩才具有开采价值。（6）高含气量。美国页岩气核心区含气量一般为 2～8 m^3/t 岩石，页岩含气量一般应大于 0.4 m^3/t 岩石才具有工业化开采价值。（7）高脆性矿物含量。石英、方解石等脆性矿物含量高的页岩会增加页岩的脆性，易于人工压裂改造。

美国页岩气的发展呈现几个值得重视的现象：（1）最近十年美国页岩气产量从 2002 年的不足 $150 \times 10^8 m^3$ 到 2011 年的 $1760 \times 10^8 m^3$，实现了快速增长。（2）美国页岩气技术可采资源量从 2004 年的 $2 \times 10^{12} m^3$ 到 2011 年评价的 $24 \times 10^{12} m^3$，总体处于动态发展、快速增长的态势。（3）美国页岩气的发展带动了致密油气的发展，页岩气的成熟技术应用到致密油气的发展上，取得了重大突破。（4）由于页岩气的大发展，美国天然气产量连续两年超过俄罗斯，成为世界第一天然气生产国，并出现了美国天然气可以使用百年、天然气是化石能源向清洁能源过渡的桥梁等论断。（5）美国页岩气的大发展，促使美国提出能源独立政策，即不再呈东西向依赖中东油气，只通过南北向即南北美洲的油气供给即可满足美国需要。

从美国页岩气发展历程来看，2005 年以前年产量均低于 $200 \times 10^8 m^3$，2005 年后快速发展，每年呈 $100 \times 10^8 m^3$ 以上的产量增长。美国页岩气的快速发展最重要的原因是科技进步，成功改造了页岩；其次是美国出台了一系列的政策扶持鼓励页岩气的开采。

我国页岩气资源相当丰富，富含有机质的暗色页岩分布十分广泛，海相、海陆过渡相和陆相三种类型的页岩均有分布，其中海相页岩又分为受构造运动改造较为强烈的破碎区和受构造运动影响较小的稳定区。目前评价，我国稳定区海相页岩主要分布在南方地区，以志留系龙马溪组和寒武系筇竹寺组为主；陆相和海陆过渡相页岩目前全世界进行的研究较少，我国也已经开展初步工作。美国的页岩气主要产出于较稳定的海相页岩，我国破碎区海相页岩与美国差异较大，稳定区海相页岩和美国具有一定可比性。据初步评价，技术可采资源量约 $8.8 \times 10^{12} m^3$，具备很大的发展潜力[2]。

我国目前进行的页岩气试验区已经开始了初步工作，在四川盆地威远、长宁、富顺—永川和元坝等地区进行了页岩气勘探试验工作，并出现页岩气高产井，表明我国页岩气具有很好的资源潜力。

当前我国页岩气开发利用尚面临重大困难，必须迫切进行几项关键技术的攻关。（1）精细三维地震技术，主要用于精确评价页岩厚度、分布和页岩区构造、沉积状况；（2）水平井钻完井及分段压裂技术，主要用于页岩气井的改造；（3）水平井呈排列群的体积压裂技术，主要用于大面积页岩的改造；（4）人工微地震监测技术，主要用于页岩储层改造效果的监测；（5）井场与完井压裂工厂化运行，主要用于大规模页岩气藏的立体化、规模化开发；（6）页岩实验室的评价技术，主要用于页岩各项指标的分析和核心区的优选；（7）单井开采期间产量递减规律的研究，主要用于单井最终可采储量、区域资源量和成本等方面的评价。

鉴于我国页岩气现状，当务之急是积极推动不同类型先导试验区的建设，大力开展技术攻关。大体上，我国页岩气发展可以按照三步走的路线进行。第一步："十二五"期间实现试验区建设、突破技术关键环节，获得商业性产量；第二步："十三五"末期，页岩气有望形成 $200 \times 10^8 m^3$ 左右规模产能；第三步：2030 年页岩气产量将攀上新台阶，突破 $1 \times 10^{11} m^3$ 大关。

参 考 文 献

[1] Ronger H. An asessment of world hydrocarbon resoures [J]. Annual Revinw of Enengy Environment, 1997, 22: 217-262.

[2] 中国工程院非常规天然气项目组. 我国非常规天然气资源开发利用战略研究之我国致密气页岩气资源开发利用战略研究 [R]. 2012.

本文原载于《中国地球物理学会第二十八届年会会议论文集》，2012 年。

第三部分

研究报告

祁连山东段北麓石油地质普查总结报告（节选）

邱中建　周宝昌

（石油工业部西安地质调查处直属 101 队）

1955 年 3 月，石油部西安地质调查处下达祁连山东段北麓石油地质普查任务，直属 101 队历经近 1 年时间圆满完成任务并编写报告，获"优良"评价。工作区位于甘肃武威、吴忠及兰州之中心位置，基岩由奥陶系、志留系—泥盆系变质岩组成，未变质沉积岩总厚 7400m 左右，自古生代下石炭系起至新生代第四系均有出露。大地构造单元上位于祁连山东端北麓边缘褶皱带所形成的山间坳陷区。地貌分为剥蚀地貌、沉积地貌、风成地貌三种基本类型。水露头集中于西北山前平原地带，东部零星分布，西部有三条常年流水水溪，东南边缘为黄河。主要成果：（1）三叠系地面露头无含油显示；（2）中上石炭系沉积广泛，属海岸相沉积，岩石颜色深暗，富含有机质适于生油，地层内有足够的砂岩作为储油层，厚层黑色页岩可作盖层，在黑山井下发现多层砂岩及页岩具含油显示，中卫上河沿及孟家湾一带发现数层含油砂岩。

本文节选其中的序言、第 4 章（地层）、第 5 章（构造）、第 9 章（含油气情况）、第 11 章（总结与建议）等部分内容。

1　序言

1.1　工作区域位置及范围

工作区位于东经 103° 25′ 至 104° 20′，北纬 37° 08′ 至 37° 41′，呈东西横放的矩形，工作区位于武威、吴忠及兰州市三角形地区之中心部分，北部属阿拉善蒙古族自治区管辖，南部分属四县所辖，自东而西为中卫、景泰、永登及古浪县。地理位置在祁连山东段北麓及腾格里大沙漠南缘，东南有黄河呈一大"S"形向东北奔流而去。

1.2　工作任务及完成计划情况

我队任务是在本区域内查明地层和构造情况，各时代地层的接触关系、储油条件、探寻储油构造，提出含油气远景的意见和进一步勘探的方向。我队在此区域内进行了调查比例尺为 1：200000 的地面地质普查工作，调查面积 2500km²，为了保证质量，规定露头区每平方千米必须有 0.65 个地质点，其中包括 0.28 个构造点，非露头区每平方千米 0.3 个地质点，其中包括 0.07 个构造点，并根据设计估计露头区为 1600km²，布置地质观察点 1040 个，其中包括构造点 448 个，非露头地区 900km²，布置地质观察点 270 个，其中包括构造点 63 个，共计应完成地质观察点 1310 个，包括构造点 511 个。

但根据我队实际工作结果，露头区仅占工作区面积 800km²，非露头区面积占 2200km²，我队实际完成 1：200000 普查面积 3000km²，完成设计面积 120%，完成地质点 1401 个，完成原设计的 107%，其中包括构造点 84 个，完成原设计 16%。构造点未完成的原因是：（1）露头较少，（2）发现构造太少，一般地区不做构造等高线图，故构造点的用途不大，后经地质调查处张传淦地质师同意不做构造点。

在每平方千米观察点的数量上，我队实际完成露头区：每平方千米平均 0.75 个，非露头区每平方千米平均 0.35～0.4 个。由于在完成计划的过程中比较顺利，故在工作后期增加任务 1800km，调查比例尺为 1：500000 之路线地质普查，实际完成调查面积 1800km，完成地质点 380 个，其中包括构造点 20 个，总计完成剖面长度 58450m，调查路线 2456.2km。

1.3　工作区条件

1.3.1　露头情况

工作区东南部露头出露最好，山势雄峻，多深沟窄谷，绝无半点覆盖。西南部次之，东北部又次之，为半露头的丘陵区域，西北部最坏，为大量之黄土及沙丘所占据。工作区靠近祁连山褶皱带，褶皱强烈，且多逆断层及平移断层，部分地层直立至倒转，不易工作，但区域内地层岩性地层岩性变化较小，且各时代出露完整，彼此区别很显著，对地层的确定带来一定的好处。

1.3.2　地形与气候对工作之影响

南部的地形高差显著大于北部，南部一般高差在 100～300m，最大可达 400m，且多绝壁，工作时劳动强度极大，本区域海拔 1200～3000m，沟的割切一般很少顺倾向者（仅东长岭山之面具较多顺倾向沟），多斜截地层或沿地层的虚弱部分，顺走向割切，造成路线调查的极大困难。在七月下旬至八月上旬的多雨季节里，几乎每日或间日均有雨（以长岭山麓为最），多为暴雨，常在工作时遭遇，雨后有山洪，有时被阻不能回家。东区多大风，大风风向常为西北—东南向，风大时夹砂砾，黄沙蔽天，致使路线测量工作无法进行。

1.3.3　居民与水井、水泉分布

居民分布的原则是依水而居，其次是依黄土而居，故工作区内长岭山南北两麓，是比较集中的地方。向北大大减少。水井水泉分布一般较为均匀，长岭山区发育着大量的水泉，但在西北沙丘地区水井缺乏，东北区域水井亦较稀少，在沙丘里工作是比较困难的。

1.4　人员组织分工

我队队号原为潮水 101 队，后改为直属 101 队，队上正式职工 13 人，季节工 1 人。其中队长 1 人，技术员 1 人，实习员 1 人，培养实习员 3 人，实习技工 1 人，学徒 1 人，四级技工 1 人，管理员 1 人，厨工 1 人，于八月份调来实习技工 2 人。

在工作的开始，由一组进行工作，当全体人员工作一段时间以后，队长和技术员都已经能对本区地层和构造取得统一意见时，分开两组进行工作，一组由队长领导，实习员2人，技工2人；另一组由技术员领导，实习员2人，技工1人。队长和技术员所领导下的实习员和技工，每月交换1次，但量大剖面时，两组合并共同认识地层、统一分层，最后再分开工作。

实习员和高级技工在队长和技术员的口述和指导之下，绘制地质图及露头描述工作，技工担任推轮距仪对方向、采标本等工作。地层时代的确定、构造关系的连结、定地质点的地位等工作由队长和技术员亲自负责，而且成层要素的测定也多由队长和技术员自己测量或在其监督下委托某同志来做此一工作。

1.5 参加编著总结报告的人员

文字总结报告主要由邱中建、周宝昌、阎敦实等编制，其中邱中建担任序言、地层、奥陶系至古近系—新近系（三叠系除外）、地质发展史、前人调查研究、水文地质、地貌、总结与建议（集体讨论）等部分执笔人；周宝昌执笔地层中三叠系、构造等部分；阎敦实执笔第四系地质、含油气情况、地理概况、其他有益矿物等部分。实际资料的编写与整理人员包括：唐文翰、吴天骥、李仁本、张合六、阎敦实、邱中建；图幅绘制人员包括周宝昌、唐文翰、阎敦实、邱中建、吴天骥、张合六。

（下略）

2 地层（原第4章）

本区基岩由奥陶系及志留系—泥盆系的变质岩石所组成，未受变质的沉积岩出露总厚在7400m左右，时代自古生代早石炭纪起至新生代第四纪止，各层均有出露，但其中缺失侏罗系的上部及白垩系的全部，火成岩以花岗岩、正长斑岩及闪长斑岩为主，侵入于下古生界志留—泥盆系之中，分布于工作区的西南部，在下石炭系老君山统中，发现平行层面的玄武岩流。在工作区的西北部和中部，有广泛的第四纪堆积覆盖。地层系统表见表1。

（下略）

3 构造（原第5章）

工作区在大地构造单元上，位于祁连山东端北麓的边缘褶皱带中，并且是在褶皱带所形成的山间凹陷区里。工作区内有三条主要褶皱带，作为本区构造的骨架，自南而北为老虎山褶皱带，长岭山褶皱带与庆阳山褶皱带，全为志留系—泥盆系变质岩所构成，在每两个褶皱带之间，形成山间坳陷，全区分为南北两个山间坳陷，南部老虎山与长岭山之的部分称为"寺儿滩山间坳陷"，北部长岭山与光阳山之间的部分称为"土墩山间坳陷"。

（下略）

表 1　地层系统表

界	系	统	层	地壳运动及接触关系	地层符号	岩性简述	厚度变化，m
新生界	第四系		近代河床堆积及覆盖砂		Qm		0~5
			风成沙丘		Qs		1~40
			黄土夹砾石		Ql_2		1~20
			黄土		Ql_1		5~30
			台地堆积		Q	已胶结的砾岩	0.5~5
	古近系—新近系	甘肃统		喜马拉雅运动轮回	Trk	上部：砾岩；下部：棕红色泥质砂岩夹砾岩	311.2~611.2
中生界	侏罗系	延长统		印支运动	J	灰绿色中砾岩至巨砾岩夹页状砂岩	129.3
	三叠系	石千峰统		燕山运动轮回	Ty	灰绿色至灰紫色粗砂岩至细砾岩	2497.5
古生界	二叠系	石盒子统			P_2s	紫红色砂岩与泥质细砂岩成互层	413.8
	二叠系				P_1s	杂色砂岩夹细砾岩	230.2
	中上石炭系	太原及羊儿沟统		海西宁运动轮回	$C_{2+3}ty$	上部：灰黑色页岩与砂岩成互层；下部：黑色页岩夹砂岩	954.7
	下石炭系	臭牛沟统			C_1c	灰色灰岩	105.3~143.2
		老君山统			C_1l	上部：紫红色细砂岩；下部：紫红色砾岩	10~2273.7
	志留系—泥盆系			加里东运动轮回（塔康运动）	S+D	灰绿色变质砂岩及千枚岩	3592.4（未见底）
	奥陶系				O	千枚岩、石英岩及硅质灰岩	500.5（未见底）

3.1 老虎山褶皱带

位于工作区南缘，资料不全，不能详细叙述，为志留系—泥盆系地层所组成，并有大量火成岩的侵入体，褶皱轴线北西西—南东东（30°～70°走向，根据甘肃北部地层志，地质图走向近乎东西）。

3.2 长岭山褶皱带

位于工作区中部，稍较偏南，自古浪县而来，经本工作区直达中卫境内，褶皱轴线近乎东西，工作区内全为志留系—泥盆系地层组成，轴部亦有大量火成岩之侵入，出露多呈块状，自工作区西部向东延展至红水。志留系—泥盆系中也发现有局部极狭窄之褶皱，多呈对称形式，由于该褶皱带受到后期燕山期运动之影响，因此有五条北西西向的巨大逆断层，割切变质岩，造成块状的分割。

3.3 庆阳山褶皱带

全为志留系—泥盆系变质岩组成，未见火成岩侵入，位于工作区北缘，其两侧零星出露下石炭系地层。志留系—泥盆系地层大都北倾，是一单斜形式，其中也有小型褶皱，呈对称形状，此褶皱带走向近乎东西、其向东西延展情况，因被沙漠覆盖，故不清楚，但在西延部分有零星的变质岩露头，褶皱带之南为一大逆断层所割切。为变质岩与下石炭系断层接触，断层走向近乎东西，断面北倾，倾角80°～82°。

3.4 土墩山间坳陷

包括庆阳山及长岭山之间所有区域，并自红水以东向南凸出，伸入长岭山中，中部特别宽阔，东西较为狭窄。其伸入长岭山区域的部分，其沉积与构造情况与北部稍有不同，因此我们分为南部及北部来叙述。以大靖、关爷庙、红砂岘、夜围子、前黑山及大营盘水以北为该凹陷之北部，以南的部分称为南部。

3.5 寺儿滩山间坳陷

位于长岭山与老虎山之间，向东南伸延情况不清，坳陷中出露地层最老的是石炭系，并一直可延续至第四系，倾角一般较平缓，为5°～30°，一般在断层附近者因受其影响倾角较陡。断裂主要为平行走向之高角度逆断层，断层面南倾，地层南部上升北部下降，为此区基本构造特征，此坳陷的南部与老虎山接触处为一断层，南部升起北部下降，估计断面应向南倾，而且为高角度，东部断距很大，志留系—泥盆系与三叠系上部直接接触，向西渐为中—上石炭系与三叠系接触。坳陷区内褶皱轴线北西西—南东东向，在其中部为一大逆断层所破坏，分割成南北两部，南部为破坏的单斜，北部为倾没的背斜及向斜组成。

（下略）

4 含油气情况（原第9章）

4.1 野外含油试验的结果

在本区进行石油地质调查的主要对象为中—上石炭系地层，因此着重地对该系地层进行了含油试验工作。在几处石炭系出露较为完整的地区，如黑山、红水及冬青沟等地都逐层做了四氯化碳及荧光分析，并采集了送交试验分析的标本。本区的三叠系地层与陕北盆地之延长统极为相似，此系地层在陕北含油，故对本区延长系地层也进行了若干含油试验。此外对黑山648队探井的岩心也做了含油试验，主要是中上石炭系上部。

工作结果证明：三叠系地面露头无含油显示、中上石炭系地面露头有两处点含油显示，黑山试验过的三口探井岩心全具含油显示，可以认为地面露头上一般是不含油的，而在地下含油情况比地面大大的增强，现将三处油苗的情况并综合实验室分析结果叙述如下：

4.1.1 黑山648队中大二井岩心

继我队野外试验及实验室分析后，发现中—上石炭系上部具有多层含油的砂岩及页岩，共采岩心标本58块，其中51块具含油显示（其中页岩1块，石灰岩1块，砂岩56块）分析结果按油的类型可分为两种。

油质沥青质：毛细管吸引颜色为白至微白色，对比等级一般3～7级，最高可达1级。发光颜色为天蓝至暗蓝色，标准系列分析百分含量0.02%～0.6%，最高可达1%，饱和率未测。

胶质沥青质：毛细管吸引颜色，棕黄，橙黄至淡黄色，对比等级一般1～2级，最低4级，标准系列分析百分含量，一般0.5%～1%，最低0.06%，发光颜色天蓝色。

在黑山钻井过程中，据悉钻井液有气侵染现象，钻至$C_{2+3}ty_2$下部时气侵尤其剧烈，同时有浓厚的硫化氢气味。此现象曾发生于中62井、西52井两口井中。该井位于牛鼻梁背斜之北翼，钻深500m，目的为探煤。

4.1.2 李家滩（属永登管辖）中上石炭系 $C_{2+3}ty_2$

顶部一层黑色页岩具含油显示，毛细管吸引颜色为微黄白色，沥青类型为胶质沥青质，对比等级五级。标准系列百分含量0.0624%。

页岩，厚1m，其上为一层石灰岩，再上层则为二叠系石盒子底部，其下为Ql覆盖。

4.1.3 永登新堡子细砂岩

中—上石炭系，毛细管吸引颜色为微白色，沥青类型油质沥青质，对比等级8级，标准系列分析百分含量0.015%。

粗砂岩，为新堡子剖面23层，颜色灰白色，成分为石英、微含白云母碎片及灰白色长石，中厚层状，层理中常，$CaCO_3$及SiO_2胶结，致密坚硬，风化面呈褐色，节理发育，向上变为石英细砾岩，直径 0.1～0.2m。颗粒棱角状，SiO_2 胶结，坚硬。

顶部黄绿色粗砂岩，成分石英为主，含极少的白云母片，具褐色铁质浸染的条斑，分选较好。节理发育，中厚层状，$CaCO_3$ 胶结，坚硬。厚度 8.6m。本层上下均为黑色页岩及砂质页岩。本层储油性质不佳，孔隙度 3.74%，渗透率未做试验，认为小于 1mD。

以上为三处油苗的情况。在本区地面露头上发现含油显示的情况不多。其原因我们认为老地层的油多属于轻质的，一旦挥发、散失，就很难发现其踪迹。

4.2 本区各系地层之储油条件

奥陶系及志留—泥盆系（O 及 S+D）：褶皱强烈，断裂众多，有岩浆侵入，全部变质。

下石炭系（C_1）：老君山统（C_1l）有火山活动，砂岩胶结紧密，厚度变化极大、孔隙度 1% 以下，无油的来源。臭牛沟统（C_1c）砂岩、页岩及石灰岩均有，但砂岩坚密，储油性能不好，但石灰岩之节理缝隙仍可以储油。由于臭牛沟统及中—上石炭系的沉积环境相同，值得注意。

中—上石炭系太原统及羊虎沟统（$C_{2+3}ty_1$ 及 $C_{2+3}ty_2$）：有足够的砂岩、细砂岩可作为储油层，页岩、泥岩、石灰岩可作为底层和盖层，但砂岩多致密坚硬，孔隙度一般4%～8%，最小为 1.3%，最大可达 25.8%，渗透率（水平渗透率）跳动很大，一般不超过1mD，黑山最大为 362mD，也有 5.8mD。井下孔隙度平均 3.67%，最低 1%，最高 7.95%，渗透率最高 12.28mD，一般在 0.5～0.6mD 以下。

二叠系石盒子统及石千峰统（P_1s—P_2s）：砂岩可作为储油层，砂质页岩可作为盖油层。孔隙度一般在 8% 以下，渗透率在 1mD 以下。井下孔隙度平均 6.59%，渗透率最大1.38mD 以下。

三叠系延长统（Ty_1—Ty_5）：工作区南部 Ty_1—Ty_2 全为砂岩，孔隙度一般在 8% 以下，渗透率在 1.5mD 以下；Ty_3—Ty_5 为砂岩、页岩、砂质页岩互层，砂岩平均孔隙度为5.6%，最大 10.45%。水平渗透率一般 10mD，个别也有 252mD。工作区北部（土墩一带资料）Ty_1 平均孔隙度 9.5%，岩心平均孔隙度 47%，水平渗透率 51.57mD。Ty_2 平均孔隙度 9.9%，最小 5.5%，最大 14.3%。水平渗透率 51.57mD，垂直渗透率 24.14mD。Ty_3 平均孔隙度 12%～16%，最小 5.85%，19.32%，水平渗透率 589mD，最大 1769mD，垂直渗透率 50～100mD。Ty_4 孔隙度 10%～14%，最小 1.68%，最大 15.55%，水平渗透率 309mD，最大 933.5mD，垂直 2587.5mD。Ty_5 只分析了一块，孔隙度 8.95%，渗透率未测。由上可知 Ty_3—Ty_4 孔隙度与渗透率均较好，根据野外观察 Ty_5 可作盖层，就工作区来看，Ty 的孔隙度及渗透率有自南而北变好的趋势。因此受同一地壳运动的石炭系也可能遵循上述规律。

侏罗系及古近系—新近系（$J+T_rk$）：此地层薄，无分析资料，根据野外观察一般均为泥质岩或棱角状砾岩，储油条件不好，但古近—新近系向东有些砂岩，颗粒均匀、选择性好、疏松，是良好的储油层。

（下略）

5 总结与建议（原第11章）

根据今年的地质调查结果，可得出下列的结论。

（1）石炭纪时为山间坳陷式的沉积，但由于石炭纪末侵蚀的平原化，庆阳山被削平，使得二叠纪和三叠纪时成为山前坳陷式的沉积（基底为志留系—泥盆系），到了古近纪—新近纪则为硬化地带的小型凹地堆积。

（2）工作区内褶皱强烈，背斜之轴部均非常窄狭，地质倾角较陡，大部构造均遭受平行走向之逆断层及斜交走向之平移断层所破坏，发现完整之构造的可能性很小，因此在保存与储集石油的条件上是不利的，工作区内地层倾角较平缓的地区：一处为土墩背斜带；另一处为五佛寺复式背斜北麓，通过红石阶子的褶皱带区域及寺儿滩山间坳陷。

（3）中—上石炭系地层在本工作区内沉积广泛，属海岸相的沉积，岩石颜色深暗，富含有机质，适于生油，并在该系地层内有足够好砂岩，可作为储油层，厚层的黑色页岩可做盖层，由于黑山井下发现多层砂岩及页岩具含油显示，在中卫上河沿及孟家湾一带出现数层含油砂岩，也可以充分证明上述论断的正确。石炭系的沉积厚度自北而南显著的减小，被侵蚀后的剥蚀厚度也服从上述规律。石炭系岩石物理性质（渗透率及孔隙度）一般较坏，但也有个别地层较好，且受大山影响颇为显著，一般在长岭山主体中较坏，向南向北变好。

（4）因此从以上的论点出发，从工作区内的沉积、构造形式、含油岩系保存厚度、岩石物理性质的全面观点出发，工作区内黑山以北庆阳山以南是很有利的区域，同时由于黑山牛鼻梁背斜及土墩背斜，向西轴心抬高。因此，最有希望的地带应在黑山以北，庆阳山以南槽形地区的东延部分。

（5）对构造的评价。

① 土墩构造：根据直属103队的资料，该构造的轴心部分是闭合的。该构造处于本区最有利的地位，并在离构造轴心约15km的黑山井下石炭系上部发现多层砂岩及页岩具含油显示，根据庆阳山沉积有中—上石炭系地层的沉积条件来看，黑山井下的中—上石炭系地层无疑的将会深埋土墩构造之下，构造轴心部分出露二叠系，离石炭系地层厚约400～500m，因此，该构造是一个良好的、有储油远景的构造。

② 西回沟构造：构造的四周是闭合的，该构造计有分开的两个高点，轴部较为狭窄，轴心出露二叠系顶部的地层。该构造的下部，埋藏的中—上石炭系根据附近出露的地层，推算最多可保存300～400m，中—上石炭系的岩石物理性质不好，因此该构造在含油气远景的意义上，是不够令人满意的。该构造价值的高低，取决于土墩构造的钻探结果。

因此提出以下建议。

（1）建议于1956年成立一个专题研究队，研究中—上石炭系地层。研究的地区应包括现在直属101队、102队的地区及鄂尔多斯地台西沿和六盘山一带。研究的内容应为中—上石炭系沉积厚度的变化，遭受剥蚀以后剩余厚度的变化，岩石物理性质变化的规律（即油储条件），中卫含油砂岩的变化与黑山的精确对比，并应结合构造的观点指出区域内最有利的地方。

（2）建议于1956年地面电测土墩构造，确定地下构造的存在，推测中—上石炭系以上的厚度。区域内的高电阻层可能为中—上石炭系下部灰岩及臭牛沟统灰岩，为获得这些石灰岩的反映，就可以确定中—上石岩系的构造形态及其厚度，因此电测是有条件的。

（3）在土墩构造之东部的延展线上，建议做更详细的地球物理工作。

本文出自祁连山东段北麓石油地质普查总结报告，1956年2月。

内蒙古伊克昭盟棹子山东麓地质详查总结报告（节选）

邱中建　吴天骥

（石油工业部西安地质调查处 A-106 队）

　　1956 年 3 月初，石油工业部西安石油地质调查处下达了内蒙古伊克昭盟棹子山东麓开展地质详查任务，由第一地质大队 106 队承担，队长为邱中建。工作区位于伊克昭盟鄂托克旗及其南部地区，通过近 1 年野外地质调查研究，106 队圆满完成详查任务并编写总结报告，获"良好"评价。主要地质成果有以下几方面：（1）棹子山东麓白垩系和南部白垩系可对比，厚度变薄岩性变粗，地层向东倾斜，据出露宽度与地层厚度看仍为一个向斜构造，但白垩系作为勘探对象目的层并不有利；（2）三叠系至白垩系储油物性良好，以上述地层为勘探对象，则本区及其东部、南部地区为比较有利地区，建议进行基准井式参数井的钻探，以了解中生界和古生界储油物性及含油情况；（3）同时建议在鄂尔多斯地台北部开展地震和地面电测大剖面和重磁细测剖面。

　　本文节选其中的序言、第 3 章（地层）、第 4 章（构造）、第 8 章（地层储油物理性质及含油气情况）、第 10 章（总结与建议）等部分内容。

1　序言（原第 1 章）

　　根据石油工业部西安地质查处交给的任务，组成了 A-106 队在棹子山东麓做 1∶100000 的地质调查工作，现将一年来工作情况简述如下。

1.1　工作区域范围位置

　　工作区位于北纬 39° 16′ 至 39° 53′，东经 107° 26′ 之间，呈一南北竖立的矩形。工作区属内蒙古伊克昭盟鄂托克旗所辖，并位于该旗及南部，测区的北界是百眼窑，南界是上沟乌苏，南北长 65km，东西宽 32km。在地理位置上，位于棹子山东麓，内蒙古草原之西缘，黄河河套之西翼，包兰公路纵贯全区。

1.2　工作任务及完成计划情况

1.2.1　设计调查比例尺 1∶100000，在 1800km² 的面积上做地面地质详查工作

　　任务要求详细查明工作区内沉积岩分布与时代，了解其岩性与厚度变化及区域构造情况，结合地球物理勘测资料，查明可能储油的构造，明确其有无细测的价值，进一步研究

各可能储油构造之间的关系，然后加以评价，并根据水文地质资料和油气显示，阐明调查区内含油远景。

1.2.2 完成计划情况

本队设计调查面积为 1800km²，地质点 540 个。在发现构造时，必须定构造点（数量不定），设计山地工作时间为 169 天。手摇钻设计工作量为 1500m，工作日期五个月。测点组设计工作量为 540 点。

我队实际完成调查面积 2000km，地质点 1252 个，其中构造点 91 个，实际野外工作日期为 160 天，手摇钻实际钻进 2160.435m，平均工作日为 157 天，测点组实际测点 1341 个。因为在依克达赖地区放大了比例尺，故 9 月份及 10 月份的大部分工作量都耗费在这里。本区岩心极为疏松，故收获率想尽了很多办法，仍不能提高，岩心收获率未完成设计要求。在接受任务时要求每平方千米有 0.3 个点，而实际上每平方千米拥有 0.6 个点，因此质量合乎设计要求。

1.3 编写总结报告的人员及分工

总结报告计分三大部分。

（1）实际资料部分：重要原始记录清抄由雷茂文、马臣明、张合六担任，实际资料总图由雷茂文、马臣明担任，柱状剖面实际资料图（手摇钻）由赵景斌、张合六担任。

（2）图幅部分：主要由赵景斌、吴天骥、邱中建、张合六、马臣明等同志担任（点位实际资料图由测点组，陈秀京、张汪寄、牛安武、王世发同志担任）。

（3）文字部分：报告编写主要由邱中建、吴天骥、赵景斌、马臣明同志担任。其中"序言、工作区域过去研究情况、地层古地理及地质发展史、总结与建议"部分由邱中建执笔；"地理概况、构造"部分由吴天骥、赵景斌执笔；"第四纪地质与地貌，水文地质、地层物理性质及含油气情况"部分由赵景斌执笔；"其他有用矿物"部分由马臣明编写。

1.4 工作期限

（1）编制设计：自 1956 年 3 月 5 日至 1956 年 3 月 20 日，共 14 天。

（2）出发前准备：自 1956 年 3 月 21 日至 1956 年 4 月 1 日，共 10 天。

（3）出发途中：自 1956 年 4 月 2 日至 1956 年 4 月 12 日，共 10 天。

（4）粗查（包括量剖面）：自 1956 年 4 月 13 日至 1956 年 4 月 24 日，共 10 天。

（5）野外工作：自 1956 年 4 月 25 日至 1956 年 10 月 18 日，共 151 天。

（6）验收及返回基地：自 1956 年 10 月 19 日至 1956 年 11 月 5 日，共 15 天。

（7）室内整理（交出总结报告）：自 1956 年 11 月 6 日至 1957 年 1 月 20 日，共 65 天。

（下略）

2 地层（原第3章）

工作区紧靠棹子山背斜东麓，各时代地层出露非常完全，自太古宇桑干系起，至新生界古近系—新近系，第四系止，各层皆有出露，但其中缺失志留系、泥盆系及石炭系下部，沉积岩最大厚度 6700m 左右，而一般厚度在 5500m 左右。测区的结晶基岩为太古宇桑干系变质岩，自震旦系以后缺乏火成岩的活动。测区绝大部分地区均为古近系—新近系、第四系及白垩系所覆盖。前白垩系地层仅居西南一角。奥陶纪以前沉积岩以碳酸盐岩类为主，奥陶纪以后以碎屑岩类为主，特别是在中生代的后期，新生代时限里，粗粒的碎屑岩占很大优势，以岩石相貌言之，工作区内自震旦系而后，自海相地层逐渐过渡到大陆沉积相的地层，本区地质系统表见表 1。

表 1　本区地质系统表（由新到老）

地层时代				地层运动	地层符号	厚度，m
界	系	统	层			
新生界	第四系			不整合	Q	13
	古近系—新近系			喜马拉雅运动	Tr	181.8
中生界	白垩系	保安统	泾川层	不整合	Crp_6	108.2
			罗汉洞层		Crp_5	703
			环河华池层		Crp_{3+4}	119.2～185
			洛河砂岩上部	燕山运动 B 幕	Crp_2^2	51.2～78
			洛河砂岩下部		Crp_2^1	99～166
			宜君砾岩	不整合	Crp_1	337.5 以上
	侏罗系	安定统		燕山运动 A 幕	J_3a	188
		直罗通		假整合	J_2c	259.6
		延安统		假整合	J_1y	325.4
	三叠系	延长统		印支运动	Ty	609
古生界	上二叠系	石千峰统		假整合或不整合	P_2s	1702.5
	下二叠系	石盒子统			P_1s	506.7
	中—上石炭系				C_{2+3}	200
	奥陶系			加里东运动	O	1120.04
	寒武系			假整合	Cm	240.6
元古宇	震旦系	南口统		不整合	Sn	371.6
太古宇	桑干系			吕梁运动	Ac	150～200

（下略）

3 构造（原第 4 章）

3.1 大地构造位置及特征

棹子山东麓地区在大地构造上位于鄂尔多斯地台之西北贺兰山褶皱带以东的过渡地区，按照黄汲清先生的划分自东而西应为：鄂尔多斯地台（工作区以东）、地台轻微褶皱带（工作区）、地台边缘褶皱带（工作区以西棹子山）、贺兰山褶皱带（工作区以西）。

因此，鄂尔多斯地台轻微褶皱带上其他地构造特征为：（1）基底为太古宇桑干系结晶岩石一般坚硬之刚性基底。（2）未变质的沉积岩总厚度 6000～7000m。（3）自震旦纪以后无火成岩之活动。（4）具煤系地层为石炭系、侏罗系等。（5）具红色地层如二叠系、三叠系下部、白垩系、古近系—新近系等。（6）白垩纪以前地层褶皱强度中等，褶皱轴线南北向，呈西翼缓东翼陡并逐渐过渡为两翼对称的构造形态，褶皱不紧密，多南北向向东推覆的逆断层，白垩系以后地层褶皱轻微，地层倾角平缓，多东西向横截断层。

因此，工作区在侏罗纪末期属于鄂尔多斯边缘褶皱带，由于活动性不断减少而日趋稳固，以至成为今日的鄂尔多斯地台轻微褶皱带。其实，轻微褶皱带与边缘褶皱带在本质上并没有什么差异，它们都是属地台类型的以地台基底为基底的逐渐向贺兰山过渡的中间区域。

3.2 各时代地壳活动之情况及特征

调查区内较重要的地壳活动，计有四次，它们都使得地层的成层要素发生了变化。

（1）第一次发生在震旦系沉积以前，即所谓的吕梁运动。其特征为：

使太古宇桑干系地层全部变质，产生紧密的同斜褶皱，并有大量顺层和切层侵入的伟晶花岗岩脉及石英脉，褶皱以后，震旦系不整合于桑干系之上，震旦系有底砾岩，厚 1～6m。

（2）第二次发生在侏罗系沉积以后，白垩系沉积以前，是为燕山运动 A 幕，这是工作区内最激烈的一次地壳活动，使得侏罗系及以前地层遭受中等强度的褶皱，（向东褶皱应变缓）并发生了高角度的逆断层及正断层，目前侏罗系及以前地层所造成之构造形式，全属此时期地壳活动所造者。其特征为：

① 褶皱轴向南北，一般棹子山区呈东翼陡而西翼缓，不对称背斜褶皱逐渐向东过渡西侧对称的褶皱，且常因西侧压力之松弛，而使构造轴分叉，形成构造群。

② 形成显著之褶皱山区，使白垩系不整合于其上，白垩系底部宜君砾岩厚达 370～600m。

（3）第三次发生在白垩纪末期，是为燕山运动 B 幕。白垩系构造形式基本上属此时期的产物，这次运动对工作区影响不大，形成倾角极为平缓的向东倾斜的单斜，构造线为南北向，断层几乎没有，褶皱以后，使古近系—新近系不整合于白垩系之上，并呈巨大超覆状态。

（4）第四系发生在古近系—新近系沉积以后，第四系沉积以前，为喜马拉雅运动。在工作区内并占很重要地位，古近系—新近系与白垩系间的断层属此时期之产物，其特征为：

① 形成东西向高角度的褶皱，断层线延长远而断距小。

② 古近系—新近系部分地区地层倾向北，并在依克达赖地区形成东西向褶皱。

以上可见第三次及第四次地壳变动，由于燕山运动硬化的结果，只产生了轻微的断裂及褶曲，而表面上的断层延伸基底，则待日后工作之证实。

（下略）

4　地层储油物理性质及含油气情况（原第 8 章）

我们在丈量剖面时，采标本的间隔并不算大，一般多在 8～10m。而另外绝大多数在定了观察点（地质点、构造点）的露头上均采了荧光分析标本。但从分析资料看，工作区地面上的含油气情况，不可讳言，是甚不景气的。当然，我们并不能就此否定了深埋在地下地层含油的可能性，这须待以后进一步的研究才能做出结论。现仅将含油气情况及地层油物理性质简述于下。

4.1　地层的孔隙度与渗透率

在工作区各时代地层中都采了标本且做了孔隙度与渗透率的分析，此次均求出了它们的加权平均值。在下边的论述中所提及的数据均系这种平均值（表 2）。

表 2　地面孔隙度、渗透率资料表

地点	地层时代	孔隙度			渗透率			备注
		标本块数	厚度 m	孔隙度加权平均值，%	标本块数	厚度 m	渗透率加权平均值，mD	
塔克图	Crp_2^2	2	21.40	15.3	2	21.40	388.70	
—	Crp_2^1	8	30.20	12.9	4	14.10	145.50	
高鼻子梁区	Crp_5	6	34.55	24.3	5	32.25	1441.10	
—	Crp_{3+4}	16	139.88	19.5	16	139.88	666.0	
—	Crp_2^2	5	57.80	9.0	4	54.80	61.90	
—	Crp_2^1	6	15.90	9.3	6	16.85	543.00	
依克达赖区	Crp_6	3	96.90	8.2				
猫格免	Ty	6	14.20	13.9	3	8.70	74.750	
—	Crp_2^1	5	19.30	15.3	4	17.60	453.30	
素汉免	Crp_1	14	337.50	18.2	3	83.00	12791.90	

就现有的资料看，各时代地层在孔隙度方面变化不大，一般多为 10%～20%，其中以白垩系罗汉洞层（Crp_5）的孔隙度为最好，为 29.13%。最差者为出露于棹子山麓及卡不其槽地的石炭系，它们的孔隙度仅达 4.6%。在渗透率方面，其变化幅度甚是可观。比如分布于棹子山东麓苦利亚哈萨德附近的 Ty_3，渗透率为 0.6675mD，而采自中奥陶系 O_5 的标本，绝大多数因过于致密不能做渗透率分析，渗透率更差，可想而知。但出露于工作区南部素汉免一带的宜君砾岩（Crp_1），其渗透率竟达 12791.9mD，不过多数的变化范围在 500～7000mD 之间。另外，由表中亦可显然看出，自 Crp_2 开始向上的地层的渗透率比其以前不同时代老地层的渗透率是变小得多了。

如以地面与井下（手摇钻钻井）的资料分别统计的结果来谈。白垩系孔隙度与渗透率的情况如下。

4.1.1 地面资料

除宜君砾岩（Crp_4）的渗透率达 12000mD 以上外，白垩系与古近系—新近系中以高鼻子梁区罗汉洞层（Crp_5）的渗透率为最好，其具体数据是 1441mD，而以同一区的洛河砂岩上部（Crp_2^2）较差，渗透率仅 61.9mD。其余均在 70～500mD。在孔隙度方面，变化不大，多数在 8%～25% 之间，其中仍以高鼻子梁区罗汉洞层（Crp_5）的孔隙度 24.3% 为最高，而依克达赖区之泾川层（Crp_6）仅 8.2%，表现最差。洛河砂岩上部（Crp_2^2）的孔隙度与渗透率由北向南变差，比如塔克图 Crp_2^2 孔隙度为 15.3%，而向南至高鼻子梁区则变小为 9%，渗透率也分别由 388.7mD 变至 61.9mD。洛河砂岩下部（Crp_2^2）的孔隙度在工作区中部高鼻子梁区较差，向南北两边似有变好的趋势，但总的讲，自北向南是增高了。

4.1.2 井下资料

孔隙度方面变化较大，如以依克达赖区罗汉洞层（Crp_5）为 29.7%，而明盖沟洛河砂岩下部（Crp_2^1）仅为 1.3%，普遍言之，孔隙度多在 10% 左右。在渗透率方面，环河华池层（Crp_{3+4}）高鼻子梁区不及依克达赖区，而洛河砂岩下部（Crp_2^1）的孔隙度在高鼻子梁区远比明盖沟为大，但渗透率却比明盖沟为高，换句话说，洛河砂岩下部（Crp_2^1）渗透率变化情形与地面情形相一致。

从以上情形可以看出，白垩系如含油，各层砂岩均可作为较好的储油层。

4.2 盖油层

工作区白垩系本身是不生油或储油的，但若真的可能储油，那么我们可以说在白垩系多数为松岩层的情况下，比较地说，洛河砂岩下部（Crp_2^1）、环河华池层（Crp_{3+4}）及泾川层（Crp_6）可担当起盖油层的任务，其岩性如下：

（1）洛河砂岩下部（Crp_2^1）：为紫红色、灰蓝色的砂岩与棕黄色、橘黄色的泥岩互层，砂岩为细粒及中粒，局部为细砾状。

（2）环河华池层（Crp_{3+4}）：为灰紫色十字层薄层状砂岩、灰暗紫红色砂质页岩及页岩。

（3）泾川层（Crp_6）：为灰绿色、灰黄色及草黄色的十字层块状细粒砂岩和下部夹有橘黄色及暗紫红色的泥岩，灰质胶结致密。

由上述简单描述中，它们一个共同的特点是均有细的岩层，或为泥岩，或为页岩、砂质页岩及渗透率差的灰质细砂岩。这些泥岩、页岩及砂质页岩，虽都有作为盖油层应具的可塑性和一定的抵抗力，但它们的每个小层不太厚，而且在上述各层中所占的厚度比例不大。

如就泥岩、页岩砂质页岩的多少来谈，洛河砂岩的下部（Crp_2^1）比环河华池层（Crp_{3+4}）及泾川层（Crp_6）好些。若以胶结度来看，泾川层（Crp_6）较其他二者更好。

如上所述，这些地层虽都不是十分理想的盖层，但仍然可担负起盖油的任务。

洛河砂岩下部（Crp_2^1）由南向北逐渐变厚。例如在明盖沟以南的猫格免、大比里格带仅为99m，而在明盖沟以北塔克图一带就增至166m。该层虽向北变厚了，但相应的砂岩的比例也增大了。所以作为盖油层来说，洛河砂岩下部在明盖沟一带为较好的。

环河华池层在工作区的厚度变化不大，但岩性向南显然是变细了，变成了砂岩与泥岩的互层。因此说该层在南部的盖油性能较好，在依克达赖区的泾川层（Crp_6）下部夹有大量棕褐色的泥岩，所以说具有一定封盖油气的能力。

（下略）

5 总结与建议（原第10章）

（1）棹子山东麓白垩系仍基本上可以同鄂尔多斯地台西缘、南部的白垩系地层相对比，Crp_1 至 Crp_6 的地层部完成存在，但厚度减小，岩性变粗，颜色转红，其中洛河砂岩下部多出一大套较细的沉积，宜君砾岩的厚度大大增加。

（2）棹子山东麓构造线基本上是南北向的（包括白垩系时期在内）地层向东倾斜。因此陕北盆地在其西缘棹子山地区仍为一向斜，而不是一个向超覆的单斜。

向斜轴心可以在工作区以东百眼井、巴颜脑包等地，因此，根据露头宽度与地层厚度而论，陕北盆地可能不是单一的，这有待今后工作的证实。

（3）根据重磁力草图，工作区内白垩系的构造形式与地下深层构造形式不是十分吻合，依克达赖区域就是一例。但在工作区以东，上下构造的符合的问题，则很难肯定。

（4）工作区自三叠系至白垩系地层储油物理性质良好，有足够数量的储油层（但三叠系和侏罗系无井下资料，仅就地面资料而论。）洛河砂岩下部，环河华池层及泾川层均可作为盖油层，但以白垩系为目的层的勘探对象，根据目前的资料来看，并不十分有利。

（5）依克达赖背斜西南翼不闭合，并遭受断层破坏，重力图显示不明显，建议不继续进行更详细的勘探工作。

（6）对于热锡忠乡（合作社西）第一背斜和第二背斜，其一轴心已出露震旦系，另一构造虽只出露二叠系。但可能构造下部保留石炭系厚度极薄，或甚至缺失，因此它们的实际意义都是不大的。

（7）如果以三叠系及侏罗系为勘探对象，或以更老的古生代地层为勘探对象，则本工作区及工作区以东和以南的广大区域仍为比较有利的地区，但是用地面地质勘探的方法，显然已经不能获得预期的效果，我队建议：① 应进行基准井或参数井的钻探，钻探目的为获得中生代及古生代地层的储油物理性质及含油情况方面的资料。钻探地点为依克达赖区域与百眼窑南部重力异常区域，而以后者较佳。② 对重力异常地区应进行更详细的地球物理勘探工作，如地面电测详查等。③ 在鄂尔多斯地台北部做地震和地面电测的大剖面和重力、磁力细测剖面，研究区域构造的情况。

本文出自内蒙古伊克昭盟棹子山东麓地质详查总结报告，1957 年 1 月。

松辽平原及周围地区地质资料研究阶段总结报告（节选）

邱中建

石油工业部西安石油地质调查处直属 116 队

1957 年年初，石油工业部西安石油地质调查处成立松辽平原地质专题研究队（编号为 116 队），主要任务是赴松辽盆地开展含油气研究及远景评价工作。邱中建被任命为该队队长兼地质师，成为石油系统最早进入松辽盆地进行综合研究的地质工作者。经过 1 年的努力，圆满完成 1957 年度综合研究报告的编写，指出松辽平原中部和北部（包括大庆长垣在内）是石油天然气极有远景的地区，并提出可供选择的基准井井位，其中一个井位就位于现今大庆油田南部葡萄花构造上。本文节选了其中的第 1 章（序言）、第 8 章（对松辽平原含油气远景的初步估计）、第 10 章（简单总结并对今后松辽平原开展石油地质勘探工作的初步意见）内容。

1 序言（原第 1 章）

1.1 概述

为适应国家需要，迅速地在松辽平原区域内寻找出新的油气矿藏，由石油工业部西安石油地质调查处组成我队，配合地质部石油局及物探局所属各队在松辽平原范围内所展开的石油地质调查工作，同时广泛地、有系统地在平原内部及其边缘地区搜集有益于石油地质勘探的各种文献、资料及图幅。

我队自西安石油地质调查处得到的具体任务是：搜集松辽平原以往地质资料及地质地球物理资料，整理汇编各项综合性图幅进行研究，提出该盆地的初步含油评价与下一步进行工作的意见，并要求：（1）工作初期全面搜集资料，编绘出实际资料图幅，全面安排工作。（2）适当进行野外踏勘工作。（3）工作结束时编绘出适当比例尺综合性图幅。

报告中所引用的实际资料，绝大部分是属于地质部石油局松辽石油普查大队、物探局 112 队及航测 904 队的，这些资料的获得完全是上述各队全体同志几年来的辛勤劳动成果，对报告的完成起了决定性的作用，同时地质部资料局、沈阳地质局、东北煤田第一地质勘探局黑龙江地质办事处、东北煤田第二地质勘探局、长春地质学院等单位在资料供给方面，也给予很大程度的支持，特此一并致谢。

由于松辽平原幅员辽阔，地质情况复杂，同时石油地质调查历史非常年轻，资料整理及研究工作刚刚开始，并限于队上人员的水平，我们完全可以相信，这份报告的质量一定不是很高，本来资料收集与研究工作是随着勘探资料不断积累的同时，逐渐丰富和精确的，要想在一年内解决很多重大地质问题，常常是不可能的事情。因此，本报告可以认为是资料收集过程中的一个阶段总结报告，所提出的结论和看法都是最初的和可以商榷的一些意见，请读者注意，并希望根据上述情况，审慎的来使用报告上的资料。

1.2 工作区的地理位置及行政位置

研究区域几乎涉及整个中国东北部而以松辽平原为重点，在东经118°～130°，北纬42°～50°之间，地理区域包括松辽平原全部及其周围地区，西部达到大兴安岭，东部止于张广才岭及长白山北部涉及小兴安岭地区，南部临近彰武、法库等地，略呈一东北西南斜放之长方形，研究区域分属黑龙江省、辽宁省、吉林省及内蒙古自治区管辖。不过，报告中所提出的松辽平原，在地理上是不包括辽河下游的。

1.3 工作概况

我队自得到设计任务以后，于1957年3月22日离开西安到达北京，在石油部地质司的帮助和指导下，按照初步工作计划提纲进行工作并根据提纲的要求，于6月中旬编制成技术设计（该设计中包括有阅读资料后的初步成果），以后的工作安排基本上按照设计书上所规定的步骤进行。

由于设计中部分剖面丈量的地点与松辽大队研究队重复，我队改为剖面观察及补充采集标本，并在部分地区与大队综合研究队一起工作，工作安排见表1。

表1 工作安排

日期	地区	工作内容
1957年3月26日—1957年5月31日	北京	阅读资料及整理资料
1957年6月1日—1957年6月15日	北京	编制设计
1957年6月22日—1957年7月8日	凌源、锦州、本溪	观测剖面及路线地质踏勘
1957年7月30日—1957年8月30日	松辽平原南部	野外丈量剖面、采集标本及部分室内资料收集
1957年9月1日—1957年10月20日	公主岭、八面城、哈尔滨、沈阳、长春	资料收集及钻井资料收集
1957年10月21日—1957年11月15日	公主岭、四平	初步阶段总结报告编制
1957年12月5日—1958年2月28日	北京	1957年度阶段总结报告编制

在整个工作阶段，由于性质特殊，人员较分散，特别是地质人员的缺乏。

1.4 队的成员及编写总结报告的人员

全队共 7 人组成：地质师兼队长邱中建，技术员兼副队长关中志，地质技术员张合六，实习员马臣明，技术工人雷茂文、高新民，绘图员张成起。在工作中期（9 月中旬），副队长关中志被调离职，在工作后期（1958 年 1 月份）调来实习员金祖渝同志，参加了编写总结报告的工作。

编写总结报告人员共 7 人，其中文字部分第一章、第二章、第三章、第四章、第五章、第六章由邱中建编写，第七章由金祖渝编写，第八章、第九章、第十章经集体讨论由邱中建执笔；附图编绘者包括张成起、金祖渝、雷茂文、马臣明、邱中建、张合六、高新民；实际资料部分由马臣明、邱中建编写；实际资料附图及附件由张合六、高新民编写。

（下略）

2 对松辽平原含油气远景的初步估计（原第 8 章）

2.1 对油储条件及勘探可能目的层的探讨

松辽平原区域内广泛的发育着中新生代沉积岩系，沉积环境及岩相特征已如前述，现就其储油条件及含油的可能性方面分别简述如下。

2.1.1 侏罗系

侏罗系在平原四周山区所见者，多呈山间盆地式的沉积，分布面积大都不广，堆积大多十分迅速，且在地层的顶部及底部大半有一套火山岩系，分布在松花江地区的东部边缘者，特征相似，但西部未被古老地层隔绝，可以伸入平原内部。在层系的中上部分普遍有一套煤系地层，（暗色地层）其中部分岩石具荧光显示（各地普遍现象），并在平原西南边缘的北票盆地及阜新盆地内都已证实确有含油层系的存在，在与上述盆地相似地质条件的地堑盆地里，尽管它们之间由于盆地的分割，会受局部沉积环境的影响，但是就如同这些煤系沉积一样，我们可以相信，这些地区的侏罗系，在它们的地质历史时期中，或多或少是含过油的，具体条件需要查明，尤其是松花江地台上，虽然分布面积不是普遍的，但可能并不十分局限，地台上的侏罗系是很有希望的含油层系（或可认为是生油层系），开鲁凹陷及双辽基底延伸带的侏罗系可能与周围地区地堑盆地特征相同。

侏罗系地层有足够数量的砂岩类及泥质岩类，可作可能的储油层及盖层，但是边缘地区的地层，经后期地壳变动，大部砂岩胶结致密，部分砂岩已经硅化，渗透率普遍不好，在阿鲁科尔沁旗好力保、康平、昌图、营城子等地分析的样品中，渗透率不大于 3mD，我们现在只可能设想，在松花江地区内部，由于岩层挤压轻微，渗透率可能变好。

勘探平原内的侏罗系另一较大缺点是埋藏很深，地面不易窥测，分布规律不易摸清。因此，侏罗系层根据目前资料看来，可能是一个含油层系，但很多具体条件尚待查明，应该随着勘探资料不断积累的同时（如基准井及其他深井资料），适当的注意而予以评价。

2.1.2　白垩系泉头层

泉头层在平原内分布比较广泛，平原边缘为一套红色岩系，厚约 800～900m，哈尔滨区更厚，向平原内部伸延，厚度更逐渐变大，岩性稍变细，在某些地段内颜色较暗，动植物化石增多，地层可能逐渐变为湖泊相，我们甚至可以推断，在地台某些中心部分，会以还原沉积环境代替边缘的氧化环境，泉头层顶部的岩性向西更接近于松花江系农安层就更好的说明了这一点。

泉头层砂岩的渗透率及孔隙度除了局部地区而外，都是很好的，渗透率权衡平均值多在 800mD 左右，最大的如 S2 井权衡平均值达 2622mD，S4 井权衡平均值也高达 1375mD。孔隙度一般多在 20% 左右，局部地区可高达 28%，泉头层有足够的砂岩类作储油层，砂岩累积厚度多在 380～390m 之间，并有大量的泥质岩类掩覆，泥质岩单层厚度最大 10～15m，因此可能的储油层及盖层都是不缺乏的。

钻井中发现泉头层部分砂岩及泥岩有荧光显示，并在钻井中发现两处有冒气的现象，一处为 S5 井，气体性质不明，一处为九台手摇钻第 6 孔，气体虽经分析为空气，但涌上的泡却带有油花，这些现象都应该引起人们的重视，很可能是由于泉头层深入平原中部，它的本身就可能是含油的，应该更进一步工作，明确其实际意义。

2.1.3　白垩系农安层

农安层在松辽平原内（包括开鲁凹陷在内）分布广泛，厚度巨大，一般总厚 1700m 左右，地台上主要堆积了一套灰、灰绿色夹红色的泥砂岩系，而且是一套以缓慢下沉为主的较稳定的沉积，这对原始石油物质保存和分解带来良好条件，自岩石相貌言之，暗色的岩层显示有机质含量的丰富，黄铁矿晶体的存在显示出还原型的沉积环境。更重要的是：农安层是潟湖相地层，曾经有过短暂的海侵，这是石油生存很有利的环境，由于农安层中的泥质岩类、化学岩生物岩类及部分砂岩类均具荧光显示及油味，就直接地对该层系在生油问题上得到证实，而且证明沥青质曾经有过移栖的现象，并自沉积范围及暗色岩系厚度表明，生油环境的造成是普遍的而不是局部的。开鲁凹陷的情况目前还不够了解。

松花江地台上，一般砂岩类厚 270～370m，而以粉细砂岩为主，泥质岩类单层厚度很大。渗透率及孔隙率也不差，一般井下岩样的渗透率，权衡平均值大者在 560mD 左右，如 N1 井及 S4 井，低者多在 13～46mD，一般地面采样者渗透率权衡平均值也多在 50～130mD，个别岩样也可达 428.7mD。因此从勘探资料表明，松花江系农安层在生油及储油的可能性上，都具备了较优异的条件，我们已经可以认为农安层是平原内的主要勘探目的层系。

2.1.4 白垩系北部层

广泛地分布在地台的北部，厚度巨大，厚度一般 1214～1458m，也主要为一套灰色夹红色岩系，以缓慢下沉为主，沉积较稳定，岩性情况与农安层类似，而砂岩类较农安层稍粗，同时也普遍具荧光显示及油味，（渗透率及孔隙率资料尚未大量分析，肉眼估计不次于农安层），因此，它是与农安层不分伯仲的有希望的含油层系，北部层一般砂岩类累积厚度 110～160m，以细砂岩及粉砂岩为主。

2.1.5 古近系—新近系

古近系—新近系在松花江地台上，尤其是西部、北部地区，沉积也很广泛，沉积多为较粗的碎屑岩系，也夹一些暗色和绿色的泥质岩，在 Tr_2 底部砂岩中，并具荧光显示，由于古近系—新近系厚度较薄，沉积环境不太稳定，因此，该层系本身的生油可能性不大，但是，该系能够储油的地层却普遍存在，上部盖层较缺乏，所以，古近系—新近系主要是下部地层，可以当作石油的可能移栖层系来对待，特别在古近系—新近系与白垩系的接触地带上应该注意，需进一步工作明确其意义。

2.1.6 对勘探可能目的层的排队

综如上述，将各层系的有利条件及不利条件进行对比后，在松花江地台上（可包括开鲁凹陷）依其对含油远景的实际意义方面，初步排队如下：(1) 白垩系农安层及北部层；(2) 白垩系泉头层；(3) 侏罗系；(4) 古近系—新近系。

2.2 平原内构造因素对石油保存及聚集的影响

平原内的构造情况已如前述，构造线方向多受北北东或南北方向所控制，这种方向可以说在盆地下沉时就已开始，而以后一直起主要作用，松花江地台上除了洮南乾安活动陆背斜而外，其他的构造单位在盆地下陷时，早已初具规模。因此，在盆地下陷的初期，分散状的油类物质，已经开始发生了运移作用，主要是自某些陆向斜中心移向两侧，或移向某些陆背斜边缘部分，尤其是在一些岩性尖灭部分，会逐渐富集起来，白垩纪末期的轻微褶曲运动，更加速了这些尚未十分富集石油运动过程。因此，以上情况生成的油气储集有利地带应多呈北北东向。

从整个地台上松花江系层位超覆来看，青岗—扶余陆背斜在相对运动中，一直是一个比较隆起的区域，它的两侧都有岩性交替地带，应配合钻探，逐步摸清其规律及分布范围。很显然，这个陆背斜的西部斜坡是石油储集很有利的区域。正因为青岗—扶余陆背斜是一个相对的较长期的隆起地带，因此两侧的石油富集和保存情况可能是不十分一致的，又因为这个陆背斜南北两端上升幅度不一致，南端深度较大，对石油富集的分异作用就要小一些。

前已述及，基岩起伏显著的大于表层起伏，证明构造活动的继存性，下部可能并有不整合存在，但轴心位移的规律，目前没有资料说明。

平原内有背斜带及向斜带的发育（因工作刚开始，还未找到闭合构造）。倾角平缓，轴心宽广，断裂不很发达，是石油储集的有利因素。

2.3　平原内火成岩活动对石油保存及储集的影响

平原内自中生代以后，受到火成岩的影响，主要是火山岩类的影响，其中以侏罗白垩纪的火山岩及新生代晚期的火山岩影响较大。

开鲁凹陷的局部侏罗纪盆地中，底部及顶部可能都存在火山岩的活动，和边缘地区情况一致。但在松花江地台，情况如何尚不得而知。前面已经有了一些推论，但均因资料不多，不是十分可靠。不过现在至少可以肯定的认为，要松花江系沉积时期，火山岩的影响甚微，最大限度只是在泉头层的底部某些局部地区内有所干扰。

平原内松花江系及古近系—新近系受到火山岩影响最大的，是古近纪—新近纪末期及第四纪的玄武岩类喷发，它可以穿入白垩系泉头层，北部层及古近系—新近系地层之中，不过，玄武岩大都沿裂隙活动，仅在断裂的附近可以见到，接触部分稍有烘烤现象。稍远仍保持地层原有特征，看不出任何变化，因此，玄武岩的活动影响是不很大的。

从以上资料看来，如果我们主要针对松花系地层勘探的话，火山岩活动带来的消极因素是很大的。

2.4　对松辽平原局部重力正异常及电法基底隆起的统计及评价

松辽平原内重力正异常共 28 个，电测深剖面上电法基底隆起 15 处（闭合情况均不清）。其中：

（1）松花江地台上重力正异常 20 个，电法基底隆起 9 处（其中一处与重力符合未计算）。

（2）双辽基底延伸带上重力正异常 4 个，电法基底隆起 1 处（1 处与重力异常重复未算）。

（3）开鲁凹陷重力正异常 4 个，电法基底隆起 5 处（1 处与重力异常重复未算）。

目前，因为资料有限，重力异常的实际意义尚待进一步证实，因此提出确切可靠的评价是不可能的。目前只能根据这些局部异常所处的地位，而区别它们的优劣，提出进一步工作的线索。电法所推断的基底隆起，闭合情况全不清楚，只能从深度方面来考虑它们。

2.4.1　松花地台上

表 2 所指出的值得进一步工作的重力正异常情况中，位于青岗—扶余陆背斜西侧及南部的第 5 号、第 6 号、第 8 号、第 9 号及第 12 号，尤其是第 5 号重力正异常，突出于凹陷之中，地位非常优越。

基岩较深的重力正异常是根据地面地质及电测深资料推断的，我们的意图只说明它们基岩较浅，而并不是想说明它们没有希望。但第 13 号重力高已经出露基岩。

表 3 中电 8 号、电 9 号，松花江系地层厚度较薄，主要保留了泉头层，或者有侏罗系的地层。电 3 号基岩很浅，仅 300～400m。其他的电法隆起上，可能都保留有松花江系地层，可以选择一部分隆起更进一步工作。

表 2 重力正异常情况

位于有利地带，值得进一步工作的重力正异常	基岩较浅的重力正异常	还不能评价的重力正异常
青岗（第 3 号）； 绥化（第 4 号）； 头台站（第 5 号）； 三站（第 6 号）； 扶余东部（第 8 号）； 迁安白音花（第 9 号）； 德惠（第 10 号）； 德惠南部（第 11 号）； 烧锅店东北（第 12 号）； 怀德杨大城子（第 14 号）； 双山东北（第 15 号）	拜泉（第 1 号）； 绥棱（第 2 号）； 长春东部（第 13 号）； 富拉尔基西部（第 17 号）； 突泉东部（第 19 号）； 瞻榆北部（第 21 号）； 哈尔滨东南（第 7 号）	八合泉（第 17 号）； 安广西部（第 18 号）

表 3 电法基岩隆起情况

编号	地区	顶点深度，m
电 1 号	铁骊东南	约 950
电 2 号	绥棱东部	约 900
电 3 号	海伦	300～400
电 4 号	克山	约 1350
电 5 号	西城镇	约 2350
电 6 号	兰西东南	约 1150
电 7 号	兰西西北	约 1700
电 8 号	八家子南	约 1700
电 9 号	八面城南	约 750

2.4.2 双辽基底延伸带上

双辽基底延伸带上具有第 22 号（架马吐）、第 23 号（双辽南部）、第 24 号（辽阳窝堡西部）和第 25 号（康平）4 个重力高。基岩都很浅，第 25 号重力高已经出露前震旦纪地层，第 22 号重力已从 200m 以上钻到基岩。电法基底隆起只有 1 处，为电 10 号（双辽北部）基岩深度 1050m 左右，这个地区的重力正异常实际意义不太大。电法基底隆起靠延伸带边缘，可进一步工作。

2.4.3 开鲁凹陷上

开鲁凹陷上具有第 26 号、第 27 号（通辽南部），第 28 号和第 29 号四个重力高。由于资料太少，不能对它们进行评价，但需要进一步工作，明确其意义。电法基底隆起共有五个：分别电 11 号、电 12 号、电 13 号、电 14 号和电 15 号。其中电 11 号，电 12 号及电 13 号，基岩较浅，特别是电 12 号及电 13 号是因为地堑下降而引起的尖形凸起，它们的实际意义不大，应该更进一步进行工作的是电 14 号、电 15 号。第 27 号重力高与电法基底隆起重合，深度 1250m。

编号	地区	顶点深度，m
电 11 号	瞻榆	约 400
电 12 号	12 号	约 700
电 13 号	13 号	约 950
电 14 号	14 号	约 1400
电 15 号	却根托落改	约 1750

2.5　对松辽平原有利地带的初步估计

综如上述，松辽平原含油气远景的地带，可以分成三个大的区域：（1）松花江地台；（2）双辽基底延伸带；（3）开鲁凹陷。对于含油气远景的实际意义上，以松花江地台最为有利，开鲁凹陷次之，双辽基底延伸带因盖层很薄，长期隆起，是远景较差的地段。但应注意，延伸带上可能有和阜新类似的地堑盆地产生。

松花江地台上，由于目前资料很少，还不能更进一步地指出它的油气储集的有利地带，结合整个松花江地台的沉积构造来看，应该全面的注意松花江地台。

勘探资料表明，地台东翼，特别是绥化以南，长岭公主岭以北地区是很希望的地带，其中尤其是青岗—扶余陆背斜的西坡，是一个有利的区域。因资料缺乏，我们也没有很多理由来说明地台东部一定要比西部好得多。另外，西部地区构造不太明显，开展地质工作较难。

3　简单总结并对今后松辽平原展开石油地质勘探工作的初步意见（原第 10 章）

经过几年来对松辽平原石油地质勘探工作的结果，可以得出下列简单总结：

（1）松辽平原包含三个构造单位：① 松花江地台；② 双辽基底延伸带；③ 大兴安岭地槽的开鲁凹陷。

（2）松花江地台在中新生代时期，以下沉为主，沉积有巨厚的中新生界，其中特别是白垩纪地层厚度巨大。开鲁凹陷的下沉时期主要也是中新生代。沉积有较厚的白垩纪及古近纪—新近纪地层。

（3）松花江地台有可能含油岩系（或称生油岩系）及可能的储油岩系，如松花江系，侏罗系及古近系—新近系等也有足够数量的盖层。

（4）松花江地台上白垩系及古近系—新近系有缓和的褶曲运动，构造线主要为南北或北北东向，基岩的起伏显著的大于盖层的起伏。

（5）松花江系地层普遍具油味及油征，而松花江系地层厚度巨大，沉积广泛。

（6）中新生带地层有横向变化，可以有岩性交替地带的产生。

综上所述，结论认为松辽平原是含油远景极有希望的地区，其中特别是松花江地台。

为适应国家需要，并考虑到松花江平原在经济地理上的重要意义，我们认为：积极的开发松辽平原，是一件很重要的工作；在开展勘探的同时应该注意到下列问题：

（1）1958年，松辽平原地质工作最重要的任务是：利用各种兵种找寻局部构造，了解沉积岩厚度变化及含油气情况，开展区域勘探，积极准备基准井钻探。

（2）由于松辽平原的地质特点，应该特别重视地球物理及钻井工作，在很多地面地质无法进行工作的地区，都必须取得物探及钻井的协助。同时在地质制图时，也应有浅钻及手摇钻配合，应做好这些工作准备。

（3）在松辽平原地质条件下，尽早进行基准井钻探是非常必要的，它的最主要任务是：

① 在可能的钻井机能力下，获得全部沉积岩地层剖面资料。

② 了解基岩性质（状态、时代等）。

③ 发现新的含油层系及松花江系含油气情况。

④ 检查物探成果。

（4）松辽平原地区局部小型起伏可能不少，尤其是区域的东部，地面地质的基岩地质点不能过稀，因此进一步的地质调查，不仅可以做1∶200000地质普查，也可以考虑在某些地区开展1∶100000的面积地质详查工作。

（5）为了加速石油勘探，物探工作应有一些机动力量放在地质方面认为有希望的地带，或局部隆起上做短十字剖面。

（6）平原内各地基岩深浅不一，在基岩较浅的地方，应该使用轻便钻（包括钻深能力可达2000m的钻井设备），直接打透沉积岩。

松辽平原勘探工作建议：

3.1 地面地质工作方面（包括500m的轻便钻工作）

（1）松花江地台：截至1959年年底做出全部松花江地台的1∶200000剥去第四纪的基岩地质图来，具体的做法是在松辽平原东部、北部（四平、长春、农安、德惠、哈尔滨、绥化、海伦、克山、嫩江等地）和有部分露头的地区直接展开1∶200000及1∶100000的地质调查工作，在西部及西南部及中部覆盖地区直接利用500m浅钻及100～150m手摇钻填图，但点距及线距需要放宽。

（2）双辽基底延伸带：需要在1958—1959年，钻5～7孔500m浅钻，了解基岩性质及松花江地台与开鲁凹陷之间的关系。

（3）开鲁凹陷：1958年，在开鲁凹陷内应安排一条500m浅钻剖面，了解地层起伏及地层时代及变化情况等。

（4）1959年，在1∶200000及1∶100000地质调查区域，部分地区开展1∶50000的地面地质调查工作。

3.2 地球物理工作方面

（1）截至1959年，做出全部松花江地台的1：200000重磁力异常图；截至1960年，做出开鲁凹陷1：200000重磁力异常图。

（2）截至1958年年底，结束全部松辽平原区域综合物探剖面工作，西北—东南向的剖面密度应不大于60～80km，同时应进行北北东方向的剖面工作。

（3）应广泛使用电法及地震十字剖面工作，以便尽早准备基准井井位及参数井井位。

（4）1959年年底前，展开大比例尺的地震及电法面积测量工作。

3.3 钻井方面

（1）应在1958年第四季度内开钻2～3孔，具体位置：松辽平原北部1孔（C_y Ⅳ线剖面，第5号、第6号重力高上等地选择）；松辽平原南部1孔（C_y Ⅲ线剖面，第8～第15号重力高上选择）；开鲁凹陷1孔。

（2）1000m或2000m轻便钻：应配合物探剖面，选择几个剖面钻进。

（3）在条件基本成熟的地区，在构造顶部钻参数井。

根据上述的勘探方法及步骤，可以预期，在1959—1960年，松辽平原范围内可以获得：（1）有希望的构造10～20个。（2）可供深井钻探的构造5～7个。（3）基本摸清松辽平原的含油远景实际情况。

另外，为了加速石油勘探，应在松辽平原周围有希望的地区展开地质工作，首先鉴于松辽平原的南侧阜新、北票、凌源等地，油苗众多，中生代堆积很厚，阜新盆地并曾产油，是一个很有希望的地区。其次海拉尔盆地有显著的油苗，西部邻区蒙古国境内已经在赛音山达地区有一个油田存在，海拉尔盆地是很有希望的地带，但是资料不够。因此，建议在上述两地区内都各派一资料搜集队（这两个队应具有较大的路线踏勘工作量），为1959年准备新的勘探区域。

从地质观点来看，辽河下游盆地也是个很有希望的盆地，值得重视。

本文出自松辽平原及周围地区地质资料研究阶段总结报告，1958年3月。

加速渤海湾油气勘探的几点想法

邱中建

（燃料化学工业部石油勘探开发规划研究院石油勘探室）

各位代表同志，参加这次全国座谈会，对我们是一次很好的学习机会。主要讲两个问题，一个是认识，一个是作法。

1 对渤海湾油区油气聚集基本规律的认识

1.1 凹陷多，凸起多，断裂构造带多是渤海湾石油地质的根本特点

渤海湾油区面积 $18 \times 10^4 km^2$，广泛分布了 41 个凹陷，30 个凸起和隆起（未包括凸起构造带），17 个二级断裂构造带。凹陷包围着凸起，凸起是凹陷中的岛屿，二级带分散地分布在渤海湾各地，互相补充和叠合，最基本的控制了石油的生成和聚集。这种独特的风格仅出现在我国的东部地区，与国外比较也很少见。

由于多凸、多凹，多带的发生和发展，引起的地质现象是沉积中心多，生油中心多，物源方向多，储集类型多，油气聚集形式多。

由于"五多"带来了三条最基本的有利条件：

（1）生油条件好。大量的生油中心，使更多的油短距离地、有效地进入储层中。

（2）储油条件好。大批的凸起和周围的隆起带具备了大量的多方向的物源，形成了大面积的、多地区的有利岩相区，而且持续地形成多套生储盖组合。

（3）圈闭条件好。遍布全区的二级断裂构造带和凸起，部分隆起，是油气聚集的好地方。

这"三好"是渤海湾油气资源丰富最根本的地质条件。当然，上述的情况也带来一些不利条件。

多凸、多凹破坏了大区域的完整，每个凸起和凹陷，大小、深浅不一，发生和发展的历史不尽相同。因此，差异性比较大，封隔性比较大，岩性变化比较大。有利条件和不利条件相比，有利条件是主要。根据以上的情况，我们的看法是，要对渤海湾所有的凹陷、凸起、隆起和二级带进行分析研究，分类排队，才能有一个总的设想和看法，有步骤地开展大规模的勘探，工作要大胆，因为油气资源是丰富的，工作又要过细，因为有复杂的一面，一般化的工作不成。

1.2 渤海湾分布了规模较大的复式油气聚集区

多凸、多凹、多带相互重合和影响，若干二级带组合起来，有的还与附近的凸起、斜

坡、部分凹陷联结起来，形成区域性的相对的构造高带，区域内生油、储油、地层、断层、构造、各种因素相互交错、结合起来形成了规模巨大的、有多种油气聚集类型的，综合性的油气聚集单元，我们把它叫作复式油气聚集区。主要有三个特点。

（1）区域内油源丰富，砂泥岩交互，生储盖组合发育，有成组成排的断裂、构造带，有大范围的岩性岩相交化，有大量的地层超覆和不整合现象，互相交错和补充，组成了一个综合性油气聚集的整体。

（2）区域内有丰富的油气聚集形式。构造及鼻状构造高点含油，凸起浅层构造含油，大断裂两侧圈闭含油，二级断裂构造带整体含油，大规模砂层上倾尖灭含油，岩相变化含油，构造超覆不整合含油，既有原生油藏，又有次生油藏，凡是可以聚集油气的地方，都有油气的存在。

（3）这个复式区内有大量的油气富集地带，但是油气贫富差别很大，含油气层系及含油气井段很长，含油气高差情况很悬殊。

根据这种看法，我们初步把渤海湾划分了11个主要的复式油气聚集区，例如南北大港，东营，河口孤岛等，我们对渤海湾勘探的设想是：目前集中力量整体解剖二级带，今后随着勘探的深入，将逐渐打出二级带，进入斜坡和洼陷，直到整体解剖凹陷。实际上这种勘探形式今年在大民屯、大港、河口等地区已经出现。

1.3 渤海湾大多数有利二级断裂构造带都可能是整体含油的

目前渤海湾地区是勘探程度较高、整体含油的二级带，数量较多，例如胜坨、东辛、滨南、临盘、北大港、兴隆台、黄于热、大民屯等，它们广泛地分布在渤海湾各地，出现在不同类型的二级带上，这不是偶然的现象，而是一种较普遍的油气聚集规律，使我们有比较充分的论据来推断，渤海湾大部分二级断裂构造带却将是整体含油的。根据现有二级带获得储量情况来看，每个带大致可以拿到（1~3）× 10^8t 地质储量，渤海湾 171 个二级带是一项巨大的油气资源财富。

对于渤海湾二级带整体含油的问题，我们走了一条曲折的道路。从大庆进关，找到了胜坨这样的二级带整体含油的典型，但随后就碰上了相当数量的比较复杂的二级带。它们是否整体含油，在认识上一直是动摇的。直到最近几年，才又重新肯定下来，理解到比较复杂的二级带也是整体含油的。这是一个大的飞跃，说明我们在 20 世纪 50 年代中期开始搞简单的二级带，现在已经在认识和对付比较复杂的二级带问题上逐步找到了解决办法。回想十年来渤海湾二级带的勘探，搞得快的比较少，搞得慢的比较多，这是什么原因？到底慢在那里？我们分析了胜坨、东辛、临盘、北大港、兴隆台等二级带，发现第一阶段（即侦察发现工业油气阶段）都是比较快的。东辛 1961 年 2 月钻探，4 月见油；北大港 1964 年 4 月钻探，8 月见油；兴隆台 1969 年 5 月钻探，7 月见油。上述二级带都是当年打井，当年发现工业油流。慢都是慢在第二阶段上，即发现油流后到基本搞清整个构造带含油气情况这个过程进展缓慢（胜坨除外），例如北大港花了 10 年，临盘花了 11 年，仍有大量的勘探工作要做，慢的原因主要有以下三点。

1.3.1　慢在对断裂构造带的基本估计上

一般对比较复杂的二级带油气情况估计都低于客观实际。例如当时对临盘二级带的估计可以概括为四点:(1)看二级带两侧凹陷深度比较浅;(2)看构造背景模糊;(3)看地层缺失严重(还有火山岩);(4)看油气分布零散。这样的估计当然不可能产生整体含油的认识,也不能进行整体解剖。又如北大港对深层油气较长时间的认识是:"出口气、放个屁"。自从1966年港东油田,港西油田连片工作,由于关键井没有坚持打完暂时失利以后,以为油田大体定型了,整体解剖工作基本中止了五年。又如兴隆台勘探初期,着眼点一直是局部构造。1970年布了两条大剖面,因为少数几口探井不够理想。放弃了外甩计划,特别是南部兴6井因岩性变细,推断南部情况不好,推迟了马圈子一带高产区的发现。

总之对这些带整体含油的认识是模糊的,整体解剖工作是很不理想。

1.3.2　慢在对二级带的复杂性有思想包袱,陷入盲目性

渤海湾二级带一般断层比较多,含油层系比较多,贫富差别大,油气水关系比较复杂,油气水性质变化比较大,碰了一些钉子以后,较普遍的看法是:在这种地区进行勘探,工作量必须大,步子必须小,速度不可能很高,要步步为营,谨慎小心,勘探思想总的倾向是怕冒不怕保守。因此我们总结的经验大都是:"要摸着石头过河","打井要采用蔓延法","要勘探一块,搞清一块,开发一块","断块交叉,准备富块"等,这些经验对一些局部问题上可能有些作用,但是如果作为战役的指导思想。那显然是快不了的。

特别当强调断层因素以后,我们对断层产生了极大顾虑,勘探工作把注意力全部放在无数的断层和断块上,陷入了断块的泥坑,每个断块必须打探井,每个断块必须搞清楚,这种不分阶段,不管全局的勘探方法,在一些地区就出现了探井井数比生产井还多,探井井距比生产井还密的现象,当然也是快不了的。

当复杂的地质条件束缚了我们思想的时候,本来可以一分为二为我们用的优点,也可以变为"紧箍咒",变为缺点,例如贫富差别大,本来可以利用其"富",总结规律,大找高产井,大搞富集带,但却变成不敢迈步的框框。含油层系多本来可以利用其"多",大搞多油层,却经常引起探深层,还是探浅层的争论。

总之,在复杂地区搞油气勘探,思想必须解放,一分为二地分析地下形势,因势利导,才能把速度抢上去。

1.3.3　慢在关键战术协作配合得不好

地震是一项关键战术,必须先行,必须为整体解剖准备出一张比较准确的二级带构造图,但有的二级带就不是这样,如兴隆台已经发现相当数量的油井以后,仍然只有局部构造图,以致无法进行整体解剖;又如临盘地震工作做得很多,成果变化很大,也大大地影响整体解剖的进行。

测井也是一项关键战术,特别在关键井上影响全局,如胜坨油田的坨7井(原营5井)开始对沙二段油层不认识,本来有油层65m,只解释了油层2.8m,结果推迟了胜坨油田

的发现几乎一年。

其他如一些关键井试油速度慢，试油不彻底，钻井（固井）质量不好，推迟了综合勘探的时间，也有相当的例子。

总之，我们认为只要能解决好上述三个方面的问题，勘探速度是可以大大加快的。现在对二级带的整体含油认识也不完全相同，一种认为二级带上的局部构造都含油就是整体含油；另一种认为二级带主断裂两侧圈闭都含油是整体含油。我们认为大部分有利的二级带是大面积的整体含油，它们受构造断层、岩性、超覆不整合等综合因素控制，也是一个综合性的油气聚集体。

2 对加速渤海湾勘探的做法

渤海湾油气资源丰富，是近期内大幅度增长储量和产量最现实的地区，必须加快勘探速度，争取作出更大的贡献。当前，油气勘探的矛盾很多，主要的矛盾表现在资源勘探的速度和生产能力增长的速度不适应。目前，国家急需要油，必须用更高的速度来发展我国的原油产量，作为搞资源勘探的同志，只能做生产能力增长的促进派，而不能削弱它，这就要求我们用有限的勘探工作量，办更多的事情，要更好地总结油气地质规律，总结我们的作法，在近几年内迅速把油气储量搞上去。

要想改变这种不适应的局面，主要靠油气勘探工作的重大发现。我们主要把希望放在复式油气聚集区和二级断裂构造带的勘探上（包括部分凸起和隆起），特别是近几年要大搞二级带的勘探，我们设想用拿下十个二级带等于一个大庆的做法，迅速把储量搞上去。因此，二级带的勘探就是当前的突出方向，而整体解剖就变为加速二级带勘探的关键性环节，提三点想法。

2.1 加速二级带的勘探

2.1.1 迅速对渤海湾全部二级带（包括凸起、隆起）做一次系统的分析

对渤海湾进行分类排队，优先选择条件好的二级带进行勘探。我们对渤海湾 171 个二级带初步排队的结果是：第一类含油气远景最大的有 74 个；第二类含油气远景较大的有 84 个；第三类含油气远景中等的有 13 个。但还需要进一步落实。

2.1.2 二级带每年应有计划地进行三级准备

第一级地震每年应有计划地详查或半详查一批二级带，做出较准确的二级带构造图，并进行预探，打出 2～3 口工业油气流井。

第二级每年应有计划地整体解剖一批二级带，第三级每年应有计划地对一批二级带，抢面积，抢储量，抢能力。

2.1.3 大力加强整体解剖工作

整体解剖是勘探过程中必须遵循的原则，它是全面了解整带油气富集规律的关键步

骤，如同对于每一个凹陷必须进行综合性区域勘探一样，我们提出：选准二级带进行整体解剖要破除迷信，解放思想。要"五不怕"：不怕打空井，不怕出局部构造圈圈，不怕断层多，不怕贫富差别大，不怕油气水关系复杂。应迅速探明区域的贫富差别、纵向上多油气层的状况和多种油气控制的因素。越是比较复杂的二级带，越是需要整体解剖，才能有一个比较全面的认识。防止在勘探过程中经常出现的片面性和盲目性，才能从全带出发，有比较地、有鉴别地选准重点，形成真正的突击方向。同时，整体解剖不仅在于运用一批已知油气富集规律去控制一批明显的高产区，而且还在于通过整体解剖的方法发现一批新的油气富集规律和新的油气富集区。

当然，整体解剖不可能千篇一律的照搬、照套，而且要针对不同类型的二级带，针对每一个二级带的特点来工作。

总之，我们希望整体解剖的工作步子适得大一些，顾虑少一些，不要把注意力全部放在一井、一块的得失上，而要统现全局，迅速查明整带的含油气情况。

2.1.4　正确选择突击方向，集中兵力，打歼灭战

自 1958 年以来，我们在油气勘探上取得了很大的成功。当前渤海湾的勘探，应在正确选择突击方向这个问题上，加强努力。因为一个比较复杂的地区，突击方向往往不易选准，虽然集中了大批的兵力，却打不成歼灭战，而只能打成消耗战。我们分析了一些著名的战例，发现突击方向的选择都是十分慎重的，例如东营会战初期，足足等等了半年，等胜利—坨庄条件成熟后，一举拿下了胜利油田。大庆会战初期，由于条件变化，把突击方向由葡萄花迅速移向了萨尔图等，都是很好的例子。我们希望，在集中兵力以前，要尽可能多的运用各种侦察手段获得各种必要的资料，进行细致的分析。研究特别要注意比较，要注意基本地质条件的分析，当有些矛盾没有明朗化以前，应该继续暴露矛盾，一旦看准以后，就下定决心，集中兵力，力求全歼速决，这是加快油气勘探极为重要的一个环节。

2.1.5　认真组织好"五位一体"的综合勘探工作

把地震、钻井、测井、试油、地质综合研究五个关键战术组成一个整体进行二级带的综合勘探是一个加快速度、提高成效的好方法，必须认真组织好，要有坚强的、统一的指挥，领导必须亲自上前线，把各个工种、各道工序衔接好、配合好，迅速完成预定的部署方案，并做出必要的调整。不要互相扯皮，互相拖后腿，才能迅速解决战斗。同时，二级带的勘探成果也是多兵种协同作战的结果，例如构造图总不是一次单靠地震能搞得十分准确的，而需要地震、钻井、地质紧密结合搞准构造图，油气水层也不是一次靠测井就能认清的，而是靠钻井测井、试油、地质紧密结合来搞准，这都需要大量的组织工作。

各兵种既要独立作战，又要捆在一起，才能多快好省地完成任务。

2.2　坚持"区域展开，重点突破，各个歼灭"的勘探方针

这是 1964 年原石油部党组对渤海湾地区制定的勘探方针。现在来看，仍然具有十分重要的指导意义，坚持这个方针，就能做到有远景、有重点、有衔接、有成果、就能做到

"先肥后瘦"。当前比较薄弱的环节是区域展开部分，我们设想仍然要坚持积极开展新凹陷新地区、新层系的区域勘探工作，要有计划地对复式油气聚集区开展综合勘探有意识地超越二级带，打斜坡、打凹陷、打凸起、打连结，发现多类型的富矿，加快勘探速度。

2.3　加强地质工作的两个方面

加速渤海湾勘探速度很重要一环是要尽快地掌握地下油气富集的规律，这就必须加强地质工作，各级领导都要抓地质工作。当前地质工作比较薄弱的环节主要是两个方面，一方面是地质基础工作。要继续发扬大庆精神，认真取全取准第一性资料，重视取心，重视录井，重视地层对比，重视地震原始资料的质量，把基础工作搞扎实；另一方面是区域性的综合研究工作，目前各地区投入的力量很小，或甚至中断了这项工作。我们认为区域性的综合研究是指导我们发现大型油气区、油气田不可缺少的工作，是研究油气富集规律不可缺少的工作。随着今后勘探的深入，区域研究工作，不仅不能削弱，而要不断地加强，才能加速整个勘探过程。

本文出自全国石油勘探座谈会报告材料，1974 年 8 月。

与法国埃尔夫公司座谈技术总结
——石油地质勘探部分

邱中建

（石油化学工业部石油勘探开发规划研究院）

法国埃尔夫（elf）公司地质人员伯尔纳（负责该公司地质综合研究方面工作）于1975年4月18—26日与我们进行了技术交流，谈了15项地质综合研究方面的情况与技术，放映了176张幻灯片，也交换了一些我们关心的问题。伯尔纳临走时，将幻灯片15项有关资料（37份）全部送给我方。

15项地质综合研究方面的题目分别是：

（1）航空照片：各种方法拍摄的航空照片的地质解释（幻灯片10张）。

（2）大地构造：板块理论在石油地质方面的应用（幻灯片11张）。

（3）海洋地质：海底取样与大陆棚一般情况（幻灯片12张，资料2份）。

（4）构造地质：运用野外小构造和岩心分析指导油气勘探（幻灯片12张，资料4份）。

（5）井场录井：主要介绍泥浆综合录井（幻灯片13张，资料1份）。

（6）流体地质：利用水动力及水化学条件研究油气水运移（幻灯片9张，资料2份）。

（7）测井解释：各种测井项目及计算机处理后的各种地质解释。（幻灯片15张，资料7份）。

（8）生油岩研究：有机地球化学设备及研究方法。（幻灯片15张，资料2份）。

（9）生油岩研究：运用反射法研究煤和沥青颗粒的转化条件。（幻灯片5张，资料3份）。

（10）生油岩研究：运用热转换指数研究有机质的转化条件（幻灯片14张）。

（11）储油岩研究：镜下孔隙度及镜下油水状态的研究（幻灯片11张，资料3份）。

（12）岩性及沉积学研究：岩相研究，运用近代沉积研究古代沉积环境（幻灯片16张，资料3份）。

（13）微古生物古生态的研究：地层对比与沉积环境（幻灯片6张，资料3份）。

（14）孢粉研究：地层对比与沉积环境（幻灯片15张，资料4份）。

（15）计算机在地质上的应用：整理数据与自动绘图（幻灯片12张，资料3份）。

现将座谈情况简要综合整理如下。

1 油气勘探一般理论

法国油气勘探的理论建立在一般传统概念上，认为勘探工作的全部任务就是了解生油岩、储油岩、盖油岩及圈闭这四个条件的情况。只要这个地区具备了上述四个条件同时又搞清了这些条件的变化情况时，就可以找到一系列油气田。

以北海南部为例：石炭系—二叠系是一个完整的生储盖组合。生油层、储油层和盖油层在平面上的重叠地区是最有利的地区，重叠地区内的构造圈闭都是气田。

与我国勘探情况比较，有两点值得注意：

（1）法国十分重视生油层的研究，认为这是勘探过程中必须明确的首要条件，他们特别注意生油层有机质转化的可能性和油气生成以后的变质程度。因此，特别注意区域性地层温度和地层压力的研究，认为地层温度高特别对古近系—新近系以后的生油岩油气生成有利，可大量的促进油气转化。地层压力变化是油气运移和聚集必须考虑的重要因素。

（2）法国十分重视盖油层的研究，认为这是形成有否工业价值的油气田（特别是气田）不可缺少的条件。以北海气田为例，北海气田都发现在石膏层盖层以下，在页岩分布地区，有很多幅度很大的构造，在页岩底部只发现少量的气，主要原因是这些页岩封闭不严密，断层较多，整个页岩裂缝里都充满了气。因此，在页岩底部只能形成规模很小的气藏，聚集在断层的顶部，气水界面很不统一。

法国在找寻沉积盆地和评价沉积盆地时运用了板块构造理论，他们认为这是近五年来大地构造学说的一项发展，能比较系统地和完整地解释地壳动动的发生和发展，按照这理论认为，大型沉积盆地多发生在板块的边缘。当两个板块相背运动时，便地壳裂缝，形成扩张型盆地，断层呈扇状块断下掉。当两个板块相向运动时，使地壳受到强烈挤压，在板块边缘形成挤压型盆地，发生大量的横断层，同时在被挤压的板块内部也产生扩张型块断盆地。

他们认为渤海湾、波斯湾、印度尼西亚等地都是两个板块相向运动挤压的结果。由于挤压形成了较高的温度，使年轻的沉积岩油气转化具备了极好的条件。

2 勘探程序及资料收集

法国的勘探程序大致可以分为三个阶段：野猫井以前的准备阶段；野猫井阶段；野猫井以后或估价井阶段。

2.1 野猫井以前的准备阶段

（1）研究大地构造，运用板块理论了解沉积盆地的发展情况，选择地球物理方向。

（2）作三项工作。

① 地震踏勘：用少量的地震测线圈定沉积盆地范围，了解沉积岩厚度及起伏情况，一般用 20km×20km 或 70km×10km 的测网。

② 用低价买美国的航磁资料：了解盆地位置及沉积岩厚度。

③ 配合各种航空照片进行地质解释：法国使用的航空照片包括一般的彩色照片、红外照片、雷达照片、人造卫星轨迹照片等。

（3）选择有利地区进行地震详查，一般地震测线 3～5km，在比较复杂地区如北海，地震测线密度可到0.5km，主要是查圈闭情况。有时还可以运用高精度重力仪（0.01mGal）用100m×200m的测网，找礁块灰岩。

（4）对已知盆地进行比较，进行模拟研究，亦尽可能多的收集各方面的地质地球物理资料（包括露头区的生储盖油层情况）进行综合分析，推断出最有利的地区。

2.2 野猫井阶段

一个盆地、一个地区或一个构造的第一口井是非常重要的，要尽可能多地收集到各种资料。这种井一般都打到圈闭上，主要任务是找寻油气，同时要特别注意收集生油层、储油层、盖油层资料。主要进行以下几项工作。

（1）取心：第一口井遇到油气显示后，应立刻取心，要取到油气显示消失为止。同时要对盖油层和生油层取部分岩心。井壁取心除对油气显示层位进行取心外，还要对生油层取心。取心会影响钻井速度，但是法国认为为了寻找油气，取心是非常必要的。他们一般不进行全井取心，认为那样做费用太昂贵。

（2）井场录井：岩屑录井2m/包，从井口到井底，现场随时做简易分析，亦取全套岩屑样品（5~10m/包）送巴黎中心试验室进行分析，根据测井资料对岩屑挑样，粘贴实物剖面，送回现场使用。气测井（包括钻时录井）由承包公司负担。

法国比较重视钻井液录井，埃尔夫公司为每口探井安装了一台钻井液多种参数记录仪（主要是海上）放置在地质工作房内，可以自动记录钻井液气体总含量、钻井液液面变化情况、钻井液入口和出口量、钻井液进出口温度、钻井液进出口比重、钻井液注入压和大钩负荷等。

（3）测井工作：由于对第一口井情况不了解，要进行多种项目的测井，一般全套方法都用上，测量以后再根据其他资料进行选择。

（4）中途测试：法国认为这是探井非常重要的工作，不仅要取油气的资料，还要取得水的资料，因为水的压力及水性资料，对油气运移聚集情况的了是非常重要的。在较硬的地层中，进入储油层发现油气显示以后，先取一段岩心，然后进行中途测试。由于取心井眼较小，造成一个台阶，封隔器下到台阶上进行测试，然后再扩眼，取一段岩心，再进行测试。比较松软的砂泥剖面中，采用绳索式取样，取样体积约10L。但钻井液渗入带较深时这种方法效果不太好。此法用于尼日利亚三角洲，那里油气水关系复杂，效果较好。法国工作者认为，中途测试遇见井壁塌陷或卡钻现象不多，占1%~2%。可能取决于钻井液的质量。

2.3 野猫井或估价井阶段

第一口探井发现工业油气流后，如果构造情况和油气水比较简单，在边部打井1口，就可以计算面积和储量，投入开发。如果比较复杂，可以再钻4口井，对油气情况进行估价。

3 储量分级

法国把储量分为两类：一类称为地质储量，另一类称为可采储量。地质储量没有有效厚度的概念，对砂岩储油层来说只要是含油气砂层（有效孔隙度在 5% 以上），均计算在内。可采储量是指当前工艺水平能采出的油气量。

法国把油气储量分为四个等级，每年要调整两次储量。

第一级：证实储量，已经证明可采的最低采油量，一般以井筒周围 1km 为限。

第二级：大概储量，在产油气的构造上，用平均孔隙度计算最低闭合度圈定的储量。

第三级：可能储量，有利地区各构造推测的储量（包括已占构造和未占构造）。

第四级：最终储量或估算储值，对整个盆地推测最大可能的储量。

法国对生油层的生油量也进行推算，比如对北海南部碳系煤系地层进行了推算，生成的天然气可达 $300 \times 10^{12} m^3$，但是他们认为这种方法不很可靠。

4 生油层研究

法国对生油层的研究比较细致，有一些新的方法，在概念上也和我们有些差异。

他们认为一个质量很好的厚度仅 15～20m 的生油层可以生成大量的油气，形成相当规模的油气田。对于连续厚度很大的生油岩，仅仅在生油岩的顶底是有效的，中间有很多油出不来。

他们认为仅仅根据"黑色页岩和黑色灰岩"这一点来判断生油条件的好坏是远远不够的，当然黑色的页岩要比红色的和绿色的好，但是黑色页岩和灰岩有三种状态：(1) 有机质不成熟的黑色页岩（灰岩），只能生成少量的石油；(2) 有机质已经变质的黑色页岩（灰岩），石油不能保存；(3) 有机质成熟的黑色页岩（灰岩），具有良好的生油条件。同时黑色的页岩（灰岩）代表一种还原沉积环境，说明含硫化铁的成分很多。所以只根据页岩是黑色这一点不足以说明有机质丰富。

法国在研究生油层的生成转化和保存条件的方法上，除一般常用的可溶有机物、不溶有机物有机岩的测定外，还有以下几种：

（1）用气体色谱分析仪，高压液体色谱仪分析岩石有机物质及油样的化学成分。一般的气体色谱仪可得到 C_{15}—C_{32} 的碳氢化合物组分，但轻组分大多得不到。埃尔夫公司采用热蒸法可得到 C_5—C_{15} 的碳氢化合物组分，使用这带方法可以确定岩面有机物质的各种碳氢化合物的化学组分，判断有机质的来源，转化程度和变质程度。对不同的样品进行组分比较，也可以判断是否为同一生油来源。例如两个不同油田采得的油样，碳氢化合物组分相似，认为是同一生油来源；例如北海地区，有一个油样和一个生油岩岩样垂直深度相差 1000m 以上，分析结果组分相似，也认为是同一生油来源，又例如对一口井系统进行岩样分析，发现碳氢化合物组分由深到浅有规律的发生变化，由较轻的碳氢化合物占优势逐渐变到较重的碳氢化合物占优势。

（2）利用煤和沥青颗粒对光线反射的强弱判断有机质的转化条件和变质程度，一般煤和沥青颗粒成岩作用越强烈，变质程度越高，就越致密。经光线照射后，反射增强。因此，用固定的光源经过特制的仪器进行照射，入射光强度与反射光强度的比值可以比较好地判断有机物质的成熟度。埃尔夫公司收集了较多的资料做了一条综合曲线。他们认为：

① 反射率在 0.5% 以下时，有机质是不成熟的。

② 反射率在 0.5%～1% 时，有机质是生油的。

③ 反射率在 1%～3% 时，有机质是生气的。

当反射率发生突变时，例如由 0.5% 突变到 3% 时，说明有地层不整合存在。在勘探过程中，当煤和沥青等重质有机质反射率超过 3% 以上时，就要考虑停止钻探。

（3）利用有机物质的颜色深浅来判断地下温度对它所起的作用，推断有机质的成熟度，称热转换指数法（IAT），一般有机物质颜色越淡反映成岩作用不强烈，成熟度越低。当热转换指数为 2～2.5 时，生成干气；当热转换指数为 2.5～3 时，生成油和湿气；当热转换指数为 3～3.5 时，生成轻质油，湿气；当热转换指数为 3.5～5 时，生成干气。

（4）运用黏土矿物分析（X 光衍射法），剖断有机质的成熟度，当黏土矿物出现伊利石高峰时，认为成岩作用很强烈，生油条件较差。

5 储油层及流体地质研究

在储油岩研究上，法国除了利用岩心、岩屑配合测井资料，测定储油层的孔隙度和渗透率，同时研究其纵向、横向变化规律，还利用彩色树脂来研究储油岩的储油特征。

关于彩色树脂法有两种：（1）用一种染色树脂，挤到岩石孔隙中去，然后切成片在显微镜下观察。可以直接观察储油岩孔隙结构和连通情况，此方法也适用于孔隙度很大的储油岩。（2）采用两种不同的染色树脂来研究储油的特征。首先用离心方法，选用和束缚水相同黏度的染色树脂，浸透到岩石孔隙中去，模拟成束缚水在岩石孔隙中的状态。当第一种树脂凝固后，就停止旋转，然后用另一种彩色树脂渗透进去，模拟成油在岩石孔隙中的状态这样就可以直接观察油和水在储油岩孔隙的分布状况和特征。

法国对流体地质的研究是比较重视的，认为要掌握油、气运移规律，必须研究水的活动规律。

5.1 研究情况

为掌握整个沉积盆地水动力的情况，他们对盆地内各个钻孔均进行测试，获得地下水压力资料，水的化学成分及水矿化度的资料，亦对这些资料分析研究后，编绘成地下水矿化度等值线图、地下水视位能图、高压水层变化图等，用于指导石油勘探。

5.2 在石油勘探中的应用

（1）利用水压等高线图或水的视位能图，分析水动力运动方向和了解油、气、水运移方向和分布情况。在水的冲刷下，油水界面是一个倾斜面，油聚集在断层遮挡面附近。

（2）利用地下水矿化度图推测找油有利地带。从水的矿化度变化情况可以了解到哪里是两水冲刷的露头区，哪里是淡水区，哪里是碱水区，而油田均分布在淡水区以外的地方。

（3）了解高压地层的位置，防止井喷。油田中往往存在高压地层，例如法国北海勘探中在油层顶部有一层高压层，如不掌握高压层情况，当钻遇高压层时，往往发生井喷造成钻井事故。

（4）利用计算机处理试井资料，编制地下水运动方向图，可以预测油田位置，当地下水运动方向呈相向运动时，就可能存在有油田。

6　构造研究

法国对构造研究介绍了以下几种方法。

（1）对野外的小型褶皱、断层、裂缝、节理、缝合线构造等，做仔细的测量与观察。例如对一个小型褶皱从顶到底详细了解构造的变化。然后进行室内研究、模拟试验、分析构造及断层形成的力的因素等。根据研究的成果，预测正在勘探的构造情况。还可以在比较大的区域内做构造分析工作，在野外做若干个构造分析观察点。测量各种构造断层、裂缝要素，标记在地质图上对区域的构造断层结构进行研究。

（2）对石灰岩储层预测裂缝的方法。他们认为地层裂缝的发生主要受三种力的影响：① 地壳运动的构造力；② 地层静压力；③ 流体压力。他们利用构造图作数学模型，对构造力进行推算，运用沉积岩密度推算地层压力，运用试井资料推算流体压力，运用岩心资料进行试验了解破裂压力等，可以做出一张裂缝发育的预测图。

（3）运用钻井岩心及地层倾角测井，可以了解地下构造和断层、裂缝发育的情况，可做出图件。

7　岩性、沉积和微古生物研究

法国对钻井剖面的岩性研究比较细致，他们整理的钻井柱状剖面图，内容主要包括目测和实验室分析资料。除一般岩性外，还有沉积特征、颗粒大小及分选情况、目测孔隙度、镜下孔隙度、充填物及大型微体有机物研究等。

他们对近代沉积的研究也很注意，将研究的成果运用在油气勘探工作上，例如他们对法国西北海岸近代沉积做了比较详细的研究，用 C_{14} 测定了各种沉积层的绝对年龄（精度可达 500~1000 年），了解各个时期沉积物的变化，沉积次序与海进、海退的关系等。

在碳酸盐岩沉积的海岸地区，他们系统地研究海洋潮汐带至广海的沉积物及其生物活动，了解沉积特点和环境标志，找出最有利的岩相区（生物礁灰岩相区），他们认为多孔隙的生物礁灰岩一般多出现在从潟湖至广海过渡的水下隆起地带。

由于从大陆过渡到广海沉积了不同类型的碳酸盐岩，可以利用这种沉积序列指导找礁灰岩。

他们对微古生物的研究不仅用于对比地层，而且研究它们的生态，以推测当时的沉积环境，直接为岩相古地理的研究工作服务。

8 计算机在地质上的应用

计算机在地质上的应用，在法国已日益广泛，近几年来已逐步用于地质上的各种资料数据的整理和储存。目前用得最广泛的是根据地质上各种不同特殊要求，编成各种不同程序然后利用它来绘制各种图件。如绘制水文地理图、测井曲线图，不同层位的构造等高线图，地层等厚度图、地震线平面图、岩石成分数据图、栅状对比图和立体模型图等。

9 法国埃尔夫公司综合研究组织状况

法国埃尔夫公司油气勘探研究工作有 400 个地质学家和地球物理家，其中 130 人是地球物理家，270 人是地质家。分成三个部分：

（1）综合研究队（法国）：主要是综合分析各方面的情况，也分片区管理世界各地工作地区向勘探情况，每个片区有一个执行经理（相当于分队）。

（2）处理中心与实验室（法国）：主要是进行资料处理和化验分析。有三部分内容：一是常规项目，日常工作的处理与分析；二是新技术的推广；三是专门项目的研究。

（3）工作队：在世界各勘探地区进行工作。

由于要彼此经常熟悉情况，在这三部分工作的地质、地球物理家要经常调换。

本文出自与法国埃尔夫公司座谈技术总结，1975 年 5 月。

中国东部一些陆相沉积盆地的沉积特征

邱中建

（石油工业部石油勘探开发科学研究院）

中国陆相沉积问题，广泛为中外地质学家所注意，随着石油勘探活动的发展和沉积学研究工作的深入，一些陆相沉积的地质特征逐步为人们所认识，本文将主要探讨中国东部一些陆相沉积盆地的沉积特征。

1 沉积特征

我国东部地区自古生代末期以后，逐步由海洋变为陆地，在这个大陆上，形成了许多巨大的湖泊，堆积了巨厚的陆相沉积，这是其他几个大陆所罕见的。这些陆相盆地既不同于海相，与世界上其他陆相盆地相比，也具有自己的特色。

这些盆地发育的持续时间很长，陕甘宁盆地经历了三叠纪、侏罗纪、白垩纪等三个纪，持续时间达 1.5 亿年，渤海湾的一些盆地经历了白垩纪、古近纪—新近纪及第四纪，持续时间达 1.3 亿年，松辽盆地经历了侏罗纪、白垩纪，持续时间达 1.1 亿年。

这些盆地发育的面积很大，一般较大的沉积盆地面积为（20~30）× $10^4 km^2$。不包括平原河流相的湖相沉积岩面积也可达 $5 \times 10^4 km^2$，最大的湖相沉积岩面积可达 $20 \times 10^4 km^2$。

这些盆地发育的沉积岩很厚，一般盆地厚度都达到 4000~5000m。在东部的一些断陷盆地中，最大的厚度可以达到 13000m，这是一种在湖泊环境下的快速堆积，渤海湾盆地平均 0.12~0.18mm/a，对油气生成、运移和聚集极为有利。

因此，时间长、面积大、沉积厚成为我国东部一些陆相沉积盆地的重要特点。

陆相盆地沉积与海相沉积不同。陆相盆地都是基本封闭的、孤立的、自成体系的，一般四周高，中间低，四周都被山地所环绕，湖泊周围都被河流相所包围。因此，一个盆地往往有几个物源供给碎屑物质，可以形成各式各样的砂岩体。互相沉积盆地一般下沉速度大于堆积速度，形成深水区，使湖盆形状多呈"锅状"或"槽状"形式。深凹陷与沉积中心吻合是一个汇水区，有机物质丰富，一般均为还原环境控制，往往生成巨大的生油岩体。有无较大的生油岩体，是陆相盆地能否形成较大油田的关键，这是选择盆地优先勘探的基本条件。

在东部的一些陆相沉积盆地中，地理上与海洋很接近，我们称为近海陆相盆地，它们在地质历史中经常受到短暂的海侵的影响。

陆相盆地在沉积上具有两个基本特点。

1.1 多物源方向

陆相沉积均以陆盆为单元形成多物源的沉积，某些盆地有一个主要的沉积来源，常常平行盆地的长轴，造成规模巨大的砂岩体，成因与形状都类似于三角洲沉积体系。例如松辽盆地北部的砂岩体，面积可达 $1 \times 10^4 km^2$。某些盆地有几个主要的沉积来源，彼此规模大体相等，与生油岩互相穿插。这些沉积来源不同的砂岩体，有时还在湖盆中心互相叠置，形成复合型砂岩体沉积体系。因此，一些盆地中心往往发育相当数量的砂岩，缺乏纯泥岩区变成十分有利的含油远景区域。一个规模很大的砂岩体都有一条大的河流作为背景，把大量的泥沙从远处运往湖盆内部，但多数砂岩体都是就近堆积的，与沉积时附近的露头区岩性有极大的关系，一般以石灰岩白云岩作为物源形成的砂岩体，往往储油物性不大好。而以花岗岩作为物源形成的砂岩体储油物性十分优良。

1.2　多旋回沉积，多生储盖组合

陆盆发育具有多旋回性，也形成了沉积的多旋回性，一般均以三级旋回控制沉积发育。

（1）一级旋回控制盆地的发育，形成主要含油岩系（例如松辽盆地的下白垩统青山口组，渤海湾古近系沙河街组）。

（2）二级旋回控制生储盖组合的发育，一个盆地往往形成多套生储盖组合。

（3）三级旋回控制了油层组的沉积。

这是油田开发层系划分的基本单元。

东部一些陆相盆地生储盖组合形式是很多的。

（1）旋回交互型：生油层、储油层、盖油层自下而上正常排列，受湖盆水进—水退—水进完整沉积旋回所造成。

（2）上覆型：生油层在上，储层在下，生储关系倒置。

（3）包裹型：储层呈透镜体，四周被生油层所包围形成岩性油藏。

（4）侧向接触型：在成油期内由于断层的活动，使古老的储集体与新的生油岩体侧向接触。

1.3　岩性、岩相变化大

陆相沉积稳定性较差，因此在横向上和纵向上变化都很大。砂岩组常在短距离内尖灭、交叉、合并，并常呈小型透镜体出现。相带分布也很不均一，往往靠主要物源一侧和缓岸一带，相带宽，沉积比较稳定，靠陡岸或次要物源一侧，相带窄，岩性变化大。陆相盆地沉积间断也比较多。

2　陆相盆地砂岩体的沉积模式

尽管陆相盆地是自成体系的，但在沉积上仍然有自己的规律。根据对一些盆地的研究，陆相盆地可归纳为四种环境，及十种砂岩体。它们都分布在一些盆地的特定部位上，依次形成碎屑岩沉积序列。

（1）山麓环境：冲积锥砂岩体。山麓附近常形成冲积锥砂岩体，经常发育在东部一些盆地的陡岸，一般可分三部分，顶部靠近物源区，为细砾—巨砾的混杂堆积。腰部为冲积锥主体，为中—细砾岩及砂岩，分选较好，常常形成较好的油层。尾部是冲积堆向盆地的延伸部分，以泥岩为主夹砂砾岩。

（2）冲积平原：河床砂岩体。发育在冲积平原环境，在湖区的周围经常有很多大小不等的河流，砂岩充填于这些河谷之中，形成带状分布的河床砂岩体。

（3）沿岸环境（滨湖环境）：湖水进退地带。湖岸线上下变迁带，这是陆相盆地中砂岩体最发育、类型最多的部位。该环境包括7种砂岩体：

① 分流河道砂岩体：一些盆地分流河道河宽数百米，砂岩呈连续条带状分布，分流河道两侧有许多决口扇及牛轭湖。

② 三角洲叶状体：由许多透镜状砂岩依次叠置而成。每个叶状体规模不等，宽1~4km，长2~5km，厚5~10m。

③ 席状砂岩体：面积较大，厚度较小，平坦的薄砂岩。

以上3种砂岩体属于湖相三角洲沉积体系，三角洲沉积是沿岸环境中最重要的沉积单元，是河流补给而使岸线不规则向湖区伸展的一种沉积体系，三角洲沉积初期，沿岸坡降大，地形高差显著，河口泥砂迅速堆积，促使三角洲叶状体迅速向外推进。由于充填作用，地形变平，逐步形成席状砂岩体。当沉积使三角洲顶面逐渐接近湖水水面组，分流河道又向前推进，带状砂岩体代替了席状砂岩，当水进时它们又被湖相泥岩所覆盖，这样周而复始，形成了大型湖相三角洲沉积。

另外，沿岸沉积环境还有砂坝、堡坝、谷砂及粒屑灰岩，它们都是在湖泊环境中由波浪及岸流作用形成的。

④ 砂坝砂岩体：沿岸分布，呈孤立的透镜体，平面上多呈长圆形。

⑤ 堡坝砂岩体：常为某些湖湾的障壁岛，四周均被湖相泥岩所包围。

⑥ 谷砂体：岸线附近的侵蚀谷，当水进时所携带的泥砂充填于谷地而成。

⑦ 粒屑灰岩：在我国东部一些陆相盆地中普遍发育，岩屑多为分选磨圆后的各种生物碎屑，分选较好的粒屑灰岩与砂岩相似，是浅水条件下高能带的产物，分布于水下隆起顶部，岛的斜坡及湖湾地区，它们均以滩坝的形式出现。

（4）湖泊环境：浊积岩砂岩体。东部断陷盆地中在湖区范围内发现相当数量的浊积岩，这是一种高密度流在较深水条件下的沉积，一般泥砂混杂，分选很差，常含砾石，成层性不好，有独特的内部构造，易与其他类型的沉积相区别。浊积岩一般发育在盆地生油体之内，四周被泥岩包围，易于形成高压高产油藏，有时压力系数可达到1.5。

尽管各种盆地沉积环境与砂岩体配置关系相差很大，但是有利相带大都出现在岸线附近。并沿主要物源方向可形成巨大的河流——三角洲砂岩体。向湖盆中心延伸，湖岸线以内为生油区，为形成大油气田奠定了物质基础。因此确定古湖岸线是找油的重要环节。

湖岸线是陆上沉积和水下沉积的明显分界线，但是由于湖水受季节性气候影响，岸线不是一条线，而是一个很宽的带。此外，由于河流入湖处三角洲的发育，湖湾、港岔等使湖岸变为凹凸相间的曲折带状，因此，确定古岸线是相当困难的。

根据实践，划分岸线的具体标志如下：

（1）指相岩性：水上的有碳质页岩、网状红土、钙质结核、贝壳堤。水下的有鲕粒、鲕状灰岩。

（2）指相矿物：赤褐铁矿、菱铁矿。

（3）生物化石及遗迹化石：植物碎屑、植物根系、叶、果实、生物足迹、爬痕，这是岸上产物，岸线附近具有大量潜穴、藻类叠层石。

（4）岩石构造：泥裂等。

综上所述，中国东部一些陆相沉积盆地规模较大，有一套以湖盆为中心的、完整的沉积体系，生油岩、储集岩、盖油层都很发育，而且配置良好，有形成大油田的基本条件，其中含油气远景最有利的地区是深凹陷内砂岩体发育地带，大庆油田、胜利油田、大港油田等都是这样的例子。

由于深凹陷内砂岩体十分发育，与生油岩纵横交错，形成类型很多的油气圈闭，已经找到规模很大的地址油藏、不整合油藏、岩性油藏、古地貌油藏，使人们得出一个结论：一个生油深凹陷就是一个油气富集区，各种油气圈闭星罗棋布，有巨大的油气远景。

本文出自对国外石油公司及研究机构交流报告材料，1978 年 9 月。

油气勘探工作的收获

——美法两国考察报告

邱中建

（石油工业部石油勘探开发科学研究院）

1 美国油气资源的评价工作

通过这次考察摸了一次底，了解了动态。我们认为美国各盆地的综合勘探工作与中国比较是比较落后的，主要原因是资本主义经济的固有矛盾（生产的社会性与私人占有）带来的。各大公司竞争激烈，资料相互保密，陆地上土地私有（海上 1.5km 以内属州，1.5km 以外属国家），油气勘探以招标形式进行，租地面积很小，盆地一发现有油，很多家大小公司蜂拥而上，很难有全盆地综合勘探、综合评价的可能。因此，勘探的盲目性较大。

美国国内油气资源的评价工作各大石油公司都做，但彼此保密、机密度很高，看法很不一致。

全国性的油气资源评价工作共进行过两次。一次是 1938 年，一次是 1972 年。召集各公司集体讨论，由各公司分工负责各州的资源评价，并编制了两本书，已公开出版，但一些公司并不重视。

目前，一致认为美国今后找大油气田的方向是：阿拉斯加、陆地上深层和海上深水区域。并预测美国有大量的地层油藏没有找完，包括勘探程度很高的如洛杉矶盆地。但难度较大，规模也不可能很大。大家对深层找气比较乐观。目前各大公司勘探工作的主要注意方都面向国外，特别是海上勘探，研究力量投入很大。

美国联邦地质调查所负责公开的全国油气评价工作，于 1977 年年底提出一个全国油气资源研究规划。规划内容是：全国已采出原油 157×10^8t，剩余储量 40×10^8t，还可以找到可采的储量 144×10^8t 左右（估计下限为 100×10^8t，上限为 205×10^8t）。计划认为美国能源紧张，原油可采储量、原油产量自 1971 年均开始下降，天然气储量和产量分别在 1969 年、1974 年开始下降。为扭转和阻止这种局面，美国认为有四种途径：（1）发展新的勘探技术，提高勘探效果；（2）对油气远景较高的边远地区进行钻探；（3）大大地增加探井工作量；（4）对现有油气田发展采油工艺技术，提高采收率。并于 1978 年由地质调查所负责，开展以下三方面的地质研究工作。

第一方面是区域石油地质。包括：（1）盆地研究：主要是美国北部和西部山区小盆地；（2）东部泥盆系黑色页岩的天然气；（3）落基山地区致密砂岩的天然气；（4）太平洋沿岸的石油地质；（5）大西洋沿岸的石油地质；（6）阿拉斯加北部石油地质。

第二方面是专题石油地质。包括：（1）石油形成的研究；（2）储集岩及沉积岩全过程的研究；（3）构造圈闭的研究；（4）地震地层学的研究；（5）地球化学勘探。

第三方面是油气资源分析。

2 美法两国石油地质研究工作有相当重要的进展

2.1 特别注意对生油层的生油作用进行全过程的研究

近年来美国和法国，对生油层全过程的一整套研究方法，发展极快，已形成一套完整的、成熟的研究技术。大批量工业化生产，几乎每口探井都要进行地球化学录井，与我国相比较，差距较大。

（1）测定与研究生油的有机碳含量及抽提物有机质含量，这与我国近似。

（2）研究生油层有机质的热成熟度，主要是研究镜煤反射率、孢粉及牙形石颜色、有机质荧光的颜色。

根据反射率、化石颜色、荧光颜色定为未成熟、成熟、过成熟三带，确定油气的保存情况，这已在国外生产上大量使用，我国刚刚开始，工作量很小。

（3）研究生油层不溶有机质干酪根，确定生油层的质量，认为生油层有三种基本类型：木质型、混合型、海藻型（好），确定生油层的潜力和原油性质，已在国外普遍使用，我国一些大油田刚刚探索进行。

（4）研究原油运移道路，利用气相色谱及色谱—质谱联用，研究原油与生油层碳谱线的相似性，确定油源，中国已经开始，国外大量使用，而且开始研究 C_{28} 以后高碳谱线的特征。

（5）快速分析储层中原油性质及生产能力。

利用热介色谱对储层残余油的原油性质及生产能力作估计，在国外尚未大量使用，我国尚未开始进行。根据上述材料，结合生油层厚度及范围，对盆地生油量进行估算，这种工作对勘探程度较低的盆地特别重要。

2.2 特别注意沉积岩全过程的研究

美国沉积岩的研究工作有两个基本点：一是想尽各种办法建立各种沉积相的模式，预测各种沉积盆地的储集相带的分布；二是研究整个沉积岩的形成历史，包括成岩及成岩以后的历史，了解储集岩原生及次生孔隙度的变化，这恰是我国当前沉积岩研究工作中两个非常薄弱的环节，除一般常规分析，有以下六项值得注意的技术。

（1）非常注意近代沉积相的研究并与大量古代沉积相对比，建立各种相模式。相模式建立以后，对新盆地可以预测，少数探井即可进行单井划分沉积相的工作，预测有利岩相带的分布。

（2）建立沉积模拟实验室，对沉积岩结构进行分析，了解沉积时的物理化学条件。例如美联地质所建立水槽及风洞沉积试验室，研究各种条件下沉积岩粒度、波痕、层理及速度的变化。并有一套完整的野外收集近代沉积物结构的工作方法。

（3）利用电子扫描、电子探针、电子显微镜、能谱、质谱等仪器，研究碎屑岩及碳酸盐岩成岩及成岩以后的变化，沉积岩胶结物的变化，沉积岩矿物及结构的变化。着重对次生孔隙度进行研究，同时开始研究原油运移的历史，这是十分重要的一点。

（4）在较小范围内运用井的资料，利用电子计算机做数字模型、预测岩性及孔隙度的变化。

（5）利用地震资料，结合少数探井进行地震地层学的研究，预测较大范围内岩性岩相的变化。美国目前大量使用的是简单的地震地层学，即尽量把地震剖面处理好，运用地震剖面上的直接特征与钻井资料结合，取得已知结果，然后向外追索并进行推测。

（6）普遍利用微古生物进行古生态的研究，确定沉积时水深，沉积相貌。

2.3 特别注意盆地形成历史的研究

美国对板块构造学说的研究已进入实际应用阶段，各大公司、学校、研究所都投入相当的力量，他们运用板块学说进行盆地分类，研究盆地的形成、发展和现状。

埃克森公司把盆地分为四大类，若干小类；联合油公司把盆地分为四大类，十一小类；斯坦福大学把盆地分为两大类，十六小类等。对全球各类盆地进行分析，各公司都声称自己已掌握一百余个，或二百余个，或数百个盆地的资料。然后对其他各盆地进行分析和预测，预测盆地位置、盆地类型、沉积物类型、沉积速度、构造类型、油气远景等。在勘探初期，有现实的参考意义。美国飞马公司并进行构造模拟，研究盆地的形成。

2.4 特别注意局部构造形成历史的研究

利用地震剖面注意研究构造的形成时期、生长时间、定型时间、与油气生成运移的关系。并提出对一个盆地的评价，必须对各种不同类型的构造进行普遍的钻探，才能做出合理的评价。

我们认为对地质研究工作来说，以上四点是带有本质性和方向性的，他们把原油生成、运移和聚集，以及相关的岩石和构造，当成一个历史演变过程来研究、来模拟，并做出推断和预测，使地质研究工作进入了一个新的阶段，与我国石油地质研究工作相比，差距较大。

3 美国和法国遥感地质研究发展情况

从美国和法国来看，遥感地质在石油勘探使用上比较普遍。美国比法国的水平高，美国的联邦地质调查所地球资源观察数据中心（EROS）水平最高、仪器最全。应我们的要求，做了柴达木及滇黔桂1∶1000000相嵌图，并进行了初步解释（正在进行未完），对茫崖凹陷、酒泉盆地及南盘江凹陷进行了彩色放大（1∶250000），图面较清晰。

（1）卫星照片用于小比例尺石油普查阶段，选出有兴趣的地区，最大可将比例尺放大至1∶50000，配合其他航空照片、地形图、地质图、地球物理资料，共同判读，可得到较好的效果。

（2）遥感资料可以研究露头区、半覆盖区的构造情况，特别对线形构造、大的断层、断裂，判断相当准确。

（3）卫星照片普遍用于石油勘探的地区是：覆盖薄、植被少、红色地层、新构造运动发育的地区，新构造运动发育的地方可从地貌特征研究地下构造状况。

（4）卫星照片判读步骤：① 独立进行初步解释，做出地貌分区图、线状构造图、构造初步解释图等；② 结合地质图、航尺、重力、地形等资料进行第二次判读选出最感兴趣的地区；③ 进行野外踏勘、作实际验证；④ 从已知推未知，对最有兴趣的地区和现象，调磁带重新处理，根据要求显像。

（5）卫星资料解释新动向：① 直接对碳氢化合物观察，搞直接找油，认为碳氧化合物达到地表，可以把岩石还原为浅蓝色，是一种油气显示迹象；② 正在对全世界大油气田在卫星照片上的显示情况，进行研究，找到某些特征，进行预测。

4 美国的油气综合勘探工作

近年来美国对新盆地的勘探，主要是阿拉斯加、海上大西洋及国外等，也进行综合勘探。

（1）美国联邦地调所提出综合勘探三个阶段：

第一阶段是收集资料阶段。包括：① 未工作前收集文献，油苗、气苗，并与邻近盆地进行对比；② 运用板块进行盆地分类，研究沉积速度、地温及构造状态（包括卫星资料）；③ 根据邻近盆地岩性进行预测。

第二阶段是初期资料阶段。包括：① 根据重力、磁力、折射及反射资料（测线距80km）作地质图及构造图；② 用地震剖面粗略推测岩相；③ 用比较沉积速度的方法来推测岩相；④ 推测生油岩的成熟度、礁块形成的可能性；⑤ 根据少量的地震剖面研究油气运移和构造形成的时间；⑥ 预测油藏存在，提出远景储量。

第三阶段是有资料招标阶段。包括：① 地震测线距变为40km；② 钻参数井（由地质所及若干家公司联合完成）。研究地层、岩相、古地理、储油物性、页岩成熟度，做出各层构造图及等深度图预测油气藏，进行招标。

（2）美国近年来对将造钻探前的准备工作做得较细，特别是海上钻井，一般要有以下资料：① 要根据构造大小有一套合适的地震测线，并做出上、中、下三层构造图；② 要分析是否有生油层的可能性，要研究邻区的资料，甚至钻探西大西洋的盆地，要研究东大西洋的资料；③ 要分析储集条件的可能性，如预测是三叠系产油时，要研究附近三叠系储层情况及产油情况；④ 要对含油面积及油层深度进行充分的预测，运用多种参数进行估计；⑤ 对经济因素及免危险性进行估计。

（3）美国对钻井资料的收集十分细致，一般以岩屑、测井为基础，岩屑2～3包/m，包括以下资料：① 岩性、岩相及沉积环境资料，单井划分沉积相；② 生油地球化学资料，单井划分生油相；③ 古生物及地层年代资料；④ 地层温度资料；⑤ 地层速度资料；⑥ 中途测试资料；⑦ 储集层物性及油气显示资料。

5　美法两国对我国一些沉积盆地的看法和我们的建议

我们在美国交谈了柴达木及滇黔桂简单的一般地质情况，在法国征求了对南疆沙漠地区的工作方法。

（1）对柴达木的看法：① 从卫星照片上看，构造成群，希望很大，如果是美国早就进行勘探了。② 柴达木盆地位于两个板块相撞的边缘，属边缘性盆地，由于印度板块向北推挤，同时力量分散，形成一条大的平移断层，柴达木在盆地分类学上称为走向—滑动盆地，与大断层斜交，沉积岩很厚，是非常有希望的。③ 要研究断层的历史、盆地的历史、断层最初移动的时间和构造变形的关系。④ 要研究沉积速度、沉积模式、古气候，做出各时代的沉积厚度图，推断沉积相。⑤ 构造形成的时期很重要，有没有可能生成的时期较晚？

我们认为上述意见有一定参考价值，结合柴达木的实际，建议如下：① 柴达木盆地是一个沉降很深的盆地，估计西部凹陷靠近大断层，是凹陷最深的地方，也是油气远景最有利的地方，因此重点地区的选择是十分正确的。② 建议与美国联邦地质调查所合作进行卫星照片的地质解释工作，以茫崖凹陷作为重点，特别对覆盖区及半覆盖区进行地貌研究，研究第四系新构造运动与下伏构造的关系，寻找可供钻探的构造。③ 柴达木盆地地质研究工作应抓三个重点：一是构造的落实与构造形成的时间；二是生油层的成熟度与生油层的质量；三是沉积来源、沉积相及成岩后泥质胶结对砂岩的影响。

（2）对南疆塔里木的看法：① 认为南疆塔里木盆地的南缘是两个板块相撞的地方，地质厚度应该特别大，是非常有油气远景的地区。② 法国在撒哈拉沙漠工作有一定经验，他们认为沙漠地区主要是运载通道，建议用宽轮、光面、少气的轮胎运送设备，并愿意提供这种类型的设备。③ 法国 C.G.G 地球物理公司在沙漠工作多年，据称在撒哈拉沙漠能克服 150m 左右沙丘地形进行工作，同时在靠近地面有 400m 岩层，原来得不到反射，后来已经能得到较好的反射。他们认为在沙丘高度差太大的地方（100~150m）可控震源很难进行工作，他们的经验是可控震源上不去的地方，用爆炸索进行工作可以上去。法国 C. G. G 有 50 个地震队，其中 15 队是爆炸索队。④ 法方提出希望尽快派一考察团去中国研究南疆勘探问题，考察团组成地质 1 人，地球物理 1 人，钻井、后勤各 1 人，科研 2~3 人，考察 2 个月。

（3）对滇黔桂的看法：① 认为石灰岩及白云岩大面积裸露地区，地震工作确有困难，得不到反射，是一个硬骨头。② 从美国大量的研究资料证明，深色细粒的石灰岩是完全可以生油的，很多石灰岩都可以分馏出烃类。③ 这个地区只要有油藏存在，就应该坚持勘探，那是很有希望的。④ 大套石灰岩的存在，并不能说明没有隔层，有些石灰岩本身可作隔层。⑤ 关键是保存条件，应迅速开展岩石有机质的热成熟度的研究。

根据上述意见，建议如下：① 考虑到石灰岩大面积暴露区，工作条件很难苦，应先从有三叠系砂泥岩覆盖区入手，逐步展开工作，国内决定先从南盘江凹陷开始勘探是正确的。② 国外一些地质学家对滇黔桂的意见，我们认为相当中肯，应立即开展生油层热成熟度的研究工作。③ 应运用卫星照片对地层构造进行解释。④ 滇黔桂地区应抓住重点地区，重点层系，逐步建立起碳酸盐岩的沉积相模式。⑤ 可考虑派人去 USGS 学习整套碳酸盐岩沉积的研究方法。

（4）对东海盆地的看法：盆地分类学上的弧后盆地，有一系列的正断层存在，正断层的下落加剧了盆地的下陷，盆地的下路又加剧了三角洲的发育，是一个油气远景极有希望的地区。

6　其他几点看法

（1）要尽快把全国勘探研究中心建设起来，适当在各油田抽调较强的、基础较好的地质勘探人员，把研究中心配备好，对引进的地质仪器配套好，使它真正成为一个培训、深造全国地质人员的学校，支援新区勘探研究工作的基地。我们在国外考察体会到，研究工作水平主要表现在研究人员水平上，特别是几个研究骨干的水平上。要会选择人，而且要有一套真正可行的培训办法，才能把研究工作搞上去。

当前从全国勘探布局来看，西北及南方等新区的地层研究力量十分薄弱，研究院应当把研究的重心放在西北及南方等新区工作上，一方面共同工作、共同分析研究，另一方面培训人员逐步把西北及南方地层研究基地搞起来（包括引进仪器等）。

（2）从美法两国地质研究工作的趋势来看，我国亟待加强和发展三方面的地质研究工作：① 加强生油层全过程的研究，特别应开展生油层的热成熟度和生油层质量的评价工作。② 加强沉积岩全过程的研究，特别应加强沉积岩各类相模式的研究（陆相沉积、碳酸盐岩沉积、三角洲沉积）及沉积岩成岩作用，成岩以后次生孔隙度变化的研究。③ 开展盆地的综合评价，应立即开始系统收集全世界各种类型沉积盆地的地质资料，包括我国沉积盆地的资料，进行系统的研究和比较工作。

（3）凡是有条件的地方，都应该考虑把地层勘探生产工作和地质研究工作分开，搞两套人马，这样有利于地质勘探的发展，地层研究工作必须与生产结合，它主要表现在以下三个方面：① 研究的题目应该是生产上急需解决的课题。② 长远研究题目应按比例进行，一般不要超过 20%～30%。③ 研究的成果应迅速用于生产，并尽快推广使用。一般研究题目经过慎重选定后，由研究生产部门共同审批，就应该保持相对的稳定性，并促进研究工作的顺利进行。

（4）国外地质勘探的技术后勤服务工作发展极快，这些工作包括：① 搞大型地层数据储存库（井间资料储存库、油田资料储存库、探井资料储存库等）。② 利用终端设备，进行快速资料检索，研究人员提出要求，图书馆或资料中心，很快供应各种资料，或提出各种资料的摘要或线索。③ 利用计算机自动绘图（采用终端连接）。④ 人机连作修改图件，修改资料及成果。⑤ 建立一套完整的彩色印刷、彩色复印及黑白复印设备。⑥ 利用计算机程序控制搞彩色的大小幻灯片等。我们认为以上工作内容是实现地质工作现代化不可少的条件，应根据条件尽可能逐步开展和完善起来。

（5）国外探井资料（特别是开始的探井及海上探井）收集十分细致，与我国相比较，有些差别，建议做以下改进：① 探井应进行单井生油相的划分及沉积相的划分工作，应收集地热资料。② 应逐步训练现场地质人员能使用偏光显微镜，进行一般的岩矿分析，孔隙度及渗透率的估计。③ 应把地质录井和气测井工作合并起来，可以大大节省人力，提高质量，同时逐步把各项钻井液参数测定自动化起来，在现场可以把这三项工作搞成一套人马，效率会大大提高。

本文出自石油勘探开发科学研究院工作报告，1978 年 11 月。

中国石油地质特征

邱中建

（石油工业部石油勘探开发科学研究院）

1 中国石油的发展概况

我国发现和开采石油、天然气的历史是很悠久的，据历史记载早在 2200 年前我国四川就已发现天然气，1800 年前开始钻井采天然气，600 年前大量采气熬盐。据记载公元 200 年陕西延长已发现有石油可以用来点灯和润滑车轴，公元 1300 年发现浅石油井。

新中国成立以来，建立起勘探、采油、炼油一整套比较完整的石油工业体系。石油产质、油品质量可以满足国民经济日益增长的需要，而且开始有少量出口。

随着石油工业的变化，石油地质从实践到理论都有相当的发展。新中国成立初期，我们勘探的领域大都集中在山前褶皱带附近，因为这里油苗多、局部背斜多，根据油苗和局部背斜钻探，也发现一些小油田，但收效不大。后来，我们把勘探的重点，逐步移向比较稳定的地质结构区域，发现大批的规模很大的平缓构造，经过钻探以后，发现相当数量规模较大的油田，特别是大庆油田的发现，奠定了陆相形成油田的基础，说明陆相地层不仅能够生油，而且能够形成大油田。现在我们已经初步掌握了陆相沉积油气生成，运移和聚集的机理和规律。直到 20 世纪 60 年代中期，我们在渤海湾盆地开展了大规模的石油勘探工作，这是一个断层比较多，地质结构比较复杂的区域，但石油资源非常丰富，我们相继发现了胜利、大港等产油比较丰富的油田，到了 70 年代中期，我们还发现单井产量很高的华北油田，产油层是世界上最古老的沉积岩震旦系，通过渤海湾的勘探，我们对断陷盆地、断块体的油气生成、运移和聚集的机理和规律有比较多的认识。

我国的石油工业如果和美国比较是很年轻的，勘探程度不高，但是可供勘探的领域却是十分广阔的，我国的海域中的油气资源已开始有相当的发现，我国的西部及中部更有极其吸引人的油气远景。

我们正在展开南方古生界石灰岩的找油工作，因此，可以认为我国石油工业的前景是十分广阔的。

2 沉积特征

在我国 $960 \times 10^4 km^2$ 的陆地面积内，大约接近一半的地区覆盖有较厚的沉积岩。大体说来，古生代地层（包括上元古界的震旦系）在大部分地区以海相沉积为主，中生代、新生代地层在大部分地区以陆相沉积为主，陆相沉积是在海相沉积的基础上发育起来的，它们呈上下叠置的关系，陆相沉积的总面积小于海相沉积的总面积。

未变质的古生代沉积岩（包括震旦系）主要分布在华北、南方及西北三大区域内，以碳酸盐岩为主，夹泥岩、页岩及砂岩，厚度很大，大多在 $1 \times 10^4 m$ 以上，和世界各地相似，石炭系—二叠系是我国主要的成煤时期，震旦系、寒武系、奥陶系、志留—泥盆系及石炭系—二叠系在不同的地区都有很厚的暗色泥岩及暗色灰质岩类，是很好的生油层，有的层系生油层可厚达 2000m 以上，因此这套地层有丰富的油气潜力，我们正在大力进行勘探。

我国中新生代以来的陆相沉积，发育规模很大，此时在这个大陆上，形成了很多大型的湖泊。这是其他几个大陆所少见的，这些陆相盆地既不同于海相，同时，与世界上其他几个大陆相比，也具有自己的特色。

这些盆地发育的持续时间很长，如陕甘宁盆地经历了三叠纪、侏罗纪、白垩纪等三个纪，持续时间达 1.5 亿年，渤海湾的一些盆地经历了白垩纪、第三纪及第四纪持续时间达 1.3 亿年，松辽盆地经历了侏罗纪、白垩纪，持续时间达 1.1 亿年。

这些盆地发育的面积很大，一般较大的沉积盆地面积为（20～30）$\times 10^4 km^2$，不包括平原河流相的湖相沉积岩面积也可达 $5 \times 10^4 km^2$，最大的湖相沉积岩面积可达 $20 \times 10^4 km^2$。

这些盆地发育的沉积岩很厚，一般厚度都达到 4000～5000m，在一些断陷盆地中，最大厚度可达到 13000m，这是一种在湖泊环境下的快速堆积、渤海湾盆地平均 0.12～0.18mm/a，对油气生成、运移和聚集极为有利。

因此，时间长、面积大、沉积厚是我国一些陆相沉积盆地的重要特点。

在沉积上，陆相盆地与海相不同，陆相盆地都是基本封闭的、孤立的、自成体系的，一般四周高、中间低，四周都是被山地所环绕，湖泊周围都被河流相所包围。因此，一个盆地往往有几个物源供给碎屑物质，可以形成各式各样的砂岩体。这些湖相沉积盆地一般下沉速度大于堆积速度，形成深水区，使湖盆多呈尖底锅状或槽状形式，同时深凹陷与沉积中心吻合。作为一个汇水区，有机物质丰富，并持续地被还原环境所控制，往往生成巨大的生油岩体。有无较大的生油岩体是陆相盆地能否形成较大油田的关键，这是选择盆地优先勘探的基本条件。

某些盆地有一个主要沉积来源，往往平行盆地的长轴，规模很大，成因与形状都类似三角洲沉积体系，在深水区域也产生浊积岩，在盆地的陡岸也产生山麓冲积扇等。某些盆地有几个主要的沉积来源，彼此规模大体相等，与生油岩互相穿插。这些沉积来源不同的砂岩体有时还在湖盆中心互相重叠，形成复合型砂岩体沉积体系。因此，一些盆地中心往往发育相当数量的砂岩、缺乏纯泥岩区，变成十分有利的储油远景区域。

当然，有些陆相沉积盆地，地理上与海洋很接近，称为"近海陆相盆地"，它们在地质历史中偶然地受到短暂海侵的影响。

3 构造特征

从中国地质图来看，中国东部和西部地质结构有很大的差异，大致以六盘山—龙门山深断裂带为界，东部为北北东构造走向，西部为北西西走向，这是中生代以来区域构造发展的结构。

如果我们再回顾一下中国大陆构造发展的历史，它长期处于三个大地构造单元包围中，北面有西伯利亚板块（又称欧亚板块），西南有印度板块，东有太平洋板块，它们在不同时期以不同的构造运动形式向中国大陆俯冲挤压。而中国大陆有 3 个稳定的陆核：西有塔里木，东有华北，南有扬子。自震旦纪以后就巍然存在，不仅抗住了周围 3 个大地构造单元的推挤，而且接纳了推挤产生的地壳物质，并在这些陆核的北、东、西南三个方向逐步加积扩大，形成今日中国大陆的构造面貌。

对于我国东部地区，从三叠纪开始自西而东逐步形成 3 个沉陷带和 3 个隆起带。这些沉陷带自西向东，自三叠纪至新近纪沉陷时期越来越新，构造活动自西向东越来越激烈。

对于我国西部地区，从塔里木盆地开始，自北往南分布 2 个沉陷带和 6 个褶皱带，构造活动自北往南越来越激烈，沉降时期自北而南也越来越新。

我国沉积盆地类型很多，这里着重介绍三种典型的沉积盆地：

（1）裂谷型盆地。如渤海湾盆地是受块断运动所造成的地堑型盆地，多呈单断型（三角形），发育一系列的地堑群，形成了多凸多凹、凸凹相间的构造面貌，断层性质都是正断层，而且大多数是生长断层，断层的发生和发展控制了断块体的活动，段块体的活动控制了沉积体和生油体的发育，也控制了沉积盖层的变形。

（2）坳陷型盆地。如松辽盆地是一种单一完整的大型盆地，有一个统一的坳陷带，基岩起伏比较平缓，盆地中发育有大型背斜、长恒。

（3）山间地块盆地。如塔里木盆地，四周均为古生代褶皱山系所环抱，只是在盆地的中部发育有古老的地块，四周构造挤压剧烈甚至直立倒转，至盆地内部地层平缓，可形成大型的长垣和隆起，盆地与褶皱之间经常有山前凹地存在，沉降很深，具有明显的压性。

4 油气聚集形式

由于我国幅员辽阔，地质结构比较复杂，因此油气藏类型很多，含油的范围也很广。从产油层时代来说，从前震旦纪花岗岩开始经震旦系，直到第四系均可产油气。目前以中新生界产油为主，从储油层的类型来说，有砂岩、石灰岩、白云岩、砾岩、泥页岩、生物礁、花岗岩变质岩。目前以砂岩及白云岩、石灰岩产油为主。从圈闭形式来说，也是多种多样，我们想选择几个主要的油气聚集形式介绍一下：

（1）大型背斜带。

发育在盆地的中央或边缘，构造平缓而完整，背斜带上又产生若干局部构造，每个局部构造及构造鞍部都含油，在背斜带上有统一的油水界面，有集中的主要油层，勘探和开发工作都比较简单。

（2）古潜山背斜带。

这是我国一些地区比较特殊的油藏，它的标准油藏序列是：

① 在大断层的上升盘由曾受风化的白云岩组成的古潜山油藏。

② 大断层的下降盘由同生断层引起的滚动背斜形成的油藏。

③ 古潜山下倾部分的超覆、尖灭油藏。

④ 被断层封闭的断块油藏。

⑤ 浅层披覆构造油藏。

⑥ 在潜山带的倾没部分出现的生物礁油藏及砂层透镜体。

（3）地层超覆。

在盆地的斜坡地带，地层不整合明显增多，往往造成规模很大的地层超覆油藏，在它的上倾侧，有时为不整合封闭有时为稠油沥青封闭。

（4）背斜裂缝型气藏。

天然气的储层是碳酸盐岩，背斜完整简单，隆起幅度中等，盖层多为石膏层，天然气聚集在构造的轴部，压力充足，产量极高。

本文出自对国外石油公司及研究机构交流材料，1979 年 6 月。

国外编制海上油田总体开发方案的做法

邱中建

（中国海洋石油总公司）

通过对挪威、英国、埃及三个国家一些海上油气田的考察，对编制总体开发方案的内容、程序和做法有了比较明确的概念。从考察情况来看，一个油气圈闭从有重要油气发现后到油田投产，大都可分三个阶段：评价阶段（发现井、评价井、总体开发方案）；开发建设阶段（基础设计、详细或最终设计、进度管理、采购、安装、连接、试生产）；正式生产阶段。

考察中，重点放在了解评价阶段的工作。我们从两个方面调查了评价阶段的工作，一是作业者方面；二是各个国家政府主管部门和国家石油公司方面。

1 评价阶段作业者所做的工作

（1）评价计划及评价井：一个构造钻出了发现井后，立即进行初步评价，当作业者认为继续勘探是值得的，就要做出评价计划，包话详细地震工作计划、评价井工作计划和对采取资料的一些要求。

（2）有了发现以后，在钻评价井的过程中，不断地进行油藏评价；反复编制油层顶部构造，反复估算油气储量，反复进行储层油藏评价，并设计该油气藏的地质模型。

（3）进行开发可行性研究和概念设计。

① 当油田地下评价进行到一定程度时，根据经验判断，若认为该油气田具有开发意义，作业者一般都立即着手进行主要开发项目的可行性研究和概念设计。时机的掌握视油田具体情况而定，对于油层厚度大，单井产量高，构造简单、面积大的油田，当打出第1口发现井以后，就着手进行，如挪威的斯塔福约德（Statfjord）油田。而地质条件较复杂的中小油田，如北海英国水域的阿格油田（Argyll）完钻6口井以后（其中4口见油，2口干井），开始这项工作；北海英国水域的巴尔莫络油田（Balmoral）是钻完4口井之后，开始这一工作的。

② 直接负责进行作业的地区公司成立项目组，包括地质、油藏、工程、经济等专业人员，协同工作，进行开发可行性研究。这种项目组得到总公司和各有关业务部门的支持。项目组的成员，开始时3～5人，10～20人。根据工作开展的情况逐渐增减人数。项目组都设有项目经理，这次考察中了解到，这种项目经理大都是由石油工程师担任的，组织能力强，知识面比较广。

③ 可行性研究和概念设计是一个整体，两者不能分开。概念设计往往是在开发可行性研究的基础上，"前进式"地进行。概念设计要对一个油田开发项目的主要方面做出全

面的规划。因此，要基于对油田地质情况的了解和掌握的程度，对油藏工程、地面工程及经济效益进行方案对比和筛选，反复研究综合的技术经济指标。

④ 一个油田的可采储量是在综合研究的基础上确定的。对各石油公司提出的可采储量，都可以理解为"经济可采储量"。它与油田的开发方式（诸如是否需人工影响油层，保持油层压力）、开采速度、稳产期的长短、方案的年限、平台的布置、各项工程的经济可行性等密切相关。而这些方面的问题，也是作业者与所属国家反复协商的主要内容。

⑤ 在概念设计阶段，作业者与国家的有关方面往往进行多次讨论，反复协调。一般情况下，作业者需向所属国家有关部门报送草案，及时了解国家有关方面的意图，在双方意见基本一致的情况下，上报正式的开发可行性研究成果和概念设计。

⑥ 概念设计工作在一些评价井尚未完钻时即可进行。作业者认为不应该要求在概念设计中对一个油气田整个开发的安排提出最终的解决方案，但至少要对已经探明的经济可采储量做出估计，对该油田主要的工程方案要有明确的意见。对一些复杂的油气田，至少要对单个平台的生产可行性做出全面的估计，对其后的勘探、开发工作的衔接提出可供选择的方案后，采取边扩大勘探成果，边生产的做法。对概念设计中遗留的问题，还要进一步详细研究。如储量参数的最后核定、海上工程的一些技术和措施的研究等。概念设计的特点可以归纳为：在当时的条件下，经济效益最好的一个选择方案，对主要的开发问题都有明确的安排，而且在下一阶段方案实施过程中不应有很大的变化；概念设计中，从地质到工程，到经济效益，研究的问题较多，范围较广，但重点问题是突出的。

⑦ 概念设计完成后，作业者要与各参与者协商，在技术上可行、经济上有利的情况下，有些作业者对该油气田进行商业性宣布。但大都对这一宣布不承担具体的义务。一些油公司声称，在一定的时候宣布商业性，主要是为寻找合作伙伴或筹措资金作舆论准备。实质性的问题是要得到政府部门批准后，一个油气田才具有实际开发的可能性，因而也就有了实际的商业价值。

（4）总体开发方案的编制。概念设计完成后，就要编制、报送总体开发方案。

2 编制油气田总体开发方案时：国家政府部门和国家石油公司所做的工作

（1）一般都进行"平行作业"，考察中接触到的挪威和英国政府主管部门的人士都强调这一工作的重要性。

挪威是由石油能源部下属的石油局和挪威国家石油公司负责这方面的工作。英国是由能源部石油工程司（PED）做这方面的工作。由于油气田越来越多，石油工程司人力有限，有时他们也委托一些给权威的石油咨询公司代做。主权国政府有关部门的人士强调，他们着重抓好是在油气田；对一个油气田来讲，又是着重抓住诸如构造图、可采储量、开采方式、钻井数、对产量的要求，工程方案要点、费用和经济效益等重点。

（2）了解作业者进行概念设计和总体开发方案的研究工作情况，不定期地开一些非正式的讨论会，要求作业者介绍情况，先报草案。讨论中，主管部门或国家公司的代表也根据各自的研究分析结果，结合作业者的意见，提出一些中肯的问题，进行讨论和协商。

（3）挪威和英国政府主管部门的人士介绍情况时还强调，作业者与国家在开发油气田问题上有共同的利益，都要采取合作的态度，要信任作业者的工作。当双方出现意见分歧时，都要有耐心，反复协商。若经协商仍得不到一致的意见，也不把意见强加于人。挪威朋友介绍说，如油公司在某个问题上不愿和国家合作时，挪威将记下这笔账，直接影响这一公司在下一轮投标中所处的地位，但他们提不出这方面的实例。

3 通过考察，结合我们的实际情况，有以下几点建议

（1）平行作业势在必行。挪威国家石油公司采取边学边干，先学后干的办法，见到了良好的成效。我们也必须加强这方面的工作。因为不平行地进行研究工作，与作业者讨论问题时，就没有发言权，问题也提不到点子上。随着我国海域勘探工作的展开，平行进行开发可行性研究的工作就很突出了，为此需要抓好以下几个重点：① 油层构造图的核实；② 地质储量和可采储量的计算；③ 开发方式和生产曲线的研究；④ 主要工程项目的方案设计和费用估算；⑤ 经济效益的测算。

（2）概念设计是合作双方都极为重视的一件工作，直接关系到油田能否开发的决策问题。各油公司，特别是大的油公司都组织自己的专家、自己的研究机构来进行，很少见到把这一工作承包出去的。即使把一些工作承包出去，也多是单项的研究工作。资源国也是全力以赴进行这项工作，在挪威，甚至有两套班子（石油局和国家油公司）进行此项工作。英国能源部除石油工程司的力量外，有时请咨询公司协助。为此，我们需要加强与作业者之间的联系和讨论，要求作业者先报草案，还要积极寻找。聘请一些有权威的咨询公司，采用合作的方式，搞概念设计，以培养我们的人员。

（3）成立项目组，与作业者平行地进行开发可行性研究工作，根据工作量的大小和难易程度，配备地质、开发、工程、经济人员。鉴于项目经理是一名关键人物，我们必须积极培养一批组织能力强、知识面比较广的石油工程师，建议在我们的石油学院中增设这一专业。近期内，应抽调一批与这一专业接近的（如采油）年轻技术人员进行培训，以适应工作的急需。

（4）要采用"经济可采储量"的概念。一般来说，合作双方对一个油田地质储量的估计，分歧不大，但经济可采储量是一个受多种因素影响的综合值。由于合作双方对采油速度、开采方式、工程设计和最终采出油量的要求等，有时会出现不同意见，应通过讨论、协商、寻求经济可行、双方都可以接受的做法，尽量取得一致意见。挪威石油局认为，资源国政府部门要以本国石油主管部门计算的储量为准。

本文出自作者赴挪威、英国等考察海上油气田后的调研报告，1984 年 8 月。

我国海域天然气的发展

邱中建

（中国海洋石油总公司）

1 对我国海域天然气资源的展望

中国海域大陆架面积 $130 \times 10^4 km^2$，沿海有八大沉积盆地。有油气远景的沉积岩面积约 $60 \times 10^4 km^2$，经过不均匀的、少量的油气勘探工作，已发现高产的天然气田或凝析气藏多处，如琼东南盆地、珠江口盆地东部、台湾西南盆地、台湾海峡北部、东海盆地、渤海南部、辽东湾等地区。自北而南，绵延数千千米，遍布各主要海区。这样广泛的天然气富集现象，不是偶然的，应该引起我们极大的注意。上述几个有高产气田或气藏发现的地区，一般勘探程度很低，还有大量的有利构造有待进一步钻探。因此，随着我国海域勘探工作的全面展开，天然气的远景将进一步明朗。

1.1 三大天然气富集区及几个典型的含气构造

我国海域通过普遍的地震勘探和少量的探井，已经可以初步认定海上有 3 个现实的规模较大的天然气富集区：（1）莺歌海地区；（2）东海盆地的西湖凹陷；（3）辽东湾坳陷（还有一些潜在的天然气富集区暂未计入）。

1.1.1 莺歌海地区

莺歌海地区包括琼东南盆地的西南部分及莺歌海盆地，面积约 $8 \times 10^4 km^2$，通过地球物理普查和部分地区的详查，发现了一大批可供钻探的有利构造。初步钻预探井 10 口，发现产量较高、储量规模较大的崖 13-1 气田；发现在大面积的浊积砂岩体低部位中有高产的气水层；发现在泥丘构造上富含天然气。这三种含气类型都成群成带，规模巨大，有明朗的含气远景。其中崖 13-1 气田是一个很好的例子。

崖 13-1 气田是一个披覆背斜构造，两侧面临深凹陷，局部被断层复杂化，构造面积中等、但含气范围大于构造面积，是一个构造加地层超覆尖灭的天然气气藏，气层集中、厚度很大，气水关系简单，单井单层日产量（$50\sim100$）$\times 10^4 m^3$，生产能力旺盛。在该构造的附近及凹陷的其他部分，还发育了一批类似的背斜超覆型构造，有的构造面积比崖 13-1 大得多，这是一笔可观的天然气财富。

莺歌海盆地发育了大量的浊积砂岩体和泥丘构造，单个的浊积砂体为厚层泥岩所包围，面积达数百平方千米。泥丘在向上刺穿的过程中，沙丘在泥丘两侧迅速向上尖灭、截断。我们对浊积砂体的高部位及泥丘四周了解较少，但是有很好的天然气远景。

1.1.2 东海盆地西湖凹陷

面积约 $3.5 \times 10^4 km^2$，通过地矿部及石油部地球物理普查及部分地区详查，发现了一大批大型构造和构造带。初步钻了预探井 6 口，在几个大型背斜构造上都钻遇了气层，并获得了中—高产的天然气及凝析油。其中平湖含气构造是一个典型的例子。

平湖构造面积较大，含气层位很多，含气井段很长，气层厚度较大，但气水关系复杂，气层渗透性较差，单井单层天然气日产量（15~26）$\times 10^4 m^3$，凝析油 40~50m³，含气规模预测较大。

在附近的一些大型构造上也有类似的情况。因此，尽管气水关系复杂，但因构造面积很大，也是一笔可观的天然气资源。

1.1.3 辽东湾坳陷

面积约 $1.5 \times 10^4 km^2$，经地球物理详查，发现了大批各种类型的构造，初步钻了 7 口预探井，发现了锦州 20-2 凝析气藏和绥中构造的浅层气。辽东湾既含油又含气，实际是个油气富集区，但又有单纯的天然气藏，天然气富含凝析油及天然气液体。锦州 20-2 是一个典型的例子。

锦州 20-2 是一个潜山构造，构造面积中等，在大段泥岩下的生物白云岩及砾岩中发现高压高产天然气，气层层位固定集中，分布广泛。该构造有三个高点，钻了 3 口预探井都在相同的层位上获得高产天然气；钻了 5 口评价井，除 1 口位于构造鞍部因岩性致密产少量天然气外，其余 4 口均获高产天然气。单井单层天然气日产（30~40）$\times 10^4 m^3$，凝析油 70~200m³。这个构造在气层的上部及下部其他层位中还发现了油层，并都试出了高产油流，是一个复合的油气田，但就天然气藏而言，某些高点已具备了滚动开发的条件。

辽东湾地区生油条件好，构造很多，规模很大，油气远景十分良好。

1.2 对我国海域天然气资源的展望

我国海域勘探程度很低，目前预测的天然气资源量，可能与实际情况出入很大，但是有几个背景情况，很能得我们注意。

（1）整个东南亚是富含天然气的地区，其中印尼、马来西亚、文莱、泰国等均盛产天然气。以马来西亚为例，海域面积 $36.5 \times 10^4 km^2$，大陆架面积 $26.5 \times 10^4 km^2$，从 1957 年开始海上钻探以来，至 1985 年获得气田 47 个，天然气可采储量达 $15000 \times 10^8 m^3$，我国沿海有远景的面积达 $60 \times 10^4 km^2$，与之相较，应勿逊色。

（2）我国海域烃源岩的特征，在相当广泛的区域内，是适宜生气的。例如莺歌海地区，生油（气）岩的类型大多为Ⅲ型干酪根，还有大量的煤成气。东海盆地西湖凹陷的暗色泥质岩也多为Ⅲ型干酪根。珠江口盆地及渤海海域的某些层段泥质岩也有类似的特征，这些都是形成天然气的物质基础。

（3）经过少量钻探，确实发现了一批高产的天然气田和天然气藏，例如在我国台湾石油地质工作者的努力，在台湾西南海域及台湾海峡均有发现，新竹近海的长康矿区已投入生产。天然气发现的领域确实是非常广阔的。

根据笔者对我国海域地质情况的了解，从巨大的生油（气）岩体积和构造条件出发，个人初步推论，莺歌海地区近期找到的天然气资源量（5000～6000）×$10^8 m^3$，是很有把握的。东海盆地西湖凹陷近期内找到天然气资源量 $3000×10^8 m^3$，困难是不大的。辽东湾地区近期内找到天然气资源量 $1000×10^8 m^3$，是很有希望的。总之，笔者认为我国海域经过充分勘探，在近期五年至十年内找到 $1×10^{12} m^3$ 左右的天然气资源量，可能性很大。

2 发展海上天然气的方针、政策

综上所述，我国海域的天然气资源是丰富的，而且产量很高，储量规模很大，与陆地天然气远景资源相比较，更加现实，更加集中，再加上沿海各省（区），能源紧张，加速发展海上天然气，将是一个十分明智的能源政策。如何加速发展，我有以下几点粗浅的想法。

2.1 勘探开发海上天然气要以自己的力量为主

我国海域的油气勘探形式近年来主要是与各外国石油公司合作进行（有一部分自营勘探工作）。吸引了大量的国外风险投资和技术，这是一套很成功的做法。但是，天然气产品与石油产品不同，石油可远销世界各地，而天然气的销售市场主要在国内。因为天然气要运往国外，必须进行液化，而液化天然气在东南亚市场上已十分饱满。国内市场距离很近，就地销售可以缓解能源紧张，可以顶替其他能源，社会综合效益很高，是很好的措施，但带来两个主要问题：一是由于合作经营，产品成本高昂，气价偏高，国内用户承受不了；二是所有合作工程设施，勘探开发费用均以外汇支付为主，而天然气在国内销售，主要支付人民币，外汇不能平衡，不能以气养气。因此，在发展天然气的初期，我国规定一些特殊政策，与外国公司合作开发天然气，搞一两个样板，从中学技术、学经验，是可行的。但是很难设想，长此以往，这条路能行得通。应该以自己的力量为主，加强勘探与开发，发展我国海上天然气工业。

2.2 我国要大力扶植与鼓励海上天然气的发展

自营勘探和开发海上天然气，主要的问题是资金和技术。技术可以通过合作的样板和聘请一些外国专家得到。而资金是一个大的难点，海上天然气勘探是一种风险投资，可能得手也可能使资金沉没，而且从勘探发现天然气到天然气变成商品也有一个很长的过程。在这个过程中只有资金投入，很难想象把这种风险全部压在刚刚起步完全没有盈利的海洋石油总公司头上。建议国家设立一笔海上天然气风险勘探资金，无息贷给海洋石油总公司，有了盈利全部偿还，否则即算为政府投资，以鼓励和扶植海上天然气的发展。另外，虽然有天然气储量，早期拓展天然气市场，要铺设管线，要建立处理工厂，耗资也起十分巨大的，国家也应采取优惠的政策，以使整个社会得到很高的经济效益。

2.3　发展海上天然气要采取因地制宜的方针

海上天然气的发展，主要受两个基本因素所控制：一是上游天然气的埋藏状态，包括储量的规模，产量的高低，产品的质量，开采的难易等；二是下游销售市场的状态，包括对天然气产地的距离，市场的承受能力，市场的开拓前景等。我国各主要海域区都有天然气发现，但上下游差别很大，必须采取因地制宜的方针。

例如莺歌海地区，储量规模大，产量高，开采较容易，预测的天然气资源把握性较大，但与主要工业城市距离较远，天然气变成商品耗资巨大。这种地区要求一起步就应该有一个较大的探明储量数字，才能使项目决策不犯错误。这对我国南方的经济发展将是一个很重要的措施。

又如辽东湾地区，储量规模中等，产量高，产品质量高，但地质的情况复杂，但下游离工业区很近，天然气、凝析油及天然气液体经过简易处理后立即可转变为商品，这就可以滚动勘探、滚动开发，从小到大滚雪球，使天然气的发展很快进入良性循环。

再如东海的西湖地区，储量规模不清楚，天然气的埋藏状态比较复杂，距岸较远，下游距工业区也较远，则应首先选择一两个典型的、面积很大的含气构造，进行认真的评价性钻探，研究天然气的埋藏状态，探明相当数量的、可靠的商业储量，使之有开发价值。

总之，我认为海上天然气资源十分丰富，只要做法得当，海上天然气的蓬勃发展是指日可待的。

本文出自《专家建议——中国天然气发展远景及西部盆地油气勘探》，1987 年 4 月。

对"美国勘探成熟区继续进行勘探工作"的考察报告

邱中建

（中国石油天然气总公司）

美国的石油和天然气勘探工作已有百年的历史，已发现石油可采储量约 $250 \times 10^8 t$，累计已采油约 $212 \times 10^8 t$。美国的很多含油气盆地，已属勘探程度很高的地区，但直至近年来，即使是在油价低落，石油工业不景气的情况下，美国每年仍以相当大的工作量在继续进行勘探，其中很大部分是在勘探成熟区内继续进行的。美国近年来储量的增长逐年在减少，但可采储量增长的绝对数每年仍达（$3 \sim 4$）$\times 10^8 t$。

为了研究美国在勘探成熟区继续进行油气勘探的经验，为我国油气勘探较成熟地区工作的借鉴，总公司派出了以总地质师阎敦实同志为首的五人考察组，对美国的部分油气勘探成熟区进行了短期的考察。考察的主要目的是了解这些地区的油气勘探历史和现状，勘探的成就以及在技术、经营、管理各方面的经验；勘探中使用的各种有效的新方法、新技术、新装备；在油价低落、通货膨胀和剧烈竞争的局面下，很多中低产油气仍能继续勘探和开发，很多中、小公司仍能继续生存并有所发展，其中究竟存在着什么样的诀窍；美国的各类油气服务公司的发展趋势以及美国政府对石油工业的支持等。

1 概况

五人考察组的组长为总公司总地质师阎敦实同志，成员有副总地质师兼勘探部经理邱中建同志、胜利油田副总指挥兼总地质师刘兴材同志、石油情报研究所总工程师胡文海同志、勘探部副处长康竹林同志。考察组从 1988 年 9 月 6 日至 27 日在美国的休斯敦、达拉斯、米德兰、塔尔萨和旧金山一带进行了考察。考察的对象除对飞马石油公司和雪佛龙石油公司进行了专题接触外，主要的考察对象是专业服务公司、中小石油公司、咨询服务公司，先后访问了西方地球物理公司、西方阿特拉斯公司、Land Mark 公司、Geoquest 公司、Swanson 公司、西方岩心公司、P&P 公司、GSI 公司、Triton 能源公司、Halliburton 公司、Dowell-Schlumberger 研究所和 Agate 公司以及其他一些小公司，还访问了美国石油地质家协会，商谈有关培训事宜，并接触了美国华人石油协会，洽商有关海峡两岸地质人员参加的石油地质会议问题。此外，还到现场访问了斯普拉伯雷油田、East Fitts 油田，并观察了俄克拉荷马州的阿尔布克山地质剖面。

2　美国的油气勘探成熟区

总的讲来，美国已进行的油气勘探工作量居世界各国之首。以预探井为例，美国自1946—1984年的40年间共钻预探井241477口，平均每年约钻6000口，加上1946年以前缺乏足够科学依据所钻的大量浅探井，数字就更为惊人。因此，美国的大多数含油气盆地，均可列入勘探成熟区的行列。

从表面上看，美国各含油气盆地都已经过大量的钻探，似乎已无多大潜力可挖，但实际情况并非如此，它现在每年仍继续钻5000~6000口预探井，获得近亿吨的可采储量，原因是各成熟地区可以分为多种类型，均仍具有相当的潜力。

（1）浅层极度成熟，而深层还大有潜力可挖。美国大多数盆地均属此种类型，以东得克萨斯为例，该地区已钻的全部井情况与右深度在4630m以下的深井钻探数图形成了鲜明的对比，说明只要油气价格上升，在这些地区的深部仍大有活动余地，其远景潜力仍是可观的。

（2）对主要目的层系地震及钻探工作已相当密集，所有能形成圈闭的构造形态，差不多都已进行过钻探。就在这种勘探高度成熟区内，一些公司利用积累的大量地下地质和地震资料，经过深入的综合研究，仍能挖掘出以前所没有注意到的地层油藏的潜力。飞马石油公司对阿纳达科盆地南沿花岗岩碎屑冲积层的分布进行了详细的研究，重新处理大量的老地震资料，加上新布置的少量测线，结合大量的测井和地下地质资料，摸清了在单斜层中上倾尖灭的花岗岩冲积层的分布情况，在勘探高度成熟区内又发掘出了新的潜力。

（3）在美国墨西哥湾浅海大陆架内，地震工作已反复多次进行，测线纵横交错。从地震测量来说，此区可以算作是勘探成熟区，但对钻探来讲，除已出租给各油公司的区块内已进行过大量钻探外，尚未出租的区块仍然是钻探的未成熟区域，还存在有广大的勘探活动场所。

在已出租的区块内，发现了油田，修建了平台，并进行了数年开发以后，对这一区块来讲，勘探工作可谓已高度成熟，但就在这些区块内，勘探工作仍有回旋余地。宾斯石油公司对墨西哥湾南沼泽岛128区块油田的勘探就是一个例子。该公司于1974年获得128区块的投标，当年开始钻探发现油田，至1979年完成了勘探和开发的准备工作，油田先后修建了三座平台投入开发，至1985年已累计产油$1070×10^4t$，天然气$34×10^8m^3$。由于此区为断块油藏，比较复杂，为了尽量挖掘潜力，于1983年又继续开始了勘探工作。除加做了部分地震测线外，对已有地震资料了进行重新处理。在$40km^2$的面积内，共有地震测线115条847km。宾斯公司利用自己开发的"三维网格"技术，将这些二维资料经过处理，变成测线距为25m的假三维，可以产生和标准三维一样的时间切片和任何方向的垂向剖面。此后，并进行了地震振幅和烃类直接显示的研究，并配合以构造和地层模型的模拟。结果，在此高度成熟区内又找出了三块有利地区和6个新的开发井位，使石油储量从$1170×10^8t$增至$1510×10^4t$，增加了29%，今年已准备在该油田上新建第四座平台。

（4）有些盆地由于特殊原因，使勘探工作难于再继续进行。如世界著名的含油丰度最高的小盆地——洛杉矶盆地，该盆地内通过对几条背斜构造带的钻探，发现了一系列油田。在油田开发的同时，城市迅速扩展，房屋鳞次栉比，覆盖了整个盆地。在洛杉矶盆地的虽然只钻探了背斜构造，对其他类型的圈闭还未触及，显然还具有相当大的潜力，可是要想在一座现代化的城市内开展地震勘探和钻探工作，难度确实非常巨大。由于前景诱人，一些石油公司仍在想尽办法，采用一切可行技术，计划对此盆地继续进行勘探。

3 美国成熟区内继续勘探的油田发现率

在成熟区内继续勘探的特点之一是：由于资料大量积累，对盆地内油气聚集和分布规律的认识逐步加深，同时，不断采用最新技术，因而勘探成功率逐渐提高。从预探井看，1970 年以前，美国的勘探成功率一直徘徊在 9%～12% 之间，即每钻成一口有商业价值的预探井，就要钻 7～11 口干井。1970 以后，勘探水平不断提高，预探井成功率逐步上升，达到 15%～20%。如果加上详探井、油田内的深层勘探和新油藏勘探等，其全部探井成功率，在 1970 年以前为 15%～20%，以后逐步上升，至 20 世纪 80 年代达到 25%～30%。

在成熟区内继续勘探的另一特点是：由于一个盆地内的油气资源量是恒定的，简单的大型油气田容易被先发现，最后才是发现各种难于勘探和发现的隐蔽油气藏，它们大都是难度大而范围相对较小。因而，在美国的勘探成功率不断上升的同时，勘探的效率，即每米探井所获得的储量数却不断降低。

美国发现开采储量在 1400×10^4t 以上的所谓"特大"油田的情况为：1920—1930 年期间每年发现 7.8 个，1930—1940 年为 5 个，1950—1960 年为 3.3 个，1960—1970 年为 1.7 个，1970—1980 年为 1.5 个。自 1968 年发现普鲁德霍湾特大油田后，美国未再发现开采储量上亿吨的油田。

美国自 20 世纪 40 年代以来每年发现新油田的数目一直为 200～400 个左右，60 年代后期下降至 200 个左右后，又继续回升。所发现油田的规模却不断地变小。可采储量在 14×10^4t 以上的油田，在美国就称为"重要的发现"。40 年代中，每年的重要发现，要占当年新发现全部油田的 30%，到 70 年代后期，下降到不足 10%。就是说每年新发现的油田中，有 90% 以上其储量不是低于 14×10^4t，就是没有经济价值。有的探井新发现的油田面积很小，就用该探井转变为生产井就已足够，没有可以再钻第二口生产井的位置。这一方面说明美国在找油精度方面的进展，另一方面也说明它的很多地区已属于真正的勘探老区。

4 成熟区的实用技术及其进展

在访问中，各公司介绍成熟区的勘探经验时，都毫无例外地认为，把勘探方面各有关专业的专家结合成一个整体来进行工作，是非常重要的一个环节。当然，各个专业在技术上都有一些明显的进展，我们这次考察的重点是地质和地震成果的解释应用，现分述如下。

4.1 地震工作

作为老区继续勘探最重要的手段之一，各公司在人机联作的解释工作站和充分利用已有地震资料进行重新处理方面，都做了不少工作，取得了相当的成就。

4.1.1 人机联作工作站

西方地球物理公司的 Crystal 工作站，能进行三维、二维、垂直地震剖面的人机联作处理，其主要的进展是已能和大型计算机脱机使用自己独立的计算机处理。

兰德马克公司在它的人机联作工作站中推出了 CAEX 软件系统（计算机协助勘探和生产系统），它能将地质、地球物理、油藏工程各专业的有关信息，直接利用图形或建立的模型来进行研究处理，以将各专业的信息综合在一起进行研究。在地震解释工作中，它能进行各种地震资料的展示、水平切片、井的展示、古地质研究、层位计算、叠后处理和断层作图等。

Geoquest 的工作站推出了岩石物理分析软件包和地震及演软件包，除原有的解释功能外，还能通过关系图、重叠图、测井曲线的群分析、岩性确定等充分利用测井料及其新做出的各种岩石物性解释。地震反演软件包可以将地震的波阻抗资料直接和测井结果进行比较，以便进行详细的地层分析。

地球物理服务公司（GSI）提出的最新技术是在人机联作资料分析中，结合地震、地质、井下信息，以获得能适用于油藏试探的最佳宽带波阻抗模型，能把不同类型的资料（连续的和离散的，而用于数字表示的和难于用数字表示的，垂直分辨率高但空间分布不规则的井下资料和空间分布规则但时间和深度的取样不规则的资料）结合在一起，输入模型来进行研究。

各家的地震人机联作工作站功能大同小异，都在力求扩展其工作内容，时解释工作更方便、迅速、准确。

4.1.2 重新处理已有地震资料

宾斯石油公司开发了一种称为"三维网络"（3-D grid）技术，可以将以往在一个探区内分次进行测量的地震测线，由于它们使用的仪器不同，测线方向不同、资料质量不同，通过处理，可以形成一套假三维的地震资料，它具有标准三维测量的各种功能。使用这种技术，可以使老区内的继续勘探工作，节省大量的时间和费用。

4.1.3 监测注水油田中油水界面的运动

利用地震固定站定期测量，以监测油藏动态的方法，以往只能用于三次采油的注采汽驱或注 CO_2 驱时，测量气水界面的运动。现已成功地用于注水油田中，监测油水界面的运动。

4.2 地质工作

主要是充分利用掌握的地质、地震和测井信息来进行综合研究，其特点是：（1）工作做得非常详细;(2)用新的思维和设想来处理老资料。

4.2.1　Swanson 地质服务公司的工作

这是一家小型的地质咨询服务公司,主要的技术人员就是 Swanson 本人,他在 EXXON 公司当过三十几年的地质研究负责人。公司还聘请了一位退休的遥感资料解释专家以及几位年青的计算机专家和制图人员,他的儿子就是负责联系业务的经理。Swanson 先生介绍了公司为委内瑞拉波茨肯油田新做的地质咨询工作。

波茨肯油田在马拉开波湖旁,主要油层为古近系—新近系的河流三角洲沉积。这家公司充分利用了与该地沉积类似的现代河流三角洲形成、结构和发展史的研究成果(例如俄克拉荷马州的 Washita 河所形成的三角洲),对三角洲上不同部位的砂体形状、构造、结构、大小、生物群落、接触关系等特征,进行了详细的分类,如三角洲平原上的河道砂、辫流砂、点沙坝、冲积扇、分流河道砂,在三角洲前缘的河口沙坝、沿岸砂,在三角洲间的沙丘、沙滩、潮坪砂、海潮水道砂,在深水处的潮坪三角洲砂、潮湾砂、沿岸砂等。对每一类砂体在电测图上的反映,均汇编成册,以作参考。

Swanson 公司对每口井的每段油层均要进行相分析,对每个油层段均进行及复译详细对比后,然后作出每个层段的厚度图、孔隙度图、饱和度图、相图和构造图,输入计算机,进行闭合校正后,计算储量。

这些工作在方法上似乎没有什么特殊的地方,但由于严格、细致,力求符合客观实际,确实能解决问题,例如他们对该油田各层位新作的各种等值线图,钉在一起足有几十厘米厚。就是这种原因,委内瑞拉政府愿意以每个项目几十万美元的高价,请他们进行咨询。

4.2.2　飞马石油公司对阿纳达科盆地南缘的研究

阿纳达科盆地面积 $13 \times 10^4 km^2$,自 1910 年以来已探明石油开采储量 $7.7 \times 10^8 t$,已生产石油 $7.2 \times 10^8 t$、天然气 $2900 \times 10^8 m^3$,主要储层为宾夕法尼亚系和密西西比系,已钻井 6000 口,是一个勘探的老区。

飞马石油公司的一个研究组对盆地南沿进行了两年的研究,认为该区已发现的主要油藏系受花岗石风化后的冲积砂体所控制,而不是构造油藏。在对地震工作进行改进后,重新处理了老资料,并新做了一些测线,进行了三维地震工作,可以清楚地在该地区的单斜层中,把上倾尖灭的花岗岩碎屑冲积砂体勾绘出来。这样,就在一个钻井稠密的老区中找出了新的油藏。这个实例说明了美国石油地质界中通常喜欢引用的一句话,即"用老概念在新区可以找到油田,用老概念在老区就找不到油田,要用新概念才可能在老区找到油田"。

4.2.3　地质工作已逐步使用现代化的计算机模拟技术

在 Swanson 公司参观了他们使用的"Stratamodel"的计算机软件系统。这是一种三维地质模型软件,用 Fortran 77 写成,在 Vax 机上开发的。

这一系统可以将岩相、岩性、流体情况、岩石体积和温度等资料均输入组合运算。可以作为三维地震模型和三维三相储层模型的中间桥梁。这一系统是按沉积作用和地质过程特点设计的，对于沉积中的上超、下超、削蚀等均可确切模拟，也可用于模拟复合情况，如相模型与温度—深度模型结合以产生烃类生成模型等。此模型可以任一个方向切块并立体旋转，使用很方便。

又如 J.S.Nolen & Associates 公司新开发的组合模块模拟器，可以根据油藏类型、流体特性、特殊的开采过程、价格变化的影响等分别以模块组合来进行研究，使用 IBM PC-XT 和 AT 机，比较方便。

4.3　油层改造工作

美国将酸化压裂等增产措施，引入勘探领域已取得相当成功。如斯普拉伯雷油田，储层为志留系的粉砂岩、页岩及石灰岩，孔隙度 4%～10%，渗透率小于 1mD。在这个地区完井后，不进行压裂工作，根本不可能获得商业性的油流，压裂工作已成为该区探井和生产井完井工作的一个组成部分。

在压裂工作中，哈里伯顿和道威尔公司除致力于设备、压裂液、支撑剂等的改进外，特别注重按用户的要求对裂缝的高度、深度等进行严格设计。哈里伯顿公司推出了一种为准确进行压裂设计的微压裂分析系统（Minifrac）。因为实验室就测量出的压裂中流体损失等参数，由于局部地质条件的变化和可能有天然裂缝存在的影响，与现场实际情况可能相距较远。利用"Minifrac"方法，可以根据压降情况，在现场准确定流体损失参数，这样可为准确地进行压裂设计提供便利。

4.4　地化勘探工作

各种非地震的地球物理和地球化学勘探工作，在老区的继续勘探中也得到了一定程度的采用。这次考察中，我们参观了 GSI 公司开发的车装的地球化学勘探装备。以往地球化学勘探中最明显的缺点之一就是在现场取得样品后，要密封送实验室分析。对大量的地化样品要做到密封运送，防止污染是比较困难，耗费也较大，而且对某些样品有怀疑时，还必须重返现场取样。GSI 公司的地球化学勘探车针对这些问题做了改进。它在轻型载重车的尾部装有中空的螺旋钻杆，在向地表土壤层钻进过程中，抽气系统将土壤破碎过程中释放出的吸附气体，立即抽出，通过钻具的中心管送入车的前部，然后送样入色谱仪中分析，其结果经计算机处理后就可做出有关图件。如对某样品结果有怀疑时，可以开车至原取样点附近重新钻孔取样。GSI 用此车工作时，采样间距 150m 时，每英里需费用 500～1000 美元。

包括地球化学勘探在内的各种非地震勘探方法，在老区一般都用作为地震勘探的一种补充方法。在地震勘探所作出的各类可能圈闭分布图中，利用该区有效的非地震方法，再对各圈闭进行进一步的评价，以便选择远景最高的构造作为钻探对象。

5　美国中小石油公司的状况与作用

美国石油工作的主要力量是各家大石油公司，它们在美国的石油工业上游领域里，约拥有 80% 左右的储量和产量，这些公司大都是参与国际性活动的石油集团。美国国内石油工业的另一支柱就是数以千计的大量中小石油公司（独立石油公司），各种服务公司和咨询公司。它们所做的工作量占美国国内总工作量的 80%，储产量则占 20%。我们在这次咨询中有意地避开了大石油公司，而着重去了解我们所不太熟悉的中小公司，研究它们的活动方式、技术状况以及油价下跌和剧烈的竞争中，它们仍能生存和发展的原因。我们访问的中小公司中，大概可分为三种类型。

5.1 中小油公司

Parker & Parsley 石油公司（P&P 公司）已创建 25 年，主要工作地区为美国得克萨斯州米德兰市附近的斯普拉伯雷油田。该油田在美国油气富集的二叠盆地中部长 389km，宽 194km，油层为下二叠统的斯普拉伯雷层，系一套致密细砂岩、粉砂岩、页岩及石灰岩地层，孔隙度 4%～10%，渗透率小于 1mD，油层埋深约 3000m。油井完井后必须经过压裂处理才能投产。

油田于 1949 年发现，至今已有约 7000 口生产井。油田的北面和西面还没有完全探清，还断续有扩展。油田至今已产油约 $6500 \times 10^4 t$。P&P 公司拥有约 1200 口生产井，为油田上的最大作业者。

P&P 公司于 1962 年由地质学家 Howard Parker 和油藏工程师 Joe Parsley 创办，到如今已拥有资产 3400 万美元。它的母公司 Southmark 公司有 110 亿美元的资产，能给它以财政支持。P&P 公司在油价下跌、竞争剧烈的情况下，仍能求得生存并继续发展，所采取的主要策略有：

（1）不参与具有较大风险的预探井的钻探，致力于斯普拉伯雷油田上的开发井的钻探。这种政策给投资者带来安全感，愿意往该公司投资。

（2）不断地降低钻井费用。P&P 公司自己不拥有钻井队，采用让各石油服务公司投标的方法，使钻井成本不断降低。1981 年时平均每口井的钻井费用为 68 万美元，1985 年降至 41 万美元，1988 年又降至 35 万～36 万美元（井深 3000m）。我们去井场参观时了解到，他们一切从实用和经济效益出发，井场相当简陋，泥浆槽为塑料布铺成的，平均每 15 天钻完 1 口 3000m 的井，完钻后请该地的一家小公司来测井，只测自然伽马、电子和井径 3 条曲线（在该区足以使用），费用不到 1 万美元。完井套管由以往的 7in 减小为 4.5in。完井后一周内对三个主要油层段分层压裂后，全井投入生产。油井初期的产量为每井每天 6～8t。

虽然是开发井或详探井，每口新井钻探前，都要进行认真的分析和评价，以使风险降至最低。采用这些提高经济效益的策略，1981 年以来 P&P 公司由 14000 名投资者中获得了 2.72 亿美元的资金。除斯普拉伯雷油田外，公司已拥有其他油田上的 1200 口生产井。

5.2 服务公司

我们这次考察的主要的三家公司都属于这一类型，即西方地球物理公司、地球物理服务公司和道威尔公司。其他如 Geoquest、Landmark 等也都属于此种类型。它们在大量公司倒闭情况下不仅站稳了脚跟，而且有所发展，大概有三方面的特点。

（1）技术上力求有新突破，以便在竞争中领先。

各公司在向我们介绍情况时，都把它们在本专业领域内新发展的技术或正在开发的技术重点介绍出来。在经费紧缩的情况下，他们并没有砍掉研究和发展，反而是加强了研究工作，把研究成果作为他们在竞争中立于不败之地的重要支柱。例如各地球物理公司向我们展示的各种人机联作地震解释站中，当荧光屏上显示出你所选择的一块做了地震工作的立体图形后，你可以在上面解释、联层、对比，把图形翻到另一个方向进行；切下一块，放到你所需要的位置进行对比，可以把垂直地面或根据钻井资料做出的合成地震图，嵌入到剖面内进行对比联层，在研究振幅变化与烃类直接显示的关系时，可以根据振幅大小随意变换彩色，以便能将反映烃类存在的异常突出出来；在解释断层时，可以将上下盘沿断面移动以易于对比，确证断层的存在。总而言之，是想尽方法使地震解释工作方便、迅速、可靠。这样，他们在竞争中就会争取到更多的用户。各公司在技术上的独到之处各有不同，但发展的方向一致而且共同之处很多。向技术人员询问原因时，了解到公司在技术上是绝对保密的，研究机构防卫森严，从进大门开始，有多处的电子密码门作为防窃手段，但技术人员私下的交往和各种专业学术会议，却可以得到不少信息。这也是很多公司在技术上得以齐头并进的原因。

（2）不同专业的服务公司逐渐兼并，以求在石油工业上游领域内，形成完整的服务体系。

我们在访问中逐渐了解到，新选择的三家主要接待公司，实际上分属于美国三家主要的服务公司集团。这些集团把地球物理、测井、岩样分析、仪器制造、遥感遥测和有关的计算机技术都联系在一起，以求在上游领域里形成完整的服务体系，在竞争中处于有利地位。譬如属于 Litton/Dresser 公司的西方—阿特拉斯国际集团（Western Atlas International）有：

① 西方地球物理公司：负责地震采集、处理、解释和油藏地球物理方面的承包；

② Atlas Wireline Services：各种测井资料的数字采集和分析；

③ 岩心公司（Core Laboratories）：岩心和储层流体分析，以及有关的油层物性服务，解释软件和油藏工程服务等；

④ LRS：制造地震震源，检波器、电缆、资料接收系统、测井装备和实验室分析仪器装备；

⑤ Aero Service：航空地球物理测量、遥感、遥测、大地定位等；

⑥ 井下地震服务公司（Downhole Seismic Services）：VSP、接近盐丘情况测量、裂缝检测等；

⑦ J.S.Nolen & Associates：油藏工程和井下动态的系统软件。

和西方—阿特拉斯集团一样，哈里伯顿公司把 GSI 公司等兼并，斯仑贝谢公司把道威尔公司等兼并，都趋向于形成完整的服务集团，今后我们在和这些公司打交道时，要注意到这一点。

这些公司的另一动向是：除技术服务外，他们想参与更多的带风险性的服务。如道威尔公司多次提出，他们希望我们能拨给他们一批井，进行压裂增产承包，如果不成功，他们承担全部费用，如果成功，他们分享一定数量的增产原油。据说，他们已和苏联人达成了这种类型的协议。

（3）在完善管理系统上下功夫。

各公司的做法不一，但都是为了充分调动雇员积极性，同时减少消耗、紧缩人员、降低成本，提高效益。据接待我们的一位华裔工程师介绍，斯仑贝谢公司近年来得到比较大的发展，它所采取的一项管理的政策是：每年该公司有 80% 的人可以涨工资（美国通货膨胀约 4%，每年工资如不上升 4%，则等于降工资，升 4% 以上，就实际晋升了工资）；10% 的人工资不动，这就表示对你的工作不满意，如不切实际改进就有被解雇的危险；10% 的人要被解雇，而另外招聘一些合格的新人。实行这种政策，由于公司待遇优厚，很多人怕失掉工作，就卖命地干，当干得好时，又确实会升工资。在这种双向夹击的情况下，员工们只能努力工作，不敢懈怠。我们在各个公司座谈时，有时谈得较晚，到下午六点钟（他们下午四点半就下班时），很多研究室里仍有人在紧张工作。

5.3　各类咨询小公司

一般规模不大，由数人至数十人不等。他们大都以可靠的专业服务作为竞争中生存下去的条件。

在油价下跌，各公司紧缩开支，大量裁员的过程中，首当其冲的就是地质人员，因为裁掉他们，对当前的生产没有太大的影响。就是在这种形势下，前面介绍过的 Swanson 地质咨询服务公司仍能生存下来，并且在国外也找到了主顾，这和他们细致艰苦的工作，能替客户解决生产中存在的问题是分不开的。

又如一家只有一个人的咨询公司，就是 Made 先生自己，他是一位地质学家，在联合油公司工作 11 年后，改做咨询工作已 25 年。他主要是根据个人研究的成果，向中小油公司提出钻探建议。如果该井成功获得油气，他可以分得 3% 的产量作为红利。他在俄克拉荷马州的石油专业图书馆里，每天要工作十小时以上，进行详细的研究工作。那个图书馆里收集有该地区很多井的资料，根据该州规定，完井一年后，有关公司必须将井下资料上交，提供公共使用。该图书馆属地区石油协会，有 700 个会员，每人每月缴 45 美元会费，就可以使用馆藏资料。有些地震资料则必须向油公司购买。

25 年来，根据他的推荐，已钻过 25 个地区，其中 75% 的井成功，获得油气，俄克拉荷马州的 Vici 油田，就是根据他的推荐发现的。他现推荐的产油井中，目前还有 60 口井在出油，有关公司还继续在付给他应得的份额。目前油价下跌，中型、小型公司愿意钻新井的少了，但他仍继续工作，努力钻研资料，分析地下情况。据 Made 说，他已找出了一些有利勘探的地区作为储备，以后油价一旦上升时，就会有石油公司来向他购买的。

6　美政府与油公司关系

雪佛龙公司派一名法律顾问向我们介绍了一些情况。油公司和政府的关系大概有两个方面。

一是政府通过税收杠杆来鼓励生产的发展，和对勘探生产的再投资。如油价下跌，石油公司受到了严重的挫伤时，联邦政府就取消了对石油工业征收的"暴利税"，取消了对天然气的限价。石油工业的所得税是很高的，但是如果将收入投入石油勘探或生产，则可以获得减税或免税的优待。对于油田后期，油井产量降得很低，就可以申报油田枯竭，如获审查批准，就可大大降低税收等。

二是各级政府有很多规定，能干扰石油工业进行经营的人很多。各公司都配备有包括有律师在内的一个班子，专门对付有关问题。例如雪佛龙公司在加利福尼亚海上有一个气田，它拟在岸上修建一座天然气处理厂，结果就带来了很多问题需要解决。按美国法律，外海大陆架属联邦政府受理，海岸 3 海里以内由州政府管理，陆地上则由地方政府管理。输送天然气的管线要通过三级政府所管辖的领域，必须首获得各级政府的同意。海底管线不能放在海底，而是必须掩埋，使海底保持原有的平坦，据说这是为了拖网渔船的利益。修建的天然气处理厂不仅在烟尘和噪声、废水等有严格的控制和管理外，还必须将厂区全部用树木遮盖起来，要使从海岸边看不到有厂房的存在，因为这里属于风景旅游区。厂区附近的生态环境，要严格保护，不能有丝毫破坏。厂旁边有一条沟却不能将其填平，因为其中生活有某种当地生物。修厂时载重车来往，不许使用当地的公路和桥梁，就自己修了路和桥。附近有一所学校认为工厂对学校教学有影响，于是雪佛隆公司另外盖了一座学校作为赔偿。管线上岸时，地方政府规定不能破坏岸旁陡壁的风景，不能将陡壁挖开一个缺口，于是只好打隧道穿行。在陆地上要通过一些私人土地，要必须一家一家的谈判、赔偿。就这样，当处理厂已修建好了一年，但目前还不能投入运行，因为还有一些部门没有批准。

一般来说，要取得一项生产施工许可证，需要申报批准的单位有 39 个，其中联邦政府 9 个，州政府 11 个，当地政府 19 个。看来政府部门实行友好主义的管理，在美国也是常事。

7 结论与建议

（1）美国的勘探成熟区分为多种类型，不管那种类型，都还具有一定潜力，只要使用合适的勘探方法，是能够取得效果的。在美国，一般使用的比较有效的方法为：

① 充分利用已有的地震资料，进行重新处理，有可能时补做一些测线，做二维内插的假三维或采用"3–D Grid"技术作出类似标准三维的假三维，如遇极复杂的断块、需判别地层油藏或需识别烃类的直接标志时，还可以做高分辨率三维。有特殊需要时，可以进行一些对子波、振幅的特殊处理。

通过 VSP 和合成地震剖面，可以将地震资料和测井资料结合起来进行研究，把地下构造、地层和可能存在的确切位置，搞得清清楚楚。这样，在老探区就可以将以前没有发现或遗漏了的油气藏发掘出来。

② 地质、地球物理和测井专业充分地协同配合，以进行研究工作。鼓励以新的思维

去研究老区油气藏的分布规律，提出新的勘探领域。

③ 勘探工作是一个完整的整体，必须使探井产油气才算成功。只见显示，未得油（气）流，不能算成功。因此，在有些储层特别致密地区，就需要将酸化、压裂等增产措施，引入到勘探作业中来。

④ 充分利用人机联作地震解释站的功能，以做到快速、准确地摸清地下情况。

⑤ 在一些地区可以采用除地震以外的其他勘探方法作为辅助手段，例如地球化学勘探，对帮助找出各种隐蔽油气藏有很大好处。

综合来用这些方法，在老区进行勘探，从美国的实践证明是行之有效的，很多只能钻1口或几口井的小油气藏，也能准确地把它们找出来。

（2）美国大、中、小油田的勘探和开发与美国存在的大、中、小石油公司，形成了一个有机结合的整体。大公司多从事高风险、高收益的勘探工作，经营较大规模的油气田。一些面积不大、产量不高的小油田，大公司认为不值得搞；一些储量较小的区块，产量较低的油井，大公司不准备继续经营而将其出售。这时，中、小公司一般就接手过来，以提高效率、节约人力、节省一切开支、因陋就简为原则，而使一些低产的区块、油气井变得有利可图。

美国对于小区块、小油田基本上完全按经济办法在进行管理。采用任何措施和装备，都要看是否有经济效益作为取舍。这一点，大、中、小公司都是一样的。他们尽量采用自动化装置，收缩人员，采用防腐耐用长线等。各种作业尽量雇用有关服务公司，而不是自己拥有样样俱全的完整服务，我们参观了飞马石油公司在 East Fitts 油田上所拥有的一个小区块。该单元面积约 7km²，有上、中、下三个储层采用三套井网，用注水法开采。上层为砂岩，深 716m，油层厚 21m，采用 9 点法开采，有生产井 32 口，注水井 16 口；中层为石灰岩，深 1006m，油层原 15m，采用行列式开采，有生产井 60 口，注水井 21 口；下层为石灰岩，深 1250m，油层原 44m，采用 5 点法开采，有生产井 57 口，注水井 60 口。本单元目前日产油 386t，日注水 12500t，油井含水已达 97%~98%。在这个单元上飞马石油公司的工作人员共 16 人，周末时值班 2 人。全部油井和注水井均自动化管理，油缸、水缸均用玻璃钢制成。井场或集油站、注水站出问题时，值班室内会自动亮红灯报警。飞马石油公司的人员负责巡视、检查等管理工作。油井需井下作业时，则雇用服务公司来进行。前面所讲的 P&P 公司也是一样，采用一切方法降低成本后，如有经济效益就继续干，如无经济效益，则会采取暂时关闭，撤出人员，或将其出售等。

我国也有类似的低产区块或井区，现在大都采用同一种模式在进行勘探和开发。有的就显得经营困难，应该考虑制定不同的政策来分别加以对待。

（3）美国的中、小油公司、服务公司和咨询公司是其石油工业的另一支柱，他们的经营方法和发展条件和大公司很不一样。其中一个特点是他们大都在经济很拮据的条件下，进行经营，千方百计设法，每年要获取一定的经济效益。否则股东将撤走资金，公司就会垮台。例如我们访问的 Agate 公司，于 1982 年成立，共有 11 人（即总裁 1 人，财务 1 人，接待 1 人，秘书 2 人，办事员 1 人，土地和法律 2 人，地质师 1 人，油藏工程师 1 人，生产工程师 1 人）。他们现在经营 40 口生产井，其中 70% 为气井，还对另外的 120 口井感兴趣，正在进行调查研究，准备购买。公司的总裁告诉我们说，他时刻都在为他的公司进行盘算，一点错误都不能犯，否则公司就会倒台。他们1988年以前，雇用承包商来打井后生产，1988年一路买井（大公司放弃的井），他们分析后认为还有赢利可图，就买来经营，在挑选井时，他们经常请咨询公司来加以协助。他们的有些作法，可以作为我们经营小油田、小区块、低产井的参考和借鉴。

（4）美国对成熟区的勘探工作，有很多的经验教训可以吸取，我们这次考察，由于时间短促，只粗略地观察到一些现象。对规划我国石油工业今后发展有关的一些问题，则来不及进行调研。例如，据资料报道说，美国现在每年新增约 4×10^8t 的可采储量中，由新油田预探井中的获得的储量不足 1×10^8t，最大的储量增长是由老油田中获得。多年来，美国人是如何从老油田中获得巨额的新增储量？我们在安排长远规划时，对新区和老区应如何搭配才是最合适？这些问题很值得进一步调研，但又是比较难于调研的问题，主要是具体的资料很难于收集。我们建议把美国老区的勘探问题列为一个项目来专题进行调研，分为两个小组，由大庆和胜利油田为主派人组成，情报所派人参加帮助，分别选择相当于我国松辽和渤海湾油区的美国老含油盆地进行调研，计划于一年内完成；也可以和美国华人石油协会或大学进行协作，合作调研。因为只靠国外的力量，调研结果恐怕很难满足我们的要求；仅靠国内力量，则资料难以取得。也可以考虑和我们有很多联系的美国地质局合作，但那属于美国政府机构，以往请他们合作研究中国的情况，他们很乐意，现在要请他们来合作研究美国的情况，估计可能会出现一些问题。如果请美国夏威夷的东西方中心来进行合作研究，情况也会是一样。所以，我们考虑，还是和华人石油协会或某大学进行协作，会好一些。

（5）为了引进美国的经验和技术以搞好我国成熟区的勘探工作，我们在和一些公司和单位进行接触时，表示了合作的意图，对方对此立即做出了肯定的反应。我们说明，要等中国石油天然气总公司同意后，才能做出具体安排，这类情况有：

① 美国石油地质学会（AAPG）联系各种类型专家，能举办有关问题的培训班。已请他们考虑于1989年派4位专家来中国，分别以墨西哥湾和安纳达科盆地为例，讲成熟区的勘探经验。如果反映好，可以继续聘请组织和其他有关的专题培训班。

② GSI公司的地化勘探仪器，轻便适用，我们已让其报价，准确研究购买引进问题。另外，对于GSI公司在华的地震处理工作，他们一再表示，希望能进入涿县处理中心，我们答应回来后研究。

③ 美国华人地质协会在今年年底将与台湾中油公司开会，讲有关墨西哥湾的情况（台中油公司拟在那里购买储量），如果情况和地址适合，也拟请我方派人参加。

④ 与飞马石油公司座谈时，我们提出，准备在适当时，召开有关渤海湾地区继续勘探问题的中美双边座谈会，飞马公司欣然同意准备促成此事。另外，飞马公司再一次表示想去南疆的强烈愿望，我们未置可否。

⑤ 道威尔公司（Dowell）想扩大对我合作，不只是想向我出售设备，而是希望我能划出一个井区，或一批拟增产的井，以"风险"的形式让道威尔"承包"。即经道威尔公司对这些井进行处理后，如不能达到双方协议中规定的效果，则道威尔公司将独自承担所

发生的一切费用；如果获得成功，则道威尔将从增产原油中得到一定的比例作为报酬。我们答复是可以研究。

⑥ Swanson 公司是一家地质咨询服务的小公司，替委内瑞拉和美国国内一些公司做过多年服务，他们对三角洲系统的储层有较深入的研究。在访问过程中，我们表示，在双方认为满意的条件下，我们将考虑邀请他们为中国的某油田服务。对方对此很感兴趣。

⑦ P&P 公司为在斯普拉伯雷裂缝性油田上经营的一家中小型油公司，对裂缝性油田的钻探、开发等很有经验。在访问过程中我们表示了拟和他们进行合作的愿望，即我们派出专家组到他们那里学习，或他们派出专家组到我国进行工作。对方对此表示出强烈的兴趣。

⑧ 宾斯石油公司开发了一套有关地震解释的软件系统，名叫"三维网格"（3-D Grid），它能将以往不同时期用不同仪器所做的不同方向、不同质量的地震资料整合在一起。如果测线的密度已经足够，则可将这些资料转化为与真三维具有相同功能的假三维。如果测线的密度还不够，则可补做一些测线，加上原有的资料一起，再合成假三维。这一套系统很有用处，但宾斯公司初步表示出的想法是，可以替我们处理资料，但出售技术还有困难。拟于今后再作进一步联系。

本文出自作者赴美国考察成熟勘探区的调研报告，1988 年 10 月。

中国的石油对外依存度分析

邱中建　方　辉

（中国石油天然气集团公司）

1　中国能源供应总体上立足于国内

改革开放以来，能源支撑了中国国民经济的高速增长，一直到 20 世纪 90 年代初期中国的能源生产完全能够满足消费需求。90 年代初，中国的一次能源消费量首次超过了生产量。2008 年中国能源的自给率为 91.2%，对外依存度为 8.8%（图 1）。但总体来说，中国的能源供应主要还是立足于国内的。

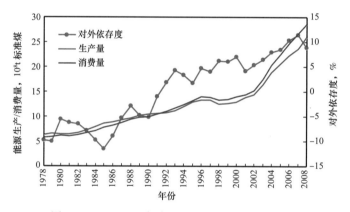

图 1　1978—2008 年中国一次能源产量和消费量

以 2008 年为例，中国的一次能源消费中，原煤和水电都能自给自足，石油的对外依存度为 50.9%，天然气的对外依存度为 5.7%（表 1）。由此可见，中国能源消费中需要大量进口的主要是石油。

表 1　2008 年中国一次能源生产和消费状况

项目	生产量	消费量	对外依存度，%
原煤，10^8t	27.93	27.4	0
石油，10^8t	1.9	3.87	50.9
天然气，10^8m³	760.8	807	5.7
水电，10^8kW·h	5851.9	5851.9	0
一次能源总量，10^8t 标准煤	26.0	28.5	8.8

注：数据来源于中华人民共和国国家统计局《中华人民共和国 2008 年国民经济和社会发展统计公报》。

随着国民经济的高速增长，石油消费量持续上升，国内的石油生产满足不了消费需求。1993年中国从石油净出口国变成了净进口国，随后石油进口量逐年递增，对外依存度不断攀升，2008年石油进口量首次超过国内石油产量，对外依存度首次突破50%，达50.9%（图2）。中国的石油供应越来越依赖于国外，导致石油供应的安全性逐渐降低。

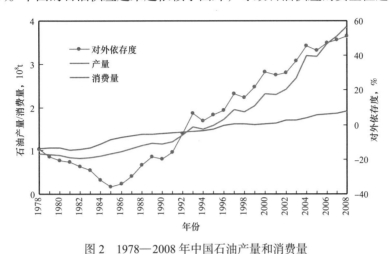

图2　1978—2008年中国石油产量和消费量

2　今后几十年对世界石油供应的几个主要认识

（1）世界油气资源量丰富，不存在供应短缺的现象。

据美国地质调查局（USGS）2000年公布的数据，全球石油可采资源量为4582×10^8t，天然气可采资源量为436×10^{12}m^3，见表2。截至2008年年底，全球剩余的石油和天然气可采储量分别为1708×10^8t（未包括油砂245×10^8t）和185×10^{12}m^3，分别占总资源量的37%和42%；累计采出的石油和天然气分别为1461×10^8t和83×10^{12}m^3，分别占总资源量的32%和19%；待发现的石油和天然气资源量分别为1413×10^8t和168×10^{12}m^3，分别占总资源量的31%和39%。

表2　全球油气资源量统计表

	石油，10^8t	天然气，10^{12}m^3
全球可采资源量（常规）	4582	436
减去：累计采出量	1461	83
剩余可采储量	1708	185
待发现可采资源量	1413	168

注：括号中的数据为占总可采资源量的百分比。

USGS的油气资源评价止于2000年，所用的基础资料偏旧，2000年以来新取得的资料没有补充进去。其次，USGS评价各国的油气资源量仅是该国大部分主要盆地的油气资源量，并没有覆盖所有含油气盆地和潜在含油气盆地。我们根据所掌握的其他资料对 USGS 的评价结果进行补充，全球的常规石油可采资源量可达到 $5030 \times 10^8 t$，乐观估计可能达到 $6000 \times 10^8 t$。全球天然气可采资源量可达到 $488 \times 10^{12} m^3$，乐观估计可能达到 $610 \times 10^{12} m^3$。

我们利用模型预测，全球石油年产量将于 2030—2040 年前后进入高峰期，高峰产量将保持在（$50 \sim 56$）$\times 10^8 t$（2008 年全球石油产量为 $39.3 \times 10^8 t$），而且这个产量可能会持续较长一段时间。根据欧佩克（OPEC）2009 年预测结果，2020 年和 2030 年，世界石油产量将分别达到 $47.7 \times 10^8 t$ 和 $52.7 \times 10^8 t$，消费量将分别达到 $47.5 \times 10^8 t$ 和 $52.6 \times 10^8 t$，供需基本持平。因此，世界石油供应不会出现短缺现象。

（2）世界石油供应更趋于集中，中东的石油供应战略地位更加重要。

长期以来，中东的石油产量占全球石油产量的 30% 左右，据国际能源署估计，中东的石油产量在世界石油供应中所占份额将由 2008 年的 32% 增至 2030 年的 39%。

（3）高油价促进了替代能源的大力发展。

石油已经告别了"廉价"时代，进入了"高油价"时期。高油价将刺激替代能源的大力发展。全球天然气产量快速增长，预计将在 2040—2050 年前后进入高峰期，高峰期年产量将达到（$5.4 \sim 6.6$）$\times 10^{12} m^3$，2008 年全球天然气产量为 $3.1 \times 10^{12} m^3$。20 世纪后期，天然气将成为第一大能源。

受高油价的影响，煤炭的清洁化利用将加快进程，煤炭在能源消费中所占比重将会有所增加。能源会向多元化方向发展，可再生能源及核能都会加快发展，但 21 世纪仍然是化石能源为主的时代（图 3）。

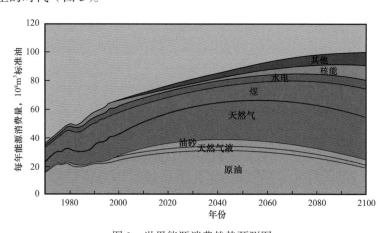

图 3　世界能源消费趋势预测图

资料来源：Energy：A Historical Perspective and 21st Century Forecast

3　对典型发达国家石油对外依存度的分析

我们统计了 2008 年石油净进口量超过 $7000 \times 10^4 t$ 的 9 个国家的对外依存度，超过 90% 的有 6 个国家，仅有 3 个国家小于 90%，它们是美国、中国和印度，分别为 56.3%、

50.9% 和 69.9%。其中只有中国和印度是发展中国家，其余的 7 个国家都是发达国家。这 9 个国家的净进口量共计 15.5×10^8t，占世界石油贸易量（26.98×10^8t）的 57.3%。其中美国的进口量居首，为 5.8×10^8t，占世界贸易量的 21.5%，日本和中国分别为第 2 和第 3 大进口国，进口量分别为 2.2×10^8t 和 1.97×10^8t，分别占世界贸易量的 8.2% 和 7.3%（图 4）。

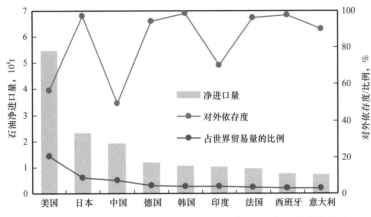

图 4 2008 年石油净进口量超过 7000×10^4t 的国家的对外依存度

进口石油的发达国家可分为两类。一类是国内产油量很大，但消费总量也很大的国家，如美国；另一类是国内产量贫乏，对外依存度极高的国家。以日本为代表的大多数国家。下面我们主要分析美国和日本的石油进口状况。

美国的石油产量从 1985 年起不断下降，2008 年降至 3.05×10^8t。而石油进口量则不断上升，1988 年突破 3×10^8t，达到 3.38×10^8t，1994 年突破 4×10^8t，达到 4.22×10^8t，首次超过国内产量，对外依存度超过 50%，为 52%。随后进口量和对外依存度持续攀升，2004—2007 年进口量曾一度突破 6×10^8t，对外依存度从 1999 年起突破 60%，最高达到 67%，但是始终没有突破 70%（图 5）。

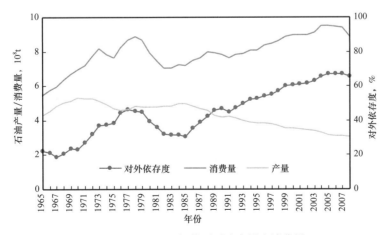

图 5 1965—2008 年美国石油产量和消费量

美国的石油进口来源多元化，以 2008 年为例，美国从非洲、中东、加拿大、中南美洲和墨西哥分别进口 1.22×10^8t、1.2×10^8t、1.09×10^8t、0.94×10^8t 和 0.48×10^8t 石油，约占净进口量 5.8×10^8t 的 90%（图 6）。

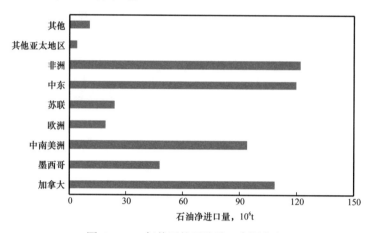

图 6 2008 年美国的石油进口来源分布

20 世纪 60 年代日本的石油消费量快速增长，1971 年首次突破 2×10^8t，以后消费量在 2×10^8t 以上水平波动，最高达到 2.69×10^8t。90 年代中后期以来，日本的石油消费量呈现出下降趋势，2008 年降至 2.2×10^8t。日本的石油产量很少，97% 以上的石油消费依赖进口，进口量在世界石油贸易量中的比例最高达到 17%，80 年代以来，逐渐下降，2008 年仅占世界贸易量的 8.2%（图 7）。日本的石油进口来源主要集中于中东，以 2008 年为例，从中东进口石油 1.97×10^8t（图 8），占进口量的 89%。日本的石油安全明显低于美国。

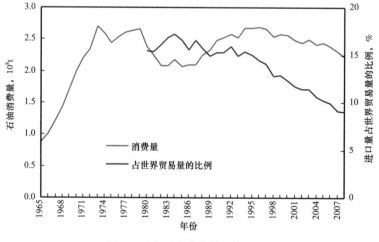

图 7 日本石油消费量变化趋势

中国的石油消费量位居世界第二，2008 年占全球的 9.6%，仅次于占全球 22.5% 的美国，而且中国所占比例不断上升，而世界上主要国家的石油消费量占全球的比例持平或有所下降（图9）。2008年中国的石油进口量居世界第三，占全球贸易量的7.3%（图10）。中国的石油进口和消费情况不可能像日本、德国、法国等国那样，以日本为例，2008年石油消费量2.2×10^8t，占世界石油消费量的5.6%，占全球贸易量的8.2%，但日本市场成

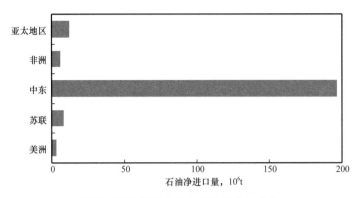

图8　2008年日本的石油进口来源分布

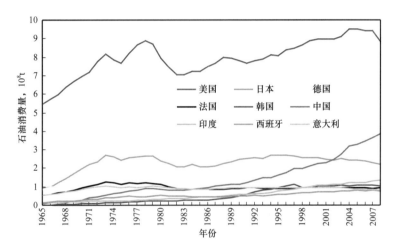

图9　主要石油进口国的消费量占世界总量的比例

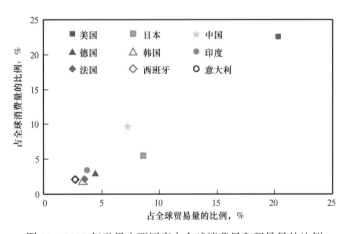

图10　2008年世界主要国家占全球消费量和贸易量的比例

熟，没有增量反而逐步降低。若中国的石油消费上升过快，将对世界产生重大影响，不利于中国的石油供应安全。因此，中国的石油供应情况应该和美国相似，国内供应仍然是基础，并力争控制石油的对外依存度。

4 对中国石油对外依存度的认识

2003 年中国工程院开展《中国可持续发展油气资源战略研究》项目时，曾提出政府应尽最大努力将中国 2020 年的石油消费量控制在 4.5×10^8 t 以内，石油对外依存度控制在 60% 以内。但是近几年中国的石油消费量快速增长，石油进口量增长很快，若按照目前的发展趋势，2020 年 4.5×10^8 t 的消费量和 60% 的对外依存度就会被突破。

进入 21 世纪，中国的一次能源消费量以年均递增 9.6% 的速度高速增长，直追美国，据国际能源署（IEA）、美国能源信息管理署（EIA）和国家能源办等多家机构预测，中国的一次能源消费量将在 2020 年前后超过美国，成为第一大能源消费国。

中国的石油消费量也保持快速增长，近 5 年年均递增 8.9%，随着中国工业化和城市化进程的不断加快，汽车保有量持续增长，带动石油消费量继续持续增长。假设 2030 年前后，中国的石油对外依存度达到 80%，而国内石油产量仍维持在 2×10^8 t 左右，那么石油净进口量将达到 8×10^8 t，约占全球石油贸易量的 1/4，世界石油贸易的增量可能相当部分都成了中国净进口量的增量，并将严重破坏世界石油的供需格局，危及中国的石油供应安全，风险很大。显然这个假设不成立（表 3）。那么我们应该对中国石油对外依存度设置一个上限，也就是说对石油消费量要设置一个天花板，中国人口众多，不可能无限制的进口和消费石油，必须采取各种政策措施，控制石油消费量。

表 3 对 2020 年中国石油对外依存度的情景设想

对外依存度 %	国内产量 10^8t	总消费量 10^8t	净进口量 10^8t	占全球贸易量的比例 %
50.9	1.9	3.87	1.97	7.3
55	2.0	4.40	2.40	7.1
60	2.0	5.00	3.00	8.9
65	2.0	5.70	3.70	10.9
70	2.0	6.70	4.70	13.9
75	2.0	8.00	6.00	17.7
80	2.0	10.00	8.00	23.6
85	2.0	13.30	11.30	33.3
90	2.0	20.00	18.00	53.2

中国的石油进口量很快就会超过日本，成为世界第二大石油进口国，并继续追赶美国，如果不控制石油消费量和进口量，那么中国的石油进口量将可能接近甚至超过美国，会发生和美国等发达国家争夺石油来源的局面，也会和新兴的发展中国家争夺石油，这在政治上对中国极为不利，因此中国的石油进口量应以不超过美国进口量为上限。因为中国的石油供应安全比美国差，美国的进口来源多元化，而中国的进口来源相对集中，且进口的主要地区均为局势相对动荡的国家（图 11），2008 年中国分别从中东地区和非洲进口 0.9×10^8t 和 0.54×10^8t 石油，分别占中国石油进口的 46% 和 27%，而且进口石油 80% 以上需通过马六甲海峡，风险很大。中国从国外进口石油的难度和风险均大于美国，以 2008 年为例，美国的石油消费量为 8.9×10^8t，石油进口量为 5.8×10^8t，对外依存度为 65%。参考美国的石油进口量，可考虑 2030 年左右中国的石油消费量应控制在 7×10^8t 以下，石油进口量在 5×10^8t 以下，对外依存度最高不超过 71%。而且应该大力研究石油的替代燃料，例如天然气的替代、电动汽车的替代、生物燃料的替代等，如果在 2030 年前后替代燃料的规模能达到 1×10^8t 左右，中国的石油消费量可降至 6×10^8t，进口石油就可减少至 4×10^8t，石油对外依存度就降至 67%，这是最理想的情景，值得研究和争取。

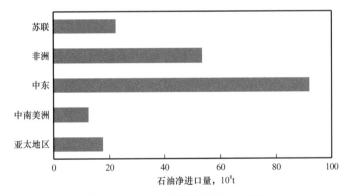

图 11　2008 年中国的石油进口来源

本文出自国家能源专家咨询委员会油气专业委员会工作会报告之一，2009 年 8 月。

中国非常规天然气发展前景与开发利用战略

中国工程院"中国非常规天然气开发利用战略研究"项目组

摘要： 中国非常规天然气资源丰富，页岩气、致密气和煤层气可采资源量 $31 \times 10^{12} m^3$，是常规天然气的 1.5 倍，加快非常规天然气利用具有重要战略意义。研究认为，技术进步和政策扶持是实现非常规天然气大规模利用的关键。开发利用非常规气可"三步走"：致密气和煤层气现实性最好，先行一步，加快发展；页岩气需要准备期，中远期看可担当加快非常规气发展的生力军；天然气水合物需要更长的准备期，长远看也有较好的利用前景。预计 2020 年前后，中国非常规气产量将与常规气平分秋色，2030 年前后非常规气产量有望达到 $3100 \times 10^8 m^3$ 左右，约占中国天然气总产量的 2/3，将成为保障天然气工业稳定、健康发展的主体资源。

关键词： 非常规天然气；开发利用；三步走发展战略

非常规天然气主要包括页岩气、致密气、煤层气和天然气水合物等，是科技进步和政策扶持驱动下出现的新型化石能源，与常规天然气具有一致的产品属性。但资源丰度偏低，技术要求更高，开发难度更具挑战性。美国已成功实现了非常规天然气资源的大规模开发利用，2011 年非常规天然气产量达到 $3940 \times 10^8 m^3$，占美国天然气总产量的 60% 以上，其中页岩气产量 $1760 \times 10^8 m^3$，占美国天然气总产量的 27%。非常规天然气的大规模开发利用，已经改变了美国能源供应格局，有效推动了美国能源独立战略的实施，导致其全球能源战略布局的重大调整，影响深远。中国油气对外依存度持续攀升，国家油气安全的压力越来越大，加快非常规天然气资源开发利用，对改善能源结构和保证国家能源安全都具有重大战略意义。

1 中国非常规天然气资源潜力与分布

中国地质条件有利于非常规天然气资源的形成和储存。根据本次研究和评价，中国页岩气、致密气、煤层气和天然气水合物资源都比较丰富，其中页岩气、致密气和煤层气技术可采资源量约 $31 \times 10^{12} m^3$，是中国常规天然气可采资源总量的 1.5 倍左右（表 1）。初步估算，中国天然气水合物远景地质资源量超过 $100 \times 10^{12} m^3$，主要分布在南海海域和青藏高原冻土区。

中国发育海相、海陆过渡相和陆相三类页岩气资源，本次研究重点评价了与美国相似的海相页岩气的技术可采资源量，结果是 $8.8 \times 10^8 m^3$，与国土资源部（2012 年 4 月）公布的海相页岩气资源量数据十分接近，主要分布在川渝、湘鄂、云贵和苏皖等地区。海陆过渡相和陆相页岩气也具有较大资源潜力，但因现阶段资料有限，并缺乏国外可类比对象，本次评价暂未给出具体资源量结果。

表 1　中国常规与非常规天然气技术可采资源量对比

资源类型		技术可采资源量，$10^{12}m^3$
常规天然气		20
非常规天然气	致密气	11.3
	煤层气	10.9
	页岩气（海相）	8.8
	天然气水合物	115.8（远景地质资源量）

中国致密气技术可采资源量约 $11 \times 10^{12}m^3$，主要分布在鄂尔多斯、四川、准噶尔、塔里木、松辽、渤海湾和东海等主要含油气盆地，主要赋存在石炭系—二叠系、三叠系—侏罗系和白垩系—新近系等含煤岩层系。

中国煤层气技术可采资源量约 $1 \times 10^{12}m^3$，主要分布在鄂尔多斯、沁水、准噶尔、滇东—黔西、二连等盆地，其中以华北地区石炭系—二叠系、华南地区上二叠统、西北地区中—下侏罗统和东北（含内蒙古东部）地区上侏罗统—下白垩统较为集中。

2　中国非常规天然气开发利用面临的主要挑战

2.1　中国非常规天然气资源条件具有特殊性，工程技术面临诸多挑战

中国海相页岩气地质条件与美国有较大差别，不能完全照搬美国的开发模式，需要结合中国的具体条件，探索发展有中国特色的技术路线和发展之路。美国海相富有机质页岩主要分布在中陆平原地区。重点层系发育在上古生界，主体埋藏深度1500～3500m，热演化程度适中（ R_o 介于 1.1%～2.5%）。中国海相富有机质页岩主要分布在中上扬子地区，地形多山地和丘陵。主要层段以下古生界为主，时代偏老、热演化程度偏高（ R_o 介于 2.0%～3.5%）、埋深偏大（2500～4500m），经历多期构造运动，地形高差起伏较大，地应力复杂。

这种资源条件决定了中国页岩气开发难以完全照搬国外技术，需要开展先导试验，通过优先加强基础研究、工程技术攻关和体制机制探索，创造性地发展适合中国地面地下条件和资源赋存环境特点的工程配套技术，才能实现页岩气的规模发展。致密气在鄂尔多斯、四川等盆地已实现规模开发利用，其他盆地尚处于勘探开发早期阶段，地质条件与资源特点都有较大变化，需要进一步开展资源调查，发展完善压裂改造工艺技术，走低成本发展之路。中国煤层气成藏条件比较复杂，气藏类型多样，具有储层条件多样、含气饱和度低、深部资源比例偏高等特点，决定了中国煤层气开发也难以照搬国外技术模式，迫切需要发展提高单井产量的配套技术。

2.2 中国非常规天然气资源经济敏感性较强，经济有效开发需要强有力的政策扶持

目前，国家已对煤层气和页岩气出台了一些优惠扶持政策，对致密气尚未制定扶持政策。页岩气先导试验区钻探结果表明，中国页岩气资源利用受地面和地下条件的影响较大，现有成熟技术有很大的不适应性。在当前经济和技术条件下，页岩气开发成本是国外成本的 3～5 倍，扶持政策到位后，经济效益仍然较差。中国致密气开发利用主要是"贫中找富"，大量品位更低的致密气资源因经济性较差尚未投入开发亟须国家出台扶持政策。

此外，管理机制方面也有不适应性，特别是需要制定落实"先采气后采煤"的实施细则，加强对大型水力压裂、矿井煤层气放空等对环境影响的监测与监管等。中国天然气管网还不完善，南方多丘陵、山地，规模开发页岩气的工程建设投资偏大。中国北方及西部地区水资源严重短缺。这些因素都将制约中国非常规天然气资源，特别是页岩气资源利用的快速发展。

总体来看，中国非常规天然气开发利用起步较晚，发展不均衡，现阶段经济性总体偏差，技术创新和国家政策扶持是实现非常规天然气资源大规模开发利用的关键。

3 中国非常规天然气开发利用趋势与规模预测

3.1 页岩气处于先导试验阶段，经过 10 年左右技术准备，有望进入快速发展阶段

中国页岩气勘探开发先导试验刚刚起步，目前在先导试验区已有多口井获产量不等的页岩气流，但尚无历史性生产数据。根据美国页岩气发展经验，参考中国致密气发展的历程，中国页岩气实现大规模开发利用至少还需要 10 年左右的技术准备期。当然，中国页岩气发展具有后发优势，如果关键技术能够获得突破，发展比较顺利，技术准备期也可能缩短。本次研究选用典型产气区类比、理论模型计算、发展历史类比、情景分析法等多种方法，综合预测了中国页岩气开发利用的未来发展趋势，判断未来 5～10 年是中国页岩气技术准备与实现工业起步的关键期，2015 年前后有望形成页岩气工业产量；随着页岩气资源核心开发区进一步落实，技术逐步完善配套，未来 10 年内中国页岩气产量有可能进入快速增长阶段，预测 2020 年和 2030 年中国页岩气产量有望达到 $200 \times 10^8 m^3$ 和 $1000 \times 10^8 m^3$ 左右。

3.2 致密气已进入规模发展期，经过 10 年左右快速发展，将进入产量高峰阶段

致密气已在鄂尔多斯、四川盆地实现工业开发利用，开发利用现实性最好。2011 年，中国致密气产量已达 $256 \times 10^8 m^3$，大约占中国天然气总产量的 25%。在分析致密气储量、产量增长历史基础上，采用模型法与情景分析法，结合重点探区发展规划，综合预测中国

致密气未来产量发展趋势。结果表明，未来相当长一段时间中国致密气产量都将保持快速增长，2020年、2030年致密气产量有望分别达到$800 \times 10^8 m^3$、$1200 \times 10^8 m^3$左右。

3.3 煤层气已实现工业生产，经过10年左右产业化布局，将进入大规模发展阶段

经过近20年的技术攻关与开采试验，中国煤层气初步实现了地面工业化生产，初步建成了沁水南部和鄂尔多斯东缘两大生产基地，2011年地面煤层气产量已达$23 \times 10^8 m^3$。加上矿井抽采量，2011年中国煤层气产量已达$115 \times 10^8 m^3$。采用情景分析法，对地面井、矿井煤层气产量规模及发展趋势进行预测，综合判断全国煤层气产量规模及发展趋势，预计煤层气产量将进入快速增长期，之后将进入稳定发展阶段，2020年、2030年中国煤层气产量将分别达到$500 \times 10^8 m^3$、$900 \times 10^8 m^3$。

3.4 天然气水合物处于勘查阶段，经过10～20年的基础研究、资源调查和先导试验，可望实现工业化开发的起步

中国天然气水合物资源调查和试采工作比国外晚10～20年。目前已在南海海域、青藏高原冻土带钻探获得了天然气水合物样品，证实中国天然气水合物资源不仅存在，而且比较丰富。根据中国天然气水合物调查研究与技术储备现状，综合分析国外对天然气水合物试开采进展，判断中国青藏高原永久冻土区分布的天然气水合物资源，如果资源的品位较好，规模较大，有望用不太长的时间就可以实现商业开发。南海深水区分布的水合物资源的开发利用则有较大不确定性。预测2025—2030年前后中国有望实现深海天然气水合物工业开发技术与装备的突破，2035—2040年前后有可能实现深海天然气水合物的商业开发。

综合上述预测结果，预计2020年前后中国非常规天然气产量有望达到$1500 \times 10^8 m^3$左右，与常规天然气产量大致相当；2030年前后有望达到$3100 \times 10^8 m^3$左右，约占中国天然气总产量的2/3（图1）。

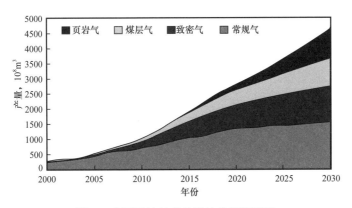

图1 全国天然气产量增长趋势预测图

4 中国非常规天然气开发利用前景与对策建议

4.1 总体发展战略

非常规天然气资源开发利用在加快中国天然气工业发展中占有极其重要的战略地位。要坚持能源领域国际化和市场化战略，统筹组织中国非常规天然气资源的开发利用，通过机制引导和政策扶持，积极推动非常规天然气领域科技创新，加快先导开发示范区建设，在保持常规天然气快速发展的同时，加快非常规天然气资源开发利用，力争 2020 年前后非常规天然气产量达到 $1500 \times 10^8 m^3$ 左右，与常规天然气产量大致相当，2030 年前后达到 $3100 \times 10^8 m^3$ 左右，约占天然气总产量的 2/3，使天然气成为支撑中国天然气工业快速、健康发展的主体资源，为改善能源结构、保障能源安全和保护环境作出重大贡献。

4.2 发展路线图

从资源可靠性、经济性和技术成熟性看，应针对不同类型的非常规天然气，采取不同的发展策略和路线图。

（1）页岩气发展前景令人鼓舞，通过加强科技攻关和加快先导开发示范区建设，可以使其成为加快非常规天然气发展的生力军。未来页岩气开发利用可以采取"三步走"的路线。第一步："十二五"期间或更长一点儿时间，选择海相、海陆过渡相和陆相页岩气有利富集区，做好先导开发示范区建设，实现页岩气工业开发的顺利起步；第二步："十三五"期间或更长一点儿时间，以南方海相页岩气规模开发为重点，同时突破海陆过渡相和陆相页岩气工业性开发，页岩气实现规模开发利用，2020 年产量力争达到 $200 \times 10^8 m^3$ 左右；第三步：2020 年以后或更长一点儿时间，形成适合中国地质与地表特点的便捷、高效、低成本、环境友好的页岩气勘探开发配套技术和行之有效的管理体制机制，页岩气产量力争实现快速增长，2030 年左右可望达到 $1000 \times 10^8 m^3$ 左右。

（2）致密气发展的现实性最好，通过积极推动，可以先行一步，担当加快非常规天然气发展的主力军。未来致密气发展也可采取"三步走"的路线。第一步："十二五"期间加快鄂尔多斯、四川两大基地上产步伐，加强塔里木、准噶尔、松辽和渤海湾等盆地致密气勘探，发展完善勘探开发配套技术，实现致密气快速发展，2015 年产量达到 $500 \times 10^8 m^3$ 左右；第二步："十三五"期间形成系统配套、高效和低成本技术体系，主要盆地致密气实现大规模开发利用，产量大规模增长，2020 年产量达到 $200 \times 10^8 m^3$ 左右；第三步：2020 年以后致密气实现稳定发展，2030 年产量达到 $1200 \times 10^8 m^3$ 左右。

（3）煤层气已有较好发展基础，通过积极推动，可以担当加快发展的重任。未来煤层气开发利用按照"能源、安全、环境"三重效益的原则，坚持地面与井下"两条腿走路"，采取"三步走"的路线，积极推动，加快发展。第一步："十二五"期间依托沁水、鄂尔多斯东部两大基地奠定产业规模，突破低阶煤、多层薄煤和巨厚煤层的煤层气地面开发技术，产业化基地扩大到 3~4 个盆地，2015 年产量达到 $300 \times 10^8 m^3$ 左右；第二步："十三五"

期间实现煤层气产量规模扩张，突破深部煤层气地面开发技术及矿井与地面煤层气联合抽采技术，产业化基地扩展到4~6个盆地，2020年产量达到$500 \times 10^8 m^3$；第三步：2020年以后基本完成煤层气产业的战略布局，突破构造煤地区煤层气地面开发技术产业化基地覆盖全国主要含煤盆地，2030年产量达到$900 \times 10^8 m^3$左右。

（4）天然气水合物资源前景广阔，通过加快勘查、适时开展试采，尽早实现商业开发利用。未来水合物开发利用按照不落后于世界先进水平的战略目标，充分发挥产业部门优势，采取"三步走"的路线，加快准备。第一步："十二五"至"十三五"期间初步查明中国天然气水合物资源潜力和分布状况，提高南海北部水合物资源评价精度，加强具有自主知识产权的水合物勘探开发技术创新与储备，着手开展先导性开发利用研究；第二步："十四五"至"十五五"期间在南海北部陆坡区选择可靠、有规模的富集区，探索试采的可能性；第三步：2035—2040年期间力争率先在南海实现天然气水合物的商业开发。

4.3 措施建议

（1）提升非常规天然气资源开发利用的战略地位。把非常规天然气作为支撑中国天然气工业长期稳定发展的主体资源，统筹兼顾国家、地方和企业利益，调动多方积极性，积极组织，加快推进非常规天然气资源的开发利用。

（2）分类加大非常规天然气先导开发示范区建设，形成有中国特色的技术体系、管理体制机制和低成本有效发展之路。优先在川渝、湘鄂、云贵和苏皖等地区，加快页岩气先导开发示范区建设，尽快形成规模产量，替代高危瓦斯区煤炭的生产；选择有规模、难动用的致密气储量区以及多类型煤层气富集区，加快先导开发示范区建设。

（3）给予非常规天然气财税优惠政策。对2020年以前企业在非常规天然气领域投入的勘探、关键设备、技术引进、开发与创新费用给予免税政策；在气价改革方案基础上，进一步加大对非常规天然气开发利用的价格补贴。

（4）搭建国家级研发平台，加强基础理论研究、重大关键技术攻关、相关标准的制定等，客观落实中国非常规天然气资源与核心区分布。尽快设立页岩气科技重大专项，适时增加水合物科技重大专项，建立页岩气、致密气、煤层气和水合物国家重点实验室，集中优势力量，加强协同攻关。

（5）战略谋划天然气与能源安全、气候变化、生态环境、地缘政治、法律法规及经济发展相关的策略体系。对非常规天然气的开发要尤其关注对地质、生态、环境和水资源的影响，创新开发技术，建立强有力的监管制度，最大限度地减少负面影响。

5 结束语

中国非常规天然气资源丰富，目前开发利用程度很低，具备加快发展的有利条件和与常规天然气并重发展的后发优势。非常规天然气资源丰度总体偏低，开发难度大，技术要求高，现阶段经济性偏差，技术进步和政策扶持是实现中国非常规天然气资源大规模开发利用的关键。国家通过机制引导和政策扶持，积极组织，通过 10～20 年加快发展，非常规天然气将成为支撑中国天然气工业快速、健康发展的主体资源，为改善能源结构、保障能源安全和保护生态环境作出重大贡献。

项目负责人为谢克昌院士，
邱中建院士任《我国页岩气和致密气资源潜力与开发利用战略研究》课题组长。
本文出自《国际清洁能源发展报告（2013）》，2013 年。

第四部分

会议发言

两年来主要勘探成果及 1988 年勘探工作安排

(1987 年 11 月)

各位领导、各位同志：

我代表勘探司向大会做一个发言，报告的题目是《两年来的主要勘探成果及一九八八年勘探工作的安排》。报告分三个部分：一是两年来的主要勘探成果；二是一九八八年的勘探工作安排；三是改革、强化勘探工作的几点意见。

1 近两年来油气勘探的主要成果

近两年来，全国各油气田勘探单位，在资金和生产建设任务都比较紧张的情况下，强化老区精查细找工作，大力加强新区勘探，依靠科学技术进步，使全国的勘探工作有了新的进展，不论是老区还是新区，陆上和海上都取得了令人鼓舞的成果。

1.1 老区证实了七个场面较大的含油气区带

1.1.1 胜利渤南洼陷大面积含油

渤南洼陷面积 600km²，今年以来展开整体勘探评价，完成探井 22 口，每口均见油层，其中油层厚度大于 30m 的有 11 口井，试油 17 口井有 13 口获工业油气流，产量最高的义 101-2 井，日产油达 432t，一般都在 25~35t，实现了孤岛和渤南两大油田含油连片，证实了洼陷大面积含油，预计今年可扩大含油面积 32km²，石油储量约 5000×10⁴t，年底累计探明和控制的含油面积约 90km²，石油储量约 $1.5×10^8$t。同时深层发现了厚度很大的沙四油气层，其中渤深 3 井有可能气层 87m，向斜南部还发现了沙四藻礁含油灰岩，东部发现了中生代含油层系。特别重要的是，渤南洼陷突破了低渗透厚油层高产关，用对应压裂和对应注水，试验在义 65 井区，对 6 口油井和 4 口注水井进行试验，使单井日产油平均达到 62t，采油速度由 1.8% 上升到 9%。

1.1.2 桩西—五号桩—孤东整带含油的局面正在实现

近两年来，桩西油田、五号桩油田、长堤油田、孤东油田的含油范围不断向外扩大，特别是今年以来，沿该带东坡的不同地段自南而北新钻的一批探井都获得好成果，说明东坡存在大面积的沙河街组超覆油气藏，同时孤东油田馆陶组油层向北向西含油范围不断扩大，与长堤油田连片已成现实。新井的成果如下：

自南而北孤东油田北翼孤东 59 井沙三段 2 层，厚 33.2m 油层，日产油 1013t。长堤与孤东之间孤东 26 井沙三段油层 1 层，厚 8m，日产油 30.7t，桩 306 井沙三段油层 2 层，厚 10m，泵抽日产油 52t。长堤东坡桩 204 井沙三段油层 1 层 1m，油水同层 1 层，厚 4m。

桩西东南桩 49 井沙三段油水同层 1 层，厚 6.2m。桩西东北桩 45-1 井沙三段油干层 1 层，厚 39.4m，沙一段油层 6 层，厚 33.7m，日产油 342t。

经复查桩西地区有 9 口井在相同层位有厚薄不等的油层。

上述成果说明尽管沙河街组油层贫富不均，但有可能出现大面积不整合含油，这样桩西—孤东含油气区带，下有潜山，上有馆陶组大油田，中间有沙河街的不整合油藏，构成一个复式油气聚集的整体。

1.1.3　胜利东营南斜坡探明了草桥—八面河油气富集区

草桥—八面河在 1986 年年初面 1 井发现油气层厚 103.6m，并获得日产油 58.8t，很快面 4 井又在沙四段获日产油 94.3m³。去年组织打歼灭战，探明沙三、沙四段含油面积 37.9km²，石油储量 6000×10⁴t，提供了新建 100×10⁴t 产能的阵地。今年沿着八面河屋脊断层向西，草桥油田石村断层向东进行整体评价，打探井 17 口，有 14 口井见到油气层，并有 4 口井已试获工业油流。初步预测沙四段可新增含油面积 26km²，馆陶组新增含油面积 19km²，这是东营南斜坡的重大突破。

1.1.4　辽河西部斜坡稠油带规模很大

曙光、欢喜岭等地今年先后完成 30 口探井，其中 19 口钻遇了油气层和厚油气层，又探明和控制了杜 68、杜 97 南、欢 58、杜 212、千 12 等区块，已明确了北起曙光油田的一区，南至欢喜岭大有地区，长约 55km 的地带是一个可供开发的、面积较大的、储量较大的稠油层富集区。

1.1.5　辽河大民屯凹陷整体含油

近两年来大民屯凹陷勘探有重要的新进展，分布在凹陷中的静安堡复合油气聚集带进一步扩大，连同前进、边台—法哈牛等三个油气富集带和荣胜堡洼陷含油区，正在相互逐步实现含油连片。

荣胜堡洼陷及其周围是非背斜油气藏发育区，洼陷中心的沈 155 井沙三段日产油 8m³，沈 147 井 6mm 油嘴日产油 22t，沈 156 井发现厚油层达 138m。

近两年探明石油储量近 6000×10⁴t，预计到今年年底探明加控制储量近 3×10⁸t。

1.1.6　大港孔西断裂带证实富集高产

孔西断裂带勘探面积 100km²，自去年以来黄骅南部孔西断裂带上新发现了风化店中生界安山岩潜山高产油气藏，该地区油层十分富集，包括孔店组及中生界油层，叠合含油面积 21km²，探明储量 9200×10⁴t，每平方千米达 438×10⁴t。今年又新发现沈家堡含油构造，已完钻 4 口井，孔店组油层很厚。初步可以实现自北而南的自来屯、枣园、风化店、沈家堡不同构造、不同层系的油气高产富集连片，并有可能继续向南扩大和乌马营地，区连成一片。

1.1.7　中原东濮凹陷西斜坡含油范围继续扩大

东濮凹陷西斜坡胡状集—庆祖集地区去年曾在胡状集连续打出几口油层厚达 90～130m

的探井，如胡 12-1 井油层厚达 136m，试油射开其中 28m，日产油 77t，南部的庆祖集打成的庆 6 井发现油层 31.8m，日产油 16.8t。1986 年年底探明加控制储量 5800×10⁴t。今年在庆祖集和马寨地区又有 3 口井获工业油流，发现庆 6、庆 11 两个含油富集块，表明在南北长 50km，勘探面积 150km² 的范围内具有富集高产的条件，将成为中原油田一个新的滚动开发区。

1.2 新区开辟了四个近期可以整装拿储量的战场

1.2.1 新疆准噶尔盆地东部地区

准噶尔盆地东部地区面积 2.4×10⁴km²，有五彩湾、大井、阜康、吉木萨尔和博格达山前等五个生油凹陷，六个有利的构造带。近两年的勘探工作，主要集中在这个地区的帐北隆起约 4000km² 范围内，已获得四项重要成果。一是北部已发现火烧山和火南西个油田，含油层位是上二叠系，火烧山油田已探明含油面积 38km²，探明储量 6900×10⁴t；二是南部的北三台凸起周边，含油普遍，含油层系多，北部北 12 井区控制含油面积 35km²，西部北 27 井区控制含油面积 25km²，西南北 14 井二区控制含油面积 30km²，南部西地一号背斜控制含油面积 10km²；三是北三台与阜康大断裂之间，发现一块稠油区，油层最厚 63m，初步控制含油面积 60km²；四是阜康大断裂下盘台 3 井断块，已钻三口井，均获工业油流及高产气流，台 3 井中途测试日产油 23m³，台 10 井、6.5mm 油嘴日产气 10×10⁴m³。因此，这个地区，油气规模具有很大的场面，近几年内整装拿下（5～6）×10⁸t 储量是有可能的。

1.2.2 黄骅海滩地带及南堡凹陷

近年来，黄骅海滩地带及南堡凹陷勘探工作有很大的进展，南堡地区已查明四个大型构造带均富含油气，找到了高尚堡油田及南堡、高南、柳赞、庙北等 7 个含油构造，已探明含油面积 43km²，储量 8000×10⁴t，北堡构造面积 98km²，北 13 井 5mm 油嘴日产油 39t，老爷庙构造面积 80km²，浅层勘探成果显著，已探明一批含油断块，位于凹陷东部的高尚堡和柳赞含油构造，去年在两构造间完成的柳 12 井发现厚油层，使两者含油连片的前景明朗，特别是柳赞柳 2 井发现油层厚 108.5m，连续含油井段达 300m，柳 10 井长期试采一直保持高产，说明了柳赞是一个富集高产区。最近沿黄骅海滩，自南而北发现 12 个相当规模的构造，如赵东构造面积 32km²，张东构造面积 38km²，歧东构造面积 30km²，北部老堡构造面积 29km²，前景十分诱人。近年来沿唐家河海滩海堤钻井，完钻 4 口井，均发现厚油层，油层厚 38～60m，单井日产量 27～97t。这是一个规模很大的勘探战场。

1.2.3 辽东湾海域

辽东湾海域面积 2.6×10⁴km²，其中古近系分布面积 1.2×10⁴km²，与下辽河坳陷石油地质条件相似，是陆地向海域的延伸，目前在辽西低凸起带上，获得一个高产凝析气田和一个大型油田。锦州 20-2 构造，面积 49km²，打了 10 口井，9 口井见到高产油气流。油井最高的锦 20-2-10 井，日产油 646m³，天然气 9.4×10⁴m³，气井一般日产气（30～50）×10⁴m³。已证实了东营组、沙河街组、中生界和潜山花岗岩四套具有工业价值的油气层，沙河街组以下是一个有统一油水系统的块状油气藏。已基本探明天然气储量 135×10⁸m³。绥中 36-1 构造面积 140km²，是渤海迄今发现面积最大的含油气构造，已完成 4 口探井，每口井都发现厚油层，其中东营组油层最厚达 150m，一般 70～130m。36-1-2 井东营组射开不同层段日产油 35～90m³，生产压差很小。绥中 36-11 井在寒武系潜山灰岩中日产油 173m³。预计 36-1-2 井区东营组可拿到石油储量 3 亿吨左右。现已证实辽西隆起带是个南北长 200km，东西宽 5～10km，面积达 1000km² 以上的大面积油气富集的区带，可望拿到几个大型的高产油气田。

1.2.4　南海东沙隆起中部地区

东沙隆起中部地区位于珠江口盆地惠州凹陷、白云凹陷、潮州凹陷之间，有利碳酸盐岩台地分布的面积可达 3.2×10⁴km²，已发现生物礁 55 个，面积 1236km²，生物滩 1.5×10⁴km²。近两年来先后发现了惠州 33-1、陆丰 15-1 等礁油藏，发现井日产量 200～300m³，特别是今年发现的流花 11-1 含油气构造，面积 240km²。第一口发现井流花 11-1-1 井在珠江组井深 1197～1272m 处发现 73m 礁灰岩油层，孔隙度 22%～26%，最高可达 38%，日产油 356m³，最近完成的第 2 口井也在相同层位获得工业油流。另外两个高点各钻了一口探井，也都在礁灰岩中见到油层及工业油流。经初步评价预计石油储量可达 2×10⁸t 以上。类似这样的构造本区还有多个，表明这里有可能找到大型的油气田，成为海上大陆架重要的大型油气富集区之一。

1.3　新区、新盆地获得十二个重要新发现

1.3.1　塔里木盆地塔北隆起获重要发现

塔北隆起继雅克拉构造奥陶系获高产油气流之后，我部和地矿部相继在隆起的西部和南部地区甩开勘探，今年都获得重要发现，地矿部在英迈力英南 2 号构造上钻探的沙 11 井，于泥盆系地层井深 5000～5345m 发现 5 层 10m 厚的含油砂岩和 4m 孔洞发育的砂质灰岩含油；我部在轮南构造上钻探的轮南 1 井于三叠系地层井深 4771～4805m 发现含油砂岩 11.5m，经中途混合测试日产油 40m³。继续钻进，经一段泥岩后，又发现大段油气显示，取心有含油砂岩 10m，油斑及含气砂岩 6m。三叠系是一套暗色泥岩，分布广泛，夹在中间的砂层孔隙度很好，这套泥岩，大面积地覆盖在奥陶系等古生界地层之上。轮南构造奥陶系顶面构造面积达 226km²，可望有重大发现。这样在 9000km² 的范围内已有三个点都在前中生界不整合面的上下发现了油气分布，值得我们极大的重视。

1.3.2　百色盆地找油取得重要突破

自去年下半年以来，百色盆地东部的田东凹陷先后完成 5 口探井，并对过去的一些探井进行酸化压裂等油层改造试验，获得显著成果。

上法、花茶、平马地区，由三叠系灰岩地层组成的潜山，连续获得两口高产油井，百

4 井日产油 250t，法 1 井日产油 418t；花茶、仑圩、子寅地区的古近系—新近系地层发现产量较高的油藏，仑 35 井发现油层两层，厚 12m，未经改造 16mm 油嘴日产油 49m³。百色盆地面积 800km²，油层埋藏较浅，一般在 1200～1400m，是一个油气资源富集、储层分布广泛、多油藏类型的含油气盆地，预测石油资源可以达到 2×10⁸t 以上，这一重要突破对南方十省中，小盆地的找油起着开拓性的指导作用。

1.3.3 二连盆地证实了阿尔善油气聚集带

近两年先后在二连阿尔善构造带上打成一批探井，有的已获得较高的原油产量。构造东翼的阿 23 井日产油 69.9m³；构造北翼的阿 36 井获日产油 36m³，这两口井都按照科学打探井的要求进行施工，保护了油层，反映了油层的本来面貌。此外，哈南潜山上的哈 5 井日产油 20m³；哈南北部的伏特异常体哈 26 井也获工业油流。今年在该带上又有 12 口井获得工业油流，新增探明储量 1800×10⁴t。阿尔善油田目前已是探明储量 58km²、8400×10⁴t 的大油田。

通过这几年 16 口试采井获得的资料，单井日产油 15～20t，油层埋深 800～1600m，具有较好的经济效益，为建成 100×10⁴t 产能准备了阵地。

1.3.4 依兰—伊通盆地岔路河凹陷首次获工业油气流

该盆地的南段位于吉林省境内，属新生代断陷，主要沉积了古近系—新近系地层，盆地内有二隆三凹，岔路河凹陷是其中最大的一个，面积约 1000km²。完成探井 6 口，均见到油气显示，电测解释有较厚油气层，万参 1 井解释油气层 10 层，厚 78.8m，今年试油的昌 2 井，有油气层 5 层，厚 22m，试油射开 4.8m，4mm 油嘴日产气 2.5×10⁴m³，凝析油 17.5m³，井深仅 1960m。这一发现为东北地区开辟了新的找油领域，预测油资源量为 1.7×10⁸t，气资源量为 180×10⁸m³。

1.3.5 松辽盆地东南梨树凹陷有新突破

盆地东南勘探面积约 4×10⁴km²，在其南部的梨树、德惠凹陷先后打探井 16 口，均见到油气显示和油气层。发现了两个具有工业价值的含油气构造。一是茅山含气构造，面积 62km²，继梨参 1 井泉一段获工业气流后，今年梨参 2 井在侏罗系多处发现油气显示，电测解释气层 18 层，厚 33m。二是四家子构造，面积 20km²，已有 3 口井获工业油气流，四 2 井侏罗系日产气 2.6×10⁴m³，四 6 井白垩系日产气 10.6×10⁴m³。四 3 井电测解释油气层达 53m。地矿部打的南 13 井也获工业油气流。今年在梨树凹陷北斜坡上打的杨 201 井、杨 202 井、杨 204 井，均见油气显示，其中杨 202 井在侏罗系发现差油层 8 层，厚 34m，可疑层 5 层，厚 61m，油水同层 8 层，厚 233m，结合 1958 年南 14 井、南 114 井发现厚稠油层 60m 情况来看，预测将是一个面积较大的地层不整合油藏分布区。

1.3.6 黄河口海滩发现垦东大型油藏

近两年在垦东地区共钻井 17 口，大部分井均见到油气层，主体部位的垦东 12 井，在明化镇组和馆陶组发现油层，并获日产油 21t。到目前为止有 13 口井见到油气层。5 口井获工业油气流（垦东 1、垦东 12、垦东 14、垦东 25、垦东 29）。据现有资料分析，该带的面积 650km²，四周为生油凹陷所包围，具有良好的油源条件，馆陶组砂层发育，北翼又有沙河街组的地层超覆沉积，进一步勘探，可以找到较大规模的油田。

1.3.7 东营凹陷西部青城凸起周围有新发现

东营凹陷西部包括青城凸起，高青一平南断裂带，地处黄河两岸，勘探程度很低，今年在凸起上和下降盘断鼻上钻了几口探井，很有来头，凸起北坡高 12 井，在馆陶组不整合以下发现孔店组油层，厚 13m，试油日产油 18t，正钻的高 41 井发现厚度约 18m 油浸，含油砂岩。在下降盘钻的 4 口探井，在东营、沙河街组和中生界地层均发现油层，高 17井有油层，厚 43m，高 19 井有油层，厚 39m，结合以往的零星资料，青城凸起南部高参1 井 500～800m，发生井喷，北部高 9 井在不整合面以上馆陶组见油流，说明青城凸起及其周围，含油范围很大，有可能是典型的油气复式聚集区。

1.3.8 华北冀中北部大兴断裂下降盘发现高产砾岩油藏

大兴断裂下降盘碳酸盐岩砾岩体分布范围，北起采育，南至固安，南北长 50km，东西宽 10km，勘探面积 480km²。自去年以来先后在采育、固安等三个砾岩体上获得工业油气。并具有高产，特别是最近兴 8 井在沙三段，井深 3661～3758m 在砾岩中见到良好显示，用 7.9mm 油嘴日产油达 154m³，天然气 $2.9 \times 10^4 m^3$，钻在另一个砾岩体的兴 9 井，钻遇砾岩显示良好，经中途测试 15mm 油嘴日产油 61t，日产气 $8.5 \times 10^4 m^3$，进一步证实它的分布有一定的面积，为华北找油开辟了一个新的领域。

1.3.9 南海北部湾涠西南发现涠 6-1 高产油气藏

今年海洋石油总公司在北部湾涠西南地区首次发现了潜山高产油气藏。涠 6-1 构造面积 36km²，是潜山披覆构造带，第一口发现井（涠 6-1-1）在古近系和潜山石炭系，钻遇气层厚 56m，石炭系油层厚 66m，经测试气层日产凝析油 115m³，气 $60 \times 10^4 m^3$，油层测试日产原油 236m³，气 $4.5 \times 10^4 m^3$。这口井获得高产油气流，是近几年来，这一海域的重要发展。

1.3.10 四川盆地川中—川南过渡带发现大面积分布的孔隙型气藏

近两年先后在过渡带的界石场、荷包场、磨溪发现了大面积分布针孔状白云岩和孔隙型的灰岩储层，已有 10 口井获工业气流。在南带的裂缝性气层中有 6 口井获得工业气流，其中界石场发现了红藻灰岩百万方级的高产气井。这里具有气藏埋藏浅、产量高、不受背斜圈闭控制的特点，初步预测，这一带的有利勘探面积达 12000km²。

1.3.11 鄂尔多斯盆地奥陶系海相地层找气取得重要突破

位于盆地西缘天环向斜的天池构造上的天 1 井，在奥陶系海相石灰岩地层中日产气$16 \times 10^4 m^3$。在西部发现 6 个背斜 12 个隆起，同时在盆地东部陕北地区的麒麟沟、子洲、镇川等构造奥陶系、太原 3 统、山西统、石盒子统获工业气流。这一重大突破表明，在鄂尔多斯盆地奥陶系古风化面和盐层以下地层和上古生界有可能找到大面积的大气田。

1.3.12 大庆长垣东侧新层中大面积含气

长垣东侧的升平—汪家屯地区，继 1985 年有 3 口井获工业气流后，去年以来又有近 20 口井钻遇了气层或见到了气显示，并有 5 口井获工业气流。宋 2 井日产气 $10.5 \times 10^4 \text{m}^3$、升 81 井日产气 $16.7 \times 10^4 \text{m}^3$，升 61 井日产气 $2.6 \times 10^4 \text{m}^3$。产气层位属杨大城子油层。

玉门在酒东营儿凹陷钻遇了白垩系生油层和油气层，在青西凹陷柳 1 井酸化后，用 5mm 油嘴获日产油 50m^3，在老君庙油田庙北逆冲断裂带夹片中，前探 1 井新发现了 L、M 油层，分别见到油层 4 层，厚 11.6m；5 层，厚 11.8m。经测试日产油 2m^3。前探 1 井证实"中盘"储盖组合，油层物性和上盘的老君庙油田基本相同，推测中盘向东西延伸是个新的含油气带。

江汉在潜北断裂带中部潭口地区已有 6 口新井获工业油流，单井日产最高的潭 34 井，日产油 19.8m³。同时还在潭 32 井的新近系获日产天然气 $13.8 \times 10^4 \text{m}^3$。随着浅层油气的发现，又在潜北和丫角新沟两个构造带上发现了 11 个圈闭，有的圈闭还可以兼探古潜山，开辟了新的勘探领域。

江苏在海安凹陷发现了安曹含油气断裂构造带，工作面积在 200km^2 左右，已获得安丰和梁垛两个面积较大的含油构造，其中梁垛构造为一大型断裂背斜，面积约 50km^2。在这个构造上已有安丰 1、安丰 2、安 11、安 12 等四个断块获工业油气流。油层物性好，埋藏适中，可以高产。产量最高的安丰 1 井，日产油 48.1t。在金湖凹陷卞东构造卞 1 井，获高产油流，酸后日产油 58.5t。展示了闵桥—卞塘构造带是一个有利的油气聚集带。

近两年来青海在尕斯库勒油田以东利用地震资料进行精细解释，结合科学打探井，一口探井就发现和控制了跃进二号东高点油藏；在狮子沟、南翼山两个大型构造上，又打出了高产油气井，其中狮深 24 井，14mm 油嘴日产油 160m^3。

河南在泌阳凹陷老油田附近新发现了井楼和古城油田，现已探明并继续还在向外扩大战果。安徽、浙江在石油勘探上也都做了不少工作。

近两年来，特别是今年以来，勘探成果显著，我们分析有以下几点：

（1）渤海湾勘探程度较高的地区，强化了勘探工作，明显地加快了勘探节奏运用滚动勘探滚动开发的方法越来越成熟，再加上高分辨率地震及三维地震的使用，使一些精细的钻探对象越来越准确，很明显地使一个复杂的复式油气聚集带缩短了认识过程，每一个带都在较短时间内含油范围越滚越大，含油领域越滚越多，很快形成场面，成为增储上产的主要战场。

（2）新盆地、新区勘探逐步展开，取得很好的效果。近几年来，尽管资金相当紧张，但注意了加强新盆地、新区的勘探，西部特别是新疆战略接替区，经过地震几年的艰苦准备，勘探工作逐步展开，东疆、塔北都取得了巨大的战果，海上战略接替区抓紧了自营勘探，在辽东湾获得重大的胜利，这些地方已经不是遥远的后备战场，而是近几年内逐步可以挑重担的新区了。同时，全国各地都先后展开了一批新盆地、新凹陷、新地区的勘探，使工作尽量向前延伸，取得了一批可喜的成果，说明中国石油资源丰富，关键在于工作，只要有计划，有步骤的投入，就会有相当规模的油气发现和产出。

（3）在不断探索、实践的勘探活动中，逐步深化了对地质规律性的认识。

从这次会议勘探经验交流的情况来看，每一个成功的战例，大都伴随着深化了的地质规律性的认识。例如渤海湾地区，我们在渤南洼陷及大民屯凹陷的勘探活动中，认识到凹陷中心确实不是石油勘探的禁区，而有很厚的油层存在，因而产生满盆含油的新概念，这也许是砂岩体错综叠置与断裂发育相配合的中国陆相盆地的特有规律。又如我们在黄骅南部的勘探活动中，认识到分布广泛的高质量的孔店组生油层，从而发现了孔店组及下伏的中生代潜山油气藏，使评价一直不很高的黄骅南部变成了黄金地带。又如在新疆准噶尔东部的勘探活动中，认识到二叠系是盆地内最有效的生油层，凡有二叠系分布的地区是最有利的地区，被二叠系覆盖和包围的隆起或凸起区域，可以找到大面积的超覆和构造油藏，勘探结果确实得到了验证。又如在南海珠江口盆地东沙隆起的勘探活动中，认识到在特定的条件下，石油可以从生油凹陷中作长距离的运移，因此，我们和外国人才敢冒风险到远离生油凹陷 40km 以外的隆起钻井，结果获得了大的发现。例如在辽东湾的勘探活动中，根据地震资料认识到东营组的砂岩体自北向南，一个叠一个，结果用少量探井迅速控制了大面积的东营组富矿等。总之，我们认为在勘探实践中出现的大体与客观实际相符的新认识、新概念，必然导致突破一个油气聚集的新领域。

（4）地震的技术进步，地震技术从采集、处理到解释有了成龙配套的发展，大大地提高了地震资料质量，提供了较丰富的地质信息。

① 地震现有 261 个地震队（含海上 5 个队）已于 1986 年年底全部采用了数字地震仪。加上雇用外国地震队，吸收了他们的部分管理经验，我们自己在管理上、效率上都已有了相当明显的提高。采集的数字地震资料 1986 年为 $12 \times 10^4 \text{km}$，陆上平均队年效率达到 465km，与 1982 年相比（234km/a），四年间效率提高了一倍。数字地震队的适应能力也已大大提高，沙漠、山地、海滩地震已广泛开展，极浅海和两栖的地震队伍也正在形成。目前地震对黄土塬、火成岩覆盖地、陡峭山区尚无较好的工作方法。

② 成倍地增加了计算机能力，处理深度和剖面图质量有了明显的提高。用于处理的计算机到年底可达 30 台，处理能力比 1985 年增加了 157%。常规剖面处理量达 $25 \times 10^4 \text{km}$，特殊处理剖面超过 $10 \times 10^4 \text{km}$。一些行之有效的方法软件，如倾角时差较正（DMO）也得到较广泛应用，使断层地区的地质现象更加清晰。

③ 地震资料解释及综合解释技术有了两个重要的变化，一个是由过去单纯的地震几大标准层的构造解释发展到地震、测井、钻井、地质及其他物探资料等进行综合研究，增加了层间构造解释，特殊岩性体解释，地震地层学解释和圈闭解释，水平也明显地有所提高。另一个是解释工作已开始进入数字化的历程，计算机辅助人机联作站已有 15 台开展工作，已显出对解释精度，解释速度和为解释人员提供方便等优点。石油工业部部领导已下决心要引进和自制一大批工作站，迅速地予以推广。这些工作对我们在复杂构造地区、地层油藏地区寻找储量已有不少的贡献。目前关键是要培训出一批能用好这种设备的人才。

④ 地震勘探中三维地震勘探技术已日趋成熟，1986 年共做了 1540km^2，1987 年预计可做 1500km^2，为评价和生产开发起了很好的作用。垂直地震剖面（VSP）技术已在相当

程度上代替了地震速度测井，已有 14 台仪器和 11 个 VSP 专业队在工作，并已在预测钻井层位和标定地震反射层位方面取得了效果，在研究井眼附近的地层，构造方面也有了较好的开端。

（5）科学打探井提供了一批成果，它为保护油气层和正确认识油气层创造了条件，提高了勘探综合效益。

近两年来，很多油田勘探单位，都选出探井，抽调钻井队进行了科学打探井试点，取得较好的效果。例如，二连盆地阿 23 井通过科学打探井重新认识评价了阿尔善油田的油层，使低产变成中高产，储量有了较大的增加。冀中晋古 2 井一口井就基本探明一个油气藏，黄骅的枣 55 井、鄂尔多斯盆地天池构造的天 1 井、柴达木盆地的跃 12 井、四川盆地的双 14 井、都是正确使用科学打探井的方法，一口井就发现了一个新的含油气地区或新领域，为发现新油田立了功。这里应特别强调一点，中途测试近两年来，为发现油层、认识油层立了大功。

（6）全国油气资源评价研究工作及时提供了开展勘探的依据，储量管理走上轨道。

全国油气资源评价研究工作，在 22 个石油勘探单位的有关同志参加下，历时六年对所属地区进行了认真的评价研究，最后由部勘探研究院完成《全国油气资源评价总报告》，这个报告完成了包括构造、地层、沉积，陆相生油层评价；古生界碳酸盐岩地层资源评价；天然气地质条件和资源评价；油气藏形成与分布特点；全国油气资源评价计算及预测的结果等九项综合性研究，并且分析了我国油气勘探历程、成效和经验，提出了我国油气发展的战略方向和布局意见，对我国油气资源做出了全面系统的评价，使各个探区对近期和长远的勘探方向有了依据，这对完成"七五"勘探目标，实现 2000 年规划是有积极意义的。

全国油气储量管理工作已走上轨道，成立了专门管理机构。制定了油气储量规范，定期对年度新增储量进行审查。实行了年度新增储量奖，这些都对促进油气勘探起到了积极的作用。

2 一九八八年勘探工作安排及"七五"后三年规划设想

从上述的勘探成果来看，经过近几年的努力，老区强化勘探，深挖细找，搞多层次的接替，还有很大潜力。新区勘探已逐步展开，战略地位日益重要。这是我国石油工业赖以兴旺发达的两大基础。不可偏废，不能动摇，必须同时抓紧。

从当前的情况来看，资金紧张，后备储量不足仍然是影响油气生产发展的主要制约因素，勘探形势是十分严峻的。

（1）我国石油储采比为 18∶1，每年至少要新增探明储量 $8 \times 10^8 t$，才能满足近三年石油生产的需要。

我国截至 1986 年，共探明石油地质储量 $125 \times 10^8 t$，原始可采储量 $39.4 \times 10^8 t$，累计采出原油 $15.9 \times 10^8 t$，剩余可采储量 $23.5 \times 10^8 t$、在探明地质储量 $125 \times 10^8 t$ 中，1986 年年底已动用地质储量 $95.9 \times 10^8 t$。未动用的地质储量为 $29.3 \times 10^8 t$，在未动用的储量中，从经

济效益分析，近期可动用的储量为 $14 \times 10^8 t$，今年已动用 $5.2 \times 10^8 t$，还剩 $88 \times 10^8 t$。目前，我国原油储采比为 18∶1，全世界原油平均储采比为 34∶1，苏联 14∶1，美国 9∶1，我们储采比较美国和苏联稍好，但低于世界平均数以下。由于储采比的水平中等偏低，致使每年产量的增长对储量要求十分敏感，长期处于紧张状态。

根据国家计划，1990 年全国石油产量应达到 $1.5 \times 10^8 t$，1988 年争取年产原油达到 $1.38 \times 10^8 t$（计划 $1.36 \times 10^8 t$），因此，1989 年及 1990 年两年，必须年平均增长 $600 \times 10^4 t$，为了弥补当年原油产量的递减，从 1988 年开始，年生产能力需增加 $1800 \times 10^4 t$ 左右，其中 $1300 \times 10^4 t$ 来自新区的探明储量，大约需要地质储量 $8 \times 10^8 t$（按 80% 可以动用）。

（2）近两年来新增探明储量下降每年约 $5 \times 10^8 t$，探明储量投资增加，探井完不成计划。

从 1981 年至现在，新增探明储量的高峰是 1984 年，为 $11 \times 10^8 t$，1985 年为 $8 \times 10^8 t$，1986 年为 $5 \times 10^8 t$，预计今年大约仍为 $5 \times 10^8 t$，储量明显下降，而探明储量投资却在增加。"六五"期间，全国平均探明 $1 \times 10^8 t$ 储量的直接投资为 3.7 亿元，1986 年每探明亿吨储量投资为 6.5 亿元，预计今年每亿吨投资为 6.9 亿元。从 1985—1987 年以来，探井工作量逐年下降，探井从 1317 口下降至 1032 口，而且完不成计划，如 1986 年，全国探井原计划 1328 口，实际只完成 1117 口，进尺 $384 \times 10^4 m$，实际完成 $278 \times 10^4 m$。今年计划探井 1233 口，进尺 $341 \times 10^4 m$，按照 1—8 月完成情况进行预测，估计到年底分别只能完成计划的 84% 和 85%，这对每年探明储量的完成带来重要的影响。

（3）东部地区新发现的油田规模变小，油藏类型更趋复杂，寻找新的石油储量难度增大。

作为近期拿储量、上产量重点的东部地区，特别是渤海湾盆地，资源上还存在很大潜力，但油田规模和油藏类型更趋复杂，据统计，以"六五"与"五五"相比，在所探明的储量中，大型油田（储量 $1 \times 10^8 t$ 以上）比例由 40% 降到 28%，中小型油田比例由 60% 增至 70%，与此同时，常规油田比例由 85% 降至 64%，低产稠油等复杂油田比例由 15% 增至 36%，今年从储量预审情况来看这种现象更加明显，使寻找新的石油储量的难度越来越大。

（4）寄希望发现大油气田的西北和海上两大战略接替区，工作难度大，技术要求高。

西部特别是新疆大型沉积盆地，均属于沙漠戈壁，地面条件和交通运输都很困难。塔里木盆地上部覆盖层厚，油气埋藏一般在 4000m 以下，对勘探技术的要求很高。海上石油勘探开发周期长，耗资巨大，技术要求更高。

这次经大家讨论确定的油气勘探部署，总的情况是东部地区仍然是近期增储上产的重点，只有毫不放松地抓好东部地区的勘探工作，才能稳定石油工业的全局，并为全国石油勘探的战略展开创造条件，赢得时间，同时又要不失时机地加快西部、海上、海滩、南方等新区的勘探，搞好石油工业的持续发展的战略接替，按照这个总的战略部署，各地区经过 7~8 天紧张而认真的讨论和研究，都明确了自己的主攻方向，应集中兵力打歼灭战，同时各单位都按层次对本区战场的接替，区带的接替和远景区的甩开侦察进行了部署。根据讨论的意见，我们汇总起来，全国油气勘探"七五"后三年要新增石油探明储

量 $30 \times 10^8 t$。其中东部地区 $15.6 \times 10^8 t$，西部地区 $7.7 \times 10^8 t$，南方 $0.7 \times 10^8 t$，海上 $6 \times 10^8 t$；新增天然气探明储量 $1600 \times 10^8 m^3$，其中东部 $660 \times 10^8 m^3$，西部和南方 $740 \times 10^8 m^3$，海上 $200 \times 10^8 m^3$。初步预计全国需要完成地震二维剖面共 $46 \times 10^4 km$，打探井 4250 口，进尺 $1097 \times 10^4 m$。各油田的储量任务详见表 1。

表 1 "七五" 后三年（1988—1990 年）新增储量规划表

单位	石油探明储量，$10^8 t$	天然气探明储量，$10^8 m^3$	备注
全国	30	1600	
陆上合计	24	1400	
大庆	1.3	250	
吉林	1.0	50	
辽河	3.8	80	
大港	2.0	50	东部石油储量 $15.6 \times 10^8 t$，天然气储量 $660 \times 10^8 m^3$
华北	1.4	60	
二连			
胜利	4.0	70	
中原	1.7	100	
河南	0.4		
新疆	7.0	20	
青海	0.35	20	西部石油储量 $7.7 \times 10^8 t$，天然气储量 $340 \times 10^8 m^3$
长庆	0.15	300	
玉门	0.2		
江汉	0.18		
汉苏	0.2		南方石油储量 $0.70 \times 10^8 t$，天然气储量 $400 \times 10^8 m^3$
四川		400	
滇黔桂	0.35		
海洋合计	6.0	200	

1988 年全国要新增石油探明储量 $9.05 \times 10^8 t$；新增天然气探明储量 $490 \times 10^8 m^3$。安排地震二维剖面共 105291km；三维野外采集 2026km^2；打探井 1135 口，进尺 $329.5 \times 10^4 m$。各油田的储量任务和工作量安排详见表 2 和表 3。

表2 1988年石油天然气新增储量计划安排

单位	石油 探明储量，10^4t	天然气 探明储量，10^8m^3
全国总计	90500	490
陆上合计	70500	420
大庆	2000	50
吉林	3000	20
辽河	10000	20
大港	5000	20
华北	4000	20
二连	500	
胜利	15000	20
中原	5000	50
河南	1000	
江汉	600	
江苏	500	
新疆	20800	
青海	1000	
玉门	400	
滇黔桂	1500	
安徽		
浙江		
长庆	200	100
四川		120
物探局		
浅海		
海上合计	20000	70

表 3 1988 年石油天然气工作量计划安排

单位	地震工作量		探井工作量	
	二维，km	三维，km²	探井数，口	进尺，10^4m
全国总计				
陆上合计	105291	2026	1135	329.5
大庆	11500	26	110	22.8
吉林	4500		38	8.5
辽河	3545	180	110	31.5
大港	3830	137	120	40.41
华北	3600		90	30
二连			26	5.4
胜利	11214	250	230	70
中原	2700	525	63	20.53
河南	2400	243	30	11.5
江汉	4500		25	4.5
江苏	3500		34	9
新疆	9002	350	81	22.18
青海	2600		17	4
玉门	2500		14	3.7
滇黔桂	1200	45	30	6
安徽	400		8	1.5
浙江	300			
长庆	6000		22	7.4
四川	10000		87	30.6
物探局	22000	270		

全国初步明确了 90 个勘探项目，其中找油为主的勘探项目 75 个，找气为主的勘探项目 15 个。希望各单位按已确定的部署尽快开展工作，争取 1988 年的任务能圆满实现。

为了确保"七五"油气勘探任务，老区特别是渤海湾地区，胜利、辽河、华北、大港、中原五家油田经讨论安排的重点勘探战场、重点滚动勘探开发项目，是增储上产的重点地区，必须抓紧按纪要精神，切实组织实施。

从全国范围内来看，从近期和长远的衔接，同时提出全国要抓好六个重点战场的油气勘探。

2.1 六个重点战场

2.1.1 新疆准噶尔盆地东部地区

本区北起克拉美丽山，南至博格达山前，东界木垒河，西界乌鲁木齐。东西长200km，南北宽120km，勘探面积24000km²，是近年来新开辟的一个油气资源丰富，找油领域广阔的大型油气储集区。"七五"后三年准备新增石油探明储量 6×10^8t，1988 年计划新增石油探明储量 2×10^8t。要完成四项任务：（1）火烧山地区投入开发；（2）拿下北三台周缘及台 3 断块的储量。用多兵种联合作战，搞清油层横向变化，进行开发试验；（3）积极准备阜康—三台断褶带及帐北隆起带中段，进行山地地震及地震详查；（4）继续进行新的有利凹陷的区域勘探，加强地震工作，准备出新的可供钻探的圈闭。

2.1.2 辽东湾海域—辽南地区

辽东湾海域—辽南地区勘探面积约 28000km²，其中古近系勘探面积 14000 多 km²。是寻找大油气田的现实地区之一。"七五"后三年计划新增石油探明储量 4×10^8t，1988年要交探明储量 2×10^8t，有五项勘探任务：（1）以辽西低凸起带为主攻方向，进行整体解剖评价，尽快明确该带的油气规模；（2）以绥中 36-1 井含油构造为重点，进一步落实含油面积和储量，明确油气富集区块，加速建设，争取 1990 年产出原油；（3）甩开侦察辽东湾西斜坡及辽中凹陷；（4）辽南地区要进一步控制荣兴屯，海外河和小洼的含油面积及储量，为开发做准备；（5）加速浅海海滩的地震勘探，准备好可供钻探的圈闭。

2.1.3 胜利滨海地区

滨海地区包括车镇凹陷的东北、沾化凹陷东部、黄河入海口附近三角地带，勘探面积约 3000km²。区内有 1×10^8t 以上的大油田三个（孤岛、孤东、渤南）。5×10^7t 以上的油田1 个（埕东）。全区呈整体叠合含油的趋势，是我国少有的油气富集的黄金地带。"七五"后三年争取新增石油探明储量 3×10^8t，1988 年探明石油储量 6000×10^4t。主要抓好四件事：（1）扩大勘探渤南、孤南深凹及埕南台阶含油范围；（2）查清桩西—孤东—垦东隆起带东坡沙河街组的地层超覆油气藏；（3）评价垦东大型披覆构造带的含油气情况；（4）尽快准备大王北等北部地区的海滩地震，侦察含油气情况。

2.1.4 大港—渤海西部地区

本区包括黄骅坳陷海滩及渤海西部海域，总面积 29000km²，这是渤海湾进行原油产量接替的重要地区。"七五"后三年计划新增石油探明储量 3×10^8t，1988 年要提交探明石油储量 5000×10^4t。主要四项勘探任务：（1）认真解剖孔店南部含油构造带，探明含油气规模；（2）积极准备条件，搞好地震，钻探海滩张东、白水头等有利构造；（3）评价钻探南堡凹陷四大含油气构造，明确油气富集区；（4）侦察沧东断裂带，打开中生界砂岩油气藏的新领域。

2.1.5　四川川中—川南过渡带

本区位于磨溪—龙女寺—广安构造带以南，华蓥山—西山—螺观山褶皱带以北的地区，面积约 $1 \times 10^4 km^2$。是区域地层和岩性、岩相变化区，有利于孔隙型碳酸盐岩储层的分布，是寻找高产气藏的有利地带。"七五"后三年计划探明天然气储量 $100 \times 10^8 m^3$。1988 年探明天然气储量 $40 \times 10^8 m^3$。要做好三件事：（1）完成全区二叠系、三叠系的区域评价，以雷口坡和嘉陵江统的孔隙层作为勘探主要对象，选择 $2 \sim 3$ 块含气有利地区进行勘探，力争有新的发现；（2）对荷包场—永安桥地区进行预探，控制新的含气面积；（3）集中力量探明磨溪气田。

2.1.6　塔里木盆地北部

包括孔雀河斜坡西部、塔北隆起的东南斜坡、沙雅—南喀拉玉尔滚地区以及满西地区，勘探面积约 $3.4 \times 10^4 km^2$。近两年来取得了较好的勘探成果，特别是轮南 1 井，在三叠系又给我们带来好消息，地震也准备出一批有利的大型构造，为逐步加速本区勘探创造了条件。主要任务有三项：（1）加快塔北隆起地区的勘探，预探评价好轮南含油构造、轮西构造、英买力、英南、南喀拉玉尔滚等构造，尽快发现大型油气田；（2）侦察满西异常体；（3）加强地震工作，迅速准备评价好构造，继续甩开钻探一批有利构造。另外在塔里木盆地腹部侦察塔中Ⅰ号巨型构造，争取有新的突破。

上述六个重点勘探战场是"七五"勘探工作成败的关键，并直接影响"八五"勘探工作的接替。要集中力量确保勘探工作的顺利展开，并力争勘探任务全面实现。

为了使勘探工作尽快向前延伸，我们又提出了六个进行重点准备的后备战场。

2.2　六个后备战场

2.2.1　吐鲁番—河西走廊诸盆地

包括吐鲁番—哈密、酒东、巴音浩特、银根、雅布赖等盆地，进行地震准备和区域勘探，钻探科学探索井，进行盆地评价。条件成熟后，并在有利构造上进行预探，提出油气聚集的有利地区。

2.2.2　秦晋地区

本区范围东起太行山，西至贺兰山，南起秦岭，北至阴山—燕山，面积 $60 \times 10^4 km^2$，工区内包括鄂尔多斯盆地、沁水盆地，是勘探古生界天然气的主要后备战场，要进行大区域的地质综合研究，探索天然气的形成与富集条件。鄂尔多斯盆地古生界天然气已取得突破性进展，应大力准备古生界构造，并进行预探和评价，获得相当规模的天然气储量。沁水盆地开展少量地震勘探配合地面地质调查，提出参数井井位，根据钻探结果再逐步扩大工作量。

2.2.3 二连盆地

二连盆地面积 $10 \times 10^4 km^2$，经过几年的勘探，在12个断陷中已发现生油层，预测石油资源量（$9 \sim 15$）$\times 10^8 t$，已发现阿尔善油气聚集带。是一个有希望的后备接替区。主要任务要搞好圈闭评价，择优预探，发现较多的高产高丰度的油气田。有选择地对阿北、巴音都兰凹陷预探，力争拿下一批控制储量。

对已探明的阿尔善油田，加强试采进行油藏评价，选择经济效益较高的区块投入开发，建成能力。

2.2.4 松辽盆地东部及周围盆地

松辽盆地东部指大庆长垣以东及东南隆起带的广大地区，面积约 $3 \times 10^4 km^2$，近年来获得很多油气重要发现，外围依兰—伊通盆地，海拉尔盆地及开鲁盆地经过区域勘探也获得工业油气流及油气显示，是一个现实的重要的后备战场。大庆长垣以东三肇地区约 $1 \times 10^4 km^2$，进行整体勘探、整体评价、油气并举，了解深层油气状况，迅速控制大面积的石油储量，拿下一批天然气探明储量。

东南隆起梨树凹陷要迅速扩大战果，尽快解剖杨大城子凸起倾没部分的地层超覆油气藏，争取查明相当规模的高丰度储量。

依兰—伊通盆地要进行整体区域勘探，近期先对岔路河凹陷进行工作，要强调地震先行，准备评价好构造，择优钻探，对已经有发现的万昌构造进行评价，迅速控制一定的油气储量。

开鲁盆地继续坚持区域勘探。海拉尔盆地要根据现有地震及钻井资料，认真做好综合评价，条件成熟后再择优钻探。

2.2.5 南华北盆地

本区主要指临清坳陷和周口坳陷，勘探面积约 $5 \times 10^4 km^2$，近年来进行了区域勘探，钻了少量的参数井和预探井，发现了生油层并见到了不同程度的含油气显示，局部地区已获得工业油流，是一个油气远景有利的地区。下一步应继续坚持区域勘探工作，组织横向联合，进行全坳陷的综合研究和整体评价，在有利构造上钻少量探井，争取在"七五"期间有新的发现。

2.2.6 南方中小型盆地群

我国南方分布有中小型中新生代沉积盆地136个，自从面积仅 $800 km^2$ 的百色盆地获得高产油流后，这些盆地特别是一些小盆地都应受到更大的重视，应组织一个综合研究队专门对南方中小盆地群进行综合研究，分类排队，逐步开展勘探工作。近年内要扩大百色盆地的勘探战果，重点评价已知有利地区，获得探明储量，逐步扩大直至整体解剖百色盆地。同时对南宁、合浦盆地搞好勘探前期准备工作，南宁开展数字地震试验。

选择洞庭湖附近的沅江凹陷进行盆地早期资源评价。

3 全面实现"七五"勘探目标，强化和改革油气勘探工作

明年和今后三年的勘探任务十分艰巨，新增油气储量任务很大，勘探资金紧张，地面和地下条件越来越复杂。因此，勘探工作必须采取非常措施，鼓励和强化勘探工作的发展。目前关键是抓好四个方面的工作：（1）搞好勘探工作的改革，有一套鼓励勘探工作发展的政策和措施；（2）抓好勘探工作中的几个关键性环节；（3）推广一套先进而实用的技术；（4）搞好综合研究，提供明确的勘探方向。

各单位一定要意识到勘探工作的长期效应，始终把勘探工作放在首位来抓，继续认真切实地抓好以下几项工作。

3.1 推行勘探工作的改革，努力提高勘探工作效益

勘探工作改革的主要任务是，加快勘探节奏，保证勘探工作按层次进行并不断向前延伸。其次是要进一步改革勘探的管理办法，达到勘探工作的组织管理者责、权、利的统一，不断提高勘探效益，鼓励寻找更多的油气储量。准备从今年开始先抓好以下几件事。

3.1.1 实行按勘探项目进行管理

今后石油、天然气勘探工作均按勘探项目部署；按项目进行总体设计和审批；按项目进行预算、概算；按项目分列计划和投资；按项目分年度实施；按项目分年度结算。按项目进行管理，实行甲方乙方合同制，以改变过去按钻井进尺、地震千米数来作为计划、投资和考核指标的办法。

关于勘探项目的建立及管理办法，按今年大庆深化改革会议上所提出的《关于推行石油勘探开发建设项目管理意见》的精神执行。这次会议中，又根据大庆的经验和各油田试行的情况，进一步共同讨论并初步拟定了《勘探项目管理实施办法的意见》，供各油田根据自己的实际情况参考、试行，不要一刀切。推行勘探项目管理是大势所趋，势在必行，必须要敢于打破老概念，敢于排除各种阻力和困难，不断探索和创新。让我们共同努力，摸索出一套适合我们勘探工作实际情况的行之有效的管理办法来。

为了使勘探项目管理工作能按照勘探程序顺利地开展，勘探项目可分为几类情况：

（1）以开辟新区、新盆地进行战略接替和重点后备战场的项目。

（2）在油区范围内，各油田为搞好产量持续增长的接替区带的勘探项目。

（3）老油田周围的加深勘探，为油田稳产上产进行扩边或滚动勘探、滚动开发的项目。

以上各类勘探项目，各油田要分别着重抓好七件事：（1）勘探部署方案；（2）勘探项目总体设计及勘探工作量安排；（3）勘探投资预算审查；（4）勘探新技术应用及工程进度；（5）勘探工程（资料）质量；（6）地质任务及勘探目标的完成情况及验收制度；（7）决算及经济效益。此外，还要抓好单项工程的设计及验收等事项。

今后，每年各油田按项目汇总总体勘探部署，包括地质任务及储量指标、投资预算、

勘探工作量等，向部报告并经部批准后由油田组织实施。并对勘探任务，油气储量指标的完成及勘探资金使用情况要全面对部负责。

为了使勘探项目管理落到实处，各油田可根据实际情况逐步设立责、权、利相结合的勘探管理机构，在领导带领下进行勘探项目管理工作。每个勘探项目具备条件的都要成立项目管理小组，实行项目经理责任制，由经理全面负责项目的实施，行使甲方权力，签订甲方、乙方合同，保证项目任务的完成。各勘探项目均要逐步地建立综合研究小组或综合研究队，根据勘探部署和任务，及时分析研究各项资料，总结地质成果，提出下步工作意见供项目经理决策。同时，要搞好工程监督和地质监督工作，鉴于当前人员不足，素质尚差，可先对关键探井派驻工程监督和地质监督，取得经验再逐步推广。

每个勘探项目完成后要全面进行验收，凡能按质按量超额完成任务，投资有节余的项目应给予奖励，并通报表扬。

每个勘探项目按进展情况每年由油田组织验收及资金结算，油田每年要将全部勘探项目及年度勘探部署执行情况、任务完成情况、勘探资金年度决算等向部汇报。

各油田根据这些要求，从现在起，首先必须办成两件事：（1）各油田要有一个勘探的实体，具有人、财、物实权的管理机构，便于开展项目管理和执行勘探投资单列；（2）选择1～2个项目，认真地按项目管理要求配套，项目经理要有四个权力：（1）生产决策指挥权；（2）项目资金使用权；（3）选择施工队伍权；（4）奖惩权。摸出经验逐步推广。

3.1.2　实行勘探计划投资单列

为了促进勘探工作发展，保证勘探资金的有效使用，进一步提高勘探效益，特提出从明年起勘探计划投资单列。将石油、天然气地质勘探的计划与开发基本建设、固定资产投资等计划分开，使勘探工作的年度工作量实行单独编制勘探计划，单独考核完成情况，单独决算。

各油田将根据石油工业部确定的部署原则和批准的勘探项目、年度指标和进度要求，编制年度勘探计划报部审查。在审查年度勘探项目时，部将组织有关单位及专家进行评审、优选，实行投资倾斜。凡勘探效果高、前景大，投资重点保证。凡勘探效益低，几年没有发现的将减少投资。经部有关部门审查认可，部批准后，计划司在年度计划中将按勘探项目下达，勘探投资要单独立账户，专款专用，不能挪走他用。执行过程中要加强检查，对不合理的安排和效益甚差者要进行调整。

年底按项目进行考核，按项目进展情况进行年度决算。勘探投资可以结转使用（具体做法这次也进行了专题讨论，计划司修改后将专门下发）。

3.2　狠抓勘探工作的几个关键环节，加快勘探工作节奏

勘探工作的科学程序必须严格遵守，不容任何人任意超越，但各程序之间的节奏和实施步伐必须加快，以保证整个勘探工程的尽快奏效。目前勘探工作中有时为加快而超越程序，有时为加快而忽视质量，有时又各个环节衔接不紧，或者先期工作不能为后期工作创造条件，因此反复、重复工作做得不少，往往造成打探井不少，但地下情况和含油气情况

不能很好地搞清楚。我想就这件事谈几点意见，供同志们参考。

3.2.1　抓好圈闭的准备和管理

可供钻探圈闭的准备和管理是石油勘探工作最首要的任务之一，物探先行的重要标志之一，就是提供可供钻探选择的圈闭数量和准备程度。但是这些工作发展很不平衡，有的油田抓得比较紧，效果比较好，有的油田抓得比较松，就显得很被动。圈闭准备与管理，应按层次进行，勘探程度较低的地区算一种类型，勘探程度较高的成熟区又算一种类型，成熟区圈闭的勘探节奏显然要比勘探程度低的地区快得多。成熟区的钻机处在饥饿状态，这就要求地震工作要高节奏进行。圈闭之中又可分为已经钻探的和没有钻探的2种情况。已经钻探的圈闭又可分为几类：（1）有发现的圈闭，这种圈闭勘探节奏会突然加快，要能做出非常灵活和快速的反应得到各种图件；（2）有少量油气显示和完全没有显示的圈闭，也应进行非常认真的研究和分析。一个有利的圈闭往往是随着勘探程度的增大，反复认识多次才能逐渐接近于实际。因此，一个石油勘探工作者，应该不断地去发现、研究、认识和整理各种不同类型的圈闭，做到自己心中有数。

3.2.2　抓好预探及油气发现

（1）抓好探井地质及工程设计。钻井和地质是一个整体，地质提出要求要合理，要求要在工程的许可范围内提出，知识要相互覆盖，这样才有共同语言。例如有的地区有几个不同压力的油气层和水层间互出现，要求一直钻到底，对保护油气层来说就很难处理。还有盐水泥浆问题，不能千篇一律的反对，也不要千篇一律地使用，要研究，做试验，要有一套适应于盐水泥浆的测井系列和解释办法。其实盐水泥浆钻井也有好处，井眼比较光滑，失水也不大，黏土也不膨胀。因此，要有最优化的选择，工程地质联合在一起，搞好设计。

（2）探井分甲方乙方管理。一个现代化企业，必须要有质量管理，不能施工单位自己管自己，要严格按设计施工，不是地质监督钻井，而是甲方监督乙方。一定要把钻井战线中有经验的人员分化一批到甲方。外国人是有工程和地质监督的，而且工程监督是第一位，地质监督是副手。这是现代化企业必须要进行的质量管理，否则质量得不到保证和提高，遇到意外情况不能妥善处理，因此，甲方乙方制必须推广。

（3）抓试油前的油层发现和认识。在未试油前就要尽可能地了解所钻油气层情况，使得心中有数，不要把所有问题都推到试油工作中去。这里起关键作用的是地质录井员和测井解释员，这方面我们差距较大。现在有些井队摒弃气测仪，全靠我们的"火眼金睛"，这是很危险的。

发现油气显示就取心，这方面近年来进步很快，外国人可以做到在地震解释目的层里钻时加快就停钻循环，发现显示就立即取心，打穿油气层后就及时测井。对未取到岩心的油气显示井段，进行密集井壁取心，然后进行重复电缆地层测试（RFT），这项技术不仅可取得油气水样，重要的是取得压力资料，可了解油水系统、油藏大小，而且还可以指导下步打井。我们应该广泛推广使用这项技术。

抓中途测试，就是抓钻杆地层测试，近年来我们在裸眼中途测试进展较快，这是认识油层很重要的手段。经过这一系列工作之后，我们对油气层的认识就可做到八九不离十了。

（4）抓原钻机试油，尤其是在重点地区重点探井要原钻机用地层测试器进行完井试油。根据已掌握实际情况，尽量节约试油层位，这样试油时间也不会很长，在钻机搬家前，即可对油气层做出工业性评价，否则试油积压井越来越多，长期不能决策，或见到油气层不及时试油，就去打评价井，这些做法都是很不明智的。

（5）抓及时分析化验，这是目前的薄弱环节。要改造化验室搞及时的现场服务。探井至少重点探井，一般都要在 7～10 天内得到数据，如孔隙度、渗透率等，这对我们下决心判断下步工作，是很关键的。

（6）抓油气发现井，要千方百计为下阶段工作创造条件。一口探井，一旦发现工业油气流，就意味着勘探工作有很大变化，要力所能及地为下阶段做准备。勘探人员也要懂得油藏工程。外国人有时为了解油藏类型，专试一个水层，还搞试注，这都是为下步做准备工作。这肯定是多快好省的办法，比我们多打井，但对每口井又认识不清要强得多。

3.2.3　抓油藏评价与开发可行性研究

一个圈闭有了重要发现，勘探的性质就发生了根本的变化。进行油藏评价、建立储量和开发可行性研究是三位一体，但我们往往把这三个目标分阶段进行。要把他们看作是一个东西，不要孤立割裂开来。当一个地区有了工业油气发现之后，不急于立即部署评价井，而应重新认识，快速编制油气层顶面的构造图或部分地区要快速加密测线或三维地震，在高节奏地区也可同时并进。

要成立项目组，编制评价井的工作计划，将地质、油藏工程、地震、测井、钻井工程等人员组织在一起，在一个办公室里办公，此时不应该是勘探人员说了算，而是这一群人说了算，来编制评价井的工作计划，并排出时间表。这与勘探人员单独编制是有很大差别的，因为勘探人员在评价领域里知识面是覆盖不全的。有了项目组以后，就可以地震为基础，以井为骨干，进行油藏描述，油层横向预测，编制油层等厚图。

进行开发试验、油藏模拟以及可行性研究、方案筛选、进行滚动勘探开发。探明储量完成时，实际上可行性研究也就完成了，开发方案也完成了。进行中间是紧密衔接交叉进行的，这样可以少打探井，加快节奏，提高整体勘探开发的效益。

3.3　努力推广先进而实用的技术

近几年来，勘探方面的新技术不断采用，已在多方面见到效果。但各工种发展很不平衡，重要的是配套发展，才能更好地在勘探工作整体奏效。目前地面的地震配套技术进步较快，而井筒内的配套技术差距较大，其中特别是测井技术很不适应当前的发展，测井要有一个推广新技术，进行现场服务的实体，要按地层情况分档次搞好各种测井系列，要积极引进一批仪器设备。为此，我们要重点抓好两个方面的配套勘探技术和重点推广的八项新技术。

（1）继续大力促进物探技术、装备配套，全面做到地震先行，使我们的物探工作形成一个系统。从野外采集，到室内处理解释，到打井、测井、测试过程中的信息反馈跟踪解释，一直延续到评价油层，建立储量，使地震工作在"三个接替"中都能真正起到先行作用。

（2）加强科学打探井，搞好单井评价、配套技术，也就是加强井筒配套技术，为每一口探井创造起码必须具备的条件和仪器设备，包括综合录井装备、现场化验装备、测井装备、测试及完井试油装备。这样才能及时准确地取全取准各种资料，及时分析处理，才能及时地完成一口井的评价工作提高探井的效果。

根据当前勘探工作中存在的薄弱环节，明年要重点推广使用好以下八项新技术。主要有两个方面：一是地面部分；二是井筒部分。

地面部分有三项：

（1）推广 VSP 测井及合成声波剖面。主要是标定地震地质层位，找准目的层（油气层）以便早期编制油层顶面构造图和进行储层的横向追踪及预测。

（2）推广高分辨率地震勘探技术及早期三维地震勘探，突出解决寻找复杂隐蔽的地层岩性油气藏和断块油气藏的勘探，提高钻探成功率。

（3）推广人机联做系统的应用，促进地震地质综合解释和地震信息、测井信息、录井资料的综合利用，来准确地解决各个目的层构造形态、断层立体位置和地层岩性评价。

井筒部分有五项：

（1）大力推广综合录井仪的使用及现场分析技术。用它可以准确地发现油气层、识别油气层，及时地了解地层的岩性生油性、含油性及烃类情况。凡关键预探井必须上综合录井仪。

（2）推广数控测井配套，包括地层倾角测井及裂缝识别技术。

在各探区的重点探井要使用数控测井，并根据地层情况进行测井系列配套。在裂缝性地层中要发展裂缝识别技术，推广倾角测井，了解倾角变化、构造情况及沉积相。

（3）推广重复式电缆地层测试（RFT 测试），测量地层压力，取井下地层内流体样品，判断油藏油水界面等。

（4）全面推广地层测试与无电缆射孔。它除可用于中途裸眼测试，准确了解油、气、水层产能和地层压力、油层堵塞等情况外，还可以用于完井试油，减轻油层污染，提高油层评价质量，加快试油速度。要求明年各油田有 60% 以上的探井都采用此项技术。

（5）探井要针对油层特性，推广采用酸化、压裂改造措施取得油层真实产能，以正确的评价油气层。

当然还有很多新技术需要推广，但当前生产关键是以上几种技术，望各油田结合本油田实际情况做出规划、认真推广使用，并有目的地组织好人员培训，以便生产迅速见效。

3.4　加强综合研究

对于综合研究工作我强调两点。

一是研究工作要分层次进行，包括战略性的综合研究，作出盆地的评价；油田的区域性研究，研究区带和战场的接替；区带项目性的研究，指导探井的部署及滚动勘探开发的进程，提高探井效益。

二是要组织多学科多兵种融会一起的复合型的综合研究工作。要发展培养具有多种学科知识的复合型研究人才，要把地质、地震、测井、测试、油藏工程等学科融会在一起共同研究，要改变过去传统的地质研究方法，要加强地质地震的结合。在地质研究工作中要大力加强地震知识的渗透，才能适应当前勘探工作的需要。

我在海洋工作了几年，与外国的总地质师打过交道，与他们相比，我们的长处是，本地区地质情况熟悉，油藏模式了解多一点，但有五个明显的差距：第一，了解世界的油藏模式少，了解世界的勘探经验少；第二，知识覆盖面小，特别是物探知识，我认为现代的总地质师不明白物探工作中的细节，不能从丰富的地震剖面中吸取营养，只能是古典式地质家；第三，项目管理经验差，不能熟练的排出一个时间表、节目单，精确指导各种专家的工作时间流程；第四，现代应用技术差（包括微机，数据库的使用等）；第五，经济概念差，不能在勘探中对每件工作进行经济效益分析。

这种情况要引起在座的总地质师们极大的关注，大力地培养复合型的专业人才。我相信随着对外开放政策的扩大，勘探新技术不断地发展，这些差距是会逐步缩小的。

这次会议各油田介绍了很多成功的好案例、好经验和好办法，并成功地运用了很多新技术，这是十分宝贵的，必然会对今后的勘探工作起着重要的影响。

当前石油天然气勘探形势很好，但任务很重，我们石油勘探工作者，应该埋头苦干，勤奋探索，为拿下更多更好的油气储量而努力。

同志们，让我们在石油工业部党组的领导下，齐心协力，放开勘探视野，锲而不舍地进行工作，为石油工业的持续发展做出更大的贡献！

谢谢大家！

本文出自 1987 年 11 月举行的全国勘探工作会议报告。

关于"石油工业资源战略"的探讨

（1988 年 1 月）

1 对两个数字的分析

我来到勘探司就碰到两个数字：一是到 2000 年必须新增石油探明储量 145×10^8t；二是 1990 年必须新增石油探明储量 30×10^8t，这是两个压力很大的数字。

1.1 145×10^8t 的分析及对策

截至 2000 年新增探明储量 145×10^8t 依据是有的。首先是需要，2000 年年产 2×10^8t，而目前已经动用的储量所支持的年产 1.34×10^8t，到 2000 年只剩下 4000×10^4t/a 以上，余下的产量均需要新增储量来支持；其次是可能，我们动员了大批专家，花了六年时间，对全国油气资源进行了预测，得出的结果是石油的总资源量为 787×10^8t，减掉目前已找到的 130×10^8t，还剩 657×10^8t，与目标 145×10^8t 相比，从理论上讲是行得通的。

但是应该承认，145×10^8t 是一个庞大的数字，在世界上来说，也是一个了不起的数字。著名的北海油区，从 1965—1985 年，20 年中找到石油可采储量 41×10^8t（原油 37×10^8t，凝析油 4×10^8t），把它们变成石油地质储量也不过是 123×10^8t。

从我国情况来看，从 1949—1987 年，38 年中找到石油地质储量 130×10^8t，包括找到大庆、任丘、胜坨、孤东等特大型、大型、整装高产油田，而规划要求 1988—2000 年，13 年找到 145×10^8t，也就是说要求用 1/3 左右的时间，完成相似或更高的储量，这确实是一个艰巨的任务，这个任务如果没有新的大发现，包括新的大油区的发现，是很难完成的，甚至于说是不可能的。

从另一个方面来看，我们国家的油气资源并不令人十分满意，首先是我国人均占有石油资源量大大低于世界平均数，据第十二届世界石油大会统计，全世界总可采原油资源量为 2440×10^8t，我国总可采原油资源量为 262×10^8t，全世界人均占有可采原油资源 49t，而我国人均占有可采原油资源仅 26t，其结构如表 1 所示。

表 1 全球石油资源量

项目	世界	中国
总可采原油资源量，10^8t	2440	262
可采储量，10^8t	730	16
剩余可采储量，10^8t	1110	24
待探明储量，10^8t	600	222

项目	世界	中国
人口，10^8	50	10
人均占有可采原油资源，t	48.8	26.2

另外，通过三十多年的工作，我们必须接受两个数字：一是全国各油田平均储量丰度为 $156×10^4$t/km²（1986年累积探明储量 $125×10^8$t，含油面积 8047km²），这是包括各种类型油田的平均数；二是全国各油田平均单井产量为 14.8t（1986年），其中平均单井产量最高的年份为 1978年的 24.4t，这些数字都宏观地、概括地说明了我国石油储量的品位处于中等水平。从全国油气资源预测估计，全国低产油及稠油的比重约占 40%，因此，我们在研究资源战略的时候，可以提出而且应该提出"先肥后瘦"的方针，特别是勘探程度低的新区，勘探的任务就是首先要发现那里最大最肥的油田。但是不能挑肥拣瘦，特别是勘探程度高的地区，瘦储量也是国家宝贵的能源，必须开发利用，这是我国的国情。最后回到 $145×10^8$t，到底把握性如何？我的回答是透明度太低，看不清楚。现在应该迅速筹备一笔风险勘探资金，尽快提高资源的落实程度。应该承认我们的勘探现状是：时间很紧，钱很少，而资源透明度很低，而且在一定条件下，互相制约。我们应尽快从这种状态下解放出来。

$145×10^8$t 的把握性最终取决于对以下三个方面问题的认识及做法：

（1）对西部地区如何办？

西部地区主要就是指新疆，这是一篇独立的文章，是与东部勘探相平行的另外一篇大文章，不能用拆东墙补西墙的办法来进行，因此"战略西移"提法不妥，因为西部有了大发现，东部仍然要大干，这是不可逆转的。只有两篇文章各做各的，勘探资金各管各的，才能促进东西部地区共同大发展。

以塔里木盆地为例，四面八方均见到了油，已构成可以全面勘探的依据（与当年松辽盆地、渤海湾盆地全面勘探的依据一点也不差，甚至更充分），问题是来头到底有多大，应迅速明朗化。因此，应独立筹措一笔风险资金，迅速加大地震工作量，准备出一批可供钻探的构造，同时大面积的打一批预探井，获得一批重大发现并进行评价，总之，尽快让（30~50）$×10^8$t 地质储量的大场面使人感觉得出来。假如一切进展顺利，塔里木的油变成商品，也到本世纪末了。

（2）对东部地区如何办？

东部地区主要就是指渤海湾、松辽两大盆地，把它们放在世界的天平上，都是名列前茅的，应该眼皮都不眨一下的坚持勘探下去，有些地方应该毫不犹豫地加大勘探工作量。这种盆地经过几十年的勘探，可分为成熟区、半成熟区及低成熟区三大部分，成熟区有成熟区的勘探办法，半成熟区有半成熟区的勘探办法，低成熟区就要想法再找大油田。我认为东部地区特别是渤海湾盆地最终走的是美国的道路，油田星罗棋布，密密麻麻，处处做高精度的地震，处处进行高密度的打井，每年的投入也大，每年的产出也大，勘探效果年年有起有伏，特别一些低成熟区总还会得到一些大发现，但总起来说，油田规模总会逐步变大，单井平均产量逐步变低，对东部地区不能一般地使用投资倾斜政策，即勘探效益越来越小，投资也就逐步倾斜至零。应该相反，有足够的投资保证，而每个油田走自我约束、自我发展的道路，总部多进行宏观控制，少进行具体干预。东部地区两大盆地只要政策灵活一点，勘探工作就马上活起来，而且解放一大片储量。

（3）对沿海大陆架怎么办？

海洋这几年的勘探工作是有成绩的，1987 年辽东湾绥中 36-1 是当年发现、当年探明 1×10^8t 以上的大油田，海洋每探明 1×10^8t 储量，大约需要探井 20 多口（预探井 + 评价井），与陆地相比勘探效果高出 8～10 倍，大家都在议论找天然气，其实我认为天然气最现实的地区是莺歌海，给 30 口探井，可以保证交 5000×10^8m³ 天然气储量，这种效益可以和陆地任何地方相比较。但只要稍微仔细研究一下海洋的勘探状况，就会发现一个尖锐问题，资金不足严重地影响海洋勘探工作的进展。例如著名的东海盆地长期上不去；有利的辽东湾每年最多只能钻 7～8 口井，钻井船数量有限；北部湾涠 6-1 油田的发现，是靠西部公司自筹资金争贡献搞来的。我们面对非常有利的地区，而勘探工作量却如此之少，实在令人遗憾。我的意见应壮大海洋的自营力量，使其能尽快发展。

1.2　30×10^8t 的分析及其对策

截至 1990 年必须新增地质储量 30×10^8t，从 1988 年起，每年平均新增 10×10^8t，分析下来，觉得把握性稍大，大约有七成把握，从单位情况来看，共计 9 家必须在三年内新增 1×10^8t 以上的储量（表 2）。

表 2　9 家油田三年新增储量目标

油田	三年新增储量目标，10^8t
胜利	4
辽河	3.8
大港	2
华北	1.4
中原	1.7
大庆	1.3
吉林	1.0
新疆	7.0
海洋	6.0

这 9 家储量加在一起共计 28.2×10^8t，如上述 9 家都能完成任务，则目标基本可达成。

渤海湾 5 家共计 12.9×10^8t，胜利、辽河、大港把握性均较大，华北、中原稍为吃力一点，但加强地震工作，准备好圈闭，是可能的。

大庆、吉林问题不大，新疆油田主要看北三台这一仗，从目前情况来看，北三台地区拿下（5～6）×10^8t 储量是完全可能的，海洋原留有一些存粮，按照目前勘探趋势，完成任务是可能的，因此，我们对延期新增 30×10^8t，持乐观态度。

但是，有两个问题值得注意：

（1）必须扭转探井年年完不成计划的状态，现在是钻井任务每年都超额完成任务，这实际上是生产井超额完成任务，而探井却年年完不成计划，这对探明储量任务的完成、战场的开拓是很不利的，而且从 1985 年开始，探井数量一直在下降，1985 年全国完成探井 1317 口，进尺 353×10^4m；1986 年全国完成探井 1117 口，进尺 278×10^4m；1987 年全国完成探井 1133 口，进尺 284×10^4m。

（2）渤海湾海滩是地质家众望所归之地，应加速工作，特别是地震工作，应不惜代价把构造情况搞清楚，而且这些地方都是极有利的地区，一个落实的构造就等于一个油田，应该积极组织力量抢上。这样"八五"一开始我们就有希望了。

2 三点建议

2.1 勘探工作要想更加活跃，应引入竞争机制

各石油管理局要想占领地盘，必须承担相应的工作量。勘探工作必须划块进行，可以分成三类：（1）油田矿区占有期限 30 年；（2）评价勘探区（包括滚动勘探开发区）工作期限 10 年；（3）勘探区工作期限 5 年。

每个勘探区由各油田进行选择，并承诺工作量，工作期满应归还政府，而且应该允许其他油田与之竞争。不能各油田都把地盘扩得大大的，长年不工作，想干的又进不去。

2.2 成立新区勘探公司

组织一个新型的生产型勘探公司，使用甲方乙方管理体制进行新区勘探，每年组织 8～10 个项目进行新区勘探，每个项目的项目经理、管理人员、钻井地质监督均由该公司派出，该公司从总公司获得一笔新区勘探投资后，在全国各地招标，分项目逐项落实。

2.3 争取不同油不同价的政策

美国在管理油价时，是十分细致的，有好几种价格，我们国家的石油既然是有计划的商品也应管理得细致一些，才能促进生产，根据我们已找到的原始探明储量 130×10^8t，每增加 1% 的采收率，即可获得 1.3×10^8t 产量，对于这种增加采收率的产量，油价如何定价？边远地区的油，老、少、边、穷的油如何处理？大工作量，低渗透油层的低产油，油价如何鼓励？都应规定得细一些，这样就能对石油勘探带来更大的活力。

本文出自 1988 年 1 月举行的中国石油天然气总公司"石油工业资源战略研讨会"发言稿。

关于塔里木盆地勘探形势及今后勘探工作部署

（1989 年 1 月 10 日）

各位领导、各位同志：

塔里木盆地是我国最大的沉积盆地，总面积 $56 \times 10^4 km^2$，是中外石油地质家都非常感兴趣的地方，是我国石油工业最重要的战略后备新区。

1 塔里木盆地油气勘探获得了重大突破

（1）中国石油天然气总公司（简称总公司）在轮南构造上获得了高产油气流。轮南构造在盆地北部的塔北隆起上，面积 $225 km^2$。轮南 2 井位于该构造的 2 号高点上，完钻井深 5221m，在白垩系、侏罗系和三叠系（井深 4198.2～4943.8m）发现油层 16 层，厚 62m，油水同层 5 层，厚 31.7m。首先射开三叠系中下部油层 1 层，厚 9.3m，井深 4878.3～4887.6m，测试结果：① 19mm 油嘴，日产油 $734m^3$，气 $11.2 \times 10^4 m^3$，井口压力 14MPa，地层压力 53.44MPa，流动压力 46.68MPa，生产压差 6.76MPa，油气比 $153m^3/m^3$；② 12.7mm 油嘴，日产油 $523m^3$，气 $9.4 \times 10^4 m^3$，井口压力 16MPa，流动压力 47.9MPa，生产压差 5.44MPa，油气比 $180m^3/m^3$。原油性质很好，相对密度 0.8383，黏度 4.98mPa·s，凝固点 1.5℃。油层物性好，有效渗透率 696mD。

后来，射开三叠系顶部油层 1 层，厚 19m，井深 4740～4759m，测试结果：15.9mm 油嘴，日产油 $510m^3$、气 $0.9 \times 10^4 m^3$，井口压力 5.5MPa。地层压力 51.72MPa，流动压力 43.63MPa，生产压差 8.09MPa，油气比 $18m^3/m^3$。油层物性也较好，有效渗透率 42100mD。

最近，对侏罗系的油层和油水同层正在系统试油。

1987 年距轮南 2 井以西 13km 的轮南 1 井，三叠系发现油层 12 层，厚 42.6m，曾经对上部油组进行过裸眼中途测试，由于水层封不住，生产压差很小，9.5mm 油嘴求产，日产油 $28.1m^3$，日产气 $2488m^3$，日产水 $50m^3$，地层压力 52.74MPa，流动压力 52.25MPa，生产压差 0.49MPa。估计在地层压力 10% 的生产压差下，日产油可达 $300m^3$。因此，轮南构造三叠系油藏可能有一个较大的场面。同时，轮南 1 井钻入奥陶系地层 900m 以上，多处见到不同程度的油气显示，并在风化壳经不彻底酸化，用 6.4mm 油嘴求产，日产油 $19.4m^3$，地层压力 51.94MPa，流动压力 47.58MPa，生产压差 4.36MPa。该井准备对奥陶系再进行大型酸化一次，然后上返三叠系试油。钻探证实，轮南构造是一个层系多、油层厚、产量高的含油构造。

（2）地质矿产部（简称地矿部）在雅克拉及桑塔木构造上也相继发现高产油气流。地矿部 1984 年在雅克拉构造上钻达奥陶系潜山的沙参 2 井，畅喷估算日产油 800～$1000m^3$，日产气 $200 \times 10^4 m^3$。以后重点钻探奥陶系潜山，但进展不大。最近，受轮南构造三叠系出油的启发，上返试油，有 3 口井在侏罗系或白垩系地层中均获得了高产油气流。

沙 7 井射开侏罗系 5367～5371m，12mm 油嘴，日产油 81m³，日产气 2.3×10⁴m³；沙 4 井射开侏罗系 5375～5380m，14mm 油嘴，日产油 150m³，日产气 26×10⁴m³；沙 5 井射开白垩系 5324～5328m，畅喷估算日产油 500m³，日产气 320×10⁴m³。

雅克拉构造面积 60km²，初步估算是一个多层系高产油气田。

另外，地矿部在桑塔木构造上沙 14 井钻入奥陶系地层于 5380m 发生井喷，畅喷日产油 190m³，日产气 1×10⁴m³。

（3）在塔北地区钻了一批预探井，广泛地见到油气显示。例如总公司的英买 1 井、库南 1 井等，地矿部的沙 13 井、沙 11 井等。

塔里木盆地经一年多的努力，在认识上也有很大进展，有些认识是带有突破性的。

（1）经地球化学研究结果，证实油源主要来自寒武系—奥陶系，是海相生油层，厚度 4000～6000m，分布广泛，覆盖全区，生油潜力很大。

（2）多套含油层系，均具高产能力。除奥陶系是裂缝性灰岩、白云岩外，三叠系、侏罗系、白垩系均为砂岩，尽管埋藏深度超过 4000m，储层物性都很好，孔隙度一般 17%～18%，最大可达 25%。渗透率一般 200～300mD，最大可达 2000mD。镜下鉴定以原生孔隙为主，岩石压实程度不是很高。

（3）盆地地温梯度很低，每 100m 1.7～2℃，与东部地区相比，几乎相差一倍。因此，尽管油层埋藏深度达 4～5km，仍然富油富气，并不像人们以前担心的那样，以气为主。

（4）塔里木盆地发现了大型和巨型构造，尤其是塔中及塔北地区此类构造特别发育。塔中地区有塔中Ⅰ号构造，面积 6740km²；塔中Ⅱ号构造，面积 3600km²。塔北地区构造面积一般 200～400km²；南喀拉玉尔滚构造，面积 445km²；轮台—二八台构造，面积 370km²。塔中Ⅰ号及塔中Ⅱ号构造的地质结构与轮南构造相比十分近似，是非常有利的。

根据上述勘探情况和认识，总公司领导经过讨论有三点决策性意见：

（1）塔里木盆地油气勘探工作已经进入一个新的时段，一个争取大突破、拿面积、拿储量的新阶段。

（2）根据地质条件，有可能在短期内发现巨型油气田，石油工业有可能出现一个储量增长的高峰期。

（3）应该从 1989 年起，增大塔里木的勘探工作量，从全国部分主要油田组织部分力量进行勘探会战。

1989 年预计获得以下五个具体的工作目标，迎接建国 40 年大庆。

（1）突破塔中Ⅰ号或塔中Ⅱ号构造，力争发现巨型油气田，获得高产油气流；

（2）拿下轮南及轮西构造，控制一批储量，为开发建设准备资源基础和条件；

（3）预探塔北地区一批有利构造，力争获得 2～3 个重要发现；

（4）加强地震工作，再落实和发现一批可供钻探的有利构造；

（5）加强综合研究工作，对油气聚集规律有更进一步的认识。

2　1989 年具体勘探部署

2.1　地震部署

部署原则是地震部署在有利地区，测网为寻找圈闭服务，见圈闭构造立即加密测线，迅速发现、落实和评价圈闭构造；采集—处理—解释一条龙，缩短处理、解释周期，加快反馈节奏。1989 年上半年达到 11 个地震队，年底达到 20 个（大沙漠队 5 个，小沙漠队 10 个，山地队 2 个，沼泽队 1 个，三维队 1 个，VSP 队 1 个）。1989 年具体安排，沙漠腹地 3 个队，计划 2400km；塔北地区 6 个队，计划 3200km；轮南构造 2 个队，计划三维地震 300km^2。

2.2　探井部署

部署原则尽量缩短战线，以塔北和塔中为重点；塔北地区重点区带内要多占山头，争取有更多的重要发现；圈闭评价钻探时，以搞控制储量为重点；要加快钻井速度，缩短钻井周期，降低钻井成本，提高单井效益。1989 年，由现有 8 个队增至 17 个钻井队，除完成跨年探井外，计划探井 20 口，进尺 8×10^{4}m。塔北西部预探 3 个构造，打预探井 3 口；塔北东部预探 1 个构造，打预探井 1 口；轮西—轮南地区，重点预探评价轮南、轮西构造，还要预探轮西—轮南间平台构造和轮南西构造，打预探井，评价井 10 口；塔中地区预探塔中 Ⅰ 号及塔中 Ⅱ 号构造，打预探井 3 口；塔西南地区预探英吉沙构造，打预探井 1 口；待定 2 口。

为要实现以上工作目标和部署，准备采取以下措施：

（1）总公司组建塔里木石油勘探开发指挥部，统一领导塔里木石油勘探会战。由物探局组成一支精良的物探队伍，承担全盆地物探任务。由新疆、四川、中原、华北等油田各组成一个钻井公司，承担钻探任务。采取行政手段和经济手段相结合的方式，指挥部与各参战单位既是领导与被领导关系，也是甲方与乙方关系，实行合同管理，承包经营。

（2）与钻井相配套的综合录井、测井、测试和现场分析化验等工作，钻前、运输、搬家安装和材料供应等工作，以及生活后勤等方面的服务，由指挥部统一组织若干专业服务公司，进行现场服务。

（3）加强甲方、乙方管理和监督。指挥部派出工程，地质监督人员，根据工程、地质设计对乙方作业的质量和进度进行监督。工程、地质监督人员从四川、华北、辽河、中原等油田抽调有工作经验和有能力的专业人员组成。

（4）加强地质综合研究工作，组建塔里木综合研究大队，由物探局、北京研究院、新疆油田、华北油田、辽河油田等单位派科研人员参加。

本文出自石油工业局厂领导干部会议上的发言，1989 年 1 月。

在塔里木石油勘探开发会战一周年总结表彰大会上的讲话

（1990 年 4 月 3 日）

同志们：

在我国石油工业发展史上具有重要战略地位的塔里木石油勘探开发会战，从 1989 年 4 月初开始，至今已经整整 1 年了。在这个值得纪念的日子里，我们隆重召开大会，认真总结一年来的会战工作，表彰各条战线上涌现出的先进典型，进一步动员各级干部和广大职工，以党的第十三届六中全会和第七届人大三次会议精神为方针，继续艰苦奋斗，努力工作，夺取石油勘探、开发和生产建设的更大胜利。这是很有意义的。

塔里木石油会战的第 1 年，是在以往多年工作的基础上，在中国石油天然气总公司、新疆维吾尔自治区的直接领导下，在国民经济治理整顿和深化改革中，经受了严峻的政治斗争的考验，克服了生产建设上的许多困难，探区各项工作都取得重大进展的一年。一年来，我们按照总公司提出的要求，坚定不移地贯彻"两新两高"的方针，深入开展学习大庆经验、发扬大庆精神的群众运动，整个会战开始按照一套新的模式和新的机制投入运转；勘探工作取得了一系列重大成果；经营管理工作提高到了一个新的水平；职工队伍精神面貌发生了深刻的变化。人人都在为塔里木石油会战的进一步展开，打下了比较坚实的思想和工作基础。我们已经初战告捷，正在继续乘胜前进。这些鼓舞人心的变化，主要表现在以下三个方面。

1 第一个方面

地质勘探在以往多年工作的基础上，获得了具有战略意义的重大突破，在一些大型构造和巨型构造上打出了一批高产油气井，初步看到有较大规模的含油气前景，预计在近期内经过进一步努力，有可能找到几个大型的高产油气田。

1988 年 12 月 19 日，总公司向党中央、国务院提出的《关于组织塔里木石油会战》的报告中就指出，塔里木盆地的油气勘探工作，要以寻找大型或特大型的油气田为主要目标，加快勘探几个已基本查明的巨型构造和大型构造。争取在"七五"期间后两年，发现一批大型油气田，探明和控制相当规模的油气地质储量，1992 年建成一定的原油生产能力，为"八五"期间全国油气产量的增长出力。

按照这个总的要求，1989 年 4 月指挥部一成立，首先召开勘探技术座谈会，系统总结了以往多年的勘探经验，研究确定了 1989 年和 1990 年的勘探部署：（1）在轮南和英买力地区逐步建立两个根据地，拿下一定的含油面积和储量；（2）在塔中地区、塔东地区打出两个"拳头"，争取有新的重大发现；（3）在轮南2井附近开辟一个开发生产试验区，为今后大规模进行油田开发建设提供经验和资料依据。

为了实现这个工作目标和部署，我们迅速增加了会战力量，在塔北地区、塔中地区、塔东地区广泛展开了勘探工作。连同其他测井队、固井队、试油修井队等乙方队伍和甲方人员在内，职工队伍总数已达到1万人左右。在指挥部的统一领导下，各单位参加会战的队伍一个意志一条心，一个目标一股劲，齐心协力，团结奋战，大大加快了塔里木盆地的勘探步伐，为会战赢得了速度，赢得了时间，赢得了胜利。

通过甲乙双方、前方后方全体职工的共同努力，我们在短短一年的时间里，在生产建设上取得了四项重大成果：

（1）经地震和钻井资料证实，塔北轮南地区是一个面积为2450km^{2}的奥陶系大型潜山构造，从构造底部至顶部闭合高度为700m以上。这个潜山构造还有可能向西南方向延伸，越过塔里木河，形成总面积5400km^{2}的特大型圈闭。目前，在轮南地区已发现了4套高产油气层，打出9口高产油气井，初步形成了一个含油层系多、面积大、产量高，勘探领域十分广阔的主攻阵地。其中：

① 侏罗系地层、三叠系地层。在构造中部轮南1井至轮南10井长达28km的地区，已有5口探井打出高产油气流或钻遇比较厚的油层。最近在构造南部桑塔木地区，轮南14井也发现高产油流，说明三叠系油层分布范围很广。

② 石炭系—二叠系地层。1989年在轮南8井见到含油砂岩，最近轮南9井又发现日产$12.3 \times 10^4 m^3$的高产气层。另外地质矿产部打的沙18井中，也获得了高产油气流。初步分析，在轮南8井至轮南9井以南地区，石炭系—二叠系地层厚度达300~500m，而且储层性能比较好，有可能找到大面积的高产油气藏。

③ 奥陶系地层。在轮南1井、轮南8井、轮南10井，以及地质矿产部打的沙14井、沙17井中，都获得了高产油气流或见到良好油气显示，说明油层分布也很广泛。

（2）我国最大的构造——塔中Ⅰ号构造打出了高产油气流。塔中Ⅰ号构造总面积8200km^2，闭合高度1750m。1989年10月，该构造第1口预探井——塔中1井在奥陶系风化壳发现厚油层，获得了日产轻质油576m^3、天然气$36 \times 10^4 m^3$的高产油气流。经钻井和电测解释证实，这段油气柱的高度为199m，推断的含油气圈闭面积为290km^2。目前，该井已进入寒武系地层，正在继续钻进，并且不断见到新的油气显示，预计在下部地层中还可能发现新的油气层。

（3）英买力地区也被证实是一个大型的构造群，目前已有1口探井（英买1井）获得日产353m^{3}的高产油流，还有2口探井发现了油层或见到油气显示，也有可能大面积含油。

（4）经过初步试采，轮南地区三叠系油层产量和压力都很稳定。1989年6月15日至今，轮南2井已连续试采9个多月，用8mm油嘴，平均日产油180t，井口压力保持在5.4MPa左右，目前已累计产油近$5 \times 10^4 t$。这口井的试采成果，为轮南地区开发生产试验展现了好的前景。

总的来看，目前塔北地区、塔中地区的勘探已经取得了重大突破，有可能发现一批面积比较大、产量比较高、开发经济效益比较好的大型油气田。可以预言，在不久的将来，塔里木盆地将会成为我国一个新的石油、天然气生产基地。

2 第二个方面

改革工作见到明显成效，初步形成了一套以勘探项目管理和甲乙方合同制为主要内容的、符合"两新两高"要求的新的管理体制，比较好地调动了各参战队伍的积极性。

一年来，我们认真贯彻中央关于改革开放的方针，借鉴海上的先进管理经验，大胆探索，勇于实践，逐步建立了一套适应塔里木探区特点的新的管理模式。这种新的管理模式，是以指挥部作为会战的领导机关和总甲方，基本不配备专业施工队伍，所有生产建设、施工作业、辅助生产和生活后勤服务工作，都通过各种形式择优选择队伍来承担，改变了以往那种"合家老少齐上阵""大而全""小而全"的做法。

按照这种新的管理体制，我们在运行机制上，主要采用了合同制约的形式。指挥部对各参战单位的生产经营活动，主要采取经济手段和一定的行政干预进行组织协调。同时根据我们是社会主义国家，甲乙双方都是国家和企业主人这个特点，在实际工作中特别强调打破资本主义的雇佣关系，充分发挥乙方的积极性，在下达生产指令时，充分听取和吸收乙方人员的意见，然后付诸实施。轮南 10 井监督组和新疆钻井公司 60151 钻井队及其他承包服务单位，把甲乙方这种既有合同制约、又有密切协作的关系，归纳为"两分两合"，即："在职责上分，在思想上合；在合同上分，在工作上合"。我们及时总结和推广了他们的经验，逐步形成了一种比较符合我们探区特点的、比较融洽协调的甲乙方关系。大家同心同德，群策群力，为在塔里木找到大油田而共同奋斗。

按照这种新的管理体制，我们在财务结算上对钻井作业实行了"日费制"的办法，即把钻井成本中同时间有关的费用切出来，按日进行结算。同时，对照国内外先进定额标准，结合塔里木探区实际情况，从井队人员编制到设备工具配套及材料消耗，从钻前准备到设备拆迁、安装，从钻井作业到固井作业、测井作业、测试作业、完井作业，各道工序，各个环节，都制定了统一的定额标价，使合同制约和财务结算有了比较科学的基础和依据。

按照这种新的管理体制，我们在资产管理上实行了谁投资、谁所有，谁使用、谁管理的办法，按合同规定乙方钻井队不能自购、自带的设备，如管子工具等，可直接向指挥部租赁公司租赁使用。对钻井、录井、测井、固井、测试等专业技术工作，以及器材供应等后勤保障工作，主要依靠各油田进行服务。各种生活服务工作，主要利用当地力量，公开向社会招标，充分依托社会服务。

通过一年来的会战实践，这种新的管理体制不仅逐步被各参战单位所接受，而且受到了普遍的欢迎，显示了强大的生命力和多方面的优越性，取得了比较明显的效果。

（1）由于不搞"大而全""小而全"的生产后勤和生活基地，各种生产和生活后勤服务工作主要依靠专业化和社会化服务来解决，大量减少了辅助生产人员和非生产人员，使投资使用结构得到优化。目前，全探区一线与二线、三线人员的比例大体为 2：1，直接用于勘探开发和生产建设的费用，约占总投资的 98% 以上。

（2）由于加强了对钻井过程中的工程和地质监督，改变了以往那种钻井单纯追求进尺，试油单纯追求层数的倾向，把各施工单位的注意力都吸引到了实现地质目的上来，科学打探井的一系列工艺技术和要求，比较好地得到了贯彻落实，有效地提高了钻井工程质量和勘探效果。

（3）由于实行了统一的定额标价和"提前建井周期节约日费分成奖励办法"，有效地加快了钻井速度，控制了成本。1989 年，全探区探井平均井深 5079m，比全国探井平均井深高出一倍以上；平均完井周期 263 天，比全国深探井完井周期大幅度减少。全探区平均每米探井综合成本比上年降低 34.7％。

（4）由于这种新的管理体制具有很强的制约机制、激励机制和竞争机制，甲方监督人员在实际工作中得到锻炼和提高，逐步从单纯的生产技术型干部转变为技术经营型干部，锻炼了一批既懂专业技术、又懂经营管理的监督人员。各乙方钻井队和其他承包队伍，人员素质、工作水平和管理水平都有了显著提高。普遍反映，塔里木是个大熔炉，既能锻炼队伍，又能提高队伍。经过会战，后进的变成了先进，先进的更加先进。

3　第三个方面

职工队伍的精神面貌发生了深刻变化，思想政治工作、党的建设、廉政建设都得到加强，为赢得这场会战的胜利提供了坚强的思想和政治保证。

在当前新的形势下，如何根据塔里木探区的实际特点，大力加强党的建设，加强思想政治工作，加强职工队伍建设，始终是摆在指挥部各级党组织面前的一个重大课题。一年来，我们按照党中央的部署和要求，认真抓了 5 件事，取得了比较明显的效果。（1）旗帜鲜明地反对动乱，反对资产阶级自由化，坚决维护党的领导，维护安定团结的政治局面。（2）以"四项教育"为中心，大力加强会战队伍的思想政治工作。（3）切实加强党的建设，进一步确立党组织在会战中的政治领导地位。（4）加强监察和党的纪律检查工作，认真搞好廉政建设。（5）按照总公司的要求，深入开展学习大庆经验、发扬大庆精神的群众运动。

一年来的会战实践表明，我们的队伍是一支热爱党、热爱社会主义、热爱石油事业，无私无畏、自觉奉献的队伍。我们的队伍是一支能打硬仗、敢打恶仗，顽强拼搏、艰苦奋斗的队伍。我们的队伍是一支讲究科学，具有"三老四严"优良传统的队伍。我们的队伍是一支不满足于已经取得的成绩，力争上游、勇攀高峰的队伍。

同志们，1990 年是二十世纪九十年代的第一年，也是塔里木石油会战的关键性一年。经指挥部研究，今年探区工作总的要求是：认真贯彻党的第十三届四中全会、第十三届五中全会、第十三届六中全会和第七届人民代表大会三次会议精神，在国民经济治理整顿和深化改革中，牢固树立过几年紧日子的思想，继续深入开展学习大庆经验、发扬大庆精神的群众运动，进一步完善新的工艺技术和新的管理体制，把各项工作提高到一个新的水平，努力完成今年的各项生产建设任务，为 1991 年和"八五"期间的发展打下一个好的基础。关于 1990 年的生产建设任务，1990 年 1 月 8 日探区领导干部座谈会上已经做了安排，最近我们又进一步做了研究。概括起来，主要是：确保完成"四项任务"，创出"三个新水平"。

四项任务是：（1）全年完成探明储量 1×10^8t。（2）建成日产原油 1500t 的井口生产能力。（3）实现年产原油 10×10^4t。（4）完成探井 40 口，生产井 10～15 口。

三个新水平是：（1）在平均井深超过 5000m 的条件下，探井平均钻机月速度达到 850m，比去年增加 149m，提高 21.3％。争取用一部钻机一年打出三口 5000m 的生产井，或者两口 5500m 的深探井。（2）勘探上做到及时发现和准确判断油层、气层、水层，不漏掉一个油层，不放弃一个油层。（3）通过提高钻速，加强管理，减少浪费，使全年钻井综合成本在去年的基础上再降低 10％。

为了实现上述目标和任务，1990 年要切实抓好以下几项工作：

（1）全面完成各项生产建设任务。石油会战的中心任务始终是把勘探开发搞上去，把储量、产量拿到手。这是发展探区大好形势、稳定职工队伍的关键所在。今年我们在生产建设上，要集中力量打好三个硬仗。

一是轮南地区交答卷的硬仗。1989 年年底，我们对轮南地区交答卷工作，进行了交底和初步动员。1990 年 2 月下旬，我们又在轮南地区召开了交答卷动员大会。现在距 6 月底交答卷只剩下 88 天了，时间紧迫，任务繁重。希望各钻井公司对每一口探井，按月、按日、按小时排出运行大表，严密组织，严密施工，确保正点运行，并力争超前运行，创出新成绩，打出新水平。指挥部机关各部门和二线后勤单位，要千方百计为前线服务好，办公到现场，送料到现场，服务到现场。凡是前线提出需要解决的问题，都要迅速地、准确地帮助解决，做到要事不转手，急事不过夜，不准拖拖拉拉，不准互相推诿。哪个环节上出了问题，哪个部门贻误了战机，要追究有关领导和当事人的责任。全体参战职工团结一致、共同努力，我们就能克服一切困难，打好轮南地区这一仗。

二是加快勘探塔中地区的硬仗。我们打算首先以目前已经出油的构造东半部为工作重点，在塔中 1 井附近和毗邻地区，再打几口探井，然后逐步展开，进一步扩大战果。1990 年内，除完成塔中 1 井以外，还要再上 2～3 台钻机，打 3～4 口探井，并抓紧进行构造评价，争取能够提供一批预测储量。按照这个部署，要抓紧抓好钻前工程准备工作，解决好沙漠运输问题。还要抓紧完成从轮南至塔中沙漠公路的踏勘、选线和各种施工方案的可行性研究，争取早日建成并投入使用，为今后大规模地勘探、开发塔中创造条件。

三是轮南开发生产试验区建设的硬仗。总公司已经确定，轮南开发生产试验区工程，目前按 100×10^4t 规模实施，并相应建设轮南至库尔勒的输油管道，争取与开发试验区同步建设、同时投产。特别是管道末端的库尔勒铁路装油站，今年内必须抢建并投入生产。这项工作由指挥部负责，协同大庆石油管理局、华北石油管理局和管道局，抓紧完成油田开发方案设计、地面工程设计和管道设计，争取 1990 年下半年动工，年底完成 10～15 口生产试验井，形成日产 1500t 的生产能力，全年生产原油 10×10^4t 以上，为完成全国原油生产计划做出自己积极的努力。

（2）抓紧抓好大二线和库尔勒基地建设工作。目前，这两项工作已经有了一个初步的规划和设计，要尽快优选落实施工队伍，完成施工图设计，1990 年内大二线计划开工

$7.5 \times 10^4 \text{km}^2$，指挥部和承包单位基地计划开工 $6 \times 10^4 \text{km}^2$，共计 $13.5 \times 10^4 \text{km}^2$。特别是库尔勒基地建设，要争取早日开工，按照整体规划、合理布局、搞好配套、分步实施的原则，先把住宅搞起来，以利于稳定队伍、稳定人心。大二线的机修站、管子站、材料库房及通讯、供电工程，1990 年要完成土建工程及部分设备安装工作。在工程未完成以前，要尽可能地利用物资公司露天场地和现有库房，积极开展管子、化验、设备维修等服务工作，保证前线生产需要。

（3）进一步完善和发展新的管理体制。按照邹家华同志批示和王涛总经理的要求，今年内要进一步理顺体制，理顺关系，在深化改革上前进一步，努力提高会战的整体经济效益。重点是抓好四项工作：① 进一步理顺大二线的管理体制和工作关系，加快物资准备，提高管理水平，减少损失浪费。机修和管子工具租赁公司，要逐步变为由甲方领导，既有甲方管理职能，又要为乙方服务，更好地为前线生产出力。② 改革油田开发生产的管理体制。轮南开发生产试验区地面工程设计和施工，已确定由大庆石油管理局进行总承包，全面负责油田建设工作，与塔里木指挥部联合组成采油厂，配备必要的生产骨干，并帮助培训人员，承担油田生产、井下作业和地面维修任务。③ 在基本建设战线试行监理制度，由总公司帮助选拔和培训一批人员，担任各项工程建设监理，并组织制定统一的基建工程定额、标价。④ 合理修订钻井、录井、固井、测井、测试、酸化压裂等施工作业取费标准，严格核定消耗定额，加强各项管理工作，努力降低成本，提高专业服务水平。

（4）深入开展学习大庆经验、发扬大庆精神的群众运动。最近，江泽民总书记亲自视察大庆油田，这不仅是对大庆油田的巨大鼓舞和鞭策，也是对整个石油战线的巨大鼓舞和鞭策。我们探区各条战线、各个单位，都要组织广大干部和职工认真学习江泽民总书记的题词，从建设具有中国特色的社会主义基本理论的高度，从当前国际国内的形势和任务出发，加深理解学大庆的重要意义。

（5）切实加强党同人民群众的联系，进一步稳定队伍、稳定大局。当前，各单位都要认真学习党的六中全会《决定》，使广大党员特别是各级领导干部，深刻理解和牢固树立人民群众是历史创造者的观点，向人民群众学习的观点，全心全意为人民服务的观点，干部的权力是人民赋予的观点，对党负责和对人民负责相一致的观点，党要依靠群众、又要教育群众、引导群众前进的观点。

按照六中全会《决定》的精神，探区各级党的组织和领导干部，都要大力恢复和发扬我们党在长期斗争中创造和发展起来的一切为了群众，一切依靠群众，从群众中来到群众中去的群众路线，大力恢复和发扬大庆会战时期"三个面向、五到现场"的优良传统，到基层去，到第一线去，到群众中去，帮助基层干部和群众解决生产、工作和生活上的各种实际困难。指挥部领导和机关各部室已普遍在基层建立了联系点，各钻井公司和承包服务单位也要这样做。通过这种形式，进一步密切党群关系和干群关系，团结一心，共同奋斗，克服困难，全面完成各项会战任务。

在塔里木石油会战中，当前要特别强调发扬大庆的四种精神，这就是中央多次肯定的、在大庆会战中培养形成的石油队伍奋发图强、自力更生、以实际行动为中国人民争气的爱国主义精神；无所畏惧、勇挑重担、靠自己双手艰苦创业的革命精神；讲求科学、"三

邱中建 院士文集

老四严"、踏踏实实做好本职工作的求实精神；胸怀全局、忘我劳动、勇于为国家分担困难的献身精神。要用这四种精神，广泛深入地宣传群众、教育群众、激励群众，并在实际工作中认真发现和培养我们自己的先进典型，作为群众学习的榜样，逐步形成具有塔里木特点的精神风貌和优良作风。

现在我们探区的各项工作，与大庆相比还有很大差距。例如，在管理工作上，有些地方标准不高，要求不严，抓得不细，生产组织和合同实施中还有漏洞，造成许多浪费，同时也说明我们有些同志艰苦奋斗、过紧日子的思想还不够牢固。在基础工作上，有些必要的规章制度还没有建立起来，有些已经建立的规章制度执行也不够严格，有的地方还存在着无章可循、有章不循的现象。在思想政治工作上，有些基层单位思想政治工作不够落实，政工力量比较薄弱，还不能适应会战发展的需要。针对这些薄弱环节，从指挥部到各个单位，都要对照大庆，进一步找出差距，搞好整改，大力提倡艰苦奋斗，厉行节约，反对浪费；提倡严格要求，严格管理，狠抓基层基础工作；提倡勇于实践，勇于改革，尊重科学；提倡少说多做，扎扎实实，埋头苦干，高水平、高效益地做好各项工作，推动石油会战的胜利发展。

同志们，目前塔里木石油会战正处在一个关键阶段，党中央、国务院寄予殷切的期望，石油战线百万职工和新疆各族人民正等待着我们的好消息。我们一定要认真学习贯彻党的第十三届六中全会和第七届人民代表大会三次会议精神，坚定不移地执行治理整顿和深化改革的方针，继续艰苦奋斗，努力工作，以生产建设上更加振奋人心的成果和各项工作的优异成绩，向总公司和新疆维吾尔自治区汇报，向党中央、国务院汇报！

谢谢大家。

在勘探开发研究院 1990 年度总结
表彰大会上的讲话

（1991 年 1 月 31 日）

我也是在研究院工作过的一名研究人员，研究院就像是我的家，我一直怀着特殊的感情来看待院里的每项成就和院里的发展。今天看到院里涌现这么多先进集体、先进工作者，感到非常振奋，我向他们表示特别的敬意，也向全院从院长到炊事员全体职工表示敬意！

我从塔里木会战的工作中感受到研究院对塔里木油气勘探工作的支持。我认为特别重要的是研究院搞的科学探索井，确实是科学技术迅速转为生产力的非常好的典型，它运用了多学科综合配套的方法，迅速地得到工业性的发现，而且酝酿出一个大的油区和一个大的气区，这个成就是很了不起的，它的社会效果很大。

研究院从 1979 年开始为塔里木做了很多工作，首先是从地质方面开始，包括在座的许多院领导、老专家，如张传淦同志等。现在还有几十名老中青科技人员在塔里木工作。除在前线外，其他方面也做了很多工作，如遥感所的油气监测效果不错。钻井所的泥浆服务说不上誉满全球，但可以说誉满塔里木，阳离子泥浆的作用非常突出。地震横向预测、测井解释、电子扫描、薄片鉴定等也做了大量的工作。最近，采油、开发方面的同志也到塔里木搞先期油藏评价。我们塔里木与研究院的关系是非常密切的。

我作为塔里木前线的指挥，非常欢迎一切有志于到塔里木工作的同志。塔里木是一块神奇的土地，是一个充满希望的地方。就是那里一片黄沙覆盖，而她具备许多全国之最，所谓希望，就是那里有油。我们现在越干越有兴趣，在今年或者稍长一段时间，我们对塔里木油气资源规模就可以做出较准确的评价。塔里木确实是充满希望的地方，是中国石油工业的希望，我希望一切有志的同志到我们塔里木来。现在那里已经有大中专毕业生 200多人，没有一人愿意回来，他们感到那里是大有用武之地。所以我希望大家都到塔里木去，为祖国石油的未来贡献青春。

在东部新区勘探会议上的讲话

（1991 年 6 月 15 日）

同志们：

最近两年多我都在西部工作，对东部地区研究得很少。这次有机会来到"人间天堂"开会，长了很多见识。下面，我讲几点体会。

一、东部地区油气资源的潜力是非常之大的。特别是这次大家说，要向"蔚蓝色"进军，即向整个凹陷进军，我认为是很有道理的。我记得在 1974 年年初阎总地质师领导研究院一批同志，提出了油气复式聚集带的概念。当时正是唱"断层歌"比较厉害的时候，要爱断层、钻断层、沿着断层多打井。油气复式聚集带的提出告诉人们，不完全是断层问题，还有其他多种因素。这是认识上的一个很大的发展，是在向一个新模式转变。这次听了以后，感觉到又发展了一个广阔的新模式，就是向凹陷转变，在整体的凹陷进行勘探工作，这是一个很重要的思维上的变化。当然每个凹陷有深有浅，孔隙度有好有坏，砂层也有多有少，不能千篇一律地去看待。每一个凹陷都有它的特殊性。这就要一个凹陷一个凹陷认真地去研究。但从共性上讲，作为整个凹陷来进行研究、评价和整体勘探，这一点肯定是很对的，很可能在东部还会得到一批储量。我一直有这么一个看法，老区要发展，要用新思维；新区要发展，要用"老"思维。在新区工作只能使用传统的，比较行之有效的，风险很小的，成熟的想法去干。而老区要想发展，必须要有创新的认识。我觉得所有老区的一些新思维的发展，都是对新区有力的支持。所以新区经常学习老区的工作经验，这是非常重要的。

二、浅海地区，就是所谓的极浅海海滩地区，范围非常广，甚至涉及浙江的杭州湾，可能是近期新区勘探最有利的地区，值得我们加速进行工作。当然，困难是很多的，主要是地面条件。所以我有一个想法，就是要用我们几十年来在渤海湾花的学费来对付浅海海滩工作。比如，先有计划地做大面积的三维地震工作。因为在这个地区不单是打预探井搞发现，主要是把从评价到开发生产的整套勘探开发程度变得很短，而又很有成效。同时每口井都能打得非常准确，不出现大批的低效井。所以，我们一上手就要把它当成一个整体过程来研究，比如说要打多少预探井、评价井，怎么打法，包括如何投入生产，再加上工程上的水平井、斜井、人工岛、人工堤，这一整套如果部署得好，很有可能在东部地区迎来一个新的储量增长高峰。

三、1978 年以来，我们就大声疾呼，要在渤海湾进行大面积的三维地震工作，而且认识到这是一个最关键的技术。通过这几年的实施，效果很明显。当然这里还有很多问题，比如资料处理和解释问题。现在各油田都已开展比较大规模的三维地震工作，使评价井及滚动基础开发井成功率提高了很多。我们曾经有个设想，要花五年时间，尽量地把评价井赶到三维区这个"羊圈"里面去，不要在外面打评价井。现在已经逐步开始向这个方向发展。这是很了不起的一个成就。而且应该把我们的三维地震，从采集到处理到解释，真正变成一个完整的工业化过程。这是东部地区地质条件所决定的。我认为这是很重要的一点。

四、这次到南方来，我感到很受鼓舞，有些同志给我们介绍了一些大型的平缓的构造，很值得重视。有些大型平缓的构造有 2000km^2，那确实值得我们去打一口井，但应该认真地做好前期工作。因为我曾经在海洋干过，在南黄海也发现了一个大的平缓构造。但当时没有注意它的内部状况，结果打下去，构造就不平缓了，地层重复了 6～7 次，这口井打得不了了之。所以我想太湖隆起有 2000km^2，那就应该进行地震，要把地下构造搞清楚。如果能选上几个这样大型的构造，上去进行钻探，要是有所突破，那就是个很大的场面。

五、要想搞新区勘探工作，就要认认真真地去进行，否则是很困难的。我提这么几点意见，请同志们考虑：

（1）新区的探井，一定要认真做好钻前准备，像研究院打科学探索井那样。我认为研究院打科学探索井是很有成效的。研究院定一口井很慎重，钻前的地震、地质研究十分认真，在钻探过程中，录井、测井、测试工作也十分认真，钻井设备、工艺技术尽量采用一流。别看这口井成本比较高，但所引起的社会效果，或者是得到的勘探效果，那是很了不起的，例如吐鲁番、长庆都是这样。就是说，要不惜花一些必要的钱，钻机和队伍要很好的，设备要求是一流的，人要选好一点的，一切都要认真去进行，就必见成效。特别是那些我们久攻不克的地方，有些是地质条件本身就不好，也有可能是我们工作上有毛病。现在新区勘探有些做法是利用我们的"空闲"时间，有点空闲才甩几口井出去。我认为那种做法，说得不好听是机会主义，是找不到油的。如果认认真真去找，可能就能找到。

（2）各大油田都成立一个专门管新区勘探的精干机构，并把负责人选好。按照项目管理的办法，给它一定的权限，按照统一的部署，在管理局内部进行招标选择队伍，实行甲乙方合同，派钻井监督和地质监督，管好这口井的实施。

（3）要提高决策层次。就是说，这种新区的探井，应该要有热线，一直通到总地质师的办公室，随时掌握动态，该取心的取心，该测井的测井，该测试的测试，该怎么办就怎么办。不是让井队的地质员在那里决策。

（4）要选用最好的装备，能配上综合录井仪就配上，测井、测试仪器也要比较好的，认认真真地把新区探井变成我们的重点。而且政策要落实。新区勘探的钻井队，要能够得到稍高于在老区打生产井的收入。现在，钻井队都不愿意去打探井，愿意打生产井，因为打生产井效益高，条件也好，收入也多。要创造条件使钻井队愿意去打探井，把我们地质家们心里最重要的想法落到实处，这样就会有所前进。这是近几年我在塔里木工作一个很重要的体会。

六、我此次来浙江，有个很深的感受。尽管浙江省这个地方一切都很好，但确实非常缺少能源。省领导同志讲为了能源要有四个精神：一要千方百计去搞煤炭、搞石油，二要千言万语说好话，三要过千山万水到很远的地方，四要克服千辛万苦把油料从北方运到南方来。我作为一个石油地质工作者，确实心情沉重，感到责任重大，应该为我们的国家能源振兴出力。

新中国成立以来，我们从 12×10^4t 搞到超 1.3×10^8t，在四十年的时间里，也算很有成就，在座的同志大部分参与了这个过程。但是从国家的需要来看，仍然很不相称，还要投入大量的工作。从这一点出发，我体会到，最近党中央、国务院制定的"稳定东部、发展西部"的方针十分英明正确。从全国宏观状况来看，我们的勘探工作，通过几年的努力是越来越活跃的，因为勘探领域越来越大，勘探的地盘越来越多。现在从西部来讲，应该说是已经有实质性贡献的阶段，塔里木"八五"末年产 500×10^4t，吐鲁番年产 400×10^4t，北疆要增加年产 200×10^4t，也就说西部地区到"八五"末期就可以增加 1000×10^4t 油，这是一个不小的数字。另外再加上陕甘宁的气，西部这篇文章现在越做越大，是不错的。从东部的情况来看，勘探工作也非常活跃，包括南方和沿海。我们的勘探工作，总体来看是非常活跃的，应该说比前几年有进步，我是这么评价的。我没有准备，即席发言，谈谈感想。

谢谢大家。

在勘探开发研究院 1994 年纪念"七一"表彰会上的讲话

（1994 年 6 月 29 日）

今天，在中国共产党成立 73 周年的前夕，我们在这里隆重召开大会，表彰先进党支部和有突出贡献的优秀共产党员及优秀党务工作者，还有 83 名新党员进行了入党宣誓，非常有意义，我代表院党委向这些同志表示热烈的祝贺和敬意！

今天是党的会议，可以敞开讲几句心里话。第一点，我来研究院兼任院长和书记，最大的心愿是怎样把这一支国家级的科技队伍带好，能够符合新时代的要求。这是很不容易做到的，我认为我一个人这样想怕还不行，需要大家一起来想，才有可能把全院的职工带好。在座的都是党员骨干、新党员，应该有这样一个想法，把全院职工带动起来，向有中国特色的社会主义迈进。我有一个很深的体会，从当群众开始，到现在也是一个不大不小的领导干部了，最重要的一条就是以身作则，言行一致。作为一个党员、作为一个领导，你要求别人做到的，首先自己要做到，你要求别人不做的你首先不做，说的要和做的一样，我在当群众的时候就最佩服这种人。我相信同志们也跟我一样。但是，我们现在有些同志恰恰是言行不一致，我认为这也是党风不正。每个共产党员都要用自己的模范行动带动广大群众，共同搞好工作，我也希望大家一起监督我。今天，一些同志在这里举行了入党宣誓，这很有意义，大家也重温一下自己在入党时的心情，那时是怎样想的，很有好处，不然就会淡忘了，淡忘了就会变为一个普通老百姓，那还要共产党员干什么。

第二点，在新的历史时期，共产党员要有献身精神。一个民族，一个国家如果没有一批人去献身，而且是甘心情愿的去献身，是不能发展的，甘心情愿的基础就在于我们的信念。邓小平同志提出"三步走"，"翻两番"，再过 50 年把我国建成中等发达的社会主义国家，要走共同富裕的道路，这应该是我们的信念，这个信念是很具体的。我们的油田都在非常荒漠和艰苦的地带，陕甘宁边区，塔里木盆地等那里贫穷的群众还很多！现在还有 8000 万人没有脱贫，要共同富裕，这还需要我们几代人的努力，如果真能树立起这样一种信念，就可以甘心情愿的去献身，去奋斗。使国家逐步摆脱贫穷，走向富裕的道路。共产党员要从为个人的思维方式，变成为大多数人民服务的思维方式，这就是共产党员对人生价值观的一种深化，在座的同志大多数都具有这种思维，希望把它变为行动，这样国家就有希望。

第三点，我们国家正在进行改革开放，进行社会主义建设，一方面，人民群众生活水平确实大大地提高了；另一方面，贪污腐化，挥金如土等不良现象也还存在。虽然在改革开放的时期，不可避免地要鱼龙混杂，但是作为共产党员，就要把阴暗的一面尽快抑制住，消灭掉。最近，总公司机关出了两件事，大庆也出现了受贿案，在开党组会的时候，我们党组成员的心情都很沉重，这教训是很深刻的。查处这些案件也是反腐败深入的表现。

最近，康世恩同志说了三句话，第一句是亡羊补牢；第二句是急起直追；第三句是奋发努力。是说，出了这两件事要认真总结经验教训，今后杜绝这种事情，要把这一问题提到更高的程度来认识，同时，也鼓励我们要急起直追，奋发努力。我相信，在石油行业这样艰苦的环境中磨炼出来的同志，应该是对共产主义信念越来越坚定的。

我要特别提醒共产党员，一定不要在腐败这个问题上栽跟头，一定要以此为戒，不但要洁身自好，而且要疾恶如仇，看到不对的事要敢于说真话，要敢于给党组织提出来，这才是作风健康的表现。国家就需要这样一批人去摇旗呐喊，只有这样，才有可能把我们的国家建设得更好。

在翁文波院士"预测论"学术座谈会上的讲话

（1994 年 9 月 26 日）

各位来宾：

今天，我们欢聚在人民大会堂，举行翁文波院士"预测论"学术座谈会，这本身就充分说明翁先生的"预测论"已被社会接受，并倍受学术界的推崇。在此，我代表中国石油天然气总公司党组和总公司，向前来参加座谈会的科技、新闻、文学、出版界和石油界的同志表示诚挚的谢意！向翁老表示崇高的敬意和热烈的祝贺！

翁先生是我国地球物理勘探、地球化学勘探、地球物理测井等应用科学技术的创始人之一，是国内外知名的科学家。他知识渊博，建树颇多，不仅在地球物理、石油勘探等科学技术领域取得了重大成就，而且在预测理论的研究方面居国际领先水平，为我国石油工业发展和科学技术发展做出了卓越贡献。

1966 年邢台发生强烈地震后，敬爱的周总理指名翁文波等两位专家赶赴邢台地震区考察，并嘱托他们开展天然地震预测的研究工作。翁先生在前往灾区调查研究期间，耳闻目睹了地震等自然灾害给无数人民的生命财产带来深重灾难，深感责任重大。从此翁先生毫不迟疑地致力于预测理论的研究，走上了漫长艰苦的探索道路。翁先生以其渊博的知识、深厚的数理基础、勇于探索的创新精神，融哲学和现代科技为一体，以抽象体系、物理体系和信息体系为理论基础，把自然科学与社会科学预测统一在一起，创立了独特的以信息预测为核心的预测理论，突破了现代数学的限制，发展了三元乃至多元关系理论，同时还提出了几个有重要意义的预测模型。1984 年，翁先生的《预测论基础》一书的出版，标志着一个系统的新学科的诞生。之后又将预测工作扩展到洪涝、干旱灾害的远程预测，近年来又致力于全球性地震超远程预测和中国长期气候预报。实践证明，他对国内外已经发生的地震、洪涝、干旱等重大自然灾害都做出过比较正确的预测，预测准确率达到 80% 以上。特别是对 1992 年 6 月 28 日美国加利福尼亚大地震及对我国南方 1991 年大洪涝灾害预测的成功，更令世人瞩目。这一系列独特成就使他成为当之无愧的当今世界的预测大师。

翁先生不仅是一位卓有成就的科学家，更令人钦佩的是，他有着一颗爱国为民的赤诚之心。他早年留学英国，获博士学位后，放弃国外优越的工作和生活条件，毅然决定回国，为抗战提供石油出力。时值抗日战火纷飞，他历经艰难险阻回到祖国。随身携带物品大都遗散流失，唯有自己改制的珍贵仪器"重力探矿仪"经精心维护，得以安全无损。20世纪 40 年代，他在异常艰苦的环境中，在河西走廊、天山南北开创了我国最早的重力石油勘探工作，并于 1946 年新建了我国物探史上第一个反射地震队。1948 年翁先生运用定碳比的研究提出了松辽平原和华北平原的含油远景，为中国石油工业发展写下了灿烂的一章。新中国成立以后，翁先生更是满腔热忱地投身于社会主义建设事业，坚韧不拔地不断向科学技术高峰攀登，为我国石油工业发展和科技事业发展，奉献自己的聪明才智。他最早主持编制了中国含油远景区划图，并在生油理论和石油数理统计方面有创造性的研究，是大庆油田发现者之一。邢台地震后，他作为著名的石油专家，受周恩来总理的嘱托，领命地震预报的研究，毅然改变科研方向，放弃为之奋斗几十年的石油勘探开发事业。翁先生把祖国和人民的利益看得高于一切，义无反顾地再次选择了世界性难题——地震预报的研究工作。他这种淡泊名利，爱国为民的崇高思想境界更值得我们学习。

纵观全球，自然灾害频繁，损失惨重。这一问题已引起国际社会的广泛关注，1987年第42届联合国大会确定把1990—2000年作为"国际减灾年"，并制定了《国际减轻自然灾害十年国际行动纲领》。要减轻自然灾害造成的损失，首先必须进行科学的预测。我们深信，翁先生的"预测论"必将发挥日益重要的作用。

最近，由中国石油天然气总公司责成石油勘探开发科学研究院会同石油工业出版社编辑的《翁文波学术论文选集》已公开发行，这部论著汇集了地球科学、石油科学和预测科学三部分，不仅反映了翁老的学术成就，也从一个侧面反映了我国在这些领域的研究水平，我们向大家热情地推荐，同时，我们还向大家介绍青年作者王志明同志在向翁老学习的过程中，用了三年时间写出的《当代预测宗师》这部报告文学，这本书力图用通俗的语言表述《预测论基础》的原理，并介绍了翁老可歌可敬的一生。我们认为这是一本具有知识性、趣味性，又有科学性、教育性的书，得到了文学界、出版界、新闻界有关方面的支持和鼓励，我们也向大家推荐。

当前，陆上石油工业正处于持续发展的关键时期，总的形势是好的，但也面临着许多难题，迫切需要发展和采用高新技术，充分发挥科技在石油工业发展中的作用。我们石油战线上的广大科技人员，一定要向翁先生学习，继承和发扬爱国主义精神，严谨治学，注重实践，努力创新，为我国石油工业的发展和国家的繁荣昌盛贡献全部力量。

本文出自《翁文波院士与天灾预测——20世纪回眸》，石油工业出版社，2001。

在中国石油天然气总公司勘探专家座谈会上的讲话

（1995 年 2 月 12 日）

在这次座谈会上，听取了各位专家的发言，我感到收获很大，好像进了一次短期训练班。希望今后能多举行一些这种训练班，帮助决策层的同志多思考一些问题。同时，对各位专家来讲，通过这种"训练班"，也可以起到相互交流、探讨的作用，好处很多。下面，我讲六点意见，供同志们参考。

1 关于"稳定东部、发展西部"问题

中央确定的"稳定东部，发展西部"的方针是十分正确的，这几年执行情况是好的，进展比较顺利。这个方针，首次把西部作为一个独立的单元进行工作，我认为这是非常重要的一个新思维。就目前原油产量来说，西部还是一个小兄弟，一年也就是 $1000 \times 10^4 t$ 以上，东部是 $1.2 \times 10^8 t$ 以上，相差十多倍。但是西部作为一个很有希望的战略后备地区，它的地位将会逐步上升，比重将会逐步加大。从这几年发展情况看，这种趋势是比较明显的。东部和西部是两篇既相互联系又相互独立的文章，从二者之间的相互制约和相互支持关系来看，我认为支持关系要大于制约关系。一是这几年西部增加的产量弥补了东部减少的产量，使得石油工业可以顺利地渡过难关。二是西部使用的队伍和技术装备主要来自东部，这对东部的人员分流也是个有力的支持。

从现在情况来看，稳定东部，要在一个相当长的时期里加强勘探工作。因为东部年产 $1.2 \times 10^8 t$ 的石油，每年必须有 $4 \times 10^8 t$ 以上可供开发的储量来保证，必须要有相当大的工作量和资金投入来保证，否则就稳不住。这是客观条件所决定的。但是，我认为今后更要加大西部的勘探力度，因为西部的勘探程度很低，发展潜力很大。因此，我觉得康老说的"加强东部，猛干西部"是很有道理的。

在正确处理东、西部关系的同时，还有一个上层和下层的关系问题。上层就是中新生界，下层就是古生界。在这个问题上，我觉得要加大下层的工作。我感到这几年一个重大的带有战略性的突破，是古生界的突破。这是我个人的观点，当然不是每一个同志都同意。这主要表现在三个地方：第一是长庆的古生界天然气藏，第二是川东的石炭系天然气藏，第三是塔里木的塔中 4 油田和东河塘油田，还有最近塔中隆起北坡发现的志留系工业油气流。这是一件很了不起的事情，我们为之奋斗了好多年，才逐步从中新生代的目的层进入了海相的古生代地层中。我认为这是一个很重要的苗头。李国玉同志提的"三个一百万"平方千米，实际上就是这三大块。长庆是华北地台这个"一百万"上的一个

点，四川是扬子地台这个"一百万"上的一个点，再就是塔里木地区这个"一百万"。三个"一百万"都突破了，这是近几年发生的事情，应该引起我们的注意。

2 关于我国的原油高峰年产量问题

根据资源量测算，我国的原油高峰年产量到底能达到多少？这个问题需要很好地研究。王涛同志讲产量的箭头要一直朝上，但上到什么程度？前段时间，美国联邦地质调查局的油气资源专家马斯特斯给我寄来一篇文章，就是他在第 14 届世界石油大会上发表的那篇。我根据他提供的资料和我国的实际情况，对我国原油高峰年产量做了一个很粗略的类比。俄罗斯最终石油可采资源量是 $472 \times 10^8 t$，其中已经采出 $163 \times 10^8 t$，剩余可采储量 $171 \times 10^8 t$，待发现的还有 $138 \times 10^8 t$。它是 1980 年达到高峰年产量 $6 \times 10^8 t$ 的，最高峰是 1987 年的 $6.24 \times 10^8 t$，在 $6 \times 10^8 t$ 水平上一直维持到 1989 年，以后逐年下降，到去年已经降到 $3.9 \times 10^8 t$ 了。这个国家的高峰期可能已经过了。美国的最终石油可采资源量为 $350 \times 10^8 t$，其中已经采出 $224 \times 10^8 t$，剩余可采储量为 $70 \times 10^8 t$，待发现的还有 $56 \times 10^8 t$。它是 1970 年开始进入高峰期的，最高是 1970 年的 $4.55 \times 10^8 t$，一直保持到 1986 年年产 $4.1 \times 10^8 t$，然后开始下降，到现在为 $3.5 \times 10^8 t$ 左右。类比一下，高峰期年产量每一个 $1 \times 10^8 t$，必须要有 $76 \times 10^8 t$ 的可采储量，很凑巧，美国和俄罗斯都是这么多。这都是高峰期已过，可以有把握地进行计算的国家。根据马斯特斯的估计，我国的最终石油可采资源量是 $115 \times 10^8 t$，已经采出了 $23 \times 10^8 t$，剩余可采储量为 $50 \times 10^8 t$。这个 $50 \times 10^8 t$ 比我们的实际数要大，可能不仅包括了探明的部分，也包括了部分控制或预测储量在内，另外待发现的还有 $42 \times 10^8 t$。按照上述 $76 \times 10^8 t$ 这个概念，最高年产量大体是 $1.5 \times 10^8 t$。这就是根据马斯特斯的计算所作的简单类比。我认为应该组织一些专家，认真地估算一下我国的高峰年产量可能是多少？如果按我国石油资源量为 $940 \times 10^8 t$，并假设可全部探明，可采储量就变成 $313 \times 10^8 t$，高峰期年产量就可以达到 $4 \times 10^8 t$。有的同志讲，你的 $313 \times 10^8 t$ 不能全部转化为工业性的东西，那么我们假定用 50% 的转化率来进行计算，可采储量就变为 $157 \times 10^8 t$，高峰年产量可以达到 $2 \times 10^8 t$。这就是用我们自己的资源评价结果进行的测算。因此，我建议，可以用年产 $2 \times 10^8 t$ 的概念来研究我们的工作，当然这还需要组织专家进一步研究。如果我们要达到 $2 \times 10^8 t$ 的年产量，还需要做很大的努力，因为现在我们的产量才 $1.4 \times 10^8 t$，还有 $6000 \times 10^4 t$。在这 $6000 \times 10^4 t$ 产量中，我认为西部要承担很大的数量。我这个意见仅是抛砖引玉，以引起同志们的注意。

3 关于加强新区勘探工作问题

今年总公司工作会议提出，要大力加强新区勘探工作，这个提法非常重要。加强勘探工作到底要加强哪一部分，加强什么？我觉得最需要加强的，是在有重大发现或者是发现以前在黑夜中摸索的那一段时期的工作。真正有了发现，不用你喊，谁也会知道加强。只要有一口高产的发现井，队伍、钻机等马上就上去了，钱也来了。但要想获得这些发现，每年必须投入相当的高风险地甩开勘探工作。我非常赞成要有一批钱、一批人长年累月的做发现和重大发现工作，因为这一段时期是最需要投入的，但这个问题又很少被人重视，需要很好地研究。这里也包括地震和地震以前的部署，以及地震以后如何布井，布井以后如何收集井筒资料，还有如何试油和把油拿出来。在发现全过程的任何一个环节出了问题，都拿不到油。我看现在南方马力同志那个地方最需要高技术的支持，但那个地方没有发现油气之前，谁也不会去支持，除非他那里打出了高产井。上次陆良盆地出气，派我上去协助救火，回来后给王涛同志汇报，最后给他们支持了 3000 万元投资。因此，我觉得应该加强黑暗中摸索阶段的工作。因为每一个油田几乎都有可能忽视这一阶段的工作。

4 关于勘探工作向新区延伸问题

勘探工作的全部活力在于"新"。所谓"新"，正像同志们所讲的"三新"，即新地区、新层系和新领域。我认为最根本的还是头脑中要有新思维。只有这样，才能指导我们不断向新区延伸。这个新思维不是从天上掉下来的，必须是从大量的实践活动中，收集各种线索并进行科学的综合分析后产生的。我从来就认为，我们搞地质工作的同志是毛主席最忠实的学生，确实是在不断地实践、认识，再实践、再认识。从全国盆地的油气藏模式和分布规律来看，几乎没有一个相同的，都有自己的特点。现在全国单个油田按储量排列的前五名，第一是大庆，$42.0 \times 10^8 t$；第二是克拉玛依，$9.0 \times 10^8 t$；第三是辽河西斜坡，$7.0 \times 10^8 t$；第四是任丘，$5.6 \times 10^8 t$；第五是胜坨，$4.5 \times 10^8 t$。这五个油田的类型都不一样。第一个是背斜型的，第二个是地层型的，第三个是地层型加构造复合型的，第四个是古潜山型的，第五个是逆牵引式的。而且具体到每一个油田，认识过程都是由糊糊涂涂到最后豁然开朗。就拿大庆来说，当年的松基三井，我们去试油的时候，还没有想到有那么大。当时那个构造只有 $5 km^2$，试出油来以后，在南边发现了葡萄花构造，面积较大，决定要在南边会战。后来在北边的萨尔图又打出一口油井，有 100m 以上的油层，而且产量很高。接着在杏树岗、喇嘛甸也打出了高产油井。三点定乾坤，于是决定挥师北上，认识是逐步加深的。又比如克拉玛依油田，当时对这个油田是死油田还是活油田，是大油田还是小油田，有激烈的争论。苏联专家安德烈依柯支持了康世恩同志的意见，说要打剖面，这一打克拉玛依就发现了。再比如胜坨油田，开始时我们是有眼不识泰山，当时是打剖面追沙三段，什么也没有追着，最后在坨庄的坨 1 井，打出了较厚的油层，试油日产 $400m^3$ 以上。但这套油层，我们以前的井早就打出来了，营 5 井油层厚 80m 以上，就是不认识，当时解释是含油水层，经过坨 1 井的启发，赶快试油，结果试出一口高产油井，胜坨主油田也就发现了。任丘油田的发现也是这样。这说明认识是逐步形成的。

我说这么多，就是想说明两点：第一点，我们搞勘探的同志要勇于实践，敢于想象；第二点，要勤奋探索，不进行艰苦的工作，油田就是放在你的眼前也找不着。我希望各界人士对勘探工作要持宽厚态度，因为勘探的风险性很大，要允许他们有失败，不要责怪他们。只要是按照勘探程序干的，就要鼓励他们向前走。

5 关于勘探工作量和资金保证问题

我做了一个统计，从新中国成立以来到 1993 年年底，陆上一共找到石油储量 157×10^8t，打了各类探井 31237 口，平均每探明 1×10^8t 用 199 口井。我认为这是一个基本的工作量。这是我们一会儿兴奋，一会儿失望，交替搞下来的结果。如果分期加以分析，1953—1962 年的十年间，共拿到储量 25.8×10^8t，打井 5397 口，平均 1×10^8t 探明储量需要钻探 209 口井。这是发现大庆油田的时候。1963—1975 年的十三年间，共拿到储量 25.9×10^8t，打井 7393 口，平均 1×10^8t 储量需要钻探 285 口井。这一段数字偏高。1976—1985 年的十年间，共拿到储量 49×10^8t，打井 9655 口，平均 1×10^8t 储量需要钻探 196 口井。1986—1993 年的八年间，共拿到储量 39.7×10^8t，打井 8719 口，平均 1×10^8t 储量需要钻探 219 口井。

从以上分期计算的结果可以看出，平均每探明 1×10^8t 储量的探井数，大体就在 200 口井上下。这就告诉我们，没有基本工作量，储量就得不到保证。这是因为中国的石油地质条件比较复杂，也是积 45 年之经验。所以我建议，勘探工作量一定要保证。当然，在具体工作中，我们还是要按照总公司关于以效益为中心、加快发展的要求，尽量少打井，少投入，多拿储量。

关于勘探的投资问题，保证工作量就要保证钱，我赞成上次邹家华副总理说的勘探投入要全部纳入成本之中，我认为每年的勘探投入要作为成本全部摊销。现在勘探费用平均每吨油大概要摊销 100 多块钱，储量有偿使用费提得明显不够。我主张每吨油的储量费提到 120 块钱，1.4×10^8t 大体就是 160 亿元，这样就可以保证每年的勘探资金，其中有 40 亿元可作为装备更新，120 亿元用于勘探工作。当然，我们还可以把储量使用变成一种有偿的转让，使勘探投资得到回报。我认为，引进这样一种市场机制，可以刺激储量增长得更快。

6 关于勘探的管理体制问题

勘探体系应该是垂直体系，这比其他办法要好。可建立一个全国性的公司，比如全国勘探公司，然后把各家或各大区的勘探工作管起来，各油田只管老油田周围的滚动勘探开发，这是一个比较好的办法。我在塔里木工作就深深体会到，要想集中勘探是很难的，一开始整个班子全力以赴去搞发现；发现油田以后，就要分出来一批人去搞开发；现在又要建炼油厂，搞销售，又得抽出一批人来管。因此，每一次发现对勘探来讲，不是一种加强，而是一种组织上的削弱，把勘探、开发捆在一起就有这方面的问题。但是，目前各油田已经形成了这个状态，也不宜一下打乱。可先在各油田成立勘探公司，既搞盆地内部的勘探工作，也可到全国各地去投标，增大各油田对油气远景选择的余地。我建议先把全国新区勘探公司和各油田的勘探公司组织起来，然后再逐步地理顺关系。

同志们对塔里木的希望都非常大，我们的压力也非常大。我们很想找到一个大油田，但是由于多种原因，现在大油田还只是在望而没有获得。我们回去以后，一定要把工作做得更加扎实一些，尽快找到与塔里木相称的人们所期望的大油田。

谢谢大家！

在 1995 年塔里木探区领导干部大会结束时的讲话

（1995 年 3 月 11 日）

同志们：

这次会议开得很好。会议根据中国石油天然气总公司（简称总公司）1995 年工作会议精神，全面分析了塔里木探区的情况，部署安排了 1995 年的各项工作。为了更好地传达这次会议，我再强调三个问题：

1 今年探区的任务空前繁重，需要全体同志全心全意地投入，要出大力，流大汗，坚决完成各项任务

我们对探区的形势到底怎么看？塔里木盆地经过六年会战，尽管没有找到与盆地相称的、人们所期望的大型油气田，但是确实找到了一个诱人的但又是十分繁重的工作对象——三笔财富。第一笔财富，找到了 2.3×10^8 t 优质原油储量，这是建设 500×10^4 t 原油年产量的储量基础，实际上应该是 460×10^4 t 比较合理。也就是全部建成投产后，每年原油生产任务可以完成 460×10^4 t。第二笔财富，找到了近 4000×10^4 t 的凝析油储量，可提供年产 100×10^4 t 的产量。第三笔财富，找到了 1100×10^8 m^3 的天然气储量，可建成 25×10^8 m^3 年生产能力。折合成油当量，可建成 800×10^4 t 年生产能力。

由于这三笔财富的出现，使整个工作的对象由简单变得比较复杂，由原来纯粹的上游变成上下游，这是一个很大的变化。用三句话来形容：塔里木今年工作的对象空前的多；工作的内容空前得繁重；资金的投入空前得大。这都是塔里木会战以来前所未有的。因为有凝析油、天然气，就不得不去发展下游，不得不去发展炼油厂、化工厂。如果没有下游，只能把它埋在地下，始终变不成钱，变不成继续勘探的资金。这方面与其他油田有很多不同的地方。塔里木作为石油工业战略接替的重点地区，工作重中之重仍然要把寻找大场面放在一切工作的首位。所以，各行各业都要为寻找大场面开绿灯。支持他们的工作，尽快落实大场面。

目前影响找大场面的"瓶颈"是井位拿不出来，有两个方面的因素：一是地震工作的节奏太慢；二是地质家在思想上有障碍，不够解放。由于有了 800×10^4 t 资源基础，塔里木就不同于六年以前的会战形势，可以放开手脚更好地去搞大场面，可以冒更高的风险。要把这个问题看得很透，要勇敢地、不怕冒风险地去找这个大场面。当前需要的是解放思想。首先，时间风险是非常大的，王涛总经理给我们提了一个要求，叫作三年四轮井，能不能把大场面搞出来？作为一个执行单位，要非常认真地落实这个时间，把时间尽可能地

缩短一点。我们会战指挥部在时间风险方面的责任是承担不起的，必须加快节奏。其次，由于有这么多的工作，又有重点工作，就要求各级干部要分工负责，不等不靠，该自己定的事要负责任去把好关。由于任务繁重，要求资金必须集中。今年，总公司同意我们包括借款和自筹的资金在内，搞38亿元的规模。但目前的缺口还很大，炼油厂没钱，沙漠路没钱，化肥厂没钱。我重返指挥部碰到的第一件事就是这个事。后来我们想了各种办法，把这38亿元挤一部分出来搞炼油厂。沙漠公路还要跟总公司要钱。化肥厂还没有资金着落。所以，今年的任务就是希望同志们全力以赴，夺取各项工作的胜利。

2 加强管理，苦练内功

管理是企业生存和发展的重大问题，是我们的薄弱环节。今年要把加强管理、苦练内功作为工作中非常重要的环节来抓。下面说一些现象，供同志们研究。

第一种现象，工作中各级领导在决策上有主观随意性。第二种现象，现在某些甲方单位搞承包经营，是打破大锅饭的一个进步，但以包代管的现象明显地增长了。第三种现象，没搞明白固有资产的增值部分到底是谁的。在座的同志都是国家聘用任命的，是固有资产的经营者，增值的部分都应归国家所有，只要是国有独资的企业，投资经营的增值部分都归国家所有。第四种现象，实行市场机制后，现在好多市场行为还是不规范的。最好的办法，就是把招标工作规范化。第五种现象，就是我们的干部对自己和别人都不能严格要求，缺乏自我约束能力，工作中有相当大随意性。这些现象需要引起我们的注意和警惕。把加强管理，苦练内功落到实处。

3 塔里木石油会战要提倡三种精神

一是艰苦奋斗的精神。塔里木盆地勘探开发的任务十分繁重，地面条件十分艰苦，地下条件十分复杂，确实需要我们组织一支吃苦耐劳、有强烈献身精神的石油大军，要求一代一代锲而不舍地去工作、去探索，要求甘心情愿地为伟大事业献身。要热爱塔里木、献身塔里木。艰苦奋斗的精神在石油工业史上是有传统的。当年大庆会战就是依靠这种精神，几十年来这种精神一直照耀着石油工业的发展。现在，大庆精神仍然风华正茂，仍然是我们学习的榜样。但是，在我们探区一部分同志中，确实有追求奢侈、追求豪华的风气。在个别人的思想中，拜金主义、享乐主义、极端个人主义是有所抬头的。攀比的是房子、车子、奖金，没钱就刺激不起来积极性。当然一定的物质鼓励是必要的，但是如果没有艰苦奋斗的精神，单纯依靠金钱，这场石油会战是干不成的。所以，如果我们在生活上反差搞得太大，群众一定要指我们的脊梁骨。我们要认真提倡艰苦奋斗的精神，抵制那些腐败的东西，否则就没有力量。大家整天都攀比住房住得好，装修装得好，车子谁坐得更豪华，有什么力量去抵御腐败之风啊？那是抵制不住的。

二是真抓实干的精神。我们的方针和目标确定以后，需要干部带领全体职工去拼搏，这就是真抓实干。大庆钻井公司常务副经理陈重生同志，就有真抓实干的精神。我们有一台刚配套的国产钻机在沙漠腹地要开钻，存在大量的问题。为了保证按时开钻，他就蹲在那儿，不解决所有问题决不离开井场，一直到开钻为止。中间还晕倒两次。一位 57 岁的老同志，在沙漠腹地的这种实干精神，是年轻同志的榜样，要好好学习。现在，有些同志到前线走马观花，有的同志长期不到生产一线。真抓实干，就要深入基层，深入一线，认真开展调查研究。老老实实地去研究问题的症结在什么地方，瓶颈在什么地方，难点在什么地方。当研究清楚后，就要下决心解决这些难点，工作才能向前推动。真抓实干，要求我们的干部同志，全心全意地投入搞工作。现在很多同志怀念会战初期的气氛，所以还要提倡把会战的气氛搞得浓浓的，才能鞭策、激励我们去真抓实干。要埋头苦干，少说多干，少搞形式主义。这是我想说的第二种精神，要大力提倡。

三是五湖四海的精神。我认为五湖四海的精神是塔里木会战形势的需要。我们确实集中了一个五湖四海的、来自全国四面八方的、来自全国各个油田、各个企事业单位的一支石油大军。这支队伍包含了甲方、乙方，有固定的也有借聘的，也包括合同工，既有长期的也有短期的，既包括了各油田的，也包括了本地的，既有汉族的，也包括了各个民族的同志。我觉得这么伟大的事业，离开这么一个来自四面八方的，五湖四海的集体是办不成的。大家要树立起这个信念。离开了本地的、固定的这一批同志，我们的事办得成吗？办不成。反过来，离开了这么一支大的会战队伍包括借聘的同志，这事办得成吗？也办不成。从每一个群体来看，都值得非常尊敬的。固定的同志长年累月在戈壁沙滩里战斗，叫作"报效祖国献青春，献了青春献子孙。"确实是这样，这批同志是值得尊敬的。本地的一些民族同志，更是与这块土地同呼吸、共命运，他们当然希望这块土地富足、富强起来。反过来，再看看不远万里来到参加会战的同志，包括借聘的同志，每个人家里都有一本难念的经，他们远离家乡，远离父母、妻子、儿女。实际上，我们的石油队伍就是当兵的队伍，我们的家庭就是军人的家庭，长年累月见不着。所以，每个群体都要看到对方的长处，彼此要尊重，也要相互理解，这是非常重要的。再看看我们还有的群体，这个群体尽管不大，但是也很了不起，临时工人整天默默地工作，辛苦地劳动，做了大量的服务性工作，也顶替了相当一部分技术岗位，这些同志就不值得尊敬？离开了这批同志，老实说，我们的工作也要受到很大的影响。所以，这种三位一体的用工制度是很好的。同志们一定要胸怀大局，要有这种五湖四海的精神，才能团结协作。总公司为什么要领导这场会战，就是要把这种精神发扬起来，变成一种会战的优势，只要用得好，就能够迅速地集中各方面的力量，形成拳头，迅速地解决各方面的难题。所以，塔里木会战要执行"两新两高"的工作方针，就要进行开放性的工作，就要长期地倡导五湖四海的精神；要用这种精神来团结、凝聚和稳定我们的队伍。但是，这个群体来自四面八方，习惯不一样，熟悉程度不一样，看问题时角度也不一样，也很容易相互不理解，容易各自为战。

同志们，今年塔里木会战已进入了第 7 个年头，也是"八五"计划的最后一年，艰苦的任务要求我们一定要团结一致，艰苦奋斗，真抓实干，要出大力、流大汗，尽快落实大场面，为石油工业战略接替的目标早日实现而奋斗！

对西部勘探工作的建议

——在西部油气勘探工作会议上的讲话

（1995 年 11 月）

同志们：

西部油气勘探工作会议快结束了。今天，我想以一个业余地质家的身份讲几点感想。

第一点感想，在 1989 年前后，中国石油天然气总公司做出了一个非常艰难而又勇敢的决定，即向西部进军，进行较大规模的勘探工作，得到了中央的采纳，并提出了"稳定东部、发展西部"的方针，被写入了国家"八五"计划。总结几年来的西部勘探工作，我认为有三个方面做得比较好。

一是在开展西部勘探的过程中，我们仍然保持了东部地区大规模勘探的趋势，不仅使东部地区的勘探工作没有受到负面影响，反而还有一些好的影响。比如东部的队伍向西部流动，对东部进行队伍分流，结构优化有很大的好处。在资金非常困难、油价没有到位的情况下，很勇敢地迈出了这一步是非常有胆略的。通过几年来的努力，西部勘探从一条充满荆棘的小路走上了一条宽广的金光大道。

二是在西部勘探之初，总公司党组提出要用"两新两高"方针来组织会战。通过这几年的实践，我认为这个方针很了不起，是和十四大提出的建立社会主义市场机制是完全一致的，石油工业在培育社会主义市场经济方面走出了自己的路子，并在摸索中不断发展。现在这条路越走越宽敞。

三是会战初期确定的"以勘探为主，以油发展油"的方针非常重要。当时有同志曾提出，主要是搞勘探，把储量拿到手。现在看来，这条路走不通，还是要走边勘探、边开发的道路。我们正是这样做了，才使西部原油产量得到大幅度的增长，使整个陆上石油工业原油产量避免了负增长。同时，西部油田特别是塔里木，也冒了相当的风险，开发靠借款，勘探也靠借款。现在自筹资金逐年增加，过几年以后可以逐步进入良性循环，开发、勘探、还账都可以同时进行了。

总之，总公司在 1989 年前后做出的这个决策是勇敢的、艰难的。通过五六年的努力，西部地区的勘探工作，正像姜春云副总理说的那样，仅仅是一个序幕，是西部地区进行大面积勘探开发的序幕。尽管它有光明的前景，但从目前来看，对全国石油行业来说只能是帮小忙，没有起到决定性的作用，还没有实现石油工业的战略接替。所以姜副总理向我们提出要有紧迫感、责任感。姜副总理的提法很好，将鞭策我们继续向前做更多、更艰苦的工作，尽快在西部找到特大型油田。在这个时候，总公司在塔里木召开西部油气勘探工作会议，我认为确实是一个具有历史意义的事件。从此以后，将会有更多的人来关心西部勘探工作，支持西部勘探工作，投入更多的工作量，从而迅速地扩大勘探成果。

第二点感想，我认为这次会议开得非常好，对我极有启发。大体上有以下几点。

一是新区事业部对西部侏罗系展开全面研究，做了一件非常伟大的事情。从西部勘探成果图上可以看出，王昌桂同志的报告使西部空白地区逐步充实进去了，让人们逐步有了印象。西部地区侏罗系是很有潜力的，有的不是小盆地，是中型盆地，有的甚至可以叫大型盆地。有没有这么一个机构，有没有这么一批人在系统工作，效果是不一样的。如果让每一个油田单独去工作，就很难得到今天这个概念。这项工作是一项开创性的工作，今后还要进一步加深。同时也希望新区事业部不要把地盘占得太多，要赶快招标，让油田开展勘探工作，这样就可以加大力量，加快该项工作的进程。

二是西部地区资源是很丰富的，有投入就会有产出，有工作就会有收获，几乎每个盆地都是这样。不管是大盆地、小盆地，还是不起眼的盆地，通过工作都可以取得成果。比如焉耆盆地，通过一年多的工作，就已拿到了上亿吨的储量。大港油田在尤尔都斯投入了较少的工作量，就在中部找到了一个构造，估计一钻井就可能出油，不能小瞧。

三是从中国特别是从西部地区石油地质情况来看，地质条件还是非常复杂的。我在想，西部要找的大油气田是一个什么概念？可能不是一般意义上的简单的整装的大油气田，可能有它自己的模式。比如陕甘宁大气田，给人的印象好像一个"大薄饼"，宽得不得了，但比较薄。塔里木塔中4油田是经过破坏的，原来储量有3×10^8t以上，但现在才接近1×10^8t。准噶尔的石西油田，油层是火成岩，有很多垂直裂缝，以后开发起来将非常困难。所以，我觉得西北地区地质条件非常复杂，并不是人们想象的那么简单。如果抱着和科威特大油田地质条件一样的想法，我们可能就会失望。对于复杂的地质条件，我们在考虑问题时需要注意，一是要有多种设想，另外是不能企求速战速决，要有长期作战的准备。我自己的思想也是通过几年所经历的情况才逐步形成的。我觉得，对塔里木盆地的油气勘探要有长期奋战的准备。盆地油气储量增长的趋势可能有几个高峰，也有可能是以油田群的形式出现。另外，我认为既然是复杂的，就要勇于去探索，不怕失败，要经得起考验，锲而不舍地开展工作。比如，塔里木曾进行过一次著名的"马蹄形"战役，柯克亚油气田发现后，我们就布置从库车—喀什—叶城广大马蹄型地区打了好几十口探井，结果所获甚少。如果当时用一种锲而不舍的方式继续前进，塔北地区油气田群的发现会更早些突破，因为目前在塔北包括库车确实存在着琳琅满目的油气田。又比如，在塔中找到了一个"独生子"——塔中4油田，下一步如何办，我觉得应该坚持把工作继续开展下去，才会取得新的成果。

四是要多进行规律性研究。这次会议上有很多报告，我听了以后很开窍，有很多规律值得我们去学习，去研究。有没有对规律性的认识，有没有对风险程度的判断，开展工作是不一样的。比如，塔中地区和塔北、库车地区勘探工作到底有什么重要差别，简单来说，我认为最重要的是生油层不同。台盆区由于生油层年代老，又经过数次运动，给我们带来一系列的复杂情况。直到最近，我们对它才完成了一个初步认识，即从寒武系底部到奥陶系顶部是一个很大的生油层岩体，厚度达10000m以上，底部成熟度很高，中上部目前正处在生油高峰期，而且在生油岩体中已发现了好几层有机碳非常丰富的层段。整个盆地从东向西成熟度逐步降低。这是经过几年摸索才得出的认识，是很重要的。有了这种认识，勘探方向自然就比较明确了，我们才敢于在这个地区进行勘探，相信在不久的将来会有重大的发现。最近，我们准备把 85-101 科技攻关项目的研究成果运用于生产中，目前有的成果已经用上去了，现在需要把一些规律性的认识认真浓缩一下，加以分析，尽快运用于生产实践。

第三点感想，这次会议日程安排中有一项实质性的活动，就是进行区块招标。我作为一名在塔里木工作的同志，拿出去几个区块总觉得有点遗憾，但我觉得这是一种加快的途径，因此我非常拥护总公司的决策。我认为，对已经有发现的地方去加快，这是一个方面。更重要的，是要加快那些现在还不明朗的地方，在那些不为人们所熟悉的地方去进行工作。区块一划出来，地质家们的思维就集中到区块上，比起我们对这么一个大盆地的考虑，肯定要好得多。同时把东部的人才、资金吸引一部分到塔里木来，只能有利于加快塔里木勘探的进程。从西部勘探大局出发，塔指领导班子也进行过讨论，恋恋不舍地划出去三个区块，但我们是坚决拥护总公司党组的决策。

第四点感想，塔里木盆地当前要加强关键战术的关键环节。从中国陆上石油地质情况和勘探发展进程来看，第一台阶是大庆，第二台阶是渤海湾，第三台阶是西部地区。西部地区特别是塔里木，充满了相当数量的世界级难题，给我们带来了一系列的困难。在钻井、地震、录井、测井、测试等关键战术方面都有很多难题，需要我们研究解决。

钻井工程方面：在特殊的地区打深井，由于油层埋藏深，这是避免不了的。并且油层的底界目前还没有完全弄清楚。油层到了 6100m 深，孔隙度还有 14%，可以自喷。在打超深井的时候，就要研究打小井眼的技术。此外，还要研究多下一层套管的技术等。在比较特殊的盐层、高陡地层、高压盐水层、不稳定井壁等比较复杂的层段，要研究如何快速钻进问题。我们花费的时间确实太多了，特别在山前钻一口井，有的甚至要花上两年时间。我希望集中全国优势力量进行专题研究，像新区事业部专门组织一批人员研究西部侏罗系一样。

钻井的油层保护技术要研究。从会战开始一直到现在，仍然没有解决好油层保护问题。有的时候存在着"要井和要油层"的矛盾，当然最好是既要井又要油层。可是到了最后，只能是决定把井往下打。

超深的水平井技术也要研究。比如轮南潜山油田，我认为就是一个大油田，主要是由于技术不够，没有能拿下来。如果能够发展超深的水平井技术和地震的裂缝识别技术，就可以把这个油田拿下来。

在地震方面也碰到了一系列问题。首先是速度问题，从会战开始到现在做了大量工作，但仍没有达到令人满意的目标。同时，沙漠地震的静校正、分辨率等方面，山地地震的采集和成像方面都存在许多技术问题。我们还没有过硬的精细的油藏描述。特别是三维地震，现在基本上还处在消化不良的状态。三维地震采集完了就进行处理，处理完了马上计算机成图，就算解释完毕。我认为绝不是这样简单的事情，确实需要反复地去处理，反复地去解释。

测井方面做了大量工作，但同样也存在一系列问题。在石灰岩、裂缝地层里，几乎判断不出它的流体性质。有时 2 类裂缝比 1 类裂缝好，说不太准。碰到薄层的油气层，低电阻油层，解释也很困难。李天相主任曾经说过，要我们多运用新技术。我们现在确实有一些新技术，比如斯伦贝谢的一些技术用得不够。国内有的技术几乎全用上了，有些地方还是不尽人意。

录井方面也存在一些问题。我曾经跟一些同志开玩笑，说塔里木的岩心不值钱，对含油岩心试油试出了水，什么也看不清的岩心试出了大量的凝析气。还经常碰到在钻井过程中加磺化沥青，加润滑剂，结果荧光上去了，无法判断真假油气显示。提高钻井速度，就用 PDC 钻头，返出来的岩屑像面粉一样，无法判断。因此，要对现场录井技术进行攻关研究，做到在复杂条件下能够准确地做判断。

测试方面，对深井的中低产层几乎是一筹莫展，压裂改造效果甚微，这些都需要大力攻关解决。

总之，面对一个复杂的对象，要对关键技术的关键环节进行攻关，进行开发性的攻关。比如沙漠公路的技术攻关，采取聘请全国的专家一起研究的方式，结果修了一条水平很高的沙漠公路，如果全靠塔指来修建，根本就无能为力。我认为把石油系统专家组织起来，研究解决西部勘探工作中的一系列难题，是可以做得到的。面对复杂的地质体，有了一套对付它的办法，我们的工作就能继续前进。

在南方油气勘探工作会议结束时的讲话

（1996 年 7 月 20 日）

这次有机会到南方参加这个有历史性的会议，感到十分荣幸。这些年我一直在新疆塔里木工作，这次王部长要我到这里来开会，我体会到可能是让我这个老兵开开眼界，来学习一下，所以欣然前往。

几天来，听了南方本地同志们的报告，以及马力同志代表新区事业部的报告，还有许多专家的发言，我确实感到收获很大。在这里，首先我特别要说两个想法。一是在南方工作的同志们，可以说是前赴后继，油气勘探工作坚持了 40 年，做了大量的前期准备。对此，我非常敬佩。二是新区事业部有个南方项目经理部，有和没有是不一样的，是有差别的。有了这样一个项目经理部，在大家工作的基础上做了汇总，做了消化，做了加深，而且重要的是做了比较。由于有了一些比较性的评价，就对这个地区今后展开大规模或较大规模的勘探提供了准备，这样可使我们的工作大大前进一步。所以我觉得，这是做了一件很好的事情。

下面，我主要谈谈三点意见。

第一点意见，谈一谈对南方地区的一些认识。

我很长一段时间没有对南方进行具体研究。这几天听下来以后，感到南方地域很大，沉积岩非常厚，特别是海相沉积岩很厚，可以说是我国之最，生油岩厚度也很大，具备了生成工业性油气的基本地质条件。但同时又给我一个很深的印象，就是后期改造作用很强烈，差异性很大。它看起来像个整体但又不是个整体，它不是个整体但相互间又有联系。正因为这样，需要我们有更大的投入，而且在投入过程中滚动性前进。这是我的看法。当然，不是一说投入，就一下子投得很大，那也不应该。这个投入的本身，主要是促进勘探突破的尽快到来。我把这个地区同其他地区做了些比较，感到南方在全国油气盆地中算是最复杂的一个。如果按盆地复杂程度来划分，松辽盆地可称作是我国的第一个台阶，因为那里的地下和地面条件都比较简单。第二个台阶是渤海湾盆地，尽管地面条件比较简单，但地下条件相当复杂。第三个台阶是我在那里工作的塔里木盆地。对这个盆地，我用三句话概括，叫作：油气资源十分丰富，地下条件十分复杂，地面环境十分艰苦。我把塔里木盆地石油地质条件的复杂性同南方比较，这里应该算是第四个台阶，它的复杂程度要比塔里木更强烈一点。所以，从全局选区来说，把南方放在陆上的最后一个部分，是比较合适的，而且目前也应当将它放在比较重要的勘探日程上。南方地区油气勘探，正在由浅入深。现在是到了适当加大南方勘探力度的时候了，特别是要加大准备工作的力度，使南方地区能够在 21 世纪对发展陆上石油工业做出比较大的贡献。

第二点意见，要迅速加大突破对象的准备力度。

南方这么大的一个区域，在没有获得重大突破之前（现在指的是中、古生界海相石灰岩，中新生界盆地已早有突破），我们确实做了大量的准备工作。这种准备工作，要是放在全世界任何一个沉积盆地一起进行比较，它已经做得相当多了，但也有欠缺之处，就是对突破对象的准备工作很差。我分析了一下南方的石油地质条件，把它简单化一些，主要是三个独立性的因素。

一是生油条件。它的生油条件很好，从有机碳的情况到烃类的生成，都是很好的，而且厚度比较大，分布范围也很广，只是热演化的历史比较复杂。如果把找油找气一起来看，没有什么可担心的。也就是说，只要把镜煤反射率放大一点，就根本没有什么禁区，应该说是比较好的。这是我们大家所了解的。

二是储集条件。现在掌握的程度属于中等情况，我认为不那么很确切。这个地区的储集条件，普遍地讲，都是成岩以后所产生的一些次生的、改造型的缝缝、洞洞。它不是像砂岩一样埋藏很浅的那种东西，是原生的，只要能找到那个砂层，它就应该有孔隙度。而这个地区变化则比较大，通过对一些露头情况的了解，包括对生物礁，对缝缝、洞洞、不整合面等的了解，感到地下深部的情况有些只能靠钻探来解决，要再深入就像今天冯教授讲的再搞岩相古地理。这些都应该继续做，但有些就是要靠钻探来证实或者加以探索。

三是圈闭条件。我说的圈闭比大家说的要更广泛一点，包括圈闭的形态，包括它的盖层，它的保存条件，它的形成时间，它的断层的开启、水文地质条件等在内。

这第三个条件恰恰是我们最薄弱的。作为石油地质家来说，应当把上述三个独立的事件，放到一个历史的过程中进行研究。当然，它是在变化的，在历史上是个演变过程。但是，我们也要重视对它结局的研究。结局就是现存的局部圈闭。可以举一些例子，有些时候由于运气好，找到了一个圈闭，而且是非常可靠的圈闭，甚至生油层还未来得及弄明白，储集条件还未来得及弄明白，就找到了油田。之后，反过头来再研究它的生油条件和储集条件。而现在正是缺少最终的这个钻探对象，因而影响了勘探的突破，工作只能停留在纸上谈兵的阶段。我认为，圈闭准备是我们要进行突破的、几乎不可逾越的，又是非常捷径的一个东西，就是今天孟教授说的那个"猎物"。这个"猎物"，如果是模模糊糊、若明若暗，那就没法搞下去。所以，我主张尽快地把这个"猎物"圈画明白。要把突破对象尽快准备出来，就必须加大地球物理特别是地震工作的力度。

如何加大地震工作的力度，我提出六条。

一是加大地震资金的投入，增加地震队伍的数量。"九五"期间，可考虑地震投资在勘探工作量中占主要部分，甚至比钻井投资的比例还要大。

二是从实际出发，因地制宜，不能哪壶不开提哪壶。我同意孟尔盛同志的意见，觉得最重要的是因地制宜，从实际出发，不要这样不行非要这样弄，那就没有办法。我认为，对这些工区应尽快地认真进行分析和鉴定，哪些地方稍微做些攻关就可进行"工业制图"；哪些地方现在根本不能制图，只能进行攻关；哪些地方暂时缓一缓，或用其他地球物理工作去代替，用MT或别的方法，来帮助选择钻探对象。我想，应当做出这样的分析，然后再来搞。

三是明确地震工作当前只是为了弄清构造形态，暂时不要求别的。因为这个地区构造变形很厉害，应尽量把构造形态搞清楚。

四是地震队既是生产队，同时又要成为攻关队，碰到什么问题就解决什么问题。上次我到滇黔桂，看了古近系—新近系盆地的地震剖面，剖面很漂亮。我问他们的剖面怎么这样好，他们告诉我说，剖面是做一条、验收一条，不行就重来。我觉得，他们的做法是正确的，地震要以优等质量为标准，而不是追求千米数。这样，就能够一条一条地做好，把资料整好。

五是对一些地形条件特殊的地方，不要强求去做大剖面。做那个大剖面，无非是想得出一些结构性的认识，对于所要选的那个对象提供帮助。但是，如果代价太大，那还不如就在一个盆地里，在北边打一个，中间打一个，南边打一个，同样也可以进行比较。因此，在一些特殊的地方，不一定非要哪壶不开提哪壶，不要逼着硬干。硬要干，当然也有干出来的，也有干不出来的。

六是对做多少工作量才能布井位要做出规定。比如预探井，最少的地震工作量是什么，参数井，最少的地震工作量是什么，而且不能一般性地二乘二、一乘一那样去堆工作量，关键是对一些高幅度构造，高变形构造，要用多大工作量才能控制预探井的井位，这都要做出具体规定。我是不太赞成不上地震就打井。从目前世界范围内来讲，在钻井之前，地震是对地下形态描述最准确的一种方法，别的应该说还是模模糊糊的。当然，我也不反对在一些很特殊的地方，使用其他物探方法打参数井，但要十分慎重，起码应该经过勘探局的批准。我在海洋工作的时候，南黄海就遇到过这种情况。BP 公司开始时画了一个很大的构造，漂亮极了。结果上去了，一打地层就重复，重复了好几次，打到最后也不知道打到什么地方去了。所以，那些形变非常剧烈的地方，弄清楚构造形态确实是至关重要的。

第三点意见，非常同意会议提出来的整个南方油气勘探工作，要整体部署，要统一组织，要明确分工，要按项目实施

这里我想只强调两点。

一是整体部署和统一组织。它的基础是统一研究。我主张南方石灰岩的研究工作，在勘探局和新区事业部总体规划下，统一组织，统一研究，而且可以分工。大家都要按照一定的规格收集资料，这样才可以互用。标准的制定，究竟怎么研究法，怎么统一起来，牵头单位是勘探局和新区事业部，由他们把这些事情办起来。我主张特别研究这个地区的一些特殊性。每一个盆地，除了共有的一般性以外，都有自己的特殊性，最重要的是研究它的特殊性。掌握了特殊性，就能产生新的思维，我们的工作就能前进一步。譬如，南方后期的剧烈抬升肯定是个特殊的东西，这给我们带来的是什么？现在还不是很清楚，需要进行很好研究。在经过艰苦工作之后，大多是在取得重大突破之后，在发现大油气田之后才能产生新的理论。现在，南方地区要借鉴那些已经工作时间很长地区的一些成功的东西，当然也要结合这里的特殊性来研究。大庆油田发现以后，产生了陆相生油理论，这个理论得到了大家的公认。渤海湾地区发现了许多油气田后，产生了复式油气聚集理论。塔里木盆地，现在就是因为还没有特大的发现，它的理论还产生不出来，但我相信过不了几年会产生出来，它肯定有它自身的一套东西。南方地区也一定在获得重大发现以后，就会有一套理论产生出来，而且人们才会深信不疑。对我们地质家来说，特别强调的就是要进行统

一研究。

二是按项目实施。按项目实施，非常重要。按项目实施就是社会主义市场机制，就可以用少量的技术骨干，少量的管理人员，使用一笔钱，迅速地把全国最高水准的技术和队伍吸引和组织起来。没有这样一个机制是办不到的。

希望南方各局的局长，思想要开明，让项目经理部以找油找气作为最主要的任务，能够不受你们的管辖和支配。他们可以选用你们的队伍，也可以不选用你们的队伍；可以用你们的技术，也可以不用你们的技术，这样才有可能把最需要的队伍和技术吸引到南方来。我感到，南方勘探必须应用新的技术，要有大量的高科技投入，才有可能解决这里的复杂问题。我在塔里木工作了这些年，确实对这一点深有体会，只有新体制才能促进高科技的投入。我们在塔里木修了一条沙漠公路，并获得了 1995 年国家十大科技成果奖。这是集中了全国石油系统、科学院、交通部和新疆各方面专家的智慧，不是光靠塔里木能办到的。我们打的水平井，在塔里木已经可以打 6000m 左右的超深水平井，它的技术靠的是胜利油田。现在就是巴州的党委书记都明白，他那个城市的道路，修筑队伍是修沙漠公路的长庆油田筑路处，修出来的马路比乌鲁木齐的还好得多。如果他们用自己的队伍来修，水平就不会是这样。所以，我认为，南方这个地区需要大量的高科技投入，并一定要让项目经理部能够有职有权去选择自己最需要的东西。当然，如果说你的水准也很好，当然也可以选用，但要竞争，不要用行政手段去干预。南方是我国最早的开放地区，我想脑筋换得要比我们更快，能够进行更多的开放性工作。

最后希望南方地区的同志，充分运用好总公司适当加大投入的机遇，在勘探局和新区项目经理部的统一组织下，通过艰苦努力，使油气勘探尽快获得重大突破，为陆上石油工业增储上产做出贡献。

石油工业"稳定东部，发展西部"的任务与挑战

（1996 年 11 月）

我国陆上石油工业 40 多年来先后在约 150 个盆地，面积近 $300 \times 10^4 km^2$ 的广大地区展开油气勘探生产活动。截至"八五"末，这些活动使我们在大约 20 个盆地中发现了 500 多个油气田，在另外 20 个盆地中就得工业油气流。累计探明石油地质储量达 $170 \times 10^8 t$，探明天然气地质储量 $1.1 \times 10^{12} m^3$，探明程度分别为 24.5% 和 3.8%。因此从总体上看，资源探明程度比较低，从现在起到下个世纪的一段时间内，我国石油工业仍处于发展和上升时期。

在"八五"期间，我们共新增探明石油地质储量约 $28 \times 10^8 t$，探明天然气地质储量 $5500 \times 10^8 m^3$。油气储量（当量）超额完成了计划，分别比"七五"多探明 $5 \times 10^8 t$ 和 $3594 \times 10^8 m^3$，五年探明的天然气储量，相当于前 40 年的总和。成为我们历史上储量增加最多的一个五年计划之一，勘探效益也很好。油气产量持续增长。五年共生产原油 $6.95 \times 10^8 t$、天然气 $803 \times 10^8 m^3$，比"七五"多产油 $2141 \times 10^4 t$ 和气 $98 \times 10^8 m^3$。这些成绩的取得，是我们陆上石油工业全体人员在党中央、国务院领导下，坚持深化改革，不断扩大开放，认真贯彻"稳定东部、发展西部、油气并举"的方针，经过努力奋斗和艰苦拼搏取得的。

但是，根据国家制定的今后 15 年国民经济和社会发展规划纲要，我国国民生产总值年增长速度将保持在 8% 左右。如果按能源消费弹性系数 0.5 计算，预计到 2000 年我国石油消费总量将超过 $1.8 \times 10^8 t$。而且这期间我国东部大部分主力老油田已经进入高含水开采阶段，产量逐步递减的趋势越来越明显，要保证国民经济对油气资源的需求，要继续发展我们的石油工业，要保证石油生产的稳步增长，除需要努力开辟更多的新区和探明更多的储量外，还必须强化东部等老油区稳产力度，推广多次采油，动用低品位储量等。显然，石油工业的任务是十分艰巨的，这样的艰巨性还表现在如下五个方面。

1　由于大规模油气生产活动的持续进行，油气开发程度不断深化

特别是近些年来，油气勘探对象具有转移快、复杂化的特点。在我们的老区，勘探活动不断深化，越来越多的勘探目标是针对小断块油气藏和岩性、地层油气藏；在新区，地质条件越来越复杂的同时，地理条件更为艰难（如海洋、沙漠、山地、河网、沼泽等条件），人文条件也越趋复杂化。新区勘探条件差、自然环境恶劣，因而勘探成本增加，造成资源投入产出入不敷出。

2　后备资源严重不足

陆上在"八五"期间共新增可采储量 6.91×10^8t，而采出量达 6.95×10^8t，相差 400×10^4t。突出的是东部地区，五年产油 6.21×10^8t，可采储量仅增加 5.54×10^8t，相差 6743×10^4t，因此，"稳定东部"面临严峻的形势。陆上油田的剩余可采储量的采油速度已由"七五"末的 8.39% 升至目前的 8.65%。已开发油田的剩余可采储量为 14.9×10^8t，加上未开发部分在内的总剩余可采储量为 19×10^8t，储采比为 13.5，是比较低的。

3　陆上老油田稳产难度越来越大

目前陆上油田平均综合含水 81.4%，采出程度达 65.5%，老油井产量年自然递减率为 14%，年自然递减产量达 2000×10^4t，特别是全国年产量已达 1300×10^4t 的稠油油藏，自然递减率高达 30% 以上，需要通过新建产能和大量的措施作业工作量来弥补。老油田随着开采程度加深，储层内油水分布状况越来越复杂，增产挖潜对象不再是层系间、小层之间的潜力层，而是要寻找层内厚度仅有几十厘米的韵律段和井间剩余油相对较多的零散小块，难度进一步加大。老区加密调整井和作业措施效果逐步变差，和"七五"末相比，加密调整井的平均单井日产量已由 8.3t 降至 5.5t，措施作业每井次的年增油量由 511t 降至 422t。预计"九五"弥补老井递减的工作量将进一步加大，效益更差。

4　资金紧张导致发展后劲不足

由于勘探对象越来越复杂，开采难度越来越大，加上物价上涨，勘探开发成本不断升高，再加上债务沉重，到 1995 年年底，总公司系统长期借款余额达 851 亿元，近两年每年需还本付息 160 亿元以上，因此"九五"期间建设资金仍有较大缺口，这将严重影响陆上石油工业的发展。

5　油气生产外部环境十分严峻

根据中央党校经济研究中心对胜利、辽河、华北、中原和长庆油田的调查，结论是"企业社会和生产环境日益恶化，国有资产流失令人惊心，情况已经严重到需要向中央和国务院且有关部委告急的程度。"

（1）电力、原料、设备被盗抢，生产设施遭受破坏。

据不完全统计，上述 5 个油田，在 1994—1995 年度，仅立案的案件就达 21539 起，直接经济损失 16.3 亿元，间接损失 8.8 亿元。1993 年，华北油田霸 33 井，因不法分子盗油，引起井喷起火，延续了 21 天，直接损失达 3200 余万。今年 8 月，中原油田输送汽油管线被不法分子钻开，引起大火，死亡 40 人，烧伤 59 人，直接损失 110 万元。华北油田被地方侵占使用的天然气，每日达 $16 \times 10^4 m^3$，相当该油田在向北京市日供气量的 50%，而且不法分子还要在向北京输气管线上打眼接气，严重影响向首都正常供气。类似的例子举不胜举。中原、华北和长庆三个油田为此每采 1t 油成本要付出 100 元左右。我国的其他油田也有类似情况，国家蒙受的损失的确是触目惊心的！

（2）油气井、油气储量被抢占，被乱开滥采。

这是近些年出现的新情况，并有越演越烈的趋势，其危害性更大。以陕北为例，自 1993 年下半年起，陕西省内外近 200 个单位，蜂拥云集陕北，与当地合伙占地打井采油，掀起了一股"石油潮"。据不完全统计，两年时间上述单位共打井 850 口，1994 年总计生产原油 $17 \times 10^4 t$，按每吨 1000 元计，销售总额 1.7 亿元。与此同时，"石油潮"干扰了中央企业正常的生产秩序，浪费了国家宝贵资源，加重了社会负担，也不利于环境保护和社会安定。类似陕北"石油潮"的情况，其他省也不同程度地存在着。

（3）各种赔偿费用太高，没有法律约束和明确的规定。

青苗费、鱼苗费，甚至鸡鸭惊吓赔偿等，要价越来越高，在这样严峻的形势面前，如果没有国家政策的保护，没有各兄弟部门的协助，没有地方政府和群众的支持，我们石油工业就可能变得举步维艰。石油企业，尤其是老油田企业要生存、要发展，除了继续认真贯彻"稳定东部、发展西部"和"油气并举"的战略方针及党的十四届五中、六中全会精神，努力在实现两个根本性转变上下功夫，使东部地区的原油产量基本稳定，西部地区上一个新的台阶，建议国家应给予一些扶持、保护性政策。

一是尽快制定和出台《石油法》。石油是重要的战略物资，油气行业具有自己的特点，因此世界上大多数油气生产国家除了矿业法之外，都专门制定了石油法律和法规。无论从我国石油资源的实际状况、长期稳定发展需要出发，还是与外国公司合作并按国际惯例办事的需要出发考虑，都应该迅速建立完整的石油法律、法规体系。和世界上大多数国家一样，我国石油法应该继续加强国家对石油天然气资源的宏观管理，继续执行一级登记管理制度；正确界定中央与地方的权事和利益，确保国有大中型企业的主体地位，完善对外合作的专营制度及有利于跨国经营制度。另外，对那些高含水油田的多次采油、低品位油气藏的勘探开发、复杂地理和地质条件地区油田的勘探和开发，应当持积极的鼓励态度，并建立相应的鼓励政策。

二是尽快使资源补偿费退还制度化。我们拥护国务院关于资源补偿费的提取办法，但是还要建立相应的制度加以保证。我们建议尽快建立资源补偿费返还制度，使各级主管部门能够很快返还给负担大量勘探工作的生产单位，并真正用于油气勘探。再者，我们许多老油田综合含水率等指标已经很高，实际已经接近或相当于尾矿开采，建议国家应当制定这类油田资源补偿费的提取标准，以鼓励老矿挖潜和东部的稳产。

三是出台海外投资勘探开发油气资源的优惠政策。我国人口约占世界人口的四分之一，石油可采资源量占三十分之一，天然气可采资源量占五十分之一。因此油气人均占有量大大低于世界人均水平，所以我们要积极地应用国外油气资源，目前油价较低使国外勘探开发活动减少，也是我们参与国外开发，建立自己可靠石油供给基地的有利时机，因此国家应出台一些鼓励国际化经营优惠的政策和措施。

在塔里木石油勘探技术座谈会开幕式的讲话

（1996 年 12 月 10 日）

同志们：

一年一度的塔里木石油勘探技术座谈会今天开幕了。参加今天会议的有王涛总经理，李天相主任，总公司有关司局的领导和专家，有咨询中心、物探局、北京研究院及来自全国各地的兄弟单位的领导和专家，共 260 多人。大家在这里将共同商讨如何进一步加深对塔里木盆地油气聚集规律的认识，集中研究如何迅速扩大塔里木盆地的勘探成果。这次会议将对塔里木盆地明年的勘探部署具有重要的指导作用。我代表塔里木石油勘探开发指挥部和指挥部工委，向远道而来的各位领导和代表致以最热烈的欢迎！

下面，我想讲三个意见，供同志们参考。

第一，一年一度的勘探技术座谈会对塔里木来讲收获是很大的。这个会议实际上是一个三结合的会议，有总公司的领导和各司局的领导，有各方面享有盛誉的地质专家，再加上在塔里木长期工作的勘探技术人员，每年都来到这里研讨一次我们的勘探工作，有哪些做得比较好，哪些还做得不够，勘探的成果有哪些，有哪些新的认识，有哪些认识还不全面等。我觉得每年召开勘探技术座谈会，对于我们下一年度重新选定勘探方向和勘探目标，具有很重要的指导作用。去年召开的西部油气勘探会议，就要求我们去钻探大型圈闭，我们确实执行了这一方针。今年我们钻探的大型圈闭却是不少的，而且有很多圈闭获得良好的油气显示。这种形式也是我们塔里木新体制的需要，新体制要求我们借助各方面的智慧和力量，来指导塔里木盆地比较复杂的勘探。希望各位领导、各位专家认真听取我们的汇报，同时要畅所欲言，为我们出谋划策。我先在这里对大家表示感谢！

第二，中央领导同志对塔里木盆地的勘探工作确实是非常关心的。今年以来，李鹏、邹家华、吴邦国、李铁映、温家宝、铁木尔·达瓦买提等中央领导同志相继到塔里木视察工作，对塔里木 7 年多来在十分艰苦条件下取得的成绩都给予了充分肯定，对我们实行的新体制都表示赞赏，认为这符合改革的方向，新体制的潜力很大，需要推广。同时，中央领导对我们的工作提出了殷切的期望，希望我们能够尽快地获得更大的成果，为国家做出更大的贡献。

我给大家传达一下李鹏总理在听取塔指汇报关于新疆两大油田的基本情况汇报后的讲话精神，中央总的方针是要稳定东部，发展西部，东部大庆油田年产 5000 多万吨还要稳产 15 年，发展西部寄希望于新疆三大油田，特别是塔里木油田。塔里木油田经过几年来的勘探、建设到生产，现在已是初具规模。希望能够按照社会主义市场经济的新体制运行，实现 2000 年新疆油气产量达到 2600×10^4t 的目标。这样对国家贡献就更大了，也更能带动地方经济……到"九五"和 21 世纪前 10 年要开花结果。2010 年达到年产 5000×10^4t，等于又建成一个大庆……新疆的油田，特别是塔里木油田，任务是非常重的。

希望本着现在已经确定的方针，按照社会主义市场经济的新体制来运行，效率要高。通过地方的积极参与，带动地方经济的发展，争取"九五"有一个较大的发展，到21世纪的前10年有更大的发展，建成第二个大庆。

这对我们鼓舞很大，同时压力也很大，要在14年内不仅要把储量搞上去，而且还要使产量上去，要把油气产量上到5000×10^4t，这是很艰巨的任务，而且需要我们三大油田共同努力。指挥部和会战工委在今年初根据中央领导的批示就意识到了这一点，我们提出来要当过河卒子，勇往直前，义无反顾，誓不回头。还提出"宁肯少活20年，也要找到大场面"，现在已成为全体会战职工的共同口号。我们的决心已经下死。当前关键问题是加深对塔里木盆地的地质认识。塔里木盆地经过7年多较大规模的勘探实践以后，仍有很多自己的特殊性。它不同于东部地区的地质规律，也不同于海上油田的地质规律。就新疆来讲，塔里木也有很多独特的地方，与准噶尔、吐哈两个盆地很不相同。我们的地质家和勘探家们所面临的都是全新的问题，我们的新思维要通过实践逐步积累。所以，我们要重视自己的实践，在实践中尽快地总结带有方向性和规律性的东西来指导我们的勘探工作，尽快地开花结果。

第三，塔里木今年的勘探开发工作取得了重要进展。今年的勘探情况，从表面上看，大的发现目前还没有，只有一些中等的和小的发现，但是今年勘探的力度、甩开的程度确实比以往任何一年都大。经初步统计，自去年西部勘探工作会议以后，我们钻探了20个大于$50km^2$的大型构造，大部分都是构造圈闭，地层圈闭占的数量不多。分布的领域遍布整个盆地。有些大的构造见到了良好的油气显示，有些还刚开钻。今年由于开展了大规模的勘探工作，确实取得了许多地质规律的新认识，这是非常重要的。

从我们的油气产量来看，增长的幅度是很大的，去年原油产量是253×10^4t，今年可以达到315×10^4t，到明年将达到440×10^4t，排在全国第6位（不包括四川气田）。就塔指来讲，过"小日子"还是蛮不错的，我们只有4400人，加上乙方会战队伍也只有20000人，440×10^4t原油产量，显然比一些老油田好得多。

但是，我们最大的压力是寻找大场面。我们认为大场面已在逐渐靠近，但仍未到手，这是我们梦寐以求的。我相信，只要我们大家去努力，就有可能获得这个成果，因为塔里木毕竟是全国最大的沉积盆地。

以上是我讲的三点意见，希望专家们多提宝贵意见，指导我们的勘探工作，尽快逼近大场面。这个会议准备开5天，有大会报告，之后请专家发言，梁狄刚同志做大会总结，最后请领导讲话。

在塔里木石油勘探技术座谈会结束时的讲话

（1996 年 12 月 14 日）

同志们：

这次会议开得很好，很成功。听了以后，我不仅感到收获很大，而且很受感动。各位专家对塔里木寻找大油田表现出的高度热情，使我们倍受鼓舞。每年开技术座谈会时都盼望近期能找到大油田，但实施下来的结果总是不尽人意。我一直在反思我们工作中的弱点和缺点，特别是这次听了专家们的发言后，我有四个体会。

第一，我们搞地质的同志要认真学习专家们的四种精神。一是要学习他们那种寻找大油田的执着精神。有的同志从 20 世纪 70 年代就在这儿找油，身患癌症，治愈后又重返塔里木，对找油依然是那么投入，那么有信心和决心。二是要学习他们敏捷的思维。我们在会战中也有些发现，对有些苗头也进行钻研，但并不是那么认真，不是抓住问题不放，有时是"不识庐山真面目，只缘身在此山中"。对有些情况，有些油气显示见惯不惊，"靠天吃饭"，对有些油层也改造过，有的没有效果也就放弃了。三是要学习他们的勇敢精神。一个地质家是需要勇敢的。有的专家就敢于提出找大油田的具体目标和储量目标，我希望碰到勇敢的地质家，敢于提出目标，而且敢于实践，这样才会有突破。四是学习他们的务实精神。这次会上专家们提出了许多非常具体的建议，对我们井怎么打，地球物理工作怎么做，都有些具体的意见，很受启发。我们要集中精力找出弱点和差距，这并不是说我们工作得不好，而是我们在这么艰苦和复杂的地区找油，更要学习专家们的这些精神，用这些精神来武装我们，更加自觉地向大自然进军。这次会议明确了许多新的认识，明确了新的重要战场，也明确了新的勘探对象。

第二，塔里木的石油会战，现在有些像"春秋战国"时代，这是一件好事。目前，除了塔指以外，外国有 3 家公司，有埃克森、阿吉普、日本的公司；还有其他友邻部队，有新疆、大庆、华北、胜利及新区项目经理部这 5 家；再加上地矿部，一共有 10 个单位在这里工作。这到底是好事还是坏事，我特别看了一些材料和听了一些发言，我认为是件很好的事情，它能够集中不同的智慧，从各个角度来认识塔里木。可以看得见，一旦某个区块给了这一家，这一区块就明显进展很快，这比我们原来那种"大锅饭"的形势要强，它的细度和精度都很明显地提高。所以，这个问题很值得研究。现在看来，塔指内部也需要进行区块性的划分，认真地来做研究。特别是有些剖面重新处理以后，质量有了很大提高，这也说明塔里木盆地的潜力是很大的，我们的勘探程度是很低的。只要有投入，就能有收获，就可以找到构造，情况就会很快明朗，我觉得这是非常重要的一条。所以，我赞成"诸子百家"，赞成"春秋战国时代"，赞成划区块进行工作，这样就能够尽快地把塔里木的勘探工作推上一个新的台阶。

第三，要加大勘探的力度。塔里木盆地是我国最大的沉积盆地，我们要对它有投入，而且要非常认真地进行。为什么这么讲？别看塔里木这么大的会战，但我们平均下来每年只有 33 口探井，全国平均每年有 900 多口探井，我们塔里木连零头都占不到，33 口探井中还包括了评价井，真正的预探井最多只有 20 口，就这么几口井，像几根针分布在广大的塔里木盆地上。塔里木到目前为止，加上会战以前的，一共是 425 口探井，其中会战以来只有 264 口探井。我们再来研究一下这些井到底打得对不对，当然，如果研究个别的井，必然存在这样或那样的缺点，但是从整体来说，这些工作量是不够的。我给同志们讲三个情况：第一，现在全盆地总的二维地震工作量是 19×10^4km，近几年平均每年 2×10^4km，全国近几年平均每年 10×10^4km，塔里木占 1/5；第二，三维地震最近这几年平均下来每年是 1000km^2，全国平均每年 7000～8000km^2，塔里木占 1/8；第三，全国每年用 10×10^4km 的二维地震、8000km^2 的三维地震支持了 900 多口探井，我们用 1/5 的二维地震、1/8 三维地震去支持塔里木的 33 口探井，你说是多还是少？所以，同志们只要宏观地算一下就会发现，探井是不能削弱的。塔里木会战以来，截至 1995 年累计探井成功率 46%，预探井成功率 40%，也不算低。当然，从个别具体井来看，有的时候一等就是一年，有的时候可能有些急，这确实是有的。今后，我们一定要改进这种工作方法。我认为，我们研究一个井位还是非常认真的，是翻来覆去的，是从多方面来进行挑选的，最后再来评价。当然，有的时候资料实在是大坏，没有办法，就只好咬牙打一口参数井。比如说和 4 井，打的时候很多人都反对，因为是很新的构造，结果打下去有了盐岩有了生油层，所以，有时我们是需要冒些风险的。会战以来，我们打探井最多的一年是打到 45 口探井，后来一直降到去年的 28 口井，经过很大的努力，今年有所提高，全年共打了 36 口探井。我觉得，这是很重要的一点。而且，如果就按 36 口井的速度，我们十年以后也就只增加了 360 口探井。如果跟其他六大沉积盆地相比，截至 1994 年，松辽是 3192 口探井，渤海湾是 12000 口探井，鄂尔多斯是 3681 口探井，四川是 3329 口探井，准噶尔是 2282 口探井，我估计十年以后，塔里木的探井还上不了 1000 口。所以，我主张，加大勘探力度，加大地震投入，同时也要加大探井投入。

第四，听了大家的意见以后，我们准备办三件事情。一是尽快地落实地震部署，特别是一些构造不落实的地方，尽快地想办法搞上去。同时，分批地落实钻井部署，这些工作要在会后尽快做完。二是我们要花一点时间，认认真真地研究地震工作，看看我们在地震采集、处理和解释这三个环节上，到底存在什么问题，包括我们的装备还有哪些不适应，还有哪些技术问题是长期攻不下来的。比如，速度问题、静校正问题、分辨率问题，我们应该用什么方法才能把这些问题攻下来，用什么方式来进行，我觉得这是很重要的一点。我们准备把需要先办的事办了以后，在一定范围内，和物探局一起来专门研究此事，提出我们的物探工作应该如何解决，有哪些意见。三是钻井问题，包括试油、测井等井筒技术，当前存在什么问题，有哪些技术难关，如何组织攻关，如何限期解决，我们准备开一个会来认认真真地研究这方面的工作，这样就能把各家的意见落到实处，把它变成真正推动勘探工作的动力。

祝各位身体健康，明年再到塔里木来看我们的新成果。

在塔里木探区 1997 年科技攻关
誓师大会上的讲话

（1997 年 4 月 16 日）

同志们：

今天，指挥部召开探区 1997 年科技攻关誓师大会，重点部署今年的科技攻关任务，动员号召探区甲乙方全体干部职工和广大科技工作者，向长期以来制约塔里木石油会战的科技难关宣战，集中优势兵力打场科技攻坚战。召开这次大会，对于我们继续坚持"两新两高"的工作方针，全面落实科技兴油战略，大力开展科技攻关，发展更大场面，具有十分重要的意义。在这里，我首先代表指挥部和指挥部工委，向为科技发展作出重要贡献的各条战线上的先进集体、先进个人和推广新技术成果的先进单位、积极分子表示热烈的祝贺！同在各个岗位上勤奋工作，埋头苦干，富有拼搏和献身精神的各级干部、科研人员和广大职工，表示衷心的感谢！

刚才，梁狄刚同志对 1997 年的科技攻关任务进行了全面部署，提出了具体要求，俞新永、林志芳同志也做了很好的发言，我完全同意，请各单位认真地进行传达贯彻。相关科研攻关单位的代表也进行了发言，决心很大，措施有力，关键是狠抓落实。下面，我讲四个问题。

1 科技进步有力地推动了塔里木石油会战的加快进行

我们在地面环境艰苦、地下情况复杂的塔里木盆地搞会战，能在短短 8 年的时间取得一系列重大成就，科学技术起到了关键性的作用。在这场会战中我们碰到了许多世界级难题，涉及各个学科、多个领域，直接影响着勘探开发进程。由于我们增大了科技的投入，确实取得了一批好的成果，在工作中尝到了甜头。例如，在全国 85-101 课题"塔里木盆地油气资源评价"项目攻关中，除了自己的科研人员外，我们动员了全国 57 个科研、生产、教学单位，共计 1315 人参加了攻关，其中高级专家 446 人，历时 5 年，总投资 1.04 亿元，自筹资金 7925 万元，进行了 29 个专题的攻关。其中有国际领先水平的占 4 项，国际先进水平的占 21 项，国内先进水平的占 3 项。这个成果查明了盆地的类型和结构，推断了盆地的演化，研究了解了全盆地的地层和古生物序列，明确了主力油源层，推测了有利的生储油相带的分布，划分出多个油气系统，建立了油气运移和富集分配的模式，预测了全盆地的油气资源量。通过科技攻关，我们还形成了 8 套包括地震、钻井、试油、沙漠公路工程的配套技术系列。特别在沙漠公路工程攻关中，我们不仅动用了石油系统的人员，还动用了中国科学院、交通部、铁道部的研究人员等。他们与现场施工单位一起联合攻关，仅用一年多时间便成功地攻克了这个世界级难题，并迅速转化为生产力，在流动性沙漠中修筑了一条等级公路。该项工程荣获国家"八五"十大科技成就奖和1996年度全国科技进步一等奖。

从地震上看，我们的一些关键技术取得了重大进展。在塔里木盆地的任何地方，在各种地面条件下，都能够开展地震工作。沙漠低信噪比地区和沙漠静校正技术已经逐步成熟，沙漠三维地震、高分辨率地震进展顺利，沙漠测量技术得到很大提高，卫星定位可以精确到毫米级，VSP技术在全探区得到工业化推广。特别令人高兴的是，石灰岩裂缝识别技术有了突破性进展，山地三维地震采集处理方法日趋完善，地下成像问题正在逐步解决。我们的一些关键技术正在一步步地向前推进，就像碳酸盐岩裂缝的地震识别，山地三维地震等一些世界前缘的技术，都取得了重要突破。如果把这些技术全部攻克了，我们就可以称为石油方面的东方科技巨人。

从钻井上看，我们的探井、超深井钻井技术在6000m以内达到20世纪90年代的国际水平。最近，对高陡构造、复合盐层、高压盐水层的钻井也取得重要的进展。全国乃至世界上也算比较深的超深水平井——解放128井，在垂直井深达5200m的情况下用欠平衡钻进的方式，边喷边钻，水平钻进了200m，这在全国是独一无二的。巴楚隆起的和4井在5800m的井深成功地出5in套管用$4\frac{1}{8}$in的钻头进行小井眼钻进，进尺达70m以上，这在全国也是独一无二的。

从试油上看，我们在全探区大面积推广钻杆测试技术，普遍采用原钻机试油，有效地加快了试油工作节奏，从来没有试油井积压。我们的钻杆试油，在砂泥岩裸眼井测试最深可达6368m，在石灰岩裸眼井测试可达6505m，裸眼井段测试最长可达1935m，膨胀式的跨隔测试最深可达5518m，油管传输负压射孔最深可达6126m。这些技术在全国都是领先的。

从测井来看，我们使用的是德莱赛和斯伦贝谢的仪器，这在世界上公认是比较先进的。我们所有的测井系列都应用了很多新技术，在砂泥岩井段的测井是富有成效的，有时甚至比地质录井的可信度高。

从开发上讲，从开发初期到塔中4油田的开发，走了3个非常明显的台阶。在轮南油田建设中，当时我们对沙漠还不是那么清楚，对它的建设方针也不是那么清晰，结果挨了总公司的批评，但是经过改造，轮南油田在全国来讲，也是比较好的油田。开发5年多，到现在为止产量十分稳定，被总公司评为优质高效油田。这是我们的第一个台阶。第二个台阶是东河塘油田的开发，这是一个开发水平比较高的油田，只钻了12口井，在5700m的井深采油，年产油60×10^4t，单井日产水平都是200t以上。现在每天开井6～7口，生产1500t以上的原油。第三个台阶是塔中4油田的开发，我们用了水平井和丛式井开发，自动化程度很高。从全国范围来看，我们的油田开发水准是比较高的。

从会战以来的情况看，科技进步确实有力地促进了石油会战的顺利进行。为什么会这样？我认为要归功于"两新两高"的工作方针。"两新两高"工作方针的提法就是：采用新体制和新工艺技术，实现工作的高水平和会战的高效益。只有在这个方针的指引下，在这种新体制下，才有可能这么大规模地使用新的工艺技术，才能进行这种开放式的科技工作，才能运用市场机制吸引大量石油系统内外的专家为石油会战服务。塔里木的新体制为新技术的应用，为科技人才提供了广阔的用武之地。如果没有这种新体制，全国的专家不可能集中在塔里木攻克沙漠公路工程，中科院的同志也不可能在沙漠腹地进行科学试验。新体制和科技进步是相辅相成的。只有这种新体制才能为科技进步创造这么好的条件，才能较快地促进科技向生产力的转化。

2 开展科技攻关是塔里木石油会战的一项十分艰巨和紧迫的战略任务

随着塔里木石油会战的深入进行，我们碰到的技术难题越来越多，难度越来越大，有些难题久攻不克，已经成为直接制约寻找大场面的"瓶颈"。如地震工作，在山区就得不到好资料，就做不出图来，就成不了像；在盐层、火成岩地区，地震速度变化很大，构造图就做不准；在沙漠中，地震分辨率很低，得不到我们需要的资料。钻井工作也碰到一系列难题，在复杂地层、山前构造、超压系统和多个压力系统的地方钻井仍有很大的困难；在一些地区普遍发生井漏，钻井遇到很大的困难，甚至打不下去；超深水平井欠平衡钻进，仍有很多关键技术要攻克。在去年年底的塔里木勘探技术座谈会上，有些专家认为古生界碳酸盐岩内幕油藏，是在塔里木寻找大场面的主要目标，对盐下构造、库车坳陷的高陡构造也看好，但就是在这些关键领域，我们的地震、钻井的一些关键技术不过关，无法获取高品质的资料，无法快速钻达目的层等。大家一致认为，当前制约我们寻找大场面的因素：一是工作量不够，二是关键技术不过关。这些关键技术已经成为制约塔里木石油勘探进程的主要矛盾。这次指挥部提出的 18 项科技攻关技术，就是从这些难题中选出的对勘探开发生产制约最大的技术，是当前急需要解决的技术。这就是今年的科技攻关重点，到今年年底，起码要有一批阶段性成果，要有一些新的突破。

王涛同志在去年的勘探技术座谈会上说，在"九五"期间，塔里木要想在战略上有所突破，不在科技上有所突破，就会事倍功半，就会推迟发现大油田的时间。也有的同志说，勘探技术的突破是塔里木大发现的前提，塔里木石油会战应首先是一场科技大会战。对这些看法，我们都非常赞同。我们在这么复杂的盆地里找油，又遇到这么多技术难题，在这种状况下，我们对科技攻关的依赖比任何时候都迫切。就像有些专家在勘探技术座谈会上说的，技术不过关，就会引起认识上的误区；技术不过关，就有可能错过油层；技术不过关，好油井也不见得能找出油来。我认为大力开展科技攻关，尽快攻克这些难关，已经刻不容缓，势在必行。今年年初，指挥部分析了勘探开发形势，做出了把 1997 年定为科技攻关年，大力开展科技攻关的决定。这是加快石油会战的重要决策。我们一定要站在事关大局的战略高度，认识开展科技攻关对塔里木石油会战的重大意义，下决心加大科技攻关力度，下大功夫提高全体职工的科技意识，动员全体干部职工进一步落实"科学技术是第一生产力"的方针，自觉地投身这场攻关会战，积极地为科技攻关贡献自己的力量。

3 加强科技攻关必须抓好的几个重要问题

第一，要根据会战需要，坚持有限目标，突出重点，集中力量攻克关键技术。这次会上提出的 18 项攻关技术，是从许多关键技术中筛选出来的，是我们今年科技攻关的重点。我们要不惜一切人才、物力攻克这些技术。

第二，要扎扎实实地抓好"七落实"。一是要有负责人、有项目组开展攻关；二是要有攻关对象，明确试验地在什么地方；三是要有攻关目标和试验内容；四是要有进度、有安排，明确排出第一个月干什么、第二个月干什么；五是要有经费，而且要把钱用好，用在刀刃上。我想就由这几个方面组成"七落实"。我坚信，如果这 7 个要求都落实了，科技攻关工作一定能够推动。

第三，科技攻关的关键是人才。我们要进一步制定优惠政策，完善激励机制，充分调动广大科技人才的积极性。要稳定科研队伍，包括借聘的科研队伍。要吸引全国的高层次科研人员投身塔里木石油会战，包括石油系统外的急需的高层次人才。我们要有这种开放的胸怀请他们投身塔里木的工作。要加速培养年轻人，让他们尽快地挑起重担，让他们真正地热爱塔里木、献身塔里木、扎根塔里木。要有这么一批前赴后继的人来发展塔里木石油事业，为塔里木的科技工作做出贡献。我们在科研人员中要大力提倡奉献精神，提倡淡泊名利，重在事业。要大力开展同王启民学习。我听了王启民的报告很受感动，他致力于从那些有油但出不来油的岩石中把油弄出来，结果使大庆油田能一直高产稳产到 2010 年，这很不简单，等于又找到了一个大庆。在塔里木的石灰岩中有油但是出不来油，我们特别需要王启民式的科研人才，需要他那种为油拼搏的精神，把大面积的塔里木石灰岩油气搞出来。现在全国都在学习王启民，我们的科研人员更要学习王启民，努力攻克塔里木的技术难关，把地下的油弄出来。要通过学习王启民，献身塔里木，开展科技攻关，造就一批王启民式的科技干部。

第四，要努力吸引实力雄厚的科技队伍参加塔里木的政关。有两个单位不要忘记，一是北京研究院。他们与我们已建立了很好的合作关系，专门在北京成立了塔里木分院。我们勘探开发上的技术难点都可以通过北京研究院联合攻关。二是物探局。他们具有很雄厚的技术实力，是集中物探人才最多的地方，我们必须依靠这支队伍在塔里木寻找大场面。这两家单位是我们首先要依靠的。我们还可以从全国各个油田优选实力雄厚的队伍，建立长期的合作伙伴关系。同时，要加强科研市场管理，掌握主动权。不要让人家牵着走，一年向你要几百万，要完钱也不知去干啥，回头给你写个报告就交差，这种合作方式不行。

第五，要充分调动甲乙双方广大职工的积极性。塔里木的科技进步包含着甲乙方的共同努力。在向科技进军中，乙方是一个重要的方面军，而且这些乙方队伍的背后都有很强大的科技单位支撑着，我们要依靠乙方队伍为科技攻关作贡献。各大钻井公司、各方面的专业服务队伍都要加大科技投入，都来开展科技攻关。广大职工要有科技意识，要广泛宣传科技攻关不只是科技人员的事情，科技和生产是密切联系的，科技攻关是全体干部职工的事情。

4 切实加强对科技攻关的领导

这是大力推进科技攻关的重要保证。抓好这场科技攻关的关键在于各级领导班子。各单位、各部门一定要全面落实科学技术是第一生产力的思想和科技兴油战略，结合实际，狠抓科技攻关作为重大任务，摆到重要的议事日程，制定切实可行的措施。各级领导干部特别是各单位主要负责同志，要进一步增强科技意识，从组织上建立起认真抓科技的管理制度。要始终坚持把科技攻关摆在推动油气勘探开发的重要位置，多渠道增加科技攻关的投入。各级科技主管部门，要通过搞好自身的改革进一步转变职能，加强和改进对科技攻关的组织与协调，不断推动塔里木的科技进步。要建立领导干部抓科技攻关的目标责任制，各单位、部门要结合这次"科技攻关年"活动的统一部署，抓紧研究制定出本单位、本部门加快科技攻关的目标、任务和措施，做到任务明确、严格考核。指挥部将把这场科技攻关的进展情况，作为考核评价有关领导干部和部门工作的重要依据。

今年的攻关目标已经明确，任务已经下发，当前的关键是狠抓落实。要坚信，只要我们把工作做扎实，把该做的工作都做到，我们是有能力、有办法攻克这些世界级难题的。在今年的科技攻关中，我们一定要坚定信心，精心组织，打一场高水平的科技攻关会战。各级领导干部要经常检查"七落实"的贯彻执行情况，坚决克服科技攻关中的形式主义，按照"七落实"的要求一项一项地抓落实。一线生产单位要积极配合科技攻关试验。机关和后勤部门要为科研人员提供良好的工作环境和条件。广大科技人员要发挥主力作用，肩负起历史赋予的光荣使命，坚决把承担的课题放下来，为加快石油会战铺平前进的道路。

同志们，向科技进军的号角已经吹响，大场面就在科技攻关之中。各级干部、各条战线上的科技人员和广大职工，一定要同心同德，顽强拼搏，以只争朝夕的精神，战胜前进道路上的一切艰难险阻，为夺取塔里木石油会战的新胜利作出更大的贡献！

加大国内油气勘探力度　加快国际资源开发利用
——在中国石油论坛 21 世纪中国石油战略
高级研讨会的讲话

（2000 年 1 月 8 日）

这里我主要想探讨两个方面的问题，第一是加强国内的油气勘探，第二是加快分享国外石油资源。

1　加强国内的油气勘探

关于加强国内的油气勘探，这个意见是没什么争议的，我只是想更加强调、更加具体化一些。现在对我们石油资源的估计，大体上有两种意见：一种比较乐观，另一种比较悲观。我认为，这两个意见差不太多，实质上都是一个意见。乐观的，表现在高峰期的年产量上，也就是 1.8×10^8t 到 2×10^8t；悲观的，也就是年产量在 1.6×10^8t 左右，与我国快速增长的石油需求量有 4×10^8t 的差距。这实际上是一个意见，就是说，你必须要从国外进口，这已经是不争的事实。但是，我想强调一点，如果不加强国内的石油勘探，我们连 1.6×10^8t 都保不住。如果加强了国内的油气勘探，很有可能达到（$1.8 \sim 2$）$\times 10^8$t，增产是有可能的。这是由于资源勘探有隐蔽性和突发性。

在这里讲三个观点来充实我的意见。第一个论据，石油地质家估计的石油资源量一直是上升的，这个上升是随着勘探程度提高而上升的。如松辽盆地，原估计的资源量是 129×10^8t，现已经找到了 63×10^8t，探明程度已达到 49%，现仍以每年 1.2×10^8t 的速度在增长，几乎找到了一半，每年还在增长。渤海湾盆地，我指的是陆地，如果包括海域，那就更是方兴未艾了，陆地上资源量是 188×10^8t，已经找到了 83×10^8t，这都是探明储量，探明程度已经达到了 44%，现在仍然以每年 2×10^8t 的速度继续增长。尤其西部几个盆地资源量都在大幅度上升。

陕甘宁盆地从 15×10^8t 上升到 60×10^8t，准噶尔盆地从 57×10^8t 上升到 74×10^8t，柴达木盆地从 12×10^8t 增至 37×10^8t。这些例子都说明，油气资源量是随着勘探程度提高而增长的是有潜力的，资源量不是固定的东西。只是作为勘探的依据。第二个论据，就是中央制定了"稳定东部，发展西部"的方针以后，除了促进西部的原油产量大幅度增长外，还带来了一个非常直接的效果，即天然气大幅度地增长，这是我们原来没有料到的。在制定计划的时候并没有想到，十年后天然气会有这么大幅度地增长。如果要用预测的方法测算的话，十年前，也就是 1979—1989 年，那时增长量非常微弱，用什么办法刺激都上不去，当时没有想到能增长这么快，这是最近十年由于开发了西部地区才迅猛增长的。石油人日思夜想希望再找到一个大庆油田。我认为，已经找到了一个"气大庆"。1961 年计算大庆的探明储量是 $26 \times 10^8 t$，可采储量是 $8 \times 10^8 t$ 左右。天然气的采收率是高于原油的，天然气的采收率是 70%，而原油的采收率一般都在 30% 左右。就是说现在找到了一个 $8000 \times 10^8 m^3$ 气，就相当于找到了一个大庆油田。可采储量 $8000 \times 10^8 m^3$ 的气，$8000 \times 10^8 m^3$ 的气是多少呢？最多也就是 $12000 \times 10^8 m^3$ 探明储量也就够了，现在塔里木盆地、陕甘宁盆地，再经过十年搞到 $12000 \times 10^8 m^3$，应该是有把握的。这也反过来告诉我们，油气勘探具有突发性和隐蔽性。资源是有的，但要经过一定实践和研究的积累才会产生这种迅猛增长的现象。第三个论据，就是国内勘探投资效益好。首先修正国内勘探的认识误区，我们从经济效益方面，国内勘探成本敢于和世界各大油公司的勘探成本相比。起初我们对成本也搞不清楚，原来叫"发现成本"，"发现成本"包括勘探成本和开发成本，两个合在一起，所以总弄不清楚。我们勘探成本到底高还是低，最近，因为中国石油股份公司要上市，经过统计算下来，国内的发现成本和国外的发现成本相比基本上差不多。根据埃克森、壳牌等世界 15 个大油公司二十年的统计，全球发现成本平均是 5.7 美元/bbl，最近五年降低到 4.3 美元/bbl，国外勘探成本占发现成本的比例大体上是 25%，相当于 1.1～1.4 美元/bbl，而国内现在大体上也是 1.1～1.2 美元/bbl。所以，国内勘探投资是没有问题的。特别提醒同志们注意，在国外投资找到油是要与宗主国分享的，只能拿回 30%，70% 给宗主国。在国内找到的油，除了给政府缴税之外就不再有其他的扣除了。这是非常值得重视的一个情况。所以国内陆上生产的油气是实实在在的，比国内海洋上生产的油还要实在。

我想强调的是国内勘探的重要性。在理论上强调国内勘探的重要性大家都不反对，但是确实要请有关的决策层，特别是领导们的认识到位，将勘探的投资给到位。科技进步对勘探的支持也要到位，决策层重视不是口头上的，而应是实质的行动上的重视。这将对我国的石油工业发展产生极大的推动作用并带来经济效益。

2 加快分享国外油气资源

前不久我去了苏丹，有非常强烈的感受。我在塔里木油田干了十年，苏丹的自然条件比塔里木还差，那里的支持条件差得简直不可想象。进入国际市场后，我们有许多劣势，但 CNPC 有两个不可否认的优势。第一，我们的支持水准和科技水准与国外大油公司相比差距不是很大，地质、采油等技术还有相当的优势。我们的劣势主要在管理，就是资金领域这一整套管理体制。我们在马来西亚承包了 10 口井，口口打中，发现率总体上还是比较高的。马来西亚国家石油公司定了 8 口井位，打了 6 口干井，最后两口井不敢干了。第二，我们有一批能吃苦耐劳、价格低廉、优秀的科研技术人员和技术工人。我们的石油职工队伍非常能干，苏丹管线工程质量和速度，任何一家石油公司都不能与我们相比。1500km 的管线要求一年内修成，要穿过热带雨林、沙漠和山地，勘察管线，要通过山区还有土匪出没，条件非常差，夏天气温高达 50℃ 以上，一起同去的有加拿大人、马来西亚人和苏丹人，最先撤的是马来西亚人，两天之后加拿大人也跑了，到了最后苏丹人也跑了，最终只剩下 CNPC 管道局的人，我看没有其他任何人可以干成。这个优势是别人所不具备的，只有我们当自己企业的作业者时，才有舞台充分展现自己。

苏丹项目，给我们启示非常之大。上次我到哈萨克斯坦去，在国内很难找得到的 $30 \times 10^8 t$ 的大油田，被雪佛龙公司拿走了，非常可惜！中国石油工业完全可以大踏步地向国外前进，就是你打你的，我打我的，完全可以各打各的。现在有些国际石油资源地区是真空地带，我们为什么不去开发！

在 21 世纪石油天然气资源战略研讨会的致辞

（2000 年 5 月 9 日）

各位代表：

我们组织召开中国石油论坛——21 世纪中国石油天然气资源战略研讨会。参加大会的有在石油战线工作过几十年的老领导、老专家，有来自国内政、产、学、研、军各界的高层领导和专家，也有迄今仍在石油系统工作的领导和青年地质家。我代表中国石油论坛组委会，对各位的光临表示由衷的欢迎和诚挚的感谢。

新中国成立 50 年来，我国的石油工业从小到大，从弱到强，至今已发展成为一个原油产量名列世界前五位的产油大国。近十年来天然气工业也有较大发展，探明储量大幅度增加，天然气产量由世界第 22 位上升到第 15 位。近年来，在"稳定东部、发展西部"的方针和实行油气并举，加强开发海上油气资源的策略指导下，取得较好的效果。从最近勘探形势来看，情况是不错的，塔里木盆地发现了大型的天然气富集区，已探明天然气储量 $4690 \times 10^8 \mathrm{m}^3$，国务院已决定启动西气东输工程，渤海地区海上发现蓬莱 19-3 储量达 $6 \times 10^8 \mathrm{t}$ 的大型油田；新疆准噶尔盆地和陕甘宁地区每年的油气储量都有大幅度增长，中国石化新星公司在塔里木河北岸发现了亿吨级的塔河油田，在比较成熟的渤海南陆地上大港油田发现了亿吨级的千米桥潜山油气田。同时，油气勘探成本也不高，全国探明可采储量成本每桶平均为 1.2 美元左右，与世界大油公司在世界范围内进行优选勘探所得到的勘探成本大体相当。因此，我国的油气勘探工作仍然大有可为。

但我们与世界石油大国相比，石油后备储量相对紧张，储采比不高。在我国经济进一步深化改革、扩大开放、结构重组的形势下，油气资源还不能适应经济形势快速发展的要求。改革开放以来，世界上知名的石油公司都先后来到中国参与勘探开发油气资源，然而并没有达到他们预期的理想效果，"贫油论"又以新的形式抬了头。

鉴于此，石油工业有关老领导、老专家建议，特别是唐克老部长建议，为总结我国半个世纪以来油气勘探的经验教训，推动中国石油工业在 21 世纪持续发展，由中国石油学会牵头，联合中国石油、中国石化、中国海洋石油等有关单位，共同发起举办一个中国油气勘探论坛，并积极进行了准备。今年 1 月，中国石油论坛在京举办了主题为"保障 21 世纪中国油气供应"的第一次专题研讨会，邀请了国务院有关研究机构，三大石油公司高层领导，相关研究院所的专家、学者参加研讨，会议开得十分成功，在石油界内外引起强烈的反响。在会上经有关方面进行协商，将中国油气勘探纳入中国石油论坛范围内进行活动，并在原来工作的基础上邀请有关单位的领导、专家，依据翔实的资料和丰富的实践经验，针对中国油气资源勘探现状与前景开展学术交流，集思广益，提高认识，辨明方向，力求在勘探领域起到推陈出新、承前启后的作用，为保障 21 世纪我国石油工业持续发展，提供可以借鉴的经验和有价值的信息资料。

　　经中国石油论坛组委会研究确定，中国油气勘探论坛以"21世纪中国石油天然气资源战略"作为中国石油论坛的第二次研讨会的主题。许多参加论坛第一次会议的领导和专家今天都来参加我们的第二次会议，还有不少领导和专家是第一次参加中国石油论坛的活动。我代表论坛组委会对新老朋友的到来再次表示热烈的欢迎！

在中国石油 2000 年勘探技术座谈会上的讲话

（2000 年 12 月 15 日）

各位领导，各位同志，我讲一些参考意见，请大家指正。参加这次大会，感到非常兴奋。有两个方面受到了非常大的鼓舞，一个方面是我们的勘探成果，我觉得是近年来少见的。天然气勘探可以说是大发展的时代已经来到了，四大天然气区有三个重大发现，一个是塔里木的克拉2，一个是川东北的鲕滩灰岩，一个是长庆的苏里格庙。我觉得这三个大发现都带有划时代的意义，为什么这么说？一个是它的规模至少在几千亿立方米以上，像塔里木库车地区估计有上万亿立方米的规模，苏里格庙至少（3000~5000）×$10^8 m^3$，川东的鲕滩至少也有（3000~5000）×$10^8 m^3$。所以在近期内，能够搞到 $1×10^{12} m^3$ 以上的天然气储量我认为不在话下，这是规模。第二是单井产量，我觉得当前我们天然气的单井产量偏低，盈利空间是很有限的，现在全国的平均天然气单井产量为 $4×10^4 m^3$ 以上，而这三个大发现加入以后，天然气单井产量可以大幅度地提高。如果我们的单井产量提高一倍，提高到（8~10）×$10^4 m^3$，那么每口井增加的几万立方米气几乎全是利润，这样我们的盈利水平就大大提高了。

另外是油的成果，我一直在判断油现在是处于低谷状态呢，还是在向上走，现在听完以后，我觉得已经走出了低谷，其中有很多重大发现，应该引起我们密切的注意，特别是准噶尔盆地中的一些发现，带有很强的突破性质。所以，这一方面我感到很受鼓舞。特别想提到的是玉门油田，非常让我敬佩，值得我学习。在那么困难的条件下，在长期艰苦的工作中，让一个那么老的油田，凭着惊人的毅力、锲而不舍的井深，最后焕发了青春。另外，大港油田实施的"1518"计划，我也觉得很了不起。15 个圈闭，打 18 口探井，甩开勘探，找到千米桥，这是老区换新颜。所以，我觉得这些都带有哲学上的概念——找油的哲学，也就是我们长庆的胡局长说的重新认识自己，所以这些成果带来的不单是物质财富，也带来了精神财富。让我们重新认识自己，重新认识自己的油田，重新认识自己的勘探对象。如果玉门油田都能找到那么大的油田，哪个油田敢说产量下降是必然的？这确实值得我们注意。

第二个方面，我听了两个非常好的报告，一个是黄总的报告，另一个是贾总的报告。我觉得这两个报告非常有新意，而且有非常中肯的分析，有非常明确的措施。比如黄总提到他的三点体会，我觉得讲得很好。特别是关于我们勘探风险的那一段。他还讲到了三个不变。这三个不变，是保证我们勘探持续发展的非常重要的承诺。再如整体优化、勘探开发一体化，我觉得这些新的提法非常重要。再加上今天贾承造同志的讲话，对我们当前的勘探形势做了十分透彻的分析，而且措施非常到位，这是很好的报告，如果能够落实的话，必然会使我们的勘探工作有更大的发展。下面我讲四点意见。

第一条意见，要特别注意新构造运动对油气聚集所起的特殊作用。我之所以要这么提，是因为克拉 2 大气田发现后，我跟一些同志们在一起研究，结果发现克拉 2 气田是一个三新气藏。三新气藏就是构造形成非常新，构造形成在新近纪至第四纪；它的油气生成的时间非常新，生油层快速下埋，然后成烃，现在还在生成；第三个是它的油气运移和聚集的时间非常新，一直到近代。这三新创造了一个大气田，是没有料到的。原来我们对新构造都害怕，因为新构造形成时油气运移、聚集的主要时期早过了，没有什么用，所以总是不敢去碰。克拉 2 气田的研究结果发现了这么一个现象。而且无独有偶，最近我又跟海洋的同志交换了一些意见，他们也同样持这种观点。渤海蓬莱 19-3 也是三新油藏，生油层主要是东营组，在海上东营组埋藏比较深，现在还在生油，所以时间很晚；构造也是非常新的，也是在新近纪至第四纪定形。而且渤海的发展快极了，从蓬莱 19-3 发现到现在为止，近期又发现了 8 个 5000×10^4t 级以上的油田，我说的是规模，这些油田目前还没有探明。菲利普斯公司发现 3 个油田：蓬莱 19-3，储量 5.5×10^8t；蓬莱 25-6，储量 8000×10^4t；蓬莱 9-1，储量大于 2×10^8t。科麦奇公司发现 2 个油田：曹妃甸 11-1，石油储量 1.6×10^8t；曹妃甸 12-1，石油储量是 6000×10^4t。雪佛龙公司发现 2 个油田：渤东 27-2 和渤东 32-2，一个大于 2×10^8t，一个是 5000×10^4t。德士古公司发现了 1 个油田：渤东 25-1-8，储量大于 1×10^8t。上述几个公司一共发现 8 个油田。这表明，一旦一个认识被确立了以后，被一个大发现证实以后，它就可以马上推开，最后就变成了工业化的过程。所以，克拉 2 气田发现以后，也应该有联想，应该辐射到准噶尔盆地的南缘，辐射到祁连山的北缘，辐射到昆仑山的北部。这是不可避免地要辐射的，而且我在这里特别想跟同志们讲一句，就是请你们查一查，有没有新构造，有没有看不起的新构造。我这次到成都开会，成都地院一名教授给我送来一篇文章，题目是"新构造运动对四川天然气聚集的影响和作用"，看来新构造运动对油气聚集的影响有全国性。克拉 2 是西部挤压型盆地，渤海湾是东部拉张型盆地，四川又是另外一种类型，但是它们同样受到青藏高原迅速崛起的影响，这是不可忽视的。另外，青海第四纪的气藏也肯定与新构造运动有关。所以，我认为最后的一次构造运动，对油气聚集将产生特殊的作用。我在这里提出来，请同志们认真研究，渤海海域勘探有一段非常有意思的历史，首先是中方从外国人退回的区块里发现了两个浅层油田，一个叫秦皇岛 32-6，一个叫南堡 35-2，一个地质储量 1.8×10^8t，一个地质储量 1×10^8t。这是我们自己找到的，也是新构造运动的油田。然后，我们就拿这两个油田向那些外国公司宣传，说你们去预探一下，外国人都不干，说不行，看不上。一直到菲利普斯从 1995 年起打了 4 口深井，统统没有什么发现，剩下最后一口井，中国人劝他打浅井，他们同意，就打了一口浅井，这个决定还引起了另外一个参股的外国公司退出，结果发现了蓬莱 19-3。发现以后就引起了一系列的事。所以我觉得一个认识确立以后，会带来很大一笔财富。

第二个意见，要切实加强预探和预探的准备工作。今天贾承造同志讲得很好，我做些补充。我觉得黄总提出来要实现勘探开发一体化，我非常赞成这个做法，我认为一体化以后，就可以择优评价，就可以把握节奏，就可以搞好衔接，就可以节约投资，这确实是很好的做法。勘探开发要一体化，但这是有了油气发现以后的事。我还想加一句话，要让勘探不断地向新区新带延伸，就是要让勘探大量进行甩开钻探，甩开预探。我觉得勘探工作可以这么来理解和考虑，勘探就是寻找发现和重大发现，建立探明储量的任务可由勘探和开发共同来完成。也就是说勘探的真正主业就是找发现和重大发现，是我们最主要的任务。但是，现在我们回过头来看一下，我们要想真正做到甩开预探，我们的准备工作是不够的，而且是非常不够的。我们手里把握的圈闭、储备的圈闭，大部分都是不能进行预探的圈闭，不信诸位可以查一查。大家一报说圈闭有好多，最后查一下，有几个能够进行预探？它不能进行预探，所以必须去准备。我为什么要把预探和预探的准备放在一起，那是因为你没有准备，预探工作就无从谈起。所以，对这个问题我有四条建议。一是要特别加强地球物理工作，特别是地震工作。当前物探工作量不够（这是我个人的观点），如果说地质家不能安排物探工作，那是你自己没有本事，它就必然要萎缩。所以，我们必须在有利的地区，大量覆盖二维地震工作，在有利的老区大量地覆盖三维地震工作。我觉得地震工作只能增加不能减少，否则没有可靠的圈闭，就谈不上下一步的工作。这是对地球物理工作量的一个说法。另外对地球物理工作的质量还有个说法，就是要有计划地对复杂地区进行地球物理攻关，我估计如果辛辛苦苦地准备2～3年，我们必有成效。

二是要深化区域石油综合地质分析。我强调的是区域石油地质分析，不是区块分析，是要有比较大的、宏观一点的，能够向新区展开的地质分析，而且还应该辅以必要的科学探索井。我认为科学探索井可以放在区域石油地质分析上，可以给他们一个权，可以搞2口或几口科学探索井。我们以前在计划经济时候叫基准井或参数井，也就是打几口不考核的井。

三是要加大甩开预探的力度。这个问题讲的同志很多了，我都非常赞同，所以我不再多说了，但是我非常赞同黄总的意见，胆子要大一点，思想要解放一点。如果能够采取整体优化的做法，从全国范围进行整体优化以后，经过严格的程序，我觉得这个井该打就打，这样我们就不至于盲目地乱打。特别是黄总讲的敢冒高风险的同时，带来的是高回报。

四是甩开预探，要从政策上加以指导。我有一个想法，能不能把甩开预探和准备工作这部分放在股份公司这个范围里进行整体考核。整体优化就要整体考核，而且考核的指标不一定用储量的指标，可以用发现指标，比如搞了几个发现和重大发现等。

第三个意见，勘探的投入不可少。对当前勘探的投资，我的评价不是偏高，是偏低。当然这个因素很多，应该说我们的勘探投资在一个相当长的时间都是偏低的。我们的创业时期就是1949—1962年找到大庆油田这一创业时期，勘探投资比重占总投资的40%以上，最高的到50%，那时的盘子很小，现在不可能是这样。然后，1966—1970年的"三五"期间，勘探投资的比重平均为38.6%。"四五"的1971—1975年，勘探投资比重是34%。其中1973年，产量已经上升到$5300 \times 10^4 t$，它已经有相当的规模。"五五"期间的1976—1980年，勘探投资比重占42%。1978年我国原油产量上了$1 \times 10^8 t$，这一规模已经非常大了。"六五"期间的1981—1985年的勘探投资比重占39%，1984年、1985年储量增长很快。从1986年以后就开始下降，1986—1990年勘探投资的比重占总投资的27%；"八五"的1991—1995年，勘探投资占26%。然后，再看1996—2000年：1996年，23%；1997年，25%；1998年，22%；1999年，23%；2000年，19.8%。我觉得勘探投资的比重一定要尽可能保持较高的水平，否则就支撑不了这个大厦。有一个非常简单的逻辑来推导，"九五"期间我们的勘探成本敢和各大油公司进行比较，成本不高，但是我们的可采储量又入不敷出，这是为什么？就是勘探投资不够，储量找的不够。"九五"期间共找了 4.86×10^8t 可采储量，而采出量是 5×10^8t 左右，必然是入不敷出。如果我们的成本大得惊人，当然就不敢再去勘探，但是成本不是这个情况。成本现在是可以接受的，是跟世界各大油公司在全世界范围内优选所得到的成本差不多的。而且各大油公司在全世界得到的油田，得到的油，一桶油的一半要给主权国的。我们就像马总说的，在中国找油，有非常宽松的环境，一桶油大部分是我们公司自己的。所以我觉得目前勘探投入要适当加大。我有一个具体的建议，就是应该有一个"3 年准备，2 年提高"的规划，"十五"计划，我希望前 3 年为预探和预探的准备创造条件，大搞地震勘探，大搞地震攻关，大搞区域地质研究，尽量进行甩开预探，探明储量保持"九五"期间的水平。到了后两年，我希望能够把年增储量升到（6~8）$\times 10^8$t 或（8~10）$\times 10^8$t。这样才能逐步扭转我们储量入不敷出的局面。所谓的新的增长点也就来了。我们不能把储量增长寄托在老区挖潜上。要找 1×10^8t 储量，必须花钱，不拿钱肯定找不到。今年算发洋财了，油气当量勘探成本是 0.59 美元 /bbl，不可能每年都如此。"九五"期间成本为 1.14 美元 /bbl，前 4 年的成本平均是 1.28 美元 /bbl，今年的成本是 0.59 美元 /bbl，大体是这么一个概念。所以，我在这儿还是呼吁一下，要重视勘探投入，而且现在既然全社会都在关心石油的状况，总书记在五中全会上讲了粮食、水资源、油资源三个问题，其中就有石油资源。我们确实要认真研究这个方面的问题，使它做到牢靠，做到立于不败之地。这是我说的第三个意见。

第四个意见，整体优化集中力量办大事。我非常赞成，现在股份公司已经有这个条件进行整体优化，在全国范围进行优选。这样有很大的好处，可节约投资，可以迅速见效。在计划经济时代，石油勘探有一个很重要的优点，就是搞大会战。会战实际上就是集中兵力打歼灭战。把全局劣势变为局部优势。现在在市场机制下，仍然可以发挥这个优势，仍然可以做这种集中力量的工作。当前挑选谁可以集中，我认为准噶尔盆地就具备这个条件。我主张在这个地方搞开放式的勘探，集中全国优势人才，去进行勘探，迅速拿下这个地区，这样可以很快做出很大贡献，而且可以使我们的油公司很快就有新的经济增长点。我就谈这么四条意见，大家可以批评指正，谢谢！

在 2000—2001 年塔里木油田勘探技术座谈会上的讲话

（2000 年 12 月 19 日）

时间过得很快，我从 1999 年 2 月离开塔里木，一晃快两年了。这一段时期以来，塔里木有很大的进展，特别是这两天听了这么多非常精彩的报告以后，结合平时了解到的情况，我觉得有五个非常重要的进展。

一是克拉 2 号气田顺利探明。探明以后确实起了很大的作用，推动了西气东输，同时大家也对库车坳陷是今后中国的大规模天然气富集区有了比较深的印象。

二是用了一个最经济的方法，对世界少有的高压凝析气藏——牙哈凝析气藏进行了成功的开发。现在各项技术指标都非常好，大体上年产 $55 \times 10^4 t$ 凝析油，运到兰化做化工原料，很抢手。百万吨产能建设投资只有 18 亿元，循环注气，地层压力 50MPa 以上，能够达到这样一个水准，是很了不起的。

三是用勘探开发一体化的方法成功地开发了一个非常边际的油田——哈得逊油田。这个油田面积有 $50km^2$ 以上，油层非常薄，分两套，上面的只有 1m 多厚，底下只有 6、7m 厚，但产量非常高，因为他们能够在 1m 厚的油层中间打水平井，而且还能打个台阶出来，平均单井产量可以到 50t 以上，把一个非常边际的油田开发得非常好，很了不起。

四是塔西南白垩系的钻探。我觉得这非常了不起，这个决策是有风险的，不单是塔里木的同志要担风险，股份公司也是担了风险的。要钻 6800m 才能打到这套白垩系的砂岩，很不容易。这个发现，就像当年塔中 4 的发现一样，当时推测东河砂岩可能在塔中 4 出现，24h 不停随钻分析，最后东河砂岩真出来了。也如同克拉 2 号气田的发现，1991 年我们就知道盐盖子底下有大的情况，1991 年打的英买 7 井，那是一套泥膏，后来变成盐了，那下面就有一套砂层，是古近系—新近系的。我们一直觉得那个东西会出一个大情况。当时梁狄刚同志跑到山顶上去看，克拉 2 的后头有一个大露头，全是油砂，情况很好，结果，在克拉 2 井找到了大气藏。这次又是这样，通过野外观察、推测，认为白垩系可能有大东西，现在又出来了。我们不要怕深，只要有经济价值就行。

五是物探局在最近一段时间发现了相当一批大型构造、大型圈闭。

应该承认，当前塔里木的压力是非常大的。一个压力是天然气。现在西气东输这个担子，明摆着压在塔里木头上，这个压力是不小的。国际咨询公司董事长屠由瑞一直在关注塔里木盆地库车坳陷的勘探情况。他提出两个意见，第一是吐孜构造的储量，那 $200 \times 10^8 m^3$ 以上天然气一定要想办法达到探明的条件，报储委批准；第二，现在正钻的 7 口井，一定不要出事故，要优质安全地打下去，争取有发现。另一个压力是石油。石油的问题也很严重，为什么呢？一方面是塔里木需要发展、需要生存，必须要找石油储量，明

年塔里木计划要产 $466 \times 10^4 t$，塔里木后备储量是很不够的，开采速度是很高的，开采强度是非常大的；另一方面，股份公司发展壮大，也需要石油储量和产量。

我强调一下，就是"一定要加强甩开预探前的准备工作"。主要是两个方面，一个是加强地球物理的准备工作，包括地震工作量的覆盖和地震工作的攻关，去年塔里木物探的投资大于勘探的投资，做得很好，准备工作做得充分，必有大发现，必有大发展；另一个是加强区域地质综合研究工作，圈闭准备得再好，里头不装东西你也没办法。下面我提三个意见。

一是石油勘探。我提出三大目标，第一个目标是库车坳陷及乌什坳陷。库车坳陷肯定是有油的，现在不必争论是以油为主还是以气为主。乌什坳陷是以油为主，因为埋藏比较浅，现在还处在生油高峰期，可能的话在那里找到侏罗系黑油，希望地球物理工作赶快往乌什坳陷西边覆盖，赶快选带、选构造，你们已经选了一个塔拉克构造，要赶快落实，有可能就上一口井，而且能不能考虑库北构造，能上也要上。第二个目标就是东河砂岩，我提两个地区。一个是东河砂岩尖灭线附近，有几个沉积体，希望加大地球物理工作，主要是分辨率，把这个地方作为重点，尽快想办法拿下；另一个是哈拉哈塘凹陷，希望你们再搜索一遍，现在这里的构造都是不可靠的，为什么？因为底下是火成岩。要多运用一些高精尖科技，把这个地区搞清楚。第三个目标区就是轮南和塔中，我们已经找到了两个非常复杂的开发不起来的大油田，一个是轮南奥陶系碳酸盐岩，一个是塔中奥陶系碳酸盐岩，我们打了不少井，也做了不少工作，要重新认识。

二是天然气勘探。远景问题不大，可以按部就班去进行。我推荐三个圈闭，可以进一步优选，一个叫库车塔吾，一个叫西秋 2，一个叫东秋 6，都在东秋里塔格构造带上，都在克拉 2 的对面，都很大。希望就这三个构造认真做些工作，尽快上去。按照国家计委的要求，明年上半年要找 $2000 \times 10^8 m^3$ 的探明储量，那太困难，但是我们可以搞序列，探明一些、控制一些、预测一些。

三是甩开勘探。我非常赞成甩开勘探。现在的塔里木盆地，不是认识很清楚，而是认识很不清楚，每年有计划地往外甩出几口井，是非常必要的，就算打空了，不必气馁，第二年继续再战。只要言之有理，圈闭可靠，研究落实，那就要上。塔西南、喀什、英吉苏、塔东等，都可以上。$56 \times 10^4 km^2$ 本来就很大，就可以甩开，不甩开就没法运行。

最后，希望塔里木的勘探事业像早上八九点钟的太阳，蒸蒸日上！谢谢大家。

关于渤海湾盆地未来勘探的建议

——在华北及渤海湾地区勘探座谈会上的讲话

（2001 年 8 月 1 日）

非常荣幸参加此会，特别是唐克老部长 83 岁高龄还如此关心石油界和石油勘探，令人敬佩。这次会议我学到很多东西，听完以后感到意见比较一致，新的勘探方向也比较明确，讲两个意见。

第一个意见是找油的方向问题。这个问题有两个方面，第一个方面我非常同意罗总（罗英俊）提出来的渤海湾已经逐步进入到富油凹陷里进行饱和勘探的阶段。我觉得我们现在可以用这个名词，就是在富油凹陷里面进行饱和勘探。饱和勘探的意思就是说要用饱和的勘探工作量，包括地震、探井能做的尽量地做，一些曾经做过不能达到目标的也重新做。而且要求我们以古近系—新近系为目标的富油凹陷里面所有的圈闭都要查出来，还要探明各种类型的油藏，包括隐蔽油藏，以及各种各样与断块构造因素有关的油藏等在内。而且我们今后要逐步地订立标准，就是什么叫饱和勘探。当然，这个不是一年就能完成的，我估计可能要若干年才能达到真正的近似于饱和勘探。这个工作如果说连续的做下去，每年的增储稳产都是有保证的。

第二个方面，这次会议上产生三个新的勘探方向，我说这三个新的勘探方向都是非常令人鼓舞的。第一个方向就是龚再升同志介绍海洋的新近系勘探，获得了极为丰富的储量，由于新构造运动的结果促使渤海海域新近系晚期成藏。当然渤海有一个新的条件，就是多一套正在成熟的高质量东营组生油层，对于浅层油藏的充满肯定有很大帮助。但是也提供了一个很重要的线索，就是这些浅层油田油源是混源的，既有东营组也有沙河街组，到陆地上也可以找到新构造运动所产生的晚期成藏油田。我们要在比较广泛的范围寻找，在富油凹陷、大型断层两侧找，也可以在凸起找，因为凸起从宏观上讲也是生油凹陷包围的凸起，有些凸起比较大，中心部分可能油上不去，有些凸起较小，就全部可以上去。所以浅层的新近系是很令人鼓舞的，是可以搞的新的勘探对象。第二个新的勘探对象就是地震识别不了，但是重力认为是潜山，因为被生油凹陷所包围，推断有很好的含油远景，当然这个要做工作，要认真落实。应该尽快地选择两到三个进行重、磁、电、地震四位一体的去进行勘探工作。查的结果一定有成效。因为我觉得重力高也不会是无缘无故的，只要确实存在，那一定会给我们带来一笔财富。第三个勘探方向就是原生油气藏，这个原生油气藏我们很早就提出来，但是久攻不克，我认为这个原因一个是它的技术难度很大，还有一个是我们不认真。为什么？因为我们有了富油凹陷，每年都可以搞到一些油，所以对这个难搞的对象要求不迫切，下的功夫不够，攻关的技术也不够。停停打打，这个恐怕不行。所以我赞成要把原生油气藏作为一个重要项目来进行攻关。最好的办法，吴奇之画了一个框框，那个框框是吴奇之搞元古宇原生油藏的地区，还可以在南华北盆地搞一个石炭系—二叠系的项目，认认真真的研究一下，也是用重、磁、电、地震选择重点进行攻关。这些意见看来比较一致，这三个方向大家都比较认可。

第二个意见，抓勘探首先要抓源头。这个源头就是物探工作，或者叫作以地震为主体的物探工作。比如说，有了物探才有可能找到圈闭，有了圈闭才有可能找到发现和重大发现，有了重大发现才可能评价获得储量，有了储量才能推动石油工业的进展。所以唐部长说要让我们感到严重，我觉得当前首要的问题就是抓地震，要从源头抓起就能把这个严重的事态缓解，逐步得到变化，否则的话这种局面就变化不了。

我体会勘探工作可以分为两个阶段，第一个阶段是油气发现以后的事，第二个阶段是油气发现以前的事。发现以后的事比较好办，有了发现和重大发现以后就可以搞勘探开发一体化，也就可以择优评价，开发先期介入，也可以加快节奏等。钱也来了，钻机也来了，工作量也来了。现在的问题是如何获得发现和重大发现，这一段前期工作往往是我们最困难的时候，是勘探家和决策者最困难的时候。有很多不确定的因素，还要坚持不懈的投入，我们还得要有耐心，投入以后不一定有回报，要经得起时间的考验，要经得起失败的考验。我们为什么很怀念我们的老领导呢？他就是抓住这个最根本问题不放，使地质家日夜不得安宁，不断地想问题，不断地总结成功的经验和失败的教训，不断探索、不断的冲锋，这是很重要的。

如何抓物探工作有四点具体意见。第一，要对全部地震和其他物探工作做一次系统的全面的调查和研究，要认真研究这些物探工作的质量和数量。比如说，这些地震剖面它的深层状况行不行？它在一些关键问题上行不行？包括以前做的三维地震能不能解决地质问题，哪些需要重新采集，哪些需要重新处理，哪些需要重新解释。这个我觉得是很需要认认真真进行研究和分析的，这样我们就能做到心中有数。

第二，无论是从全国还是从渤海湾来看都要保持相当数量的二维地震工作量。从全国来看，我们二维地震工作量大幅度锐减，这是不正常的。如果说那是没有地盘，我认为那是因为我们研究工作做得不好，或者说这些年来我们的区域地质研究工作不行所造成的。如果我们有深入广泛的区域地质研究工作绝不至于没有地盘。近年来我们在很多新领域有大发现，例如山前地带发现了大气田、大油田，如天山南北、祁连山前，必然导致一大批地质条件相似的山前地带成为物探工作的热点，不仅重、磁、电要上，二维地震也要上，而且还必须攻关。不仅山前地带，西部地区还有大面积二维地震勘探可做。从渤海湾来看，如果研究新近系，在凸起上二维地震就不够，要研究原生油气藏，深层地震质量又很差，都需要相当数量的二维地震。

第三，要认真调查研究一下当前可供钻探圈闭的状态。我们现在要预探，那么圈闭的状态是关键，圈闭是处于饥饿状态，还是处于富裕状态？是处于可选择的状态还是根本就不可能选择。做完一个赶快就上一个，甚至急急忙忙、披头散发地就要往上上，我觉得如果说这样，那就说明我们的先期准备工作做得不够。我现在做了一个很简单的估计，当然这个估计不很可靠，现在从中国石油天然气集团公司所属的渤海湾北部来看，每一个发现储量平均规模已掉到 $100 \times 10^4 t$ 以上了，现在年产 $2400 \times 10^4 t$，要想储采平衡，估计每年

要增加探明储量 1.2×10^8t 左右，按每一个发现平均 200×10^4t 计算，需要 60 个发现，如果每一个圈闭的成功率按 1/3 计算就需要 180 个圈闭。现在每年有没有这么多圈闭，准备了没有。应该认真研究一下我们手里的储备到底如何，如果没有充足的储备，我觉得我们是被动的。当然这里面包括三维地震也可以提供圈闭。

第四，要在地震工作内部采取采集、处理、解释三位一体的工作方式。这样能让前方采集的人员知道处理工作存在的问题，解释人员需要什么？处理、解释人员也能要求采集抓那些关键。

还有一个就是在对付复杂地质体的时候，我希望要组成地震、钻井、地质、测井、试油等相互结合的综合研究攻关组，把各个工种有经验的人员集成在一起，可以产生叠加效应，可以大幅度提高科技水平、提高认识能力，迅速解决复杂地质问题。

关于前陆盆地油气勘探的几点建议
——在中国石油前陆盆地冲断带勘探
技术研讨会发言

（2002 年 1 月 11 日）

　　有机会参加这次会议，感到收获很大，特别是听了各个油田、各个院所，还有各位专家的一些非常精彩的报告。我感到有成果、有认识、有方法、有技术，而且也有经验总结，前陆冲断带的前景更加令人鼓舞。这次会议开得非常好，特别是刚才贾总（贾承造）有一个精彩的总结，这个总结把我有些想说的都已经说了，我就少说一点，再补充几点意见。下面王部长还有精彩的发言。

　　第一个意见是前陆冲断带的油气远景和晚期成藏问题。前陆冲断带的油气远景到底如何，有人举了一个例子，就是说克拉玛依，那就是前陆冲断带，它的储量现在是（9~10）×10^8t，这个数字很大。我自己想说的是和喜马拉雅期的晚期这一次新构造运动有密切关系的逆冲带，它的远景如何，克拉玛依那个其实还有点不太相同，克拉玛依前陆冲断带后期比较稳定，我们现在讨论的就是喜马拉雅山的最晚一次、非常重要的一次运动造成的这个冲断带它的远景如何。在我们的面前，就最近几年，有两个非常典型的事件。一个典型的事件就是克拉 2 气田的储量现在是 2800×10^8m³，而且它有成排成带的大型构造出现，所以在近期内要搞到 10000×10^8m³，我估计所有的地质家没有一个人反对，是比较容易的一件事，这是一个典型事件。第二个事件就是窟窿山，即青西油田，祁连山北冲断带发现的油田，这个油田现在的储量起码是上亿吨的一个油田，而且规模还在大幅度地增长，同时向两侧延伸，我觉得还会找到窟窿山这样的油田。从这个角度看我们的前陆冲断带，就凭一个大气田、一个大油田这两条，我们就应该引起对这种前陆冲断带的特别重视。就是说，把它当成一个重点是有依据的，而这里边最重要的因素是什么呢？我自己觉得要特别强调它是晚期成藏，这个晚期成藏晚到什么时候，是晚到上新世的后头，大体上就是200 万年这么一段时间，包括第四纪，包括人类出现的全新阶段，而且这个晚期成藏在全国有相当的普遍意义，所以我要强调这个东西。因为我在库车地区干了几年，有点体会，库车地区就是生油期比较晚，而且是快速大量排烃，然后构造的形成非常晚，构造的形成就是在最近一段时间，而且油气的充满度很高，充满度很高就是说，增长的这部分都全部充进去了，我看就是在人类出现前这段时间发生的事，所以这种成藏的条件只要是配套的，时间哪怕很短，照样能形成大油田、大气田。这个我不知道诸位是怎么看的，反正我是第一次碰到。我们以前对这种这么新的构造是持怀疑态度的，最近我听说国外也有，但是资料很不全，我是很希望做这方面工作的，因为这个东西不单纯是在我国西部发生，最近渤海海域，我到他们那里去交换了意见，因为我是带着问题去和他们一块商议，渤海海域近来找到新近系的大油田一共是 9 个，全部是晚期成藏，而且这个晚期成藏晚到什么时候，也是新近纪末期到第四纪，就这么一段时间，那个蓬莱 19-3，一个 6×10^8t 的大油田，就发生在郯庐大断裂上面。所以我想，这带有全国性，我在渤海湾陆地开会的时候，我也强调说你们要研究研究这个新构造运动到底给我们带来什么，是否带来了财富？

第二个意见是勘探开发一体化和预探工作。我是非常赞成勘探开发一体化的，有了发现和重大发现以后，确实需要勘探开发一体化，开发先期介入，共同组成项目组，进行评价性勘探，择优评价，掌握节奏。通过经济分析和不断的可行性研究，逐步建立储量和可采储量。同时，必要的开发前期工作和总体开发方案也逐步完成，这是非常重要的事情。但是这不是勘探的全部，勘探工作还有一个更重要的部分就是预探，预探是一个非常独立的工作。我的看法，预探就是找发现和重大发现，这是我们勘探工作的灵魂，是我们勘探工作我自己认为是一个最重要的部分，刚才贾总也讲了，我非常赞成他的意见，以后要特别重视预探，要大力加强预探，这非常重要，要不然我们就会萎缩，所以我们头脑要非常清醒。说到预探我们就要研究一下，预探的准备工作做得怎么样，我认为当前我们预探工作的准备做得不是很好，特别在前陆冲断带，首先要预探就要在有利地区落实有利圈闭，而且要有相当数量，才能择优预探。但是仔细的研究一下，圈闭数量一些，但真正能提供钻探的极少，有的地区有利圈闭缺乏就是个拦路虎，把我们拦住了。所以我对这个问题，提这么几个小意见，也是补充刚才贾总的意见。第一，一定要对每一个前陆带进行综合性的区域地质研究工作。第二，一定要加大二维地震勘探的力度和攻关的力度。第三，为了更好地进行二维地震的攻关，必须进行非地震的勘探活动，这里面就包括重、磁、电，我感觉到重、磁、电的全部活动是为了帮助地震来更好地研究地下的面貌，靠重、磁、电去打井恐怕是有难度的。但是它能够帮助地震去更好地认识地下情况。第四，要允许我们的勘探家打一小批参数井，我特别强调这句话，这是非常重要的。我举个例子，以塔里木库车为例，开头地震工作是沿沟做的，那是 1990 年、1991 年上去的，做了 5 条线，当时打了个东秋 5 井，参数井性质的，构造很不明确，大体上能把轴部弄清楚。打的那口井，花了很多钱，差不多花了一个亿，中间还碰到了一次洪水，那是非常艰苦的，但是起的作用是给我们参数，当然也想去找油，一下找不到，只能作为参数井，要不然地震怎么开展活动呢，比如说层速度怎么求呀，一大堆问题摆在那儿。后来打了克参 1 井，在西边，也是个参数井，如果说没有这些，也就不可能发现克拉 2 大气田。刚才我们的梁生正老总在那里大声疾呼，他在塔里木东部打了下个英参 1 井，也是参数的，报告说油层和油气显示。现在的发现正是在前人工作的基础上获得的，否则怎么敢再去打口井呀。所以说刚才讲的意思是我们一定要允许找油找气有失败井，允许大家有失败的井，没有失败的井就没有成功的井，老实说我们在塔里木会战 10 年，库车地区 1998 年才有真正的发现，1998 年以前任何人都可以忽视我们的勘探努力，都可以骂我们一顿，说你在那里干啥，花了那么多钱，因为克拉苏的两口井又费钱又花时间，东秋 5 井花了近两年时间，1998 年以前谁有底呀，没有底，坚持一下就成功了。再如我们搞三维地震，失败了三次，第一次搞大宛齐，基本上没有什么效果，第二次是在克拉苏，克拉 1 号构造上，当时动员很多人，很多民工，包括部队，都在那里挖坑，挖了好多坑，弄出来基本上没法解释，但是都是工作的积累，因为积累，克拉2地震最后成了，为什么成了？就是有很多很多前车之鉴，它改变了很多东西，坑炮后来发现根本不行，必须打单深井，这都是我们靠血汗换来的东西，所以我在这里要大声呼吁，我们不是搞机会主义的，勘探是一门学问，它必须是实践、认识，再实践、再认识，就是这么一条路。所以我一直在说搞勘探的人是毛主席的最好的学生，从来是讲实践论的。刚才贾总讲，他在窟窿山定了一口野猫井，我认为那是根据实际情况来的，而且是从已知推未知，从有油的地方往前推断，那有什么问题呢？

第三个意见，前陆冲断带的勘探最关键的工作是山地地震攻关。山地地震攻关，我认为是最关键、最关键的工作，当然这里边有很多很多重要的工作，包括钻井、试油、测井、地震、综合研究等。我认为首当其冲的是山地地震攻关，所以一定要下决心，下功夫去进行这项工作。而且对前陆冲断带来讲，最重要的就是构造面貌，就是要搞清地下的构造面貌。塔里木库车地区勘探工作的特点就是山地地震工作的攻关进行得非常有成效。为什么呢？因为我们刚开始去的时候，那确实是没有反射的，望着那些大山，那确实没有办法，我到前线去看过，当时正在搞直线排列，往那山上直上直下的干，那简直像敢死队，通过大量的科学实践，最后才取得突破。所以我回来特别感动，在甲方乙方会上说了一段感想，要发扬山地精神。但是通过这么些年的努力，包括对设备、采集、处理、解释等进行了系统的攻关，确实取得了很大的效果，我认为这是很了不起的，而且从构造面貌的认识上豁然开朗是在什么地方呢？是当我们发现逆冲断层沿着软地层进行滑脱，在这个滑脱面下窝了大量的优良构造，这个构造和上面是不一样的，它是两个完全不同的地质状态，所以才出现克拉2号构造，才出现克拉2气田，然后慢慢推开，现在看，大量圈闭出来了。我为什么要推崇库车地区的攻关工作？是因为在库车地区有比较多的可供钻探的构造存在，这就证明地震攻关取得了效果，而我们其他地方目前还看不到，所以也必须要进行这样规模的攻关工作，包括地质建模、野外调查、综合研究工作，包括我们打的参数井，它都是围绕着地震攻关工作在进行的，所以你要有个核心东西，核心东西我认为是地震攻关，我们必须要围绕地震攻关，让它尽快突出出去，准备出钻探目标。这个问题我又提三条小意见，第一个要认真总结库车的地震攻关经验，包括多工种联合攻关的经验，而且我希望这个经验，在现在的市场机制下，在甲乙方当中，各油田当中，不要成为商业秘密，还是要在中国石油天然气集团公司这个大旗帜下共同来分享这些好的经验好的做法，这样我们就会推广得快些；第二个我们要选择一些远景很好、比较现实的地区要进行联合攻关，要把我们公司比较优秀的人、比较能干的人组织起来，对它进行联合攻关，比如说窟窿山存在问题，那我们就把它集中一下，去研究一下，比如说，刚才梁生正老总讲的，现在叫英南2号，已经突破了，我觉得这个地方就值得稍微规模大一点的展开，为啥？我认为这个点是三岔口，往北往西北跟库车相连，往东跟敦煌相连，敦煌盆地是一个很大的盆地，往西跟塔东南前陆冲断带相连，它是这么一个三岔口地区，是完全可以展开的一个地方，可以动用比较多力量。像这种工作我们完全可以很快把它突出出来。第三个意见是把我们的前陆冲断带要排个队，根据它的优劣好坏、勘探难易程度排个队。然后，我们有计划地去进行，非常难的、远景看不清的可以先成立个地质队做综合研究，去研究一下，看看这儿到底怎样去部署，这样我们的工作就会有序地进行。

在中国管道发展暨技术研讨会上的致辞

（2002 年 6 月 25 日）

各位领导、各位来宾：

大家好！

今天，中国管道发展暨技术研讨会在北京胜利召开了。来自国内石油、石化行业和关心支持中国管道事业的专家、学者济济一堂，共同研究中国管道行业发展趋势、探讨国内外管道建设的先进技术和经验，首先我代表中国石油学会对专家学者们的到来表示热烈的欢迎！对社会各界人士对我国石油管道建设的关心表示衷心感谢！我想，我们这次会议应该抓住机遇，迎接挑战，不断增进交流与合作，推动我国管道业的前进和发展。

管道运输作为连接油气生产与市场用户的重要环节，在石油天然气工业乃至世界经济的发展中发挥着越来越重要的作用。从 1971 年"八三"管线会战至今，我国油气管道建设已经有 30 多年的历史，已建成油气管道已有 2×10^4 km 以上。随着我国经济的快速发展，特别是进入 21 世纪以来，我国的管道运输业已成为一个朝阳产业。仅中国石油天然气集团公司就有近 3000km 已经和正在建设的天然气、成品油、原油管道；国家在"十五"发展规划中论述："要加强油气管道建设，初步形成管道运输网。"在未来 10 年内，中国石油将投入 2000 亿元用于发展我国天然气管道运输网。涩宁兰天然气管道、兰成渝成品油管道、忠武天然气管道和正在规划筹建的中俄、中哈等管道，特别是今年即将开工的 3900km 的西气东输工程，标志着我国管道业进入了前所未有的发展高峰期。

世界上所有经济发达的国家，都经历过一场能源结构的改变。早期以薪材为主，中期以煤炭为主，近代石油和天然气逐渐成为主要角色。特别是近期以来，天然气在能源结构中的比例迅速增加，速度已经超过了原油，中国也是如此。世界天然气在能源结构中所占的比例 2000 年高达 25%，而我国仅为 2.2%。可见我国与世界天然气利用的平均水平相差甚远。近 20 年来，我国经济保持高速发展，但由于能源结构不合理，也付出了高昂的代价。首先是空气污染严重，全世界 10 个污染严重的城市中国占了 8 个。随着人民生活水平的日益提高，民众对清洁能源的需求越来越高，而陆上天然气需要管道运输。因此，在最近 10～20 年内，我国天然气管道建设将在整个管道工业中占主导地位，并将得到迅速发展。随着勘探力度的加大，塔里木克拉 2、内蒙古苏里格大型气田相继发现，同时我们根据需要可以引入西西伯利亚、土库曼斯坦等地区的天然气，因此，我国的天然气和天然气管道都将获得巨大的发展。

另外，加入 WTO 以后，我国成品油管线也将在未来 10 年中高速发展，大趋势将由沿海、沿江各炼厂向内地延伸，并逐步替代火车运送成品油。

蓬勃发展的中国管道业，对管道建设技术与装备的要求量剧增。管道建设市场的潜力，为我国管道技术、施工、装备生产企业的发展提供了巨大的机遇和发展空间。比如说西气东输工程一期工程 1200 亿元的投资中，就有 600 多亿元是用于购买设备和材料的，这就为相关的行业提供了巨大的商机。据测算，到 2010 年，我国的长输管道长度将由现在的 2×10^4km 增加到 10×10^4km 以上，整个管道建设投资将十分巨大。

当今世界，科技进步日新月异，全球范围内的经济合作越来越重要。面对经济全球化和中国加入 WTO 带来的挑战与机遇，中国管道业虽然在管道工程、咨询监理、科研开发、设计施工、防腐检测、江河跨越和油气储运技术等方面具有一定的优势，但与国际先进水平相比，仍存在一定差距。也为广大企业提供了一个更大范围、更广阔的领域、更高层次的"新舞台"，这就需要我们保持清醒的头脑，认清优势和不足，早做准备，积极应对，在激烈的市场竞争中主动接受挑战。

这次研讨会就是想为大家提供一个国内外同行共同研讨交流的机会，对管道建设与技术的发展和变化，对世界管道发展的未来，对方方面面的信息，开展交流，增进友谊，加强合作，为中国和世界的管道业作出贡献。

我们已经欣喜地看到，我国的钢铁企业经过不懈的努力，已经具备生产 X70 钢的能力，质量水平也达到了国际同行业水平；制管企业也具备了生产大口径直缝埋弧焊钢管的能力；国产焊接设备和材料在批量生产和工艺性能上都迈出了可喜的一步；国产防腐涂料和防腐设备、防腐作业线，技术性能指标均达到了国际同类产品水平。尤其是西气东输工程施工装备采办招标中，国内企业的优异表现，更让我们对管道建设大型装备国产化信心倍增。

希望国内管道界的专家学者们和广大的科技工作者与管道装备企业携起手来，担当起历史赋予的重任，努力推进技术创新体系的建设，加大关键科技项目的攻关力度，推动关键技术研究的跨越式发展。在改革开放的大背景下，加强多层次、多渠道、多领域的合作，迎接管道建设的黄金时代。为我国石油工业的发展作出更大贡献！预祝会议取得圆满成功！谢谢大家！

在中国石油 2003 年勘探技术座谈会的讲话

（2003 年 3 月 12 日）

1 会议收获

参加这次勘探地质座谈会，很受鼓舞与启发，我把我的认识与收获归纳为五点。

第一点：油气的远景潜力很大，勘探的方向十分清楚，重点的战场非常明确，同时，还需要加大各方面的力度。

加大各方面的力度主要是以下几个方面：一是要大力加大地质综合研究；二是要加大关键技术解决问题的能力；三是要加大科技攻关的力度；四是要加大勘探的投入。近几年我们勘探工作是很有成效的。

第二点：中国油气勘探近年来新领域有重要进展。

第一，大面积的岩性地层油气藏，取得了非常重要的进展，比如鄂尔多斯盆地、松辽盆地都是全盆开花的岩性油藏，鄂尔多斯还有大面积的岩性气藏。另外，如渤海湾盆地、准噶尔盆地、四川盆地、塔里木盆地都尝到了相当的甜头，所以这个领域很可能是我们今后非常长时期的增储上产的一个重要的领域。

第二，渤海海域的浅层构造油藏，我觉得是近几年我国非常重要的发现，其中最大的一个是蓬莱 19-3 油田，地质储量 $6.5 \times 10^8 t$，其他都是 $1 \times 10^8 t$ 以上的，一共有 9 个油田，都是浅层构造油田，储量规模达 $17.2 \times 10^8 t$，我觉得应该引起同志们的注意，特别是渤海沿岸部分。原来我们胜利油田也找到很多浅层油田，包括孤岛、孤东都是管陶明化镇的，这个问题翟院士已经讲过，我们应该全面检查一下我们的浅层构造。

第三，西部山前冲断带的油气藏，这是我们最近几年发生的一个重大事件，这里面包括天山南麓冲断带的库车坳陷克拉 2 等大型气田的发现，也包括祁连山北麓酒西大型油田的发现，这都是山前冲断带的油气藏。现在有很多地方已经提到日程上了，包括准噶尔南缘、龙门山的西北，也包括鄂尔多斯的西缘，都有很多同志在开始研究这方面的工作，所以山前冲断带的油气藏也将是我国今后非常重要的油气领域，可以为我们提供大量的油气资源。

第四，在大型隆起上发现了碳酸盐岩大油田。塔里木的轮南隆起，面积有 $3000 km^2$，新星公司已经发现了塔河油田，还有我们北边的轮南潜山油田，现在探明储量已经达到了 $2.3 \times 10^8 t$，它的三级储量已经达到了 $5 \times 10^8 t$，年产量已经达到了 $270 \times 10^4 t$，所以，应该认为是一个很大的油田了。但是它是一个储层非常复杂的，油气规律很难琢磨的，又有很多高产井的这么一个复杂的碳酸盐岩大油田，我们在塔里木工作的同志，花了整整十年也没有把它的规模弄得十分明白，但是，应该承认这是中国第一个真正意义上的海相大油田，是海相的油源，是海相地层储油。这种大型隆起在塔里木盆地，在我国其他盆地，数量不少，值得注意。所以我觉得中国近年来，四个大的勘探新领域是今后发展非常重要的方向。

第三点：勘探的重点，是要加快"三大盆地一个地区"。

第一个是鄂尔多斯盆地，鄂尔多斯盆地大家的意见都是一致的，它现在走上了快车道，大面积的岩性油气藏，往东打也有利，往西打也有利，往北打也有利，往南打也有利，都是很好，所以我觉得这个地方是非常具备加快的一个盆地，很值得我们注意。

第二个是准噶尔盆地，我个人认为在西部地区是生油条件最优越的一个盆地，特别是它的二叠系，同志们可能在乌鲁木齐看过妖魔山剖面，上千米厚的二叠系生油层。自从进入腹部以后新疆勘探就如虎生翼，每年进展十分迅速。所以准噶尔盆地已经具备了加快的条件，可以相应的增加投入。

第三个是松辽盆地，松辽盆地是一个非常现成的大面积的岩性油藏发育区，只要立足于这种油藏（包括海拉尔），就可以延缓大庆油田的递减。我有两点建议，一个是要用勘探开发一体化的办法，来动用低效的储量和今后新找到的储量，一定要用这个方法来进行，如同我们现在在长庆搞的苏里格大气田。开发遇到难题怎么办？也是要用勘探开发一体化的方法去进行攻关、去进行开发前的准备，然后逐步地把低效的储量开发起来，我觉得长庆的开发界创造了一个很伟大的技术，搞了一个先期高压注水，这水一注上去，产量就能稳定，这种技术就算得不了诺贝尔奖奖金，起码可以得国家科技进步奖。这种技术的发展，它就能为我们的低效油田起作用，所以我想，就是要把那些我们已经找到的低效储量，再投入一些新思维、新技术，也许就找到了解决问题的关键。第二是否能改变一下操作单位和人群，比如说可以请我们的存续业来办这件事，不一定请股份公司来办，如果请存续业来办，这些储量是否可以突破三件事，油价必须按 18 美元 /bbl 来进行经济评价；内部财务收益率不能低于 12%；勘探的投入必须全部回收；假定这些东西都能够少一点，把它负担弄得低一点，它就能往前走。所以我觉得松辽盆地是可以加快的。

第四个是滩海地区，我觉得目前不完全是一个地质问题，也是一个勘探开发一体化的问题，现在已经找到了 2×10^8t 储量，但是动用不起来，每年打的井也不多，时间拖得非常长，而且是分散的在进行。我现在有个建议，就是希望能够首先把三维地震能覆盖上，尽量覆盖上，然后每年要有计划的、有一个统一的做法，比如说三家看是以哪一家为主，包括装备，包括工程配套，包括技术人才等，这个也不改变所有权，但要适当集中一下，尽快形成拳头。马总也讲了一下胜利油田的做法，那里确实有许多值得借鉴的地方，这里面确实需要因陋就简，需要有很多我们独创的办法，才能把这部分储量动用起来。

第四点：除已展开的勘探重点外，东部地区具有吸引力，通过努力可以尽快发展为大场面的地区或领域有四个。

第一个就是渤海湾的浅层构造油藏，我希望以海洋为鉴，重新审查一下我们陆地上的一些浅层构造，这些构造幅度都很低，包括凸起上的浅层构造、大断层附近的一些构造。地震有没有漏掉，特别是凸起上的有好多都是地震线头。有些如果发现了一些线索，最好要加密一些地震测线，我觉得这些有可能有新的发展，特别是海边上这一批，很值得我们重视。第二个，冀中的深层古潜山，例如兴隆宫，就是那天华北同志隆重推出的。当然有些古潜山是否存在还有争论，特别是像固安一带的，我们下来还可以一起落实，但是兴隆宫争论不大，地震做下来也还可以，像这种发育在生油凹陷里面的古潜山，很有可能使华北打一个翻身仗。第三个，松辽古中央隆起带和两侧的深层天然气。中央隆起带两侧均发育侏罗系的断陷，东侧断陷附近局部构造已经发现了气田，而且隆起带本身也发现了工业性天然气，这个中央隆起带大极了，可以一直往南延到江南去。我们要有意识的整体勘探中央隆起带，它就长在大庆长垣的旁边。我们的目标不是几百亿立方米的规模，至少是几千亿立方米甚至上万亿立方米的规模，这个肯定是个大规模。当然现在深层的地震资料不是很好，需要重新研究。第四个，松辽的西坡和滨北地区，唯一的理由就是它的勘探程度太低，它在我们这么大的油区的旁边不相称，西坡加滨北，面积大约共有 $10 \times 10^4 km^2$。那天胡院士也讲了西坡的有利条件，滨北也是由于我们长期的认识上不去，认为它是大水大砂体，存不住油，如果我们换一种思维，换一种岩性油藏的思维，那个地方有生油层，有很好的储盖组合，很可能就有突破性的发展。

第五点：除已展开的勘探重点外，西部地区有吸引力，通过努力可尽快发展为大场面的地区或领域有十个。

第一个是塔中隆起。塔中隆起构造原来我们号称是 $8000km^2$，后来经过地震重新作图，用构造等高线把它圈起来，真正的构造面积是 $4000km^2$，是个很大的构造，一个深层构造。所以这个塔中隆起，不管怎么放，都是一个非常重要的勘探方向。去年年底，我陪王部长去塔里木的时候，研究找大油田的方向，我们提出来重新认识塔中。因为我们会战初期对塔中几个层系，都是用简单的构造油藏思维，急风暴雨似的工作，这显然不符合塔中的地质特征。第一个层系是石炭系的东河砂岩，找到塔中 4 油田以后，往西打了一串构造，有的构造顶部缺东河砂岩，有的构造顶部打到火成岩，都落空了，但没有认真研究东河砂岩地层超覆油藏的可能性。这些东西都得重新来进行认识。第二个是志留系，志留系我们也打过一批井，因为志留系的油气显示很多，现在已经搞成工业性油流了，而且产量也有 $100t$ 左右，规模也不小。还有奥陶系，奥陶系大体上有两个层次。一个是风化面，我们打到了若干个高产井，都是孤立的。另一个是白云岩顶面，也有高产油井和气井，也是孤立的。因为那时候我们的条件非常恶劣，沙漠公路也没有修进去，所以好多事情都是速战速决，这确实存在重新认识的问题。再往下就是寒武系，寒武系不仅发现了盐层，而且还发现了好的油气显示，所以我们觉得还是要立足多层系的勘探，不要单打一的去研究，看样子它是一个很复杂的油田，现在我们找到了塔中 4、塔中 16 这些油田，塔中 4 每年出 $150 \times 10^4 t$ 油，所以只要找到一块，它可以给我们出很大力的，所以需要重新认识塔中，而特别关键的要重新认识塔中的地震。胡文瑞总经理三个重新认识，把长庆搞得很不错，我觉得我们也需要用逆向的思维来研究一下我们的工作。

第二个是塔里木的东河砂岩地层油藏。塔里木的东河砂岩地层油藏我们已经找到了一个哈得逊油田，它有一条很长的尖灭线，一直到了塔中地区，这条线上有相当一批地层油藏。另外，还有一条东部尖灭线，找到了一个轮南 59 井，日产气 $100 \times 10^4 m^3$，$97m^3$ 凝析油，最近又在附近尖灭线位置上，打了一个轮古 19 井，又发现了约 $40m$ 有油气显示的东河砂岩，现在正在试油。轮古 19 向南还有一个很大的地层圈闭，所以东河砂岩尖灭区也是个很大的领域，经过努力完全可能形成大场面。

第三个是塔里木的志留系油藏。塔里木的志留系沥青砂岩几乎广泛分布在塔里木盆地三分之一地区，而且里头有些是有可动油的。现在很多地方已经发现志留系具有地层油藏性质，所以志留系很值得注意。塔中已经经找到了高产油流，而且最近在满东 1 井加深钻探（这个构造当时是打侏罗系，但却打空了。侏罗系构造面积 800km^2，幅度也很大），志留系见到很强烈的油气显示。

第四个是吐哈盆地的二叠系、三叠系深层油藏。我们去咨询了一下吐哈盆地的勘探远景，给我们燃起了一个非常强烈的希望，就是发现吐哈盆地二叠系跟准噶尔盆地的二叠系几乎是孪生兄弟，完全是一样的。原来北边博格达山没有升起来以前，二叠系是一个盆地，所以生油条件几乎完全一样，而且吐哈盆地的同志已经找到了一个鲁克沁稠油带，储层是三叠系，孔隙度很高。储量规模达 8000×10^4t，而且已经探明了 4000×10^4t 以上，它给我们提供了一个非常重要的线索，二叠系、三叠系油藏大有来头，而且最近又在鄯善打了个深井，也出油了，出的都是稀油。当时没法压裂，目前产量大概一天几吨油，现在准备把那个井重新开窗，打个水平井，进行压裂，估计规模不会小。如果我们在鲁克沁与鄯善之间较大区域内进行寻找，肯定能找到稀油，而且有很大前景，这是一个很有希望的地区。

第五个是祁连山北缘冲断带，包括青西低凸起。自从窟窿山发现了油田以后，向两侧延展，很明显的又发现了一些很有利的目标，有生油凹陷也有构造被掩覆在老地层之下，所以我想窟窿山油田绝不是一个，而是一串，如果沿着这条线延伸，可以肯定得到很多好情况的。

第六个是柴达木柴西坳陷的古近系。我们去年去为他们做了一次咨询工作，花了一周的时间，一起商讨了一下。我们对柴达木的资源远景原来确实是不识庐山真面目，发现柴西第一位的主攻对象是古近系。目前柴西地区浅层油田采的油可能都是大油苗，尕斯库勒是个大油田，主要油层来自古近系，因为长期地震工作滞后，有的地方是因为地震没有过关。柴达木我认为还有大量的工作要做，比如柴西地区，一直延到阿尔金山，这都是地震工作可以做的地方。现在每年有一定规模的三维地震往那边覆盖，一直覆盖了以后，地下构造就清楚了，古近系的构造清楚了，就可以很快发现若干古近系油田。英雄岭地区，地面条件十分复杂，它耗费我们的精力要大得多，也不是说不好，很好，稍微缓上一点。青海有一个"5355"计划，是可以达到的。

第七个是柴达木的北缘侏罗系。侏罗系在北缘有一大片非常好的生油区，同时又发现一口厚油层的探井，这是原来从来没发现过的好情况。侏罗系储层很好，孔隙度很高，只是就出了少量的油，油质很轻，也不出水，分析化验油层强水敏。可能是措施上的问题。这里地下构造比较复杂，急需三维地震覆盖，打开油层采取新措施，一定会获得大情况。

第八个是龙门山山前冲断带和它的东侧地区。龙门山山前带是地质家一直向往的地方，从黄汲清先生开始，确实前前后后很长时间，一直推论这个地区很有油气远景。主要是由于地面条件恶劣，地下条件复杂，都是地下的推覆体，跟库车、窟窿山差不多。最近，龙门山山前区发现了矿山梁构造，远景很好。由于勘探技术逐步地过了关，是可以大有作为的。

第九是莫索湾隆起深层。因为准噶尔我们建议它全面加快，在加快的同时最好能够探索莫索湾的深层，这也是准噶尔搞勘探的同志朝思暮想的一口井，由于井深太大，所以始终下不了决心，因为这个井深至少6800m，要把二叠系甚至要把石炭系上面一部分打开，因为它的隆起规模很大，现在找到的莫索湾构造是800km²，如果我们打一口，侦察一下，如果有好情况，它就是个新天地。

第十是准噶尔南缘天山山前冲断带。这个地方，我摆到最后一位，我觉得准噶尔盆地全面铺开的话，缓一缓也可以，因为现在在东湾打了一个东湾背斜，东湾背斜面积有110km²以上，所以也是个很好的对象，现在已经开钻了，如果这口井有好情况，咱们还可以继续往前走，如果说不是很理想，可以稍微缓一缓，继续进行综合研究。因为现在准噶尔要做的事很多。

2　比较与设想

第一，勘探战线的任务非常繁重。

一是主力油田产量确实在逐步下降，二是天然气战线要花很大的精力，天然气储量增长得很快，这是天然气大发展初期必不可少的事情。因此找油在某种意义上来讲受到了制约。如何增大找油的力度，成为当前十分突出和关键的问题。最近，我们对三大油公司近年来油气产量、油气地质储量和油气剩余可采储量进行了比较，见表1、表2、表3。

表 1　中国三大油公司近年油气产量变化

		1999 年	2000 年	2001 年	2002 年
油产量 10^4t	中国石油	10495	10359	10336	10362
	中国石化	3457	3724	3791	3789
	中国海油	1617	1810	1881	2099
气产量 10^8m³	中国石油	162.6	183	205.8	224.7
	中国石化	22.3	39.3	46.1	49.5
	中国海油	43.9	42.5	42.1	37.2

注：未统计延长油矿产量。

表 2　中国三大油公司国内近年油气地质储量增长情况

		1999 年	2000 年	2001 年	2002 年	累计
石油储量 10^8t	中国石油	4.02	4.24	4.99	4.27	150.1
	中国石化	1.3	3.5	2.0	2.13	56.7
	中国海油	1.1	1.98	0.42	3.63	18

		1999 年	2000 年	2001 年	2002 年	累计
气储量 10^8m^3	中国石油	919	4119	4103	3352	27089
	中国石化	13		418	898	4310
	中国海油	22	4	191	73	3068

注：每年新增地质储量。

表 3 中国三大油公司国内近年油气剩余可采储量变化情况

		1998 年	1999 年	2000 年	2001 年	2002 年
石油剩余可采储量 10^8t	中国石油	17.95	17.92	17.6	17.2	17.09
	中国石化	4.16	4.7	4.65	4.63	4.72
	中国海油	1.59	1.82	2.12	2.03	2.40
气剩余可采储量 10^8m^3	中国石油	6672	7298	10206	13316	15199
	中国石化	858	968	1451	1647	2225
	中国海油	1882	1852	1815	1884	1899

从表 1 近期油气产量变化情况来看，中国石油原油年产量基本稳定，1999 年 $10495×10^4t$，2002 年为 $10362×10^4t$，中国石化与新星公司合并后，原油年产量上升了一块，目前也基本稳定，1999 年 $3457×10^4t$，2002 年稳定在 $3789×10^4t$。中国海油原油年产量却稳步上升，从 1999 年的 $1617×10^4t$ 至 2002 年已上升至 $2099×10^4t$。

从近期天然气产量变化情况来看，中国石油天然气年产量增长幅度较高。从 1999 年产气 $163×10^8m^3$ 增加至 2002 年产气 $225×10^8m^3$，中国石化与新星公司合并后，天然气产量增加了一块，然后略有增长，1999 年产气 $22.3×10^8m^3$，2002 年产气 $49.5×10^8m^3$，中国海油天然气产量不仅没有增加，反而略有下降，1999 年产气 $43.9×10^8m^3$，2002 年产气 $37.2×10^8m^3$。

从表 2 近期油气地质储量增长情况来看，中国石油年增原油地质储量 $(4.02～4.99)×10^8t$，至 2002 年地质储量已累计达到 $150×10^8t$，中国石化年平均增长原油地质储量约 $2×10^8t$，至 2002 年已累计达到 $57×10^8t$，中国海油原油地质储量年增长趋势比较明显，2002 年新增达到 $3.6×10^8t$，至 2002 年累计达到 $18×10^8t$。

从天然气地质储量增长情况来看，中国石油增长得非常迅猛，2000 年新增天然气地质储量为 $4119×10^8m^3$，2001 年为 $4103×10^8m^3$，2002 年为 $3352×10^8m^3$，已累计达到 $27089×10^8m^3$。这是一个很大的规模。以 2001 年为例，把油气储量加在一起，年增地质储量接近 $9×10^8t$ 油当量（按可采储量计算，天然气可采储量年增长的速度远大于原油可采储量年增长的速度），这确实是一个很伟大的成绩，但是由于天然气储量的迅速增长，势必使原油储量的增长受到制约，因为我们现在大体上要用四分之一的勘探投资进行天然气勘探，只有四分之三的投资才能用到油上。天然气是个高效的储量，所以用的投资不多，但是蛋糕只有这么大，切去一块，勘探油的力度就要受到影响。

再看看其他中国石化、中国海油两大公司的情况，天然气储量增长不是很大，因此压力也没有那么大。

从表3近期油气剩余可采储量变化情况来看，中国石油原油剩余可采储量稳中有降，从1999年的17.92×10^8t降至2002年的17.09×10^8t，下降了8300×10^4t；中国石化原油剩余可采储量稳定，1999年为4.7×10^8t，2002年为4.72×10^8t；中国海油则稳中有升，1999年为1.82×10^8t，2002年为2.4×10^8t，上升了5800×10^4t。

天然气剩余可采储量以中国石油增长最快，1999年为7298×10^8m^3，2002年增至15199×10^8m^3；中国石化也有增长，1999年为968×10^8m^3，2002年增至2225×10^8m^3；中国海油保持稳定，2002年为1899×10^8m^3。

第二，从勘探投资和勘探工作量来进行比较，中国石油不占优势。

最近，我们以2001年为例，对三大公司勘探投资和工作量进行了比较，见表4、表5。

表4 2001年三大油公司投资比较

	中国石油	中国石化	中国海油
总投资，亿元	813	596	134
勘探开发投资，亿元	431	201	89
勘探投资，亿元	110	65	30
勘探占勘探开发投资比例，%	25.5	32.4	33.7

表5 2001年三大油公司工作量比较

		中国石油	中国石化	中国海油
二维地震，km		28000	25000	8300
三维地震，km^2		8590	4000	3500
钻井	井数，口	7992	2278	157
	进尺，10^4m	1379	657	35.2
探井	井数，口	663	440	44
	进尺，10^4m	183	144	11.2
探井口数比例，%		8.7	19.3	28
探井进尺比例，%		13.3	21.9	31.8

从表4来看，中国石油勘探开发投资为431亿元，勘探投资为110亿元，比例为25.5%。中国石化勘探开发投资为201亿元，勘探投资为65亿元，比例为32.4%。中国海油勘探开发投资为89亿元，勘探投资为30亿元，比例为33.7%。中国石油勘探投资占勘

探开发总投资的比例较小。中国石油的原油年产量为 $10362 \times 10^4 t$，用 110 亿元的勘探投资来支撑，中国石化的原油年产量为 $3789 \times 10^4 t$，用 65 亿元的勘探投资来支撑，中国海油的原油年产量为 $2099 \times 10^4 t$，用 30 亿元的勘探投资来支撑，从可采储量替换率的支撑强度来看，中国石油是较低的。

从表 5 来看，中国石油二维地震工作量明显偏低，从探井口数比例和探井进尺比例来看，中国石油比中国石化低。

第三，2010 年前后，是我国原油年产量达 $2 \times 10^8 t$ 的最佳时机。

最近，咨询中心的同志们对"中国油气勘探战略"进行了研究，做了一些调查、探讨，我们认为，经过努力，在 2010 年前后我国原油年产量可以达到 $2 \times 10^8 t$。

因为 2002 年全国原油年产量已经达到了 $1.67 \times 10^8 t$，中国海油增势迅猛，它已经将规划做了适当的修改，准备在 2010 年达到年产量 $4000 \times 10^4 t$，净增年产量近 $2000 \times 10^4 t$，这是十分有把握的。中国石化也雄心勃勃，规划 2010 年年产量为 $5000 \times 10^4 t$，净增年产量为 $1200 \times 10^4 t$，只有中国石油规划比较稳妥，维持年产 $10500 \times 10^4 t$，基本不变。按照这个规划，全国 2010 年原油年产量已相当接近 $2 \times 10^8 t$，只差约 $500 \times 10^4 t$ 的年产量。

现在我们来评估一下，中国石油原油增产的可能性，我们认为是有潜力的，重点战场和勘探方向也很清楚，只要把工作做上去，使东部地区原油年产量递减得少一点，西部原油年产量增加得多一点，就能达到我们的目标，见表 6。

表 6　中国石油国内近年来东西部原油年产量的变化　　　　　（单位：$10^4 t$）

	1998 年	1999 年	2000 年	2001 年	2002 年
中国石油	10575	10495	10359	10336	10362
东部	8386	8201	7974	7848	7705
年增减		−185	−227	−126	−103
西部	2189	2293	2364	2488	2656
年增减		+104	+71	+124	+168

从表 6 来看，东部地区近年来原油年产量年年降，西部地区原油年产量年年增，东部减幅最大为 $227 \times 10^4 t/a$，西部增幅最大为 $168 \times 10^4 t/a$。我们建议，千方百计，再努力一下，东部地区每年力争递减不超过 $100 \times 10^4 t$，西部地区每年力争增加 $200 \times 10^4 t$，就改变了这种循环状态，每年可净增 $100 \times 10^4 t$，八年就可增加 $800 \times 10^4 t$，到 2010 年中国石油年产量可增至 $1.12 \times 10^8 t$，再加上延长油矿的 $400 \times 10^4 t$，中国石油年产量可达 $1.16 \times 10^8 t$，这样对全国 2010 年年产量达到 $2 \times 10^8 t$ 就很有把握了。

3　核心技术

要大力加强核心技术解决问题的能力。勘探的核心技术指地震、钻井和地质综合研究。其中测井、录井、测试和储层改造都是钻井井筒的综合配套技术，也是核心技术的组成部分。

我主要对地震工作提几点意见。

第一，地震成果认识地下情况的能力是我们认识和探索地下情况的基础和源泉。近年来地震工作质量和精度的提高，使我们认识地下的能力大大加强，甚至可以说增大了我们探索、想象地下的空间，也就扩大了找油的新领域。例如东部二连地区的巴音都兰凹陷，情况非常复杂，久攻不克，重新处理三维地震资料，剖面品质大幅度提高，再加综合研究，改变了勘探思路，很快突破了岩性油藏大关，现在储量规模已接近 $5000 \times 10^4 t$，这种成果确实令人鼓舞。

另外，由于地震进行了艰苦攻关，质量提高了，酒泉祁连山老地层之下，证实压了半个油田，为我们发现新的油藏类型，打破了油气勘探的禁区。近期勘探工作依靠高质量的地震剖面，创建了层序地层学，对地层对比产生了质的飞跃，也对寻找地层岩性油藏产生了重要影响，总之高精度、高质量的地震是我们深入寻找新油藏的钥匙。

第二，全国大部分地区都存在着地震攻关问题。比如，我在塔里木工作过一段时间，库车地区克拉2气田发现后，我当时感觉是：库车地区山地地震的主要问题基本解决了，后来又连续发现几个气田，比较顺利，构造变化不大。但到了库车西却勒地区以后进入了速度陷阱，不客气地讲，构造都是假的，所以它有不断攻关的任务。我们到吐哈去，吐哈现在认为最好的是二叠系、三叠系的深层油藏，但是二叠系、三叠系的地震没过关。我们到柴达木去，柴达木的古近系也有许多需要攻关的地方，包括阿尔金山一带，还有北缘的侏罗系都是如此。甚至松辽盆地这么老的地区它深层质量也不好。还有渤海湾要搞岩性油藏，地震资料也需要进一步加强，所以现在大部分地区的地震都存在着攻关问题。

第三，全国大部分地区可供钻探的有利圈闭准备不足，这是带有普遍性的，几乎所有探区，相当部分的圈闭都是不落实的。我们每年要打600多口探井，预探井起码有300口左右，应该准备出至少300多个可供钻探的圈闭，如果有利于我们选择，还应该更多一些。所以我认为有利圈闭的准备不足也是制约我们突出预探这个环节的一个非常重大的拦路虎。

第四，全国大部分地区的地震资料需要重新鉴定，重新评估，重新处理，重新采集。当然这应该分门别类地进行，即首先应该进行鉴定。由于我们的工作延续了很多年，采集的方法也不尽相同，技术的进步也不同，包括三维地震，早期做的三维地震同现在做的大不一样，而我们的勘探对象又是与时俱进的，一会儿是深层的，一会儿是浅层的，浅层资料有时也有被切掉的，深层也有没得到反射的，所以它的变化非常大。因此，我们的地震资料也要与时俱进，否则解决不了地质问题。这是一个非常艰苦的基础工作，需要我们的地质人员和物探人员认真地重新整理评估已有的资料，做出计划，该重新处理的就要重新处理，该重新采集的就要重新采集。

第五，加大勘探的投入，首先应加大地震的投入，而加大地震的投入首要的是加大地震攻关的投入。现在很多问题摆在攻关面前，有些地方是可以用工作量去覆盖的，而有些地方是不能完全用工作量覆盖的，必须要进行地震攻关，要边攻关边生产，所以地震攻关需要一笔经费，我们应下决心予以扶持，因为攻关的地震要比常规的生产耗费大得多，但一旦做好攻关，就可以为下一步生产节约开支。

另外，钻井我没有做过深入的调查，不敢妄加评论。但是我这次去塔里木有个感觉，即钻井也有很多进步，包括欠平衡、水平井、高难度井的钻井能力都有所提高，但总体来讲，攻关的力度在复杂地区进展不大，甚至有些停滞，钻井和地震相比，我认为钻井显然落后地震的攻关力度，而我们的地震即使每年下这么大功夫在攻关也还是存在着许多急需解决的问题，所以我们钻井需攻关的潜力就更大了。因此，要认真研究一下钻井的攻关力度，因为钻井的投资占勘探投资的比重一般都在 60% 以上，这是一个很大的题目，我建议要加强钻井攻关的研究，同时我还有一个感受，即钻井的后方的技术支撑能力不够，尽管钻井的同志们很辛苦，但有点为了养家糊口的感觉，不是一种靠科技进步去取胜，当然这里面存在着很多矛盾。而物探局，现在叫作东方物探公司，它就有一个很大的技术支撑能力。因此，我建议我们应该搞双赢战略，攻关问题应该在甲方的指导下，由甲乙双方共同组织起来攻克难关。

最后，我要说这次会开得非常好，很及时，开出了方向，开出了信心。这几年，勘探工作在集团公司和股份公司的领导下，做出了很大的成绩。在此，我特别向集团公司的领导、股份公司的领导、油田公司的领导和我们广大的勘探战线的同志们表示崇高的敬意。谢谢！

油气勘探战例分析与资源可持续发展

——在 2004 年中国石油地质勘探
高级研修班的发言

（2004 年 11 月 25 日）

我的题目叫作油气勘探战例分析与资源可持续发展，主要内容：一是成功战例与不成功战例说明什么？二是从油气资源可持续战略研究中得到的启示，这是在侯祥麟院士领导下开展的战略研究成果，我把主要观点跟大家讲一讲，从勘探的角度谈谈启示。

1 勘探战例的分析与启示

我国油气勘探有很多成功或不成功的战例，我不敢全面去评价，仅对自己亲身经历的几个战例进行分析。成功的战例有三个分别为大庆油田、胜坨油田和克拉 2 气田的发现。三个不成功的战例也是我亲身经历的，其中泸州古隆起找油和珠江口盆地中外合作第一战役都是轰轰烈烈但结果不令人满意，最后是轮南碳酸盐岩整体解剖。

1.1 大庆油田的发现

当年钻探了三口基准井——松基 1 井、松基 2 井、松基 3 井，松基 3 井是大庆长垣发现井；松基 1 井打在隆起上，命名是电法隆起；实际是东部隆起；松基 2 井打在登娄库构造，也就是西南隆起，松基 3 井是进入洼子的，进入洼子后就有了发现。

大庆油田发现有五个最重要的关键性环节：一是关于松辽平原第三口基准井井位分歧，我们被要求打洼中隆；二是松基 3 井发现油砂后碰到什么？要破程序，因为基准井要求要一直打到 3200m，但当时只有 1700m 左右。康部长（康世恩）首先打破程序，苏联专家很不赞成；三是松基 3 井试油碰到了什么？要严操作；四是初选会战的重点是葡萄花构造，没选准；五是北上甩开三点，即所谓的杏树岗、喇嘛甸、萨尔图"三点定乾坤"，才找到真正意义上的大庆油田。

第一个是本人到石油部做的第一件事。我是 1958 年 8 月底从松辽勘探局调到石油工业部（简称石油部）勘探司，9 月 3 日就签署了这么一个关于基准井井位的意见。地质部松辽大队提出第三口基准井井位，大概在通辽往东一个叫榆树屯的地方，我们指出他们提的井位有 3 个缺点，经过我们反对后改在现在松基 3 井所在的位置。我当时签署的意见书后来成为石油部在松基 3 井发现获奖的一个很好的证明材料。原来好多人都说是地质矿产部（简称地质部）委托石油部施工，后来经过调查后才说不是施工，是我们反对地质部的意见，石油部打的井最后成功了，但前期构造又是地质部做工作找到的，最后协调的结论是大庆油田发现是"两部一院"大协作的成果。

第二个就是当年打松基 3 井时，在 1400m 左右就见到葡萄花的油砂，又在 1600m 左右的地方见到高台子的油砂，主要是这两段，高台子油砂只有 1.7m 厚，三个小尖，是井壁取芯把它取出来的。当时石油部派出一个工作组参加试油工作，组长是赵声振，组员有我和蒋学明。我们三个人在这个地方发现油砂以后，康部长就带着苏联专家米尔钦科一起视察这口井，当时康部长说应该立即停钻试油，米尔钦科反对。按照苏联的习惯，基准井必须打完 3200m，有了油砂更应该往下打，因为下面可能有更好的情况。但是考虑到当时我国的国情，就决定完钻，所以说打破了程序。

第三个就是试油，这个环节要严操作。当时试油时在井下还没有完全把水捞干，还有很多水，就准备测试日产量。我们用定深提捞的方法，拿个捞桶在一定深度捞油，捞出大概有 5～6m³ 油时，就准备报捷了。报到石油部，康部长大声疾呼，并来了个电报严令必须捞水、不准捞油。我们下去捞水，捞到井底连螺丝帽都捞起来了，关井憋压就喷油了，这个环节很重要。用憋压的方法在 1959 年 9 月 26 日出了油，一天喷了大致 10m³ 以上油，当时正值国庆节前夕，消息震动了北京。时任黑龙江省省委书记欧阳钦，把这个地方叫作大庆油田，当时叫大同镇。

第四个是松基 3 井在试油时，已经发现葡萄花大构造，上去打了葡 1 井，葡 1 井和松基 3 井基本上是完全相似，厚度稍微薄一点也喷油了，所以就决定开始石油大会战，那是在 1959 年年底定下的，当时的选择不是最佳。

第五个是北边的多个构造又出来，在萨尔图、喇嘛甸、杏树岗三个地方打了 3 口井，分别叫萨 1 井、杏 1 井、喇 1 井，后来因为变成开发井后，改名为杏 66 井、萨 66 井、喇 72 井。我觉得有意思的是，就这三口井，当时地质家都推论向北砂岩要变粗，这点很重要，松基 3 井往南相对变细，往北就要变粗，同时地质部在萨尔图打了一些浅井，都是 500m 的浅井，砂子都很粗，所以主张往北去，构造都很好，所以打了这三口井。三口井不仅有葡萄花油层，而且有萨尔图油层，油层厚度都可以到 100m 以上，日产油一般都可到 100×10^4t 以上，这三点面积 800km² 左右。现在回过头来看，松基 3 井这口发现井其实位于最不起眼的地方。所以说由于大凹陷、大构造、主砂体结合得妙，勘探节奏与勘探对象结合得更妙，说这是人为的也可以，反正是有机结合在一起，因此松辽盆地最主要的油田最先找到，时间从 1956 年至 1959 年仅用了 3 年时间，当然这中间我感觉也有运气的成分。

1.2　胜坨油田的发现

再看第二个战例，胜坨油田的发现。我自己把它总结一下，成功主要有三件事：一是生油层找到了，二是突破口找到了，三是主要目的层找到了，最后胜坨油田快速的被拿下。

第一个关键事件是，当时有两部钻机，一部钻机在华 1 井，打南宫明化镇等，总共打了四口井，这部钻机最后在打华 6 井的时候报废；第二部钻机从华 2 井到华 5 井，跑到华 7 井，就是刚才翟光明院士说的见到了生油层，最后打了华 8 井，华 8 井发现了东营构造。

第二个关键事件是六个突破口的选择。1960 年在天津召开了一个地质部、石油部的两部联席会，会议由地质部旷伏兆副部长主持召开，六个突破口是石油部勘探司沈晨副司长提出来的，沈司长集中了地质家们的意见提了六个点。会上决定东营构造由石油部实施钻探，因为旷部长在会上讲了一段话："什么你的我的，都是中国的，出了油都好，石油部打井打得快，把最有希望的构造交给石油部"。我们的革命老干部了不起，有大局观念。选择了这六个点，我们就上了东营构造，1960 年决定上钻，1961 年就有了发现。

第三个关键事件是营 2 井的高产，这是华北会战决策依据之一。营 2 井当时是在东辛（东营—辛镇）构造上，打到沙三段，实际是泥包浊积砂体，但是单井日产量为 550t，是全国最高的一个产量井。而且这口井出了事故，不能正常完井，就拿钻具放在井底放喷，结果在稻田里放了超过 $1\times10^4m^3$ 油。营 2 井的高产是在 1962 年 9 月 23 日，后来又叫 "923 厂"。有了这么高的高产井，引起了北京的注意，决定搞华北石油会战，会战是从 1964 年开始的。当年翟光明院士是副指挥兼综合室主任，我是综合室的副主任，书记是王涛同志，综合室人才济济。去了以后最重要的是打了一条大剖面，要找沙三段，结果找不到油层，剖面一直打到黄河边上，往南一直要打到东营南边。当时定了三条大剖面要打沙三段，但是过了半年就没情况了。几十台钻机已经集中到东营了，我记得当年余部长（余秋里）也很着急，彻夜难眠。救了我们命的是坨 1 井，坨 1 井在沙二段见到一套油层，它不是沙三段油层，试油日产接近 $400m^3$（$396m^3$）。坨 1 发现之后，我们连夜对比，说怎么回事？产量怎么这么高？因为那时候会战雷厉风行，有事马上就干，搞了半天才明白，原来这口井当时解释的沙二段全是可疑油层和水层，只有 2.8m 油层，就没有试沙二段，只试了沙三段，所以一直在底下测试，还没有试上来。这个时候回过头来一看，发现沙二段电测里面跟沙三段的尖子全是一模一样，为什么不是油层呢？结果把油层一试，日产也是 $300m^3$ 以上，所以胜坨这两个发现就有了，中间又打了坨 2 井，构造就全部抓住了。特别还有一个小插曲，这个营 5 井（后改称坨 7 井），当时在这里已经打了两三口井，发现上面一套油层，中间一套水层，底下又出来一套油层，跟坨 1 井不一样，坨 1 井是一套油层，底下就没有了，而这个是油层、水层、油层，因为井打的部位不一样，有的打在高点上，有的打在边上，所以上面那个油层有时候薄、有时候厚，就搞糊涂了。就在这个时候，我记得油藏组包括陈斯忠等这批人，我们在一起议论，讨论到最后突然发现，跟构造图一对比，发现构造图闭合度是 150m，油层就是跟 150m 有关，上面 150m，到了边上可能就是 50m、30m，到了底下又是 150m，后来就取了一个上油组、下油组，胜坨油田一下子就豁然开朗了，简单的构造就出来了。坨 2 井、坨 1 井、坨 7 井，包括后来这儿打了一口井，当年算的储量是 2×10^8t 以上，后来增加到 4×10^8t 以上，接近 5×10^8t，所以找到了主要的富油凹陷，找到了凹陷中相对简单的主要构造，凹陷中发育了砂体，而且迅速的改变了认识的误区。误区是什么？就是原来始终认为沙三段是主要目的层，结果不对，一下子给改过来了，就改成了沙二段。认识的误区就像一层窗户纸，捅破之后马上就豁然开朗。

1.3　克拉 2 气田的发现

第三个就是克拉 2 气田的发现。我认为克拉 2 气田做的准备工作大体上是从 1990 年、1991 年开始，一直到 1998 年才有大的发现，中间历经 8 年，打了 3 口空井——东秋 5 井、克拉 1 井、克参 1 井，接着打了 3 口成功井。3 口成功井几乎是同时发生的，1998 年 1 月克拉 2 井中途测试出气，克拉 3 井也出气了，产量 $30 \times 10^4 \mathrm{m}^3$ 以上，依南 2 气田不是这个组合，在侏罗系也出气了，日产是 $10 \times 10^4 \mathrm{m}^3$。就这么三个，现在把后两个都掩盖了，依南 2 气田现在都没人管，侏罗系现在谁也不管它，恐怕要等到子孙后代去搞吧。这不着急，现在注意力全部集中在克拉 2 气田。

我只是想提醒一句，克拉 2 气田成功最重要的是构造模式的建立，构造模式的建立主要靠的是山地地震的成功，当然试油也有很多突破，因为是高压试油，钻井也有很多突破，但是我认为最根本的突破或者说是带有全局性的突破是山地地震。山地地震又受到了综合研究的帮助，综合研究主要建立了一套构造模式，特别是地层平衡剖面这套东西，专门搞野外，搞了十大构造模式，而且把克拉 2 气田也算是其中的一个模式。当时让我豁然开朗的是我发现软的盐层是一个滑脱面，而滑脱层又受逆掩断层往前延展，把底下的构造包裹起来，构造都变成非常有利的。就像现在的克拉 2 气田，记得当时最重要的是认识到这一点，所以它底下有很多大构造，跟地面构造支离破碎完全不一样，底下差别非常大。所以克拉 2 气田最重要的是技术进步使认识上有很大的提高，主要靠山地地震，山地地震当时确实是很难工作的。

下面，我说三个不成功的战例。

1.4　泸州古隆起找油

第一个不成功的战例是泸州古隆起找油。当年我作为泸州古隆起找油的副总地质师，结果油没有找到。第一，泸州古隆起是什么概念？泸州古隆起在现在的地震剖面图上找不到，而是在三叠纪末侏罗系未沉积时做了一个古地质图上，发现有一个大背斜、大隆起，后来已经被改造得不存在了。这时石油情报所去了一批专家，在四川大量地介绍该隆起是找油的好地方，而且把隆起改成古隆起，用了古隆起这么一个概念。我认为他们所说的隆起或者古隆起都是指潜伏隆起，就是现在还有隆起，但层位不一样，地面上看不到，已经埋在地下了，但还是个隆起。这时候毛主席提出在四川要找点油，要找点气，于是在 1966 年 2 月就决定大上泸州古隆起找油。本人当时正在那会战，义不容辞地就上去找油去。非常有意思的一点，当时特别强调要在风化面上找油，风化面指的是三叠系和侏罗系地层交界线，在那个线上去找油。我不知道这个学问从哪来的，我那个时候说完人家不听，但是不明白当时为什么会产生这么一根线？当时提出"丢了风化壳你就不要脑壳"，结果要求钻机无限地接近这个风化面。不准打开那个风化面，难度是非常大的。讲一下我的亲身遭遇，当时把我被派到坛子坝气田去打第一口井，就去那守着，不准打开风化壳，把套管下到风化壳的上面。因为构造是地面构造，根本连地震资料都没有，侏罗系和三叠系界面起伏有几十米，根本没法控制。结果那天晚上，我组织了一批所谓川南的有识之士在井上讨论了一晚上，研究到底该怎么办？有人说算了现在就下套管吧，没办法，控制不住。当时我那个队上的地质员还不错，他说不行，要慢慢探，探到那个地方，有点情况再下套管。后来我就采用了这条意见继续钻探。原来钻井队是老大，根本不听地质人员的。这个时候是百依百顺，你说怎么打就怎么打，原来是 1m 循环一次，现在 0.5m 循环一次行，后来说 0.25m 循环一次也行，不断的循环，结果在 0.25m 循环的时候，大量石灰岩岩屑出现了，我赶快跑到钻台上叫停，钻井停了以后赶快把套管下了，下了套管以后，第一筒心取上来了，就是石灰岩夹一些石灰岩砾石，这是在风化面之上还是之下呢？谁也说不清，开始争论起来，有的说是风化残留，有的说是风化堆积起来的。但是会战指挥部认为我打开了风化面，要做检查。所以我被要求抬着岩心盒到各地去讲，检讨我不相信工人师傅，独断专行搞成了这个事。现在回过头来看，应该是做得最好的一个地方，钻井刚刚进去一点，风化壳肯定是个地质体，有几十米厚，而不是一根线。从此以后古隆起上所有的井都在离风化面至少 200～300m 的地方都把套管下了，所以那批井基本上报废了。但出现了一个奇怪的事情，在古隆起上核心部位的向斜部位发现少量凝析油，井里确实有凝析油，后来我们试油了半天，但产量稳不住。在古隆起上找气的工作是顺利的，大体上就在所谓古隆起的核心部位，在阳高寺、坛子坝向斜里面出了凝析油。在我临走的时候，这个事夭折了，也没有人搞，当时我和赵炳旭地质师发表了一篇文章，提出来核心区是大面积无水区，就是古隆起核心部位里面的气不受局部构造控制，向斜里面是有气的，而且有的里面还有凝析油。所以我觉得它的错误主要是找油的提法不对，在泸州古隆起上很难找到大规模的黑油，油源有问题，根本没有油源，现在实验做出来源岩的 R_o 值都在 2.0 以上，怎么可能找到黑油呢？另外，泸州古隆起上找气是有利的，古隆起核心部位有大面积无水采气区，不受局部构造控制。

1.5　珠江口盆地中外合作第一战役

第二个不成功的战例是珠江口盆地中外合作第一战役。我画的这几口井都是当年评价最高的几个一类构造，拿出来招标的，还有珠 5 井是当年地质部打出的工业油流井。20世纪 80 年代初，中国海洋石油总公司和外国石油公司在珠江口进行大规模对外合作，在珠江口划分了四块，所有的外国公司组成团队，由一个大公司牵头，无偿地做一块地球物理资料采集，要求必须把地球物理资料交给中国，和他们同时平行地进行评价，然后再来投标。我们承诺拿出 1/3 好的、1/3 中等的、1/3 差的区块来招标，这时的背景是地质部当年在珠江口钻了 6 口井，珠 5 井发现了工业性油流，日产是 252m³，当时中外双方对珠江口盆地评价都非常高。我当时是中方评价组组长，我们认为生油条件好、储集条件好，大型构造非常发育，中外双方对一类有利构造、有利地区的评价都非常一致。中方评价的10 个一类构造拿出了 7 个进行招标，比 1/3 还要多，因此各石油公司反映强烈，第一轮招标非常踊跃。七大构造的潜力评价都是一类，风险后的储量和面积都很大，唯独这一个小点有风险但还出了油。

最后钻探的结果大失所望，没有一个含油构造，其中有 3 个构造见油：文昌 73-1 构造，油层 3m，日产 7.5m³ 稠油，肯定没有经济价值；惠中 33-1 构造，日产量 400m³ 以上，但面积很小；文昌 19-1 构造，7 层油层厚 10m，折算日产量 54m³ 稠油。

这轮井基本上是不成功的，与预想差别很大，主要原因有两个：一是对生油条件估计太乐观，认为珠海组在所有的凹陷里都有，珠江组是海相生油层，分布是铺天盖地，但是实际它是不成熟的，也不像渤海湾生油层那么好，我们看到珠江口生油层反射是毛毛糙糙的，不知道是什么东西。但实际是煤系地层，跟渤海湾完全不一样。当时不愿意承认是我们自己的毛病，确实想找大场面；二是对断层封闭的大型断背斜太乐观，首推的是 BP 公司，因为它就是从北海发家的，靠的是断层封闭的大型断背斜，往下看，这就是所谓的断背斜，这就是一个断层，这也是 BP 投标的，还有文昌 27-1，面积非常大，但是打下去什么也没有，再看这个披覆背斜构造很好，离凹陷也不远，结果也没有发现，就是说它不在有利的部位，油气运移不上来，不像渤海湾，渤海湾生油条件好，运移距离要远。所以这样的话，第二个预探井深入凹陷内，以四周倾没的背斜为主，立即发现了一批中小油田，这一大片就是现在中海油赖以生存的中小油田，而且在凹陷向隆起运移的有利方向上，找到储量 1.64×10⁸t 的流花 1-1 生物礁大油田。按现在海油东部公司的同志说法，只要在那个快速道上找到构造，就可形成大油田。所以珠江口盆地 1997 年原油产量是 1295×10⁴t，2003 年原油是 1140×10⁴t，还是不低的。

我给大家再举个例子，很有意思，值得思考。以文昌 19-1 一类构造为例，共有 13 家大公司争相投标，是争夺最激烈的一个构造。Mobile 公司认为它是珠江口盆地最具含油气远景的构造，油气通过断层从古近系始新统沉积岩中运移上来形成油气藏，预测可采储量 2×10⁸t；埃索公司认为它是一个规模大而简单的背斜构造，浅层具有良好的盖层，地震上有良好的烃类显示。所有公司包括中国自己的估计，地质储量最高的可以到 9×10⁸t，最低 1.8×10⁸t，可采储量最高 3×10⁸t，最低 4000×10⁴t，按理都是可开采的。这是当年的文昌 19-1 构造，打了第一口井，打下来就是刚才说的 7 层油层厚 10m，日产原油 21m³，密度 0.92g/cm³，为稠油，预测储量无经济性，设计井深 3800m，也打到 3000m 以上了，在珠海组完全没有油气显示，就推论这个构造不是珠海组的构造，而是珠江组构造。珠海组是个大构造，所以就钻了个文昌 19-12 构造，这是南边的大构造，这个 2 号井打完以后，有 89m 油层，获油 503m³，又燃起大油田的希望，可采储量 4000×10⁴t，这个时候又打一口评价井—3 号井，全部落空，珠江组和珠海组全部被剥蚀掉，发现一套有机质丰度不高、不完全成熟的文昌组生油岩，然后实施三维地震，可采储量大减，为边际油田。又开展了一年研究，1987 年钻了 14 井，仅发现文昌组有 15.3m 的低渗油层，测试有少量原油，冷落了 8 年。期间对三维地震重新解释一遍，做出令人鼓舞的推论，根据它有四项估计，储量又可以达到 1×10⁸t，然后再钻 5 号井，基本是空井，地震资料重新解释后产生的新认识几乎全部落空，最后计算可采储量为 1200×10⁴t，没有商业价值，于 1995 年 9 月 30 日终止合同，归还中方，中方接过手来，经过评估，认为北高点的面积大，有亮点，又打了一口文昌 19-16，见了少量的油层和气层，仍无商业价值，经复算，整个构造的储量比埃索公司算的储量还要低，所以这个构造就完了。2 号井燃起了希望，打了 3 号井，这块全部被剥蚀掉了，跳到中间打了 4 号井也失利了，又在北边打了 5 号井也不行，中方拿来用又打了一口井，还是不行。文昌 19-1 构造评价了 11 年零 9 个月，2 号井、5 号井预测的油层全部落空，可谓惨败，这是全世界第一流的油公司动员不少人做工作，但断层破坏了构造的完整性，珠海组油藏已遭破坏，不可能整体含油，珠江组油藏是次生油藏，规模不大。中外地质家都不愿意放弃整体含油的想法，所以一直坚持但仍是这个结果。中方后来也放弃了，但不放弃那个凹陷，继续坚持勘探，原因是珠三坳陷是一个富油坳陷，结果很快发现了文昌13-1、文昌13-2、文昌8-3等油田，探明储量分别为$2000×10^4t$、$2100×10^4t$、$518×10^4t$，还有一批控制储量，这三个油田现在已经投产，年产量已达到$250×10^4t$，也就是最近两三年的事。

1.6 轮南碳酸盐岩整体解剖

第三个不成功战例——轮南碳酸盐岩整体解剖收效不大。当时整体解剖的依据主要有两条：一是原来为半背斜的轮南半潜山经过变速成图，变成完整的大潜山，面积$2450km^2$，幅度715m；二是轮南1井、轮南8井在奥陶系风化面上获得高产，轮南1井日产$100m^3$稠油，轮南8井日产获正常原油$377m^3$。当时定了20口评价井，这是当时没有变速的T_0图，实际上轮西2井往下一打，就发现根本不对，高度要低得多，这个图经过变速，变成大型构造，轮西2井就在最低部位。打了20口井，北边部分统统没有油，轮西20井、轮西21井、轮西13井、轮西4井都没有油，有油的都在南边，一共有8口工业油流井。轮15井要特别说一下，就是现在的塔河油田，当时这也是有工业油流井的，但还没等到我们扩大就被人家抢跑了。应该是塔河油田的发现井，但遭到不公待遇，也没有办法，所以工业油气流井是9口，不是8口，成功率是45%。另外还有5口见油气显示，北部都没有见到工业油流，油品多样，有凝析油、稠油、正常油，并高产天然气。原油经过试采后都稳不住，高产井之间有干井，风化壳含油普遍，属于裂缝溶洞型，油水系统分布极不规则，没有统一的界面，储层非均质性很强，油气藏类型十分复杂。还有一点就是主要含油地区已获线索，还没来得及扩大，已被别人抢走。主要含气区域由于客观原因没有扩大评价，因为我们已经知道东部是大面积的天然气区，由于管线没有修通，天然气没有办法运输，打一口井、关一口井，所以也没有扩大评价。轮南潜山经过两次三维地震，储层识别技术有较大的进步，这点我们应该承认，第一次做三维地震时拿它没办法，搞了相关数据体也不太行，一直到最后又搞了一次三维地震，现在算是一个胜利。轮南潜山在储层识别、储层保护和储层改造这三件事上仍需继续攻关，现在的轮南潜山三级储量已达到$12×10^8t$，探明储量近$5×10^8t$，还会继续扩大。塔河油田预计2004年年底大体上可以搞到$10×10^8t$储量，探明有$(3～4)×10^8t$，这个就得认为是大油田了。

综上所述，通过上述六个勘探成功与不成功战例的分析，得到启示主要有以下5个方面：

一是大油田是客观存在的，最优秀的地质家也只能在有大油气田存在的地方找到大油气田。这是个大实话，就是说我们没办法去创造大油气田，它是在有大油田的地方通过我们不断勘探才能得到，这是第一个概念。

二是勘探没有失败，探井没有空井。这是我非常欣赏的一句话，也是非常有意义的一句话。勘探所有的挫折都是信息，只要能认真分析各种细节，尽快走出认识的误区，只要走出认识的误区就必然向成功靠近。

三是每个沉积盆地和油气田都有自己的特殊规律。我特别强调这个特殊规律，在一般地质理论指导下，主要通过实践、认识去掌握它们的特殊规律，把握这个特殊规律就是创新，是发现油气田的钥匙，我不赞成一般地质理论的指导好像起了多大的作用，我是认为特殊性就是创新性，是发现油气田的钥匙。因此实践是认识的基础，实践是推动理论发展的源泉。

四是所有的地质家都应该像医生对待病例一样积累和掌握中外成功和不成功的勘探实例。国内外丰富多彩的油气藏类型，应该掌握这些。

五是勘探工作是否顺利、成功与不成功，常与生油、储油、圈闭等三个关键因素有关。客观而论，勘探成功的关键条件是生油、储油、圈闭条件，圈闭也包括盖层和保存条件，因为圈闭没有盖层根本圈不住，没有保存圈闭也不会有油，因此必须掌握三个关键因素实际状况和对付的办法。我想特别强调，在 20 世纪 70 年代开玩笑说，找油就是"红黑、粗细、高低"六字箴言，"红黑"指的是生油条件，"粗细"就是讲的储集条件，"高低"就是指圈闭，勘探工作中实际上大量的技术进步强烈地推动向复杂勘探领域、勘探对象进军，大家可以看得很清楚。

总之，从陆地到海洋，中国含油气盆地丰富多彩，油气田琳琅满目，像一幅引人入胜的画卷、一套包罗万象的百科全书，复杂而又精彩，勘探胜利的喜悦与挫折的困惑常常结合在一起，相信通过石油勘探工作者的勤奋努力，一定会为祖国的石油工业作出更大的贡献。

2 油气资源可持续战略研究的认识和启示

我们向温家宝总理汇报的可持续发展油气资源战略研究结果有五个基本判断，每个基本判断又有三个主要认识，实际上就是 15 个认识。

2.1 我国石油需求正处于快速增长时期，必须尽最大努力把 2020 年石油消费量控制在 $4.5 \times 10^8 t$ 以内

这个观点里面有三个认识：一是 20 世纪 90 年代以来，我国石油消费进入快速增长时期，从 1978—1990 年，每年大体上增长 $199 \times 10^4 t$，年均递增 2.0 %；从 1990—2003 年，年均递增为 6.7 %，年均增长 $1173 \times 10^4 t$，差别很大。特别是近两年，石油消费量增长 $3900 \times 10^4 t$，年均增长 8.2 %，今年比这数字还要大，超过 $2000 \times 10^4 t$。二是 2020 年前我国石油消费仍处在快速增长时期，由于 GDP 保持 7 % 的增长速度，工业化和城市化进程明显加快，以重化工业为主的经济结构难以发生根本改变，汽车工业和石化工业要加快发展。石油工业消费很大，城镇人口所占比例大幅度上升，农村能源消耗中的石油比重增加，如果努力节约用油，2020 年可把我国石油消费控制在 $4.5 \times 10^8 t$ 以内；如果节油力度更大，石油消费控制在 $4 \times 10^8 t$ 也是有可能的。现在认为这个可能性已经不大了，控制在 $4.5 \times 10^8 t$ 就不得了，它是我们向中央提出的天花板，超过 $4.5 \times 10^8 t$ 国家将难以承

受。主要问题出在交通运输用油和化工用油上，2002 年我国汽车保有量为 2000 万辆，现在已达到 2500 万辆，用油量是 $9600 \times 10^4 t$，如果到 2020 年汽车保有量 1 亿辆，用油量将达 $2.27 \times 10^8 t$，占 51%。第二个是化工用油，化工用油现在是 $2000 \times 10^4 t$，2020 年要到 $7800 \times 10^4 t$，化工用油不可能减少，因为这部分主要是拿来做乙烯（塑料制品），以及大部分合成纤维、塑料、橡胶等，这些东西对于全国人民来说是生活必需品。没有办法，所以这个是控制不住的，我们觉得化工用油就用 $7800 \times 10^4 t$，国内不能满足还要进口。其他变化不大，2020 年为 $1.45 \times 10^8 t$，百分比从 52% 降到 32%，所以石油消费量主要是汽车燃料用油和化工原料原油。三是 2040 年以后我国石油消费可能进入平缓增长阶段。最近针对 14 个石油消费国近 30 年来经济发展与石油消费的关系，我们做了一个调查研究，表明如果一个国家基本完成工业化以后，进入经济发展成熟期，石油消费增长将会减缓，如英国、美国、日本等国石油消费量都比较平稳。所以我国在 2020—2040 年石油消费仍将持续增长，估计在 2040 年以后，石油消费增长速度可能趋于平缓或者稳定，这是第三个基本认识。

2.2 我国的原油年产量预计到 2010—2020 年将进入高峰期，高峰年产量预计为 $1.8 \times 10^8 t$ 左右

这也有三个认识：一是我国的石油勘探尚属中等成熟阶段，石油储量处在高基值平稳增长期，但勘探难度越来越大。资源评价结果表明，我国石油可采资源量为 $150 \times 10^8 t$ 左右，2003 年全国累计探明可采储量为 $65 \times 10^8 t$，探明率为 43%，从总体上看尚处于中等成熟阶段，从 20 世纪 90 年代以来的 13 年间，探明石油可采储量 $19 \times 10^8 t$，年均探明储量约 $1.5 \times 10^8 t$，预计到 2020 年的 17 年间，我国再探明 $27 \times 10^8 t$ 左右是有可能的，规模是在 $(1.4 \sim 1.8) \times 10^8 t$，2020 年资源探明率将达到 60% 左右，跟目前的世界资源探明率 58% 相当，这就是预测部分，到 2030 年年均新增可采储量大体是 $1.4 \times 10^8 t$。二是预计到 2020 年，我国原油产量 $1.8 \times 10^8 t$ 左右是比较有把握的。如果新区新领域有了较大的发现，2020 年原油年产量达到 $2 \times 10^8 t$ 也是有可能的。考虑到我国石油消费高峰与原油产量高峰不同步，而且消费高峰滞后，从可持续发展考虑，将国内石油高峰年产量控制在 $1.8 \times 10^8 t$ 左右，并尽可能更长的时间，对国家的石油安全有利，这是我们给国家提供的参谋性意见。三是 2020 年后我国石油产量还可能在 $(1.7 \sim 1.8) \times 10^8 t$ 的水平上再稳产一段时间。因为随着技术的进步、地质理论和勘探领域的不断突破，石油可采资源总量还会进一步增加，另外，2020—2030 年间我国原油年产量可能在 $(1.7 \sim 1.8) \times 10^8 t$ 水平上波动，如果未来在深海、青藏高原、南方海相地层中有重大发现，把握性更大些，稳产时间会更长一些，这是第二个判断。

3 我国天然气正处于加快发展时期

一是 2020 年我国天然气产量和消费量估计将分别达到 $1200 \times 10^8 m^3$ 和 $2000 \times 10^8 m^3$。据国际能源机构估计，未来 50 年天然气的消费量将快速增长，可能在 2040 年或 2050 年

前后，天然气会超过石油变成第一能源。现在天然气处于买方市场，价格比较便宜，从周边国家进口管道气和 LNG 比石油更容易，所以我国应该加快开发利用天然气，大力推动以气带油，进一步提高天然气在一次能源消费中的比重。

二是天然气勘探处在早期阶段，通过加大勘探开发力度，储量产量将会快速增长，可采资源探明率只有 20%，待发现还有 80%，预测年均增加可采储量 $1750 \times 10^8 m^3$ 左右，大体可增加 $3 \times 10^{12} m^3$。

三是从储量增长的历史数据上看，从"八五"到"十五"期间，我国天然气可采储量增幅越来越高，但增储领域构成变化不大。预计到 2020 年我国天然气消费的缺口将达到 $800 \times 10^8 m^3$，对外依存度 40%。

4　解决我国油气供需缺口的主要途径

一是大力开拓利用海外油气资源，一部分是通过购买石油，建立稳定的国际石油贸易网络，积极参与国际石油期货贸易，开辟海上、陆上多条石油进口运输通道，建立相应规模的远洋运输船队，扩大港口石油接卸和疏散能力；另一部分是参加海外石油勘探开发，增加权益油产量目标到 $7000 \times 10^4 t$，现在是 $1750 \times 10^4 t$，所以可采储量是 $4.6 \times 10^8 t$。

二是控制石油消费过快增长，其根本途径在于大力节约用油，我国现在的石油消费强度大，为 0.19t/ 千美元，是日本的 4 倍、欧洲的 3 倍、美国的 2 倍。要加快建立节油消费型模式，2020 年把石油消费强度降低 50%。希望到 2020 年，我国汽车油耗在目前水平下降 20%，建议中央要控制汽车油耗水平，多造经济型车。

三是加快发展石化工业是有效利用石油资源的重要途径，交通运输用油，还有要依靠科技进步，加强炼化企业的技术改造，提高原油的加工深度，提高轻油收率和原油加工综合商品率，可以有效地减少原油消耗量。

2020 年前后，预计国内外石油供需格局都将发生重大的变化，我国应加快建立有效应对世界石油市场风险的安全保障体系。这个认识是基于我国石油供需格局在以国内为主转变为国外为主而提出的，预计 2020 年我国石油对外依存度将达到 60%。2003 年我国石油对外依存度是 37%，2010 年将达 47%，2020 年石油需求量 $4.5 \times 10^8 t$，国内生产 $1.8 \times 10^8 t$，缺口 $2.7 \times 10^8 t$，对外依存度增长至 60%。此时世界石油的供应将更加依赖中东、非洲、俄罗斯等少数产油气区，特别是中东地区，掌握的剩余储量很大，非欧佩克国家的石油产量将逐步下降，欧佩克国家将重新获得世界石油供应的主导地位，所以我国需要抓紧建立石油安全战略保障体系。有两点依据，即当一个国家石油进口量超过 $1 \times 10^8 t$，或对外依存度超过 50%，就应建立石油安全保障体系，保证国家石油经济稳定的供应。我国应牢固树立全民石油忧患意识，正确处理好经济与能源，国内与国外，开源与节约，消费与储备等各方面的关系，加快制定和实施国家油气资源可持续发展石油战略，尽快建立国家石油储备和必要的石油资源储备，应对供应中断和油价暴涨等突发事件，真正构建有效应对世界石油市场风险的国家石油安全保障体系，保障国民经济持续稳定发展。

在油气资源可持续发展研究中，从勘探的角度得到的启示。主要有 5 点：（1）石油高峰年产量能否持续延展至 2040 年；（2）天然气快速发展是一个大亮点；（3）中国还能找到一批大油气田；（4）中国今后长期要走的是"多井低产"的路；（5）尽快开拓新区新领域。

在东方地球物理公司 2004 年物探地质技术成果交流会的讲话

（2004 年 12 月 22 日）

我很荣幸参加这次大会，感到收获很大。这两天我非常认真地听了专业性非常强的报告，学习了很多东西。从用户的角度来看东方地球物理公司在一些技术前沿上的发展和成果，所以我感到非常地受鼓舞，很受鼓舞的，我今天想讲两个问题。

一是油气供应的现状促进油气勘探向深度和广度进军。二是对地球物理工作的感想，大体上是讲这么两件事。

第一个是石油供应的现状促进石油勘探向深度和广度进军。石油供应的严重性，先看看这张图，你看这是 1978 年到 1990 年这段，平均递增大体上是 2%，年均增长是 $199 \times 10^4 t$，到了最近这十几年，人均增长是 $1173 \times 10^4 t$，平均递增为 6.7%，特别是近两年，2003 年和 2001 年相比，石油消费量净增可以达到 $3900 \times 10^4 t$，年递增达到 8.2%，今年的形势就更加严重，所以最近我们工程院，温家宝总理交办的石油资源可持续发展的这么一个题目，我们向他报告就设置了一个天花板，希望通过全社会大力节约用油，把 2020 年的石油消费量控制在 $4.5 \times 10^8 t$ 以内，按照现在的增长趋势，如果按照每年 $2000 \times 10^4 t$ 的增长趋势，到了 2020 年就应该是 $6 \times 10^8 t$ 还要多，这个数字是非常大的，现在我们已成了世界第二大消费国，到 2020 年仅次于美国，增长量是非常大的，我们提出这个 $4.5 \times 10^8 t$ 以后，温家宝总理很赞同，认为这个数字很重要，需要厉行节约，但是 2020 年不是我国石油消费的高峰年，预计 2020 年到 2040 年间，我国的石油消费还要增大，供需的形势更加严峻。就是说我们研究了一些工业化的国家，我们国家正处于石油消费的高增长期，到了 2020 年以后还要继续增长，一直增长到完成工业化以后，大体上预计在 2040 年左右，石油消费可以平缓下来，就像现在的日本、美国和其他国家一样。所以我们按照大家厉行节约的消费量来说，按照每年平均增长 $1000 \times 10^4 t$ 来计算，2040 年的消费量将达到 $6.5 \times 10^8 t$，这是我们看到的消费部分，国内供应的可持续性，现在我们经过研究以后，石油高峰年产量 $1.8 \times 10^8 t$ 预计到 2010 年就可以到达，全国现在大体上年产是 $1.7 \times 10^8 t$，研究认为维持到 2020 年是有把握的，有的专家估计也可能达到 $2 \times 10^8 t$，这个数字就在（$1.8 \sim 2$）$\times 10^8 t$ 这么一个范围，现在没有一个专家敢预测今后中国将超过 $2 \times 10^8 t$。我们首次提出 2030 年前原油年产量可以继续保持在 $1.8 \times 10^8 t$ 左右，就是要开辟大量的新区新领域，有可能 $1.8 \times 10^8 t$ 左右，目前我们正在研究是否能持续到 2040 年，就是跟石油消费高峰来匹配，可能性。如果原油年产量 $1.8 \times 10^8 t$ 能够持续到 2040 年，那么 2020 年按天花板 $4.5 \times 10^8 t$，2030 年 $5.5 \times 10^8 t$，2040 年 $6.5 \times 10^8 t$，生产量均为 $1.8 \times 10^8 t$，高峰年产量能维持到接近 30 年，从 2010 年到 2040 年，这样我们的石油进口量，到 2040

年还要进口 $4.7 \times 10^8 t$，也就是说对外依存度将达到 72%，2030 年达到 67%，对外的依存度依然在逐步增大，所以从 2030 年起就要超过美国目前的对外依存度，美国现在大体上也就是 $60\% \sim 65\%$，石油的安全性很差。面对这种严峻的形势，必须加强勘探，向各类油气领域的广度和深度进军，地球物理工作必须面对这种情况做出更大的贡献。我们需要进军的领域有五个方面，都跟地球物理有很大的关系，第一个是天然气，第二个是已探明的老油田，第三个是已出现的四大新领域，第四个是待发展的新领域，第五个是非常规油气资源。

第一个是天然气，天然气现在大家都认为需要快速发展。现在再看一下我们的产量，2003 年是 $341 \times 10^8 m^3$，到了 2010 年达到 $800 \times 10^8 m^3$，2020 年达到 $1200 \times 10^8 m^3$，也就是说产量将快速增长（国内的产量），$300 \times 10^8 m^3$、$800 \times 10^8 m^3$、$1200 \times 10^8 m^3$，这是翻了两番的，但是你看消费量更大，2010 年要达到 $1000 \times 10^8 m^3$，2020 年要达到 $2000 \times 10^8 m^3$，所以供需有缺口，天然气需要部分从国外进口，具有多元化，除了立足本国的天然气之外，还要从俄罗斯、中亚、亚太地区、中东等地区进口管道气和 LNG 我们的产量来源于什么？主要立足于六大气区，陆上有四个，海上有两个，还有最近大庆深层气的发展，变成七大气区来实施和完成这件事，和地球物理工作有大量的关系，这是我说的第一部分。第二部分，是国内已探明的油气田还有潜力，是通过发展剩余油的认识技术，改善注水技术，水驱采收率再提高 $3 \sim 5$ 个百分点是有可能的，现在水驱采收率全国平均达到了 31% 左右，已经动用的再提高 $3 \sim 5$ 个百分点，预计可以增加石油可采储量 $4.3 \times 10^8 t$ 左右，然后再通过推广三次采油新技术，聚合物驱、化学驱这些东西，在目前经济技术条件下还可增加可采储量 $2.1 \times 10^8 t$，加到一起可以增加 $6 \times 10^8 t$ 左右，这是 2020 年以前的，但是我们和全世界的平均采收率相比还是要偏低，所以还有潜力，需要还可以增产，到 2020 年以后还可以继续增产，这需要开发地震与开发相结合做一部分工作，这是第二部分。第三部分，已经出现的四大新领域，岩性地层油气藏、山前冲断带油气藏、碳酸盐岩油气藏和浅层构造油气藏，近十来年发生的事情，地层岩性油气藏现在已经风靡全国，比如说像鄂尔多斯，基本上就进入高速路了往东南西北打井都行，松辽盆地南北也是大面积分布的。最近这几年能够取得这么重要的进步，是在大面积三维地震覆盖的基础上，推广了两个新的技术，一个叫作层序地层学，建立了真正的等时格架，等时格架就摒弃了原来老的那种对比方式，很重要的，第二个就是油藏描述，所谓对储层描述的这一部分技术的进展，找地层岩性油气藏成为可能，现在像准噶尔盆地、塔里木盆地，大面积的出现，还有四川盆地，还没有动，那是康部长一直念念不忘的地方，搞得那个川中那一大片，那实际上就是地层岩性油气藏，这就都需要地球物理工作大规模的进展。第二个就是山前冲断带油气藏，现在取得突破的是库车地区，天山的北边霍尔果斯，祁连山北边的窟窿山油田，但是还有大量的山前冲断带，一直到四川，龙门山，一直到楚雄，有些地方已经取得突破了，有些地方还没来得及工作，还有大量的工作需要做。第三个是碳酸盐岩油气藏，在鄂尔多斯大家很熟知现在最重要的在塔里木盆地找到了一个非常大的油田，叫塔河—轮南油田，现在这个油田的三级储量加到一块已经达到了 $12 \times 10^8 t$，塔河油田本身已经达到了 $10 \times 10^8 t$，中国石油大体上有 $2 \times 10^8 t$ 左右，加到一块探明储量达到 $4 \times 10^8 t$ 以上，快接近

5×10^8t，所以应该是全国近几年来找到的最大的油田，但是我们在碳酸盐岩里吃面尽了很多苦头，到现在为止可以说进入了一个门缝，稍微有一点自由，还有很多问题没做。第四个就是浅层油气藏，浅层油气藏是从哪里开始的，是从渤海海域里面发现的蓬莱19-3，这个油田有 6.5×10^8t，但是它是在新近系里边出现的，成藏时间非常晚，基本上是以古近纪—新近纪到第四纪成藏，非常晚的一个油田，它又连续发现浅层油气田，一共发现了9个，现在就看渤海湾沿岸和渤海湾浅层地区还会有这样的油田，这四个大的新领域像岩性地层油气藏这类的我估计还会延长 10～15 年，还会不断地有发现，主要靠地球物理工作的深入。然后再看第四个方面，待发展的新领域，主要有四个方面，第一个，深水和南海南部海域，我们现在必须立即向深水进军，第二个是青藏高原，估计物探局的同志可能很熟悉，曾经上去过，由于地面条件太严酷，后来暂时终止了这项工作，第三个是南方的碳酸盐岩，有各种各样的说法，现在有一种观点认为海相碳酸盐岩是中国石油工业的第二次创业；但是还有一种观点，那里现在已经破烂不堪，没有什么希望，但是这块对于地球物理来讲是一块极硬的骨头，石灰岩直接裸露在地表，跟现在找到的石灰岩还有很大的差别。第四个是低品位的储量，截至 2003 年年底全国探明石油地质储量 235×10^8t，其中未动用的储量有 52.9×10^8t，没有动用的难采储量是 47.4×10^8t，占总地质储量的 20％，经过研究核实落实的难采储量为 36.1×10^8t，减去待落实的储量、待核销的储量，这个数字很大，怎么办？需要进行经济性的开采，而且今后致密砂岩的油和气还会大量的出现，现在在勘探过程当中发现了大量的致密的砂岩气，像四川盆地香溪群砂岩、须家河组砂岩，塔里木盆地的侏罗系砂岩、志留系砂岩都是致密气，使其成为有经济性的油气储量，需要很大的努力。最后一个方面，叫作非常规油气资源，非常规油气资源包括这么一些，第一个叫作煤层气，煤层气现在已经在进行工业化的试验，煤层气现在号称资源量是 31×10^{12}m³，跟常规的天然气差不了太多，比常规天然气稍微低一点，它就是 2000m 以内的。第二个是油页岩，油页岩现在推测的资源量有 3000×10^8t 以上，位居世界第四，现在已经探明的是 328×10^8t 以上油页岩，油页岩这个很好算，如果它的含油率在 10％ 左右，乘以 10％，就可以得出多少油来。第三个是天然气水合物，这也是现在全世界的科学家都非常关注的一件事，天然气水合物将是今后人类的新能源，能源的总量两倍于现在的常规油气，我们现在也做了些调查，在一级远景区里面有 $2955km^2$，资源量为 43×10^8t 以上油当量，这个算得比较保守，然后还有油砂，和加拿大的油砂和委内瑞拉的油砂很难比，我们也还有很多，包括准噶尔盆地、柴达木盆地、松辽盆地，都还有大量的油砂，最后还有生物气和水溶气。目前我们正在对上述领域进行研究，这些领域对地震工作都有用武之地。包括非常规资源，像天然气水合物就是靠地球物理调查出来的。形势逼着我们必须向深度和广度进军，一切可以找油找气的领域里进军，这样的话地球物理就大有用武之地。

现在讲第二段，对地球物理工作的感想。第一个感想，以地震为主的地球物理工作是勘探的主力军。我非常同意"矢志找油、持续创新，当好主力军，再做新贡献"这句话，很有见解，这是我在上市以来听到得非常有意义的一句话。因为勘探工作的核心就是地震、钻井，这个钻井就包括井筒，还有地质综合研究，就这么三件事情，再一起来进行勘探信息的收集、分析和研究，而且地震和钻井是最基础的东西，我把它概括成叫作"一横一竖"，什么叫一横，就是地震工作，面上的覆盖，一竖就是打的棍，那叫井，"一横一竖"构成了空间，就是所谓的三维系统，找个三维系统就带来了若干的认识和想象，所以要把它当成主力军，这是非常重要的一点，所以我想讲一下在塔里木的体会。塔里木实行的叫作"两新两高"，同时还有个"两分两合"，"两新两高"当时是王部长他们提出来的，党组提出来的，叫作新体制、新工艺技术，达到高水平和高效益，其实这里边的核心就是新体制，搞的就是甲乙双方，叫作甲方不搞大而全、小而全，所有的施工部队都是来自乙方，但是它这里边紧接着有一个很重要的思想，叫作"两分两合"，这个"两分两合"是一个钻井队的钻井监督提出来的，它叫作合同上分，思想上合，职责上分，工作上合，工作目标是一致的，为什么要这样提？我当时有个很重要的体会，就是必须承认甲乙双方都是找油找气的主力军，甲乙双方都是找油找气的主人，因为只有这样才能动员绝大部分的力量，为找油找气而拼搏，这就是社会主义的优越性，也就是社会主义的特点，所以当时我们把物探局、七大钻井公司都请到会战工委里面去，都是工委委员，所以我非常赞成这个观点，这是第一个感想。第二个感想，要坚持双赢战略，第一个我昨天问了一下1973 年成立了物探局变成了"皇家御林军"，我认为这个事做得非常好，没有当日的皇家御林军没有今日的东方地球物理公司，那是 20 世纪 70 年代初期干的一件事，我觉得干得很有远见，有一个全国性的，其他的就显得薄弱呀，其他的专业就显得有点薄弱。第二个亿吨包干后，地震工作大发展，20 世纪 80 年代初期，当时实行了亿吨包干，有了亿吨包干以后就有了更多的钱，然后就有一个非常大的发展地震工作，当时聘请了很多外国的地震队一块在工作，包括柴达木、准噶尔，都有国外的地震队，那时候一起工作带来先进的管理经验，还有先进的管理设备，也就这么大量的进口，所以我说那个时期是搞双赢的。第三个感想，实施三大战略，向海外进军，是一个非常高明的举动，这是什么时候呢？大体上就是 20 世纪 90 年代初期，20 世纪 80 年代初期亿吨包干，20 世纪 90 年代初期就是向海外进军，由于有了我们向海外进军，才有现在 38 个地震队向外走了，而且这个是靠我们甲方当作业者，不断把我们的队伍往外带，这是非常重要的，要不然根本没有表演的机会，没有表演的机会就得不到这个市场，所以我觉得这个也是搞双赢的。下来一句话就是物探吃皇粮，那个时候确实是吃皇粮，石油生产成本和利润的转移，就是在石油生产里面得到的那部分成本和利润转移过来，叫作储量有偿使用费，当然这叫作"大锅饭"，有负面的影响，它是双赢的，我们确实要很深刻的思考这些东西，然后我觉得油气是我国的紧缺资源，必须深挖细找油气，就是我刚才讲的有那么多大的领域，必须要深挖细找，要从非常长远的角度来关注地球物理工作的开展，使这支队伍真正拥有先进的装备，研发使用先进的技术，凝聚一流的人才，持续的保持国内第一，国际一流的水平。这个国内第一是一个长期积累发生的，现在的任务就是必须不断地往前走，要不然不一定能变成国内第一呢，这是我想说的第二个意思。第三个感想是近年来物探技术的进步是非常令人鼓舞的，特别是我非常认真地听了昨天和前天的这两天的大会报告，我是觉得成果的发展是琳琅满目的，确实是有很多突破，而且对我本人而言，印象最深的是这几个技术，地层岩性油藏地震技术，讲的层序地层学、油藏描述再加上最主要的三维地震，第二个是山地地震技术，我在塔里木工作的时候，确实非常敬佩，那些都是一群敢死队，但是它突破了，找到了克拉 2 大型气田，而且富集区还有沙漠地震技术，可以说从 1983 年开始到现在基本上 20 多年了，现在是越来越有生气，还有就是碳酸盐岩地震技术，我觉得好像还在入门阶段，需要进一步的来进行工作，这是我想说的第三点。第四点，持续的地震攻关是一项大的任务，就是现在尽管看到了琳琅满目的各种进步，当我们走到任何一个盆地里面去，发现有大量的地震攻关任务，我们到了塔里木，有很多解决不了，到了准噶尔，准噶尔也有很多，到了柴达木，柴达木也有，到了吐哈，吐哈也有，现在就连大庆深层的资料也不怎么样，所以这个攻关任务是非常非常重的，几乎没有常规的让我们去工作的地区了，所以第二个想法是地震攻关是地震进步的金钥匙，靠我们的攻关，让技术不断得到进步，你看我们攻克了一件事，我们的进步就是大面积的丰收，第三个我想说的是地震攻关需要一笔单独的费用，不要让它放在生产费用里面，我是呼吁，你要想攻关，就老老实实的攻，就必须把它攻下来，如果攻不下来，我换个地方，但是你一定要让它实实在在地去攻，这是第四点。第五点对全国的地震资料要进行一次认真的鉴定，通过几十年的勘探工作，我们必须对工作的对象和地震资料重新进行认识，比如昨天讲的扶余油田的城市三维，那我简直非常感动，停了多少年？现在一家伙弄明白了，底下深层的杨大城子探明白了，扶余油层弄明白了，储量增长几乎要翻一番，产量提了 60×10^4t 以上，回到 100×10^4t 以上去，很了不起呀，但是全国这样的事我看不只扶余，还有好多这样的老资料、老地方长期的被埋没，需要重新认识，所以这件事要有步骤地展开，而且现在的勘探对象在不断地更新，地震资料又经常不能满足需要，一会要搞深层，一会又要搞浅层，对象总是在换，原来是围绕某一件事情去做的，它就不能满足了，而且技术在不断进步，很多老资料都需要更新，我原来以为三维地震做完了就可能一劳永逸了吧，看来十年前做的三维和现在做的三维就差别很大，就不一样，所以那你怎么办？你有的时候需要鉴定，你当改的时候就要改，该采集的就要重新采集，重新处理的就要重新处理，因为它是一个科学问题，来不得别的，这是我最后的结束语，我有三句话，一个叫作深受鼓舞，第二个叫作任重道远，第三个是坚持双赢，油气俱增，谢谢！

在大庆油田调研深层天然气时的讲话

（2005 年 8 月 15 日）

　　我们这次来主要有三个目的。第一个就是去年股份公司领导提出加大深层天然气勘探以后，我们觉得深层有很大的进展，因为这个储集岩是非常复杂的，所以心里也没有底，主要来看看实际是个什么情况，因为我们觉得这个是一个大手笔，在这么一个储集条件下能够迅速地展开，这很不容易。第二个我们在北京进行油气资源可持续发展战略研究的时候，感觉到天然气对中国的能源扮演着一个非常积极的角色，能够看见在今后若干年内天然气在中国肯定会迅速发展，而且会逐步地改善我国的能源结构，我国以煤为主的能源结构是很难改变的，但是希望煤的比重越来越小，不要越来越大，越来越大就会对国家的污染非常严重，所以我们到这里来做一个估计，看看大庆油田是否能够迅速成为中国陆上第五大气区。第三点就是我们这个小组和我个人对大庆都有着特殊的感情，比如说我和胡朝元同志都是很早在大庆工作的，我是 1957 年在大庆工作，胡朝元是 1959 年来的，都是比较早期的，都是大庆精神哺育出来的技术干部，所以对大庆的发展也是有很深刻的感情，希望能够到这里来看一看，了解了解，我们来的时候大概有这么三点想法。来了以后，受到了王玉普总经理和冯志强助理的热情款待，还有王玉华的全程陪同，而且一口井一口井地讲，给我们留下了非常深刻的印象，还到了现场，车都跑不进去，那个路上有很深的沟，越野车进不去，在那里硬憋了大体上一个小时，后来改到了徐深 11 井，这口井已经完钻了正在测井，看了你们的新设备，那是宝鸡厂出的 5000m 的电动钻机，还和地质的同志交谈，看了些标本和岩屑，而且最使我们感动的是下午去了一趟松基 3 井——大庆油田的发现井，这一下就把我带回了 46 年前的那一段难忘的时光，那时本人还是年轻人呀，现在是 72 岁的老头，那时候 20 多岁。当时我在那个井上从 8 月一直搞到 11 月，待了四个多月，就是松基 3 井试油，一个感叹是时间过得非常快，另一个感叹是大庆油田已经变成了全世界举世闻名的油田，而且现在正在进行二次创业，天然气勘探如火如荼，很受鼓舞。

　　下面谈一下我的一些认识。

　　刚才专家提了很多好的意见，我非常赞成，大体上这几天交流下来也就是这些看法。所以我说的有的是重复他们的意见，有的是补充，有的可以就省略一点，就不说太细了。

　　第一个认识就是大庆的深层天然气勘探取得了巨大的进展。自从徐深 1 井突破以后，去年公司作出加快天然气勘探工作决定以来，进展是神速的，大庆的同志克服了很多自然条件上的困难，真是又重新战天斗地，比如说雨季的难度是非常大的，昨天去看了一下铺石头的那段路，离井上还有很远呢，所以困难是可想而知的，而且进展是非常神速，我记得第一轮加快井是 9 口，第二轮加快 7 口，又加了 3 口井，一共是 19 井，现在可以说绝大部分都获得工业性油流，或者取得了很好的油气显示，还有很少数的井正钻，这些井好像不多了，所以进展是十分令人鼓舞的，所以我自己觉得第一个结果 $1000 \times 10^8 m^3$ 的天然气储量基本落实，落实的地点就是兴城—升平—汪家屯，而且在兴城以南又继续获得一些高产区块，包括徐深 9，最近可能徐深 10 也很好，徐深 11 我说不上，特别问了一下地质员，估计也还可以，因为我们看了一下测井图，上面的孔隙度也还可以，我看的是标准测井，电阻也还可以，这是第二个向南又获得了一些新的区块。你像徐深 7、徐深 8 算到兴城里面了，徐深 9 往南，徐深 10 都是。而且在技术上感到令人兴奋的有这么三点：一个是用三维地震资料识别火山岩机构的技术越来越成熟；第二个是用录井和测井的资料识别有效储层的技术越来越成熟，不仅用斯伦贝谢的测井资料，还要用自己的测井资料，双方合起来进行识别；第三个是用大型的压裂改造技术越来越成熟，普遍的需要改造，要造很深的缝，这样就像胡朝元同志说的有孔隙，然后有裂缝沟通，就可以形成高产，而且钻井的速度越来越快，每年大体上可以钻两口井，就是在 4000m 左右的深度，使在这个地区加快成为可能，这是第一个认识。

第二个认识，深层的天然气有很大的资源潜力，我觉得第一个 $1000 \times 10^8 m^3$ 基本落实，第二个 $1000 \times 10^8 m^3$ 你们规划在徐家围子东侧，然后再向西画到古中央隆起带上，这么一个范围，我认为第二个 $1000 \times 10^8 m^3$ 是比较有把握的，然后再往外扩，那就是向古龙方向扩，然后还可能向东，向应山方向扩，因为我们觉得从这三个断陷群来看都有相当的规模，而且火山岩的分布，烃源岩的分布都有相当大的规模，所以这是非常可能的，根据这样一个判断大庆完全有可能形成全国陆上第五大气区。塔里木气区 2003 年的探明储量是 $6586 \times 10^8 m^3$，包括中国石化的 $362 \times 10^8 m^3$，鄂尔多斯盆地是 $12329 \times 10^8 m^3$，包括中国石化的 $1186 \times 10^8 m^3$，四川盆地是 $8179 \times 10^8 m^3$，包括中国石化的 $1111 \times 10^8 m^3$，青海是 $2374 \times 10^8 m^3$，这全是中国石油的，所以如果用探明储量 $2000 \times 10^8 m^3$ 作为一个标准，大庆油田很快就可以达到，原来已经有 $603 \times 10^8 m^3$ 的探明储量，现在拿到 $1000 \times 10^8 m^3$，这已经有 $1600 \times 10^8 m^3$ 了，再加上南边吉林可能还有 $120 \times 10^8 m^3$ 的天然气，所以到明年上半年估计天然气的探明储量就可以达到 $2000 \times 10^8 m^3$ 以上，所以大庆有可能很快变成第五大气。

对下一步工作的几点设想。

第一，要加大试采工作的力度，这里面有几点需要特别注意的。一个对特殊岩性而言建立可采储量的难度很大，就是说探明地质储量是可以做到的，但是要把地质储量变成可采储量中间有很长的路程要走，因为现在通过试采可以感觉出来单井控制的储量和用容积法算的储量差别是很大的，这里面用什么方法把它们沟通起来需要做很多工作，这是第一个要想到的。第二，一定要不间断地进行试采，要尽快地暴露矛盾，只有当矛盾暴露出来以后才有可能采取针对性的措施，或者是再反复地进行压裂，或者是要不要打水平井，或者还要做一些什么别的工作，都需要做一些认真的研究才行。第三，要在有规模的开发天然气以前做好准备，所以这件事情是刻不容缓的。所以建议至少开辟两个小的试采区，一个就是升平，因为升平开发井已经打了，井距靠得比较近了，这个对试采来讲是极为有利的，现在已经完钻了 5 口开发井，加上原来的一些井，加上长期不衰的升深 2 更正的井，这是非常好的一个井，这是暴露矛盾的。第二个建议在徐深 1 和徐深 6 井区试采，因为什么呢？那个区域的储量规模比较大，现在兴城地区 $400 \times 10^8 m^3$ 以上里面它就占了 $277 \times 10^8 m^3$，而且也有砾岩也有火山岩，这样就可以分别进行试采，分别地对砾岩和火山岩它们到底是个什么关系，认认真真地做些研究，我建议采用（2～3）$\times 10^8 m^3$ 的年产量，或者（3～5）$\times 10^8 m^3$ 的年产量，你们根据实际情况来看，最好能够对试采区做出设计，要取得哪些资料，要做哪些工作，要做哪些科学试验，要认认真真地做一个规划，这样的话就能有目的地去进行两个试采区的一些工作，包括攻关，都应该放在这里，就是说要把十八般武艺都放在这里，去认认真真的进行，甚至包括系统取心，我也赞成，就在这个地方，打一口井系统取心，那就等于加强一下这个方面的认识，这是一件事。第二件事要为产出的天然气找出路，这个刚才几位专家都提了，我也赞成这个观点，天然气放空不太合适，现在已经成现在这个状态了，那就是修小的管线，向东走和哈尔滨这些用气单位连接起来，可能会更好一些，另外建议找些同志研究一下搞 LNG 的可能性，就是所谓的液化天然气，原来我认为液化天然气很复杂，后来我去看了一下，比如说吐哈的，还有中原油田的，还有最近在南方搞的，因为离市场很近，都认为是赚钱的，而且规模很小，那赶不上你这个规模，它都可以干，就一个单井都可以干，所以这样的话我们也可以弄，这样的话我们可以运走，更方便一点，包括压缩天然气，压缩天然气他们现在也在搞，液化天然气就是降温，把温度降到 160℃ 左右，这是第二个。第三个是加强基础工作，跟刚才同志们讲的基本上是类似的，主要是三点，一个就是地层工作，地层对比工作，包括统一的系统取心，包括系统的小层对比，确实要非常认真地进行，甚至包括层系的划分，都要认真地进行，特别对这套有火山岩、有沉积岩，中间还有些过渡的东西，火山变沉积岩，有的靠火山碎屑再沉积的一些东西，这个里面非常复杂，这个值得注意。第二个是烃源岩，我觉得盆地里面就在徐家围子里我们对烃源岩了解不是很多，大体上就是徐深 1 井有一部分稍微系统一点的深层资料，其他的大部分都是地震得到的东西，我也是建议要打一口深井，既然这么大的气区这个本钱就可以下的，就是打一口深井，一方面建立层序，为地震取好参数，同时也为烃源岩研究取得必要的一些参数，从下往上认认真真地研究一下烃源岩的生烃能力、成熟度，它的各方面的情况，这样的话有助于对这个地区做出更科学的判断，这是第二个。第三个是储层，最复杂的是储层的工作，因为火山岩确实是非常复杂的，特别是搞石油的人对火山岩是门外汉，不是很内行的，对这个东西要认真研究，我昨天晚上特别认真观看了一下你们画的模式，有喷发相、溢流相，而且画出哪几段是比较好的，这就是一个火山岩机构呀，但是我估计可能一个机构一个样，可能不是一个统一的模式，一个模式根本就代替不了，期次也不一样，火山口谁知道它什么时候喷，它隔两年喷一下，有的可能几百年都不喷，非常规的东西要做认真的解剖，地面看不见，野外去看，野外要下很大的功夫，认认真真的，有的地方有新鲜面的，对于理解这些东西就更清楚，同时要有意识地解剖火山岩机构，就是说现在一进入试采阶段，我认为井距就已经进入那个机构里面了，只要打试采井，只要 1km 的井距就在机构里面了，要有意识地认真研究一下怎么去解剖这个机构，这样的话把机构掌握明白，当年任丘潜山油田发现以后我们是常年跑雾迷山，就是那个蓟县（现蓟州区），一会跑到北京哪些石灰岩里面去素描去研究，那只有这一条路，四川的石灰岩也是常年在野外素描，只能这样，因为大比例尺的只有露头，小比例尺的才是地震，再稍微大一点的就是井，井只能通过眼去看，通过一根一根的像根针似的，能看得明白，但是不是很明白，所以希望大家要下极大的努力，创造一些研究，因为我看了一下，要说是层又不完全是层，似层状，你看流纹层后来就没有了，可能被凝灰岩所代替，这个我没有做很多的研究，只能感觉是个很复杂的东西，希望同志们能够认认真真地研究这件事。

所以这次来了之后感到十分的兴奋，不但学习了很多东西，同时又受到了大庆精神的鼓舞，而且大庆精神和大庆油田依然是光彩照人，因为从1959年开始到现在已经46年了，盆地内部的岩性油藏正在取得不断的进展，海拉尔的油田也取得很大的进展，现在又深入蒙古国，买了人家 25000km² 的矿权，同时深层天然气也有很大的进展，我觉得大庆第二个春天又来到了，所以第二次艰苦而又伟大的创业落在诸位的头上，我们在座的老头只能敲边鼓，说两句就走了，主要的任务落在诸位的头上，祝福大家从胜利走向胜利。

在听取塔里木盆地勘探工作汇报后的讲话

（2005 年 10 月 21 日）

今年，塔里木的勘探形势整体上不错，勘探思路也更加清晰。特别是碳酸盐岩地层，有很重要的突破，近期的塔中 82 井区，从甩开的 4 口井来看，不像我们以前捉迷藏那个状态，一会儿在这，一会儿在那，找不到方向，现在情况很不一样，这是很不错的，我很受鼓舞。

下面，我讲几点意见。

第一，加快天然气勘探。塔里木油田公司"十一五"规划的任务非常繁重。要想完成这个规划，那是要出大力、流大汗的。从现在的形势来看，天然气的压力比原油的压力要大得多。西气东输管线建成以来，我们面对的社会压力和政治压力都要比以前大得多。所以，我建议尽快获得建一条复线的天然气资源基础。如果规划到 2010 年天然气产量达到 $222 \times 10^8 m^3$，那必须要建一条复线。现在的管线，输送量达不到那个要求，即使加压，最多也只能输送 $180 \times 10^8 m^3$，还有 $40 \times 10^8 m^3$ 输不出去。

第一条西气东输管线，我们参加了论证，我们是受审单位，国家发改委，也就是原来的国家计划委员会，要求我们要有 $5000 \times 10^8 m^3$ 的地质储量，而且还要绝大部分储量是优质储量。那时候，因为我们有一个克拉 2 气田，算是垫了一个底，当时迪那 2 也打出来了，储量没有现在的多，整个盆地加在一起达到 $5000 \times 10^8 m^3$ 以上。先乘 70% 的采收率，就变成 $3500 \times 10^8 m^3$ 可采储量，$3500 \times 10^8 m^3$ 要在 20 年内稳产。再乘 70%，储量就变成了 $2450 \times 10^8 m^3$，正好等于 20 年稳产期的采出量。如果储量品质差一点，还只能乘以 60%。如果达不到这个要求，那这个管线就免谈。我们当时算来算去，总算可以达到稳定供应 20 年的天然气储量。现在准备建第二条复线，那就要求有另外一个 $5000 \times 10^8 m^3$ 的储量，现在塔里木已经探明 $7200 \times 10^8 m^3$，至少还需要 $2800 \times 10^8 m^3$。这个任务必须完成得越快越好，最好到 2007 年就完成，2008 年进行论证，2009 年到 2010 年基本建成管线。这是紧打紧、满打满算的，没有别的出路。

在这种形势下，我建议把塔里木油田公司的原油产量任务稍微降一点。如果原油和天然气两条线同时作战，太紧张。或者这么说，2010 年原油产量工作目标争取达到 $800 \times 10^4 t$，生产任务定得少一点，尽管今年原油产量已经达到 $600 \times 10^4 t$，明年肯定还要多一点，但是，现在稳产的任务是很重的。我对这个问题的提法叫"突出找气、以气带油"。我们的气不是干气，而是凝析气，还有挥发油，油气比很高。如果全心全意去找气，没准可以连带找到很多油，这样原油任务的完成，按说也不是很难，就怕我们想法太多。我觉得，当前最突出的问题是，最近三年要找到启动建设复线所需的天然气储量。那是最伟大的一件事。现在的天然气勘探和当年会战的时候确实不一样了，那个时候也知道这个盆地富油又富气。但是，我们还是怕气，因为气拿到以后不知道该怎么办，只有关井，很多高产井都关了，不敢放。现在有条气管线在旁边，一点都不用怕，各种气都可以进管线，原油还可以当成副产品。我提这么个建议，请考虑。

第二，要坚持锲而不舍，要坚持科技进步。我在塔里木干了十年，自己最深的体会主要有两点：一个是锲而不舍的努力，另一个是依靠科技进步。我认为这两点促使勘探工作不断向前发展。

我举个例子，现在看到的这些重点地区，比如说库车地区，找到一个克拉2气田，这确实是不容易的，费了好大的劲，打了一些空井，第一口井就是东秋5井，当时以为打在构造上了，出了少量的气，后来不知道打在哪里，反正也不明白，花了1亿元人民币，钻井期间山洪暴发，我们还跑到那儿去抗洪，还动员了解放军来抢险，最后还是口空井。股份公司领导说，探井没有空井，这是要我们解放了思想，我非常佩服。但那个时候任何人叫停，你就得停，因为没有发现，你有啥办法？后来又打一口，克服若干困难又继续打一口，还是没有发现。关键问题是构造不准，就是摸不清那个构造面貌，这就得靠我们物探界做出巨大的努力，从山地采集、处理解释进行了全面技术攻关，把它弄清楚，再加上地质上对气藏模式的认真研究，到野外做详尽观察，还请了一批专家，最后总结出它的模式，通过钻井、测试的综合努力算是找到了一个大气田。接着又找到迪那2气田。我以为这个地区的问题算是解决了，实际上没有解决，库车地区现在仍然是问题重重。我们又用这套办法去却勒地区勘探，结果失败了，那个构造到现在为止我都不知道是什么样。然后，大家又开始做工作，到现在好像又有点名堂了，搞了叠前深度偏移，提出来东秋5井的北面有一个大构造，要打东秋6井。如果东秋6井能打成功，那在认识上又向前走了很大的一步。现在我们就是这么一步一步往前走。所以，如果不坚持锲而不舍，成功了照样失败。

我再举个例子，哈得逊是怎么发现的？按照我的说法，是蒋龙林的执着加偶然的运气发现的。蒋龙林同志几乎连续两年，每一次井位讨论他都要提这个井位，就在哈得逊。他画了一个圈圈，说那儿幅度有20m，希望打井。当时很多人都认为不可能，5000m深，已经超出了我们物探的精度了，20m幅度的圈闭怎么可能打井？实际上，我们后来是同情他的执着，打了这口井，打出来2m油层，没有发现东河砂岩。这2m油层怎么办呢？只好测试一下，结果试出50m³油。大家觉得不可能，就开始试采，结果像钟表一样准确，每天都产40t以上的油。引起了大家的注意。这位同志很了不起，已经去世了，他是立了功的。后来，我们又在南面打了哈得4井，打到了东河砂岩，那是碰巧碰上的，事先根本不知道那里有东河砂岩。我记得当时我在塔中，贾总在井上向我报喜，我很受鼓舞。但它本身完全属于一种偶然性，最后成功了。也可以说，物探指出了一个方向，算是师出有名，但功绩要算在钻井上。实际上是靠钻井东一脚，西一脚，在那里踩出来的。后来，在这里就开始滚动勘探开发一体化，最后就形成了现在的哈得油田。哈得油田发现了以后，我们就一直把这里当成重点地区，一直在这儿勘探，东河砂岩的分布弄不清楚，东河砂岩尖灭线来回跑，到现在为止也不敢相信你们画的东河砂岩尖灭线。前前后后空井最少打了十多口。现在中国石化在这里又碰巧撞上了一块东河砂岩。我们又赶紧补上，看样子，又是很大的一块。所以，我觉得要锲而不舍的努力，要用钻井加地震的综合方法，在这里进行勘探。

再说一下塔中坡折带，十年前那不叫坡折带，叫断裂带，那个区域十年前就有发现井，但是由于认识不清楚，不知如何办，发现后就放在那儿了，只有最近做了地震攻关，进行了三维地震，才基本弄清楚，找到了礁滩相灰岩发育带，断裂带改成坡折带，这是很重要的进展。这主要是由于地震主频提高了赫兹，地震剖面全变了，现在这里的勘探是突破了，但是我们还会碰到很多复杂的问题。因为这个油藏是个很特殊的油藏，从西到东含油高度相差 1000m 以上，这不符合物理学的原理，这到底是一个什么概念？我估计，要么就是储集的时间很短，晚期成藏，根本就来不及平衡，要么就是底下有底板把它托住，或者是一块一块的，互相并不连通，只有这么几个可能。所以，我们还要做非常细致的工作。轮南地区从会战一开始，就是勘探的重点，碰到的各种情况我就不多说了，也同样是这样。所以，这个问题我的体会就是两条，一个叫作执着，一个叫作进步。科技不进步，勘探也很难有进展。

第三，提高钻井工艺技术。我觉得，在核心技术里面，要把钻井工艺的发展提到日程上，要认认真真地研究钻井工艺技术。我看了你们关于山前地区攻关的设想，我非常赞成这些观点。现在，我们对物探技术的进展非常重视，对物探在勘探工作中的地位非常明确。我建议今后开会能不能也把钻井界的专家请上几位，讲一讲钻井科技进步、存在的问题和发展的设想。我个人认为，塔里木当前钻井液的相对密度普遍偏大，但是由于地层原因，钻井液密度窗口能调整的余地很小，这要认认真真地研究解决这些问题。

第四，关于新区的发现。目前新区的发现，我最看重的是塔东南的若参 1 井。我希望塔东南能够加快、加大工作力度。因为目的层埋藏很浅，物性也比较好，烃源岩也不错，具备加快的条件。在其他地方，我们花一年的时间打一口井，大部分时间都在打非目的层，只有最后那一小段时间花在目的层上，这里面就有很多需要改进的地方，特别是要加快钻井速度。

我就讲这些。谢谢大家！

在中国石油 2005 年度油气勘探年会上的讲话

（2005 年 11 月 5 日）

2005 年的勘探成果非常喜人，令人振奋。听了几天的报告，我有三点感受和三条意见。

首先，我谈谈参加这次会议的三点感受。

第一，东部地区勘探发现的两大亮点，令人拍案惊奇。

第一个亮点就是冀东滩海地区。赵政璋书记说冀东滩海现在看得见的储量规模至少有 $5 \times 10^8 t$，这仅是滩海一号和二号构造的储量。如果再展望一下，还有三号、四号和五号等构造，那么该地区的储量规模很有可能达到（8～10）$\times 10^8 t$，这是很了不得的事情。如果原油的储量达到 $8 \times 10^8 t$，那么年产量大体上就可以达到 $1500 \times 10^4 t$，东部的硬稳定就得到了保证，现在东部年产量平均每年递减 $150 \times 10^4 t$ 左右，若有约 $1500 \times 10^4 t$ 的年产量来提供保证，那东部硬稳定的产量至少可以延续很多年。昨天听了冀东油田的报告，他们是在 $2400 km^2$ 的范围内，使用二次三维地震和高精度三维地震勘探。进行了大面积的连片处理，进行了叠前时间偏移，解决了构造的准确度，在精细刻画构造准确度方面下了大功夫，所以取得了很大的成果。我们再向滩海展开，大港油田也正在深入展开滩海勘探，并很快发现了三个非常好的带，一个叫埕北断阶带，一个叫北大港的东侧，一个叫北东构造带，大港油田预期的储量规模是 $2 \times 10^8 t$ 左右，埕北是 $1 \times 10^8 t$，其他两个各 $5000 \times 10^4 t$，我想，如果进行深入勘探，与冀东类比，达到（3～5）$\times 10^8 t$ 的规模是有可能的。这里的勘探也是采用三维叠前偏移、连片处理技术。因此，我建议股份公司对辽河的滩海也进行一次现场会诊，加快该地区的勘探。如果三家的滩海勘探都有很大的发现，那简直是太了不起了。

第二个亮点是松辽盆地的深层天然气。我今年 8 月有机会到大庆去考察了一下深层天然气的勘探情况，很受感动。那真是决策正确，执行坚决，股份公司领导根据情况做了重要决策，大庆的同志坚决执行，战天斗地，通过艰苦的努力探明地质储量 $1000 \times 10^8 m^3$。现在场面越来越大，探明（3000～5000）$\times 10^8 m^3$ 地质储量已在规划之中。如果有（3000～5000）$\times 10^8 m^3$ 储量，那么就可以建设 $100 \times 10^8 m^3$ 的产能。有了 $100 \times 10^8 m^3$ 的天然气年产量，大庆的红旗就会更加鲜艳。因为现在大庆油田原油年产量约 $4500 \times 10^4 t$，加上 $100 \times 10^8 m^3$ 天然气，相当于约 $1000 \times 10^4 t$ 的原油，大庆油田的油气总产量就可以继续维持在 $5000 \times 10^4 t$ 以上，这是很了不起的。大庆深层天然气勘探的突破主要是由于在储层上下功夫，对火山岩下了很大的苦功夫，大庆油田和斯伦贝谢公司合作，对储层研究得非常细，利用井筒资料和地震资料不断地相互反馈，在地震剖面上不断地刻画储层，最后取得了成功。大庆油田提出：创新三个认识，资源、储层和成藏；发展了三个识别技术，目标、岩性和气层；完善了三个配套技术，地震、钻井和增产改造。我们特别地了解了一些单井资料，当然只是粗略地了解，觉得确实很不容易。现在加上风险勘探的努力，在松辽平原的南部吉林地区，打出了一口高产的火山岩气井。南北生辉，松辽盆地的天然气远景不可小瞧。从松辽盆地深层的勘探情况来看，我们应该向南继续辐射，要辐射到渤海湾地区，研究一下该地区的深层会不会出现新情况。现在华北油田已经开始勘探深层古潜山了，而且也开始勘探石炭、二叠系以下的奥陶系，我觉得这件事很重要，值得研究。包括辽河现在也在勘探兴隆台和双台子的潜山，我觉得对渤海湾的深层勘探应该提到日程上来。

第二，岩性地层油气藏大面积丰收，成为增加储量的主力军。

现在体会到鄂尔多斯盆地是到处都富含油气，今年在姬塬地区勘探的豹子湾、铁边城油田，都是亿吨级的，然后在西峰油田东边勘探的合水地区，也是亿吨级的油田。今年在研究鄂尔多斯盆地天然气勘探时，指出子洲地区的天然气前景可能不错，现在已在子洲地区探明了 $1000 \times 10^8 m^3$ 天然气，这完全是一种非常高速度、有计划地在向四周展开。松辽平原，情形也是这样，松辽平原北边，大庆长垣的东侧，包括大庆长垣本身，西侧。松辽盆地南部吉林油田三大岩性前缘尖灭带，现在又增加了扶余油层，也是大面积的岩性地层油藏，所以岩性地层油藏勘探是势不可挡的。四川盆地实际上也是这个状态，该盆地的原油实际上早就发现了一大片，只是我们还没有来得及去管它，现在四川盆地上三叠统须家河组的天然气，我觉得那就是大面积的岩性地层气藏，目前的勘探还不太敢离开构造，都是从构造往边上摸索，如果大胆地往外打，它就是大面积的岩性地层气藏，这种致密的砂岩，是不受构造控制的，所以岩性地层油气藏的勘探，我觉得也是当前一个非常重要的事件。

第三，碳酸盐岩地层的连续突破应该引起我们极大的关注。

我最近了解了一下中国石化普光气田的情况，它是在中国石油三叠系鲕滩灰岩大面积突破的基础上发现的，含气面积为 $29.7km^2$，气层厚度为 $390m$，探明储量为 $1143 \times 10^8 m^3$，他们说今年年底探明储量要达到 $1800 \times 10^8 m^3$。石灰岩储层的平均孔隙度为 12.7%，最高可达 20%。储量丰度为 $38.5 \times 10^8 m^3/km^2$，仅次于克拉2气田，克拉2气田约为 $50 \times 10^8 m^3/km^2$，因此它一点也不比碎屑岩差，比海上的崖13-1气田高，崖13-1气田约 $20 \times 10^8 m^3/km^2$。普光气田的发现值得我们注意。中国石化南方公司不承认四川同志所说的海槽，当然海槽也是有证据的。普光气田很像是台地边缘相的产物。第二个重大发现是轮南—塔河大油田，中国石化的塔河油田三级储量已达 $12 \times 10^8 t$，这应该说是近年来最大的发现，探明储量已超过 $5 \times 10^8 t$，今年的产量估计是 $400 \times 10^4 t$。加上北边的轮南油田，轮南和塔河实际上是一个油田，轮南油田三级储量接近 $2 \times 10^8 t$。今年在塔中坡折带，发现大面积的礁滩相分布，长度可达 $100km$ 以上，宽度为 $3 \sim 5km$，打出了一片高产井。如果把这些现象再往前延伸一下，看看南方地区的情况，以前许多人认为南方碳酸盐岩地区是鸡肋，食之无味，弃之可惜，认为各种条件都不好。现在对南方地区积极做工作，发现南方的下组合前景相当好，指的是志留系以下的寒武系和震旦系，它们在四川盆地都是产层，而且黔中、黔北地区发现了很多平缓的大构造，现在地震资料一过关，就看得很清楚了，上面还有一个滑脱面，是志留系的滑脱面。大港油田在桂中地区也发现了很多大型构造，勘探目的层还可上延至泥盆系，我们的地震资料也过关了，也很清楚，所以南方地区天然气勘探的突破也近在咫尺，这是我个人的看法。因此碳酸盐岩的勘探不可忽视。

最后，我提三条意见。

第一，西气东输天然气储量的压力很大。西气东输管线建成以后，政治责任、经济责任和社会责任空前增大。现在从市场情况看，天然气需求量很大，需求增长很快，当前的瓶颈仍然是储量，而且是高效优质的储量，所以我建议能不能在最近2~3年内探明（4000~5000）×10^8m^3高效优质储量，积极筹备修建一条复线，这对于安全输送、安全保证极有好处。高效优质储量在哪里找？我认为主要是两个地方，一是塔里木盆地，一是四川盆地。应该把普光气田纳入西气东输管线的视野之内，要运用普光气田的资源，同时也要大力寻找普光式的气田。我们还要坚持勘探库车地区，加大勘探力度，很快就能发现第二个克拉2式的气田，关键是构造面貌，关键技术也是解决构造面貌，构造面貌解决了，一切都迎刃而解。

第二，近期我们的勘探进展令人鼓舞，什么原因？让我回想起总公司领导同志在1997年提出来要抓一下勘探，那年他连续听了每个油田的勘探汇报，听完之后他说四句话，"勘探要四个到位，领导精力到位，勘探部署到位，资金投入到位，科技进步到位。"我对这几句话记得很牢，后来他调走了，这些话可能也没有流传下来。回过头来看，领导精力到位，现在是不是？我们现在叫三大战略，第一个就是资源战略，还有国外战略，其中一部分实际上也是资源战略，领导精力确实到位了。第二个部署要到位，部署实际上是跟随认识走的，认识到位，再加上精细的管理，部署就能到位，而且现在还应该加上一点，风险勘探到位，目前风险勘探已经构成勘探部署的一部分。第三个叫资金投入到位，我认为最重要，没钱什么事也干不成。现在的勘探投资比以前增大了很多。最后叫科技进步到位，大家都意识到了。因此，现在由于这四个到位，油气勘探获得了大的丰收。

第三，勘探工作者要讲一点找油哲学。我阅读了刘宝和副总裁主编的《从勘探实践看找油的哲学》这本书和他写的一篇文章，我觉得非常好，学到了很多观点。加上我自己的理解，我主要谈五点认识：（1）勘探家头脑里必须充满油气，要充满找油的激情；（2）坚持锲而不舍，坚持科技进步，锲而不舍可促使科技不断获得新发展，科技进步取得的新认识，可以使锲而不舍变得不盲目；（3）勘探没有失败，探井没有空井，都是在探索中获得的信息，关键是思维要锐敏，工作要过细，尽快走出认识的误区，离成功就不远了；（4）在勘探过程中要不断重新认识自己，要不断重新认识勘探对象，这就可以产生创新的思维，老区勘探没有新思维就没有出路；（5）勘探的对象很复杂，差异性普遍存在，认识差异性是寻找油气的钥匙，但认识不可能一次完成，我们要敢于实践，敢于探索，不断逼近客观实际。

同志们，你们都比我年轻，在座的绝大部分都是年轻人，年轻就代表希望，年轻就代表胜利。所以我看见诸位在勘探的春天里，在阳光的沐浴下进行着勘探工作，非常地羡慕你们，祝你们取得更大的成绩，谢谢！

在塔里木盆地大油气田分布规律与
预探方向研讨会的讲话

（2006 年 3 月 2 日）

时间过得很快，从 1989 年会战到现在已经 17 年了。一路走来，风风雨雨，总体上说会战取得了很大的成绩，在座的大多数同志都参与了全过程。现在回过头来看，我觉得以王涛同志为首的党组的决策非常英明，尽管当时有些人反对。我作为马前卒在塔里木盆地工作了 10 年，从 1989 年到 1999 年。塔里木盆地的油气勘探在我的印象中有三个特征。

第一，每个时期都有兴奋，每个时期都有困惑。

由于地质条件不同，各个盆地的勘探工作有好有坏，有成功也有挫折。在塔里木盆地表现得尤为突出。比如说，从去年到现在，塔里木盆地的勘探兴奋点很多，塔中 I 号坡折带，英买力志留系，以及轮南隆起的东西两侧，都属于亮点。但是，很多志在必得的目标却失败了，例如，乌什凹陷依拉克构造很好，应该是志在必得，但没有成功。塔西南群库恰克构造油气显示很好，构造面积大，估计有较大的储量，也没有成功。这和当年库车却勒地区的勘探一样。兴奋和困惑并存，大起大落。

第二，我们认识一个对象花的时间非常长。

轮南奥陶系是什么时候发现的？是 1988 年！我们反复地进行工作，使用了十八般武艺，一次三维、二次三维精细地进行勘探，但是，直到现在我们的认识还不是很清楚。塔中 I 号坡折带（当时叫断裂带）是什么时候发现的？我说不准，可能 1994 年就发现了。塔中 45 井，发现得也比较早，产量也很高。尽管坡折带现在有很大的突破，但是我们就认识清楚了吗？没有！我们离自由王国还有相当一段距离。

第三，我们的发现具有相当的偶然性，好像是很随机的。

举几个例子，最早的时候，英买 7 井是要钻探寒武系白云岩潜山，结果却发现了古近系—新近系组合。后来发现的哈得逊油田，那是因为蒋龙林同志坚持认为哈得逊有一个构造，幅度多大呢？20m。5000m 深的地方幅度只有 20m 如何判断，心里总是没把握。这位同志非常执着，每次勘探会议都提这个构造，现在已经去世了，我认为他对发现哈得逊是很有功绩的，尽管他的构造图并不完全准确。当时我们考虑了很久，决定打一口井，发现了 2m 厚的油层，经过试采，每天产 50t 油，产量非常稳定。贾总决定往南追溯，又打了哈得 4 井，发现了东河砂岩，我记得当时我正在塔中的井上，他给我报喜，很高兴。哈得逊油田非常不规则，完全是靠滚动扩边才确定倾斜的油水界面，它的高差起码有 200m 左右。我估计最近发现的英买力志留系，也是很偶然的。钻前谁知道？不知道！我说这些是想说明两点：一是还有很多规律我们不认识，二是很多规律是非常规的，不是用一种传统的思维就能掌握住的。

因此，要锲而不舍，要坚持实践，坚持技术进步，提高我们的认识，超越某些常理，掌握这些规律。很重要的一点是需要我们工作非常仔细，思想要非常敏锐，才能捕捉到一些细微的但是很奇怪的信息，才能尽快地走出认识的误区。我觉得，不打空井是不可能的，没有哪个地质学家说我一打就能出油，如果有这种要求是完全无理的！但是 AAPG 主席 Rose 先生讲"不打愚蠢的空井"。这句话有道理！我们不能打愚蠢的空井。面对复杂的对象，我们应该坚持不懈，努力探索，必有所获！17 年再回头一看收获还是很大的，可以自豪地说西气东输我们搞起来了！这是王部长决策英明，西气东输是件很了不起的事！

刚才贾总提到的七个题目，我非常赞成。就提一条意见，地震的攻关工作，我觉得应该列成一个大题目，主要做三件事：一是台盆区的碳酸盐岩，二是山前冲断带的构造，三是哈得逊地区的地层岩性油藏。我觉得这三个领域的地震基本上没怎么过关。尽管有很大的进展，与以前相比那简直是不可同日而语，但是还有很多关键环节需要认真地研究。

下面我讲几点意见。

第一，塔里木盆地的晚期成藏，就是最后一次构造运动对油气运移、聚集、改造、调整的影响，是一件十分重要的地质事件。现在看得越来越清楚，希望研究大油气田的同志们，要认真地考虑。刚开始没有人承认晚期成藏，现在都承认了。晚期成藏的观点是什么时候开始萌芽的？是从山 1 井开始的，这口井的构造非常新，形成的时间很晚，当时是否钻探这口井存在很多不同的意见，后来我们坚持要钻探，结果出气了。后来我们就更加感觉到晚期成藏的存在，塔中油田的油砂很厚，测试结果是水！那就是由于新构造运动的破坏。这是刻骨铭心的！克拉 2 大气田也是晚期成藏的结果。再看哈得逊油田也完全受晚期成藏的影响。轮南隆起，塔中北坡全都有大面积晚期成藏性质。晚期成藏影响整个塔里木盆地，广度和深度相当大，所以我想，要研究叠合盆地油气成藏，最后一次构造运动和它所形成的油气，可能是相当重要的，所以要薄古厚今，这个当然是一家之言，已经有很多现象证明晚期成藏存在，我们不得不去研究它，它具有基础理论性质。

第二，碳酸盐岩的研究，我觉得是一门大学问，我国的地质家总体来讲掌握得不是很深透，我们碰到的对象非常古老，缺乏孔隙度。如果是年轻的石灰岩，它的孔隙度会比较好。比如说贾总所提到的美国二叠盆地，二叠系的孔隙度一般是 7%～8%，成排成排地打井，但它的奥陶系跟塔里木一样，也是比较难办的，所以我们要花很大的精力，去研究孔隙度，到哪里去找孔隙度发育带？孔隙度的来源不外乎是由岩相岩性去决定，所以要研究岩相岩性的分布规律，就要研究礁滩等一系列的东西。我特别提醒同志们要注意白云岩的研究，非常重要，白云岩的孔隙度天生要比石灰岩好，对白云岩的探索绝对不能停步。

第三，塔里木有两个非常关键的技术，一定要像组织地震攻关那样去攻关。一是复杂地区的深井钻探，现在的进步不是很大，一定要认认真真地去攻关，要加强力度，地质人员应参与攻关，因为对象是地层，包括钻井液体系和工艺技术，都与地层有关，还要做大量的实验室研究工作，只有这样，才可能攻克这个难关。二是储层改造，我们碰到的对象孔隙度非常低，储层改造是唯一的出路。我们要长年累月、坚持不懈地进行攻关。

我是塔里木人，对塔里木深有感情，所以希望大家能够把塔里木的明天变得更加美好！

在新疆地区天然气勘探工作研讨会上的讲话

（2006 年 3 月 10 日）

这次会议开得非常及时，很成功。听了同志们的报告后，我感到很振奋。下面我讲几点意见。

1 中国天然气工业的地位越来越重要

从 1996 年以来，我国天然气的储量和产量都大幅度增长，天然气发展得很快，进入大发展时代。但是天然气发展到什么程度，如何定位，需要研究。最近我们做了一个后续的咨询项目，关于 2050 年前我国油气资源发展趋势，研究结果认为我国天然气高峰期年产量将超过石油高峰期年产量。2005 年我国的天然气产量达 $500 \times 10^8 m^3$，其中，中国石油生产 $367 \times 10^8 m^3$。2004 年，我们向温家宝总理汇报时提出 2010 年天然气产量将达到 $800 \times 10^8 m^3$，2020 年将达到 $1200 \times 10^8 m^3$。现在大家都觉得这两个数字偏于保守，会有所增加。认为 2010 年我国天然气产量将达到 $1000 \times 10^8 m^3$，中国石油想力争生产 $750 \times 10^8 m^3$，其余由中国石化和中国海油生产。由于发现了普光气田，中国石化雄心勃勃，中国海油 2010 年规划生产 $130 \times 10^8 m^3$。因此，我觉得达到 $1000 \times 10^8 m^3$ 是可能的。我们预计 2020 年天然气产量将达到 $1500 \times 10^8 m^3$，高于原来预计的 $1200 \times 10^8 m^3$。同时天然气产量的增长趋势在 2020 年不会停步，会一直往前发展，预计在 2030 年前后我国天然气产量将达到 $2500 \times 10^8 m^3$，超过了我国石油的年产量，估计届时我国常规加上非常规石油的产量约 $1.8 \times 10^8 t$。就是说，我国天然气年产量最终将大于石油年产量，而且油气总产量在今后一个较长时期内仍能保持增长趋势。2005 年我国天然气产量为 $500 \times 10^8 m^3$，仅占一次能源消费的 3% 左右，如果产量达到 $1500 \times 10^8 m^3$，所占比例也只升至 7% 左右，这和世界天然气平均消费占一次能源 24% 相差甚远，因此，必须尽最大努力，逐步改善我国的能源结构。天然气产量真的能够超过石油吗？有以下几点依据。

第一，天然气可采资源量在增加。2004 年向温家宝总理汇报时采用的全国天然气可采资源量是 $14 \times 10^{12} m^3$。最近，国土资源部组织的新一轮油气资源评价，认为全国天然气可采资源量为 $28 \times 10^{12} m^3$，其中包括了青藏高原和南沙海域的天然气资源量，若不包括这部分则为 $22 \times 10^{12} m^3$。经过研究，我们最终采用 $22 \times 10^{12} m^3$，但包括南沙和青藏高原的资源量，这个数字比较稳妥。但资源总量增加了。

第二，我国煤系地层分布广泛，煤系属于 Ⅲ 型干酪根，以生气为主，因此，我国煤成气资源丰富。国内外很多大型气田来源于煤系地层。

第三，天然气的来源要比石油更广阔，对储层储集性能的要求比石油低得多。我们分析了美国的天然气发展历程。

1968 年天然气产量突破 $5000 \times 10^8 m^3$，进入高峰期，最高达到 $6154 \times 10^8 m^3$，若用 $5000 \times 10^8 m^3$ 作为高峰期产量，至今已持续 38 年，长盛不衰，2004 年产量仍为 $5304 \times 10^8 m^3$。而美国的石油产量于 1966 年突破 $4 \times 10^8 t$，进入高峰期，最高达到 $4.8 \times 10^8 t$，若把 $4 \times 10^8 t$ 作为高峰期产量，高峰期只持续了 23 年，1989 年开始递减，下降到 2004 年的 $2.7 \times 10^8 t$。天然气高峰期产量比石油高，持续的时间比石油长，这是什么原因呢？分析一下美国天然气的结构。2003 年美国致密砂岩气产量占很大的比重，为 $1300 \times 10^8 m^3$，煤层气产量为 $453 \times 10^8 m^3$，页岩气产量为 $170 \times 10^8 m^3$，三者相加为 $1923 \times 10^8 m^3$，占美国天然气产量的三分之一。说明天然气对储层储集条件的要求比石油低得多，来源也更加广泛。最近我们统计了天然气年产量超过 $2000 \times 10^8 m^3$ 的国家，只有俄罗斯、美国和加拿大，它们的天然气产量都比石油大，俄罗斯的天然气资源特别丰富，剩余可采储量达到 $48 \times 10^{12} m^3$，我国与它不可比。但是美国和加拿大的情况和我国很相似，石油和天然气资源量相近。2003 年加拿大石油产量是 $1.1 \times 10^8 t$，天然气是 $2004 \times 10^8 m^3$，天然气产量大于石油，美国也是这样。从这些特点和情况来估计，今后我国天然气的产量超过石油是完全可能的。因此，天然气的地位将越来越重要，不仅对国家而言，而且对中国石油而言，都是越来越重要。因为中国石油的产量、储量和资源量都占了全国的 70% 以上，主体来自中国石油，天然气是中国石油今后可持续发展的亮点。

2 为西气东输复线准备天然气资源的时间很迫切

西气东输工程是怎么确定的？1998 年发现了克拉 2 气田，那时候开始酝酿要搞西气东输，1998 年 7 月，江泽民总书记到塔里木视察。我们汇报时说由于没有天然气管线，发现的天然气无用武之地，放空烧掉，每年要烧掉 $7 \times 10^8 m^3$ 左右的天然气，很可惜，很浪费。西气东输管线建设是 2002 年正式开工，实际上 2002 年以前已经做了相当多的工作，2004 年年底建成。从 1998 年开始酝酿到 2004 年建成经历了 6 年时间。如果我们希望在 2010 年年底之前再建成一条西气东输的复线，要实现这一目标，就必须在 2008 年以前至少新探明 $5000 \times 10^8 m^3$ 天然气储量。因为建设第一条线时定的探明储量就是 $5000 \times 10^8 m^3$，当时咨询中心把西气东输方案送到中国国际工程咨询公司，向专家汇报，专家要求稳产 20 年。我们当时提出年输气量 $120 \times 10^8 m^3$。如果探明 $5000 \times 10^8 m^3$ 的储量，乘以 70% 就变成 $3500 \times 10^8 m^3$ 的可采储量，然后再乘以 70% 就变成 $2450 \times 10^8 m^3$ 产量，即可满足 20 年内稳定供应 $2400 \times 10^8 m^3$ 天然气的要求。因此，必须要准备 $5000 \times 10^8 m^3$ 探明储量，其中还要有规模较大的优质储量，就是克拉 2 气田，因为克拉 2 当时算下来可以稳产 13 年，年产量可达 $100 \times 10^8 m^3$。

现在要建复线，新增探明储量 $5000 \times 10^8 m^3$ 仍不可少，同时要有规模较大的优质储量。所以目前开一个加快新疆地区天然气勘探的会议，是非常及时的。如果塔里木在 2008 年以前能够探明 $3000 \times 10^8 m^3$ 的储量，就可以启动复线建设。听了新疆分公司的规划，我很振奋，情况确实很不错，很了不起，按照它的规划，要在 2008 年以前探明 $1950 \times 10^8 m^3$，其中 2006 年探明 $100 \times 10^8 m^3$，2007 年探明 $550 \times 10^8 m^3$，2008 年探明 $1300 \times 10^8 m^3$。如果规划得以实现,那就是一个很大的支柱。另外还可以考虑,我上次给公司领导建议,要把普光气田纳入我们的视野,要进入西气东输的行列。普光气田探明储量约 $2000 \times 10^8 \text{m}^3$,丰度很高。建复线储量必须要落实,否则难度比较大,所以三大盆地要加快勘探,塔里木不仅要在库车地区强攻,同时要在台盆区加快,让我们的工作做到万无一失。

3 对塔里木天然气勘探的几点意见

(1)要在最有希望的地区强化勘探。什么地方最有希望呢?就是库车坳陷的中段,即克拉2气田附近的地区,这些地方目前最主要的问题就是圈闭。这使我想起当年发现克拉2以前碰到的问题,实际上也是圈闭,我们从什么时候开始明朗呢?我觉得主要是山地地震攻关加上构造模式的建立,研究人员到野外观察剖面,还请了外国学者参与研究,专门研究构造的模样。我们豁然开朗是在发现盐层上下构造面貌完全不一样的时候,盐层是个滑脱面,滑脱得非常远,盐层上面地层直立断裂复杂,而底下窝了很多大的背斜。当时在定克拉2井的时候,兰州分院拿了一张构造图,是叠前深度偏移的,物探局也拿了一张构造图,两张构造图的高点有差异。井位是很难定的,最后综合考虑把井位定了。现在又进入这么一个状态,实质上就是速度问题,正确的成像要有正确的速度。我们要对发现的构造进行鉴别,哪些是真的,哪些是假的?要把力量集中在那些真构造上。钱总认为有些构造是假的,我赞成他的意见,不要在地震剖面上看见一个弧,就作构造图。但如果认定它是真构造,就要千方百计把它搞准,甚至打井来证实,打一口不行,打第二口,只要把模式建立起来,事情就好办了。要有这种决心才行。现在看来,克拉2是库车地区发现的最简单的构造模式。现在和以前相比有利条件更多了,有几十口井的钻井资料,足以把速度研究明白。其实这个区域的实际构造模式很简单,就是背斜。成藏模式也简单,晚期成藏,就这么两件事。一定要把速度弄准,弄准就是胜利,然后对面积大于 20km^2,幅度大于300m的构造进行优选,进行钻探,我相信很快就能发现克拉2式的大气田。

要认真地组织钻井攻关。钻井速度太慢,我看了一些地质日报和钻井日报,发现有些井不完全是技术问题,存在组织问题,下一层套管,工程拖的时间非常长,有时候拖了两个月,准备工作也不可能做这么长时间,要认真研究一下。

打一口井要花一年甚至更多的时间,但就在最后几天井打空了或报废了,你说怎么办?所以我觉得要把钻井工程系统地认真地加以总结。

(2)在台盆区有三个地方可以加快,塔中北部坡折带,塔中的白云岩,轮南潜山东部,这和大家的意见是一致的。我想强调的是要加大塔中地区白云岩的勘探力度,我认为白云岩我们没有认识清楚,但它有巨大的潜力。就在塔中1—塔中16-1井周围的地区进行攻关,因为这是高产井。白云岩的孔隙度天然的要比石灰岩好,所以在台盆区里要加大白云岩的勘探力度。

在石灰岩和白云岩地层中钻井,不要贪多,一定要专层专打,因为现在都知道这些目的层了,要打哪层就打哪层,套管下到该层段顶部,最好是欠平衡钻进,然后对储层加以改造,肯定会有所发现。台盆区的地质储量要变成可采储量有一段较长的路要走,所以要尽快开辟生产试验区，长期试采，得到的正面信息就会增强信心。

（3）晚期成藏值得我们认真地关注。特别是天然气。在塔里木长期工作以后，我感觉一切非常规的地质现象，一切令我们感到困惑的地质现象都是由晚期成藏引起的。我归纳了一下，认为晚期成藏有三个特点。第一，在同一个油气藏里，充注各种烃类，有稠油、正常油、凝析油、天然气等。这些烃类有的是充注时间不同，有的是来源不同，最后一次成藏特别重要，它决定了这个油藏的面貌。第二，油水界面分辨不清，有的可以倾斜几百米，如果研究塔中北部坡折带的油水界面，也许说它没有，也许说相差上千米，我们画的那个准层状，我觉得就是晚期成藏引起的。第三，晚期成藏，不是古油气藏的破坏，而是油气晚期生成，晚期运移，晚期聚集，最后成藏。这是油气运移聚集最重要的一幕。我们对晚期成藏的认识从模模糊糊到越来越明确，开始的时候是从山1井开始的，它是喜马拉雅期形成的新构造。1995年要钻探山1井，很多人反对，说油气生成期早过了，根本不可能聚集油气。后来坚持钻探，结果出气了，产量不低。然后再回过头去看塔中4，油砂好得不得了，厚度有100m以上，结果除上部20m是油层外，其余试油都是水。后来出现了克拉2。现在没人怀疑晚期成藏了。晚期成藏甚至晚到第四纪，最近200万年以来发生的事情。再看塔中的气，轮古东的气，也是晚期成藏。最近出现的英买力34、35井，是晚期来自库车坳陷的中生代的油气，占据了志留系沥青砂岩层段，而且很可能还溶解了部分沥青。最典型的就是哈得逊，哈得逊的油水界面倾斜了多少？这么大的规模，这么广泛的现象，应该引起我们的注意。我觉得晚期成藏很可能会给我们带来一笔很大的财富。应该认真去研究。

4 对准噶尔盆地天然气勘探的几点感想

（1）准噶尔盆地一定会成为陆地上第六大气区。我听完以后，认为情况非常好。若用探明储量 $2000 \times 10^8 m^3$ 为标准，松辽盆地已经成为我国第五大气区了。我觉得准噶尔也很快会成为陆地上的第六大气区。

（2）你们提出的六大方向，浅层气，特别是红山嘴—湖湾区的浅层气；陆东—五彩湾地区；深大构造；中拐5-8区；南缘冲断带；西北缘的掩覆带，我认为都非常具有吸引力。这六大领域，有的已经在开始探索，如深大构造，莫索湾已经决定打一口井。中拐5-8区也是可以探索的。西北缘的掩覆带，你们很快也要探索。南缘冲断带应该坚持不懈做工作。但是我认为要突出重点，建议选择两个重点，一个是浅层气，一个是陆东—五彩湾。浅层气勘探程度非常高，当前应该做一些未了的工作，尽快把储量计算出来，如果含气面积是 $700km^2$，若储量丰度平均为 $1 \times 10^8 m^3/km^2$，那么储量就是 $700 \times 10^8 m^3$，埋深很浅，尽管丰度低一点，那也不要紧。陆东—五彩湾地区，现在实际上已经开始工作了，但是我觉得这个地方一定要进行地震攻关。去年我去了一趟大庆，给我的印象非常深的是他们做的工作非常扎实，他们先用高精度的三维地震来进行刻画，刻画完了以后，然后打井，通过钻井资料反馈到地震资料上，再反馈回来，就这么来回反馈，最终是落实在地震剖面上，让地震剖面逐步变成地质语言。所以我们要学习大庆的做法，学习它的精神，但是地质情况不一定是雷同的，我觉得大庆和准噶尔分别有各自的模式，可能完全不一样。比如说你们发现了40多个火山机构，大庆也叫机构，我觉得你们的机构可能和大庆不一样，最好的方法是迅速找到一个突破口，进行解剖，建立自己的模式。我赞成在滴西10井附近还打一口井，想办法建立滴西10井火山岩的模式，然后长期试采，让地下的信息，加上钻井的信息和地震的信息，互相联合起来，建立一个模式，然后往前推进，这就是新疆自己的模式。

5 对吐哈盆地天然气勘探的几点感想

（1）吐哈盆地的勘探开发曾经是一个"短平快"的项目，为新疆的油气发展做出过重要的贡献。由于是"短平快"项目，所以进行的是快速勘探，高速开采。

（2）目前的油气产能比较紧张，但是勘探程度很低。快速勘探遗留了很多问题。思想不宜过分保守，今后勘探还会有大的发现，特别是天然气，吐哈盆地的煤成气资源丰富，而且还有一套石炭—二叠系的烃源岩，因此天然气的产量将逐步超过石油。去年石油产量已经是 206×10^4 t，下降得稍微快了一点，希望能稳产，稍微再增产一点就更好了。但是，天然气的产量会逐步增加的。

（3）吐哈盆地和准噶尔盆地的地质背景极为相似。如果没有近期崛起的博格达山阻隔，吐哈盆地就是准噶尔盆地的一部分，所以准噶尔盆地的勘探历程值得吐哈借鉴。特别是石炭—二叠系的油气勘探工作，应以准噶尔盆地作为参考，可能很有好处。

（4）我很赞成大家对侏罗系勘探的一些想法。对丘东—小草湖地区实行精细的滚动勘探。更重要的是突破胜北，这应是个大的发现，因为胜北地区是天然气勘探的有利地区，以前钻探过台参2井，很多显示，但就是出不来，孔隙度8%～10%，应该不错，要进行欠平衡钻井，对储层进行压裂改造。

（5）石炭—二叠系的勘探要作为吐哈盆地第二次创业来考虑，新天地很有可能来自石炭—二叠系。因为与该层系有关的，有一个上亿吨的鲁克沁稠油带，不可能找不到大量的天然气，这么大规模的稠油存在怎么会没有气呢？而且它和侏罗系不一样，侏罗系的成熟度较低，梁总认为到成熟度稍微高的地方去找，我很赞成。石炭—二叠系肯定是成熟度很高的地方，准噶尔盆地的石炭系勘探进行得热火朝天，我们这里怎么不搞呢？关键是地震，地震是支撑，要进行地震攻关，选一个地区，稍微往南一点，选个稍微浅一点的对象，从基础工作做起，肯定会有所发现，所以我对吐哈盆地也充满信心。

这次会议开出了方向，增强了信心，我很受感动。但是任务非常艰巨，可能还会碰到很大的困难，所以希望同志们一定要有信心，兢兢业业地工作。预祝你们取得更大的胜利，谢谢！

在柴达木盆地勘探工作汇报会上的讲话

(2006 年 3 月 16 日)

首先，我对柴达木盆地的勘探工作做一些点评，不一定对。

（1）柴达木盆地作为全国面积大于 $10 \times 10^4 km^2$ 的八大盆地之一，包含羌塘盆地。吐哈盆地的面积小于 $10 \times 10^4 km^2$，暂不列入八大盆地。其中的六大盆地已经是我国油气生产的主力军。尽管柴达木盆地有大的发现，但是与盆地规模不相称。今后它应该有更多更大的发现。

（2）柴达木盆地的油气勘探有三篇相当独立的文章。一篇是柴西南，一篇是柴北缘，一篇是三湖地区。这三个地区都非常有吸引力，但这三个地区的烃源岩不一样，成藏条件不一样，技术难点更不一样，情况有很多差别。尽管我们把柴西南当成重点，但是我们的注意力又经常被分散，柴北缘出现了情况，就往上扑，结果不怎么样，又放一放，说明有时候照顾不过来，顾此失彼。

（3）柴达木盆地地面条件艰苦，地下复杂，是我国除了羌塘盆地之外，最艰苦的一个盆地。它的勘探成本理应比其他盆地高，这是无可非议的。但是，认真研究一下它的勘探成本，我认为不算高，比如说，50 年投入了 74 亿元，探明了 $3 \times 10^8 t$ 以上石油储量，$3000 \times 10^8 m^3$ 的天然气储量，一共约 $6 \times 10^8 t$ 油当量。探明 $1 \times 10^8 t$ 油当量的成本约 12 亿元，不高，这在全国范围内也不算高呀。近 5 年探明石油 $7400 \times 10^4 t$，天然气 $1428 \times 10^8 m^3$，约 $2.1 \times 10^8 t$ 油当量，投入 27 亿元，探明 $1 \times 10^8 t$ 油当量的成本约 13 亿元，不算多。所以，总体来讲它的投入是不够的，其中特别不够的是有效的地震勘探，盆地内每做一块地震都需要攻关，不攻关根本得不到资料。地震不过关，很难找到勘探的对象，这是一个极大的问题。

（4）柴达木盆地勘探的几次大的转折和发现都可能与思想解放有关。第一次是 1958 年，地中 4 井获得高产工业油流，那时候我还是松辽石油勘探局的员工，因为没有发现大庆，还是个小局，而青海是个大局，老局长是杨文彬。我们在玉门开现场会，青海来报喜，发现了冷湖油田，我们都很羡慕。那时为什么会获得大的发现？就是因为思想很解放，到处打井。有一种提法是"有油要油，有水要水，淡水浇田，咸水熬盐"。第二次思想解放是 1978 年，发现了尕斯库勒，一切欣欣向荣，思想认识有很大的解放。第三次是 1998 年前后，重新认识三湖地区的天然气，储量迅速增加，其实涩北一号早就发现了，可是一直没有认识，重新认识储量达到了 $3000 \times 10^8 m^3$。因此，我预计 2008 年可能又会出现一次大发现，这需要同志们继续解放思想。

下面我讲四条意见。

（1）要狠抓地震工作。地震工作是当前最大的拦路虎。如果地震工作抓不上去，其他工作就无从谈起。因此，我主张在最近这段时期内，地震投资应该占勘探投资的

40%～50%。我赞成青海同志提的三条，一是柴西南的二次三维地震整体部署，刚才赵总提出来要有有效反射才行，这肯定要攻关，我主张原则上要把它覆盖掉，既然承认它是富油凹陷，我们就敢干。二是狮子沟油砂山一带做二维地震，这也要攻关，难度很大，但是深层构造我认为肯定有希望。三是盆地的区域大剖面，要一步一步地做，不要硬来，从地形条件比较好的地方开始做。我觉得这三条很重要，对柴达木盆地油气富集规律的认识极为重要。地震处理和解释可以请不同的单位进行平行研究。要多花点钱请人来做。很可能找到一些差异。现在我们很可能受一些老框框的局限。

（2）精细勘探柴西南，继续寻找尕斯库勒式的油气田。它既然是个富油凹陷，那么它肯定还存在其他油气田，应该继续寻找。北部沿着狮子沟油砂山找，研究院的同志推测向东南方向存在生油凹陷，也是古近系—新近系的，如果是真的话，那何必往阿尔金走，干脆往东南走多好呀，那是驾轻就熟的地方，第二个尕斯库勒可能就在那儿。

（3）希望柴达木为西气东输复线出点力，做点支持。建议至少在最近三四年，或"十一五"期间以三湖地区为重点，至少再探明 $1000 \times 10^8 m^3$ 天然气。这样才能保证年产量达到（70～80）$\times 10^8 m^3$，分一半给西气东输，即 $40 \times 10^8 m^3$，因为西气东输复线的储量很紧张。

（4）目前对柴北缘的认识不是很清楚，柴北缘今后一定会发现大油气田，因为有大规模的生烃层系存在。但是现在有些地方还琢磨不透，所以要进行更大范围的比较性评价。研究院的同志提出来，东段要比西段好，是不是这样呢？东段有中侏罗统，还有藻类，生油率要比下侏罗统高出一倍，还有石炭系，它的生油条件也很好，如果说有这两个情况，也可以进行新的思考。更重要的是地震攻关和综合研究工作。这个地方要放长线钓大鱼。

在大庆油田可持续发展研讨会上的发言

（2006 年 9 月 23 日）

各位领导、同志们，我昨天听了大庆油田的规划研究和勘探院与大庆油田合作的规划研究分报告，感到非常的振奋。我有三条意见。

1 规划可信度很高，经过努力，目标是可以达到的

2006—2020 年的规划，我觉得是比较有把握的。从储量上看，勘探要求新增 $12 \times 10^8 t$ 地质储量，萨葡高油层 $4 \times 10^8 t$，扶余杨大城子油层 $5 \times 10^8 t$，海拉尔盆地 $2 \times 10^8 t$，这都可在 15 年内完成，这是主要部分，再加上外围 $0.5 \times 10^8 t$，非常规石油 $0.5 \times 10^8 t$，共 $12 \times 10^8 t$，将它变成可采储量是 $1.92 \times 10^8 t$，采收率不到 20%，所以我觉得是可行的。

2005 年大庆油田剩余 $4.9 \times 10^8 t$ 可采储量，开发上还要新增 $2.8 \times 10^8 t$ 可采储量，大头在开发部分：水驱，三次采油还有外围没有动用的探明储量要动用，这三个加在一起是 $2.8 \times 10^8 t$，所以，有 $9.6 \times 10^8 t$ 可采储量可以动用。我算了一下，到 2020 年大庆的开采状态并没有弱化，而且略有好转。因为现在剩余可采储量 $4.9 \times 10^8 t$，年产量 $4495 \times 10^4 t$，储采比约 11。从 2005 年的 $4495 \times 10^4 t$ 年产量递减到 2020 年的 $3100 \times 10^4 t$，15 年间年平均产量约 $3700 \times 10^4 t$，共可采出 $5.6 \times 10^8 t$ 石油，那么将剩余 $4 \times 10^8 t$ 可采储量，届时储采比约为 13，和 2005 年相比略有上升。因此，我觉得只要 2020 年的规划目标能够实现，再继续往前发展，那就能实现百年油田。当然百年油田持续时间太长，看不准，我也活不了那么长，年轻一代会评价。但是，我觉得油田这个"田"字，是我们中国人用的一个习惯概念，它实际上是个"区"，大庆油田实际上是指大庆油区。世界上百年油区很多，国内拿玉门来说，玉门油区 1939 年开始开采，现在已经 70 多年了，年产量要从原来的 $40 \times 10^4 t$ 往上涨，重返 $100 \times 10^4 t$。延长油区是 1907 年发现的，估计 20 世纪初期开始少量产油，接近 100 年了，现在储量产量都大发展。另外，美国的二叠盆地等，都是百年油区。所以我认为，如果说百年的大庆油区，应该成立，是没有问题的，预计 2060 年的产量为（2000～2500）$\times 10^4 t$ 油当量，这也合乎逻辑，可信度很高。

2 对松辽盆地深层天然气的几点看法

（1）松辽盆地深层天然气的规模很大，很可能比我们预计的还要大。可以这么认为，凡是深的断陷区，甚至与断陷区相邻的隆起带都有可能聚集深层天然气，应该引起我们的注意。我去年到大庆油田考察一下，对大庆的工作非常感动。一是决策英明，因为深层天然气储层——火山岩属于特殊岩性，敢于在徐家围子一下布 9 口井，不容易，一般勘探这

类特殊岩性都是一口一口往下打，时间拉得很长。二是执行坚决，大庆油田坚决执行股份公司管理层的决策，克服了很多困难，冬季严寒，钻前基础要搭棚保暖，夏季多雨，压裂设施进不了井场，真是战天斗地，很快就探明了 $1000 \times 10^8 m^3$ 天然气。今年我又去了吉林油田，我觉得这里的深层天然气规模也很大，形成"南北生辉"的态势，要想办法把深层天然气这篇文章做大。

（2）特殊岩性气藏的地质储量转化成可采储量有大量的工作要做，要认真研究一下。现在进行勘探开发一体化是非常重要的。我建议要减小井距来试采，若井距太大，储层互相不连通；要尽快建立动态储量，即压降法储量。这样的话，就能对天然气的规模进行切合实际的估计，而且我建议现在用容积法计算储量的参数一定要压低，不要搞得太高，要不然地质储量变成可采储量时会变化很大。

（3）我认为吉林油田的长深气田的地质条件甚至比大庆徐家围子的庆深气田好，吉林打了一口长深1井，又打了4口评价井，气层都很厚，一般登娄库组气层 $49 \sim 70m$，下部火山岩气层都是 $100m$ 以上，而且有比较统一的气水界面，观察了岩心，孔隙度不错，测井解释平均孔隙度一般为 $6\% \sim 8\%$。所以，我建议大庆油田在大力勘探徐家围子及附近地区的同时，也要广泛关注其他凹陷，因为勘探程度很低，现在很难说。

（4）保护气层非常重要。钻探气层时欠平衡钻井太重要了。长深1井欠平衡钻井，中途测试，日产气 $46 \times 10^4 m^3$，地层压力为 $42MPa$，流动压力为 $38MPa$，生产压差只有 $4MPa$，计算无阻流量为 $145 \times 10^4 m^3$。但是完井后，下完套管，再射孔，开始只产 $7 \times 10^4 m^3$ 气，后来逐步上升到 $33 \times 10^4 m^3$，但生产压差就不是 $4MPa$，而是达到 $29MPa$。生产压差太大，这什么问题，就是下完套管，水泥一糊，射孔，储层被伤害了，所以这种特殊气层，建议一定要在保护气层上下功夫，欠平衡钻进，如果做不到欠平衡钻进，那也要实现近平衡钻进，必须要解堵，压裂改造，否则没办法了解实际状况。

（5）精细的三维地震非常重要。我建议今后凡是勘探深层天然气，都要依靠三维地震，对气层的描述要非常精细，大庆油田和斯伦贝谢合作非常成功，把测井资料、岩心资料、试油资料和精细的三维地震结合在一起，然后反复地反馈，反馈的结果最终落实在地震剖面上，就可以在剖面上进行预测，当然，结果也不一定就肯定正确，但是可以逐步地接近真实。

3 对开发工作有两点想法

（1）股份公司领导已经同意在大庆长垣进行全面的精细三维地震覆盖，我非常赞成。因为不用三维地震就建立不了整体的概念。我相信三维地震资料从北向南移，从杏树岗移到太平屯，再移到葡萄花，效果肯定会越来越显著，因为有的油层相互不连通，边边角角的油层没有被发现。今年9月我去了吉林油田，参观了扶余油田，他们进行了城市三维地震，增加了可采储量 $8000 \times 10^4 t$，原来的可采储量是 $1.3 \times 10^8 t$，现在增至 $2.1 \times 10^8 t$，扶余油田本来产量都掉下来了，掉到（ $40 \sim 50$ ）$\times 10^4 t$，现在要重返 $100 \times 10^4 t$，正因为有了新增的储量，才敢于去改造联合站，改造井组。所以我觉得大庆油田进行三维地震勘探后，可能还会增加新的可采储量。

（2）对 CO_2 气驱开采要特别地关注。我觉得 CO_2 气驱开采对于薄层的砂层、流度很低的油田，是极有利的，例如芳 48 区块，流度是 0.21，试验后增产效果很好。而吉林油田长岭凹陷有大量的 CO_2 气，他们还在发愁，现在打的一口井，CO_2 的气含量气测显示几乎是百分之百，变成 CO_2 气田了，如果将吉林油田的 CO_2 注入大庆的低渗透油田进行气驱采油，那么就可以将 CO_2 气充分利用，这就是循环经济，也为和谐社会作出贡献。

最后，希望大庆油田为 2020 年仍然保持全国最重要的油区而努力，祝愿大庆油田 2060 年仍然是我国重要的油气生产基地。

谢谢！

中国能源形势与发展

——在中美战略对话会上的演讲

（2006 年 11 月 8 日）

尊敬的主席先生，

尊敬的女士们，先生们：

我很荣幸能有机会向朋友们介绍中国能源的实际状况。

1 中国能源行业的现状与未来

中国是能源生产和消费大国。1991 年，中国一次能源生产量和消费量分别为 $10.5 \times 10^8 t$ 标准煤和 $10.4 \times 10^8 t$ 标准煤，自给率为 100%。2005 年，一次能源生产量和消费量分别为 $20.6 \times 10^8 t$ 标准煤和 $22.2 \times 10^8 t$ 标准煤，一次能源自给率仍保持 93%。高速增长的能源生产量不仅满足了国内的需求，而且支撑了出口商品的能源消耗。1991 年中国每万元 GDP 能耗为 4.8t 标准煤，2005 年为 1.43t 标准煤，能耗显著下降。最近，中国政府制定的"十一五"规划，要求能耗指标继续降低。

中国能源消费结构不断改善。2005 年中国一次能源消费总量中煤炭的比重由 1991 年的 76.1% 下降为 68.9%，石油由 17.1% 上升为 20.5%，天然气、水电、核电等所占比重由 6.8% 上升到 10.6%。预计随着天然气和可再生能源加快发展，到 2020 年天然气占一次能源消费的比重，从目前的 3% 提高到 8%～10%，可再生能源从 7% 提高到 16% 左右。

中国在能源领域仍存在一些问题。主要是石油供需矛盾较大，进口量逐年增加。能源结构中，煤炭消费比重过大，清洁能源和可再生能源比重低，能源利用效率落后于发达国家。但总体上，中国能源消费的对外依存度很小。

2 中国石油天然气行业持续稳定发展

石油是中国能源的重要组成部分。20 世纪 90 年代以来，中国石油消费进入快速增长期。石油消费量从 1991 年的 $1.18 \times 10^8 t$ 增加到 2005 年的 $3.17 \times 10^8 t$，原油年产量由 1991 年的 $1.4 \times 10^8 t$ 增加到 2005 年的 $1.81 \times 10^8 t$。中国 1993 年成为石油净进口国。2005 年石油净进口量为 $1.36 \times 10^8 t$。

中国西部和近海地区勘探程度较低，有很多新的领域，石油储量整体上仍处于高基值稳定增长时期；预计 2005—2020 年原油年产量保持在 $(1.8 \sim 2.0) \times 10^8 t$ 把握性较大。中国决心采取有力措施，控制石油消费过快增长。预计到 2020 年，石油消费量可控制在 $4.5 \times 10^8 t$ 左右，净进口量控制在 $(2.5 \sim 2.7) \times 10^8 t$ 以内。

中国天然气处于加快发展时期。2005 年天然气产量达到 $500 \times 10^8 \mathrm{m}^3$，预计 2010 年可达 $1000 \times 10^8 \mathrm{m}^3$ 左右，2020 年可达 $1500 \times 10^8 \mathrm{m}^3$ 左右。

3　中国能源和油气政策定位

中国政府把能源作为经济发展的战略重点。提倡可持续发展的科学发展观，同时，提倡建设节能型社会，注意环境保护。中国能源政策的基点是抑制过快的、非理性能源消费，特别是石油消费。

（1）坚持节约优先是解决中国能源发展主要矛盾的根本性举措。

（2）坚持立足国内。主要依靠国内资源，以煤为基础，加快煤炭清洁、高效利用和安全生产。同时，积极实施互利共赢的开放战略。鼓励国内能源企业参与海外油气合作。

（3）坚持多元发展。形成煤炭为主体，电力为中心，油气、核能和可再生能源全面发展的多元化能源结构。

（4）加强宏观调控，深化企业改革，推动能源市场化进程，实现能源与环境协调发展。

4　世界油气供需发展趋势与中美油气合作

世界油气资源丰富，但分布严重不均。美国、西欧和亚洲三大消费区石油储量占世界的 10%；产量占 30%；消费量占 70%，供需矛盾突出。这是我们面临的共同问题。

1979 年以来，中国近海和内陆地区引进了大量的外国石油公司，特别是美国石油公司进行油气勘探与生产的合作，取得显著的成效。1993 年以来，中国石油企业开始参与国外油气勘探、生产、炼油等领域的国际石油投资与合作。经过 10 多年的发展，目前已经在很多国家从事油气合作，推进了资源国油气生产的发展，也有效地增加了全球石油供应。

中美两国是世界能源消费大国。我们高兴地看到，两国已经进行了范围广泛的和富有成效的能源合作。中美能源政策有许多共同点。都主张增加本国能源生产，确保充足可靠的能源供应；主张实施积极的贸易和投资政策，促进世界油气生产能力提升和油价稳定；主张保证世界陆海油气通道的安全等。这是两国开展能源战略对话和合作的基础。

加强对话，增进相互理解和信任。可考虑对能源及石油天然气政策进行交流；可定期探讨世界能源生产形势和未来趋势；也可就双方关心的技术性问题进行交流。

扩大合作范围，促进共同繁荣。包括希望进一步扩大合作范围，如油气深海开采技术，石油储备技术；煤炭安全开采、清洁煤使用和减少二氧化碳排放技术；天然气，包括煤层气开采和利用技术；核电等能源领域新技术应用；节能和能源高效使用；新能源开发等。

中美油气合作有利于世界，有利于全球稳定的石油供应。美国是世界上参与国际油气合作最早的国家，也是合作规模最大的国家。中国参与国际石油合作刚刚起步，需要与美国公司加强合作，更好地造福于两国人民！

谢谢大家！

抓住机遇，加快发展

——在中国石油 2006 年度油气勘探年会上的发言

（2006 年 11 月 25 日）

各位领导、同志们：

听了几天的报告，我感到非常兴奋。勘探成果琳琅满目，每个油田都有自己的亮点，而且亮点很多。我很难全面总结，下面我主要谈几点我的体会和建议。

第四部分

会议发言

1　四个里程碑意义的发现及进展令人敬佩

1.1　以冀东为首的渤海湾滩海地区浅层储量大丰收

1995 年中国海油在渤海湾地区发现蓬莱 19-3 油田，后来又连续发现了一批油田，他们当时宣称这是我国继大庆油田发现之后，第二个大的发现。该地区共发现 9 个大油田，地质储量总计 $16 \times 10^8 t$，确实是一次大丰收。含油气层位主要是东营组、馆陶组和明化镇组，同时还提出了晚期成藏的观点。但是，现在渤海湾的滩海地区，自从冀东有了发现以后，辽河和大港也都迅速地赶上来了。特别是辽河，今年在东营组有很大的发现，都是往浅层走，所以我希望大港油田也要往浅层走，我估计，大港北部跟冀东是一个构造。从现在来看，滩海地区地质储量达到 $10 \times 10^8 t$ 不成问题，已经看得见，所以这应该算是一个划时代的大发现。

1.2　四川盆地龙岗地区礁滩体白云岩的大突破

刚才钻井界的同志介绍了龙岗的钻井经验，我很佩服，钻得很快也很安全。这里我觉得有两点特别重要：一是完全离开了构造，在那个条带上打了一口井；二是超深层，以前6000m 以下是禁区，但是现在在 6000m 往下发现有很好的储层，现在也不好说规模有多大，但是我相信，很可能是四川盆地天然气勘探历史上最大的发现。

1.3　松辽盆地深层火山岩、砂砾岩天然气大规模分布

这是我们原来没有预计到的。我去年去了一趟大庆，今年去了一趟吉林，给我的印象非常深刻。我们有一个梦想，要在北边找大庆，南边找大庆，西边找大庆，现在可能就在深部找大庆。这个规模显然很大。特别是吉林深层天然气有了突破以后，我觉得是我们国家带有全局意义的一件大事。

1.4 鄂尔多斯盆地油气勘探的快速发展

我特别想把鄂尔多斯盆地提出来，因为它现在已经是中国石油的第二大油田，今年生产原油 1060×10^4t，天然气 80×10^8m³，油气总量接近 2000×10^4t 油当量。它是一个油气产量快速增加的油田，同时它又是中国几个大盆地里最主动的，风险非常小，我觉得很不容易。

2 积极推动七大勘探亮点

（1）塔里木盆地三大阵地战（塔中、塔北、库车）获得多方面的重要成果。
（2）准噶尔盆地西北缘仍然是增储上产的重要阵地。
（3）准噶尔盆地腹地天然气大有来头，很快可变成陆上第六大气区。
（4）川中须家河组天然气大面积分布。
（5）海拉尔—塔木察格盆地有很大的勘探潜力。
（6）三塘湖盆地石炭、二叠系及侏罗系岩性地层油藏获得大突破。
（7）吐哈盆地鲁克沁稠油带有重要进展。

3 值得赞美的开发新举措

我今年到一些油田去，看到了一些令人鼓舞、值得赞美的开发新举措。

3.1 重新进行的精细三维地震

今年我去吉林油田调研，扶余油田给我留下了非常深刻的印象，它是 1959 年发现的，产量曾经达到过 130×10^4t，打了近 5000 口井，现在产量已经掉到 60×10^4t，但是，通过城市三维地震，地质储量从 1.3×10^8t 增加了 8000×10^4t，变成 2.1×10^8t，同时，产量可以重返 100×10^4t，而且井网可以进行大规模的调整。听说大庆长垣也要进行三维地震，我认为这是一个革命性的措施，而且是一种进攻性的，非常值得注意。

3.2 利用水平井进行油田开发调整和 SAGD 超稠油开发技术

辽河油田每年大体上要钻 200 口水平井进行开发调整，这不仅可以增加可采储量，而且可使"十一五"期间产量递减得很少。我到现场去参观了 SAGD，这是加拿大的技术，加拿大的做法是在上边打一口水平井，注蒸汽，下边打一口井采油。现在辽河油田进行了改进，不要上边的水平井，利用原来的直井注蒸汽，底下钻口水平井采油，日产油 100t 以上，我觉得很了不起，很有水平。从单井吞吐走到这样是很了不起的事情。

勘探界的同志有时回访一下开发界的同志就会受到很多启发，值得我们去认真研究。

3.3 极低渗透苏里格气田的有效开发

只要对苏里格气田进行有效开发，就可以全方位推广开发致密砂岩气藏，那将是很了不起的。胡总介绍说，原来3000m以上的井，一年打一口，后来是半年打一口，最后是一个季度打一口，再后来是一个月打一口，最快的现在是9天打一口，潜力很大。股份公司领导要求产量要达到$100 \times 10^8 m^3$，"十一五"期间产量至少可以达到$50 \times 10^8 m^3$。如果对致密砂岩气藏进行有效开发，那么对勘探界是很大的鼓舞。

3.4 大庆芳48区块注二氧化碳有很好的效果

这也是个具有划时代意义的一件事情。现在勘探上就是发愁二氧化碳怎么办？我说好办，可以拿来注入低产低渗透油藏、低流度油藏进行开采，效果极好。所以，吉林的二氧化碳还可以供应大庆，吉林自己还有很多低渗透油田。所以二氧化碳有这么好的效果，我到国外去看，别人都是注气，我们都是注水。以前我就问我们能不能注气，有人说主要是没有气源，那好，现在气源有的是。

这是我的体会。

4 从长远看油气发展

最近，在侯祥麟院士的领导下，我们做了一个超前的油气研究，对上游大体上有三点主要的意见，我只把结论讲一下，然后我再着重讲一下天然气。

三点主要意见。

（1）从长远看（2050年）世界油气供应不存在很大的问题。

到2030年以后，天然气可能增长成为第一大能源；可能油气生产的地点更加集中；能源的结构还会有所改变。我们还研究了中国获得原油的机遇也不一定变差，也有可能还会更好，都说不准，所以，对这个问题不是那么可怕。

（2）中国原油产量有可能长期保持稳定。

大体上，$1.8 \times 10^8 t$这个数可以生产一个比较长的时期，包括最近我们资源量的增大，有很多新的真正意义的新区的逐步的开辟。

（3）中国天然气产量今后将逐步超过石油。

我们研究了一下美国的天然气，发现它比石油产量高，而且它稳产的时间比石油要长得多。$4 \times 10^8 t$的高峰期产量维持了23年，到了1990年就开始下降，现在到了$2.8 \times 10^8 t$，但天然气年产$5000 \times 10^8 m^3$，一直持续到现在38年，长盛不衰，根本没有变化，而且一直就比油高。我们后来研究它是什么道理，主要是从自然界而言，气的来源比油广泛，第二个，它需要的砂层的渗透率要低。我们研究它的天然气的组成，它的致密砂岩气年产$1300 \times 10^8 m^3$，煤层气年产$500 \times 10^8 m^3$，页岩气年产$200 \times 10^8 m^3$，三个加在一起比1/3还要强。我们国家今后肯定也是这条路，而且我们的煤这么发达，煤层气肯定也是大量的，而且煤生成的天然气量也是大的。所以我们有一个意见认为，中国天然气的产量今后要逐步超过石油，也就是说要超过$2000 \times 10^8 m^3$。当然，现在还看不到结局，但是我们认为这个结局是有可能的。

5 下决心寻找大型气田

这是我今天想讲的重点，我觉得我国长期找不到大气田，所以后来我们把大气田的标准定为 $300 \times 10^8 m^3$，我觉得跟国际上不太对称，应该接轨，我建议要修订这个概念。大气田可采储量 $1400 \times 10^8 m^3$，换算成地质储量大致上是 $2000 \times 10^8 m^3$，也就是说 $2000 \times 10^8 m^3$ 才能叫大气田，所以我建议我们要立志去打这样的大气田，或者说至少 $1000 \times 10^8 m^3$ 以上。

第一类：可采储量大于 $10 \times 10^{12} m^3$。

卡塔尔北部气田（二叠系石灰岩）；

俄罗斯乌连戈依气田（白垩系砂岩）。

第二类：可采储量大于 $1 \times 10^{12} m^3$。

美国潘汉德—胡果顿气田（下二叠统白云岩）；

阿尔及利亚哈西鲁迈勒尔气田（三叠系为主，砂岩为主）。

第三类：$(3000 \sim 5000) \times 10^{12} m^3$。

印尼阿隆气田（礁灰岩）；

乌兹别克加兹里气田（上、下白垩统砂岩）；

东西伯利亚尤罗布钦油气田（新元古界里费系白云岩）。

我给同志们展示这组图片，就是希望我们大家万众一心去寻找真正意义的大型气田，我们要承认，尽管我们现在形势好，但我们天然气在整个能源结构里只占3%，与全世界22%相比差距很大，全世界平均比我们高得多，要跟俄罗斯就更没法比（40%～50%），所以，我们千万不要沾沾自喜，3%还要进口。如果要加上俄罗斯的管道气，再加上东南亚、中东的LNG，如果能到 $2000 \times 10^8 m^3$ 的话，那我们的能源结构中，天然气消费水准上占9%，请同志们注意，3%、6%、9%，当然这是可能改善的（其他的再生能源要真正改善我们的能源结构赶不上天然气现实）。我是想在这里给大家鼓吹一下同心协力找大气田，现在看来我们陆地上我认为可以分为两大军团，一二三集团军，四五六集团军，一二三就是：四川、鄂尔多斯、塔里木，属于第一类的，现在的排列，如果按地质储量排列，鄂尔多斯第一，$1.3 \times 10^{12} m^3$，四川是 $0.8 \times 10^{12} m^3$，塔里木是 $0.68 \times 10^{12} m^3$。按剩余可采储量排，鄂尔多斯第一，塔里木第二，四川第三，当然现在有个龙岗，我估计很快就可能跑到第一，这完全可能。第二集团军，青海、松辽、新疆，我觉得发展得也很快，说不定会有很大的突破，所以我想我们有可能做这件事，这就是我想说的第五点。

6 思考与建议

（1）通过最近几年的勘探实践，我感觉到勘探工作中竞争思维的重要性。思维要互相批判，互相采纳、容纳，就可以驱动我们更好地工作。比如说，普光气田的发现，我认为确实对中国石油是一种刺激，它的发现肯定利用了我们很多的勘探认识，如大面积分布的鲕滩。但是，它突破了几件事：一是向岩性圈闭进军，二是向超深层进军，以前这是我们的两大勘探禁区。因此，尽管我们心里感到很不舒服，但是我们是受益的，因为我们可以借鉴这些思维。我在塔里木盆地工作时也是这样，塔河油田，当年我们已经打了发现井，硬是从我手里"抢"走了，但是应该承认，有了塔河油田的存在，使我们对轮南地区的认识明显地深化了，包括层位的概念，我们以前根本没有层位的概念。再如吐哈盆地，吐哈的石炭、二叠系，原来一直主张往下勘探，现在说该往上勘探，这就是一种竞争性的思维，它正好相反。当然，也可能这两种思维都对，但是往上勘探应该先走一步。所以，在我们的探区，不要总是坚持一种思维，要培养一些不同的意见，可能会深化我们的认识和看法。

（2）中国石油实施风险探井的举措意义非常大。最近几个重大发现，都是靠风险探井发现的，如龙岗、长岭等。如果勘探风险没有更高层次的领导来承担，油田的领导承担不起。舍不得风险探井的投入，就得不到这些重大发现。这说明领导决策的伟大和英明。我是中国海油的高级顾问，他们抗风险的能力太差，因此我建议他们也设立风险勘探基金。另外，打空井是在所难免的，但不要打愚蠢的空井，这是一个美国人说的，我觉得很有道理，我们打井一定要有一个想法，不能胡打，打了空井之后一定要去研究，可以避免下一次同样的失误。

（3）对监督队伍我有一个看法，特别是钻井监督。今年我回到塔里木，和他们交换了意见，我发现钻井监督质量不是越来越高，而是越来越低，为什么？钻井监督的来源没有，没有一个正规的培养渠道。把监督放在第三方，结果甲方自己倒霉。甲方一定要把钻井监督管理起来。复杂地区钻井实行日费制，灵魂人物就是钻井监督，他说了算。钻一口深井需投资8000万元，钻井监督相当于项目经理，如果他的水平不高、责任心不强，那么就会出事故、出问题。所以我们应该让学生毕业后到乙方去工作，再从乙方吸收钻井监督。钻井监督或者职业化，或者进入甲方的管理队伍，我觉得应该有这么一个循环系统。目前监督的收入还不如甲方的科长，但他承担的风险很大，所以变成了一个根本没人愿意去做的职业。我们要让地质监督、钻井监督变成一个令人羡慕的职业，要进行培训，要严格地考核，增加他们的收入，才有可能顺利地完成复杂地区的钻井。建议我们要认真思考一下监督队伍，要由甲方进行管理，否则就没人管了。

（4）现在到基层调研，总是有几个数，或者几个比例，让人感到很困惑。比如说，科研经费要占整个投资的比例是多少？有没有正规的来源？攻关费用到底从哪里来？物探费用占总费用的比例占多少合适，因为它是分阶段的，每个阶段都不一样，到底是多少？这都不清楚，主观随意性非常强。最近，有的油田反映股份公司下拨的投资完不成工作量，成本比投资高得多，只好牺牲工作量。我认为这些问题要明朗化、科学化，认真分析解决。

（5）要认真地集中一点兵力去研究一下柴达木盆地，要尽快突破。柴达木盆地是一个非常复杂的盆地，地面条件是全国所有盆地中最差的。我觉得要征服青藏高原，首先就要征服柴达木盆地。要从柴达木开始，逐步向青藏高原进军，我们迟早是要去勘探的。所以从这个意义出发，现在要组织一点力量，去认真地研究柴达木盆地。我现在提两个建议：第一，能不能再以尕斯库勒作为我们的目标，再找上一两个；第二，以塞北气田作为目标我们再找上一两个。中国石油的风险勘探投资有没有可能向这个盆地倾斜一下？因为它的目标不明朗，每年都是三部曲，一是柴北缘，二是柴西缘，三是三湖地区，这三大片都要兼顾，怎么搞？研究院也出点力，和油田一起认真研究一下柴达木的突破点，我认为会有好处的。

我觉得我们今年的勘探成果，是非常令人鼓舞和非常令人骄傲的，我们这一页已经画句号，现在重任就落在你们年轻人的身上，所以我非常希望年轻人担当起伟大的事业，能够获得伟大的成功！谢谢！

环太平洋地区油气及其替代能源
国际研讨会闭幕词

（2007 年 10 月 18 日）

尊敬的主席先生，女士们，先生们，朋友们：

在北京美丽的金秋时节，我们非常荣幸地邀请到来自环太平洋地区 11 个国家和地区的专家和学者，就环太平洋地区油气供需形势、替代能源发展前景、能源利用与环境、能源开发与经济、未来油气勘探开发重点领域与技术发展等重大议题，进行了广泛、热烈而富有成效的研讨。这次会议成为环太平洋地区相关国家和地区的专家学者沟通信息、交流认识、增进理解、推进合作的重要平台，是一次成功的会议。

这次会议是一次高规格、高层次的学术盛会，得到环太平洋地区相关国家油气领域、经济、环境与新能源领域专家学者的广泛支持，产业部门、高等院校和科研机构的高层管理人员、知名专家和学者出席。全国政协副主席、中国工程院院长徐匡迪院士派代表参加了会议，国土资源部汪民副部长出席了会议，并在会议开幕时致辞；国家发改委能源部门的领导就中国能源发展前景作了大会发言；美国科学院 Hitgman 先生做了全球能源远景的报告。这表明，此次会议在中国受到高度关注和重视。来自亚太地区的专家代表，就本国或地区油气供需形势、新能源发展和利用、能源与环境、能源与经济等重要议题，作了富有远见卓识的发言，给我们以启迪和深刻印象；中国石油、中国石化、中国海油三大石油公司的高层领导介绍了近期油气勘探形势与未来发展战略，勾绘了一幅中国油气工业现状与未来发展蓝图；WOODSIDE、雪佛龙、壳牌等石油公司及 USGS 等科研机构的代表作了很有价值的学术报告，发表了很多重要而有启发的观点，引起与会代表的高度重视。

在大家的共同努力下，会议圆满地完成了各项议程，取得了重要共识，交流了信息，增进了理解，推进了合作。我相信，这次会议一定会对促进环太平洋地区油气和能源界的广泛交流与合作产生积极影响和推动作用。

大家知道，环太平洋地区既是重要的能源供应地区，也是最大的能源消费地区之一。在经济全球化经济迅猛发展的今天，如何找到一个交流的平台，推动共同发展，对确保该地区能源安全供应、促进地区和平与稳定，具有十分重要的意义。

环太平洋地区是一个大家庭。我们应该通过合作，通过推进和分享理论和技术进步的成果，推动该地区资源的开发，共同谋划对全球有限资源的合理分享利用，推动新能源的开发利用，加强环境保护，保证该地区能源供应的安全。

女士们，先生们：

本次由中国石油学会和环太平洋能源与矿产理事会共同组织召开的"环太平洋地区油气及其替代能源国际研讨会"再一次为各国石油公司、学术团体提供了技术交流、理论研讨、相互学习、相互促进、共谋发展的机会，让我们以热烈的掌声对他们为我们搭建的桥梁与平台表示感谢。

在中外代表的共同努力下，会议已经全部圆满地完成了学术交流和研讨的任务。明天，会议将安排中外代表们去慕田峪长城参观考察，愿代表们在壮丽的长城留下英雄好汉的足迹，带回中国北京美好的记忆，愿我们的友谊与真诚的合作像万里长城一样牢固长久！

谢谢大家！

天然气大发展

——在中国石油 2007 年度油气勘探年会上的发言

（2007 年 11 月 18 日）

我现在讲题目，叫"天然气大发展——中国石油天然气集团公司的第二次创业"。我为什么讲这个题目，我认为天然气的大发展已经没有人怀疑，关键是要对天然气进行正确的定位。我们怎么给它定位，我们的目标是什么？我认为我们的天然气目标首先就要跟石油平起平坐。我们可以达到这个目标，而且很快就可以达到，这是我围绕着这个题目想说的第一点。另外我还想说一点，这是有针对性的，因为在我们地学界，现在有一批同志说我们的海相地层是第二次创业，我承认我们的海相地层肯定会有很大的发展，但是我仔细想想，感觉不确切，目前真正有大发展的就是天然气，天然气今后肯定会和石油平起平坐，而且天然气正处在大庆油田发现之后的大发展时期。如果说大庆油田是我们的第一次创业，天然气大发展就是我们的第二次创业。我认为这是比较合乎逻辑的，所以在此我斗胆把这个概念跟同志们传输一下，不知是否合适？

下面我围绕着这个题目讲这么四点意见：一是中国石油是天然气发展的主力军；二是对天然气快速发展的设想；三是大型天然气的富集区；四是天然气的多元化的供应可以逐步改善我国能源消费结构。

1　中国石油是天然气发展的主力军

我们先分析一组数据。一是天然气产量。近年来天然气产量快速增长，全国天然气产量由 1998 年的 $223 \times 10^8 m^3$ 增至 2006 年的 $586 \times 10^8 m^3$，特别是近三年，速度进一步加快，以平均 $81 \times 10^8 m^3/a$ 的速度增加。而中国石油的天然气产量由 1998 年的 $150 \times 10^8 m^3$ 增至 2006 年的 $442 \times 10^8 m^3$，近三年以平均 $64 \times 10^8 m^3/a$ 的速度增加。中国石油天然气产量所占全国的比例也不断增长，由 1998 年的 67% 增加到 2006 年的 75%。二是探明天然气地质储量。从 2000 年起，我国天然气进入了一个新的储量增长高峰期，年均净增 $4683 \times 10^8 m^3$，中国石油的天然气储量增长也进入了一个新的高峰期，年均净增 $3465 \times 10^8 m^3$，在全国储量增长中所占的比例为 76%。三是探明的累计可采储量。截至 2006 年年底，全国累计探明天然气可采储量为 $33344 \times 10^8 m^3$（不含溶解气），累计探明地质储量为 $53415 \times 10^8 m^3$，中国石油累计探明天然气可采储量为 $24783 \times 10^8 m^3$（不含溶解气），中国石油累计探明地质储量 $39240 \times 10^8 m^3$，中国石油探明可采储量占全国的 75% 左右，地质储量占 73% 左右。四是剩余可采储量。剩余可采储量增长迅速，全国剩余可采储量由 1998 年的 $9405 \times 10^8 m^3$ 增至 2006 年的 $28251 \times 10^8 m^3$，年均增长 $2356 \times 10^8 m^3$。中国石油剩余可采储量由 1998 年的 $6672 \times 10^8 m^3$ 增至 2006 年的 $20762 \times 10^8 m^3$，年均增长 $1761 \times 10^8 m^3$，在全国所占比例平均为 75%。五是储采比。储采比 2003 年达到最高，全国为 61，中石油为 67，随着产量的快速增长，储采比开始下降，2006 年全国为 48，中国石油为 47（未计算溶解气可采储量）。

所以根据这一组数据我们可以得出两点结论：第一点是天然气储量的快速增长促使天然气产量的快速增长；第二点是中国石油是全国天然气储量和产量增长的带头人和主力军。

2 对天然气快速发展的设想

我们设想中国石油快速发展的三个目标。第一个目标，在全国率先完成天然气产量与石油产量平起平坐的目标；第二个目标，建立科学合理的储采比——让生产发展有后劲；第三个目标，继续保持在全国储量及产量中占 70% 以上的份额。

2.1 在全国率先完成天然气产量与石油产量平起平坐的目标

中国石油能否在 2015 年天然气产量达到 $1200 \times 10^8 m^3$？为了说明这个问题，我想说一段美国和全世界的一些简要情况。现在全世界，天然气产量位居第一的是俄罗斯，第二是美国，第三是加拿大。俄罗斯 2006 年天然气产量是 $6415 \times 10^8 m^3$，相当于油当量 $6 \times 10^8 t$（1t 石油相当于 $1074 m^3$ 天然气），石油只有 $4.74 \times 10^8 t$，所以天然气超过石油。美国 2006 年的天然气产量是 $5477 \times 10^8 m^3$，相当于油当量是 $5.1 \times 10^8 t$，跟美国现在的油 $2.57 \times 10^8 t$ 几乎差一倍，也是比油产量高。加拿大 2006 年石油产量是 $1.25 \times 10^8 t$，天然气年产量是 $1715 \times 10^8 m^3$，相当于油当量是 $1.6 \times 10^8 t$。以上说明全世界 2006 年三个产气大国天然气产量都比石油产量要高。

下面再单独对美国历年的油气产量进行比较。从 1900—2005 年，美国天然气与原油年产量几乎同步进入高峰期，原油是在 1966 年突破 $4 \times 10^8 t$ 进入高峰期，天然气是在 1968 年突破 $5000 \times 10^8 m^3$ 进入高峰期。在高峰期间天然气的年产量一直比原油高。天然气最高产量为 $6154 \times 10^8 m^3$（1973 年），原油最高产量为 $4.8 \times 10^8 t$（1970 年）。天然气产量直到现在一直处于高峰值，2006 年产量为 $5477 \times 10^8 m^3$，历经 39 年长盛不衰。而原油年产量高峰期只持续了 23 年，2006 年的年产量已降至 $2.57 \times 10^8 t$。

我认为美国出现这种情况是有原因的，主要包括四个方面。第一个原因是美国近 20 年来，非常规气已成为美国天然气供应的巨大来源，2006 年，致密砂岩气 $1567 \times 10^8 m^3$，煤层气 $498 \times 10^8 m^3$，页岩气 $239 \times 10^8 m^3$，三者之和约为美国天然气产量的 40%，就是说非常规气可以达到 40% 左右。第二个原因，从自然界的条件看，天然气的来源要比石油广泛，因为现在确实有无机生成的天然气，这个已经普遍被人们所接受，但是石油到现在为止是否有无机成因还是争论不休。第三个原因非常重要，天然气形成的条件比石油广泛，因为天然气主要在两端，它的未成熟气、生物气，还有现在农村用的沼气，都是位于前端部分。后端部分，石油裂解以后的裂解气，还有一大堆后延部分的气，这两大部分，要比石油的生油窗口宽广得多。第四个原因，天然气要求的储集条件比石油广泛。很致密的砂岩可以储存天然气，但不能储存石油。由于以上原因，使得天然气无论是储量还是产量，必然超过石油。这是我想说的第一个目标。从世界产气大国天然气生产历史和天然气的生成及保存条件分析，我们首先要建立起油气平起平坐的目标，而且不能停步，相信最终天然气是要超过石油的。

2.2 建立科学合理的储采比，让生产发展有后劲

比较全世界的天然气储采比，大致 61。通过对全世界 1996—2006 年 10 年期间天然气产量进行比较，天然气产量排在全世界前 8 名的国家分别是俄罗斯、美国、加拿大、阿尔及利亚、伊朗、挪威、荷兰、英国。其中俄罗斯、美国、加拿大位居前三名，天然气产量都是大于 $1000 \times 10^8 m^3$，他们的储采比，俄罗斯 74，美国 10，加拿大 9。俄罗斯可以不去研究，因为找到很多大气田，它的储采比很高。美国和加拿大是低储采比的，就是 10 左右，但是能够保持长期不衰。年产气量（$800 \sim 1000$）$\times 10^8 m^3$ 的国家是阿尔及利亚、伊朗、挪威、荷兰、英国 5 个国家。这 5 个国家的产量有的是保持稳定的，有的是上升的，也有储采比很低的。下面分别比较一下从 1996—2006 年 10 年之间，全世界前 8 名生产天然气的国家的储采比和产量的关系。

低储采比、产量稳定的国家是美国和加拿大。美国 10 年的储采比，从 8.3 到现在的 10.6，稍有上升，它的产量是稳定的，储采比也是稳定的。加拿大和美国相似，储采比在 $9 \sim 10$。荷兰是中等储采比、产量稳定的国家。10 年之间储采比一般在 17、20、24 左右，年产量稳定在 $800 \times 10^8 m^3$ 以上，剩余可采储量也非常稳定。阿尔及利亚是高储采比、天然气产量上升的国家。1996—2006 年，年产量由 $570 \times 10^8 m^3$ 上升到 $930 \times 10^8 m^3$，储采比从 64 降到 49，这是算高储采比的国家。挪威是中等储采比、天然气产量上升的国家。10 年之间储采比从 36 降到 $26 \sim 27$，但是年产量从 $370 \times 10^8 m^3$ 上升到 $870 \times 10^8 m^3$。英国是储采比极低、天然气产量下降的国家。由于储采比太低，从 7.8 一直降到 5.8，年产量勉强爬到 $1100 \times 10^8 m^3$，最后降下来了，最近掉到 $830 \times 10^8 m^3$。

从上面 8 个国家的储采比和产量的分析可见，储采比小于 10 以后有风险，而且风险是比较大的。

我国现在的储采比是 48。中国石油的储采比保持多少比较科学合理？我提了两个数，20 或者 30？还是 30？可考虑将储采比保持在 25 左右比较合理。理由如下：一是低储采比的国家，例如美国、加拿大，储采比为 $8 \sim 10$，产量可以长期保持稳定。但是他们有两个条件，第一个条件是他们的非常规气占的比例很大，第二个条件是它们的管网非常完善，估计我们暂时学不来。二是产量上升的国家，例如挪威，储采比维持在 $26 \sim 27$，但产量却一直上升。三是我们可以建设长距离的大口径天然气管线，一般要求稳定供气 $20 \sim 30$ 年。所以我们把储采比放在 25 左右是可以的。如果更有把握一点，储采比为 30，这只是个建议。

2.3　继续保持在全国储量及产量中占 70% 以上的份额

从 2000—2006 年中国石油每年新增的平均天然气可采储量是 $2200 \times 10^8 m^3$，根据这个情况，如果 2015 年中国石油年产天然气 $1200 \times 10^8 m^3$，储采比为 25，则需要的剩余可采储量为 $30000 \times 10^8 m^3$。2006 年中国石油的剩余天然气可采储量为 $21000 \times 10^8 m^3$，如果 2007—2015 年间累计采出天然气约 $8000 \times 10^8 m^3$，需新增可采储量 $17000 \times 10^8 m^3$。按照近几年天然气可采储量增长的趋势，每年约 $2200 \times 10^8 m^3$ 计算，9 年间可增加可采储量 $20000 \times 10^8 m^3$ 左右，因此完全能实现 2007—2015 年间累计采出天然气约 $8000 \times 10^8 m^3$ 的目标。如果保险一点，把储采比增为 30 左右，剩余可采储量应为 $36000 \times 10^8 m^3$。那么 2007—2015 年需要增加天然气可采储量为 $23000 \times 10^8 m^3$，平均每年需探明可采储量约 $2600 \times 10^8 m^3$。需在近几年储量增长的趋势上每年多增加 $400 \times 10^8 m^3$ 可采储量。

能够完成上述的储量和产量目标，中国石油就可以继续保持全国天然气储量及产量 70% 以上的份额。

3　大型的天然气富集区

这几天听完会后，我把天然气富集区分成三组。

3.1　现实的具有万亿立方米以上储量潜力的天然气富集区

具体有四个地方，第一个是塔里木以克拉苏、秋里塔格构造带为代表的库车地区；第二个是鄂尔多斯以苏里格地区为代表的天然气富集区；第三个是四川以龙岗为代表的礁滩领域；第四个是准噶尔盆地中部石炭系天然气，这是颗上升的新星，我认为这个领域潜力很大。

塔里木以克拉苏、秋里塔格构造带为代表的库车地区。特别讲一下大北 3 井，因为测试时我正好在现场，大北 3 当时已经钻到 7090m 了，测试时，我问了当时现场的所有人，几乎没有一个人认为它会高产，因为没有迹象表明它会高产。只是有一点，钻井过程中对钻井液相对密度比较敏感，加大钻井液相对密度，就漏失；降低就井涌，所以当时我感觉这口井还是有高产的可能。2007 年 7 月 29 日测试：7058～7090.88m，5mm 油嘴，油压 75.9MPa，日产气 $28.6 \times 10^4 m^3$；6mm 油嘴，油压 63MPa，日产气 $41.6 \times 10^4 m^3$，属于常温高压典型干气气藏。由此大北 3 天然气勘探获得重大突破，又发现一个千亿立方米级大气田。大北 3 成功后解决了困惑我们已久的一些问题。比如克拉苏—秋里塔格构造带自从发现了克拉 2、大北 1、迪那后就没有进展，主要是因为构造不清楚、储层分布不清楚、钻井很难打下去，但是自从大北 3 井发现后，情况就明朗了很多。该构造带有十大构造，这一串构造的资源量有 $15000 \times 10^8 m^3$，加上已经探明的克拉 2 气田，克拉苏构造带就可能成为库车地区最大的天然气富集带，规模可达 $20000 \times 10^8 m^3$。因此我认为这个地区具有比较落实的优质储量，勘探应该加快。

以苏里格为代表的天然气富集区。苏里格原来的气田已经探明 $5300 \times 10^8 m^3$，

2007 年苏里格东一区新增天然气基本探明地质储量 $5652.23 \times 10^8 m^3$，加在一起，已经 $10000 \times 10^8 m^3$。2007 年苏里格西部天然气勘探取得新进展，含气范围向西进一步扩大，并实现与苏里格气田的连片，另外还有剩下的东部、南部地区，由此可见，股份公司制定的"十一五"末苏里格地区新增基本探明天然气地质储量 $20000 \times 10^8 m^3$ 的工作目标，风险很小的。

龙岗地区。龙岗进展非常快，2006 年龙岗 1 井获得重大突破，2007 年打完一批井后，对碳酸盐岩礁滩沉积格局、缝洞发育特征、油气控制因素、油气富集规律的认识等已经很清楚，这个领域是非常大的，在海槽的两侧，再加上最近发现的磨溪，这么大一个领域，很有把握拿到 $10000 \times 10^8 m^3$ 的天然气探明地质储量。

准噶尔石炭系。由于滴西 10 井的发现引起了一系列勘探活动，中段滴西 17、滴西 18 预探获高产气流，东西外甩的滴西 21、24 再获成功，因此滴南凸起获得系列重要发现。这个地区的石炭系的上下两个序列，都具有以下几个有利条件：一是烃源岩广泛分布并且生烃条件好；二是储层被包裹在大面积分布的烃源岩当中；三是内幕大构造和酸性火山岩发育；四是石炭统泥岩盖层条件好。目前下序列的有利目标是内幕酸性火山岩及内幕大构造；上序列的滴水泉—滴南凹陷天然气勘探领域更加广阔，尤其是周缘地层、内部凹中凸（石西凸起）和内幕大构造有望获得更大的突破性发现。所以我认为石炭系这个场面肯定能找到 $10000 \times 10^8 m^3$ 的场面。

3.2 有重大发现近期可形成（3000～5000）$\times 10^8 m^3$ 规模的富集区

塔里木塔北及塔中地区、松辽盆地的深层火山岩，这些大家都熟知就不多说了。特别强调一下渤海湾的深层天然气。渤海湾的深层天然气很值得我们注意，现在同时在三个地方不约而同地发生了好的情况。一个是在歧口（歧深 1 井）；一个是辽西的双台子构造带（双 225 井），储层都很厚（150～180m）；还有冀东的南堡 5-10 井，储层是沙三段的火山岩，估计还有砂岩，这些发现很值得我们注意。渤海湾绝对有深层天然气，可以找到 $10000 \times 10^8 m^3$ 天然气。另外四川中部的须家河组、鄂尔多斯除苏里格以外的广大地区，柴达木的三湖地区，这都是规模富气区。

3.3 勘探程度较低，但极有希望的天然气富集区

一共有四个：准噶尔盆地的南缘，四川盆地西北的龙门山区及东北的大巴山区，塔里木西南和西北地区，南海的深水区。我认为这些都是很有希望的，我们每年找到 $2600 \times 10^8 m^3$ 的可采储量是有把握的。只要我们部署得当，精心经营，是可以做到的。

4 天然气多元化的供应可以逐步改善我国的能源结构

我们国家处在天然气多元化供应的有利地位，我国的北边是俄罗斯，现在正在为铺设东西两条管线谈判，西部是土库曼斯坦、乌兹别克斯坦、哈萨克斯坦等，土库曼斯坦的 $300 \times 10^8 m^3$ 协议已经完成了，还有亚太地区（印度尼西亚、马来西亚、澳大利亚）、中东

（卡塔尔、伊朗、阿曼、阿联酋等）的 LNG 主要出口国，所以我们这个国家多元化供应是完全有希望的。

设想一下 2015 年我国天然气利用的情形，到 2015 年我们消费量大体上 $2600 \times 10^8 \mathrm{m}^3$，来源包括进口天然气 $1000 \times 10^8 \mathrm{m}^3$（进口管道气 $600 \times 10^8 \mathrm{m}^3$，进口 LNG$400 \times 10^8 \mathrm{m}^3$），国内生产 $1600 \times 10^8 \mathrm{m}^3$（中国石油 $1200 \times 10^8 \mathrm{m}^3$，中国石化 $250 \times 10^8 \mathrm{m}^3$，中国海油 $150 \times 10^8 \mathrm{m}^3$），因此这些不同来源的天然气能够满足我们的消费量。

现在以 2006 年为例，我们跟美国比较一下，跟世界比较一下，看看我国的能源消费结构是什么样的？一是煤炭，煤炭是我们国家最突出的能源，占能源消费结构的 69.7%，全世界平均是 28.4%，美国是 24.4%；二是石油，中国占能源消费结构的 21.1%，美国是 40%，世界平均 36%；三是天然气，美国占能源消费结构的 24%，全世界平均也是 24%，而中国只有 3%。所以尽管我们消费天然气，天然气产量增长这么快，实际上在能源结构中天然气占的比例是不大的。如果我们在 2015 年能够消费 $2600 \times 10^8 \mathrm{m}^3$ 的天然气，再和 2006 年相比，那么结果是什么呢？2015 年我国燃煤如果消费 $24 \times 10^8 \mathrm{t}$，能源消费结构中所占的比例将从 2006 年的 69.7% 下降到 55%；原油消费 $4.5 \times 10^8 \mathrm{t}$（我们原来安排 2020 年消费 $4.5 \times 10^8 \mathrm{t}$，目前看 2015 年消费就能达到 $4.5 \times 10^8 \mathrm{t}$），能源消费结构中所占的比例变化不大，由 21.1% 变化为 20.5%；天然气消费 $2600 \times 10^8 \mathrm{m}^3$，所占的比例变化较大，由 2006 年的 3% 上升到 11%。由此认为天然气这种清洁燃料是会对我们中国作出特殊贡献。

在中国石油 2008 年度油气勘探年会上的讲话

（2008 年 11 月 28 日）

各位领导、各位代表，开了三天会，报告很精彩，成果壮丽、令人振奋，我说两方面感想。

第一个感想是这次会议最使我振奋的几件事。

一是我们终于找到了万亿立方米的大气田。这是我多年来的梦想，而且是不敢想的梦想，今天实现了。苏里格的探明—基本探明储量已达到 $1.7 \times 10^{12} m^3$，如果按 50% 的采收率算，就是一个可采储量达 $8400 \times 10^8 m^3$ 的大气田，大体上相当于可采储量 $7 \times 10^8 t$ 的大油田，如果按 20% 的采收率换算成地质储量，就是一个地质储量达 $35 \times 10^8 t$ 的大油田。库车地区也快形成万亿立方米的大气田群，现在探明储量已达到 $6200 \times 10^8 m^3$ 左右，又不断有新的大发现，且很整装，每个至少 $2000 \times 10^8 m^3$ 左右，所以万亿立方米的到来已指日可待。四川盆地正在形成万亿立方米大气区。我认为这是一件里程碑的事情，它使我国的天然气可持续发展成为可能。

二是岩性地层油气藏仍在大量的出现和发展。比如长庆油田，华庆地区已形成 $5 \times 10^8 t$ 的储量规模；姬塬地区已经探明了 $1.2 \times 10^8 t$，也有好几亿吨的规模；镇北地区初步形成 $1 \times 10^8 t$ 的规模，往外扩还要更大。又比如松辽大庆的古龙、三肇地区、朝阳沟—长春岭地区，吉林的海坨子、长春岭，青海的柴西、新疆的莫索湾都有岩性油藏。这说明任何一个沉积盆地，地层岩性油藏是一个必然的现象，如果还没有就必须认真地去找，持之以恒就能找到。这让我想起我们的老部长康部长，始终对四川那一片岩性油藏念念不忘，我希望在不久的将来我们能逐步地去研究它。

三是现在特殊的储层越来越多，有致密砂岩、有碳酸盐岩、有火成岩、变质岩，这三类储层比重很大。昨天我有一个很强烈的感受，就是我们的核心技术正在不断深入而且取得了明显成效。比如说地震在识别和描述这套特殊储层的孔隙结构方面确实有了进展，原来的"羊肉串"变成一种三维的形象，能够把缝洞的串联情况看得很清楚。比如说钻井，现在的欠平衡钻井已经逐步实现工业化，而且是全过程的欠平衡。比如说压裂改造，目前我们的探井 1600 口，改造了 922 口，改造过后的探井占到 57%。工程和地质、地面和地下一体化的结果，必然会得到令人鼓舞的成果。

四是每个油田都有自己的亮点，而且有的是相当令人振奋、惊人的亮点。我今天特别想说的是青海油田，让我有点刮目相看。因为青海油田是我国最艰苦的、自然条件极其恶劣的高原油田。曾经给人的印象是"山穷水尽疑无路"，现在一下子变成了"柳暗花明又一村"。去年的切 6 井控制面积并不大，仅有 $3 km^2$，但是储量丰度大，超 $400 \times 10^4 t/km^2$，高丰度的储量，油层厚，产量很好，现在又发现了十几个构造。在柴西南，一片岩性油藏有 $1 \times 10^8 t$ 的规模，在柴西北又找到了一个亿吨级，特别是在三湖地区的深层，在 1800～2000m 的范围内获得了大量的气层。

五是大庆油田在海塔盆地干得很漂亮。这是大庆油田开始走向海外，搞的第一个海外项目，速度、质量和成果都是令人振奋的。从 2006 年开始，仅用三年就在塔南地区找到了一个亿吨整装油田；在南贝尔次凹的北洼槽找到 1.2×10^8t 的储量，与贝尔探明的 6000×10^4t，加起来接近 2×10^8t 的探明储量。我们在非洲也干了一件很漂亮的事，苏丹 Melut 盆地 Pdlogue 油田找到的储量 5×10^8t，可采储量 1.4×10^8t，它是 2000 年开始，2003 年发现。我觉得像这种业绩一定会为中国石油海外增光。

第二个感想就是如何来改善我国的能源结构。最近中国工程院组织一批院士正在进行研究，初步形成以下几点意见。一是我国的煤炭不能再像目前这样发展下去，对环境的污染实在是很可怕。根据研究，我国煤炭 1000m 以上的总资源量是 2.9×10^{12}t，已经查明 1.2×10^{12}t，目前产量已经达到 25×10^8t/a，占全世界产量的 43.2%，其中乡镇煤矿产量占 40%。据测算，如山西煤炭井口价格 250 元/t，运到秦皇岛的运输费用是 250 元，加起来就是 500 元，但要治理煤炭造成的环境污染还需要至少 300 元以上，而且还不说它燃烧后的废弃物（煤炭占工业废弃物的 40%）。所以煤炭产量看来保持 25×10^8t 就行了。二是 2030 年以后能源的替代是有希望的，最艰苦的就是 2008—2030 年这段时间，大体上 20 多年。未来我国可通过"三驾马车"来改善能源结构，一是核能，二是可再生能源，包括水能、风能、太阳能、生物能等，三是天然气。第一驾是核能，有两点跟以前的看法不一样了，一是安全性没有问题，二是核能的燃料——金属铀，中国也是相当丰富的国家。第二驾是可再生能源，现在呼声也很高，水、风能希望到 2020 年能搞到 1×10^8kW，太阳能到 2030 年以后有可能大规模工业化。第三驾就是天然气，工程院提出到 2020 年加上进口的天然气达到 2500×10^8m^3，2030 年 3500×10^8m^3，希望能够把天然气在一次能源结构中的比例由现在的 3% 提高到 8%～9%。

在这里，我提四点意见供参考：一是在当前经济危机的时候，最好选择增加储量储备，要继续加大天然气的勘探力度，增大储量规模；二是优质储量和低渗透储量相互要有充分的调节能力；三是从长远看，天然气价格一定是国际水平的价格，这是不以人的意志为转移的；四是希望中国石油能够在改善能源结构、增加天然气的贡献方面当主力军。

最后为中国更加美好的明天更加努力，谢谢！

在塔里木盆地及邻区新领域勘探开发
研讨会上的讲话

（2010 年 10 月 18 日）

同志们：

时间不早了，我争取少说点话。第一个是这个会开得很成功，16 个报告都非常精彩，汇报了方方面面的一些问题。尽管我在塔里木工作过一段时间，但是还是觉得受到很多新的启发和启迪，令人非常欣慰。第二个是项目进行得很好，因为这个项目是由国土资源部承担，联合中国石油、中国石化两大公司和各个院校、研究院所，集全国方方面面的力量和精英来做这件事，一些应该注意和深入的问题可能会解决快一点，想得更清楚一点。我就说这么两点事，不展开讲，下面讲几个意见。

第一个意见，我们正在找到世界一流最大的复杂油田，这个油田发现大体上历经 20 多年，认识过程非常艰苦，花了很大精力，主要有这么几件事，使我们花的时间那么长。一个是规模大，大到我们原来没有预计到；第二个是深，埋深从 5000m 一直到 7000m，甚至还要深；第三个是非常规，就是它的储层和油藏都是非常规的，大概是这么三件事。

现在拿塔北地区为例，从勘探发现历程来看，就会感到很有意思。1984 年钻探沙参 2 井，那是在亚克拉构造上打的一口井，在奥陶系出了油，然后石油部在 1988 年钻探轮南 1 井，是在当时所谓的轮南潜山构造上打的一口井，奥陶系也出油了，然后 1990 年英买 1 井在奥陶系出油了，一个在 1984 年，一个在 1988 年，一个在 1990 年，实际上是 3 个各不相关的事。现在仔细看，越来越连成一体变成一个整体，我们画了一个圈，面积 15000km²，还没有包括沙参 2 井，就是从轮南、塔河、哈拉哈塘，现在又是新垦再到英买力，这个里面中国石油占了 7000km²，中国石化占了 8000km²，这是一个好大的面积。根据现在交的储量可以算一下，中国石化储量丰度平均是 $68×10^4 t/km^2$，中国石油储量丰度是 $58×10^4 t/km^2$，$58×10^4 t$ 和 $68×10^4 t$ 应该说是一个贫矿，因为大庆的碎屑岩储量丰度是 $500×10^4 t/km^2$，轮南碎屑岩估计也在 $100×10^4 t/km^2$ 以上，东河塘砂岩起码 $200×10^4 t/km^2$。它跟很富的油田比是个贫矿，但是面积之大是原来没想到的，而储层和油藏又非常特殊，从 5000m 一直延伸到 7000m 深度，用 7000m 画一条线都有油。它是一个层，不能横着拉过去，并不是个块状的东西，顺着层往上走，它不是常规重力作用形成的油藏，而是每一个缝洞里有油、油水或油气水。像灯笼一样从最顶上吊到最底下，如果把那些储量平均地放在基质孔隙里，根本采不出来。我的观点是，石油集中在洞里面才有可能被采出，所以要灌水，用了很多做法。我觉得塔河油田起了很重要的试验田作用，把这个复杂的油田开发变得可行了。要不然大家都不敢上手，不知道该怎么办，现在塔河油田搞到 $700×10^4 t$ 油，就在那一块用灌水、加密井等方法实现了成功开发。如果把这个大油田划分阶段，可以划成三个阶段，第一个阶段是战国时代，两家在抢地盘，都在那互相打井，包括塔河油田也有我们的足迹，这都是大家知道的，因为我们那里也有出油井；第二阶段是塔河油田快速发展阶段，把这一块地方给搞活了；第三个阶段是现在的大联合阶段，变成一个面积15000km^{2}的复杂油田。不知道大家同意不同意，我就这么看这件事的。这个油田花了20多年时间，从1984年开始，最后很可能第一口发现井就是沙参2井，原来没有感觉到它是发现井，因为它离开这个大的含油单元跑到北边去了，然后接着是石油部的轮南1井，然后又接着是其他的井，这是我想说的第一个事情。

第二个事情就是刚才说的由于油藏的复杂我们也花了时间，这个油藏的复杂由于我们用了三维地震，我觉得到现在做的这个工作是世界领先的，确实是"从羊肉串"开始发展到缝洞系统，通过井的约束，能识别各种缝洞并逐步出现缝洞单元的开发系统，然后再看塔中又是第二个这样面积的复杂油田，这是我们总是念念不忘的。从鹰山组的油气来看，它一定是大面积分布的油气藏，现在回过头来查了半天，原来最早的那个塔中1井，就是向中央报喜的出油井狂欢得不得了，构造面积有8000km^2，当时认为全国最大的含油构造找到了。现在看来，根据古生物专家意见当时的油层就是鹰山组，而且是大面积分布的。原来说是寒武系，但最近又把它倒回来了变成鹰山组，如果说是鹰山组，那它本身就是很大面积的东西，不需要去争议。现在一定要尽快形成根据地，像塔河油田一样，要有那么一块试验区真正开发起来就能往前走，最后就能连成一大片。

第二，当前最现实最有规模的后备领域是塔里木盆地西南地区，包括这几个地方，一个是巴楚隆起，一个是麦盖提斜坡，一个是昆仑山前冲断带，还有一个是马东地区，我觉得这里面油田也发现了，多种类型的油藏也都有了，面积估计起码100000km^2，就是我们下一步的工作对象。现在中国石化钻探了玉北1井，原来说奥陶系过不了塔中，现在看过了塔中，表明大面积含油是存在的，所以我觉得塔西南这四个地方是潜力巨大的后备领域。

第三，还有几件事需要认真去干的。一是东河砂岩，我们始终不能死心，还能找到哈得油田。这次听了汇报后给我的印象就是基础工作特别重要，同志们一再讲地层要对比，大家要统一对比，在全盆地来做。这个工作确实难度非常大，你看东河砂岩在塔里木西部属于泥盆系，到了东部就变成石炭系了，也弄不清中间到底是个什么关系，而且东河砂岩给人的印象就是全超覆的，可以出现在各个地方。它肯定是个大不整合面，到底是泥盆系不整合面还是石炭系不整合面，现在不知道，我希望大家都能够认真地研究一下，因为都碰到东河砂岩这个问题。另外致密砂岩气也应该考虑，我觉得塔里木盆地肯定有致密砂岩气，着重在两个层里去找，一个是志留系，它就是一套致密砂岩而且有气，我们已经试出过气，产量还不低；另一个就是侏罗系，侏罗系的标准砂岩也是典型的致密砂岩气，这两套致密砂岩系搞起来肯定有相当的规模。最后就是说塔东南和塔西北地区，勘探程度比较低的地区都是有希望的，但是这个只能按步骤一步一步来，大体按这个顺序往下排，供大家参考。

在调研塔中 400 万吨工程时的讲话

（2010 年 10 月 22 日）

同志们：

我这次来主要是开国土资源部组织的一个新区新领域战略研讨会，跟中国石化的同志们，还有各个大学的同志们一起开这个会。会上谈到了关于碳酸盐岩新区新领域的很多想法，后来我就想专门到这来看一下，了解你们这个项目大概是个什么情况。

应该说在这个领域最早投入开发的是中国石化，这个我们要承认。中国石化搞了一个塔河油田，产量已经搞到 $700 \times 10^4 t$，在这个过程中，它积累了很多经验，经历了很多教训，也碰到很多方方面面的问题，但是我还是很佩服他们，因为他们是第一个吃螃蟹的人。我跟开发界的同志从来不讳言这个事情，为什么呢？开发界都不愿意开发这种莫名其妙的油田，忽油忽水，一会多一会少，这是一种让人不可捉摸的东西，这确实是很难的。就像我们刚才所说的，这和开发塔中 4 的情况完全是不一样。但是我觉得他们搞了以后，确实还是给我们带来了很多值得研究的地方。它的项目开发方式是很有特点的，形象化一点就是这些油藏像坛子一样一个一个放在那里。原本它的这些开发单元都是自成系统的，而且是非常孤立的，所以干起来难度就非常大，但是他们毕竟把它搞起来了。

现在我们建在人家的后头，能不能做得更好一点。我听你们介绍基本上要用水平井开发，这就很重要，我估计会搞的比它好一点。如果说我们在用水平井又学会了分段压裂，当然石灰岩跟砂岩肯定不一样，它是不规则的，我倒是也不强求搞好多段，能搞 6 段、7 段，选择几个好干的分段去进行，肯定比你笼统的做法要强。如果能够这样做的话，效果可能会更好一点。所以我今天听完汇报以后，加上塔里木领导同志一直在路上给我阐述各种各样的想法，我还是相当的振奋，看来我们对这套石灰岩、白云岩、碳酸盐岩有门了，尤其可以去开展工作了，这样也能解决塔中产量日益降低的问题。我说实在话，在北京我经常看到你们的开发状态，我知道塔中是降得厉害的，整个塔中作业区，今年不到 $60 \times 10^4 t$，就这么一个状态。如果按照你们的做法，在今后两三年内增加 $500 \times 10^4 t$ 生产能力，日子就可以过得很红火了，越来越上升。增加到 $500 \times 10^4 t$ 生产能力，目前的产量递减就无所谓了，塔中作业区就可以日益壮大，这个情况就可以变得非常令人兴奋了。而且我感觉，这里的情况好像比塔北还好一点，特别你们跟我指鹰山组那一片好像比原来想象的要好得多。这就是我们前进的基础，要抓住这个事，适当提前一点，利用 $2 \sim 3$ 年的时间，搞到 $500 \times 10^4 t$，我觉得这是一件很了不起的事。原来在打完塔中 1 井以后，狂热的设想，在这儿要搞一个 $8000 km^2$ 的大油田，当然现在我们不这么说了，但是我想这个地方绝对还不止 $500 \times 10^4 t$？肯定比它还要多。你们只要能把这 $500 \times 10^4 t$ 搞起来，就能搞 $1000 \times 10^4 t$，这是我的想法。只要能把这一块儿搞成，那往下走的路肯定是光明的。现在要有雄心壮志，超越中国石化。所以，我们还是要憋着一股劲，可以互相学习，但是一起工作的人都有个较劲的时候，也要较点劲。我们应该在这个地方开发得比他水平更高一点，走得更快一点，上产的能力更强一点，今后更能稳产一点。这次我来了以后感到很有收获，就是我原来没有想到这个地方还有这么好的情况。成片的高产，这个情况就有变化，第一有成层性，第二具有普遍性，这个就值得我们研究和关注它。有了成层性和普遍性，同志们一定把这件事精心做好。

另外我还想跟同志们再说两句，这个过程绝对不会一帆风顺，特别搞开发的同志，不要一见水就慌，一见困难就打退堂鼓，一定要百折不挠，一定要想法把它搞出来。我今天前面已经讲了一段话，意思是这个油矿不是很肥的，我刚才特别问了一下，你们用的孔隙度是百分之三点几，储量丰度大体每平方千米（50~60）×10⁴t，这是个贫矿，但是如果你把那些都放在缝洞里，就可以开采，而且可能还比较富，因为单井产量还可以较高，反过来要是把平均都放到基质孔隙度里去，没准根本就不行还弄不成。所以大家心里一定要有数，碰到困难不要害怕，要一直往前走，这样就能把塔中碳酸盐岩搞成，先把鹰山组搞成，再继续往下搞，下面还有蓬莱坝组，还有寒武系，它是"三层楼"，勘探开发的潜力还很大。

我这次来了之后，第一，受到了启发，这个地方情况比我想象的要好，资源形势很好，大有可为。第二，只要把那 500×10⁴t 搞成，就能作为前进的基地，还可以继续搞下去，搞到 1000×10⁴t，诸位一定不要被困难所吓倒，要有心理准备，这种油田开发不是一蹴而就的。

在塔里木油田、东方地球物理公司
高层论坛结束时的讲话

（2011 年 10 月 27 日）

尊敬的王部长、各位领导、同志们：

时间过得很快，一晃塔里木石油会战已经 22 年了，我们现在都是奔 80 岁的老人了。看到诸位年轻有为，奋发图强，确实很感慨。特别是塔里木油田、东方地球物理公司这两支部队一直在并肩作战，协同配合，这个仗打得越来越精，越来越快，成果越来越大，更大的场面越来越清晰，所以我们这些曾经在塔里木工作过的同志，用三句三个字，一个是很兴奋，一个是很敬佩，一个是很感动来形容我的心情和状态。

我有几点意见。

第一点意见，塔里木 4000×10^4t 的油气当量，也就是 10 年后油气产量当量翻一番的任务是很有把握的。这跟大家的认识是一样，我们听了几个阵地战的成果，我自己觉得这个是很有成就的。当时进行三个阵地战的决策，我认为是很英明的，这个决策把很多细节搞透了，一搞透，复杂的事就变得简单了，原来确实有很多地方我们是搞不明白的，现在慢慢明白了，就拿克拉气田那一片来说，现在谁也不敢否定那一块上万亿立方米的天然气场面，所以我想我们有信心完成 4000×10^4t 目标。昨天晚上我算了一下，大庆油田是 1956 年比较大规模地做地质和地球物理工作，他完成 5000×10^4t 花了 20 年，深度是 1000～2000m，我认为是运气好，非常简单地搞到一块肥肉；海洋我在那儿工作了 8 年，去年 2010 年完成的 5000×10^4t 油气当量，它是把渤海海域、东海盆地、珠江口盆地、北部湾盆地、琼东南盆地 6 大盆地放在一起，花了 30 年，大规模的勘探是从 1979 年开始，2000～3000m 的深度；塔里木从 1989 年会战算起到 2019 年实现 4000×10^4t，30 年，深度是 6000～7000m，所以，可以相媲美，不应该有多大的遗憾，我们再加 5 年到 2025 年实现 5000×10^4t 油气产量，我认为是可能的。

第二点意见，物探技术的成就，非常值得赞扬。现在一些单项技术已经领先全球，可以上教科书，是一种典范性的东西。我认为最大的两个成就，一个是盐下复杂构造精确成像技术；第二个是碳酸盐岩缝洞刻画技术。这两项技术拿到全世界去比我认为都毫不逊色，走在前列。当然不敢说我们的物探技术都领先全球了，但是这两项技术完全可以说是领先全球的。所以我特别想强调一点，我当年在塔里木工作时，到库车山地看了一下物探队，那时正在做直线，遇山要上山，遇沟要下沟，人还要背上机，拿绳子往上吊，我当时确实很感动，那时正是 1996 年，是防洪抗洪精神，所以我回来专门在生产会上讲了，我们要提倡山地精神，这个山地精神是创造第一生产力的。那时我是指挥，我说不要以为我们这些坐办公室的是在抓生产，我说我们是次生的，那个原生的生产力是在前头，不在办公室，当前因为我们出了很多"少东家"，我当时是在告诫我们这些"少东家"对乙方要礼貌一点，这说明一个什么问题呢？物探是支撑勘探的主力军、先锋队也是敢死队。但是我觉得物探技术在这么复杂的地区仍然还有很多需要认真研究前进的地方。昨天塔里木领导同志提了一些意见，我赞成他们的意见。作为我自己来讲，我始终有三件事是很纠结的。第一件事，就是台盆上找到了一个哈得逊油田，我一直在想再找到一个，可怎么也找不到了，我不信，但是我也不知道该怎么办？我们用二维地震去找好像难度很大，尖灭点根本找不到了，但是找到尖灭点也无济于事了，因为那地方很薄，必须有一定的杀手锏，它才有油。我们在哈得逊完全是随机的，那是由于蒋龙林同志的坚持打了一口井，据说幅度只有 20m，我们也不信，结果打下来不是一个构造油田，但是就是由于他的坚持，我们随机地发现了。现在回过头来看，怎么办？所以我很赞成你们一些同志提的地质和物探怎么结合起来、钻井怎么和物探结合起来。复杂的构造加复杂的油藏就要用井震联合的地震，所以我们应充分利用台盆区各式各样的井，包括今天塔里木同志讲的失败的井，专门研究一下，利用大面元三维也行，有多大本事就用多大本事，看能不能突破，这是我的第一个心结。第二个，碳酸盐岩的储量计算，始终是一个难题，我就不知道该怎么算，现在算出来的数尽管是探明储量，但那个数字我根本不相信，为什么，他用了一个孔隙度 4% 左右，那么一个面积、厚度乘饱和度乘孔隙度然后乘出来就是这个数，所以算出来大概每平方千米是（50～60）× 10^4t 的地质储量，这个是凭空。但是那里面根本就没有孔隙度，实际上就是一些缝和洞，它是不规则的、非均质的装在储层里面，现在我希望地球物理技术能不能把这个体积作一描述，当然要加井，这个光靠物探永远做不出来，必须加井，加若干勘探井和开发井，最后要创造一套缝洞体系的储量计算办法，这样这个数字才有用。第三个心结，我对西秋始终死不瞑目，弄不明白，西秋只要搞清楚了，就是一个新世界，因为它南边有一大片，跟北边遥相呼应，北边是克拉、大北，南边是西秋，搞好了又是一个万亿立方米的大气田，所以我有这么三个心结，希望物探能不能和塔里木油田一块儿来攻克这个难题。

第三点意见，我觉得有很多方向是非常明确的，比如三大阵地战，西南是一个非常完整的准备好的新区，这都是很清楚的。但是我归纳了一下，有 8 个亮点可以燎原。分两个部分，一部分是目前找到的，有 4 个亮点，都是 2 个碎屑岩，2 个碳酸盐岩，4 个老的亮点也是 2 个碎屑岩，2 个碳酸盐岩。第一个亮点，在克拉苏构造带上，我们打了个克深 4 井，在地下 3000m 发现了一套气层，这个气层与克拉 2 一样，所以我想在克拉苏构造带的北部，一定有一个浅层的比较浅的气层发育区，也许现在搞深层后对那个浅层没有在意，打了几十米，通过断层打下去的。第二个亮点就是热甫 3 井，我记得原来在塔北地区找到了一个大油田，面积有 15000km^2，当时用的是 −6000m 的线，所以井深是 7000m，如果热甫 3 井现在已经出油了，那就再往南还要退一条线，就是 −6500～−7000m 的线，这条线一画就增加了 10000km^2，就变成了 25000km^2，又扩大了 10000km^2，所以这也是燎原之势。第三个亮点，就是中古 51 井，鹰山组的下段白云岩，比塔中 162 还要低，所以塔中要对深一点的地层加大勘探力度，这个肯定也有燎原之势。第四个亮点就是志留系的砂岩，这是中国石化的，我们也有大量的志留系，他的产量是 80t，我原来也不太信，问了塔里木领导同志，说确实是这样，这个也是燎原的，我相信我们塔中都有一片一片的，所以石灰岩、砂岩永远都是处在并举的状态，不是单一的搞碳酸盐岩。

另外，还有 4 个老的亮点，就是我当时在塔里木工作时的。现在人们都在念，但是还没有工作起来。第一个，塔中 1 井的白云岩的发现，那是惊动了党中央的，当时王部长拿着油样到党中央去报喜，当时李鹏也做了批示，江泽民也做了批示，但是这口井打下来以后，再找不到了。20 年过去了找不到跑哪儿去了，不知道啊！这个高产井，我们打的井根本没打到这个层位，这个层位不存在的岩心取出后大家都看了，洞洞缝缝很大，确确实实是白云岩，所以我想现在要认认真真研究塔中地区了。第二个，志留系致密砂岩出气。满参 1 井出了几万立方米气，当然这个也没展开就放在那儿了，深度也不大在 5000m 左右。第三个，库车的侏罗系标准砂岩出气，那也是 $10 \times 10^4 m^3$ 气，后来也放那儿了。第四个，我们在和田河发现的气田——和田河气田说是寒武系来的，这个也放那儿了。我认为这几个事都是可以燎原的。当然也不能说把兵力都分散，因为"三大阵地"战是我们的经验，一定要把注意力集中在一个地方，要不然盆地太大，要分清轻重缓急，但是我们千万不要忘掉。

第四条意见，我非常赞成在复杂的地区进行全周期的成本计算。比如，打一口井，肯定很深，又这么复杂，一口井肯定上亿元，一打 180 天，但是要问最终采出一桶油来要花多少钱。比如你们讲的一会儿多方位，一会儿全方位，全方位还要加高密度，高密度还要加多覆盖，加了这一堆，加这些东西全是钱呀，但是加这些东西一定要有效果，如果采一桶油很便宜，那有什么不敢干的。比如我做了个统计，给同志们讲讲，塔里木的生产成本，如果全成本算，大概三部分，勘探成本，开发成本，生产成本，操作成本是 2.4 美元/bbl，现在最高的是玉门 29 美元/bbl，辽河 25 美元/bbl，大庆 11.7 美元/bbl，长庆是长得最快的，8 美元/bbl，比塔里木高出好几倍，为什么？因为塔里木是单井产量高，用人少。就这两条。我们再看开发成本，我查不出全国的，现在平均成本大体上 9 美元/bbl，而塔里木在 2010 年以来，大概是 4 美元/bbl 左右。再看勘探成本，塔里木处在中偏低的位置，为 1.2 美元/bbl，最低的 0.7 美元/bbl，最高的 3 美元/bbl，这就是最终的结果，我们一定要研究全周期的生产成本，生产一桶油到底多少钱，不然评价没有标准。那新技术根本没法干，为什么深海敢干，就是因为它产出来的一桶油是很便宜的，如果也算它的每一个单价，都高得不得了，都非常惊人，我讲这些主要是想我们对这些要有一定的看法和意见，才能往前走。

昨天，要我说一句话，我脱口而出，我说要作过河的卒子，我的意思是过河的卒子就是勇往直前，永不回头，锲而不舍，所以我希望大家要坚持这一条，一定能胜利。

在中国石油 2011 年度油气勘探年会的讲话

（2011 年 11 月 14 日）

听了这些情况，从 2005 年储量增长高峰期工程实施以来，每年都取得成果，今年也不例外。条件越来越复杂，情况越来越坏，但是我们的本事见长，所以，道路越来越宽广，印象很强烈。搞高峰期资源工程可以一直往前走，为什么？有这么几点，第一点，现在看起来，公司上下都认识到资源是第一位的，一切成果都源于资源，储量放到重中之重，有了这个一切都好说，储量很重要，领导很英明。我在塔里木当时管储量，人家说我不务正业，一把手管这个干嘛。第二，机制好得很，风险勘探把各方面的积极性都发挥好，原来科探井只发挥科学家的作用，现在实施、审核、不打白不打，打完了还是我的，打不到也没有关系，这个调动了积极性，好多意想不到的成果就这样获得了。第三，有钱了，10 年前的勘探投资是 100 亿元，当时我和诸位一样，在这里大声疾呼，钱不够，1×10^8 t 产量，储量接替不上，没办法。现在在变成了 300 亿，变得富裕一点，富裕了就加把劲，越紧巴越不敢打，搞勘探不像买烧饼，有时候 1 块钱一个烧饼也买不到，有时候 1 块钱买 500 个。尽管很辛苦，各位都是在阳光沐浴下工作。讲两个感想。

第一，盆地资源潜力光芒四射，很了不起。鄂尔多斯 3 篇大文章，三叠系致密油，一块是靖边，一块是姬塬，一块是华庆、隆东，"三国演义"，越打越近，也可以往外打，一时半会完不了，苏里格的气搞到了 3×10^{12}m^3 以上，四面八方扩展。四川盆地进入鄂尔多斯的状态，鄂尔多斯有三叠系，四川有侏罗系，我认为四川迟早是气油并举，得罪了四川人，我是四川人，也不怕。三叠系的致密气就是鄂尔多斯的石炭系—二叠系。

塔里木碳酸盐岩，大而无边，热普 3 井复杂得很，热普 3 储量计算不可靠，是缝洞体系的，不是基质孔隙造成的，敢不敢干，最主要的是单井产量。最近我看了普光的情况，钻井 1 个亿元，完井 1 个亿元，集输 1 个亿元，但有单井日产 80×10^4m^3 的平均产量作为支撑，要做勘探开发投资到底有什么效益，前车之鉴，塔河中国石化是盈利的，他是第一个吃螃蟹的，我们要吃阳澄湖的螃蟹，要有信心。

准噶尔盆地印象最深的是北山台，那时候我刚从海油到石油部勘探司当司长，北山台侏罗系都是稠油，油水关系很复杂，另外还有致密砂岩、南缘，准噶尔也 10 年看不到。青海柴达木，找准切入点，昆北，势如破竹，英雄岭，从几个盆地的资源潜力回过头来看，储量高峰期工程是非常正确的，道路越走越宽广。

第二，坚持锲而不舍，坚持科技进步一定会取得大突破，相互促进。例如华北油田牛东潜山，1978 年叫高家堡潜山，有的说深，有的说浅，后来打了兴隆 1 井，打出了沙 4 孔店组烃源岩。第二次三维地震，最后才锁定牛东，牛东突破后，深潜山变成一个潮流，到处打深潜山。英雄岭一直是地质家梦想的地方，探井地方有几个二维测线，有构造模样，没做三维地震，这种情况，要靠勘探家的决心，打完后做三维。大港的埕北断坡，大庆长垣的扶杨油层，都处于很有前景的状态，应该总结战例，就像老中医病例，有医死人的，有医活人的，积累起来就是经验。克拉2也是这样，1958年就发现了依奇克力克油田，后来构造面貌不清，做不下来；20世纪70年代马蹄形战役，最后会战，连续失败，一直到最后发现盐上盐下两个世界，直到这个时候才发现了克拉2，从实际的例子来看勘探，一定要坚持，通过科技进步增加认识水平，只要基础条件好，没有被破坏就可以搞。

几个意见，即对我国的非常规气如何定位，美国用20年非常规气产量超过总产量的60%，我认为我国也有这种可能，非常规气具有战略地位。美国在常规气发展到高峰时才开始发展非常规气，我们是常规气快速发展的同时，并重发展。由于我国以煤为主的能源结构，天然气是较清洁的能源，可以作为过渡到清洁能源的桥梁。下大功夫气的比重可以占到能源结构的4%～10%。

另外，非常规气中致密砂岩气是非常重要的勘探对象，致密气可以搞，煤层气技术基本过关，可以加快发展，2年排采后，单井产量可以达到1500～2000m³/d。我国主要是高煤阶，沁水、韩城都是高煤阶，我们低煤阶的比例很大，有40%，位于东北和西北，煤层气可以大量生产；页岩气炒得很热，技术未过关，要大力攻关，建试验区，10年后肯定有产量，2020年搞到 $200 \times 10^8 m^3$，2030年致密气 $1000 \times 10^8 m^3$，煤层气 $500 \times 10^8 m^3$，页岩气 $500 \times 10^8 m^3$，常规气 $1500 \times 10^8 m^3$。进口（2000～3000） $\times 10^8 m^3$，能源状况可能好一些，天然气占到总消费的10%～12%，非常规气用20年变成半壁江山，以致密气为带头羊。

工程上有两大难点，复杂地质条件、深井条件下快速钻探，各种致密岩类的大型改造。钻井技术，不单是乙方的事，甲乙方要学习，提高钻速，增加产量，美国人进行精细化压裂，现场可以调整，根据环境调整。

最后祝大家身体健康，用智慧的光芒，取得更大的成绩！

我国石油工业实现全新跨越

邱中建

党的十六大以来，面对世界能源格局动荡变幻，我国石油继续高举改革开放的旗帜，深入贯彻落实科学发展观，形成了天然气快速发展，西部快速发展，海洋加快发展，海外加快发展的新局面，实现了石油工业的新跨越。

10 年来，石油勘探开发实现了从东部到西部、从陆地到海洋的战略突破。国内油气产量从 2002 年的 1.9×10^8t，增加到 2011 年的 2.8×10^8t，其中原油从 1.6×10^8t 稳定增长至 2×10^8t，增强了我国石油安全的基础保障能力。东部大庆油田在原油 5000×10^4t 连续稳产 27 年后，实现了原油 4000×10^4t 10 年持续稳产的辉煌成就；渤海湾盆地陆上油田继续稳产，保持年产 5000×10^4t 以上。西部鄂尔多斯盆地破解了低渗透油气藏经济开发难题，油气产量超过 5000×10^4t，成为"西部大庆"；塔里木盆地突破了地面艰苦、地下复杂的局面，经济高效地开发了油气田，2011 年油气产量达到 3000×10^4t；四川盆地实现了复杂气藏精细开采和高含硫天然气藏安全开采，2011 年天然气产量达到 270×10^8m^3；近海勘探开发通过艰苦努力，2010 年实现油气当量超过 5000×10^4t，成功建成"海上大庆"。

10 年来，我国天然气进入大发展时期。天然气从 2002 年产量 326×10^8m^3 到 2011 年突破 1000×10^8m^3，世界排名从 2002 年第 16 位上升到 2011 年的第 6 位，进入天然气生产大国行列。以西气东输主干线为代表的全国性管网和多元化供气体系基本形成，供气范围已从气田周边扩展到 31 个省市区，天然气消费年均增长 100×10^8m^3，占一次能源的比重达到 4.5%，并有迅速增加的希望，逐步担负起改善我国能源结构的使命，成为我国转变经济发展方式、建设资源节约型环境友好型社会的重要抓手。

10 年来，海外油气勘探开发实现了跨越式发展。石油企业走出国门，海外业务拓展至全球 50 多个国家和地区，与资源国携手并进，实现双赢，海外油气作业产量大幅攀升，2011 年获得的权益产量达到 8500×10^4t 油当量，十几年的时间完成了西方大石油公司半个多世纪走完的路，不仅有力增强了我国石油安全保障能力，也为世界石油增长和市场稳定发挥了重要作用，充分证明了党中央"走出去"战略的高瞻远瞩。

10 年来，我国石油工业改革取得新突破。快速推进了国际化进程，市场化改革不断加快，多元化主体逐步进入勘探开发、炼化、营销和储运产业，为石油工业发展带来新活力，国有石油企业现代企业制度逐步完善，集约化、专业化、一体化发展模式逐步确立，管理水平和发展质量不断提升，中国石油、中国石化已分别在世界大石油公司和世界 500 强排名中跻身前 5 位，充分彰显了我国石油企业综合实力、国际竞争力和影响力。

展望未来，我国石油工业仍将处于大有作为的战略机遇期。国内石油产量仍有上升空间，天然气仍将快速增长，海上油气发展提速，非常规油气资源展现巨大潜力，石油企业走出去的步伐也将不断夯实和加快，我国石油工业必将在科技创新驱动下，在大庆精神激励下，实现科学发展，展现更加辉煌的前景。

本文出自《人民日报》"迎接党的十八大特刊·启示"，2012 年 9 月 24 日第 9 版。

在中国石油 2012 年度油气勘探年会的讲话

（2012 年 11 月 29 日）

各位领导、各位代表：

开了两天会，非常的兴奋，特别我想说的，有两个高增长的天然气储量区，一个是库车地区，一个是四川的高石梯—磨溪地区。这两个都是可以实现天然气储量快速增长的。还有致密油，每个油田都在做。做的有差距，像长庆、新疆、吉林都是有规模的。新疆水平井少了点，但是地质分析做得很全面，其他油气田都有自己的亮点。我特别需要指出的是，这次会议的工程技术给我留下很深刻的印象。工程技术、物探技术的相当部分走在世界的前列。钻井和压裂技术正在迅速地赶上国际前沿的水平，很明显地大踏步地在前进。还有地质化验分析和测井部分的技术也是迅速在向国际先进水平靠近。所以我觉得我们工程技术这部分很值得赞扬，是很了不起的。

我主要有三个意见：第一个意见是突出致密油、加强致密气。为什么要突出致密油？我自己觉得，当前致密油比我们预期的想象要好得多。特别是长庆的阳平区块，打了 10口水平井，每一口试油都是 $100m^3$ 以上，平均下来 $130m^3$，到试采的时候，都是十几立方米，比较稳定，现在已经开始先期注水，致密油能注进水，那开发就落实了，而且这块资源量是很大的。所以我对致密油提三条建议。

第一要摸清资源，渤海湾对这个问题目前重视的不够，华北现在已经开始在干了，我认为致密油实际是以生油层作为中心的，跟它相关的岩石，要认认真真的研究，包括以前说的千层饼、薄互层，都是指这个类型。向新疆的同志们学习，把几个主要指标做分析，主要是 TOC、含油饱和度、孔隙度，只要认认真真地去研究，肯定情况是很不一样的。

第二要打好组合拳，我认为组合拳不是每个地方都要这么打，但是实验区一定要这么打，为什么？美国人的组合拳，第一个叫水平井分段压裂，第二个是成排列的水平井体积压裂，这个我们也在做，第三个是微地震检测，这实际上是一种体积压裂走向精细压裂的步骤。精细压裂可以在室内做好设计，到了现场，可以随时修改。进行试压，进行修改，然后才判断压裂后哪个作用最好，怎么组合成一个网状的东西。第四个是工厂化应用井，把两部钻机准时到达、分秒不差地去运用，这样就把成本降下来了，我看就这么四件事，就是要把这个组合拳打好。

第三，我最近对致密油做了一个统计，把每个油田我认为勘探程度比较高的资源量，可以转换成储量的地质资源量，加起来是 134×10^8t。渤海湾很少，只有 3×10^8t；比较高的是新疆、长庆、松辽。所以如果说我们有 134×10^8t，采收率为 10%，就是 13×10^8t，采收率为 20%，就是 26×10^8t，全国剩余可采储量 31×10^8t，支撑 2×10^8t 的生产，当然致密油不可能有那么高的采收强度，但起码可以支撑几千万吨的生产，是绝对可以的，要引起高度注意，关于致密油我就说这么一段话。

加强致密气是什么意思呢？页岩气肯定是要大干的，但是当前最重要的、最能提高我们天然气产量的是致密气，致密气可以作非常规气的先头部队。但是注意，美国人是把致密气算在非常规气资源里的，现在美国人的致密气每年 $1700 \times 10^8 m^3$ 以上，跟页岩气差不多。而且是先发展致密气，再发展页岩气。而现在把致密气放到常规气里面，我不赞成，我们一定要把致密气撇出来，把它变成非常规气。现在页岩气和煤层气都在享受政府的补贴，同时气价是放开的。

因此首先要争取把它变成非常规气，像苏里格那样的气田，我们就认为它是致密气田，也许这里面 30% 还是常规气，自然界不可能百分之百都是致密气，总有一些是高产的。只要能得到些政策的支持，就能够推动致密气前进。

下面是有感而发的一个意见：实践第一的观点是油气勘探工作永恒的观点。我们到任何一个地方去工作，肯定有一些规律性的认识来指导工作，这就叫作理论指导。但是一些创造性的认识来自何处，不是来自那些已知的理论、已知的东西，而是新发现，重大发现，我们重大技术的突破造成的发现，才让我们脑袋里产生新认识、新的想法。

所以如果要说是在什么理论指导下进行的，马上就应该反过来说一句，实践是丰富理论和认识的源泉。一定要反过来说这一句，政治上讲，与时俱进，什么叫与时俱进？就是实践第一的观点，还有说摸着石头过河，什么意思？也是实践第一的观点，在什么地方都是实践第一的。比如说我们研究美国的页岩气，我认为它主要是靠实践，我们跟踪研究了很多年，开始是打直井、直井分段压裂，然后才是水平井分段压裂。他们是从直井走向水平井的，但是有一条工艺是跟我们原来的老办法不一样的，原来是压裂一层，排列一层；而现在统统分段压裂，压裂完了一次排列，跟我们的做法完全不一样，所以节省了很多的时间。

思考为什么大的油公司落后，而小公司反而走前面，我认为页岩气勘探这么难的工作，大公司决策时肯定排到最后；但是一个小公司，就那么一块地方，它就可以整这么一块。所以有些参考意见：一个高层的决策，当然要培养你的部下要有执行力，那肯定是对的；还要培训你的部下要有创造力，你要给他实践的空间，这个实践的空间反过来可以丰富我们的认识，这就是我想说的一个意见。

我们中国人，有没有对人类油气勘探做出贡献的，我觉得也有。比如我们提出的满凹含油。我们现在理念，只要很好的生油洼陷，就可以三维地震覆盖，就可以满盆找油，我觉得这个理论全世界还不一定有。比如说现在在库车，把深度下延到 6000m 到 8000m，把碎屑岩的深度一下增大了 2000m，我认为这也是对人类做出了贡献。原来谁敢打 8000m 的井，当然这里面有很多因素，它是晚期埋藏、地温梯度很低、受到膏盐层保护。像塔里木鸡窝状石灰岩，靠地震的精细标定开发出来，我估计这么深的碳酸盐岩，这么复杂的状态在全世界也是少见的。因为这套碳酸盐岩没有孔隙度，基质孔隙度最多 2%，完全靠缝洞系统标定，这个也应该算是一个贡献。我认为我们自己也应该总结一下，对油气勘探的贡献，就像国外对页岩气的贡献一样，我们也是有的。

第三条意见，属于无稽之谈。我认为大型国有企业，完全可以走在改革开放的最前沿。现在一说国有企业，就是改革开放的主力，就是既得利益者，我不赞成，这不符合事实。

拿中国石油为例，第一，西部大开发就是调整结构，从东往西部发展，而中国石油从 1989 年就开始了大规模的西部开发，比国家提出的还要早，而且我们现在的西部开发，长庆是西部大庆，新疆是新疆大庆，这是有成绩的，还搞了一个西气东输，这叫不叫改革开放？

第二个，现在讲要绿色发展，要低碳发展。我们现在把天然气产量搞上去了，天然气今年产气已经到 $1100 \times 10^8 m^3$，进口气到了 $400 \times 10^8 m^3$，进口气中管道气是 $285 \times 10^8 m^3$，LNG 是 $160 \times 10^8 m^3$，全部就是 $1500 \times 10^8 m^3$，在全世界都是产气大国行列。如果说结构调整算不算改革开放？然后再看一看，海外直接搞了一个大庆，这也算改革开放。

我还想强调一个，长庆的同志对市场化机制的深入改革，我觉得非常重要，谁说国有企业不能领导民营企业？跟民营企业难道就是对立的？你可以把它融合进来，可以把它直接吸收进来，变成有序化的市场机制，为什么不行？为什么一定要走煤老板的道路？这没准就是中国特色。拿下致密油田，公家私人一块干，利益共享、风险共担，这都很好，我讲的这些就是有感而发，完全不成系统，谢谢！

历史回顾及展望

松辽平原早期地质综合研究工作纪实

（1987 年 5 月）

1 接受任务，做好准备

　　1956 年，燃料工业部西安石油地质调查处担负了除新疆、酒泉、四川、柴达木等几个重点探区以外的全国地质调查研究的任务。1957 年年初成立了松辽平原地质专题研究队，队的编号为 116 队，我被任命为队长，全队由七人组成。我队的具体任务是：搜集松辽平原以往地质资料及地球物理资料，整理汇编各项综合性图幅进行研究，提出该盆地的初步含油评价与下一步工作意见。地调处的地质负责人张传淦主任地质师对我说，你们的业务指导直接由石油工业部地质勘探司负责，要尽快到达北京了解更详细的情况，并听从勘探司的安排。

　　我队于 1957 年 3 月 22 日赴京，并立即到勘探司报到。沈晨副司长接见我们时说："中央领导同志提出石油工业要战略东移，要在工农业发达的地区尽快开展勘探，松辽平原面积很大，很有搞头。"新区勘探室负责人谢庆辉同志向我们交代了具体任务。勘探司还在部大楼顶层为我们准备了一间办公室。当晚，全队七名同志聚集在招待所展开了热烈讨论，大家都非常兴奋，认为任务光荣而艰巨，都表示要同心协力，努力完成任务。

　　1957 年 3 月下旬，我和副队长关中志手持介绍信，到地质部找正在北京开会的松辽石油普查大队的同志，双方非常友好地交换了意见。他们答应借给我们一份松辽石油普查大队 1956 年地质总结，我们全队七人连夜对这份资料进行了阅读和抄录，成为我队第一份手抄本资料。从 3 月 26 日起，我们开始对北京地区存放的资料和机构进行了系统的调查，包括地质部全国资料局、石油工业部资料室、科学院地质研究所、地理研究所、煤炭部、国家测绘总局等，发现松辽盆地周围地质资料丰富，内容庞杂，新中国成立前后均有。全队决定对盆地内部的资料吃光榨尽，对周边的资料从区域地层、区域构造、油气调查等三个重点入手，系统研究，将资料目录、存放地点以其对石油地质的重要性编制成册，并开始编制松辽平原及其周围地区的地质草图、勘探程度图及分地区的地层柱状图等。我们大约用了两个多月的时间，进行阅读、消化、整理，并派人去沈阳收集了东北地区的地形图。至 5 月底，这项工作基本告一段落。

　　从 6 月 1 日起，我们开始编制设计。因为东北地区野外施工黄金期早已到来，我队消化资料任务大，设计迟迟编不出来。大家都非常着急，决定晚上加班，不过星期天，终于在 6 月中旬拿出了设计和各种草图，并逐步取得了一些新的认识，明确了下一步工作方向。

2 踏勘足迹遍布东三省

石油工业部地质勘探司很快批准了我们的工作设计，并要求我们尽快到达松辽平原，与地质部松辽普查大队及物探大队取得联系，并进行密切协作。当时，我们已经了解到普查大队的队部、物探大队队部与四平市相距很近，就决定将自己的队部设在四平市石油八厂内。

全队分为两组，一组由我负责，赴野外专门调查证实油气苗，观察典型地层剖面。另一组由张成起等两人组成，继续到沈阳勘查地形图，并到四平市建立队部。商定工作计划后，我们一同从北京出发。我们组第一站是辽宁绥中，主要是勘查辽宁南部的油苗及主要的地层剖面。我们发现了广泛的油气显示，挑选了一些典型地层剖面进行观察并采集标本，如阜新盆地的侏罗系等。我们的工作路线呈南向北，广泛地穿行辽宁南部，工作虽然辛苦，但收获很大。

7月10日，我们完成了松辽平原南部周围的野外踏勘工作，来到了四平市石油八厂。他们对我们很热情，给了我们八间房，作为办公用房及宿舍。我们及时去公主岭和八面城与地质部松辽普查大队及物探大队联络，了解他们的工作进程，特别是野外工作进程，商量了共同进行野外工作的计划。松辽普查大队非常友好，考虑到工作需要，公主岭大队部分给我们一间办公室，作为我队临时办公及联系工作地点。此后，我队将主要人员搬至公主岭，少数人员留在四平继续整理消化资料。

松辽平原及周围地区的野外工作第二阶段开始了。我们与普查大队的同志们，根据工作需要，时分时合，系统地观察了白垩系，包括目前命名的泉头组、青山口组、姚家组、伏龙泉组等地层，还系统地采集了生油条件分析和储油条件分析的标本。我们沿第二松花江流域，还包括农安、九台、德惠等地区做了广泛的调查，发现这套地层的砂岩储油条件和泥岩的生油条件良好，生油泥岩普遍具油味，是程度图及分地区的地层柱状图等。我们大约用了两个多月的时间，进一个很有远景的勘探目的层，待实验室取得分析数据后，即可得到更确切的结论。这段野外工作，时逢东北雨季，衣服一会儿被雨淋湿，一会儿又被太阳晒干，道路泥泞，不堪行走。入夜"小咬"、蚊虫众多，咬得人不能入睡。我们借住在老乡家，吃的是农业社派饭。白天野外活动，背负标本，徒步赶路。入夜整理资料，又休息不好，生活是相当艰苦的，但丰富的地质成果鼓舞着我们继续前进。为了了解松辽平原西南部开鲁凹陷的含油气远景，我们单独成立了一个小组，由我带队去老哈河地区观察和测量地层剖面，并研究了附近的地质结构。时值山洪暴发，老哈河水猛涨，地层剖面正好位于驻地的河对岸。我们等了两天，水势仍不减弱，我们只好冒险涉水而过。在对岸仔细研究和测量了地层剖面，发现松花江系地层清楚地覆盖在一套火山碎屑岩之上，呈不整合接触。这是一个很重要的发现。归队时候，天色已晚，河水并不深，最深处仅齐胸，但波涛汹涌，我们几个人只好手挽手地前进。不料一个浪头打来，将雷茂文同志冲出数米以外，十分危险，幸好我的水性还好，赶忙游去将他连拉带拖到河边浅处，脱离险境。

野外工作的第三阶段，是少数同志直接去松辽普查大队野外分队参加工作，了解情况，部分同志去浅钻队了解钻井岩心情况。同野外分队的同志、地质部的同志们一起，深入到小兴安岭的原始森林之中，进行了广泛的调查。他们的足迹最远到达了我国的边境城市——瑷珲，请鄂伦春族的同志作向导，每日穿行在深山密林之中，风餐露宿，加上腐败的树叶，众多的蚊虫"小咬"，这大体就是松辽早期野外石油地质工作者的生活。我带了部分同志去浅钻队，系统地了解井下油层的生活条件和储油条件，并采集了标本。

松辽平原野外工作的第四阶段，我和少数同志去八面城系统收集与了解松辽平原的航磁图、重力图及横穿平原的大剖面，结合浅钻资料，发现松辽平原地层起伏平缓，多大型隆起显示。其余同志则分散到长春、沈阳、哈尔滨等地收集有用的地质资料。到了 10 月下旬，松辽平原北部的冬天已经悄悄地来了。我和少数同志参加了松辽勘查大队对野外分队的野外工作验收，我们系统研究了松花江系的上部地层，发现砂岩储油物理性质更好，从肉眼来看生油条件也不差，使我们从实践中产生了一个概念，$26 \times 10^4 km^2$ 的松辽平原，普遍分布了一套生储油条件均好的岩层。

松辽平原的野外地质工作，丰富多彩，人员流动分散，足迹踏遍了东北三省。丰富的地质资料充实了我们的头脑，对松辽平原的地质轮廓和油气远景的含义逐步明朗起来。10 月底，野外收工了。11 月上旬我们在公主岭、四平两地进行了阶段小结，张传淦总地质师来到我队检查了工作，然后我们返回北京。

3　辛勤的总结，乐观的结论

12 月初，总结工作全面开始。根据任务安排，我们必须在 1958 年 2 月底拿出全部的地质总结及图件。不到三个月时间，面对如此大量的资料，确实是一个十分艰巨的任务。同时全体同志也意识到我们不能拖整个松辽平原大规模勘探的后腿，要高质量地完成任务。大家讨论的结果，出路是两条，一条是抓重点，一条是加班加点。抓重点就是以石油地质条件为主线，对资料大胆处理，去伪存真，去粗取精，并发挥西安地质实验室的优势，大量使用分析数据，使结论更加科学化。在这段日子里，全队同志尽了最大的努力。因为工作量太大，特别是图件的编制。例如编制一张松辽平原及其周围地区地质图，比例尺 1∶10 万，图幅有半间房墙壁那么大。我们从接受任务时起就开始编起，到年底才编完。但清绘一张图，再用上人工颜色，又要花上一个月，而这样的图我们至少要做出一式六张，没有别的办法，只有把星期天和晚上都当成工作日，我们终于按期完成任务。

根据松辽平原优良的地质条件，总结报告提出了以下几点结论和建议。

第一，根据大量的分析资料，认为白垩系松花江系地层生油、储油条件良好，是第一位的勘探目的层，其中松花江系中上部最为有利。

第二，总结中编制了松辽平原及周围地区含油远景评价图，将松辽平原划分为三个部分，即松花江地台、双辽基底延伸带、开鲁凹陷，认为松花江地台最具含油远景，应全面注意。

第三，总结报告认为，松辽平原石油地质基本条件优越，"是一个含油远景极有希望的地区"。"积极开发松辽平原，是一件最重要的工作"。

第四，认为松辽平原 1958 年地质工作最重要的任务是：找寻局部构造，了解沉积岩厚度变化及含油气情况，开展区域勘探，积极准备基准井钻探。并强调根据松辽平原的地质特点，"应该重点重视地球物理及钻井工作"，并且认为"尽早进行基准井钻探是非常必要的"。

第五，建议在松辽平原东部及北部有零星露头地区，利用浅井进行 1∶20 万或 1∶10 万的地质调查工作，建议地球物理工作在松辽平原全面展开，包括重磁力的面积测量，地球物理大剖面，有构造显示时的地球十字剖面及有利地区的面积地球测量。

第六，建议 1958 年松辽平原钻基准井 2～3 口，并提出了具体可供选择的井位，例如建议在松辽平原北部钻一口基准井，井位可在 5 号、6 号重力高上选择。当时对 5 号重力高特别重视，评价认为"突出于凹陷之中，地位非常优越"。这个 5 号重力高，就是后来的大庆长垣的葡萄花油田。

4　新的开始

松辽平原的勘探一开始就是多兵种联合作战，搞综合性区域勘探，因此进展是十分顺利的。但是通过我队 1957 年一年的勘探实践，在与地质部两个大队的协同工作中，也清楚地认识到松辽平原的区域勘探工种并不齐全，其中最重要的是缺乏深井钻机。另外地球物理工作亟待加强，以石油地质基本条件为主要内容的，包括生油、储油、盖油、圈闭、保存条件的石油地质综合研究工作亟待加强。上述的认识和建议得到西安石油地质调查处和石油工业部地质勘探司领导的一致同意，并认为 1958 年应在松辽平原大规模开展勘探工作。

1958 年 4 月，我又回到西安。西安地调处根据石油工业部指示决定成立松辽石油勘探大队，队长由宋世宽同志担任，并决定成立五个地质详查队，分布在松辽平原的东北部，黑龙江省绥棱、绥化、望奎、青冈、兰西一带有零星露头的地区，配备 13 台手摇钻寻找储油构造。成立两个研究队，一个是综合研究队，由我继续担任队长；另一个是基准井井位专题研究队，由钟其权同志任队长。同时还决定，从全国抽调两台 3200m 乌德型钻机进行基准井钻探。上级要求我和钟其权同志立即赶回北京，由我详细介绍地质情况后，钟其权同志随即到达公主岭与松辽普查大队交换基准井井位设计。要求我对北京的地质总结工作赶快收尾，尽快赶到松辽平原开展工作。

1958 年 5 月，石油工业部决定成立松辽石油勘探处，与西安分开，直接由石油工业部领导，负责东北地区的地质勘探工作，处长由宋世宽同志担任。勘探的规模和范围进一步扩大，共组成各型勘探队伍 32 个。除上述的地质详查队、研究队外，新成立研究队四个，包括海拉尔盆地、三江平原和松西地区等，进行资料收集和综合研究工作。抽调九个重磁力队在松辽平原东南约 $7 \times 10^4 \text{km}^2$ 的范围内进行 1∶10 万详查。共配备钻机四台，其中包括两台深钻，一台贝乌 40 型钻机和一台 C-1000 型轻便钻机，另外还成立了一个地球物理资料综合研究队，抽调两个井下电测队和五个测量队，全面配合松辽平原的勘探工作。

1958 年 6 月，松辽石油勘探处进一步扩大，成立松辽石油勘探局。宋世宽同志任副局长，局机关设在长春市。就这样，勘探工作迅速地在松辽平原范围内全面展开。

5 基准井钻探

根据松辽平原严重的覆盖情况，尽早进行基准井钻探是一件非常重要的事。因为可以利用基准井尽快了解我们所指望的那一区目的层在地下深处生油、储油的实际情况，同时还可以发现新的目的层，可以根据物探在凹陷中发现的隆起显示直接找油，可以了解基底岩石的性质和年代。

1958 年 5 月初，我由北京到了长春，当时我已被通知到勘探队任地质师兼综合研究队队长。碰到钟其权同志，他的第一个消息，就是告诉我松辽普查大队在吉林前郭旗附近南 17 浅井中发现油砂，油砂虽不太好，但是它的确是一个信号。老钟还向我说，基准井研究任务很重、很急，石油工业部要求我们很快把基准井井位定下来，因为目前地质工作跟不上，原则上要把井位定在重力高上，要贯彻既探地层又抽油的原则。目前两部深井钻机立即发运，在哪里卸车是一个大问题。

松辽平原第一口基准井松基 1 井，经过钟其权等同志的努力，听取了地质部松辽大队的意见，很快确定了下来。具体井位定在松辽平原北部安达县任民镇电法隆起上。

松辽平原的第二口基准井，我和钟其权同志都主张定在扶余重力高上，即现在扶余油田东部扶余一号构造上。经松辽石油勘探局同意，电告第二部深钻机直接运往第二松花江北岸的陶赖昭火车站。6 月下旬，我和钟其权同志直接到了现场，并勘测了具体井位。但是地质部的苏联专家潘捷列耶夫也与地质部松辽普查大队同志在第二松花江南岸进行勘查，发现了登楼库构造，认为是十分有利的构造，要求我们放弃扶余井位，改为登楼库基准井。实际上当时由于地面地质及浅钻资料很少，登楼库基准井并不位于构造的顶部，而是位于构造北端倾没部分。我们为了尊重地质部及苏联专家的意见，放弃了扶余井位改钻登楼库基准井，并把已经送往陶赖昭车站的钻机重新装车运回第二松花江江南。

到了定第三口基准井的时候，双方的意见分歧就更大了。因为通过 1958 年上半年地质研究工作及基准井研究工作的展开，松辽石油勘探局几个主要地质界同志，包括张文昭、杨继良、钟其权和我都认识到基准井要钻到平原中部的凹陷中心去，而且必须钻到凹陷中的隆起上，把探油和探地层两项任务紧密结合起来，以加速工业油气流发现的进程。因此，7 月中旬在安排 1959 年工作时，我们就提出了要在大同镇电法隆起上钻一口井（即松基 3 井）。到 1958 年 8 月，地质部松辽石油普查大队正式来了一封公函，要求松基 3 井的井位定在松辽平原西南部吉林省开通县乔家围子正西 1500m 处。理由是该井 2900m 可见基岩，与松基 1、松基 2 井地质条件不同，均匀分布，急需了解南部深部地层等。松辽石油勘探局地质界的同志们不同意这个井位。正在这个时候，大约 8 月下旬，我被通知调往石油工业部勘探司工作，我很快到北京报到，8 月底上班。我遇到的第一件事，就是如何处理松基 3 井井位的处理，我与松辽石油勘探局的同志们电话协商后，于 1958 年 9 月

3 日签署了一个意见，认为松辽大队提出的第三号基准井井位有三个缺点，"井位未定在构造或隆起上，不符合基准井出油原则"；"南部已经有探井控制，探明深地层情况不是平原南部最迫切需要解决的问题"；"该点交通并不十分方便"。因此，不同意上述井位，就这样松基 3 井几经反复，最后经过充分协商，大家意见一致，终于把井位定了下来。

松基 3 井于 1959 年 9 月新中国成立十年前夕喷出了工业油流。当时我正在这口井搞试油工作，也分享了胜利的喜悦。松辽平原勘探在综合研究的基础上使用基准井钻探是十分成功的，基准井钻探为加速发现特大的大庆油田起了决定性作用，这在世界石油勘探史上都是罕见的。

本文摘自《大庆油田的发现—大庆文史资料第一辑》，黑龙江人民出版社，1987 年。

对地质部《关于松辽平原第三号基准井井位位置函》签注意见书

（1958 年 9 月 3 日）

【背景介绍】1958 年 8 月 4 日，地质部松辽石油普查大队向石油部抄送了《关于松辽平原第三号基准井井位位置函》，指出"第 3 号基准井位置经我队和长春物探大队研究，最后确定在吉林省开通县乔家围子正西 1500m 处"。1958 年 8 月底，时任松辽石油勘探局综合研究队队长邱中建被调往石油工业部地质勘探司，专门负责松辽勘探事务管理。9 月 3 日，由于邱中建和松辽勘探局地质界的主要骨干都反对，石油工业部勘探司邱中建、谢庆辉对松辽普查大队提出的基准井井位签注了反对意见，并坚持将井位定在大同镇电法隆起上的提议。

地质部松辽大队提出的第 3 号基准井井位有下列缺点：

（1）井位未定在构造或隆起上，不符合基准井探油的原则。

（2）南部已经有深井控制，探明深地层情况不是平原南部最迫切需要解决的问题。

（3）该点交通并不十分方便。

因此，我部不同意上述井位，松辽石油勘探局也不同意松辽大队提出的第三号井位，并照东北物探大队匈牙利专家协商结果，第三号井位应在泰康附近的电法隆起上，该井基本深度 2600m 左右。此意见已由松辽勘探局直接回复联系，我部不再函商。

邱中建　谢庆辉

1958.9.3

记松基 3 井试油

赵声振

（1987 年 5 月）

正当国庆十周年喜庆的日子将要来临的时候，传来了松辽盆地石油勘探的好消息：在面积广阔的大同镇长垣一个局部高点（高台子构造）上打的第一口基准井——松基 3 井，在钻井过程中发现了多层油气显示。大约在 1959 年 8 月中旬，松基 3 井的录井、测井等资料送到了石油工业部。当时康世恩副部长和唐克司长召集了地质勘探司一些同志研究了这些资料，确定了完井和试油的大体方案。这两位领导同志要求我们这些当时年仅二三十岁、经验还不多的同志一起解放思想，到现场去把这口井的完井和试油工作搞好。的确，从测井资料看录井中有油气显示的层位并没有很好的、突出的测井显示，尤其是下油层组（井深 1359～1380.5m，后来叫高台子油层）的横向测井曲线是锯齿状的，只能勉强地根据三个不明显的"小尖子"解释出三个小油层，每层厚度只有 0.5～0.6m，合计厚度仅1.7m。这样的油层值不值得试油呢？大家认为：对于一切油气显示决不能轻易放过，对于还有可能存在的其他薄油层，可以用长排列的射孔弹（通俗叫作"排排炮"）来"解放"它们，就是说把排排炮对准全部锯齿层位，把那些"小尖子"统统射开，进行试油。这样试完了下油层组之后，再射开上油层组（后来叫葡萄花油层）进行试油。在确定了射孔、试油方案之后，领导要求我们必须把各项试油工作做得十分彻底，要克服困难尽量取全取准各项数据资料。石油工业部和部地质勘探司领导责成我和邱中建、蒋学明及北京石油学院樊营同志组成试油工作组奔赴现场帮助工作。临行时，部有关领导同志又向我们嘱咐：一切工作要抓紧，各项措施要扎实细致，数据资料要齐全准确，争取在国庆前能得出初步试油成果，一定要同基层工人群众搞好"四同"，即同吃、同住、同劳动、同商量；还要求我们在试油过程中每天向部里发个电报，每星期还要写信汇报。这些思想上的启发、工作上的指导、作风上的要求和具体工作的规定，对我们当时缺乏经验和锻炼的青年同志来说确实是很重要的。

8 月 20 日左右，我们先到长春松辽石油勘探局报到，又到黑龙江安达县见了勘探大队领导，一起讨论了工作方案和措施。8 月 24 日，我们离开安达到大同镇，然后赶到松基 3 井。过了两天，玉门石油管理局钻井总工程师彭佐猷带着助手杨宗智来到井场，就固井工程的技术组织措施进行了全面指导和安排，并向全井队交了底。8 月 27 日在彭总工程师的指挥下，进行了固井作业，在现场的人员都动员起来参加了各种具体工作。最需要劳动力的工作是把 50kg 重的水泥袋子从堆场扛到水泥漏斗的平台上，割破袋子把水泥倒进漏斗。我们从部里来的工作组全体同志都参加了这项劳动。松辽石油勘探局宋世宽副局长也带领局里下来的一些同志参加了扛水泥的劳动。当时参加劳动的人手多，劲头足，再加上工序措施明确，固井作业进行得很顺利。各项固井技术指标，如水泥相对密度、替入钻井液流量速度，以及上下木塞碰压等，都合乎技术要求，因此固井质量是好的。

固井后的试油作业仍由原钻井 32118 队承担。8 月 28 日起，我们工作组与井队长包世忠、乔汝平及司钻等班组长建立了工作碰头制度，一起研究技术组织、措施，并进行安排落实。我们部里来的人都住在井场干打垒值班房的里屋，随时可以到井上了解情况，并同井队研究问题，十分方便。松辽石油勘探局的地质师张文昭、钟其权、焦亚斌等在抓局里的面上工作之外，也常来井上了解和参与试油工作。后来还有局里派来的朱自成、赖维民、金祖喻也同我们一起参加了试油工作。井队的和局里来的同志工作积极认真，他们同部里来的同志拧成一股劲，使试油工作能够协调地、和谐地开展起来。

但是，刚刚着手试油准备工作，不少困难就冒出来了。在制订具体试油作业的技术组织措施时，碰上了这么几个问题：

（1）应装在 219mm（$8^5/_8$in）套管口上的采油树底法兰缺失，没法安装采油树这个试油的关键设备；

（2）松辽石油勘探局没有试油的抽子及胶皮环，一切设计、加工、创造等都得从头做起，这实在使试油工作等不及；

（3）井场没有试油计量器具，要就地设法解决；

（4）松辽大草原上雨季未过，道路泥泞不堪，交通困阻，人员往返和器材运输很费时间，这就迫使我们考虑一切措施只能因地制宜、因陋就简。尽管如此，我们还要尽力去争取试油工作的质量和效率。

在这些问题面前，有的同志说，试油所需要的器材设备要由松辽石油勘探局准备好了送来，恐怕得等个把月，也许国庆十周年前拿不出初步试油成果了。这番话倒也促使我认真想了想：在这样的工作条件下，要如期完成试油任务，到底应该先抓哪几件事情好？我们大家商量后确定先抓紧办好这么几件事情。

（1）由蒋学明和邱中建抓 58～65 射孔弹和 57～103 射孔枪的试验工作。

（2）由我了解一下井队的保养车间现有的车、钳、锻、焊的技术、设备和器材，想个土办法就地自制井口大法兰。

（3）由邱中建和局里来的地质工作人员负责研究：如果下油嘴试油时把清水替入井筒之后井不能自喷，那么采用提捞法进一步试油，有没有引起难以收拾的井喷的危险？

（4）如提捞法可行，就要尽快准备，由我到废料堆去找材料，因材设计制造捞筒。

（5）由地质方面的同志协商负责取全取准资料数据，准备好可用的试油计量器具。

第一件事，由蒋、邱两人组织测井队和钻井队工人挖了试验坑，下入了一段 219mm（$8^5/_8$in）套管，埋入地面以下长度 1.5m，管外灌注水泥环厚 330mm，先试射了 4 发 58～65 射孔弹，进行射孔观察后又试射了 10 发 57～103 射孔弹。两者射孔比较结果：58～65 射孔弹较好，没有引起套管与水泥环的裂缝和变形，而且穿透深、孔径大、操作效率高，因此决定选用它射孔。此外，试油工作人员还同射孔队一起仔细地丈量了两次放炮电缆长度，要求电缆下井深度准确无误，务必保证射孔能瞄准所有可能的薄油层。射孔队还把 104 发射孔弹分为三段排列好，细致地捆扎在射孔弹架上，并对下入射孔弹深度的操作和控制进行了演习。

第二件事，我在井场上找到了一块 25.4mm（1in）厚的钢板，并设想了一个用气焊割下大、小两个环形钢板焊在一起制造大法兰的土方法。这个办法可以先把小的环形钢板用车床加工好，车好钢圈槽，克服了小车床加工不了大法兰的困难，然后把大的环形钢板钻好螺丝孔，再同小的环形钢板合在一起进行焊接；在焊接能把大、小两块环形钢板连同钢圈都预装配在采油树的法兰上，对称拧好 6 个螺丝，确保钢圈、环形钢板和螺丝孔对中完全一致。这个办法提出来后同保养车间的技术员和工人师傅们一起商量，他们都认为可行。电焊师傅还补充提出：先进行多次反复的对称点焊，然后完成周圈电焊，避免环形钢板的变形，确保法兰的密封性。这些办法看来已经使方案变得更完善了，大家就抓紧实施。第二天，这个原来认为在井场不可能自制的井口大法兰就造出来了。第三天这个大法兰装在井口上，并在它上面安装了采油树，然后进行了清水试压。试压压强达到了 72 个大气压，法兰处没有渗漏，经 30min 压强下降未超过 3 个大气压，符合技术标准，表明套管、井口大法兰及采油树的密封质量合格。

第三件事，邱中建等地质工作者研究认为，从下油层组的油气显示情况和油层特点来看，它难以自喷、大喷，对它采用提捞法试油是不会出现不可收拾的乱子的，因此应当积极准备提捞手段和措施。同时，他们还研究出了一套在提捞过程中取全取准资料数据的方法、要求及组织措施。

第四件事，我在废料堆里翻腾，终于找到了一根约 13m 长，101.6mm（4in）直径的管子，以及其他配套废料，看来还都适用。我因材制宜地设计了一个提捞筒，并找了车间工人师傅商量，他们认为可行，也容易创造，果然在第二天就造出来了。

第五件事，大家准备了两个废油桶，还请车间用钢板焊制了一个 200L 的计量池。钻井队采取了一套用来表示捞筒下入深度并在钢丝上作标志的办法。

这五件事都办好了，看来准备工作已经就绪。1959 年 9 月 4 日至 5 日，钻井队把井筒内的泥浆替换成了清水，起出油管，把绞车的钻井用钢丝绳换成了 15.8mm（5/8in）的 2000m 长的试油用钢丝绳。9 月 6 日在清水压井的条件下，把下油层组分三段（1357.01～1361.44m、1367.96～1372.44m、1378.12～1382.44m）进行了射孔。根据电测解释每段的油层厚度仅 0.5～0.6m，三段合计 1.7m。我们采用的每段射孔弹排列长度达到 4.32～4.48m，合计达到 13.28m，目的是把电测显示为锯齿状的可能的小油层都能射开，这个作法起了个名字叫作"排排炮射孔"。

正如预期的那样，在射孔后井内液面未见动静，就立即准备提捞。9 月 7 日开始用捞筒进行捞水，到了 9 月 8 日捞出的水里有少量油。后来再继续捞水，井内的原油越来越多。这时候石油工业部领导来电及时指示我们必须把井筒里的水先彻底捞干净再求产，不要见了井内有点油，就捞油求产。根据这个指示，我们坚持捞水。这个工作看来简单，但干起来是很艰苦的。我们当时日日夜夜在井口工作，被提捞钢丝绳上洒下来的原油淋得满身油污，当时又没有劳保服，油衣服替换不下来。有一次宋世宽副局长来看我们，见了我就说："你怎么成了一个油人了。"不过我当时觉得更艰难的事有两件：第一件是在井内原油下面捞水，怎么才能弄清楚液面和油水界面的变化情况，既要提高提捞效率，又要取得确切数据资料，第二件是当捞筒加深下到井内射孔部位时，如何防止发生捞筒被卡和 1300m

钢丝绳打钮，甚至捞筒落井等事故。

关于第一件事，不少同志提出了一些办法，实验结果很费事，数据也不大准确。我把实验情况小结了一下，觉得还是应当搞一个可以就地制造的"探测仪"，把油面和油水界面探测清楚。我设想利用空气与原油的相对密度不同，以及原油和水的电阻率不同，设计创造一种液面探测仪，利用的材料只是一个圆木柱，一个长铁钉，一块圆铁皮，两根细电线，二三米长的粗钢丝。设想的制作方法也很简单，我画了一张草图，与金祖喻同志商量，他表示赞同，我们很快地在保养车间师傅们帮助下搞出了一个"液面探测仪"。这个探测仪先在地面上做实验，结果反应很灵敏。当仪器处在空气中时，电阻读数为零，当它进入原油中向下移动时，电阻读数极大；当它进入水中向下移动时，电阻读数极小。这些实验结果使大家很高兴，后来"液面探测仪"下井使用效果也很好，可以准确地确定捞筒应该下的合理深度，从而提高了捞水效率，同时也提高了各项有关数据的精确度。

关于第二件事，尽管在操作上采取了一些措施，但还是发生一次严重的钢丝绳打扭事故。由于钢丝绳打扭造成了一些大疙瘩后，无法通过天车，井内还有 1000m 以上钢丝绳带着捞筒没有提出来，怎么办？有的同志提出用锚头绳把井内钢丝绳一段一段提上来，有的同志提出用汽车拽钢丝绳跑出去 1000m 以上把捞筒提上来，我也提出了一个办法。我们将三个办法都交给井队司钻及工人们，请他们商量选择。他们认为我提出的方法在保证操作安全上较有把握，于是同意采用。这个办法是比较简单易行的，先用钢丝绳套、绳卡和铁杠把井内的钢丝绳挂在井口，然后把井外的钢丝绳打扭部分全部剁掉，再把好绳的两个头换成两个套在一起的绳，使得断开了的钢丝绳两个头换成两个套在一起，而且又可以通过天车。司钻和工人认真进行各项操作，终于排除。这件事故本身倒变成了一件好事，深刻教育了全井队的工作人员，大大提高了安全操作的责任心，使大家感到起下去捞筒，绝不能简单对待，草率从事，符别是通过 1000m 以上的稠油柱到油下面捞水时，在一定条件下钢丝绳会严重打扭，甚至会引起更大的事故。我们和井队同志一起总结了事故的经验教训，制定并实施了一套下放和上提捞筒的安全操作措施，以后事故就再也没有发生。

各项试油工作走上了正轨之后，进展顺利，到了 9 月 20 日，经过 14 天的提捞，最后捞筒下入深度已越过射孔段的底部，并捞出了水泥碎屑和一个螺母，这些都证明已经捞到了水泥、泥浆等沉积物充填井段的顶面。9 月 21 日至 25 日，我们进行了定深提捞求原油日产量，然后又用自制的液面探测仪测定原油液顶上涨速度，折算求日产量。并且，还用这个探测仪进一步探明了井下不产水。在这之后，开始了关井、憋压、开井，放喷、求产的正规试油阶段。

在上级正确领导和支持下，全体在井场的工作人员，克服了种种困难，凭着坚韧不拔的意志和日日夜夜的辛勤劳动，进行了 20 天紧张的试油工作，终于使全国当时最大的长垣构造上的第一口深井，在国庆十周年的前 4 天喷出了工业性油流。这是我们石油工业广大职工向国庆十周年的献礼。当时第一次开井试喷用 21mm 油嘴，出油 12.3m³。以后几次开井放喷，凡试用的油嘴在 8.5mm 以上时，喷油都是间歇的，当油嘴为 5~8.5mm 时，喷油大体可以连续，但班产量有波动，稳定班产量为 4~4.6m³，日产量为 12~13.5m³。当时井场缺油气分离器，只能目测伴生气产量，看来油气比很小。这次试油结果告诉了我们：

下油层组尽管电测解释很差，也有自喷工业性油流的实际可能。这个结果也促使了我们以更高的期望，用更大的努力，去做好上油层组的试油工作。

1959年10月7日，上油层组的试油准备工作全部就绪，同时也就结束了下油层组的试油工作。10月8日至15日向井内替入清水。洗井循环后注入水泥塞，封堵了下油层组，候凝之后进行试压合格。10月16日至17日，在泥浆压井条件下射孔，然后替入清水诱喷，未获结果。10月18日至26日采用快速上提拍子的办法进一步诱喷，坚持连续抽了9天，发现仍难把井内的压井水抽干净，虽然可以抽出原油，但仍没有喷势。10月27日至31日，我们决定把原油打到井内，把压井水全部替出来。先打入冷油，还是没有引起较强的喷势，后来又把原油加热再打入井内循环，开始有了较好的喷势，就关井憋压。11月1日至6日开井试喷，用9.2mm油嘴，原油班产量13m³左右，日产量约40m³。用7.5mm油嘴，原油班产量8～9m³，日产量25～28m³。油气比用油气分离器及孔板测定为21.6～27m³/m³。上油层组试油实际结果与下油层组试油结果相比，无论从喷势、班产与日产量、喷油的连续状况，以及油气比来看，都有很大差别。特别是上油层组的原油产量要高出一倍多，目测的伴生气产量明显地大，喷油劲头也相应强得多。这些客观现象表明两次试油结果确有很大不同，它们是从两个不同的油层得到的，并且固井质量是好的，套管外水泥没有布槽，使两个油层连通为一体的可能性并不存在。

两个油层都能喷油，尤其是下油层组在录井、测井过段中显示那么差也能喷出工业性油流，这就展示了巨大的大同镇长垣构造勘探开发的光明前景。松基3井的试油成果是从大同镇长垣升起的第一颗耀目的信号弹，它预示着一场波澜壮阔的石油大会战正在开始酝酿和发动之中。

本文摘自《大庆油田的发现——大庆文史资料第一辑》，黑龙江人民出版社，1987年。

渤海湾盆地石油勘探六个突破口的提出

——对 1960 年地质部和石油工业部
联合召开的天津会议的回顾

（1988 年 1 月）

1960 年 9 月，石油工业部和地质部在长春联合召开了一次会议，主要讨论了大庆油田发现以后松辽平原的石油勘探问题。在会议快结束时，由石油工业部康世恩副部长和地质部旷伏兆副部长商定，1960 年冬天，在河北天津继续由两部联合召开一次会议，讨论华北平原石油勘探方向问题，后来即称为"天津会议"。

1960 年 11 月至 12 月间，会议在天津市河北宾馆举行，石油工业部由勘探司副司长沈晨带队，勘探司邱中建、蔡陛健同志参加，石油工业部所属华北石油勘探处由高文惠副书记带队，安培树、葛榕、马在田等同志参加。地质部由旷伏兆副部长带队，孟继声、田实斋、关士聪等同志参加，地质部所属华北石油普查大队及物探大队的领导及技术负责同志多人都参加了会议。

会议期间，地质部华北石油普查大队及物探大队报告了华北石油勘探情况及勘探方向，同时，石油工业部华北石油勘探处也报告了华北石油勘探情况及勘探方向。当时华北平原石油工业部已钻探了七口基准井。第 7 口基准井华 7 井刚完钻，该井位于临盘地区的沙河街构造上，首次在古近系发现了一套数百米厚的深灰色泥岩生油层（后来命名为沙河街组），这一新成果报告后，引起当时在场的地质家们的极大兴奋，进一步肯定了华北平原有优良的油气远景。经过反复讨论，认为勘探有利地区应该进一步向渤海湾沿岸发展。当时地质部物探大队已发现东营、羊三木等构造。沈晨副司长连夜组织石油工业部参加会议的全体同志讨论下一步的工作安排，并亲自进行了小结。在大会上由沈晨同志提出：华北平原已到了发现油气田的前夜，应在渤海湾沿岸选择最有利的构造进行钻探。根据松辽盆地发现大庆油田甩开钻探的经验，首次提出了六个突破口，自南而北为东营、义和庄、羊三木、塘沽、营口、马头营等。得到了大部分与会同志的赞同，特别旷伏兆同志十分赞同这个提法。在会上进行了分工：石油工业部用华 7 井的钻机立即钻探东营构造，地质部首先钻探羊三木构造。会议结束后，石油工业部很快钻探了东营构造。

1961 年春天东营构造东营组发现油砂并获得工业性油流，发现了胜利油田，揭开了华北石油勘探史上新的一页。20 多年过去了，渤海湾形成了我国著名的油区，沈晨同志的建议在石油发展历史的道路上留下印痕。

本文摘自《石油知识》，1988 年第 1 期

关心知识分子

——怀念张文彬同志

（2006 年 5 月）

1 向邓小平总书记汇报

1965 年 11 月，会战指挥部已从成都搬到了威远的红村，以威远气田作为根据地对四川盆地进行广泛深入的勘探。我当时任地质指挥所的地质室主任，张文彬同志是石油工业部副部长兼会战领导小组组长。有一天，张部长的秘书告诉我说："你要准备一下，最近有一个重要的汇报。"当时我并不知道给谁汇报。张部长指示我把威远气田附近的井资料做一些准备，还要对"地宫"资料做些准备，让首长参观。我开始准备岩心等资料，红村有一个现成的"地宫"，稍加整理充实就可以了。汇报前一天下午，我突然接到通知，让我们连夜把岩心等资料搬到威远基准井（威基井）的井场上，我被告知中央有一位领导同志要来。并告诉我带上资料做好准备，陪同张部长去汇报。后来我才知道由于红村拐弯的道路太多，不太安全，负责警卫的领导同志提出，希望安排首长到一个气井井场去视察。于是张部长连夜决定在威基井汇报。

11 月 9 日上午，10 余辆轿车从自贡方向来到威基井，时任中共中央总书记邓小平神采奕奕地走出车来，这时我才知道是总书记来视察，紧接着是国务院副总理李富春和薄一波，他们在西南三线建设委员会主任李井泉、副主任程子华等的陪同下，视察威基井。

到达井场后，请邓小平总书记等首长观看气井放喷。平时井场上放喷，管线是平的，火焰贴着地面喷涌而出。为了便于首长们观看，我们连夜改装管线，将管线弯曲向上，让放喷的天然气冲向天空。当时有（6~7）×$10^4 m^3$ 气，点着后，烈焰腾空，火舌高达 30~40m，熊熊火焰映红了参观者的脸颊。看完放喷后，总书记一行听取会战指挥部的工作汇报，指挥部参加这次汇报的除了张部长外，还有副组长张忠良同志和我。张部长亲自汇报，他准备的汇报稿简明清晰，主要汇报 1965 年 5 月份四川石油会战以来的一些工作进展，着重汇报威远气田的现状和前景。总书记观看了放喷，又听了威远气田的情况，非常高兴，认为大家找到了一个大型的天然气田，希望大家还要找更多的油田和气田，还要找油找气，为三线建设出力。总书记最后还提了两个问题，一个问题是产气地层的年龄，由于我是学地质的，所以由我回答，我告诉总书记这是寒武纪以前的震旦纪地层，距今 5 亿~8 亿年。另一个问题是威远气田和法国的拉克气田相比哪一个大？幸好我知道拉克气田，于是我就告诉总书记拉克气田更大一些。我准备的其他材料都没有用上。听完张部长的汇报后，总书记在威基井观察了岩心，详细地询问了各种地质资料、构造图和井位部署图。

2 继承大庆传统，十分重视第一性资料

1965 年 5 月，我从胜利油田会战指挥部调到四川，参加四川石油会战。当时四川石油管理局有一个勘探处，后来会战领导小组成立了地质指挥所，下设一个地质室。于是将勘探处和地质室合并成为一个地质室，既抓生产又抓科研，由我担任室主任。张部长对勘探资料抓得很细，几乎每天都要了解勘探进展情况，他是一个工作非常认真和严格要求的同志，非常注意抓第一性资料。1965 年 7 月下旬，威 2 井发现天然气，但是产量很低，只有 $1 \times 10^4 \mathrm{m}^3$ 以上。张部长不相信产量会这么低，他说："这口井产量为什么这么低呢？要进行酸化、压裂改造。"于是张部长把我找去，对我说："小邱，你组织一个工作组到威 2 井上去蹲点，亲自去办。通过酸化压裂，想法把产量搞上去，要不然威远气田的情况很难判断。"我到了威 2 井以后，每隔两天就向张部长汇报一次，他主要是要求我们第一性资料必须确实可靠。我代表地质室和井上的同志们一起商量如何开展工作。我们这个工作组有六七个人，有负责地质的、测试的、酸化压裂的，都是技术骨干。通过酸化压裂，威 2 井日产量上升至 $30 \times 10^4 \mathrm{m}^3$ 以上。后来又进行了一次大型酸化压裂，日产量增至 $72 \times 10^4 \mathrm{m}^3$，抓住了一个"气老虎"。但是张部长很不放心，他对我说："数据一定要准确可靠，要进行连续试采，看看产量是否稳得住。"我们连续试采了一个星期，威 2 井每天的产量都是 $70 \times 10^4 \mathrm{m}^3$ 以上。于是张部长让我回去。我连夜赶回成都指挥部，从头到尾向张部长详细地汇报了酸化压裂和试采情况。听完汇报后，他才放心。随后，石油工业部组织了一个电话会议，张部长专门向康世恩部长汇报，说威 2 井的天然气产量是靠得住的。在我回指挥部的时候，威 2 井关井了，由于该井天然气中硫化氢含量很高，管线受到腐蚀而破裂，井场上弥漫着硫化氢，如果处理不好，那是要毒死人的。当班的司钻王信武同志，非常勇敢，鼻子上捂着湿毛巾，带着人冲上井场，关住了井口，切断了气源，没有酿成大乱。张部长非常感动，将王信武同志树为"战区标兵"，说王信武同志"一不怕苦，二不怕死"。

当时认为控制震旦系白云岩储层的主要因素是风化作用，风化淋滤使震旦系产生了大量的缝缝洞洞。张部长对我说："你们能不能把寒武系和震旦系交界的岩心取一段上来，看看风化淋滤程度到底如何，能不能把第一性资料拿来，给专家和同志们看看。"于是他派我到威 3 井去蹲点。我和井上的地质员商量如何准确地确定风化面的位置。但是当时没有地震资料，只能依靠邻井的地层资料，而相邻的只有威 2 井和威基井，资料很少，难度很大。我们利用威 2 井和威基井的地层对比资料，从上往下一层一层地卡层位，根据岩性确定风化面的位置，尽可能不要打穿风化面，钻至 3000m 左右的时候，我和地质员商量来商量去，觉得差不多了，大家同意试取一筒岩心。结果我们的运气很不错，第一筒就把寒武系和震旦系的交界面取上来了。那时正好是半夜，我在值班室整理材料，没有上钻台，地质员兴冲冲地跑来对我说岩心取上来了。岩心一边是黑色的岩石，属于寒武系，另一边是白色的白云岩，属于震旦系，岩心相当完整，收获率是百分之百。我马上向张部长

汇报,他听后非常高兴。当时他正在泸州参加地质座谈会。他说:"你们要想办法把岩心运到会场上来,我要当众给大家说一说。"我怕井上出事,所以没有去泸州,让地质员负责运送岩心,并去说明情况。张部长在会上大大地表扬了威3井的地质工作,说:"地层卡得很准,工作做得很细、很认真,一下子就把岩心取上来了,让我们直观地看到了风化面的情况。"他给地质员戴了大红花。张部长拿这件事来鼓舞大家,这对于会战起到了很大的激励作用。

我体会张部长继承了大庆会战的传统,抓第一性资料,抓地下的地质情况,非常严肃认真,而且一丝不苟,抓住不放。这是大庆精神的继续和发扬。

3 海洋对外合作,中方平行研究

1978年,党中央决定引进外资和技术勘探开发我国海洋石油资源。1979年石油工业部除其他海域外,还特别在南海珠江口盆地划出四个区块,引进外资进行大规模地球物理勘探工作,所需资金由外方承担,每个区块均由外方当作业者。中方承诺地球物理勘探工作结束以后,将拿出一部分地区进行招标,这些地区是根据地质条件的好坏搭配,参加地球物理勘探工作的外国石油公司享有投标权。当时珠江口盆地先后云集了九条地震勘探船。

为了了解外方地震工作的进程和中方驻各石油公司小组的工作状况,主管海洋石油勘探工作的张文彬副部长放心不下,决定派出一个工作小组,进行一次中期检查。于是1980年年初派出以南海东部公司书记邹家智同志为组长的小组到美国和新加坡了解各外国石油公司的工作情况,组员有我、谢剑鸣、马在田、陈祖传、林克喜。我就是从这时开始正式接触海洋对外合作石油勘探的,估计是张部长有意识地让我到海洋了解情况,便于今后工作。我们这个检查小组在国外工作了一个多月,一个星期检查一个区块的工作,和各外国石油公司进行交流,非常细致地了解地震数据采集处理进展情况,同时了解我方驻外小组工作和思想情况,还认真了解各石油公司对我们的态度。

回国后,我们向张部长详细地汇报了检查的结果和了解到的情况。听完汇报后,张部长做出了重要决定,他决定在石油系统调集一批勘探研究骨干,让他们和外方同时平行地做珠江口盆地的地震解释和地质综合研究工作。这批人大概有120人,分别来自物探局、华北油田、长庆油田、大庆油田、辽河油田、大港油田和北京勘探开发研究院、南海石油勘探指挥部等,还邀请了少量的地质部的研究人员。为了便于管理,成立了一个技术领导小组,由我担任组长,龚再升、王善书和陈祖传任副组长,暂时挂靠在地质勘探司。我们在涿县(今涿州市)物探局招待所办公和生活。对于张部长这个决定,当时也有一些不同看法,有些同志认为外国公司已经投入了大量的人力和物力进行研究,我们再和他们进行同样的工作那是浪费。现在回过头来看,我觉得张部长的这个决策是非常英明的,当时如果我们不进行研究,那么我们的工作就很被动,就会被外国公司牵着鼻子走。因为30多家外国公司都在研究那个地区,工作有粗有细,情况不完全相似。例如,几个外国公司做了同一个地区的构造图,结果差异很大,如果我们没有做解释和研究工作,那就无法判断哪个公司的结果更可信。只有我们自己研究以后，才有依据去判断别人的对错，才知道如何划分区块进行招标，事实上，这项工作成为招标的关键动作之一。同时，通过平行研究，相互交流，我们从外国公司学到了很多先进的技术，如地震处理包括一些特殊处理、油气资源评价、地震地层学、圈闭商业性预测等，创建和培养了一支海洋石油勘探研究队伍。在研究过程中，石油工业部决定将我们这批人成立海洋油气资源评价所，挂靠在物探局。1982年成立中国海洋石油总公司，我被调任总地质师。后来评价所就变成了海洋研究中心，它是现在中国海洋石油总公司海洋研究中心（高碑店）的前身，由龚再升等同志负责。评价所成立后，有的同志由于家里有各种困难，想回到原来的工作单位，我们想把他们留下来，集体转入海洋石油总公司工作。但是确实存在很多困难，例如，有的同志把家接过来了，没有液化气烧，因为当时液化气非常紧俏，要靠关系才弄得到。为了解决液化气，我专门回到北京，请求张部长帮忙解决。我向张部长汇报完后，张部长说："你是个读书人，读书人亲自来跑液化气，这个不行，我想办法帮你们解决。"张部长很快在我的报告上批示，并亲自给相关部门打电话，指示他们要保证评价所的液化气供应。

我在张部长的领导下工作，在点点滴滴的工作细节中，我了解了张部长的为人和坦荡胸怀，非常钦佩。他对我们这些知识分子，不管大的和小的，都非常信任，非常器重，而且非常关心，委以重任，严格要求，使我们能够不断进取。他是海洋石油对外合作事业的奠基人之一，正是他的长远目光，为我国海洋石油的对外合作事业培养了一大批人才和干部，铸就了海洋石油的今天。

本文摘自《张文彬创业记》，中国文联出版社，2006。

向深蓝进军

——看我国早期海洋石油资源对外开放

（2019 年 5 月 17 日）

题记：中国是最早勘探石油和天然气的国家，2000 多年前就开始用钻井的方法开采地下石油，但海洋石油工业却起步很晚。1896 年，美国开始海洋油气开发试验；1947 年在墨西哥湾首次用钢制钻井平台钻出世界上第一口商业性油井；随后世界范围内涌起勘探开发海洋石油热潮，而我国海洋石油工业依然一片空白。直到 20 世纪中叶，在国内陆上油气勘探取得重大突破之时，石油人也将目光投向了大海，开启了海洋勘探开发的征程。作为早期海洋石油资源对外开放的参与者与见证者，本期嘉宾中国工程院院士、中国石油天然气专家邱中建将讲述那波澜壮阔的峥嵘岁月。

1 海洋油气资源对外开放开辟工业战线首个改革开放"试验区"，全球 40 多个石油公司参与南海石油资源勘探开发大会战，打开了我国海洋石油开发的局面

海南岛的西南部莺歌海一直流传着有油苗和气苗的存在。20 世纪 50 年代中期，中央在全国范围内开展了一场找矿运动，群众找矿报矿的热情空前高涨。莺歌海附近的渔民出海时发现海面经常冒泡，于是就上报这里有油气苗。

1957 年，地质工作者在海底水深 15m 处利用排水取气法收集了气苗，且能够燃烧，从而证实了气苗的存在。从此，我国南海名声大噪，开启了海上找油征程。没有成熟的技术，没有成熟的装备，人们就用非常原始的"三角井架"和冲击钻方式在海上打了两口井——英冲 1 井和英冲 2 井，都见到了油气显示，两口井一共捞了 150kg 油。这是海上第一次真正出油。

1960 年夏天，我国成立了第一支海上物探队。到了 1963 年，石油人尝试探索南海北部湾的涠洲岛，在岛上打了涠浅 1 井，但一直打到 1164m，进入变质岩基底，都没有油气显示。1964 年，又尝试浮筒钻井的方式钻海 1 井，仍然一无所获。后来，又在深度相似处打了海 2 井，还是没有收获工业油气流。总的来说，早期南海油气勘探开发没有什么实质性进展。

渤海油气探索紧接着开始。1965 年 10 月，石油工业部在天津召开会议，专门研究"下海"方案，就是渤海方案。1966 年 4 月，渤海成立了第一个浅海地震队，次年完成了 2500km 的地震测线，绘制了渤海南部第一张构造图。这个图上显示渤海海域有个隆起，大家都认为可能会有好苗头。

1966 年 1 月，海洋勘探指挥部成立，归属于现在的大港油田，同年还建成了我国第一座固定式钻井平台。1966 年年底，渤海第一口井海 1 井开钻，次年 6 月出油，当时日产油 35.2t，产气 1941m³，这就是我国海上第一口工业油流的油井。此后，渤海开始用自营的方式开展勘探工作，发现了一些规模不大的油田。1975 年的 7 月，渤海第一座产油平台"渤海 4 号"正式投产。1978 年我国海上原油产量为 16.8×10⁴t，产量基本都来自渤海。1972 年的 9 月，周恩来总理提出要重上南海。康世恩同志非常重视，1973 年 2 月，成立燃料化学工业部南海石油勘探筹备处，为重上南海进行准备，包括从国外引进了"滨海504"地震船和在新加坡订造"南海一号"自升式钻井平台。1977 年，"南海一号"开钻，打了英 1 井，没有获得突破，转战北部湾打了一口湾 1 井，终于出油了，日产油 50.5m³、天然气 3537m³。

从 1960 年南海首次油气作业到改革开放前夕，这 18 年间，我们在海上找油的愿望很迫切，但进展比较缓慢。原因主要有三个：缺资金、缺技术、缺装备。

改革开放初期，受美国邀请，经中央批准，我国派出了一个由 17 名石油领域领导和专家组成的代表团前往美国进行了为期 25 天的考察。

1978 年 3 月 26 日，代表团向国家领导人汇报了对美国石油工业先进的技术、管理和装备等状况的考察，并转达了美方希望通过合作的方式进行海洋勘探开发的意愿。石油工业部建议，可以在指定的海域进行合作勘探开发，我们购买外国的设备和雇用国外的技术人员，采用分期付款的方式，以原油来偿还，以此加快海上石油开发。这个建议得到中央首肯，为后来的海洋石油对外合作开放奠定了良好基础。

既然决心要走开放合作的道路，那该采取什么样的合作方式？经过深入的了解、谨慎的分析，大家都认为石油国际合作普遍的使用的风险合同是最好的合作方式。特别是签订风险合同前期的准备工作，地球物理勘探方面，世界各资源国普遍采用划出一定海域面积、投标者按要求进行工作、费用自理、资料共享、资源国承诺拿出部分面积进行招标的方式。这种合作方式党中央国务院也表示同意。

于是，在石油工业部张文彬、秦文彩两位副部长主持下，一场声势浩大的海上地球物理大会战开始了。我国从南海及南黄海海域先拿出 32.6×10⁴km² 的海域面积交由外方作业，来自全球 40 多家石油公司参与了这场会战，并由各大石油公司如埃索、雪佛龙、莫比尔、BP 等组成六大作业集团进行工作，盛况空前。14 艘物探测量船同时在我国海域作业，前后共完成地震测线 10.7×10⁴km，共投入 1.1 亿美元。我方也迅速派出了物探工作组，进驻各大石油公司了解进展情况，同时在国内组织物探解释队伍进行平行研究。当时，我参加了珠江口盆地油气资源研究的地震解释工作，人员由物探局和各油田抽调迅速组成到位，以河北涿州物探局招待所为办公地点，快速开展了工作。大家夜以继日，非常辛苦，但珠江口盆地成果诱人，共发现各类有希望的构造169 个。

外方效率很高，各公司迅速动用了 18 台当时最先进的计算机对资料进行了处理，同时集中了大量的地球物理和地质专家进行了解释。仅 1 年时间就完成了全部的采集处理解释工作，外方向中方提供了全部原始资料、成果报告和图件。

2　海洋油气资源对外开放是爱国还是卖国？一场大讨论坚定了将开放合作进行到底的决心与信心

在合作的过程当中，也遭遇了一些非议。1980年，国内对海洋油气资源对外开放是不是卖国争论不断。我把这场争论取名为爱国主义与卖国主义之争。

当时中科院一名女员工给党中央写信，认为我们在渤海合同上吃了大亏，认为合同完全偏向外国。同时，1980年1月25日，美国《华侨日报》发表了一篇署名"魏宗国"的文章，在当时掀起了轩然大波。文章有这么几个核心观点：一是中日合作勘探开发渤海石油的协议中，中方和日方的报酬比例为1：1.35，但是一般的合同比例是4：1；二是说日本在渤海开发不到几十天就可以把他7亿美元的投资连本带利地收回来；三是认为我国在15年合同期内将损失1000亿美元，认为石油工业部是出卖资源，出卖国家利益。

这个事情一直闹到邓小平同志那里。邓小平同志对此做了批示："秋里、谷牧同志：请你们约集一批专家，好好论证一下。"1981年3月23日，一场气氛异常严肃的论证会在北京六铺炕的石油工业部大楼举行。我当时也在这个会上，会议不仅邀请了各大部委的领导专家学者，也把给中央写信的中科院的那位女士请来了。

时任石油工业部副部长秦文彩从八个方面，就中方与外国公司合作勘探开发海上石油吃不吃亏、合同主要内容和具体操作等问题，一一作了详细的阐述：

勘探期内，不论有无商业性油田发现，全部勘探费用由日方（或其他外方）独自承担；

双方投资购置、建造而形成的固定资产，最终归中方所有；

油田从开始商业性生产之日起，无论成本高低，也不管盈利多少，首先提取年产原油的42.5%作为中方固定留成；

所发现的油田建成并进行商业性生产的两年中，中方可以接管操作权，操作费按年产量的15%由中方包干；

油田在投产后的15年内，日方可获得年产原油的4.8%作为投资回报；

回收双方的投资和利息，其年额度不能超过年产原油的37.7%；

合同期内，每个油田的累计采出量，不得超过整个油田储量的85%；其余的15%归中方所有；

油田建设开发投资，中、日（外方）的投资比例为51%：49%；中方的投资，原则上由日方（外方）提供低息贷款。如中方拥有自有资金，也可以不用日方（外方）贷款。

发言完毕后，所有人都明白了"魏宗国"所谓的那些卖国行为是不存在的。

这个论证会一共30多个人发言。中央领导对这次会议给予了充分肯定，认为渤海石油勘探开发论证会开得好，很有必要，而且通过这种由多个部门和众多专家参与的集体论证形式，有利于增进对国家大政方针决策的正确性和可操作性。同时，中央再次充分肯定石油工业部所进行的包括渤海湾在内的海洋石油对外合作项目的进展，总体是好的，对我方是有利的，与外国公司签订的合同没有吃亏。

中央领导的评价最终为这场爱国主义与卖国主义的争论画上了句号。而经过这一个小插曲，我们对海洋石油资源对外开放合作的信心反倒增强了。

3 招标，开启大规模海上油气合作征程，也标志着海洋油气资源对外开放从起步走向成熟

大规模的海上油气合作是通过招标开启的。我们是第一次做招标，对于招标的区块是给好的还是差一点的，争议比较大。康世恩同志定了一个原则，首轮招标要拿出好的、发现油气机会大的区块进行招标，力争早日实现突破，增加对外商的吸引力，同时适当地甩开，有利于尽早搞清区域情况，近期突破和长远勘探相结合。

至于采用什么样的合同，大家都倾向于风险合同制。但也要有原则，后来我们就制定了标准合同，有这么几条重要条款：第一，外商独承风险，承诺最低业务工作量；第二，中方可参与最多不超过51%的开发投资；第三，限额回收投资和生产作业费。

中国海洋石油总公司是1982年成立的，成立的时候在北京王府井东安市场南面那里一个很小的楼办公，每天门庭若市，来的都是外国人。当时，我是海洋石油总公司的总地质师兼勘探开发部的经理，合同谈判是重要的工作内容。

合同谈判分两部分，一部分是条款，条法部专门有人负责，分成你拿多少我拿多少，斗争最为激烈。我主要负责技术谈判，请有意向的国外公司来，谈谈他们对区块的最低义务工作量，对区块的认识、意愿、工作计划等。那时候的工作很辛苦，一共有41家来自全球各地的石油公司参与竞标，当时全球最大、名气最响的公司都参与了竞标。我们在珠江口划了22个区块，南黄海划了12区块，海南岛西部划了9个区块，一共加起来是43个区块开始第一轮招标。

谈判的过程有十分激烈的时候，也有谈不拢的时候。比如有的区块十几家公司抢着要，很难做决定。经过了艰苦的谈判与工作，首轮招标一共谈成了23个合同。

在投标谈判的过程中，我们对海上各个区块的认识也不断深化。由于我们请了很多高水平的国外公司展示他们对招标区块的地质研究情况等，我们兼听各方的意见认识，自身水平也不断提升。我们学习到了两条重要工作经验。

一是油气资源的早期评价，国外公司有系统的一套工作方法，值得我们学习。特别是他们对于钻探目标的风险分析，有利因素、不利因素都进行定量定性评价，工作做得很细。我们在海洋石油资源早期对外开放过程中也深入学习这套评价方法，并且通过举办学习班等方式向陆上推广。相当于海洋石油合作成为我们一个重要的窗口，将一些好的做法介绍到国内。

二是关于地震资料的研究运用。在早期地震地层学方面，国外公司大体可以做到把地震剖面变成部分的地质语言，不单是张构造图，还可以告诉你油气层的组合状况、生油层的预测、岩相岩性的变化等，把地层的内容更好地诠释出来。这对于我国地质研究工作都有很好的推动作用。

对于我国海洋石油早期对外合作，我有以下几点启示。

第一，我觉得我们的海洋对外合作是非常成功的。我们的海洋确实是通过对外合作，利用外资，系统地学习了技术，引进了海外的先进装备，培养了一大批海洋的石油人才。现在油气产量已经 $5000 \times 10^4 t$ 以上了，这是很了不起的成就。

第二，对外合作与加强自营勘探"两条腿走路"，不仅仅自己能够长本事，独立自主地解决海洋油气资源开发遇到的难题，而且也能克服潜在的风险和外在风险。"两条腿"可以互相依存。

第三，我国海洋油气资源对外合作实行油公司的体制，而且采用甲乙方合同承包制、项目管理制，我觉得这是很好的体制。

第四，我国海洋油气勘探开发的潜力还是非常大的。一是与陆地相比，我国近海勘探程度不是很高，有进一步加强工作的潜力。二是南海地区也可以进一步加大勘探开发力度，特别是合作勘探的力度。

本文摘自《中国石油报》2019年5月17日第5版，北方周末"口述历史—院士谈"栏目。

我与塔里木 10 年石油会战

（2009 年 3 月）

自 1989 年 3 月初到塔里木盆地，到 1999 年 2 月离开塔里木（1994 年曾离开几个月），算起来有 10 年时间。回顾我在塔里木 10 年的岁月，在中国石油天然气总公司（以下简称总公司）领导下，和塔里木的同志们并肩战斗，找油找气，是我人生中一段重要而难忘的幸事。有困难，有挑战，思想上也有压力，但更多的是信心，是勇气和战胜困难后的喜悦。在庆祝塔里木石油勘探开发会战 20 周年的前夕，应塔里木的同志之约，我写了这篇回忆文字。

1 1989 年，初到塔里木

1.1 六上塔里木的准备工作

我大学毕业就搞石油勘探，在石油战线工作了几十年。1980 年开始搞海洋石油对外合作并到中国海洋石油总公司工作，1987 年调回石油工业部，任勘探司司长。王涛同志是 1985 年 6 月出任石油工业部部长，他上任不久就开始着手为再上塔里木做准备了。1986—1988 年展开了小规模的塔里木石油勘探，成立了南疆勘探公司，钟树德、周原、王秋明、李大华等几位同志当领导，王炳诚是石油工业部沙漠顾问组的组长。当时石油工业部的主要想法有两个：一个是借鉴海洋的管理办法，在塔里木试验，搞新体制；另一个是通过 2～3 年勘探摸摸情况，取得成果。王炳诚同志此前在海洋工作多年，他来协助工作，很合适。这个试验取得初步成功，在试验中，一些海洋上的专用名称也带到了塔里木，如钻台叫平台，钻井队长叫平台经理。

到 1987 年钻探就有了发现。轮南 1 井这年 3 月底开钻，到了 9 月初有了很好的油气显示，9 月下旬中途测试，在三叠系获得工业油流。1988 年 5 月，我去塔里木现场了解勘探情况，专门到轮南 1 井看这口井的完井测试。情况很好，这口井不仅在三叠系获得工业油气流，奥陶系也有很好的情况。轮南 2 井已经开钻，钻进中不断发现油气显示。满西 1 井已经开钻，塔中 1 井的准备工作也开始了。看了这些情况，我感到很受鼓舞，心里非常高兴，回到北京，我向石油工业部领导作了汇报。

到了 1988 年 11 月，轮南 2 井完井测试获高产油气流的消息传来了，在总公司引起轰动，大家都觉得塔里木有大名堂。

1988 年 12 月 19 日，总公司党组向党中央、国务院呈送《关于加快塔里木盆地油气勘探的报告》，很快获得批准。接下来，开始组织上塔里木的工作。时间很紧，塔里木这边没有多少人，南疆勘探公司只有 100 多人。12 月下旬，总公司召开全国石油行业局厂长领导干部电话会议，宣布了总公司关于动员全国部分油田的力量，组织开展塔里木石油会战的重大决策，决定1989年塔里木上17个钻井队、17个地震队和尽快开展会战的五条要求。各油田会后立即开始参加塔里木会战的动员工作。

1989年1月10日，总公司在河北涿县（今涿州市）召开石油工业局厂领导干部会议，组织力量上塔里木是会议的一个议题。我在会议上就塔里木的石油地质情况和勘探前景作了专题发言。会议结束后，总公司领导向国务院汇报。1月13日上午，李鹏总理、姚依林副总理、邹家华国务委员在国务院第四会议室听完这次石油工业局厂领导干部会议情况汇报后，又听取了塔里木盆地勘探情况和工作部署的汇报。国务院秘书长罗干同志，国家计委副主任叶青同志，能源部部长黄毅诚同志、副部长胡富国同志，物资部部长柳随年同志，地矿部部长朱训同志，财政部副部长刘中黎同志，铁道部副部长屠由瑞同志，还有物价局、土地局、税务局等有关负责同志出席了汇报会。

总公司参加汇报的有王涛总经理、李天相、金钟超副总经理，阎敦实总地质师，我作为副总地质师兼勘探局局长参加了汇报会。总公司办公厅，新疆石油局和南疆勘探公司的领导同志也参加了汇报会。总公司主要领导负责向国务院领导汇报，会议就提出的许多问题作出了决定。因为塔里木盆地当时有总公司和地矿部两家队伍在搞勘探，国务院决定成立一个协调组，国务委员邹家华同志担任组长，叶青、黄毅诚、王涛、朱训等同志是小组成员，对塔里木勘探进行总体规划协调。

到了这年3月6日，总公司下了文件，决定成立塔里木石油勘探开发指挥部领导班子，邱中建、王炳诚、钟树德、周原、柴桂林、刘兴和、张仲珉、王秋明、童晓光、李大华等作为班子成员。同时成立临时党委，委员会由班子成员前5名组成。

班子组成后，王涛同志在3月9日上午召集我们谈了一次话，对这次会战的工作目标、工作方针、管理体制及队伍建设等问题，作了重要指示。我至今印象深刻的是：他强调这次会战一定要采用新体制和新工艺新技术，打出高效益和高水平来，而不能用老的方法搞会战。这天下午，我们和总公司机关、北京石油勘探开发研究院等在京单位的30多位同志一起乘飞机飞往乌鲁木齐。当天晚上到达，全国政协副主席王恩茂同志，自治区党委书记宋汉良同志，主席铁木尔·达瓦买提同志在延安宾馆设宴欢迎我们。自治区同志对这次塔里木石油会战抱着殷切期望。总公司领导同志向王恩茂同志和自治区党政负责同志汇报了这次会战准备情况，自治区非常支持我们这次会战。

这时离指挥部成立时间已很紧迫了。从1988年12月起，组织筹备工作就快节奏地进行。总公司领导决定大规模上塔里木后，就安排哪些单位是主要参战单位，钻井、物探、测试、录井、固井、管道、探区道路，各行业的队伍分别由哪些单位派出，包括科研队伍。那时候市场经济的大环境和大气候还没有形成，要调集全国力量参加塔里木会战，只能依靠行政手段。会战准备工作组织协调是非常有力的，准备工作做得非常好。

我当时心情一直很兴奋。觉得能够有幸在中国最大的沉积盆地参加大会战是一种难得的机遇，肯定会遇到许多新事物、新情况，也会碰到新的挑战，我当时是要全心全意投入到这场会战中，但究竟会遇到哪些困难与挑战？心里没有底。

从乌鲁木齐来到库尔勒，我们就住在大二线。在霍拉山下有幢二层的小楼，以前是南疆勘探公司办公的地方，我们一行就住在那里。很快，王恩茂同志和宋汉良、铁木尔·达瓦买提等自治区党政领导同志也来了。我们决定在 4 月 10 日召开塔里木石油勘探开发指挥部成立大会。并和自治区的同志一起沟通组织这次会战的想法和做法。4 月 10 日，成立大会开得很隆重，总公司和自治区领导都讲了话。会后，4 月 12 日，我们和宋汉良书记、铁木尔·达瓦买提主席一起酝酿油地关系。"两新两高"的核心无疑是新体制，没有新体制，新工艺技术用不成，没有新体制、新工艺技术，高效益、高水平出不来。接着就和油地关系联系起来，酝酿出"二十字"方针：依靠行业主力、依托社会基础、统筹规划、共同发展。这个"二十字"方针是和"两新两高"配套的，"依靠行业主力"，就是勘探开发及专业化服务依靠石油队伍；"依托社会基础"，就是会战的生活服务、后勤保障包括生活基地充分依托周边社会；"统筹规划"就是勘探开发会战要充分考虑油地双方的利益，以实现油地共同发展。当时还明确这样一些原则，比如物资采购，先南疆后北疆，先疆内后疆外等。自治区领导同志非常满意。油地双方沟通商谈，确定了这些大政方针，核心人物是总公司领导王涛同志，自治区领导宋汉良和铁木尔·达瓦买提同志。

1.2　勘探部署及成果

4 月 10 日指挥部成立大会召开后，会战正式开始了。4 月 14 日至 17 日，我们在物探三处召开塔里木勘探开发技术座谈会，会上大家各抒己见，对塔里木盆地前几年勘探进行总结，提出下一步工作思路、建议，最后总结形成了"建立两个根据地，打出两个拳头，开辟一个开发生产试验区"的战略部署。当时的设想为：一是先在轮南和英买力建立起根据地，这两个地方都已经发现了油气，轮南的轮南 1 井和轮南 2 井，已经出油，英买力地区的英买 1 井在 1989 年 2 月 14 日在奥陶系测试获日产 211m³ 原油，3 月底酸化后日产油达到 353m³。这两个地方已是油气发现的现实地区；二是向塔中和塔东打出"两个拳头"，就是年内上钻塔中 1 井和塔东 1 井，特别是塔中 1 井经过一年多的准备，已经具备了钻探条件，钻机已经搬进去了；三是在轮南 2 井附近开辟油气生产试验区，为未来开发做准备。

我认为，这个勘探开发战略部署很有远见，也很有针对性。既有展开，又有落实，一个是要把成果搞大，一个是要坐稳根据地。我们一面坐稳根据地，把实实在在的东西搞出来，同时向沙漠腹地进军，获得更大的成果，实施下来成果还是不错的。

先说轮南地区。轮南的探井进入目的层后，可以说口口探井都见到工业油流或厚的油气层，轮南 3 井在侏罗系和三叠系都获得高产油气流。后来地质研究大队开始编制轮南生产试验区开发方案。轮南 8 井钻入奥陶系曾两次放空，洞径在 2.5m 以上，中途测试日产油 370m³ 以上。

英买力地区的英买 7 井 1990 年在奥陶系获工业油气流，后来在同一构造上钻了英买 9 井，这口探井在白垩系获得工业油气流，回过头复查英买 7 井，在同样层位上也获得工业油气流，发现了英买力油气田。以后又发现羊塔克、玉东 2 等油气田。现在这个"根据地"是西气东输的主力气田之一。

最激动人心的是塔中 1 井。当时地震发现塔中 I 号构造的面积是 8200km²。1989 年 4 月，我们绕塔里木盆地东缘，经尉犁、若羌、且末等地，从盆地南缘艰难地进入了沙漠腹地塔中Ⅰ号井位现场，当时钟树德、曾祥龙等同志正在现场，领导大家干得热火朝天，大干快上，使我们受到了巨大的鼓舞。不久塔中1井于1989年5月5日开钻，我和周原、张仲珉、王秋明、童晓光、钟辛生，还有巴州的艾力·纳斯尔、张宗长等同志乘飞机赶到沙漠腹地塔中1井，祝贺这口重点探井开钻。到这年10月31日，塔中1井在奥陶系顶部发现117m厚油层，中途测试，日产轻质油576m³、天然气36×10⁴m³。

塔中1井获得重大突破，对我们来说真是振奋人心。塔里木会战前，大家都知道塔中肯定有大名堂，但进沙漠钻探确实是一件非常困难的事，用沙漠车把设备和物资往沙漠里运，代价很大。这个好消息惊动了党中央、国务院。11月1日至5日，时任总书记江泽民、国务院总理李鹏、国务委员邹家华、国务委员兼国家科委主任宋健同志在刊有这一消息的《石油工业简报》（1989年第12期）作了重要批示。江泽民总书记11月2日批示指出，塔中1井的重大突破确实是件大事，希望继续再做点细致工作，确实有把握做出科学的结论，发现这样的油田，真是雪中送炭，对整个国民经济无疑是一个极大的支持。李鹏总理11月5日批示向石油战线上的同志表示热烈的祝贺。邹家华国务委员11月2日批示中代表国务院向奋战在塔中第一线为我国石油事业艰苦奋斗的全体同志致以衷心的感谢和慰问，并希望再接再厉为我国石油工业的新发展作出更大贡献。宋健国务委员11月1日批示指出寄厚望于石油战线的同志们，努力奋斗，为找到我国最大的高产油气而继续努力，为我国现代化建设进程注入强大的动力。

总公司上下也对塔中1井获得重大突破群情振奋。12月3日，总公司召开办公会，研究进一步加强塔里木勘探开发问题，塔里木、大庆、胜利、辽河、中原、华北、新疆、四川、大港、长庆、江汉等油田，和管道局、物探局、北京勘探开发研究院、西南石油学院、总公司有关局领导同志参加了会议。总公司主要领导在会议上作重要指示，确定动员各油田的力量，从提高认识、增加队伍、加强领导、完善新体制、加强科研等方面，进一步支持塔里木石油会战。

12月9日至16日，指挥部召开塔里木勘探开发技术座谈会。总公司总地质师阎敦实，北京石油勘探开发研究院院长翟光明，还有万仁溥、李德生、朱兆明等总公司专家，胜利、辽河、华北、新疆、四川、长庆、物探局等单位的专家共50多人参加会议，研究塔里木勘探及轮南2井区的开发等问题。

塔中1井的突破，使会战掀起了第一个高潮。

1.3 "三大战役"回顾

1990年8月23日，江泽民总书记到塔里木轮南探区视察，当时我代表指挥部作了汇报。江总书记在轮南发表重要讲话，对塔里木会战提出了殷切期望。总公司组织我们认真学习江总书记重要讲话，深感国家急需石油，能源安全对我们这样的一个社会主义大国多么重要，大家感到肩上担子很重，压力很大。会战一年多以来，轮南、英买力、东河塘、塔中都获得重大发现，但又都没搞清楚。同年的9月7日至12日，总公司在库尔勒召开加快塔里木石油勘探开发工作会议。总公司主要领导同志参加会议，还把总公司有关司局和大庆、胜利等13个石油企业的领导同志请来参加会议。会议决定1990—1991年两年内将地震队从 20 个增加到 25 个，钻井队从 32 个增加到 46 个，另外录井、测井、测试、酸化压裂等专业化队伍也要相应增加。根据勘探的重大发现在会上提出"集中力量打好三大战役"：第一个战役是以石炭系为重点的区域勘探仗；第二个战役是轮南地区整体解剖仗；第三个战役是以塔中为重点的沙漠腹地勘探仗。

第一个战役是由东河塘油田的发现引发的。1990 年 7 月，东河 1 井在石炭系砂岩获得高产油流，日产油 837m³，在石炭系发现 100m 厚滨海相砂岩（我们称东河砂岩）油层，这是我国勘探史上首次发现，引起勘探上高度重视，当即开展石炭系东河砂岩储层物性的研究工作。经过初步分析，东河砂岩石英含量达 85%，储层物性好，孔隙度最大达到 21.7%，平均 14.4%，渗透率最大 631mD，平均 46mD，而且这套砂岩油层厚度大，含油丰度高，具有找到大型高产油气田的良好地质条件。当时地质研究认为在塔北地区存在大面积的古生代滨海相地带。如果在这片范围内找到一个大型油气藏，那肯定是个大场面。但是，这次战役追踪东河砂岩没有取得预期战果。仅在吉拉克气田附近发现不大的一块，轮南 59 井打到了石炭系东河砂岩，日产油 97m³、天然气 119×10⁴m³，油气折合起来算上"千吨井"了，但构造很小。其他追踪东河砂岩的井都不尽人意。

后来一直向南追溯至塔中地区，发现了广泛的东河砂岩分布，并发现了塔中 4 等一系列油田。

第二个战役是整体解剖轮南地区。1990 年在这个地区布了 40 口探井和评价井，年底完钻 30 口，有 20 口探井（含评价井）获得工业油气流。油气层有侏罗系、三叠系、石炭系、奥陶系。但是，原来我们指望奥陶系大面积含油，整体解剖下来，情况却比较复杂。奥陶系是碳酸盐岩油气藏，虽然出油气的井很多，但储层非均质情况严重，缝洞分布规律不清楚，获得工业油气流的探井在试采中难以实现长期稳产，只好先放一放。同时，在轮南地区还新发现了多个局部富集的砂岩油气田，包括桑塔木、解放渠东、吉拉克、轮南 59 井区等。此后，轮南油田、桑塔木、解放渠东油田相继投入开发，成为会战初期原油上产的主力油田。

第三个战役是塔中。塔中 1 井油气产量那么高，又上钻了塔中 3 和塔中 5 两口探井，结果这两口探井都打空了。这种情况在东部极为罕见，后来我们知道这就是碳酸盐岩的非均质性所决定的，但当时确实很困惑。后来我们向西钻探塔中Ⅳ号构造，到 1992 年 4 月，塔中 4 井发现石炭系东河砂岩油藏，测试获日产油 280m³ 以上、天然气 5×10⁴m³。但这个发现也是喜忧参半。当时塔中 4 井东河砂岩全部取心，取出来 100m 左右的含油砂岩，含油情况很饱满。我每天都向北京汇报，当时大家都很高兴。认为这下可能抓到一个"大金娃娃"了。但后来测试，只有上面 20 多米出油，下面就是水，怎么也想不到下面这么厚的油层试不出油来，这在当时确实让大家很困惑。当然塔中 4 是一个规模不小的好油田，但是它确实被水淹没了很多油层。后来又发现塔中 16、塔中 6 和塔中 10 等，都是砂岩油气藏，但规模不大。

通过集中力量打"三大战役"，我们认识到：塔里木盆地油气资源丰富，到处都有油气，但情况非常复杂，不像东部搞大庆那么简单，事情急不得，要打持久战，只有逐步把油气规律弄清楚，才能找到大场面。实践经验告诉我们：在塔里木盆地，打到油气高产井也别太高兴，打了干窟窿也别太沮丧。我们必须依靠科技进步，提高认识，一步一步走向大场面。

现在看来，当时的"三大战役"任务远没有结束，一个是以石炭系为重点的区域勘探仗，我们一直在盆地的北部和中部进行，并且发现了大型的哈得逊油田。预计今后还会发现类似的大中型油田。一个是轮南地区的整体解剖仗，我们一直在轮南地区反复地进行科技攻关，反复地进行精细油藏描述，对油气及缝洞分布规律的认识都大大前进了一步，而且我们不断地向四周扩展，大面积地扩大了含油气范围，这是我们以前没有预计到的。另一个是以塔中为重点的沙漠腹地勘探仗，尽管几经兴奋，几经困惑，但我们一直不间断地进行科技攻关，并在塔中隆起的北翼发现了大规模的生物碎屑灰岩油气藏，同时在较深部位又发现溶蚀型灰岩和白云岩油气藏，它们的规模均有可能遍及整个塔中隆起。

因此，"三大战役"的目标直到现在仍然是我们的勘探方向，仍然是我们的勘探重点，通过长期的实践，这些目标更加深入和具体了。

到了 1991 年 8 月，王涛总经理到塔里木视察工作，随行的有李天相副总经理，能源部总工程师吴耀文，总公司总经济师周庆祖，总会计师李长林及 16 个厅局的负责同志，着重研究了塔里木"八五"期间勘探开发工作及安排，提出"一手抓 500×10^4t 产能建设，一手抓发展更大场面"。一手抓 500 万和会战初期提出"建立两个根据地"是一个意思，就是要把会战长期坚持下去。必须有现实产量。抓 500×10^4t 产量就是支持抓大场面。一手抓大场面是长期任务，要继续坚持"三大战役"的各项目标。因为当时会战面临一个特别严重的问题：缺资金。上马开展会战，确实有同志反对，认为把东部勘探开发的资金拿到塔里木会战了。把钱拿到像塔中那样的沙漠里是"黄金铺路"。王涛总经理到国外借钱来搞塔里木会战，没有借到多少钱，向国务院李鹏总理求救。李鹏总理答应由中国银行借给塔里木 12 亿美元，并要求塔里木用这些钱建成年产 500×10^4t 原油，以后卖油还这笔贷款。

"一手抓 500 万，一手抓大场面"，是一个很科学的提法，也是一个可持续发展的方针，当然也是被逼出来的。后来，500×10^4t 完成了，钱也还清了。用这笔 12 亿美元资金，我们搞了勘探和开发。我真是衷心地感谢党中央、国务院领导对塔里木石油会战的大力支持。借钱还贷有压力。总公司领导同志压力比我大得多，我只是过河卒子，只管往前冲。王涛同志是决策者，他们面对压力要顶着，塔里木会战一有起伏，压力就大了。

1.4 接任党工委书记、指挥

会战伊始，我作为副指挥只需要增加执行力就可以，但这个时间并不长。1989 年 8 月，总公司领导要求我长期地、全心全意地投入塔里木的工作。所以，我在塔里木会战一"坐"就是 10 年。

1990 年 8 月 23 日，江泽民总书记一行来塔里木探区视察工作，总公司领导同志都来了。在这期间，总公司确定由我同时担任总公司副总经理兼塔里木指挥、党工委书记，当时我确实没有思想准备。我的绝大部分工作都是技术工作，在一些油田工作过、会战过，例如大庆、胜利、四川、海洋，但没有带队伍的经历，组织上对我的信任，让我感到很激动，但对自己身上的弱点又很惶恐。我热爱塔里木，渴望为塔里木的找油找气事业添砖加瓦，但又感到责任重大，来不得半点含糊。因此，"全心全意投入，兢兢业业工作"成了我的座右铭，凡是不明白的事物，多学点，多问点，多听点大家不同的意见，特别要兼听甲乙方的对立意见，慎重决策。对于我比较熟悉的勘探任务，不能甩手，更要加倍努力。

总公司下决心把塔里木会战长期坚持下去，这里甲乙方队伍仅局级单位就有 7 个，如果没有一个总公司领导同志在这里协调组织，很难使会战进行得顺利。总公司这样安排，也是为了使我便于开展工作。我的任务就是继续认真贯彻执行总公司的部署，团结甲乙方队伍，将所有会战力量拧成一股绳，夺取会战的胜利。

2 重返塔里木

1994 年 7 月 15 日，总公司领导考虑我年龄已经 61 岁，让我回总公司兼任勘探开发研究院院长，由谢志强同志接替我在塔里木的职务。我回到总公司不长时间，克拉玛依发生了"一二·八"大火的惨痛事件。谢志强同志重新回到克拉玛依。这样，塔里木领导缺位。王涛同志对我说："老邱，你还得回塔里木继续工作。"于是在 12 月 25 日，我又回到塔里木，一直干到 1999 年 2 月。

2.1 提出会战"三种精神"

1994 年年底，我回到指挥部主持工作，看到一些现象，经过冷静思考，感觉到这些现象的滋生与会战气氛不协调，有必要对此保持警觉。

1994 年 7 月 15 日，我在卸任塔里木职务离开时，提了几点希望："一是希望我们的同志一定要下定决心把塔里木这个石油战略接替基地变为现实，就是要找到大场面，找到大油气田或大油气田群。二是希望我们的同志要把我们赖以生存和发展的'两新两高'的工作方针一定要发展到一个新的阶段。三是希望在塔里木搞勘探开发一定要继续提倡艰苦奋斗的精神，因为在这么困难的环境和条件下工作，没有一种献身精神，没有一种不达目的不罢休的精神，光用钱是堆不出大油气田来的，一定要提倡我们找油人热爱塔里木、献身塔里木、扎根塔里木的精神。艰苦奋斗不能丢，不能去和别人比奢侈、比豪华，这样比没有意义。四是希望我们这支队伍，首先是各级领导班子要团结一致，要有团结协作精神，大家都来补台，遇到一些重大问题要共同研究，最后进行民主集中，共同决策，统一行动。我们的队伍来自四面八方、五湖四海，这是我们的优势，我们一定要珍惜这个优势、用好这个优势，让不管从哪里来的同志都感觉到塔里木是一个温暖的大家庭，不是搞帮帮派派的场所。这是我特别希望各级领导和同志们都来办好的一件事情。"我的四点希望，是我长期思考的心得，也表达了我的隐忧。我觉得塔里木当时有一些不好的苗头，比如讲奢侈，讲派头，个别的还追求享受，而会战的气氛却淡薄下来。不像会战初期产量很少，又没有生活基地，那时大家有危机感，上下齐心协力拼搏。当然这不是主流，仅仅是一些苗头，但应该引起我们的注意。我重返塔里木以后，学习了自治区党委书记王乐泉同志一个报告，他劝诫地方的各级领导同志不要去和沿海比待遇，比条件，要把眼光移到新疆这片土地上，他说："新疆有370万人的饮用水问题没有解决，有40%～50%的企业处境艰难，职工平均每人年工资只有2000元左右，一般基层干部有些几世同堂，三代同室，乡村农牧民孩子在危房甚至在室外上学，奢侈之害胜于天灾，在这样强烈的反差下，攀比沿海发达地区，乘好车，住好房，怎么能够心安理得，怎么能够不让群众指脊梁骨。"我听了王乐泉书记这番讲话，感触很深。我们塔里木和地方比，待遇可以说是一个在天上，一个在地下。我们还有一些同志不满足。当时有的同志想在乌鲁木齐修一幢很高的大楼，美其名曰"对外接待公寓"。我说，盖这幢大楼要花七八千万甚至上亿元钱，会有几个外国人来住呢，根本不值得嘛。还有些同志要在青岛搞疗养点。我们职工不到5000人，兄弟油田在全国名胜地建有很多疗养点，长期住不满，我们花些钱就可以让塔里木职工到那些疗养点疗养，有必要花这些钱吗？我们要把钱花在勘探和开发上，要提倡艰苦奋斗的精神来战胜腐败之风。

另外还要提倡真抓实干的精神，主要是针对我们甲方的一些领导同志，特别是一些年轻的同志，作风漂浮，遇到"难点"绕着走，碰到"瓶颈"看不见，什么事情都甩给乙方，坐飞机到处飞，一会飞兰州，一会跑北京，到了基层也不务实，更蹲不下来抓调研解决问题，而是两手插口袋里到处转。当然，我们会战队伍里包括甲乙双方也有很多同志是真抓实干的，有很多榜样，特别是乙方的一些同志，干得很艰苦，值得我们甲方同志学习。

最后一点是"五湖四海"。塔里木会战队伍来自全国各油田，分甲方乙方，有从各油田、总公司机关及直属部门调来的，有少数民族职工，有转业军人，有从石油院校分来的毕业生，又分为固定、借聘和临时工三种用工制度，情况相当复杂。就甲方而言，绝大多数都是固定的同志，他们常年工作在艰苦的环境中，叫作"报效祖国献青春，献了青春献子孙"。乙方队伍来自全国各石油单位，叫作"铁打的营盘轮换的兵"。像军人的家庭，过一段时间回去和家人团聚。生活上有许多难处，工作上部分同志难免有临时思想。甲乙双方是不同的群体，彼此熟悉的程度有差别，看问题的角度有差别，甚至对某些事物的判断也有差别，急需一个伟大的共同目标和五湖四海的精神凝聚起来。1989年会战一开始，我们就发现一些问题，甲方的个别同志在乙方面前表现不好，摆出老板的架子，颐指气使。乙方同志认为自己是在"打工"，很不服气。我们是社会主义国家，甲乙双方都是会战的主力军，都是找油找气的主人。只是各自分工不同罢了。后来在轮南10井，甲方监督王兆霖提出甲乙方要"两分两合"，就是甲乙方在合同上分，思想上合，在职责上分，工作上合。我们发现这个提法很好，及时加以宣传推广，用这个"两分两合"来教育我们的队伍。我们这支会战队伍，不管甲方还是乙方，必须要有一种精神将大家凝聚起来。就像毛泽东同志在《为人民服务》中说的那样："我们都是来自五湖四海，为了一个共同的革命目标走到一起来了。"我们正是为了在塔里木找大油气田才走到一起来的，没有"五湖四海"的精神，就会山头林立，一盘散沙，会战就难以坚持下去。

我把这些思考，与党工委其他成员交换意见。大家都有共识。这样，在1995年3月9日探区领导干部大会结束时我作了个讲话，专门提出"塔里木石油会战要提倡三种精神"，即艰苦奋斗精神、真抓实干精神和五湖四海精神。

关于塔里木石油会战，1989 年一路走来，充满曲折，我一直在思考许多问题。其中最重要的就是我们需要继续发扬大庆精神的思考。在塔里木这样环境艰苦、地下情况复杂的地方进行一场大规模的石油勘探开发会战，一定要有一种精神力量凝聚我们的队伍。

1989 年 3 月 9 日，王涛同志在北京和我们塔里木指挥部班子谈话时，讲过这个问题。他说在塔里木这样地方搞会战，"要求同志们，必须要有坚强的战斗意志，有高度事业心，要继承和发扬大庆精神，学习大庆会战经验，自力更生，艰苦奋斗，'三老四严'，从上到下贯穿坚强有力思想政治工作，使队伍始终保持旺盛的斗志，严格的纪律和良好的作风。"

在 1989 年 4 月 10 日指挥部成立大会，对会战队伍提了五条要求，其中一条就是"大力提倡和发扬大庆会战的优良传统和作风"。他说："30 年前在东北松辽盆地开展的大庆石油会战，是在比较困难的时候，比较困难的地方，比较困难的条件下打上去的。在这场会战中培养形成的石油队伍发愤图强、自力更生、以实际行动为中国人民争气的爱国主义精神，无所畏惧、勇挑重担、靠自己双手艰苦创业的革命精神，讲求科学、'三老四严'、踏踏实实地做好本职工作的求实精神，胸怀全局、忘我劳动、勇为国家分担困难的献身精神，已成为石油战线宝贵的精神财富，也是推动石油生产建设发展的强大精神力量。"他说，塔里木石油会战，尽管各方面情况与当年大庆会战时期有所不同，但同样存在许多困难和矛盾，面临一系列严峻的考验。我们必须要有当年大庆会战那么一股劲，那么一股热情，那么一种革命精神，才能战胜各种困难，赢得这场会战的胜利。

总公司主要领导来塔里木探区，经常谈到这个问题，反复强调这个问题。我们在塔里木搞新型会战，就是要用一个精神力量把甲乙方的队伍团结起来。我在探区领导干部会上提出这三种精神的时候，特别强调，当年大庆精神这面红旗一直照耀着我们石油工业的发展，塔里木"三种精神"与大庆精神有内在的一致性，我们要在会战队伍中突出宣传塔里木的"三种精神"。那次会议后，甲乙方队伍对此反应强烈。

2.2 轮南古潜山的科技攻坚

轮南古潜山这个油气田，我们始终坚持勘探。1988 年轮南 1 井完井试油，在奥陶系风化壳经过酸化获得了工业油气流。1989 年会战一开始，我们就想在轮南奥陶系拿到大场面。但是勘探不是以人的意志为转移的。1990 年冬季"三大战役"中，我们以 14 口重点探井为中心，整体解剖轮南地区，结果这一轮探井打下来，奥陶系石灰岩有 11 口探井获工业油气流，但是不连片，储层不好，石灰岩储层物性变化大，非均质性严重，缝洞分布规律一时难以搞清楚。通过这一轮解剖，基本控制了轮古油田的轮廓。

为了摸清碳酸盐岩油气分布规律，我们曾经两次在轮南地区进行三维地震勘探攻关，1997 年我们到哈萨克斯坦和俄罗斯，去学习人家对碳酸盐岩油田的勘探经验。1997 年年初的科技攻关所列出的 18 个攻关项目，就有台盆区碳酸盐岩勘探攻关这个重点项目。我们首先用三维地震资料进行反去噪处理，预测缝洞发育区。指挥部聘请柴桂林同志作高级顾问，领导攻关组，对轮南地区 $1000km^2$ 以上的三维地震资料进行反去噪处理，完成轮南地区碳酸盐岩缝洞发育区分布图，对碳酸盐岩储层作横向预测。然后上钻了轮古 1 井、轮古 2 井，后来这两口井以碳酸盐岩为目的层的探井都获得了工业油气流。这一年在轮南地区又打了一口水平井解放 128 井，垂直井深 5300m 以上，采用欠平衡钻井工艺，水平井段 250m 以上，穿过缝洞 6～7 处，测试获日产油 168m³、天然气 108×10^4m³，碳酸盐岩勘探向前迈出了可喜的一步。

1998 年起，我们曾设想在轮南古潜山建成一定的生产规模，培育一批高产井。1999 年我离开塔里木后，塔里木勘探战线的同志们继续进行科技攻关，轮南古潜山的规模越干越大，由单纯的古潜山进入多层勘探，勘探的范围迅速向四周扩展，情况越来越好，形势喜人。

2.3 哈得逊油田的发现

提起哈得逊油田，我就想起已故的蒋龙林同志。我在塔里木的几次讲话中都提到蒋龙林同志，他是哈得逊油田发现的一位有功之臣。

1997 年上半年，原油上产的任务很重，大家都急切地要找到新的优质储量。追踪石炭系砂岩已经多年了，很多同志不死心，想再找到像东河塘、塔中 4 那样的油藏。在满加尔凹陷北坡已经打了数口探井，都未得手。指挥部每隔一段时间就要组织一次井位讨论会。我只要在指挥部，一定要参加这个会议听取方方面面的意见。1997 年上半年召开的一次井位讨论会上，研究院和物探局提出的几口探井井位，其中有哈得逊 1 号探井井位。轮到讨论哈得逊 1 号井时，蒋龙林代表这个小组汇报哈得逊 1 号井的情况，这个构造圈闭大约面积 30km²，圈闭幅度是 20m（后经实际工作证实圈闭面积 45km²，幅度 37m）。当时大家议论纷纷，一个面积 30km² 的圈闭，而幅度只有 20m，怀疑这个构造是否存在。见到这种情况，我觉得这口井再讨论下去大家的意见肯定统一不起来。我就对蒋龙林同志说："今天会上哈得逊 1 号井井位先不确定，你们下去再做一些工作。"

蒋龙林是位老同志，工作很认真。当年中美合作队进塔克拉玛干沙漠搞地震勘探，依据的《塔里木盆地普查总体设计》，参加设计的人就有蒋龙林同志。他对勘探工作兢兢业业，默默无闻地干，从没什么怨言，但一旦认定的事，就坚持干下去。那次井位讨论会下来后，蒋龙林把所做的工作又做了一遍。后来又再次召开井位讨论会，这一次哈得逊 1 号井没有排上号。会议结束时蒋龙林站起来发表意见，要求会议讨论上钻这口探井。大家问幅度落实后有没有变化，蒋龙林说没有多少变化。于是同志们提出各种疑问，几乎没有支持蒋龙林意见的。会就这样散了。到了七八月份又召开一次井位讨论会，哈得逊 1 号井仍未被列入议程，散会前蒋龙林又主动站起来发言，再一次陈述自己的意见。他们已经三次作图，构造面积增大为 45km²，幅度增大为 30m，特别强调这口探井位于满加尔凹陷北坡，在东河砂岩分布范围内，构造幅度小也应该上钻。会上尽管没有人发言，但蒋龙林同志这种执着精神深深感动了很多人，我想，这片地区探井少，打一口探井就是落空了也可以获得一些是否有东河砂岩的资料。于是我说："蒋龙林同志这种执着的工作精神实在可嘉，我看就上这口探井吧。风险肯定会有的，打空了也没关系。大家看怎么样？"后来会议就定下了这口探井。哈得 1 井是 1997 年 10 月 13 日开钻的，到 1998 年 1 月中旬钻达设计井深 5200m，在石炭系泥岩段获得含油岩心仅 2m。当时大家觉得井太深，油层太薄。但完井测试日产油 114m³，使大家大为惊奇，但又怕稳不住，决定试采，试采一段时间后，发现这口井每天产油 50t，产量稳定。我们就觉得奇怪，哈得 1 号这个油藏尽管很薄，但很值得研究。这样，我们决定继续钻探哈得 1 号构造。上钻了哈得 4 井，到 1998 年 12 月，哈得 4 井打到了两套石炭系砂岩，其中一套就是东河砂岩，中途测试日产油 266m³。这样，就发现了哈得逊油田。2000 年开始开发这个油田，塔里木的同志对这个油田开发得非常好，运用水平井和双台阶水平井等技术，拿到储量 $1×10^8$t 以上，年产量 2008 年达到 $210×10^4$t，几乎占到塔里木油田全部年产量的三分之一了。

蒋龙林同志身上体现一位勘探家的优秀品质，他敢于坚持自己的观点，工作严谨细致。他当时依靠的是二维地震资料，地震速度变化很大，埋深达 5000m 以上，要求准构造的面积和幅度确实十分困难，他做了几次解释，每次都更接近实际，而且他坚信那里有一个构造，这的确是一个事实。为了这个事实，蒋龙林同志付出了很多劳动和心血。

2002 年蒋龙林同志得了病，那时我已经离开塔里木。他得的是不治之症，听说他到北京治病前，还坚持去他工作单位与同志们告别，去看看那些地震剖面图，还去退管站交纳自己的党费。在北京住院期间，我去看过他。蒋龙林是位好同志，他将一生献给了勘探事业。我们应该多宣传他的事迹，以他为榜样，献身塔里木油气勘探事业！

3 "油气并举"的提出与库车山地勘探

塔里木盆地是个富油又富气的盆地。1989 年会战以来，发现油田的同时，也发现一批气田，油田的气油比也比较高。随着勘探的发展，大家认识到天然气勘探也是不容忽视的领域。1994 年 11 月下旬召开塔里木石油勘探技术座谈会，会上提出"四个并举"，即"油气勘探并举，克拉通盆地与前陆盆地勘探并举，海相古生界与陆相中新生界勘探并举，构造油气田与非构造油气田勘探并举"。其中主要是"油气并举"。勘探领域拓宽了，王涛总经理在会上有个讲话，他非常赞同"油气并举"的思路，认为有油找油、有气找气，将来油达到一定规模就铺输油管道，天然气达到一定规模就铺输气管道。王涛同志让我对会议作一个总结，我在总结到"关于勘探方向问题"时，说："我相信，我们天然气在今后的一个不长的时期内，还会有大幅度增长。"当时我的意思是，关于天然气的下游工程要及早考虑。

3.1 库车山前几轮钻探的曲折

我们对库车山前的评价是很高的，认为它很有希望。有的人甚至认为应该把库车山前放在勘探的最好位置。但是，库车山前存在两大困难：一是地面条件差，全是山和冲沟，人行走都困难，携带地震设备难度就更大了；二是地下地质条件复杂，构造高陡，地层倾角大，构造上下不一致，由于山体推覆而发生滑移。20 世纪 80 年代之前的钻探，就发生过上部构造形态清楚，钻到下部构造却没有了的尴尬情况。前人将库车山地视为"勘探禁区"。

会战初期，物探局地震队在库车山地做地震方法试验和试生产，发现了一些构造，但是高点弄不清楚。1994 年开始，总公司和指挥部为了促进库车山地地震勘探获得突破，在资金上给予支持，由物探局全面部署实施地震技术攻关，设立"山地山前带勘探技术"攻关课题。也是在这一年，我们聘请四川山地地震队进入库车山前承担部分地震施工任务。

1992 年，指挥部就将库车坳陷纳入勘探规划。当时大家认为东秋里塔格背斜比较有利，靠近油源，目的层多，储盖组合好，构造位置优越。这年开始上钻东秋 5 井准备工作，1993 年 2 月开始钻探东秋 5 井。1993 年 11 月下旬，又上钻位于克拉苏构造带中段的克参 1 井，两口探井东西相距大约 100km。当时我们寄希望于应用深井钻探打开这两个历史上一直没有突破的深层构造禁区。但是，这两口探井在钻探过程中都遭遇许多工程上的难题：地层倾角大引起的井斜，膏泥岩、膏盐层、欠压实地层引起的井眼缩径，破碎带引起的井塌，高压显示层和盐水层引起的井涌等。两口探井进入 4000m 以下的钻探更是困难重重，为保证深部目的层的钻探，不得不提前下入技术套管，随后采用小井眼钻进。

特别是东秋 5 井，1993 年 2 月上钻不久，就遭遇一场洪水的袭击。我们只好向解放军求救，1000 多名解放军官兵上井场帮助抢险。那些洪水来得快，势头凶猛，一会儿就退了。这两口探井钻井周期都历时两年多。东秋 5 井的投资上亿元，到了目的层，只发现有点天然气，再就是出水。

我们在库车坳陷南部又打了亚肯 3 井，井很深，同样没有得手。

3 口探井下来，我们当时心情是很沉重的。这 3 口探井我们付出了很大的代价，但也确实在勘探技术特别是山前钻探技术上取得了不小的进步。以前是这里的探井确实打不下去，现在我们付出了代价，探井还是打下去了，取得了经验。尽管当时我们面临着压力，但大家在研究分析后认为应该坚持库车勘探不动摇。下一步的关键是探井井位往哪儿布。正在这段时间，物探局等单位对山地地震进行了连续攻关，克服了塑性层盐层的干扰，于 1996 年发现了一批盐下构造，包括克拉 1、克拉 2、克拉 3、大宛齐北等，对库车的勘探方向带来了新的信号。

3.2 科技攻关与克拉 2 气田发现

库车几口探井的失利，大家认为失败的原因不在于库车山前没有油气（几口井均多次见油气显示），而在于地震资料不过关，井打的位置不对，至于钻井周期长、耗资大，根本原因还是钻井工艺技术问题。通过近几年的实践，我们也认识到山地地震已有相当的进步，复杂山地深井钻井也有不少的进展，现在需要更大规模地、系统地、综合性地进行科技攻关。这是我们要发起 1997 年科技攻关战役的动因之一。

1997 年我们下了大决心，将这一年定为"科技攻关年"，专门召开了一个科技攻关誓师动员大会。我在科技攻关誓师大会上讲话，强调加强科技攻关必须抓好的几个重要问题。一是坚持有限目标，突出重点，集中力量攻克关键技术。这次攻关的重点，要不惜一切人力、物力攻克这些技术。二是要扎实抓好七落实（立项、目标、组织、责任人、试验地、进度、经费等"七落实"）。三是科技攻关的关键是人才，我们要制定优惠政策，完善激励机制，充分调动广大科技人才的积极性。四是要努力吸引雄厚的科技队伍参加塔里木的攻关。五是要充分调动甲乙双方广大职工的积极性，塔里木的科技进步包含着甲乙方的共同努力，乙方是我们重要的方面军，要依靠乙方为科技攻关作贡献。

山地勘探非常辛苦。在山地地震攻关中，首先是野外资料的采集。我到工作现场看山地地震队施工。开始他们沿着山沟做，后来沿着陡峭的山壁直上直下的做，每个人还要背着野外施工设备。一些轻便钻机，几个人一起往上挪直攀陡壁真是太困难了。后来租用了直升机。还要打井，填炸药放炮。有一次我到三维地震施工现场，满山坡全是小帐篷，我们工人白天施工翻山越岭，晚上住在这样两个人一间的小帐篷里。小帐篷带着花道道，像东部那些海滨浴场沙滩的小帐篷。可是人家是在风景名胜游玩，我们地震队员却是在荒山中艰苦地工作。我常想，我们乙方队伍特别能吃苦、能战斗，是值得我们甲方的同志好好学习的。我们要充分理解和尊重乙方，更好地支持他们工作。

通过1997年的科技攻关战役，特别是山地地震攻关，在原来对盐层以下构造认识的基础上，又发现了新的情况。库车地区的盐下构造，盐上和盐下是两个世界，盐上可能是一片混乱，而盐下藏着大量的背斜构造。而且构造呈叠瓦状分布。我们对山地钻井也进行了技术攻关，包括防斜打直，快速钻进，改造泥浆体系等，解决了不少难题。我们还加强山地构造研究，研究这里的构造是怎样形成的，专门请来外部的专家，大家一起跑现场、看地质剖面、研究构造力的平衡，做了很多细致的工作，获得了大量一手资料。所以，对山地的盐下构造有了一定的认识。

1996年年底，我们又进一步落实了克拉Ⅱ号、克拉Ⅲ号、依南Ⅱ号等构造。依靠的就是质量比较高的山地地震资料。为了确定井位，我们请物探局、兰州地质研究所各自独立作构造图。两个单位作出的关于克拉2号构造图大的轮廓比较相似，但构造高点有差别。为了确定井位，我们召开了几次讨论会，会上看法也不尽相同。

我的思想斗争也很激烈。上库车山地勘探以来，已经接连打了几口空井，像东秋5井投资上亿元。我感到了不小的压力。虽然总公司主要领导同志多次来探区视察，都是以鼓励为主，很少责备新区落空的探井。但是，我作为探区第一责任人，面对连续失利的探井，确实很揪心！当然，我的思想还有另外的一面，那就是从一个地质家的观点来看，库车地区油气基本地质条件很好，井只要打准了，一定有大发现。而且库车勘探通过艰苦努力，已经有了很大进展，绝不能后退。人们常说"黎明前的黑夜"，我们也许就处在大发现的前夜，如果后退，或许库车山前又要沉寂许多年了。同志们经过反复讨论、分析后，认为这次提供的圈闭落实程度比过去要高，储盖组合比克参1井和克拉1井要好，埋藏深度及褶皱强度适中。大家同意继续上钻。最后，我们将物探局和兰州地质研究所两家的克拉2号构造图拼在一起，找出其中的一个共同点，就这样确定了克拉2井的井位。我们那一轮定了克拉2、克拉3、依南2三口探井的井位。

1998年上半年，克拉2、克拉3、依南2等三口探井都获得工业气流。1998年应该是天然气大发现之年。

特别是克拉2井，1998年1月20日中途测试获工业天然气流。6月中旬开始完井测试，共有7层获高产，日产天然气（20～70）×10^4m^3，无阻流量达400×10^4m^3。我在9月17日和俞新永总工程师、贾承造总地质师一起去现场看天然气放喷的盛况。在现场日日夜夜工作的甲乙方人员有100多人，大家疲劳又兴奋。奋斗多年，终于拿到一个大场面。我向大家表示祝贺，我说："克拉2井位定得好，井钻得好，测试工作做得好，这都是我们甲方乙方大协作的结果，成绩是属于大家的。当时我说，现在我们发现了这个大场面，大气田，大体上到 2003 年前后，我们克拉 2 这个地方又该人欢马叫了"。当时克拉 2 号现场夜色降临，克拉 2 井呼啸汹涌的天然气，像天上的彩虹一样，令人心旷神怡，而且热血沸腾，我即兴发挥，忍不住作了一首诗："彩虹呼啸映长空，克拉飞舞耀苍穹。弹指十年无觅处，西气东送迎春风。"代表了我当时十分激动的心情。

回想两个月前，即 1998 年 7 月 5 日至 6 日，中共中央总书记江泽民同志一行再次视察塔里木。我代表指挥部向江泽民同志汇报。讲到天然气的出路问题，我汇报说，塔里木丰富的天然气资源尚未得到利用，我们油田的伴生气一年就放空烧掉 $7 \times 10^8 m^3$。江泽民同志说，石油和天然气是我们梦寐以求的资源，这样烧掉真让人心疼。让我们找国家发展计划委员会主任曾培炎谈一下塔里木天然气的利用问题。发现了克拉 2 大型气田，加上塔里木盆地北部的其他气田和凝析气田，有了资源基础。国务院领导对西气东输工程很重视，很快提上议事日程。2002 年就开工建设，克拉 2 气田到 2003 年 8 月 27 日开始产能建设，2004 年 12 月，克拉 2 气田就正式向上海输气了。

克拉 2 气田发现后，王涛同志见到我说："老邱啊，克拉 2 和库车气区算是一个大场面。当年我们向党中央国务院作出交答卷的承诺终于实现了。"

库车山地从开始勘探，到克拉 2 气田的发现，事后我总结了几条经验。第一，要有信心。干事业一定要锲而不舍，要有"咬定青山不放松"的劲头才行，遇到困难和曲折，要想办法去克服它、战胜它，不能退缩或者放弃。第二，要依靠科技进步。没有科技进步，库车山地那么复杂，硬干蛮干只能碰得头破血流，最后无功而返。现在大北 3 井和克深 2 井，比那时候的克拉 2 还要复杂。现在塔里木同志搞得越来越快了，靠的也是信心和科技进步。还有一条，是当时总公司领导的决心。比如，我们一开始上库车山地，接连打了几口空井，耗资相当惊人。但是，总公司领导很少干预，总是放手让我们干。如果在中途因为有人说我们花费太大，就让我们停下来。那么一切就是另外的样子了。决策者的决心也很重要。要说克拉 2 大气田的发现对后人有什么启示，我觉得这三条相当重要。

4 对塔里木未来的展望和期待

我从 1989 年奔赴塔里木参加会战，到 1999 年离开，整整 10 年。离开这年我 65 岁。在塔里木，我将自己比喻为一枚过河卒子，卒子的使命就是一心一意往前走，不动摇，不回头。虽然我几十年石油生涯走过许多油田、参加过许多次会战，但这场会战，我是主要执行者，肩上的压力非常大。这场会战，是总公司"发展西部"的一次战略性行动，指挥部作为总公司的派出机构，必须坚定不移地贯彻执行总公司的战略部署，实现总公司的战略意图和目标。我在塔里木尽力做了一点事情，一有总公司领导直接决策和支持，二有指挥部同志们的齐心协力共同工作，我就是个过河卒子，坚定往前走。

现在，塔里木油田经过 20 年风风雨雨，有了很大发展。实现了西气东输，天然气年产量达到 $170 \times 10^8 m^3$，油气当量超过 $2000 \times 10^4 t$，成为中国第一大天然气生产基地。油气勘探的形势也很好，在库车山前、塔北、塔中都有了新的更大的发展。2008 年，塔里木油田领导班子又在谋划"作好三篇文章",规划在不久的未来实现年生产油气当量 $5000 \times 10^4 t$ 的宏伟目标,思路和雄心都值得赞扬。

展望塔里木油气事业的未来,这是一项长期的事业,需要一代一代人的艰苦奋斗。塔里木是我国石油工业的战略性的后备基地,这一点是不容怀疑的。但是塔里木盆地又是一个很复杂的盆地,需要勘探家们更加深入认识和解决的问题很多。我认为,塔里木要形成一个以天然气为主的"气大庆",已经很有眉目了。至于石油,还有多大希望,能不能大幅度的发展,勘探方向还不是十分明确,有待同志们做更多的艰苦细致的工作。我希望同志们要有信心,要加把劲,实现石油的大发展和大突破。

塔里木现在这个框架,是会战初期王涛同志确定下来的。像"两新两高"工作方针,油地关系"二十字"方针,20年来我们就是坚持贯彻执行的原则、决策和部署,一步一步走到了今天。我在塔里木做具体工作,根据我们对大庆精神的体会,提出了塔里木要发扬"三种精神",实践下来,大家也很赞同。我希望塔里木的同志们能认真坚持这些好的传统,认真总结,与时俱进,不断创新,使塔里木更好更快地发展。

本文摘自《新疆石油工业史料选辑》(塔里木卷)第三辑,2009。

勘探禁区崛起大油气田

——看石油人如何征战"死亡之海"

（2019 年 6 月 21 日）

题记："夕阳西下的时候，看见呼啸喷涌的天然气，像天上的彩虹一样，令人心旷神怡、热血沸腾。"在 86 岁高龄的中国工程院院士、中国石油天然气专家邱中建眼中，这是记忆中最美的风景，至今难忘。新中国石油工业发展史上组织过多次石油大会战，塔里木石油会战是在我国改革开放新的历史条件下，大胆改革创新机制，开辟新的油气战略接替区的一次跨世纪的战略行动，是新时期最具代表性的一次石油会战。作为塔里木会战的主要领导者，邱中建院士将全部精力投入到这场新时期石油会战中。今年是塔里木会战 30 周年，邱中建院士以亲历者的视角，讲述塔里木油田从无到有的那段波澜壮阔、艰难曲折的发展历程。

1 一场新体制下的石油新会战

塔里木盆地面积 $56 \times 10^4 \mathrm{km}^2$，是我国陆上最大的含油气盆地。但是盆地自然条件非常恶劣，沙漠覆盖三分之二，人称"死亡之海"。盆地的边缘是崎岖的山地，地形十分复杂，油气埋藏很深，成为"勘探禁区"。新中国成立后我国曾经组织了好几次有相当规模的勘探，都进不了沙漠腹地，仅在盆地边缘发现了一个中等规模气田——柯克亚，一个小型油田——依奇克里克。改革开放之后，党中央国务院对石油工业发展方针是"稳定东部，发展西部"。因此，塔里木大规模勘探又提到了重要日程上。

我是 1989 年 3 月到塔里木参加会战的，临行前在北京，王涛总经理和我们参加会战的人进行了一次谈话。我印象最深的是他说："这次会战一定要采用新体制和新工艺技术，打出高效益和高水平，绝对不能用老的方法搞会战。"这就是后来被大家称为"两新两高"工作方针。

我认为"两新两高"的核心就是新体制。王涛总经理在塔里木会战前三年就开始为"新体制"做准备，从中国海油聘来了一些经验丰富的专家和长期扎根新疆的同志，组成了一个南疆勘探公司，也就是后来所说的甲方，共一百多人，利用物探局的地震资料，向钻井队招标，并派出钻井监督、地质监督，很快在轮南地区发现了工业高产油流，构成了塔里木石油大会战的重大依据。

1988 年 11 月，轮南 2 井获得高产油流，全石油系统非常轰动。12 月，中国石油天然气总公司（以下简称总公司）就向国务院呈送了《关于加快塔里木盆地油气勘探的报告》，很快得到了批准。12 月下旬，召开了一个全国性会议，动员组织石油会战，准备 1989 年上 17 台钻井队和 17 个地震队到塔里木。1989 年的元月，总公司召开领导干部会，对塔里木会战进行动员。我在这个会上对塔里木的地质情况和勘探前景做了一个大会发言。

1989 年 4 月 10 日，在新疆库尔勒召开塔里木石油勘探开发指挥部的成立大会，宣布塔里木石油会战正式开始。会后迅速形成了以新疆、四川、华北、中原、大庆、胜利等 6 大钻井公司、塔里木运输公司、物探局塔里木前线指挥部等 10 大单位为主体的多专业配套齐全的会战参战队伍。因为当时石油系统的内部市场不发育，只能用行政命令先把各家单位集中起来进行会战，然后进行甲乙方合同管理。甲方以指挥部为代表，人员不准超过 5000 人，乙方是其他参战单位。

就这样各项工作迅速地开展起来，并且很快就见到了效果。1989 年 5 月 5 日塔中 1 井开钻，10 月奥陶系发现了油层 117m，中途测试日产轻质油 576m³、天然气 $36 \times 10^4 m^3$。此外，我们在轮南地区拿下了亿吨级油气田群。这些成果极大地鼓舞了我们，总公司决定要加快发展，要把地震队从 20 个增加到 25 个，钻井队从 32 个增加到 46 个。所以塔里木油田原油产量增长很快，1989 年开始是 $3.4 \times 10^4 t$，1993 年就达到 $160 \times 10^4 t$。

当然对于"两新两高"这一新的管理体制，在会战初期也有一些争议。有人提出新体制是从国外搬来的，到底姓"社"还是姓"资"？是不是削弱党的领导，削弱了工人阶级的领导？甲乙方到底谁是主人翁，乙方是不是打工仔……

我们对此进行了认真的讨论，认为新型会战中的党的领导必须加强。1990 年 5 月，王涛总经理来塔里木视察的时候，我提了一个意见，希望主要会战单位一定要有一个副局级领导坐镇塔指，还要在临时党委里面当一个委员，这样乙方参战单位的力量可以加强，甲乙方的沟通协作就更加密切。

1990 年 11 月，总公司党组决定成立中共塔里木石油勘探开发指挥部工作委员会，叫会战工委，直接接受总公司党组的领导。并任命我兼任塔里木指挥部的指挥和工委书记。工委委员由塔指和乙方参战单位共同组成，会战的重大决策、重大工作部署都必须经党工委讨论。

对于甲乙双方谁是主人翁的问题，一位基层的同志提出了"两分两合"的工作办法，即甲乙双方在具体工作中，"在合同上分，思想上合；在职责上分，在工作上合"。这个提议在轮南一些井队中，受到广泛的欢迎。我知道后认为提得非常好，专门在甲乙方领导干部大会上介绍了"两分两合"。我说，甲乙双方都是找油找气的主人翁，"两分两合"的经验，应该给予充分的肯定，这是甲乙方关系的创新的理解，是处理甲乙方关系正确的方法，也是我们开展会战教育的重要收获。后来，"两分两合"迅速在塔里木探区推广了，甲乙方的关系得到了很大的转变。

从塔里木油田现在的发展来看，"两新两高"的优势是很明显的。

一是用人少。塔里木如果按照传统会战模式，至少需要 5 万人，而采用新体制，甲方只要 4500 人，采用固定、借聘、临时三种用工制度，乙方总体不超过 18000 人，定期轮换，不带家属，减少很多投入。

二是不搞大而全、小而全。所有油气田都只有作业区，作业区只有轮换操作岗位和管理岗位，没有别的其他多余的岗位，所以机构不臃肿。

三是由于有了市场竞争机制，作业队伍的积极性空前的高涨，眼睛向内深挖潜力，眼睛向外学习先进，不然就会被淘汰，实力提升很快。

四是甲乙方都积极地融入了南疆社会之中。因为当时南疆的社会经济不发达，塔里木指挥部与自治区商定形成发展油地关系的"二十字"方针，就是"依靠行业主力，依托社会基础，统筹规划，共同发展"。随着后来塔里木油田发展规模越来越大，对周边经济的带动作用也愈发突出。

2 克拉2，开启西气东输新征程

当时，库车山前一直是我们的关注重点。但库车山前勘探存在两大困难：一是地面条件很差，全是山和冲沟，人行走都很困难，携带地震设备难度更大；二是地下地质条件非常复杂。20世纪50年代我们就在库车地区搞过勘探，但是构造很高陡，地层倾角大，构造上下不一致，由于山体推覆而发生滑移。20世纪80年代以前的钻探，就发生过上部构造形态清楚，钻到下部构造却没有了的尴尬局面。前人把库车山地叫作"勘探禁区"。

1992年，指挥部将库车坳陷纳入勘探进程。当时我们认为东秋里塔格背斜比较有利，靠近油源，目的层明确。这年开始上钻东秋5井准备工作，1993年2月开始钻探。1993年11月下旬，又上钻位于克拉苏构造带中段的克参1井，两口探井东西相距大概100km。当时我们希望用深井钻探来打开这两个历史上一直没有突破的深层构造禁区，但这两口探井在施工过程中遭遇很多难题，进入4000m以下的钻探更是困难重重，为了保证深部目的层钻探，不得不提前下技术套管，随后小井眼钻进。这些井打得非常艰苦，速度非常慢。

这两口探井钻井周期均为两年多。东秋5井的投资超亿元，那个年代是天文数字，有人说我们这口井是用5000多台29in的日本"画王"电视机堆起来的。可打到目的层，只发现点天然气，并且出水。后来我们又在离克参1井不远的克拉1号构造上打了克拉1井，由于保存条件差，还是没有得手。

3口空井打下来，我们心情非常沉重，面临很大的压力。但是经过分析之后认为还是要坚持库车勘探不动摇，主要解决好两件事，一是探井井位往哪儿布，二是怎么打快打好。其中，地震和钻井这两大核心技术是最急需要攻关的。

1994年，总公司和指挥部为了促进库车山地地震勘探获得突破，在资金上给予支持，由物探局全面部署实施地震技术攻关。此外，还对山地物探作业进行了招标，一共邀请了5家单位，相约到野外看一看能不能做地震直测线。所谓直测线，就是在山地沿一条直线开展地震采集，遇沟过沟，遇山翻山。由于库车山地一些地方沟深山峭，做直线难度很大，此前都是做弯线，测线沿着冲沟走，遇到高山绕过去，对处理解释精度影响很大。结果四家单位都说干不成，最后四川山地地震队中了标。

他们是怎么做的呢？四川山地地震队物探人员用绳子和钢钎在峭壁间架起索道，同时在悬崖上打起软梯，然后为了爬山，队员们带上保险绳和钢钎，攀山的时候把钢钎打入山壁，保险绳拴在钢钎上，人抓住绳子一个个往上攀。生活条件极其艰苦，水都从山下运来，每天饮水量是定量供应，时间长了身上都有味道了。

也正是由于他们的到来，引起了竞争，也带来了进步。物探局把曾荣获"铁军"称号的2201地震队从广西调过来，也跟四川山地物探一样做直测线。正是四川山地地震队咬牙做的直测线发现了迪那构造，物探局做的直测线发现克拉2构造。

在物探队做直线的过程中，我经常去现场，很多情景到现在还让我感动。我觉得乙方队伍特别能吃苦能战斗，值得甲方同志好好学习，甲方要充分地理解尊重支持乙方。后来我在一次甲乙方的领导会上，就把我在物探队所见所闻所想讲了讲，然后提出了"山地精神"，后来还流传开了。

库车地区地层中有一层塑性很大的膏盐层。地震攻关后，我们认识有了很大进步，认为盐上盐下是两个世界，盐上一片混乱，断层褶皱很多，但与盐下构造关联度很差，即盐下埋伏了很多好的构造，而且成叠瓦状排列在底下，这是认识上很大的进步。同时，针对高陡地层、难钻地层、膏盐地层，我们对钻井也进行了攻关，在钻井提速提质上取得了很大进步。在地质研究方面也取得了突破，依靠质量比较高的地震资料落实了克拉2、克拉3等构造；通过背靠背做构造图的方式落实克拉2的井位。随着这些关键领域取得的突破，我们决心再上几口探井。

当然，对于探井上不上，怎么上，当时大家看法也不太一样。有人积极主张，有人还对那三口空井心有余悸。我们当时想一口气同时布3口井，有同志觉得应该一个一个上……开了几次研讨会，各方都没法达成共识。

我作为塔里木会战一线指挥者，当时的思想斗争也很激烈。一方面，库车勘探以来，已经打了三口空井了，还要再上三口，投资都不低，要是再失利了怎么办？如果一口井一口井顺序的上，时间拉得很长，对会战的进展也极为不利。

另一方面，作为一个地质家，我认为库车地区油气地质条件非常好，只要井打准了，一定有大发现。我当时有一个感觉，这可能就是"黎明前的黑夜"。我也主张一次性布三口探井。又经过多次讨论，大家认为这次提供的圈闭落实程度比过去好，埋藏的深度、褶皱的强度都适中，就决定继续上钻。王涛总经理也给我很大的支持，一直在鼓励我，让我放手干。我们当时一口气定了克拉2、克拉3、依南2三口探井，1998年的上半年，这三口探井都获得了工业气流。

1998年应该是天然气大发现之年。9月17日，克拉2井已测试出6层高产气流，这是最后一层试气，当时产量是$70 \times 10^4 \text{m}^3$，我去现场看放喷情况，向现场日日夜夜工作的100多名甲乙方工作人员表示祝贺。我对他们说，克拉2大气田是我们10年来一直苦苦寻觅的大场面，有了克拉2，我们就要搞西气东输了。

至今还记得放喷那个下午，克拉2井呼啸汹涌的天然气像天上的彩虹一样，让人心旷神怡、热血沸腾，我当时即兴作了一首诗："彩虹呼啸映长空，克拉飞舞耀苍穹。弹指十年无觅处，西气东送迎春风。"

克拉2气田发现以后，王涛同志见到我，激动地说："老邱，克拉2气田发现和库车气区算是一个大场面，当年我们向党中央国务院做的承诺终于实现了。"

库车山地从开始勘探到克拉2气田的发现，我认为有三点启示。

第一，要有信心。干事业一定要锲而不舍，遇到困难和曲折，要想办法去克服，绝不能退缩和放弃。

第二，要依靠科技进步。没有科技进步蛮干也只能碰得头破血流，最后无功而返。

第三，决策者的决心非常重要。一开始上库车山前连续打几口空井，耗资惊人，总公司领导很少干预，总是放手让我们干，如果中途有人说我们花费大要停下来，结局又不一样。

本文摘自《中国石油报》2019年6月21日北方周末第5版。

先生之风　山高水长

——怀念侯祥麟院士

（2012 年 3 月 31 日）

侯祥麟院士是我国著名的石油化工专家，也是新中国石油化工的奠基者。很早以前我就听说了侯老的传奇经历，他曾经是早年参加革命的地下党员，又是留学美国的化学工程博士，他曾经竭尽全力积极回国参加新中国的经济建设，为炼油化工做出了卓越的贡献；"文化大革命"中又受到了严重的冲击；改革开放后，他已年过 60 岁，继续焕发青春，为石油工业艰苦奋斗。因此，尽管早年我与侯老见面不多，但对他的为人有着深刻的印象，心中非常敬佩。我真正与侯老近距离接触并在他的直接领导下一起共同从事一项专题研究却是始于 2003 年。当时，温家宝总理来看望侯老并请他负责研究中国油气资源可持续发展的战略问题。

1　高屋建瓴的设想

2003 年 5 月 26 日，温家宝总理在中南海主持会议，专门研究中国油气资源可持续发展战略问题，会议决定侯老任课题组组长，他以 91 岁的高龄，毫不怠慢，立即开展组织协调工作。首先让我、翟光明和袁晴棠三人做了课题组的副组长，让我们也积极行动起来，然后迅速地组织了 7 个专题组，全面展开了课题的研究。随后，又开了一些小型会议，侯老敞开了他的思维，提出了前瞻性的设想。首先，他提出国内石油要加强勘探、增大储量，但要稳步开发，长期保持高峰平台，不要竭泽而渔。同时提出，要大力到国外去搞油，尽量搞得多一点，但石油是一种战略物资，尽管世界石油资源当前仍然是很丰富的，但影响的因素很多，不是想搞多少就能搞多少，要研究石油进口的安全因素，还要研究对外依存度。又提出石油要进行储备，世界上很多发达国家有石油储备，我国石油进口量越来越大，要研究石油进口中断对我国的影响。还特别提出石油消费侧要加强管理，要节约优先，要对供需两侧同时进行管理，并首次提出对石油消费要有天花板概念，例如提出能不能经过千方百计努力以后，在 2020 年控制石油总消费量是多少的建议。侯老虽然高龄，但思维敏捷，思想开阔，有很多创新的意见，成为指导各个专题开展研究的重要方向。

2　综合报告执笔组发挥了特殊的作用

课题启动以后，各专题组非常积极，很快针对我国油气资源可持续发展梳理出很多问

第五部分　历史回顾及展望

题，提出了很多意见，并有一些不同的看法，由于各专题涉及的行业较多，范围很广，考虑问题的差异也较大，如何发挥各专题的积极性又要对总课题形成一致的意见，是一个难点。侯老和我商量，决定设立一个综合报告执笔组，执行综合组的职能，由严绪朝同志负责，侯老亲自把关。综合组与各专题组进行平行研究，从宏观上把握方向和要点，同时对专题组提出要求，要分期出阶段报告，综合组进行综合整理，也要分期调整总课题的总体框架、思路，并形成文字报告，同时也形成汇报提纲，并即时反馈给各专题组，这样相互影响，在一些重大问题上，很快都取得了一致，也较好地解决了时间紧、任务重的问题。

3 提出推进天然气快速发展的建议

专题组进行了一段时期的研究以后，发现天然气与石油发展阶段很不相同，天然气正处于大发展的阶段，有大量可采储量等待探明，有相当规模的生产基地等待建设。侯老听了汇报以后，非常敏锐，立即感到这是我国油气资源可持续发展中的一个亮点，要求我们深入研究，提出更加全面可行的推进天然气快速发展的意见，经过专题组的不断努力，最后在报告中提出，我国天然气资源比较丰富，可以形成一批大型天然气生产基地，要上中下游一体化，良性互动，推动天然气快速发展，天然气市场需求旺盛，供需仍有缺口，应大力进口天然气，改善能源结构。

4 培养年轻同志担当重任

总课题的研究得到中国工程院的高度重视，徐匡迪院长经常询问课题的进展，总课题也得到中国石油、中国石化和中国海油三大石油公司领导的大力支持，动员了一批专家自始至终参与项目的研究。同时，由中国工程院牵头组织了31名院士及120名专家学者参与系统研究，这是一支老中青相结合的研究队伍。国务院领导要求很急，要在一年内完成咨询报告，提出意见，课题6月份启动后，经过紧张的资料收集、分析、研究、讨论、归纳总结，全体同志形成了一些初步的设想和意见，达成了初步共识。按照温总理的要求，于10月底进行了阶段汇报，因为当时没有合适的汇报人选，由我代表课题组进行汇报，徐匡迪院长和侯老做了补充，得到了总理的高度肯定，并提出了下一步的工作方向和重点。回来以后，侯老经过认真思考，向我提出要培养年轻人担当重任，并问我今后向总理汇报，哪位年轻人比较合适。我经过仔细思考，提出赵文智同志可以胜任此项工作，因为他是综合报告组执笔人之一，又系统参加了两个专题组的研究工作，工作态度严谨，思想活跃。侯老经过认真考虑后同意了。从此，赵文智同志担负起重要汇报的任务。一年后，2004年6月25日，温总理听取了赵文智代表课题组汇报"中国可持续发展油气资源战略研究"成果，给予了高度评价，指出这项研究成果对于制定国家中长期经济社会发展规划和能源战略具有重要意义。同年8月温家宝总理主持国务院第四次学习讲座，听取赵文智教授的成果汇报，国务院领导和有关部门单位主要负责人200余人参加了学习，温总理强调要正确制定和实施国家可持续发展油气资源战略。也标志着侯老主持的这份战略咨询研究报告，得到了方方面面的认可。2012 年两院院士大会上温家宝总理在报告中仍然高度评价此项咨询课题研究意义重大，影响深远。

5 侯老对夫人的情怀，令人感动

2004 年 5—6 月，正是课题组工作最为繁忙的时候，侯老的夫人得了重病，住进了协和医院，并已确诊得了一种极为罕见的肿瘤，而且已经到了晚期，家人为了不让侯老分心，隐瞒了实情。侯老工作之余，每次到医院看她，她都忍住疼痛，说"没事，挺好的"，6 月 25 日，温总理听取课题组总结汇报的那一天，也是侯老的夫人病情急剧恶化并离开人寰的那一天，上午由课题组对总理进行了汇报，侯老作了补充发言，汇报结束后，侯老得到了病情加重的消息，立刻赶往医院探望他的夫人，他的夫人已经处于昏迷之中，他不断地把汇报成功的喜讯告诉他的夫人，希望她能听得见。大家看见侯老的神情，觉得他的身体已经吃不消了，力劝他赶快回家休息。他也以为夫人明天清醒以后再来探望她，第二天，当侯老得知夫人去世的噩耗以后感到十分突然，悲痛欲绝，内疚万分，失声痛哭，并于当天住进了北京医院。6 月 27 日，我去医院看望侯老，发现侯老一个人坐在椅子上，面无表情，神情憔悴，他突然动情地对我说，他自己太大意了，没有意识到她的病会这样重，他感到非常内疚。我当时安慰他说，课题研究的成果很重要，向总理汇报的很成功，足以告慰秀珍大姐的在天之灵了。侯老听后凝视着窗外，沉默不语。我和侯老夫人李秀珍同志早在 1970 年湖北五七干校劳动时就很熟悉，我们都是连队食堂负责做饭的炊事员，李秀珍同志非常勤劳、贤惠，任劳任怨，她与侯老在一起几十年一直相濡以沫，互相扶持，她不仅在家庭上协助侯老做了很多事情，在事业上也作为侯老的助手，做了很多事情，而且自己在学术上、在工作中也有很多实际的贡献。这次课题的研究，李秀珍同志也出了大力，她不仅要照顾侯老的身体，还要为侯老的日常工作出主意，李秀珍同志不仅是一位杰出的女性也是一位有突出贡献的技术专家。

6 心系更长远的油气供需可持续发展

在课题研究的后期，侯老一直对我说，由于时间太紧，有很多问题没有研究透彻，研究的时间跨度也不够，现在仅截至 2020 年，应该向前延伸到 2050 年，从更宏观的视野来看待这些问题，参与课题的院士和专家也有同感。有一些关键问题急需要深入研究，例如我国石油需求长期持续增长，如何判断石油供需形势，又如我国石油替代的潜力和地位如何，还有从长远看我国利用国外油气资源的外部环境有无变化等。因此，侯老向中国工程院正式提出来本课题应进行后续研究，要求进一步研究 2020—2050 年的油气供需和石油替代的问题，工程院对此非常支持。2004 年 10 月后续项目正式启动，题目仍然定为"中国可持续发展油气资源战略研究"，项目的总负责人仍然是侯祥麟院士，并组织两个专题进行研究，一个是"中国油气发展的趋势和潜力"，组长是我和贾承造院士，一个是"中国石油需求远景展望与替代战略"，组长是汪燮卿院士和陈立泉院士，课题共组织了 17 位院士和相关单位 131 位专家学者，开展了系统的研究工作，并在侯老的指导下，2006 年 2 月顺利完成专题报告的编写。同时由赵文智同志具体负责综合报告编写，在侯老关心下，经多次修改，于 2006 年 9 月报工程院，侯老在工程院常务会上作了补充发言，课题得到了会议的充分肯定。经再次修改，终于在 2006 年年底顺利完成综合报告的编写工作。并于 2007 年经中国工程院上报国务院。

　　侯老的一生经历很多的风雨挫折，他是一位能够在困难中不断寻找办法解决问题的好领导和好专家，他非常有自己的主见，同时也很民主，对他人的意见能够采纳和包容，能够在复杂的环境中找到解决问题的妥善办法。他的很多优秀品格和做事风范值得我们永远学习。侯老已经离开我们四年时间，他对中国能源的思考和重大判断及重要的建设性意见，至今仍然具有重要的战略指导作用和借鉴意义。燕山峨峨，渤水汤汤，先生之风，山高水长。衷心希望广大的知识分子和科技工作者能够继承和发扬侯老等老一辈石油人的优秀品格和矢志不渝地献身国家油气事业的精神风范，这是中国石油工业不断继往开来和石油科技事业蒸蒸日上的重要根基和希望所在，也是对老一代石油科技工作者的无限慰藉。

　　　　　　本文摘自"学习侯祥麟科学精神座谈会"上的发言，2012 年 3 月 31 日。

大力加强海相油气勘探　努力做好资源接替

采访时间：2005 年 5 月 31 日

采访地点：杭州柳莺宾馆（"碳酸盐岩油气潜力评估"专题交流会会场）

采访人：赵国宪，《海相油气地质》副主编。以下简称"编"

被采访人：邱中建，中国工程院院士。以下简称"邱"

编：邱院士您好！非常感谢您能在"碳酸盐岩油气潜力评估"会议期间抽出宝贵时间接受《海相油气地质》期刊的采访。我们主要想请您介绍以下几个方面的内容：（1）中国海相油气勘探与研究的现状与前景；（2）中国油气资源与可持续发展状况；（3）关于本次"碳酸盐岩油气潜力评估"会上取得的新认识。

邱：好的。

编：我们知道，近些年，塔里木、鄂尔多斯、四川等盆地都在海相地层中发现了一些大油气田，在中国南方海相地层中寻找油气也不断有所进展。也就是说，中国不仅是在陆相地层中寻找油气，而且加大了在海相地层中寻找油气的力度。请问，目前海相地层的油气勘探有哪些突破？

邱：我的第一个想法是，随着我国油气勘探程度越来越高，随着我们的勘探领域越来越广阔，海相油气在我国油气勘探和开发中的地位肯定会变得越来越重要。如果说，我们把 20 世纪作为起步阶段的话，那么 21 世纪海相地层油气的勘探和开发肯定是大发展的时期，这是由我国的石油勘探现状所决定的。我们讲的海相碳酸盐岩地层，或者叫海相地层沉积区，以前一般地都认为是三大片。一片是华北地区，它包括了鄂尔多斯盆地；第二片是南方地区，它包括了四川盆地；第三片是塔里木盆地。但实际上从全国范围来看，还有另外两大片，我们过去基本上没有讲或者是忽视了。这两大片的沉积地域是非常大的，一个是青藏高原，还有一个更大的，就是年轻的南海海域。所以，我国应该有五大片海相地层沉积区。如果从它们的时代新老来看，时代最年轻的，中国南海海域应该排在第一，属于古近系—新近纪海相地层，包括大面积珊瑚礁沉积；第二是青藏高原，大体上是以侏罗纪沉积为主的一套海相碳酸盐岩，那是个地地道道的海相沉积区；第三才是我们说的南方海相地层，以古生代沉积为主，包括震旦纪和三叠纪碳酸盐岩沉积；第四是华北地区，主要是石炭纪及以前的地层；排在最后的是塔里木盆地，主要也是石炭纪及以前的地层，这些海相沉积区沉积领域非常广阔，所以我们不能忽视它。当然，我国大规模勘探是从大庆油田起家的，也就是说从陆相开始的。那是因为当时我们主要勘探中生界、新生界的陆相盆地。现在我认为要对海相地层进行认真的系统的研究，因为我们到了一个非常重要的海相油气勘探时期。

现在来看看这些海相领域，实际上大部分都已有所突破，而不是没有突破。比如，在南海海域，我们在南海北部发现了流花 1-1 油田，它是一个中新统珊瑚礁大油田，地质储

量达 $1.5 \times 10^8 t$ 以上。在它的南边，曾母盆地，由阿吉普及埃索石油公司勘探发现并评价了一个 L 构造气田（印度尼西亚称为纳吐纳气田）。这是一个非常大的气田，也是中新统的礁体，它的地质储量可以达到 $6.3 \times 10^{12} m^3$，虽然 72% 的含量是二氧化碳气，但把它刨掉以后，还有 $1.7 \times 10^{12} m^3$ 的天然气。所以，在这些沉积区的油气勘探，我们就认为是取得突破了。在塔里木盆地，你们都很清楚，找到了塔河—轮南大油田，储层是奥陶系碳酸盐岩，原油的储量规模可以达到 $12 \times 10^8 t$，年产量已接近 $400 \times 10^4 t$，是我国目前最大的碳酸盐岩油田。塔里木盆地应该算是突破了。在华北地区，鄂尔多斯盆地也突破了，在下古生界奥陶系找到了大气田，是向北京供气的主力军。

说到青藏高原，那确实是还没有突破，那是因为它的勘探程度还很低，还等待人们去做工作。然后再看南方，南方有四川盆地，它已经是一个天然气储量高速增长的地区，大家对此都毫无争议，所以说它也突破了。但我们现在说的南方地区，是指除了四川盆地以外的广大南方，虽然现在大家对这一地区好像还有各种各样的看法和争议，但我自己认为，这块地方应该说是很有希望的。

编：您说的这五大片海相油气区，有四片已有所突破，是否表明我们在海相油气地质理论上也比较成熟了？记得在您与龚再升主编的《中国油气勘探》（1999 年）一书中讲到，自新中国成立后，我国的石油工业有过四次重大飞跃，石油地质理论也有过几次重大突破。我的理解是，我国的石油地质理论是随着油气勘探的突破而逐渐成熟起来的。

邱：是的。理论不是从天上掉下来的。理论一定是与实践相结合的产物，而且是先有实践后有理论。

我们搞石油勘探，一直是处在实践—认识—再实践—再认识这么一个过程当中。实践是丰富和创造理论的源泉。比如说，正是由于 20 世纪 60 年代在松辽盆地发现了特大型的大庆油田以后，我们才在真正意义上奠定了系统的陆相生油理论。应该说，一开始我们的陆相生油理论不是很成熟。如果这个理论已经非常成熟了，那还需要什么争论？因为外国的地质家在早些年的勘探实践中，认为陆相地层是贫油的，因此认为中国也是贫油的。这是因为他们当时不认识这个问题。只有在陆相地层中找到了大油田以后，人们才会相信，陆相地层（实质上是湖相地层）是可以找到大油田的。

20 世纪 60 年代初期，我们进入渤海湾盆地，投入大量的工作量，遭遇了许多的成功和挫折，在松辽盆地大庆油田形成的陆相生油理论显得过分简单，渤海湾盆地有多个相对独立的生油凹陷，有多方向、多类型的储集体，有非常复杂的断裂系统，有多种类型的圈闭，有非常复杂且油气分布贫富不均的二级断裂构造带。断裂构造带之外向凹陷延伸的区域还分布有大量地层岩性油藏，通过反复实践、反复认识、认真总结成功的经验和失败的教训，才逐渐形成了复式油气聚集区（带）的理论。近年来通过大量实践，更进一步形成了富油凹陷的油气藏形成理论。

改革开放以来，我们把大量的精力投入西部盆地，从勘探实践中发现西部盆地的地质情况更加复杂，它们都经过多次的叠加和改造，有大量的海相地层和陆相地层，有多套烃源岩，多期生烃、排烃和成藏，而且不同时代的生烃产物在各时代的储层中混合聚集，并多次逸散和破坏。更具特征的是，西部盆地大多数有非常明显的新构造运动，新近纪末期至第四纪，盆地内部及周缘仍有大量的烃类生成、运移和聚集。这就是所谓的"晚期成藏"。大量实践的结果，又逐步形成了叠合盆地的油气藏形成理论。

编：您从年轻时候就参加了大庆油田的勘探，与许多老一辈的石油地质学家一起参加了许多油田的油气勘探会战。可以说，祖国的石油战场留遍了您的足迹。也可以说，您经历了从陆相找油到海相找油的过程。那么您认为，海相找油与陆相找油有什么不同？塔里木的勘探与大庆的勘探在地质条件上、勘探条件上、技术方法上有何不同？在您的印象中，您认为您在哪里的石油勘探工作经历最为艰巨？在研究海相方面，最难的是什么问题？

邱：就我自己的看法，陆相找油和海相找油，实际上在研究石油地质的基本条件方面没有什么大的不同，都要去找烃源岩、找储集岩、找盖层，然后要去找圈闭，并且要看看它的保存条件如何，都离不开生、储、盖、圈、保这些东西。当然，同样是找烃源岩，但海相和陆相烃源岩在形成条件上会存在一些不同。比如说，在陆相盆地，烃源岩主要分布在深洼陷中，而在海相盆地，海域面积很大，如果我们去研究它的岩相，烃源岩就不一定是分布在深洼陷的中心，也不一定在深水区域，而可能分布在一些封闭或半封闭的港湾，或者沿着陆架分布。这就需要做一些非常细致的研究工作。不论是陆相还是海相，找油你得找好的烃源岩，这是毫无疑问的。当我们在陆相地层中寻找烃源岩，一定是去寻找深灰色、黑色的泥岩，或者是煤系，这些都是烃源岩。但是，现在对于海相地层中什么岩石是烃源岩，总存在一些争论。争论什么呢？就是关于碳酸盐岩到底能不能生烃的问题。（编：这个问题争论了很久）。对，争论了很久，翻来覆去。不是说碳酸盐岩不能生烃，而是说碳酸盐岩能否大量的生烃，对于大规模的油气藏而言，碳酸盐岩的生烃指标应不应该有下限，而且这个下限应不应该比暗色泥质岩类要低得多。我个人认为在一大套碳酸盐岩中，一定有有机质相对丰富或者相对富集的部分。在野外，我们看碳酸盐岩，有的颜色暗，有的颜色淡，那发暗的，有机质可能就比较丰富（当然，有些深水的暗色的复理石沉积有机质也不高）。有的岩石，泥质含量很高，有的灰质含量很高，泥质含量很高的，实际上就变成了灰质泥岩了。它是不是烃源岩？我说它很可能就是，如果去化验它的生烃指标，指标可能比较高。

所以我认为，在碳酸盐岩地区，凡是有页岩和泥岩的层段，颜色是暗色或黑色的，就是首先要研究的部分，看它是不是烃源岩。这是最直接的方法。如果一个地区大段剖面整个都是石灰岩结构或白云岩结构，那怎么办？那我们就要仔细地一段一段地分辨，看哪些层段泥质含量高，哪些层段的颜色很暗。当我们仔细地分析后，烃源岩的问题还是容易解决的。在研究海相地层时，我认为我们遇到的最大的困难是碳酸盐岩的储集条件。它们的储集条件千变万化，难以琢磨。这和以前碰到的陆相砂岩完全不一样。当然，如果我们在海相地层里找到了砂岩，那简直是太好了，所有的陆相地层都不如它。像我们在塔里木发现的东河砂岩，那就是海相的，好得不得了，颗粒非常均匀，埋深达到6000m，孔隙度仍然很大，是非常优质的储集岩。

当年我们在松辽盆地搞勘探时还很年轻。虽然工作条件和生活条件都很艰苦，但当时那个地方的地质条件相对说还比较简单，油气成藏条件得天独厚，地层埋藏比较浅。所以

第五部分

历史回顾及展望

勘探不需要很高的技术水平。经过大家的努力一举找到了特大型的大庆油田。在塔里木这种地方勘探就困难得多，最主要的一个特点就是时代很老，上下构造变化很大，按照我们现在时髦的说法叫作叠合盆地，它经历了多次的构造运动、多次的地层变形，所以地质条件要复杂得多。还有一个最大的问题，就是地层埋藏很深，通常都在五六千米。（编：您当年在大庆油田的时候就没有碰到过吧。）对，完全没有碰到过。在大庆只要打到一千多米就能见到油气，但在塔里木要打到五六千米才行，而且打一口井的费用很高，所以我们就不可能打很多的井。塔里木还有一个最大的问题就是，地表条件很复杂，有沙漠，有高山，有山地。一到了山地，地震也做不出反射。所以我用了一句现在大家也都在说的话来形容，就是"碰到了一系列世界级难题"。

编：目前塔里木盆地已经成为我国最新的石油接替战场，西气东输的天然气管道的起点就是新疆塔里木，途经 10 个省、自治区和直辖市，主干线全长超过 4000km。这意味着在未来的二三十年里，西部的天然气勘探将面临一个如何增储上产的非常大的压力。我们应当如何面对这一问题？

邱：尽管我们在塔里木找到了一定数量的油气储量，但是自从西气东输管线修通以来，塔里木盆地当前又面临着一个新的形势，那就是近年来我国天然气的需求迅速地增长，满足这一迅速增长的消费需求的压力就突然增大了。这种情况下，尽管塔里木又搞油又搞气，从储量上来看，现在是油比较紧张，但是我觉得，气比油还要紧张，因为天然气的需求量只会不断迅速上升，会越来越高。比如，我们当时设计管线时承诺的年输气量是 $120 \times 10^8 \mathrm{m}^3$，但现在刚刚正式输气不久，就这根管线，要求我们将年输气量增加到 $180 \times 10^8 \mathrm{m}^3$。从 $120 \times 10^8 \mathrm{m}^3$ 到 $180 \times 10^8 \mathrm{m}^3$，足足增加 50%。然后，再修一根复线的呼声也提出来了，这么大的需求，我们应当怎么去适应呢？所以，这给我们带来的压力是空前的。

当长江三角洲一通上天然气以后，就意味着我们要担负起一种社会责任！也就是说，面对这种压力，我们的工作就是要尽快地做出反应。就是要尽快加强我们的准备，加快我们的勘探速度，找到一批有规模的优质储量。所以，当前应该花很大的力气去研究如何增长天然气储量。那种小打小闹，在这里看看打一口井，然后再在那里看看打一口井，这种勘探速度已经不能满足现在的要求了。我们必须要做大量的地震准备工作，要去进行成批的预探，要去形成一些战役性的场面。很快地获得一批发现，很快地得到一批储量，特别是得到优质储量，这样才能够满足当前不断增长的天然气消费需求。

编：请问，这次在杭州召开的"碳酸盐岩油气潜力评估"专题交流会上主要取得哪些新的认识或共识？有哪些争议？

邱：开了这次会议以后，我觉得我还是受到很多启发的。我们起码取得了几个共识。第一个认识是，南方海相不缺烃源岩，而且有好几套，不仅有泥质烃源岩、煤系烃源岩，而且还同时有碳酸盐岩烃源岩。我们撇开那个存在争议的能否大量生烃的海相碳酸盐岩不说，单说泥岩吧，就有好几套，在寒武系中有，在志留系中有，在二叠系中有，在三叠系中也有，所以是否存在烃源岩已经没什么可争议的了。第二个，有利地区在哪里，大家认识比较一致。例如，黔中隆起及其周缘、桂中地区、湘鄂西地区等。这几个地方都存在构造比较平缓、构造变形不大的有利条件，加之保存条件好，所以它们就是有利地区。第三个呢，大家都有共识，即海相"下组合"可能有大场面，它的有利勘探面积很大。同时下组合有大构造，所以主张勘探下组合。现在看这些地方，烃源岩有了，有利保存条件也存在了，又认为它有大的场面，那么也就是说，开展南方下组合油气勘探的条件和时机已基本成熟了，对不对？现在这么一看呢，我认为有些争议就不必去争了。比如，有一段时间，有人认为南方是鸡肋——"弃之可惜，食之无味"。之所以提出这种看法，那是因为南方勘探程度低啊，才会有这些争议，这很正常。

编：南方的油气勘探，近年来是否又取得了一些进展？

邱：对。四川盆地不用说了，中国石油天然气集团公司在四川盆地天然气勘探获得大发展，中国石化集团发现了普光大气田。四川盆地以外的南方地区也有进展。例如这次会上中国石油浙江勘探分公司介绍，他们在南鄱阳坳陷找到了油。尽管油不多，乐探 1 井累计产油 $4m^3$ 以上，平均日产 $0.1\sim0.7m^3$，还是轻质油，原油相对密度 0.80，而且烃源岩成熟度不高（R_o 在 $0.8\%\sim1.1\%$），这是多好的事啊。油源已证实是来自下伏的二叠系龙潭煤系，通过不整合面运移到上覆的白垩系泥质粉砂岩裂缝中储集起来，同时他们利用浅井（鸣检 1 井）还发现了龙潭煤系官山段粗砂岩中有 12m 的轻质含油砂岩。这也是非常重要的线索，值得我们认真注意。这就说明，有覆盖的地方，我们照样可以找龙潭煤系的油、二叠系的油、三叠系的油和上覆层白垩系的油。

这又说明，在中国南方地区，找下组合有地盘有地方，找上组合同样有地盘有地方，所以，我很兴奋，比来杭州开会以前信心要大得多。

编：那您认为，中国南方的油气勘探今后应在哪些方面作进一步的努力？

我认为当前的问题，还是一定要在地震勘探方面做艰苦的工作，要下大功夫，而且要舍得投入。南方地区本身是个勘探难度很大的地方，你不去花钱，不去投入，不去攻关，不去进行技术改进，那是很难搞清楚的。地震勘探的准备是非常非常重要的。加大地震勘探投入，是打开南方油气的钥匙。比如在这次会上有同志介绍说，他们推测南方的志留系是个滑脱面，这个滑脱面以下的构造与上面的构造完全不一样。这就要靠地震证实，结果地震做出来确实是滑脱面，滑脱面底下有大构造，那可能就是大场面。目前在地震勘探技术上，从我看到的一些地震剖面的质量，比以前的有很大的提高，差别非常大。（编：这就是技术进步了。）对，这就是我们技术上前进的依据。

有了这些高质量的地震剖面，我们就不愁锁定不了我们的勘探对象。否则你就不知道往哪儿打井，一打井就错，要么位置不对，要么地层不对，要么构造也不一样了。所以，只有当地震工作准备成熟了，我们才上去打预探井，才会更有意义。当然，打参数井也需要地震工作做准备。取得的参数又反过来支持地震工作。坚持这样做，获得突破所需的时间也不会很长了。这是我们当前急需要下决心进行的一项工作。

此外，我认为还应该加强油气地质的一些基础方面的研究，要抓住一些最核心的问题来做一些分析。比如说烃源岩，我们就要认真地研究一下这个烃源岩到底是个啥状态，它的分布范围，它的成熟度如何，为什么成熟度有的高，有的不高？因为南方地区都是一些经过改造后的盆地，它不是原型盆地，盆地的面貌并没有搞清楚。只有加强了油气地质的基础研究，有了关键技术的突破，有了地质认识的突破，油气勘探的发展可能才会更快一点。

另外在勘探研究方面，我们需要相互进行信息交流，你的想法和我的想法只要一交流，就会产生火花。比如这次我们在会上，大家相互一交流，听听别人的说法，马上就产生火花，这就是一种进步，这种进步是很重要的。

编：刚才您说到了西部油气勘探压力很大的问题，我想到，自从 1959 年发现大庆油田以后，我们曾欢呼"洋油时代一去不复返了"，但近年来，由于中国的经济快速增长，带来了巨大的能源需求。我采访前查了一项资料：中国从 1993 年起成为石油净进口国，当年石油净进口量是 900×10^4 t；到 2001 年，石油净进口量达到 6500×10^4 t。而到了 2004 年，石油净进口量达到了 1.4×10^8 t。目前中国的石油消费仅次于美国，居世界第二位。还有专家预测，到 2020 年，中国的石油需求量将达到 4.5×10^8 t，这对我们国家石油能源的压力非常大。您不仅是一位老石油地质勘探家，而且还在长期地关心和研究我国的石油经济的发展，那么您认为我国面对这日益增长的石油需求应该采取哪些方针政策？

还有，您担任了中国工程院"中国可持续发展油气资源战略研究"课题组的副组长，为此南下北上，作了大量而细致的调研工作，并参加了 2004 年 6 月向温家宝总理等国家领导的汇报。可否谈谈该课题调研的形成过程及取得的主要认识和成果。

邱：好，这里我谈谈中国工程院"中国可持续发展油气资源战略研究"课题研究的大致情况。那是 2003 年 5 月，当时还是非典时期，温家宝总理专门到两院院士侯祥麟的家里，去看望他。总理说，我们对当前石油需求的高速增长非常地关注。政府考虑的一个重要问题就是，我们的油气资源到底应该如何持续发展。

所以，温总理就请侯院士研究这样一个课题，并请侯祥麟院士当课题组的组长。不久，国务院开会，由温家宝总理主持，并请了一批院士进行讨论，最后决定启动这个项目，并决定分 7 个专题进行研究。后来决定让我当侯祥麟的助手，当副组长。副组长共有三人，另两位是翟光明院士和袁晴棠院士。我们这个题目的研究范围相当广泛，有消费、有节约、有油气资源可持续发展，有国内、有国外，有上游、有下游，有石油的储备、有石油的替代、还有石油的法规和政策的研究等，研究的问题很多。我今天只能从上游这个角度，从石油资源这个角度，谈谈我们的一些观点和认识。

第一个认识，是我们必须尽最大努力把我国 2020 年的石油消费量控制在 4.5×10^8 t 以内。这是个什么概念呢？也就是说，到 2020 年，石油消费量必须设置一个天花板，这个天花板就是控制在 4.5×10^8 t 以内，这是我们可持续发展进程中可以承受的。但是，按照现在这个增长速度，就可能承受不了。为什么呢？就如你刚才说的，我们的石油净进口量到去年底，已经增长到 1.4×10^8 t 以上了。我这里说的是净进口量。我们现在不用原油进口量，而用石油进口量这个概念。石油包括了成品油和原油。2004 年原油的净进口量是 1.17×10^8 t，成品油的净进口量是 2600×10^4 t，加在一起就是 1.43×10^8 t。再加上我国去年的产量 1.75×10^8 t，全国的石油消费量就是 3.1×10^8 t 以上啊！现在距 2020 年还有 15 年，如果每年消费量增长 1000×10^4 t，就到了 4.5×10^8 t 了。而去年增长了多少呢？去年增长了 5000×10^4 t！这个数字必须花大力气进行控制，我们希望厉行节约，把石油消费的增长速度降下来。

第二个认识是，现在预测 2020 年不是我国石油消费的高峰年，2020 年以后它还要继续增长，因为我国 2020 年才进入较富裕的小康社会，2050 年才能达到中等发达国家水平。我们研究了很多发达国家的情况，它们都是要到工业化成熟以后，石油消费的增长才慢慢地平缓下来。我们预计，我国石油消费量要到 2040 年前后才可能平缓下来。而我国的石油产量目前处在一个什么状态呢？大体上到 2010 年就进入高峰期了。高峰期产量是多少呢？大概是 $1.8 \times 10^8 t$，这是我们的判断。以后呢，到 2020 年前这一段时间，还是处于产量高峰期，这 $1.8 \times 10^8 t$ 的年产量是比较有把握的。而且，如果我们在新区有比较大的发现，年产 $2 \times 10^8 t$ 也是有可能的。这意味着，高峰期产量与高峰期消费量不同步，相差大约 30 年，因此，必须把我国产量高峰期持续的时间尽量地往后延。

第三，既然国内的石油产量不够，那只有到海外市场去开拓，这是必然的。所以我们必须要大力开拓海外的石油。除了我们去买油，同时还要按照国际惯例和其他产油国家共同开发石油。这就要求我们要去国外搞风险勘探，或者是去购买油田，或者合作开发油田。海外的石油勘探开发风险是很大的，有政治因素，有苛刻的合同条款，有主权国的权益，进入的经济门槛比国内要高得多，但是，世界很大，不平衡因素很多，互补性很强，走出去的机遇仍然很多，事实上中国石油天然气股份公司在海外勘探开发石油已经取得很大的成绩。现在更要加大力度。

第四，由于国内资源的紧缺，所以必须加强勘探。在大力勘探那些比较熟悉的大型沉积盆地的同时，还要对新区新领域大力加强勘探。所谓新区新领域，就是南沙海域、青藏高原、南方海相地层等。我们必须去新区新领域发展，必须充分地利用国内的油气资源。在国内，有很多难采的储量，有很多低品位的储量，都要想办法把它开发出来，而且要让它有经济效益。美国走的是"多井低产"的路，目前有 53 万多口油井在生产，平均单井日产量为 1.5t，而且单井日产量小于 1t 的油井占很大比重。我国由于石油地质条件比较复杂，人均占有资源量很低，也只能走"多井低产"的道路，我国目前约有 11 万口油井在生产，平均单井日产量为 4.4t，与美国相比，我们仍然还有潜力。

第五个认识，是要大力发展天然气。中国的天然气有潜力，而且有很大的潜力。因为中国天然气的勘探开发和石油相比，大体上晚了 30 年，现在天然气还处在一种欣欣向荣、初步发展的时期。从天然气的现状看，现在储量增长得很快，产量增长得也很快。那么，天然气储量还能不能继续增长？我们认为还可以继续增长，只要你肯下功夫，肯去努力。我个人认为，中国天然气的高峰年产量可以高于原油的高峰年产量。天然气高峰期年产量可以超过 $2000 \times 10^8 m^3$。可以以气代油，这是一个重要的有利条件。另一方面，可以逐步改善我国的能源结构，让煤炭在一次能源结构中的比例往下降一点（当然，在我国煤炭始终是主要的能源），让天然气的比重增大一点，这是完全可能的。我的想法，天然气消费一开始就要走多元化的路。什么叫多元化的路呢？就是我们在国内生产天然气的同时要大力引进海外的天然气。这比原油先出口然后进口要强。因为我国大陆的地理位置有利于引进海外的天然气。我国北边是俄罗斯，俄罗斯的天然气很丰富，我们是巨大的市场，它的管线肯定要来；西边是土库曼斯坦、乌兹别克斯坦等国家，都有丰富的天然气，可以进行更广泛意义的"西气东输"。东部及东南沿海，可以大量进口液化天然气（LNG）。现在东南沿海进口 LNG 已经搞得如火如荼了。这样，我国国内生产的天然气，再加上海外引进的天然气，使天然气消费切实达到较大的规模，这就真正能够改善我国的能源结构了。

编：最后我想借此听听您对我们《海相油气地质》期刊有什么期望。《海相油气地质》办刊至今已经是第十年了，在过去的十年中办得相当不容易。这么多年来您一直很关心很支持我们的期刊，在此我代表《海相油气地质》编辑部向您表示衷心的感谢！

邱：我的印象中，你们的刊物在去年获得公开出版以后，办得很活跃，思维和想法都很活跃，这是很不错的。一个刊物就是一种信息交流，实际上也是一种思维和认识上的交流。所以我主张，我们的刊物要让读者觉得有创意，有新意。而要产生这种新意，就要创造一种环境。比如说能让文章的观点互相有所争辩。我很主张一个刊物要有点争鸣性质。有人说这个观点，又有人说那个观点，不同观点之间还可以交锋。比如说，有人说油是无机生成的，而有人说无机生成没有证据，我有几条理由批驳你。观点一交锋以后，就要找论据，要寻找对方的弱点。有哪些论点是站不住的，哪些论点是站得住的。这就能够促进我们学术界进步。现在我们学术界这种气氛太少了。我主张要争鸣，真理只有越辩越明，而且是在辩论的过程中，各人在检查自己方方面面的不足，然后有所前进。这是认识真理的一个相当重要的过程。特别是我们搞科学的人。第二，我觉得，随着我们在海相地层油气勘探上工作量的增大，随着我们对这个领域的认识程度的深入，海相油气地质的研究肯定会越来越重要。你们应该很好地把握这个机遇，把《海相油气地质》杂志办得红红火火，让它在学术争鸣上、在信息交流上都能够占领阵地。这样，就能让读者意识到只要研究海相油气，就会去阅读一下《海相油气地质》杂志。

编：好。谢谢邱院士！谢谢您从百忙中抽出时间接受采访。您辛苦了。

本文摘自《海相油气地质》，2005 年 7 月第 10 卷第 3 期。

油稳气快 "非""常"并重

——谈我国油气勘探开发的方向

（2014 年 3 月 25 日）

编者按：美国"页岩气革命"取得的突破，带来了勘探认识上的变化，从传统的源外圈闭勘探到大面积的源内、近源勘探，全球油气资源量大大增加。在今年全国两会上，加强非常规能源开发再成热点。对此，中国工程院院士邱中建在接受本报记者采访时表示，我国油气勘探要把握"油稳气快"的总基调，常规油气与非常规油气勘探齐头并进，同步加快发展。此外，油气勘探要坚持技术创新，解放思想，持续创新认识，为石油工业找准发展着力点，提供不竭发展动力。

记者：近几年，全球和我国油气勘探开发取得了哪些重大进展？

邱中建：就全球范围来看，美国油气勘探开发事业进步明显，其"页岩气革命"撼动世界。依靠技术上的突破和认识上的革新，美国的页岩气、致密油、页岩油等非常规资源得以经济高效开发，油气产量增长很快。2006 年，美国原油产量为 3.1×10^8t，天然气产量为 5240×10^8m³。

2013 年，美国原油产量为 4.5×10^8t，天然气产量为 6882×10^8m³，分别增长了 45% 和 31%。其中，原油主要来自致密油、页岩油的增长，天然气主要来自页岩气的增长。近年来，我国油气产量也取得了重要进展。2006 年，我国原油产量为 1.84×10^8t，天然气产量为 586×10^8m³。2013 年，我国原油产量为 2.1×10^8t，天然气产量为 1209×10^8m³，分别增长了 14% 和 106%，增长态势喜人，尤其是天然气的进步更加显著，产量翻了一番。原油主要来自常规油、浅海油的增长，天然气主要来自常规气、致密气和深层气的增长。如今，我们正加紧学习国外非常规油气的勘探开发技术与做法，再加上自身非常规油气、深层油气的资源优势，我国油气勘探开发前景十分光明。如果说美国"页岩气革命"的创新实践为世界石油工业做出了巨大贡献，那么，我国在深层油气勘探的探索也为世界石油工业做出了重要贡献。自西部大开发以来，我国深层油气勘探局面焕然一新，井深从 6000m 增加到 7500m，深层油气勘探开发实践和理论都不断取得进步。

一是塔里木盆地砂岩气田的重大突破。按照传统理论，在砂岩储层领域打探井最多只能打到 6000m，越往下孔隙度越小，无法形成储层，是"禁区"。可是，自井深 4000m 以上的克拉 2 高产中深层砂岩气田横空出世后，长达 200km 的同一构造条带发现了很多深达 6500～7500m 的大型气藏，经储层改造后，产量很高。这个构造带天然气储量规模上万亿立方米，这大大坚定了我们对超深勘探的信心。

二是塔里木盆地碳酸盐岩油田的突破。随着勘探思维的进一步解放，我们不断在深处寻找油田，由原来的井深 5000m 以上推进到 7500m 以上，含油范围越来越大，塔北塔中沿满西凸起很可能连成一片，形成一个含油气面积达 $5 \times 10^4 km^2$ 储量规模十分惊人的巨型油田。

三是四川盆地深层震旦系气藏获得大面积的突破，含气范围可能达 $7500km^2$。特别重要的是，在上覆的寒武系发现了高产整装大气藏，面积 $805km^2$，探明储量约为 $4400 \times 10^8 m^3$。这三大发现不仅为我国油气工业发展奠定了坚实的基础，也为世界油气深层勘探提供了重要支撑。

记者：我国油气勘探开发成绩斐然，其背后的动力是什么？

邱中建：储量增长高峰期工程与风险勘探机制功不可没。通过实施储量增长高峰期工程，勘探的投入得到了保证，为近 8 年来我国油气地质储量的稳定高速增长奠定了基础，而且这个高速增长趋势可以顺利延长一个相当长的时期。同时，石油企业创建了风险探井勘探机制，探井失利井风险由企业总部承担，探井发现成果由各油田获取，但风险探井必须经总部专家论证后实施。这样，既防止了盲目乱打探井的倾向，又大大激发了各油田实施高风险探井的愿望，取得了一批意想不到的重大发现。还有的石油企业设立了新区勘探部门，专门承担新地区。新领域的风险勘探，也获得了一批重要发现。

记者：我国油气勘探开发事业近年来遇到了哪些瓶颈？我们应该如何应对？

邱中建：资源品质劣质化是我国油气勘探开发面临的十分严峻的挑战。当前，发现优质油气田的概率越来越小，资源劣质化导致勘探开发成本越来越高，单井产量越来越低，必须依靠技术进步和认识创新来应对。

技术进步要在地震、钻井和储层改造这三大核心技术上下功夫。当前，我国地震技术在国际上处于领先地位，要保持优势；钻井当前存在的问题比较多，如何实现打好、打快、高效作业降低成本，需要我们奋起直追；储层改造，特别是水平井分段储层改造当前还处于起步状态，需要加快发展步伐，尽快服务于油气勘探开发。

此外，我国实验室测试技术也必须奋起直追。当前，我国要加强非常规油气发展，储层内部世界的研究不容忽视，这需要实验室测试技术助推。我们对微观世界的认识程度还较低，例如页岩、致密砂岩、致密石灰岩的孔隙度（包括有机质孔隙、纳米孔隙等）如何计算，致密岩石中含气量多少，如何测定准确的含气量，游离气、吸附气分布的各种条件，在特定条件下是什么分布比例，这些技术都需要加快发展。

记者：油气勘探开发领域有哪些层面需要我们进一步解放思想，创新认识？

邱中建：在积极进行常规油气勘探开发的同时，要进一步对我国非常规油气加快认识，解放思想，加大力度。中国致密油、页岩油是一笔很大的财富，资源量评估在 $(130 \sim 200) \times 10^8 t$，一些盆地已经进行水平井规模开发试验，证明有很好的经济效益，但有些盆地开发还存在争议，应大胆实践，尽快取得进展。中国的致密气也是一笔很大的财富，可采资源量评估为 $11 \times 10^{12} m^3$ 左右。鄂尔多斯盆地已经大规模地开发，但现在致密气和常规气混在一起，缺乏政策的强力推动，使低品位致密气储量动用程度很差。

目前，中国页岩气发展已经进入一个新的阶段。中国石化在重庆涪陵地区发现一个规模很大的海相优质页岩气田，用水平井分段压裂进行开发，有较好的经济效益。这套志留系优质页岩分布稳定，在四川盆地广泛存在，因此，现在已经有条件在四川盆地及附近地区加大页岩气的勘探开发力度，争取取得更大成果。

记者：对我国油气勘探开发的下一步发展，您有什么样的建议？

邱中建：我们首先要明确我国油气勘探开发的发展方向，实现"油稳气快"，实现常规油气与非常规油气勘探齐头并进。尽管石油勘探开发难度越来越大，可随着致密油和深层油的突破，我们有了"稳油"的底气，在某些时段，还可做到小幅度的"稳中有升"。天然气不仅是这几年油气勘探开发的重点，未来仍将会是重点，因此要加快发展步伐。2020年，天然气年产量要和石油年产量平起平坐，占据"半壁江山"。此外，常规油气目前是我国油气生产的主力军，深层油气勘探是当前常规油气的重要方向，不能放松对它的探索与研究。非常规油气是新生事物，要加深认识，加大力度，加快发展。因此，要坚持常规与非常规并重，共同推进我国油气勘探开发事业的发展。

本文摘自《中国石油报》，2014年3月25日第2版"石油时评"。

接受大庆油田报社访谈录

采访时间：2020 年 8 月 3 日

采访地点：黑龙江省大庆油田

采访人：曹宝丰，《大庆油田报》要闻采访部记者

被采访人：邱中建，中国工程院院士

记者：邱院士，您好！欢迎您回大庆。您作为大庆油田重要发现者之一，我们非常荣幸能有机会采访您。今年是大庆油田开发 60 周年，60 年前，您亲身经历了大庆油田发现的全过程，为大庆油田的发现做出了巨大贡献。回想当年，还有哪些事情和细节让您至今难忘？

邱中建：我是 1957 年来到松辽平原的，那个时候大庆油田还没有发现，我们形成一个地质专题研究队，一共有 7 个人。我当时是队长，但是很年轻的，大学毕业以后也就几年（24 岁左右），最先在西北跑野外，然后就被派到东北来。当时领导我们的是石油工业部勘探司，我们按照他们的要求开展工作，所以算是石油部最早来到松辽平原的这么一批人。

松辽平原非常辽阔，我们要跟地质部合作，他们对我们很热情友好。我们建立了一个很小的队部，尽管当时只有 7 个人。那时候四平石油八厂，厂房空的很多，一共给了 8 间房，我们 7 个人就在那建立了队部。松辽石油普查大队在北边的公主岭，我们都在四平，在铁路沿线上。地质部还有个物探大队，在西边的八面城。所以我们来后，和他们成三角分布，跑起来很方便。后来松辽石油普查大队给了我们一个房间，在公主岭，我们一块合作，一块跑野外，一块出去，有时候合，有时候分，根据自己需要。当时的任务是要研究这个地方有没有生油条件？有没有储油条件？有没有石油构造？总结一句话就是有没有油气远景？

那个时候条件还是相当艰苦的，特别是松辽平原，当时是 1957 年，铁路还算发达，但是一下了地了，都是土路，一下雨根本没法动。我们那时候要打标本，要背起来集中放一起，然后再送走。路很滑，还要负重，走起来很不舒服。特别是我们那个时候只能借住在老乡家里，没有自己独立的居住条件。来之前我们在西北搞地质调查时还有个帐篷，自己队里有炊事员，让我们吃的也还不错，现在必须跟老乡住在一起，老乡给派饭，有时候坐在对面炕，老乡全家人住在那边，我们全队人都在这边，大家就是和衣而睡，而且有蚊子，还有臭虫，所以条件非常的艰苦，第二天还要赶路。

我们主要是在吉林地区活动，包括龙安、松花江，以及郭尔罗斯（现在叫松原市），还有九台等地方跑。当时收获很大，最后写了一份 1957 年度松辽盆地的评价报告。报告结论认为松辽平原是极有远景的一个地区，这是向石油勘探司派出的机构提出来的，而且认为这个地方应该大规模地开展勘探工作。因为我们打前站的主要就这个任务，好还是不

好需要由我们判断一下。我们还提了一个基准井井位，提的位置也还不错。

我在 1958 年 8 月调到石油工业部去了，让在新区勘探室工作。我的任务就是管大庆，当时叫松辽石油勘探局。我作为一个联络员，是上传下达那么个人，主要管这个事。所以松基三井怎么定的、怎么弄的，包括对于我们的友邻部队定的井位，我们有反对，前前后后都在参与。最后松基三井经过协商定下来了，在大同镇叫高台子的地方，打松基三井。松基三井是 1959 年开钻的，很快就见到油了，因为设计要打 3200m，是个基准井，但是在 1100m 左右就见到油层。那时候我在北京非常兴奋，赶快跑到现场看岩心，岩心所在地层位就是后来的葡萄花油层，按照地质部当时定的名字叫姚家组，那是一套油层。这个情况康部长很快都知道了，当时就决定井不打了，马上试油，看看有没有工业性油流。

我还记得非常有意思的一件事，就苏联专家来到现场也来看了一下，他到了哈尔滨，到没到井场我记不住了，反正是他们都走了一圈，也很兴奋，但是跟康部长的主张不一样，他主张还要继续往下打，虽然见了油了，但不能改变设计，可能是他没体会到我们那个时候中国需要油的心情，最后康部长坚持立即停钻试油。石油部对这件事非常关心，派了一个工作组到井上去蹲点，组长叫赵声振，是搞工程的。第二个就是我，我是搞地质的，还有一个叫蒋学明，他是搞测井的。我们三个人，就到松基三井试油，长期在那蹲点，大体上从 7 月底一直蹲到 11 月下旬，接近 4 个月时间。我们就在那与同志们是同吃同住同劳动，我的印象很深，那时还是很科学求实的，我自己觉得。

比如固井，当时尽管是 1000m 以上的井，现在看起来无所谓了，但那个时候是一个很大的大事儿。石油部从玉门油田调了一个总工程师，叫彭佐猷，来现场指挥。当时水泥是要靠人扛的，不是现在一送上去，呼呼一搅拌就完成了。全队所有的工人跟我们这些驻队的干部统统一块去背水泥，一人一袋，而且要求快，等于传递式地往那地方送，送进去了以后，完成了固井而且固的还相当不错，在彭总的指挥下，做了这么一件事，搞了满天灰，就是当时固井还是劳动强度算比较大的一种工序，这是我想起来的一件事。

然后第二件事，我们对射孔非常认真。当时蒋学明同志要在井场外挖一个坑，然后把套管（跟井上套管一样的）给埋到那里头，四周固上水泥，把射孔枪就放到套管里做试验。那时候用的是 5865 型无枪声射孔弹。这个射孔弹，就是一个片片，它是个对射的很密集的这么一个弹，射完了以后也有好处，什么都不留，片片都破碎了，现在是要把枪提起来的。他要不没有那个东西，它就这个无枪声射孔，咚咚咚一打。但是要试验它的强度、力度行不行。所以他在地面试，我们爬得比较远一点的看，然后又把套管挖出来，看看孔距有多大？有没有裂缝？因为对射的，有没有裂开，水泥进了多深，监测当时造的射孔的强度，做了非常多的实验工作。所以我觉得应该承认，我们的工作还算是比较严比较细，这是我看到的一点。

还有一个我印象非常深的，射了孔以后就开始提捞。就把压井用的清水，进行提捞。捞到 300m 以上到 400m 的液面的时候，就出油了，就闻到油香，当然是一片欢腾出油了，一会儿油就很多了，而且很快井下油座就形成了。我们当时也很高兴，因为松辽平原的第一次出油，我们向石油部报告，每天发一个电报，说我们什么状态、要干什么事，说完以后反而受到了训斥。电报回来说，你们不准捞油，要捞水，捞水要把那底下（因为捞了那么一段，水还在底下闷着）水捞了。所以后来就不捞油，开始捞水。你们要是看《创业》的电影，会发现中间那么一句话，"水落油出"就是指的这一段。就这么捞水，结果把水一直捞到井底，泥浆、螺丝帽都捞出来了。这一下整个井筒里面换成了油柱了，这个时候关井，一关井就起压，一起一开井就喷了。那天是 9 月 26 日，这就是大庆。当然这一层喷的油并不多，也就是一天有十几吨。第二层有 40t，就是现在的葡萄花油层，后来命名为高台子油层。后来我们回到北京，余秋里部长还专门奖励了我们，请我们吃了一顿饭。说临走的时候提过，如果我们能够试出油来，他请我们吃顿羊肉，今天可以实现承诺，大体上从松基三井我能回忆起来就这么些事。

记者：1959 年 9 月 26 日松基三井喜喷工业油流，您能回忆一下当时的心情吗？

邱中建：当时心情真是非常激动，当然我并没想到今后的大庆油田会像现在这么大。但是这口井，确实给我们带来了非常大的希望。因为我是 1957 年来松辽平原的，当然很急切，想能找到油，因为我们当时压力非常大，到处是贫油论，说中国找不到大油田，因为没有海相地层，那时候基本上这一观点就是非常多的。尽管当时我们在松辽判断这个生油层、储油层是非常好，我们送到西安实验室去做了孔隙度，当时还有生油层的一些指标，都是很好的。所以当时我们的意见大概是这个意见，总的来说，心里是很压抑的。这一出油当然兴高采烈，而且之后惊动了黑龙江省委书记欧阳钦，到井上来视察，后来好像在大同镇开会，定下来说我们要把大同改成大庆。所以大庆油田就是从那儿得来的由来。

记者：听您回顾这段历史，让我们非常感叹，当时大庆石油会战真是在困难的时间、困难的地方、困难的条件下开展的，您觉得是什么力量促使您和你们那一代人矢志不渝地为油拼搏？您对大庆精神、铁人精神的切身感受是什么？

邱中建：好，我们这一代人应该这么说，从大学出来以后，就跟油有了一种情结，所以始终是感到，就跟刚才讲的一样就是有压力。所以确实有点"闻油则喜"，有油就很高兴，没油就感到压抑。我们找到了大庆油田以后，这个情绪明显地改变了。特别是到 1963 年宣布"洋油的时代一去不复返了"。而且到了 20 世纪 70 年代至 80 年代，我们还有原油出口，确实有一段时间心情是很舒畅的，为国家做贡献很不错。但到了 20 世纪 80 年代末期至 90 年代初期，我国又开始进口原油，而且现在原油进口越来越多，所以心里是非常非常有压力的。所以这种责任心，可能我们这一代"找油人"大体上都是有的。比如说在我 80 岁生日时有人问我，概括一下我的一生是个什么状态？我当时脱口而出就说了一句，我说我没有什么惊险的故事，也没有什么惊奇的情节，但是总结下来就是两个字"找油"，一辈子都在找油。像到了大庆、胜利，然后四川、海洋到塔里木，到塔里木我已经 66 岁了，都是这么一段。所以我的看法就是艰苦奋斗，勇于奉献，我们这一代人是接受这么一个概念。比如说所有"找油"的人，他的行动基本上跟"我为祖国献石油"的歌词一样，哪儿有石油哪就是我们的家，就可以全中国到处跑，这就是石油情节。我觉得作为当时一些基层的这么一些干部，像我们这些人，是符合大庆精神。因为我们确实把大庆精神当成一面旗帜，它引导我们前进。我这一生基本上都是如此，"哪儿有油哪儿就是我们的家"，这也算一种勇于奉献、艰苦奋斗的精神，因为去了以后是不讲条件的，你叫我干啥我就去干啥。我们都是无条件就去，家里有困难，困难自己克服一下就往前走，这个算一条。

另外我还有一个体会，我们这一代那时候主要是大庆油田要贯彻推行岗位责任制，然后就宣传了一种文化——"三老四严"、"四个一样"，我们都记得住。比如说"三老"：说老实话，做老实事，当老实人；"四个一样"：白天和晚上一个样，领导不在跟领导在一个样，有检查和没检查一个样，坏天气和好天气一个样。其实它对严肃认真对待工作，我觉得我们是有感受的。而且从心眼里愿意接受这些东西，所以这个情节可能就是大庆精神对于我们整个石油战线上的广大职工所起到的一种潜移默化的作用，而且还在心里产生了一些能碰出火花来的精神给大家，我的理解就这么个状态。

　　记者：对于当代石油人如何进一步弘扬大庆精神铁人精神，您有什么样的建议？

　　邱中建：建议我真提不上多大建议，提一些希望吧。我觉得，年轻人也应该"闻油而喜"，要跟石油结上情节，要热爱石油。热爱石油以后，这些事情都好办。就可以为国拼搏，可以放弃小家去爱大家。当然现在不是那么绝对，不是完全放弃小家。就是说我们在一些利益的权衡上，总是有先有后，应该公私有度，我是觉得应该是这样的。

　　我觉得我们现在年轻人其实爱国主义情怀也是很高的，其实有些东西也是令人感动的。所以当代的青年肯定比我们这一代，他们也许比我们理解得更广泛一些，了解得更多一些。

第五部分

历史回顾及展望

弘扬塔里木会战精神
谱写石油勘探开发历史新篇章
——《塔里木的脊梁》序

（1998 年 12 月 20 日）

在全探区两万名会战职工喜迎塔里木石油会战 10 周年之际，《塔里木的脊梁》一书同广大读者见面了，这是塔指政治思想战线的同志们向会战 10 周年的一份珍贵献礼！在此，我对《塔里木的脊梁》的编印发行，表示热烈的祝贺！

开始于 1989 年 4 月的塔里木会战，是我国石油工业实施"稳定东部，发展西部"战略方针的重大行动。塔里木盆地油气资源十分丰富，预测油气资源量近 $200×10^8$t，决定了这场会战承载着十分重大的历史使命。江泽民总书记 10 年间曾先后两次亲临塔里木视察工作，表达了党中央、国务院对塔里木石油会战"翘首以盼"的热切期望。可以说，塔里木这场石油工业的跨世纪之战，寄托着中国石油工业进一步加快发展的希望！参加这场会战的同志们，无论是在石油战线上奋战了大半生的老石油人，还是刚从大学毕业参加工作的青年知识分子，无不为自己能够有幸参加塔里木这场石油会战而自豪。作为一名石油老兵，虽然过去几十年参加过不少油田的勘探开发会战，但我也和大家一样，深深地为自己能够在工作生涯的最后 10 年，有幸参加并组织塔里木这场石油会战而感到无比兴奋和光荣。

中国石油工业的发展历史，在某种意义上说，就是一部艰苦卓绝的会战史。但是，相比于过去的历次石油会战，塔里木盆地的这场会战，是地面条件最为恶劣、地质情况最为复杂的一场会战。10 年会战，几多兴奋，几多困惑。塔里木在给我们不断展示其丰富的油气资源的同时，又在探寻这宝藏的道路上设置了重重困难与挑战。10 年来，在中国石油天然气总公司和新疆维吾尔自治区党委、人民政府的正确领导、探区各级政府和各族人民群众的大力支持下，指挥部工委带领探区两万名甲乙方会战职工，坚持"两新两高"的工作方针，不断完善新的管理体制，大打勘探进攻仗和科技攻关仗，推动石油勘探开发不断取得新的突破。今天，在回顾 10 年会战艰难历史的时刻，我们应当感到十分高兴和欣慰，不仅是经过 10 年艰苦奋战，我们拿到了 $8×10^8$t 以上的石油天然气当量地质储量，建成和正在建设着 $500×10^4$t 的原油生产能力，累计为国家生产了近 $2000×10^4$t 原油，为全国油气生产的稳定增长做出了贡献。而且除此之外，这场会战的另一个更为重要的成果就是，会战 10 年来，指挥部工委坚持"两手抓，两手硬"的方针，大力加强会战队伍的思想政治教育和精神文明建设，在继承大庆精神光荣传统的基础上，努力培育并逐步形成了以"艰苦奋斗、真抓实干、五湖四海"三种精神为主体的、具有改革开放新的时代特点的塔里木会战精神。

当置身于这场会战的洪流之中，我经常为我们有这样一支优秀的会战队伍而感到自豪，经常被广大会战职工的高昂工作热情和无私奉献的精神所感动。为了参加塔里木石油会战，许多同志放弃了优越的生活和工作条件，奉献了青春、爱情和家庭幸福等人生最为珍贵的东西，有的甚至献出了宝贵的生命。仅物探队伍进疆 20 年来，就有 70 多名职工把生命献给了塔里木的石油事业，表现出了高度的爱国主义觉悟和无私奉献精神。

面对塔里木极为恶劣的自然条件，广大会战职工豪迈地说："只有荒凉的沙漠，没有荒凉的人生。"他们以知难而进、勇于拼搏、艰苦奋斗的大无畏创业精神，战胜了许多常人难以想象的艰难险阻，创造了无数可歌可泣的动人业绩。面对塔里木极为复杂的地质情况，广大科研专家和工程技术人员，发扬锲而不舍、攻关不止的精神，攻克了或正在攻克着一批世界级的地质和工程技术难题，形成了适应塔里木地质情况的勘探开发技术系列，推动着勘探开发工作不断取得新的突破。面对塔里木石油会战新体制下激烈的市场竞争，广大参战职工响亮地提出了"不当乙方当主人，争创一流做贡献"的口号，从苦练内功，增强实力入手，积极参与竞争，以质量创品牌，以信誉争效益，各路队伍你追我赶，互相超越，创造出了会战的一系列高水平和高效率。

在迎接会战 10 周年之际，塔指宣传战线的同志们和新疆作家协会的作家们一起，编撰了这本报告文学集，集中撰写了一批参加会战的老领导、老专家及在会战工作中做出了突出贡献、受到省部级以上表彰的劳动模范，还有会战以来指挥部树立的先进典型的先进事迹。

书中写到的 25 个人，就是我们这支队伍的一个缩影。他们身上所表现出来的精神，代表了我们这支队伍的精神面貌。读了书中所记载的人和事，你就会深深地被一种伟大的精神所感动，所鼓舞。正像一位作家来塔里木采访后在他的作品里所写的："当你一踏上塔里木这块土地，你就会被一种久违了的东西所包围，那就是为祖国无私奉献的气氛，艰苦奋斗的气氛，高速高效的气氛，催人奋发的环境。"这气氛，这环境，就是塔里木会战精神的闪光，也是塔里木石油会战一定能够不断取得胜利的希望之光。我想，在全探区会战职工喜庆会战 10 周年，意气风发，乘胜前进，全力以赴加快落实大场面之际，报告文学集《塔里木的脊梁》一书的出版发行，必将进一步鼓舞和激励广大石油会战职工的斗志，继续发扬塔里木石油会战精神，以决战决胜的信心和勇气，把会战工作不断推向新的胜利，为早日实现把塔里木建设成为我国新的石油化工基地，为保证国民经济的稳定持续发展，为新疆的经济繁荣和社会稳定做出更大的贡献！为此，在《塔里木的脊梁》一书出版之际，我对指挥部党群部门和新疆作家协会参加这本书的组织、撰稿和编辑工作的同志们，表示衷心的感谢！

本文摘自《塔里木的脊梁》，新疆人民出版社，1999。

《油气藏研究的历史、现状与未来》序言

"油气藏"是油气勘探和开发工作者每天打交道的直接对象，大家都很熟悉。但是，对这个概念的诞生、演变过程及未来研究的发展趋势，则鲜为人们所深究。探讨油气藏概念的来龙去脉、它们在地壳上呈现类型及其地质模式的多样性、今后研究领域的拓展方向，都直接关系到油气勘探的战略部署及经济效益。国内外任何一位成功的油气勘探家，脑海里经常会闪现各种类型油气藏的地质模式，特别需要对特大型或大型油气田的形成背景及分布规律有所了解，才能有效地指导我们去发现勘探目标，并有新的发现。所以，《油气藏研究的历史、现状与未来》对面临多重而繁杂任务的我国油气勘探家们来讲，具有重要的理论与实践意义。

张厚福教授退休后的古稀之年，接受了这个难度较大的石油地质基础理论研究项目，查阅并翻译了大量英、俄文相关文献。根据美、苏等国著名学者的论著，追溯出油气聚集分类的最早提出者克拉普（F.G.Clapp）及其三篇重要论文（1910、1917、1929）；并将油气藏及其相关术语（储层、油储、圈闭、油贮等）之间的关系和区别加以明确，澄清并清除因翻译、理解及应用上造成的模糊与混乱。这些对石油地质学界很有益处，实属难得。

作者根据自己半个世纪的教学、科研体会，提出了研究油气藏形成的新思路；剖析了国内外典型油气藏实例及其地质模式；概括了多种油气藏组合成不同级别的油气聚集单元及分布规律；最后结合我国油气勘探特点，展望了油气藏研究今后的发展趋势。这些内容可以帮助我们正确理解与深化油气藏研究的内涵，提高油气勘探与开发的成功率。

这本书内容新颖翔实，追根溯源有根有据，论证严谨可信；正文角码与参考文献一一对应，便于读者查找；文笔简洁流畅，文图表配合紧凑。这些学风反映出它是一本不可多得的著作。

作者还将主要英、俄文文献的中译文汇编成集列入该书的副篇。这些文献内容珍贵，学术意义较大，威尔逊的论文将美国主要油气田纳入了自己的油气藏分类方案，便于查阅。

这本专著可供教学、科研、生产战线的广大石油地质工作者学习、参考。

本文摘自张厚福著《油气藏研究的历史、现状与未来》
（石油工业出版社，2007）所作序言。

《塔里木油田会战20周年论文集》序言

（2009 年 2 月）

中国石油工业自发现大庆油田以后，一路高歌猛进，1978 年原油年产量突破 1×10^8t，"贫油国"一跃而成产油大国。这时塔里木作为我国最大的沉积盆地却贡献甚少。受技术条件的限制，浩瀚沙海覆盖的塔里木盆地只能在周边山前地带经历了几上几下，始终没有获得重大发现。

改革开放的春风为塔里木的发展提供了新的历史机遇，中美联合地震攻关初步搞清了塔里木盆地的整体结构；塔里木研究联队对塔里木盆地开展了第一轮油气资源评价，结果令人鼓舞；南疆勘探公司在轮南、英买力地区获重要油气发现，证实了盆地腹部的含油气性。这些工作奠定了塔里木石油会战的基础。

自 1989 年塔里木石油勘探开发指挥部成立以来，经过 20 年的奋斗，我们终于看到了这样一个前景，看到了在西部边陆有可能建起第二个大庆的前景。塔里木油气年产量从 1989 年的 3.4×10^4t 到 2008 年突破 2000×10^4t 油当量，形成了一批具有塔里木标志的重大成果：始于轮南止于上海的西气东输管线；横贯死亡之海的沙漠公路；发现三级储量规模超 20×10^8t 的轮南—塔河海相碳酸盐岩大油气田。

岁月如歌，岁月难忘。

大漠树井架，平地起惊雷。20 年前，石油会战伊始，我们首选了位于塔克拉玛干沙漠腹地的塔中 I 号奥陶系潜山作为战略突破的目标，以 -4000m 勾画塔中 I 号潜山顶面圈闭，其面积达 6330km²，幅度 1840m。1989 年 5 月 5 日塔中 1 井开钻，10 月 18 日，在下奥陶统潜山顶部 3566~3650m 井段中途测试，ϕ22mm 油嘴，日产原油 365m³，日产天然气 56×10^4m³，首战告捷。

几度兴奋，几度困惑。然而，接下来的勘探并不是一帆风顺。针对奥陶系海相碳酸盐岩潜山的勘探没有很快发现大场面；石炭系东河砂岩也只找到一些"金豆豆"，志留系更是出现了大面积含油显示却出不了油的局面。塔里木遇到的地质难题、开发和工程技术难题都是我们过去没有遇到的，但塔里木人没有气馁、没有裹足不前，而是坚信"只有荒凉的沙漠，没有荒凉的人生"，努力攻关，不断创新。正是有了这种塔里木精神，才有了随后的克拉 2 大气田、轮南—塔河大油田、哈得逊大油田等一系列重大发现。

坚持科学发展，建设大油气田。石油会战以来，塔里木油田充分发挥"两新两高"新体制的优势，积极实施科技兴油战略，组织国内外多个行业的专家进行科技攻关，坚持理论技术创新促发现、低成本高效益促发展。塔里木油田从无到有、从小到大的发展史就是一部科技攻关史。塔里木油田的发展壮大不仅为我国国民经济发展作出了重大贡献，而且为民族团结、边疆稳定也作出了重大贡献。

展望未来，任重道远。力争 2020 年前后使塔里木年产油气达到 5000×10^4t 油当量，真正成为我国油气生产的战略接替区。为了实现这一宏伟目标，塔里木的油气勘探仍然是工作中的重中之重，要尽快探明和控制克拉苏地区的大气田，要用新的做法尽快建成轮南—英买力、塔中地区碳酸盐岩大型油气田，要解放思想，大胆探索，争取尽快实现新区、新领域油气勘探的重大突破。

塔里木人战沙海、斗戈壁、闯山地，为国家的繁荣富强无私奉献的精神可歌可泣。但大型国有企业承担的政治责任、经济责任和社会责任不允许我们有丝毫的自满和懈怠！希望塔里木人坚持科学发展、和谐发展，勇于超越自我，胜不骄败不馁，延续沙漠变绿洲的传奇，开创我国石油工业发展史上的新篇章。希望塔里木油田实现更大发展，为全面建设小康社会和新疆经济的发展作出更大贡献！

本文摘自《塔里木油田会战20周年论文集》（石油工业出版社，2009）所作序言。

《中国油气地质特征》序言

　　中国的油气藏分布有广阔的空间，油气聚集的形式琳琅满目，烃源层和产油气的层位从老到新，几乎每个时代都有，生产油气的岩石，几乎遍及沉积岩、火成岩和变质岩三大类，在沉积岩为主要产层的岩石中，更是陆相、海相地层均富含油气，但总体来说，我国油气生成、运移、聚集、改造、破坏、散失、再运移、再聚集的石油地质历史是非常复杂的，这种丰富多彩的状况，这种繁杂多姿的现象，是什么原因？这种油气地质的特征，受什么因素控制？与国外盛产油气的地域相比，它有什么差异和不同？

　　本书正想回答上述的一些问题，作者强调油气活动地史观，中国是多旋回构造，沉积地史经历复杂，中生代以来地壳活跃，形变剧烈，但油气是流动性矿产，受外力的影响，构造的变异。油气不断从生成到破坏，相互叠置，相互融合，形成了十分复杂的景象。

　　作者从两个大的时间段对多旋回构造、沉积与油气生成、聚集、改造、破坏的关系进行了详尽的描述。一是早古生代至印支运动时期，即自由小陆块活动与拼合时期，这段时期生烃条件良好，油气运移、聚集与圈闭条件良好，形成了一批大型油气田，是我国油气成藏史上最光辉的一页。二是燕山运动以来至第四纪，这个时期有两个非常重要的构造运动，即我国东部的燕山运动和西部的喜马拉雅晚期运动，这两个运动对我国油气地质面貌影响十分强烈，产生了翻天覆地的变化，也成为中国油气发展的主导因素。由于外力的作用，又由于拼合陆块焊缝多，很不坚固，因此产生了大型的挤压和拉张事件，挤压作用产生俯冲，碰撞形成了大面积的褶皱、断裂。拉张作用则形成了大面积的裂陷盆地。

　　早期聚集的油气藏，由于后期构造变化而迁移改造甚至破坏，也可随地温演化由油变气，由气变质消亡，当然也有比较稳定的地区，受到影响重新改造和保留了部分油气。中期生成与聚集的油气建立了新的成藏体系，包括以陆相为主的成藏体系，但在某些地区新的系统又与老的油气有着千丝万缕的交叉关系。晚期生成与聚集的油气特点是晚期生烃，及时成藏，包括了西部的前陆盆地和东部的年轻盆地，但我国更广泛的早期、中期的油气活动与晚期成藏的关系也很重要。

　　作者特别注意"烃源岩"来源的研究，例如被动大陆边缘、裂陷、深水海槽、湖泊、前陆深渊等地域，均作为评价烃源岩的有利场所，包括早期重要的生烃坳陷，有些被后期构造掩盖或消失，有些曾经形成过古油藏被破坏，仍进行追踪研究。作者推论了很多大面积的致密砂岩气区，如鄂尔多斯、准噶尔南部等，也提出了致密砂岩的超致密化问题。还提出了油气垂向运移（"烟囱作用"）、异层运聚等观点，都值得广大读者注意。

　　作者是我的老学长，早年大学毕业后，从事野外工作多年，有非常丰富的野外地质经验。特别长期致力于油气勘查，在油气地质理论与实践的结合上有很深的造诣。在四川找油找气的过程中做出了重要的贡献。1988 年退居二线以来，带着心中思考的问题，广泛阅读地质及油气勘探的资料及文献，并发表了一批内容广泛的论文，作为本书的准备。从2002 年开始撰写《中国油气地质特征》，笔耕七年，得以出版。

本书作者观点新颖、明确，文笔流畅，有很强的可读性。可供广大的石油地质勘探和研究人员阅读、研究和参考。当然，本书的某些观点，有些并不能全部取得共识，可以讨论，可以争鸣，可以存疑，可以丰富和发展，并共同推动中国油气地质特征认识的发展。

本文摘自王金琪著《中国油气地质特征》（地质出版社，2010）所作序言。

《油气勘探创造力的培养与形成》序言

2007 年我在《岩性油气藏》创刊号上看到《勘探创造力的培养》一文，很为高兴。我曾在《岩性油气藏》第一届编委会上说："《勘探创造力的培养》这篇文章非常好。创新不是线性的，是通过实践、认识、激发、培养形成的。"时隔两年，文章的作者将此写成一本书，请我作序，我欣然同意。因为创造力对勘探太重要了，真正的勘探家必须具有旺盛的创造力，没有创新的勘探家不能称其为勘探家。作者做了一件本应是勘探家做的事，讲了老一辈勘探人想讲的话，这是件很有意义的工作。

勘探是对未知领域的探索，而且是种永无止境的探索，面对的永远是原始问题的创造性研究。勘探的这种特殊性质，比其他行业更需要创造力，在某种意义上讲，创新是勘探的灵魂。面临油气资源复杂多变的存在形式，"人类依然拥有没有束缚的想象力、创造力和道德能力等资源，这些资源可以被动员来帮助人类摆脱它的困境"。经过新中国成立以来六十年大规模的勘探，规模大的、构造简单的油气藏的发现将越来越困难，在勘探对象越来越复杂的情况下，勘探要有新的突破和发现，最迫切需要的是人的创造性的发挥，创造力是油气勘探最宝贵的资源。

人人都有创造的禀赋，但是要形成创造力，需要理想、信仰的动力，需要优秀品格与良好作风的支撑，需要实践沃土的培育，需要良好机制的激励。目前勘探的工作条件比起过去已经有了极大的改善，这为创造力的增强提供了良好的条件。但是勘探的创造力并不等于知识和技术，而是一种生命的领会和精神的自觉，来自对地下奥秘探索的好奇与激情，来自责任、使命的担当和实践的磨砺。我国油气勘探事业的发展，从玉门油田开始，经克拉玛依大油田，到特大型大庆油田的发现，以及渤海湾油田、四川、长庆、塔里木等大油气田的崛起，无一不是"我为祖国献石油"探寻地下奥秘的激情和艰苦卓绝的实践之力铸成的。在每一个创造性成果的背后，都是艰辛的付出和奉献。新的历史时期，勘探的难度越来越大，面对的诱惑和选择也比过去更多，只有探索地下油气资源的愿望优于其他一切愿望，才能远离浮躁，在利益繁纷的社会面前做出坚定的选择，使油气勘探成为终生的事业，创造力的增长才能获得永恒的动力。

创造力的培养又是很具体的，就形成于我们日常的工作学习、思想行为的习惯中。厚德载物，业精于勤，有了勇于实践、独立思考、善于学习、经常反思、严细认真的习惯，日积月累就会形成一种独特的敏感力、洞察力，产生新的思想与认识。勘探创新也是如此，它不都是惊天动地的大事，而是日常渐进的若干小创新的集成，是种厚积薄发。只要把科学的精神和民主的作风渗透到勘探工作的每一环节中，把创造力的培养作为提高科学素质的一个有机构成，创新力并不难形成。

进入新世纪，油气勘探取得不少重大突破和发现，但是仍然有许许多多问题没有弄清楚，油气勘探给当代青年提供了发挥创造力，实现自我价值的最广阔的舞台。在不断提升创造力的条件下，人的其他能力都将被激活而得以提升，生命才能展示为一个持续的变革、更新和创造的过程。以满腔的热情、求真求实的科学精神、顽强的毅力投身于勘探创新的实践，将使石油勘探者人生的价值得到最大的体现。

《油气勘探创造力的培养与形成》一书，从实践与理论相结合的角度，紧密联系油气勘探的实际，从创造力、创新的实质含义和勘探创造力的特点入手，较系统地阐述了勘探创造性的才能、品格和形成规律，对培养创造力，实现勘探创新做了比较深入全面中肯的分析，立意较新，视角较宽，有一些独到的见解，不论是对个人创造力品质与才能的培养，还是勘探群体核心价值观的树立、创新环境的营造都是十分有益的。概念是和行为、实践紧密相连的，因此我愿意向勘探战线的同志推荐这本书，希望引起对培养科学民主的优良品格、提高思维品质的关注与重视，发扬光大"爱国、创业、求实、奉献"的优良传统，增强人文底蕴，激发、培养创造力，实现勘探创新。相信在如此丰富而深刻的勘探实践面前，勘探创造力的提高，必将使我国的勘探事业获得勃勃生机，不断地获得新的突破和发现。

本文摘自张霞著《油气勘探创造力的培养与形成》（石油工业出版社，2011）所作序言。

《辽河坳陷基岩油气藏》序言

中国大陆是全球构造中最为复杂的地区，刚性古陆体积小，活动频繁，并在地质历史时期不断拼合，造就了中国特色的构造面貌，在我国广大地区普遍形成了上下差异极大的叠合盆地，并在西部大量发育了复杂的前陆盆地冲断带，东部大量发育了各种类型的断陷盆地。中国石油地质勘探工作者通过艰苦探索，依靠实践和认识的不断创新，获得了一个又一个油气重大发现。辽河坳陷基岩油气藏的新认识又为石油地质理论的发展和勘探工作的深入注入了新的活力，迈出了可喜的一步。

1922年美国地质学家赛德尼·鲍尔斯（Sidney.Powers）提出"潜山"，1953年威尔特（Walters）提出"基岩"概念以来，相关理论研究在勘探实践中不断得到验证，为推动油气发现做出了巨大贡献。本书作者在前人认识的基础上，对变质岩为主体的基岩、基岩内幕、基岩块体等概念和内涵从实践到理论进行了系统阐述，在辽河油田及中国东部老油田的基岩油气藏勘探中正日益发挥重要作用。

作者认为变质岩内幕地层是由呈层状或似层状结构的多种岩类构成；在统一构造应力场的作用下，不同类型的岩石因其抗压和抗剪切能力的差异，形成以裂缝为主体的非均质性较强的多套储层和非储层；油气以烃源岩—储层双因素耦合为主导构成有效运聚单元，形成多套各自相对独立的新生古储型油气藏。同时认为变质岩内幕储层与非储层可交互发育；突破了片麻岩等暗色矿物含量多的岩石不能成为储层的认识，建立了储层发育的"优势岩性"序列；突破了"高点控油、统一油水界面、风化壳控藏"的观念，提出了基岩内幕与风化壳一体化成藏新模式。

基岩油气藏的理论认识实现了从狭义的潜山到广义的基岩块体勘探理念的转变，是基于对基岩地层、基岩储层和基岩油气藏形成特征认识的不断深化和实践而提出的。该理论认识的价值和意义在于解放了对基岩体及其内幕的固有认识，大大拓宽了找油的视野和领域，解决了古潜山勘探的一个重大的科学和实际问题。

本书作者的科学探索精神，实践与认识相结合的方法论，值得推崇和提倡。基岩油气藏的理论认识揭示的是事物的内在规律，这种认识的升华具有很大的创造性，必将对勘探实践起到重大的推动作用。

本书展现的油气勘探的成功战例对基岩领域的勘探具有重大指导意义，可以作为油气勘探和科技工作者及油气地质相关高校师生的重要参考书。作为一名老石油地质勘探工作者，我对本书的出版表示由衷的祝贺。

本文摘自《辽河坳陷基岩油气藏》（石油工业出版社，2012）所作序言。

《塔中隆起奥陶系海相碳酸盐岩特大型凝析气田地质理论与勘探技术》序言

　　塔里木盆地是我国三个油气资源超过百亿吨的含油气盆地之一，通过近半个世纪以来的艰辛探索，取得了许多令世人瞩目的勘探成果，塔中隆起奥陶系碳酸盐岩的勘探就是其中的亮点之一。塔中隆起位于塔里木盆地中央、塔克拉玛干沙漠腹地，地表条件艰苦，地质结构复杂，碳酸盐岩油气勘探面临诸多世界级难题：一是多成因岩溶缝洞体地质模型建立难，影响有利储层预测评价；二是碳酸盐岩缝洞系统复杂雕刻量化评价难，影响高效井区培植；三是缝洞型油气藏流体分布及成藏规律掌控难，影响上产增储。这些难题使科研人员经历 15 年的艰辛探索而屡屡受挫，严重制约了塔中海相碳酸盐岩的油气勘探。根据上述技术难点，通过针对性的科研攻关、多学科的团结协作，重新认识与评价塔中的勘探潜力、重新优选主攻方向、重新优化勘探技术与措施，创新运用新技术、新认识指导高效井位部署；同时遵循勘探优选高产井点、评价培植高产井组、开发建立高产井区并逐步认识塔中大型富油气区带的总体思路，发现了塔中奥陶系碳酸盐岩礁滩复合体、层间岩溶储集体特大型油气田，发展了海相碳酸盐岩油气理论与勘探开发关键技术。

　　发展了多充注点多期次泵注式大面积复式混源成藏理论体系：剖析了塔中隆起特大型碳酸盐岩台地形成演化格局，明确了礁滩复合体、层间岩溶储集体及下古生界白云岩储集体三大油气富集领域；创建了海相碳酸盐岩多成因多期次岩溶叠合复合储集体地质模型；发展了多充注点多期次大面积复式混源成藏理论，有效地指导了塔中隆起奥陶系大型凝析气田的发现与开发。

　　创建了超深高压复杂碳酸盐岩勘探开发配套技术系列：创新发展了大漠三维地震采集处理技术、缝洞系统雕刻量化评价技术、烃类检测与综合评价技术、高效井位优选部署及缝洞体储量计算技术；发展了钻完井工艺配套技术，特别是超深超长水平井钻完井及分段酸压改造配套技术；推进了塔中隆起碳酸盐岩油气规模效益开发进程，2005 年塔中全面实施三维地震以来，塔中隆起奥陶系碳酸盐岩钻井成功率由 35% 左右提高到 80% 以上，水平井从无到有，突破了碳酸盐岩高产稳产难关。

　　理论和技术创新所取得的效益是巨大的，塔中隆起目前已探明中国第一个奥陶系礁滩复合体大型油气田，探明油气储量 $1.4 \times 10^8 t$，$3 \times 10^8 t$ 油气储量规模基本落实，隆起东部 $100 \times 10^4 t$ 产能已建成投产；发现了塔中北斜坡鹰山组层间岩溶大型凝析气田，探明油气储量 $3.5 \times 10^8 t$，$7 \times 10^8 t$ 油气储量规模逐步明朗，隆起西部油当量 $400 \times 10^4 t$ 工程已全面启动。

　　塔中隆起的勘探成果对海相碳酸盐岩油气勘探理论技术的发展起到巨大推动作用，为边疆经济的发展，西气东输二线资源的落实和国家能源战略安全做出了积极贡献。勘探成果也分别荣获中国地质学会 2007 年度、2009 年度十大地质科技成果奖，塔中奥陶系第一口千吨井——塔中 82 井被 AAPG（美国石油地质家协会）评为"2005 年全球二十八项重大油气勘探新发现"。

《塔中隆起奥陶系海相碳酸盐岩特大型凝析气田地质理论与勘探技术》这本书全面概括了塔中隆起的油气勘探成果，高度提升了塔中隆起的油气勘探理论，系统总结了塔中隆起的油气勘探技术，是近几年塔中海相碳酸盐岩勘探开发一体化所取得丰硕成果的集合体。

该书内容全面丰富、理论创新明显、关键技术先进，突出的特点就是地质与工程的紧密结合、理论与技术的紧密结合、研究与应用的紧密结合、勘探与开发的紧密结合，全书凝聚了多年奋战在塔中科研生产一线的科研单位及高等院校的辛勤劳动成果，相信该书的出版必将进一步提升海相碳酸盐岩成藏地质理论与勘探开发核心技术，加速碳酸盐岩油气勘探开发步伐，促进更广阔的碳酸盐岩新领域油气储量和产量的持续发展。

本文摘自《塔中隆起奥陶系海相碳酸盐岩特大型凝析气田地质理论与勘探技术》（科学出版社，2012）所作序言。

第五部分

历史回顾及展望

《中国叠合盆地油气成藏研究》系列丛书序

（2013 年 2 月 28 日）

《中国叠合盆地油气成藏研究》系列丛书集中展示了中国学者们近 20 年来在国家三轮"973"项目连续资助下取得的创新成果，这些成果完善和发展了中国叠合盆地油气地质与勘探理论，为复杂地质条件下的油气勘探提供了新的理论指导和方法技术支撑。相信出版这些成果将有力地推动我国叠合盆地的油气勘探。

"地质门限控藏"是《中国叠合盆地油气成藏研究》系列创新成果中的核心内容，它强调从油气运聚、分布和富集的地质门限条件出发，揭示和阐明油气藏分布规律。在这一学术思想引导下获得了一系列相关的创新成果，突出点主要表现在四个方面。

一是提出了油气运聚门限联合控藏模式，建立了油气生排聚散平衡模型，研发了资源评价与预测新方法和新技术。基于大量的样品测试和物理模拟与数值模拟实验研究，发现油气在成藏过程中存在排运、聚集和成藏规模三个地质门限条件，项目研究揭示了每一个地质门限及其联合控油气作用机制与损耗烃量变化特征；提出了三个地质门限的判别标准和四类损耗烃量计算模型，创建了新的油气生排聚散平衡模型和油气运聚地质门限控藏模式，已在全国新一轮油气资源评价中发挥了重要作用。

二是提出了油气分布门限组合控藏模式，研发了有利成藏区预测与评价新方法和新技术。基于两千多个油气藏剖析和上万个油气藏资料统计，发现油气分布的边界、范围和概率受六个既能客观描述又能定量表征的功能要素控制；揭示了每一功能要素的控藏门限条件与变化特征；阐明了源、储、盖、势等四大类控藏门限条件的时空组合决定着油气藏分布的边界、范围和概率；建立了不同类型油气藏要素组合控藏模式并研发了应用技术，实现了成藏过程研究与评价的模式化和定量化，提高了成藏目标预测的科学性和可靠性。

三是提出了油气富集门限条件复合控藏模式，研发了有利目标含油气性评价技术。基于上万个油气藏含油气性资料的统计分析和近千次物理模拟和数值模拟实验研究，发现近源—优相—低势复合区控制着圈闭内储层的含油气性。圈闭内外界面能势差越高，圈闭内储层的含油气性越好。项目研究揭示了储层内外界面势差控油气富集的门限条件与变化特征；阐明了圈闭内部储层含油气性随内外界面势差增大而增加的基本规律；建立了相—势—源复合指数（FPSI）与储层含油气性定量关系模式并研发了应用技术，实现了钻前目标含油气性地质预测与定量评价，降低了勘探风险。

四是提出了构造过程叠加与油气藏调整改造模式，研发了多期构造变动下油气藏破坏烃量评价方法和技术。阐明了构造变动对油气藏形成和分布的破坏作用，揭示了构造变动破坏和改造油气藏的机制，其中包括位置迁移、规模改造、组分分异、相态转换、生物降解和高温裂解。建立了构造变动破坏烃量与构造变动强度、次数、顺序及盖层封油气性等四大主控因素之间的定量关系模型，应用相关技术能够评价叠合盆地每一次构造变动的相对破坏烃量和绝对破坏烃量，为有利成藏区域内当前最有利勘探区带的预测与资源潜力评价提供了科学的地质依据。

"地质门限控藏"理论成果已通过产学研相结合等多种形式与油田公司合作，在辽河西部凹陷、渤海海域、济阳坳陷、南堡凹陷、柴达木盆地等五个测试区进行了全面系统的应用。"十五"以来，中国三大石油公司将新成果推广应用于20个盆地和地区，为大量工业性油气发现提供了理论和技术支撑。

作为中国油气工业战线的一位老兵和油气地质与勘探领域的科技工作者，我有幸担任了《中国叠合盆地油气成藏研究》的国家"973"项目专家组组长的工作，见证了年轻一代科技工作者好学求进、不畏艰难、勇攀高峰的科学精神，看到一代又一代的年轻学者在我们共同的事业中快速成长起来，心中感受到的不仅是欣慰，更有自豪和光荣。鉴于《中国叠合盆地油气成藏研究》取得的重要进展和在油气勘探过程中取得的重大效益，我十分高兴向同行学者推荐这方面成果并期盼它们的出版能在我国乃至世界叠合盆地的油气勘探中发挥出越来越大的作用。

本文摘自《中国叠合盆地油气成藏研究丛书》（石油工业出版社，2014）所作序。

《中国中低丰度天然气资源大型化成藏理论与勘探开发技术》序

（2012 年 7 月 9 日）

能源发展事关国家安全大局，已成为当今国际地缘政治格局的重大焦点，倍受各国高度关注。长期以来，全球以煤炭和石油为主体的能源消费结构，产生了大量的二氧化碳排放，对人类的生存环境造成巨大压力。天然气是比煤炭和石油更加清洁的化石能源，在一次能源消费结构中加大天然气的消费比例，无疑会对减少温室气体排放、改善人类生存环境产生重大影响。

和美国、俄罗斯等国相比，中国天然气工业起步较晚，天然气在一次能源消费结构中的比重很低。但是，我国却是一个天然气资源相当丰富的国家，大规模开发利用天然气，从而减少对煤炭的依赖，不论对保证国家能源安全，还是改善环境都具有重大意义。

我国天然气资源总量丰富，但资源品位总体偏差。中低丰度天然气资源占比例偏高，超过 70%，这类天然气资源的成藏分布规律相当特殊。因此，对上述气藏的成藏机理与形成分布特征开展探索研究，不仅从客观预测了这类天然气资源的分布，并把我国中低丰度天然气资源的成藏特征升华成理论认识，使该项成果具有重要的理论和应用价值。

非常高兴地看到，以赵文智教授为首席科学家的国家"973"天然气二期基础研究项目——"中低丰度天然气藏大面积成藏机理与有效开发的基础研究"，组织了一批有创新能力的中青年专家学者，从 2007 年开始，历时五年，重点研究了我国中低丰度天然气资源形成分布与规模有效开发的基础理论问题，提出了一整套有关中低丰度天然气资源大型化成藏的地质新认识，创新开发了多项面对气水分异更复杂的气藏地震有效识别特色技术和低孔、低渗透气藏规模有效开发的理论与配套技术等。这部专著就是在五年研究成果的基础上经过凝练提升而成，是对我国特殊地质条件下，天然气成藏特征的深度剖析和归纳总结。在成藏机理与成藏特征方面，提出了一系列有独到见解的创新认识，读后给人以深刻启迪。在气藏地球物理识别方面，由于这类气藏的气水分异复杂、含气饱和度空间变化大，有效预测这类气藏和定量评价其中含气饱和度的空间变化是世界级难题。这项研究成果攻克了一系列岩石物理和复杂气藏有效识别方面的基础理论问题，研发出多项特色识别评价新技术。在低孔、低渗透天然气藏有效开发方面，这项成果在渗流机理研究基础上，通过井网优化，优先开发"甜点"储层中的天然气储量，并带动周围致密储层中天然气储量的有效动用，成功解决了边际性很强的低丰度天然气储量规模动用问题，不仅增加了可动用储量，而且为今后大规模有效动用我国低品位天然气储量做了有益的探索和有效开发技术的准备。

这部天然气专著是在前人理论基础上，对我国天然气地质理论的完善和发展，具有很高的学术价值，是一部可供大专院校、研究院（所）学生和研究人员使用的参考书。相信这部专著的出版，一定会促进我国天然气资源的发现和中低丰度天然气储量的开发动用，特向读者推荐此书。

本文摘自《中国中低丰度天然气资源大型化成藏理论与勘探开发技术》
（科学出版社，2013）所作序。

第五部分

历史回顾及展望

《鄂尔多斯盆地特低渗透油田开发》序

在遥远的晚古生代和中生代，鄂尔多斯盆地主要发育了巨大的河流和三角洲体系，水体升降频繁，生物生长茂盛，一派生机勃勃的景象。经过漫长的地质变迁，这种景象转变成一种典型的低孔隙度、低渗透率砂岩岩性油藏。砂岩就像"磨刀石"，油藏普遍为低压异常，单井一般无自然产能，储层易受伤害干扰。

鄂尔多斯盆地特低渗透储层岩性主要为细—粉砂岩，孔喉结构以小孔、细喉为主，渗流阻力大，启动压差大。陆相和海陆交互相沉积决定了沉积微相变化大，经过成岩作用的强烈改造，储层在纵、横向上均表现出强烈的非均质性。油层普遍与烃源岩相邻，受构造控制作用小，储层以三角洲前缘亚相为主，油层分布相对稳定，以大型岩性油藏为主。但油层厚度薄，物性差，含油丰度低，储量丰度低，一般每平方千米为（40~50）×10⁴t。同时，天然能量匮乏，地层压力低，压力系数普遍小于 1（一般为 0.6~0.8），渗透率随压力下降而降低，渗透率越低，压力敏感性越强，油田开发难度大，单井产量低。

这种"低渗透、低压、低产"的油藏，开发难度极大，主要体现在以下几个方面。

（1）勘探阶段油藏识别难。低渗透油藏主要与沉积岩性有关，一般不受构造控制，属隐蔽性油藏，常规勘探方法不易识别。（2）油气层判识难。储层普遍具有低孔、低渗透、低含油饱和度的特性，油层与水层、有效储层与非储层的岩性与电性响应差异小，有效油层识别难度大。（3）有效驱替压力系统难以建立。岩石孔喉细微，比表面积和原油边界层厚度大，流体在储层中呈现非达西渗流的特征，启动压差大，难以建立起有效的驱替压力系统。（4）油井稳产难度大。地层压力低，弹性能量匮乏，油井投产后，产量下降幅度大。（5）油层保护难度大。储层对液相伤害、固相伤害都较为敏感，并且伤害后不易解除。

20 世纪 50 年代，鄂尔多斯盆地就已经发现了低渗透油层，但当时由于缺乏实践经验和技术手段，这类油气层就成了油气勘探开发过程中的"拦路虎"。从 1950 年起在盆地东部进行油气勘探，首先在陕北四郎庙枣园发现了三叠系延长组浅油层，渗透率低，经试油未能获得工业性油流。因而逐步把勘探重点转向盆地西部，在灵武、盐池地区经过几年勘探，1960 年在李庄子、马家滩构造上发现了三叠系和侏罗系油层，渗透率仍然很低，经试油只获得两个低产油井，因而暂时中断了该区的勘探工作，直到 1965 年重返该地区，1966 年采用压裂技术，对低渗透油层进行压裂改造才分别在三叠系和侏罗系获工业性油流，首次突破了低渗透油层勘探开发技术难关，并陆续发现了大水坑、马坊油田和刘家庄气田。

1970 年开始在盆地南部进行大规模石油会战，开展低渗透油藏研究，通过研究认为，侏罗系延安组油层属于河流相沉积，砂岩油藏形成于鼻状构造叠合处，同时油层又与三叠系延长组烃源岩沟通，从而发现了一系列低渗透砂岩油藏。为了经济有效地投入开发，在深化油藏研究的同时，开辟了一个开发试验区，进行天然能量和注水开发试验，油井压裂投产、注水、采油工艺攻关试验和单管常温密闭油气集输流程试验，逐步使马岭油田等侏罗系低渗透油藏投入了开发。同时，重新认识低渗透油藏，从储层沉积微相研究入手，深化对油藏形成规律和分布特征的认识，实施滚动勘探开发，实现增储建产一体化技术，使侏罗系低渗透油藏开发持续发展，产量稳中有升。

三叠系延长组特低渗透油层于 1966 年在盆地西缘马家滩油田经压裂获得工业油流，并于 1970 年投入开发。而盆地内部大面积分布的延长组特低渗透油层，由于其渗透率太低，难以经济有效地投入开发。例如，从 1969 年盆地南部完钻的庆参井来看，延长组长 6-8 油层渗透率均小于 1mD，1970 年经多次压裂后，才获得日产 3.1m³ 低产油流，在这期间先后经历了 20 多年，不断加强对延长组特低渗透油层的地质综合研究、压裂攻关、重点井区注水开发试验和区域勘探。特别是 1973 年，是长庆油田的"压裂年"，以攻克延长组油层增产关为目标，在盆地中南部甩开钻探，钻探两条几百千米长的十字剖面 24 口压裂井，研究评价延长组油层，并进行压裂改造和井下爆炸试验。同时开辟了两个注水开发试验区，进行长期注水开发试验，都因为油层渗透率低，平均单井日产油量低，未获得突破。

20 世纪 80 年代中期，安塞油田被发现，探明储量达亿吨，是我国当时最大的低渗透油田，平均有效渗透率只有 0.49mD，成了一个"烫手的山芋"。90 年代初，国际某著名的油田开发公司试图参与该油田早期研究，但试验研究后得出的结论为：安塞油田没有开发价值。然而，长庆人没有退缩。通过长期科技攻关，包括井网优化、开发压裂、超前注水等开发技术的应用，成功开发了安塞油田，并创造了著名的"安塞模式"。2005 年，安塞油田的原油产量突破 $200 \times 10^4 t$，通过滚动勘探开发，探明储量进一步增加，目前已达 $3.4 \times 10^8 t$。

一代又一代的长庆人为了攻克低渗透油气藏开发的难题，不断解放思想，勇于探索，开拓进取，重新认识，针对不同低渗透油层的特点，研发出与之相适应的八套开发配套技术。20 世纪 90 年代以来，先后成功开发了靖安和西峰等大油田，使鄂尔多斯盆地低渗透油气藏的开发生产进入快速发展的轨道。通过开发利用 0.5mD 的油层，极大地拓宽了低渗透油气藏的开发范围，为我国乃至世界低渗透油气储量的开发利用提供了宝贵的技术参考。截至 2003 年年底，我国探明未动用的石油地质储量有 $55 \times 10^8 t$，其中大部分为低渗透储量，约 $35 \times 10^8 t$。随着勘探程度不断提高，今后发现低渗透油气储量的机会将越来越多。同样，世界油气资源中低渗透油气资源所占比重很大，而且目前探明和动用程度均较低。随着勘探开发技术的不断进步，低渗透油藏勘探开发前景十分广阔。

本书的著作者们长年工作在鄂尔多斯盆地，参与了技术创新的主要进程，经历了油田发展的喜怒哀乐。通过多年的攻关研究和试验，对低渗透油藏整体评价技术、渗流机理研究、开发方法和井网优化技术、钻采工艺、地面工艺等都有了较大的发展和提高。他们回顾大量的实践并总结分析，将特低渗透油田开发技术、方法和经验编写成《鄂尔多斯盆地特低渗透油田开发》一书。相信该书的问世将对广大的开发科技工作者和专业读者提供有益的参考和借鉴。

本文摘自《鄂尔多斯盆地特低渗透油田开发》（石油工业出版社，2014）所作序。

《油气勘探开发一体化项目标准化管理研究应用》序

（2016 年 5 月）

塔里木盆地油气资源丰富，但地面条件艰苦，地下地质条件复杂，勘探开发难度大，面临诸多挑战。塔北隆起受岩溶控制的碳酸盐岩储层广泛分布，形成大面积含油的缝洞型碳酸盐岩油藏，油气分布不均，局部富集；油藏埋藏深度大，塔北哈拉哈塘及以南地区埋深约 7000m，是世界上埋藏很深的碳酸盐岩油藏，钻完井技术难度大，周期长，费用高；油水关系复杂，产量递减快，稳产难度大，依靠新井产量弥补老井产量递减，保持稳产。如何缩短周期，降低成本，减少费用，实现规模有效勘探开发，是亟待破解的难题。

塔里木石油会战以来，坚持"两新两高"的工作方针，不断创新管理体制，研发新技术，实现油气高效开发。1997 年开始探索不同形式的勘探开发一体化项目管理，在总结成功经验的基础上，2010 年油田全面推广勘探开发一体化全生命周期项目管理。塔北项目部的同志们在勘探开发哈拉哈塘缝洞型碳酸盐岩油藏过程中，与大学老师们合作，按照"复杂问题简单化、简单问题定性化、定性问题定量化、定量问题信息化"的思路，梳理钻完井、产能建设、采油运行等三大管理模块的工作流程，细分每个管理模块中"钻、试、修、测、录、固、建、运、维"各个工序的关键控制节点，量化各环节的周期和费用，建立了"标准化设计、标准化施工（工艺）流程、标准化工期与费用、标准化安全管理、标准化质量控制与考核"等五个标准化体系。在生产实践中，实行全方位、全要素、全过程的矩阵式管理，持续优化业务管理流程，实现生产和建设数据的实时传输和全程管理，扎实有效地推进项目全生命周期管理工作稳步发展。不断创新试验新工具、新技术和新工艺并固化到标准化体系中，大幅度缩短钻了完井周期，提升了生产效率，降低了生产成本，有效地开发了复杂缝洞型碳酸盐岩油藏。

本书全面、系统、深入地总结了塔北勘探开发标准化管理方面的经验，并进行了理论提炼，实践性很强。对目前形势下如何通过管理创新，实现降本增效，有效益地进行油气勘探开发，具有很好的借鉴和参考作用。

本文摘自《油气勘探开发一体化项目标准化管理研究应用》（石油工业出版社，2016）所作序。

《天然气工程手册》序言

近十多年来，我国天然气产业快速发展，天然气市场需求旺盛。天然气消费年均增速高达 16%。天然气占能源消费总量的比重从 2000 年的 2.2% 升至 2014 年的 5.6%。按照《能源发展战略行动计划（2014—2020 年）》，到 2020 年，天然气消费比重将达 10% 以上。天然气开发利用不仅对我国能源保障具有重要意义，而且对改善能源结构，促进环境保护也具有重大意义，我国政府高度重视天然气的发展，将天然气发展摆在国民经济发展的战略位置。

经过几代石油人的努力，我国天然气工业取得了很大的发展，目前已经形成了四川、塔里木、鄂尔多斯、青海柴达木和海洋在内的 5 大生产气区，建设了以西气东输、陕京二线等为代表的一批输气干线，这些都极大地促进了我国天然气技术进步和技术需求，尤其在低渗透砂岩气藏、疏松砂岩气藏、碳酸盐岩气藏、异常高压气藏、酸气气藏、火山岩气藏、凝析油气藏开发方面取得了长足进步。

原 20 世纪 80 年代以四川气田开发为背景编制的《天然气工程手册》，曾在天然气发展过程中发挥重要作用，但伴随着天然气在各个领域取得的高速进展，该手册在内容编排和新技术进展等方面难以做到与时俱进。而从事天然气各个领域工作的工程技术人员和管理人员越来越多，迫切需要一套与天然气工程紧密相关的工具书。因此，全面修订出版《天然气工程手册》非常必要。

由中国石油天然气勘探与生产公司支持、组织编辑的新版《天然气工程手册》，既考虑了手册类书籍的编制特点，又较全面地概括了当前国内外成熟的天然气工程技术和管理要求，充分体现了手册应有的科学性、实用性和可操作性。《天然气工程手册》丛书的出版，一定会对从事天然气各个领域工作的工程技术人员和管理人员具有很大的技术指导作用，并为促进我国天然气开发利用做出更大的贡献。

本文摘自《天然气工程手册（全四册）》（石油工业出版社，2016）所写序言。

《塔里木石油会战 30 年技术发展与创新》序言

在塔里木石油会战 30 周年之际，中国石油塔里木油田公司总结了会战 30 年的科技攻关成果、采撷了相关专业优秀科技论文，编纂成此书。翻看后，由衷感到塔里木油田公司做了一件很有意义的事情。

作为中国陆上最大的含油气盆地，塔里木盆地以其丰富的油气资源成为中国石油工业的热土，由于地面条件恶劣、地下情况复杂、油气埋藏深，也因此成为国内勘探开发难度最大的盆地。1952—1980 年的近 30 年间，塔里木石油勘探经历五次"上马"又五次"下马"的曲折历程，仅发现两个中小型油气田，主要原因就是技术和装备太落后。那时候，面对盆地中央的茫茫沙海，石油人只能望洋兴叹；面对地下复杂的地质结构，地质家们充满困惑；面对层出不穷的钻井难题，工程人员有说不出的无奈……1989 年 4 月开始的新型石油会战，以"两新两高"为工作方针，广泛引进和采用新工艺、新技术，相继攻克一系列世界级难题，最终推动塔里木石油勘探开发走出长期徘徊不前的困局，走上良性发展的道路。

我参与塔里木石油会战 10 年，经历了会战初期刻骨铭心的艰难探索历程；离开塔里木后，无时不在关注着塔里木油田勘探开发的最新进展。现在的塔里木油田，已经建成 $2600 \times 10^4 t$ 级的大油气田，成为国家重要油气生产基地和西气东输主力气源地。回顾油田 30 年的发展历程，我最深的感受是：塔里木油田勘探的目标越来越深，开发的对象日益复杂，制约油田发展的难题层出不穷；塔里木油田能取得今天的成绩，实在得益于一代又一代石油人前赴后继、锲而不舍地顽强攻关，得益于长期以来油气地质认识和工程技术的不断进步。

塔里木油田经过 30 年大规模勘探开发，在我国西部边陲找到大场面、建成大油气田，为国民经济发展提供了大量油气资源，为国家贡献了大量利税财富；伴随着油气事业的发展，油田创新形成了一系列具有特色、行业先进、国际一流的勘探开发配套技术成果，这是塔里木油田为中国石油工业贡献的另一笔宝贵财富。在迎来会战 30 周年之际编纂出版此书，全面收集、总结油田勘探、开发、工程等技术发展和创新成果，既是对那些为塔里木油气事业发展、石油科技进步做出贡献人员的充分肯定，也有助于激励、启发广大科技工作者更好地做好下步工作。

塔里木油田勘探开发程度还比较低，是一个很有希望的油田。过去 30 年，我们已经攻克诸多难题，形成勘探开发技术体系，但塔里木油田客观上非常复杂，勘探开发仍然面临诸多挑战，特别是随着工作的深入，必然会出现许多的问题和困难，还有很多曲折的路要走。希望塔里木油田科研战线的人员，站在新的历史起点，认真吸取过去 30 年技术发展与创新的经验，坚定信心、顽强攻坚，全力解决制约油田勘探开发的实际难题，推动塔里木油田油气事业不断向前发展。

因此，基于对塔里木石油会战 30 年科技成就的由衷赞叹，怀着对一线科研人员的致敬之心，出于对油田未来发展的期待之情，热烈祝贺本书出版，并特别向大家推荐这部集大成之作。

本文摘自《塔里木石油会战 30 年技术发展与创新》（石油工业出版社，2019）所写序言。

第五部分 历史回顾及展望

《塔里木盆地超深油气勘探实践与创新》序

（2019 年 4 月）

　　塔里木盆地是我国最具勘探潜力的含油气盆地之一，是西气东输的主力气源地，油气资源十分丰富，具有勘探程度低、油气探明程度低、勘探领域广、勘探潜力大的特点。六上塔里木 30 年来，塔里木石油人克服了恶劣地面和复杂地下地质条件，发现了 31 个油气田，探明石油 $1.5 \times 10^8 t$、天然气 $2.01 \times 10^{12} m^3$，尤其是近 10 年来，塔里木盆地超深油气勘探捷报频传，在库车前陆盆地古近系盐下、克拉通区奥陶系碳酸盐岩两大超深勘探领域实现了持续规模发现与规模效益开发，推动了塔里木油田油气储量、产量快速增长，超深油气勘探新增探明油气地质储量（当量）$12.66 \times 10^8 m^3$，油气产量（当量）超过 $2600 \times 10^4 t$，建成了中国陆上第三大油气田，盈利能力连续保持在国内上游企业前列，社会经济效益十分显著。

　　塔里木盆地是一个典型的叠合复合盆地，古生界克拉通盆地周缘叠加了三大中新生界前陆盆地，沉积盖层从震旦系到第四系发育齐全。前陆区沉积了巨厚新生界，主要勘探目的层白垩系、侏罗系埋深一般为 6000～8000m，已发现最深的克深 9 气藏，气藏顶埋深 7400m，气水界面埋深达 7920m，克拉苏构造带发现了超深大气田群，秋里塔格构造带已经获得重大突破。克拉通区发育巨厚新生界与中上奥陶统"黑被子"，主力目的层奥陶系、寒武系碳酸盐岩埋深 6000～8500m，哈拉哈塘地区发现最深的果勒 1 奥陶系油藏，在 7750m 深度还能获得日产近百吨轻质油的高产，塔北隆起南部斜坡、塔中北部斜坡及满西低梁均发现大面积分布的油气藏，有塔中—塔北连片含油气的趋势。充分展示了塔里木盆地超深勘探领域巨大的勘探潜力。

　　塔里木盆地主力烃源岩的深埋造就了超深油气勘探领域成为最重要的勘探对象，无论是前陆区盐下（煤下）碎屑岩，还是克拉通区下古生界缝洞型碳酸盐岩，因为主力勘探目的层埋藏深度大，给油气勘探带来了一系列世界级难题。塔里木盆地超深油气勘探经历了 30 年艰辛的探索，早在 1987 年在轮南地区钻探的轮南 1 井完钻井深就达到了 6002m，在中深层奥陶系、三叠系、侏罗系获得重大突破，拉开了六上塔里木石油大会战的序幕，开启了塔里木盆地超深油气勘探探索。会战初期超深油气勘探虽有发现，但多因地质认识和勘探技术限制而无法展开，直到 2008 年以来，通过库车、塔北、塔中"三大阵地战"的实施，以克深 2 井古近系盐下白垩系、哈 7 井和中古 8 奥陶系缝洞型碳酸盐岩为代表的超深油气勘探重大突破，标志着塔里木盆地超深领域进入了规模勘探、规模发现的新阶段，先后发现了克拉苏盐下万亿立方米超深大型气田、哈拉哈塘 $5000km^2$ 以上的超深大型油田、塔中北部斜坡 $10 \times 10^8 t$ 级超深大型凝析气田，"三大阵地战"打出了大名堂，同时实现了超深领域油气勘探技术、地质理论认识的创新，创新形成了含盐前陆冲断带和台盆区缝洞型碳酸盐岩超深勘探技术系列，创新形成含盐前陆盆地顶篷构造油气成藏理论、克拉通缝洞型碳酸盐岩准层状油气成藏理论，基本掌握了盆地两大超深勘探领域的地质规律，丰富发展了前陆盆地、克拉通海相碳酸盐岩油气地质理论。塔里木盆地超深油气勘探实践与地质认识、勘探技术的创新，不但支撑了塔里木盆地超深领域的规模勘探和持续发现，还支撑了超深油气田的规模建产与效益开发，极大地推进了塔里木盆地油气勘探进程，引领了我国乃至全球超深领域的油气勘探。

作为在塔里木盆地奋战多年并一直关注塔里木的勘探工作者，亲身经历和目睹了塔里木盆地在库车前陆区、塔中—塔北克拉通区这两大超深领域的油气勘探和取得的丰硕成果，感到无比欣慰和振奋。塔里木盆地超深勘探领域因其自身地质条件的独特性，兼具国内外诸多前陆或克拉通盆地超深油气勘探难题于一体，因此，策划编制《塔里木盆地超深油气勘探实践与创新》这本书，系统总结了塔里木盆地 30 年来特别是近 10 年来超深油气勘探实践、超深油气勘探成果、超深油气勘探技术及超深油气地质理论认识，希望能更好地指导塔里木盆地超深领域油气勘探，为我国超深领域油气勘探提供借鉴，为世界超深领域油气勘探提供参考。塔里木盆地油气勘探整体进入了超深油气勘探阶段，期待塔里木油田在新阶段取得更加辉煌的成果，也希望该书能够为从事超深油气勘探的科研、生产人员提供有益的借鉴和参考。

本文摘自《塔里木盆地超深油气勘探实践与创新》（石油工业出版社，2019）所写序。

《华北中新元古界油气地质条件与勘探方向图集》序言

　　尽管中亚、北非等地区的元古宇已经取得油气重大发现，但在世界范围内这样古老的层系是否都具有勘探价值仍不明朗。我国学者早在 20 世纪七八十年代就开始了元古宇油气地质研究，但受资料限制，研究工作主要集中在四川盆地及周缘的震旦系和京津冀地区中元古界，研究重点是油苗、烃源岩及古油藏等。四川盆地震旦—寒武系安岳特大型气田的发现，坚定了古老层系找油找气的信心，我国元古宇油气地质条件与勘探前景再次受到地质研究者与勘探家重视。

　　华北克拉通是全球中新元古界保存最完整的地区之一，发育良好的古老烃源岩，并发现大量油苗，其勘探潜力备受关注，油气地质条件的研究也成为难点和热点。2016 年中国石油勘探开发研究院设立超前基础研究项目，针对古老烃源岩是否有效、规模储层是否发育、成藏组合是否有利等关键问题开展研究，在华北中新元古界残留盆地分布、油气地质条件、勘探领域方向等方面取得了重要进展。《华北中新元古界油气地质条件与勘探方向图集》一书是王铜山博士带领研究团队，利用新的地质—地球物理分析技术，重新解译地质、地震、重磁电资料，开展了大量野外地质、地震解释、实验室分析及油气地质基础工作，历经 5 年的持续探索和攻关而完成。全书包含了华北中新元古界区域构造、地层、沉积与岩相古地理、烃源岩、储层及含油气远景六个方面的成果图件，展示了华北克拉通中新元古代盆地原型恢复、岩相古地理重建、油气地质条件评价、勘探方向选择等方面的重要研究进展，揭示了裂谷发育区沉积充填序列、源储盖组合特征、有利成藏组合，初步评价了华北中新元古界有利勘探方向和区带，为在鄂尔多斯、沁水、渤海湾等中新代盆地之下寻找勘探接替领域提供重要依据。

　　该图集是近年来对华北中新元古界油气地质研究全面总结的最新成果，具有基础性、系统性和实用性，它的出版不仅对致力于基础地质和油气地质尤其是古老地层油气地质研究的科技工作者们大有裨益，也将在我国华北克拉通中新元古界油气勘探中发挥作用！

　　　　　　　　　　　　本文摘自《华北中新元古界油气地质条件与勘探方向图集》
　　　　　　　　　　　　　　　　（石油工业出版社，2020）所作序言。